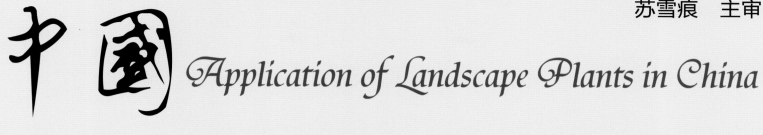

苏雪痕　主审

中国景观植物应用大全

（草本卷）

The Herbs Volume

徐晔春　臧德奎　主编

中国林业出版社

图书在版编目（CIP）数据

中国景观植物应用大全 . 草本卷 / 徐晔春 , 臧德奎 主编 . —— 北京 : 中国林业出版社 , 2014.9
ISBN 978-7-5038-7637-0

Ⅰ . ①中… Ⅱ . ①徐… ②臧… Ⅲ . ①草本植物 – 园林设计 – 景观设计 Ⅳ . ① TU986.2

中国版本图书馆 CIP 数据核字 (2014) 第 207282 号

《中国景观植物应用大全（草本卷）》编委会

主　　编：徐晔春　臧德奎
副 主 编：钟荣辉　马骁勇
参编人员：江　珊　华国军　姚一麟　吴棣飞

中国林业出版社 · 建筑与家居分社

责任编辑：唐　杨　李　顺
出版咨询：（010）83223051

出　　版：中国林业出版社（100009　北京西城区德内大街刘海胡同 7 号）
网　　站：http://lycb.forestry.gov.cn/
印　　刷：北京卡乐富印刷有限公司
发　　行：中国林业出版社发行中心
电　　话：（010）83224477
版　　次：2015 年 1 月第 1 版
印　　次：2015 年 1 月第 1 次
开　　本：889mm×1194mm　1/12
印　　张：38.75
字　　数：550 千字
定　　价：598.00 元

序 一

  我国国土辽阔，地形地貌复杂，具有热带、亚热带、温带等丰富的气候带。在不同气候带中都有独特的植被类型、植物种类，并在众多变化无穷的自然生态环境中生长着大量中国特有的植物种质资源。由于我国山脉走向多样，海拔差异极大，山川形成的各种小环境保护了很多植物免受冰川时期危害，保留了很多子遗植物。原产我国的观赏植物数量也是世界之最，仅乔灌木就有近 8000 种，加上其他具有各种用途的植物种类近30000 种，位于马来西亚、巴西之后的第三位。

  种类丰富的观赏植物及经济植物早就引起国外植物学家关注，16 世纪葡萄牙人首先从海上进入中国引走了甜橙。专业引种始于 19 世纪，英国的罗夫船长引走了云南山茶及紫藤，这株紫藤于 1818 年栽在花园中作为垂直绿化，到 1839 年枝蔓覆盖墙面 167 平方米，一次开花 67.5 万朵，被认为是世界上观赏植物中的一个奇迹。由英国皇家园艺协会派遣的罗伯特·福琼（Robert Fortune）在 1839－1860 年曾四次来华，1851 年 2 月他通过海运运走 2000 株茶树小苗，1.7 万粒茶树发芽的种子，同时带走 6 名制茶专家到印度的加尔各答，使得目前印度和斯里兰卡茶叶生产兴旺发达。享利·威尔逊（E.H.Wilson）在 1899－1918 年五次来华，引走了大量杜鹃、百合、报春等观赏植物，1929 年他在美国出版的《中国——花园之母》'China, Mather of Garden' 的序言中说："中国确是花园之母，因为我们所有的花园都深深受惠于她所提供的优秀植物，从早春开花的连翘、玉兰；夏季的牡丹、蔷薇；秋天的菊花，显然都是中国贡献给世界园林的珍贵资源。"遗憾的是我们守着这么丰富多彩的观赏植物却很少用在园林建设中，这也让国外同行感到迷惑不解。细想起来，一来是我国很多城市生境条件较差，尤其不宜原产高海拔植物生长，二来是对我国乡土观赏植物的研究、引种缺乏和不足。当前一些同行宁愿直接从国外引种，其中不乏原产中国，在国外经培育后形成的新优栽培品种，如牡丹原种均产于我国，被国外引走后，现在日本、美国、德国都培育了不少新品种返销中国。可喜的是近年来的很多园林、园艺、植物以及林业工作者都积极调查我国的观赏植物种质资源，撰写了大量有关"野生花卉""景观植物""森林植物图谱"等书籍，进而不少植物园、私人企业开始引种、区域化试种至应用于园林建设中去，北京奥运公园的植物景观中就用了如黄香草木犀等乡土野生花卉，价廉物美、生长健壮、富具地方特色。

内容涉及4000种的《中国景观植物应用大全》分成木本卷和草本卷两卷，内容丰富、翔实、图文并茂，融科学性、文化性、实用性于一体。反映植物进化，书中蕨类植物按秦仁昌系统、裸子植物按郑万钧系统、被子植物按最宜表现园林外貌设计的美国克朗奎斯特系统进行科、属、种排列。

文化性上体现了古为今用，传承了古人赏花时诗词歌赋、情景交融的情怀，如赏析凤仙花时，介绍了宋·杨万里《凤仙花》"细看金凤小花丛，费尽司花染作工。雪色白边袍色紫、更饶深浅四般红"。尤其是宋·周敦颐《爱莲说》中赞荷花"出淤泥而不染，濯清涟而不妖"的品格。唐·白居易《采莲曲》中"菱叶萦波荷贴风，荷花深处小船通。逢郎欲语低头笑，碧玉搔头落水中。"形容了青年男女在荷塘中浪漫的爱恋情景。"风过荷举，莲障千重"更是荷塘中美景。玫瑰茄在园林中应用并不普遍，但介绍也很详细，从鉴赏、配置到作为插花材料、制作果酱、果汁及植物色素均有涉及。

我从事园林教学50余年，也一直致力于植物景观规划设计的研究，现在有关景观植物书籍撰写的能人不断为此添砖加瓦，甚感欣慰。相信这套《中国景观植物应用大全》对于园林教学、园林设计工作者以及广大园林植物爱好者来说都是一本很珍贵、很有价值的参考书。在本书即将出版之际，思绪欣然，以此为序。

苏雪痕

2014 年 11 月于北京

序 二

　　与臧德奎和徐晔春两位先生可谓素不相识，却有一些缘分，今年9月去江浙考察绿化苗木，在南京林业大学拜见了我国植物分类学权威，国际花卉木犀属品种登录权威，臧先生的导师，我们湖南老乡向其柏教授，臧先生可谓师出名门哦！与徐先生虽然不相识，但在互联网上中国植物图像库，早就熟悉了他发表的植物图片，在个人图库搜索栏中，输入作者徐晔春，就会出来共133182条植物图片信息，足见徐先生公益之心，敬业之精神，令人钦佩！

　　近日，中国林业出版社编辑送来上述两位作者厚厚的书稿，请我审核，并写一序，实不敢当，在此，只谈个人一些读后粗浅的感想；初翻书稿，体量较大，两位作者长期从事园林植物及造景研究，在各自领域都有非常不错的成绩和影响。

　　植物是园林景观设计中具有生命的要素。随着近年来园林景观行业的不断发展，植物配置及造景愈来愈受到设计行业人员的重视，很多设计单位都设立了专门的植物景观设计部门；这是园林景观行业成熟发展的必然趋势。

　　植物也是自然生态系统恢复的基本要素。随着全球自然生态系统严重退化和人类生存环境的恶化，人类不再自认为是自然的主宰，而是把自己看做是自然界的一员。这一观念的转变，是现代园林景观设计思想发生巨大变化的根本原因。

　　仔细阅读本书，其有别于一般的植物识别类图册；作者不局限于对植物识别进行介绍，而是识别与应用两者兼顾，有非常好的借鉴性。且种类介绍中有许多其它类似著作中不易找到。本人从业教学多年，也多次指导实践设计项目，深深感觉到对于植物形态特征、产地及习性、观赏特点及应用的熟练把控，是做好植物景观设计的基础；我国气候带类型多样，植物种类丰富，植物景观设计师要想掌握所有的植物种类，几乎是不可能的，因此，需要一些观赏植物种类比较齐全，内容介绍合符植物景观设计需求的观赏植物图鉴，作为景观设计的工具书，便于设计运用查对；相信这套书的出版能很好地满足这一需求。

　　两位作者以其对植物的热爱、多年的收集积累，及从业经验编撰出如此宏大的工具图册，是我们植物景观设计行业的幸事；而植物应用的领域其学问之深又不仅限于此。吾衷心期盼此套书的出版，能成为我国广大园林工作者的良师益友，园林景观设计不可或缺的工具书。如此，就是莫大之功了。

彭 华

2014年10月22日于汇贤居

前　言

　　植物是园林景观构成的基本要素之一，也是景观设计中最广泛、最不可或缺的材料。中国是世界园林植物重要发源地之一，资源丰富、类型多样，被西方称为"世界园林之母"。只有正确地识别种类繁多的园林景观植物，很好地掌握其观赏特点、生态习性，才能在景观设计中正确地运用他们，以发挥其最大的美化功能和生态功能。

　　《景观植物应用大全（木本卷、草本卷）》共两卷，融科学性和艺术性为一体，系统介绍了 4000 种（含亚种、变种、变型和部分品种）常见景观植物及应用前景广阔的野生植物。本书内容翔实、图文并茂，每种植物包括科属、别名、形态特征、产地与习性、观赏评价与应用、同属种类等内容，对部分重要种类的栽培历史和文化内涵也作了介绍；精选精美图片 1.2 万幅，涵盖了植物关键特征特写、整体景观，以及大量植物造景中的配置应用实景。

　　书中各科的排列顺序，蕨类植物按秦仁昌（1978）系统、裸子植物按郑万均（1978）系统、被子植物按克朗奎斯特（1980）系统，科内的属种按照学名顺序排列。《草本卷》收录 145 科 763 属 1760 种，其中苔藓类 1 科 1 属 1 种，蕨类 28 科 34 属 58 种，被子植物 116 科 728 属 1700 余种。因克朗奎斯特系统将石蒜科归为百合科，为了方便读者使用，本书将石蒜科从百合科单列；《木本卷》收录 155 科 776 属 2240 种，其中蕨类植物 1 科 2 属 2 种，裸子植物 13 科 46 属 165 种，被子植物 141 科 728 属 2073 种。

　　本书同时集专业性和科普性于一体，读者一册在手，既能轻松地学会鉴别植物，又能全面了解每种植物的历史与文化；既能了解每种植物的观赏价值，又能掌握其园林景观配植和应用形式。适合广大园林工作者、设计师和高等学校园林、风景园林和景观艺术设计等专业的师生使用，也适合植物爱好者阅读。

　　本书在编写过程中参考了大量文献及相关资料，力求内容的科学性和准确性。由于编者水平有限，书中难免存在疏漏之处，敬请读者批评指正。

徐晔春　臧翔金

2014 年 5 月

目录 CONTENTS

苔鲜植物

钱苔科 Ricciaceae

浮苔
Ricciocarpus natans

【科属】钱苔科浮苔属

【形态特征】植物体叶状，肉质肥厚，二岐分叉，长 5～10mm，宽 4～8mm。背面鲜绿色或暗绿色，中央具明显的纵沟，腹面褐绿色带紫色。边缘具细齿。浮生于水面的无假根，生于湿土上的具多数假根。雌雄同株。

【产地与习性】产我国各省区，为世界广布种，多生于水塘或水田中，喜湿，喜光照。

【观赏评价与应用】本种浮于水面之上，叶状体美观，园林中可用水体绿化，但本种繁殖快，极易覆盖水面，影响其他水生植物生长，绿化时应慎用。可用小型钵盆、水缸、石缸栽培观赏。

【同属种类】本属为单种属，我国南北均产。

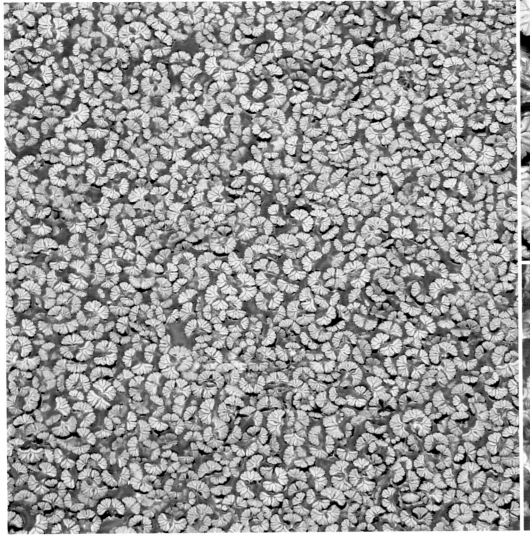

蕨类植物

松叶蕨科 **Psilotaceae**

松叶蕨
Psilotum nudum

【科属】松叶蕨科松叶蕨属

【形态特征】小型蕨类，附生树干上或岩缝中。二叉分枝，高15～51cm。地上茎直立，无毛或鳞片，绿色，下部不分枝，上部多回二叉分枝；枝三棱形，绿色，密生白色气孔。叶为小型叶，散生，二型；不育叶鳞片状三角形，长2～3mm，宽1.5～2.5mm；孢子叶二叉形，长2～3mm，宽约2.5mm。孢子囊单生在孢子叶腋，球形，2瓣纵裂。

【产地与习性】产我国西南至东南。广布于热带和亚热带。喜温暖、潮润环境，喜通透性良好的栽培基质。生长适温15～28℃。

【观赏评价与应用】株形美观，球形的孢子囊生于孢子叶腋，极具观赏性。园林中可用于岩缝、附于树干栽培观赏。

【同属种类】本属共2种，广布热带及亚热带。我国1种。

松叶蕨

石杉科 Huperziaceae

覆叶石松
Phlegmariurus carinatus

【科属】石杉科马尾杉属

【别名】龙骨马尾杉

【形态特征】中型附生蕨类。茎簇生，成熟枝下垂，1至多回二叉分枝，长31～49cm，枝较粗，枝连叶绳索状。叶螺旋状排列，但扭曲呈二列状。营养叶密生，针状，长达8mm，宽约4mm，基部楔形。孢子

覆叶石松

覆叶石松

覆叶石松

囊穗顶生。

【产地与习性】产台湾、广东、广西、海南、云南。附生于海拔700m以下的山脊、山谷、丘陵密林中石上或树干上。日本、东南亚及大洋洲有分布。喜湿润，忌强光。生长适温15～28℃。

【观赏评价与应用】本种枝条细长，叶密生于枝长，极具观赏性，可附于蔽荫的山石及树干上栽培观赏，常与其他附生植物搭配种植。

【同属种类】全属约250种，广布于热带与亚热带地区。我国约有22种，其中8种为特有种。

垂枝石松
Phlegmariurus phlegmaria

【科属】石杉科马尾杉属

【别名】垂枝石松

【形态特征】中型附生蕨类。茎簇生，茎柔软下垂，4～6回二叉分枝，长20～40cm，枝连叶扁平或近扁平。叶螺旋状排列，明显为二型。营养叶斜展，卵状三角形，长5～10mm，宽3～5mm，基部心形或近心形，全缘。孢子囊穗顶生，长线形，长9～14cm。孢子叶卵状，排列稀疏。孢子囊生在孢子叶腋。

垂枝石松

【产地与习性】产台湾、广东、广西、海南、云南。附生于海拔100～2400m的林下树干或岩石上。日本、东南亚及大洋洲、南美洲、非洲有分布。喜温暖及湿润环境，耐荫，忌强光，耐热，不耐霜寒。用附生基质栽培。生长适温15～28℃。

【观赏评价与应用】本种孢子囊穗下垂，形如马尾，故名。不同型的叶片形成鲜明对照，为优美的观叶植物，可用于大树树干、岩石附生栽培，为立体绿化的优良材料。

鳞叶石松
Phlegmariurus sieboldii

【科属】石杉科马尾杉属

【别名】鳞叶马尾杉

【形态特征】中型附生蕨类。茎簇生，成熟枝下垂，1至多回二叉分枝，长30～45cm，枝连叶绳索状。叶螺旋状排列，

但扭曲呈二列状。营养叶椭圆形，密生，紧贴枝上，长不足 5mm，宽约 3mm，基部楔形，全缘。孢子囊穗顶生，孢子叶卵形。孢子囊生在孢子叶腋。

【产地与习性】产台湾北部。附生于林下树干。日本、朝鲜半岛有分布。喜阴，喜湿润，忌强光。生长适温 15 ～ 28℃。

【观赏评价与应用】营养叶似鱼鳞，排列于枝条两侧，极为奇特。园林中可用于荫蔽处的树干、山石或用桫椤板悬挂栽培，或与其他观赏兰花塔配种植，花叶共赏。

杉叶石松
Phlegmariurus squarrosus

【科属】石松科马尾杉属
【别名】粗糙马尾杉

【形态特征】大型附生蕨类。茎簇生，植株强壮，成熟枝下垂，1 至多回二叉分枝，长 25 ～ 100cm。叶螺旋状排列。营养叶披针形，密生，平伸或略上斜，长 1.1 ～ 1.5cm，宽 1.0 ～ 2.0mm，基部楔形，全缘。孢子囊穗比不育部分细瘦，圆柱形，顶生。孢子叶卵状披针形。孢子囊生在孢子叶腋。

【产地与习性】产云南、台湾及西藏南部。附生于海拔 600 ～ 1900m 的林下树干或土生。东南亚、波利尼西亚、马达加斯加及太平洋地区等有分布。性喜湿润及稍荫环境，不耐强光。生长适温 15 ～ 26℃。

【观赏评价与应用】枝、叶粗壮，株形美观，为本类群观赏性较强的种类之一。常用于附于树干、岩石上或用桫椤板种植悬于棚架下、墙上观赏，也可盆栽。

鳞叶石松
鳞叶石松

杉叶石松

卷柏科 Selaginellaceae

小翠云草
Selaginella kraussiana

【科属】卷柏科卷柏属

【形态特征】土生，匍匐，长 15 ~ 45cm。主茎通体呈不是很规则的羽状分枝。叶全部交互排列，二型，草质，表面光滑，边缘非全缘。主茎上的腋叶长圆状椭圆形，分枝上的腋叶对称，长圆状椭圆形，边缘有细齿。中叶不对称，分枝上的宽椭圆状披针形。侧叶不对称，分枝上的卵状椭圆形。孢子叶穗紧密，四棱柱形。

【产地与习性】原产非洲，我国有栽培。欧洲、美洲栽培并有逸生。性喜湿润，喜荫，也可短时接受强光，喜疏松的微酸性壤土。生长适温 15 ~ 28℃。

【观赏评价与应用】本种叶片翠绿，生长极为茂盛，四季常青，为优美的观叶植物。可用于阴湿的园路边、岩石或林下片植做地被植物，也常用于盆面种植，用于保水及美化。

【同属种类】本属约 700 种，全世界广布，主产热带地区，我国有 72 种，其中 23 种特有，1 种引进。

翠云草
Selaginella uncinata

【科属】卷柏科卷柏属

【形态特征】土生，主茎先直立而后攀援状，长 50 ~ 100cm 或更长。叶全部交互排列，二型，草质，表面光滑，具虹彩，全缘，主茎上的叶排列较疏，二型，绿色。主茎上的腋叶明显大于分枝上的，肾形，分枝上的腋叶对称，宽椭圆形或心形。中叶不对称，侧枝上的叶卵圆形，接近覆瓦状排列。孢子叶穗紧密，四棱柱形。

【产地与习性】产安徽、重庆、福建、广东、广西、贵州、湖北、湖南、江西、四川、陕西、香港、云南、浙江。生于海拔 50 ~ 1200m 林下。中国特有。喜阴湿及疏松的微酸性土壤。生长适温 15 ~ 28℃。

【观赏评价与应用】叶姿优雅，具蓝绿色的虹彩，极为可爱。园林中可用作地被植物，适合林下、山石边、墙面或阴湿的园路边种植，可常用花盆表面覆盖。

小翠云草

小翠云草

木贼科 Equisetaceae

问荆
Equisetum arvense

【科属】木贼科木贼属

【形态特征】中小型植物。枝二型。能育枝春季先萌发，高 5 ～ 35cm，不育枝后萌发，高达 40cm，绿色，轮生分枝多，主枝中部以下有分枝。侧枝柔软纤细，扁平状，有 3 ～ 4 条狭而高的脊；鞘齿 3 ～ 5 个，披针形。孢子囊穗圆柱形。

【产地与习性】产我国大部分地区，生于海拔 3700m 以下。日本、朝鲜半岛、喜马拉雅、俄罗斯、欧洲、北美洲有分布。喜湿润、喜光，也耐荫、不择土壤。生长适温 15 ～ 28℃。

【观赏评价与应用】本种株形秀雅，枝翠绿，观赏性较佳。可引种于潮湿的林缘、浅水处栽培观赏。

【同属种类】本属全球共 15 种，全球广布，我国有 10 种。

观音座莲科 Angiopteridaceae

福建观音座莲
Angiopteris fokiensis

【科属】观音座莲科观音座莲属

【别名】马蹄蕨、牛蹄劳

【形态特征】植株高大，高 1.5m 以上。叶片宽广，宽卵形，长与阔各 60cm 以上；羽片 5 ~ 7 对，互生，长 50 ~ 60cm，宽 14 ~ 18cm，狭长圆形；小羽片 35 ~ 40 对，对生或互生，平展，上部的稍斜向上，披针形，渐尖头，基部近截形或几圆形，叶缘全部具有规则的浅三角形锯齿。孢子囊群棕色，长圆形。

【产地与习性】产于福建、湖北、贵州、广东、广西、香港。生林下溪沟边。性喜阴湿环境，不耐寒，喜疏松的微酸性壤土。生长适温 15 ~ 28℃。

【观赏评价与应用】植株高大，株形美观，为奇特的观叶植物。可用于荫蔽的水岸边、山石边或墙垣边孤植或群植欣赏。块茎可取淀粉，曾为山区一种食粮的来源。

【同属种类】本属约有 30 ~ 40 种，分布于旧大陆热带和亚热带地区，向北达日本；我国约有 28 种，其中 17 种为特有种。

常见栽培的同属种有：

云南观音座莲 *Angiopteris yunnanensis* 植株高大，高达 2m。叶片广阔，二回羽状；羽片互生，长 60cm，下部的较短，宽 20 ~ 24cm，长圆形，基部稍狭；小羽片约 20 对，几开展，下部的对生，向上部略为互生。叶为纸质，干后经常变为褐色或褐绿色，下面光滑或沿中肋下部稍有少数线状鳞片疏生。孢子囊群长圆形或线形。产于云南。生于海拔 1100m 林下沟中。

云南观音座莲

云南观音座莲

福建观音座莲

福建观音座莲

福建观音座莲

云南观音座莲

紫萁科 Osmundaceae

华南紫萁
Osmunda vachellii

【科属】紫萁科紫萁属

【形态特征】植株高达1m。叶簇生于顶部；叶片长圆形，长40～90cm，宽20～30cm，一型，但羽片为二型，一回羽状；羽片15～20对，近对生，斜向上，长15～20cm，宽1～1.5cm，披针形或线状披针形，向两端渐变狭，基部为狭楔形，下部的较长，向顶部稍短，顶生小羽片有柄，边缘遍体为全缘，或向顶端略为浅波状。叶为厚纸质，两面光滑。下部数对羽片为能育，生孢子囊。

【产地与习性】本种为我国亚热带常见的植物。产香港、海南、两广、福建、贵州及云南南部。生草坡上和溪边荫处酸性土上。也分布于印度、缅甸、越南。性喜温暖及潮湿的环境，喜半荫，喜疏松的微酸性壤土。生长适温15～28℃。

【观赏评价与应用】本种叶色青翠，经冬不凋，为美丽的庭园观赏植物，适于稍蔽荫的园路边、山石边或水岸边丛植或点缀，也可盆栽用于室内美化。

【同属种类】本属约10种，广布世界各地的热带和温带地区，我国有7种，其中1种为特有。

华南紫萁

里白科 Gleicheniaceae

芒萁

Dicranopteris pedata
【*Dicranopteris dichotoma*】

【科属】里白科芒萁属

【形态特征】植株通常高 45 ～ 90-（120）cm。叶远生，叶轴一至二（三）回二叉分枝，各回分叉处两侧均各有一对托叶状的羽片，生于二回分叉处的较小，末回羽片披针形或宽披针形；裂片平展，35 ～ 50 对，线状披针形，长 1.5 ～ 2.9cm，宽 3 ～ 4mm，顶钝，常微凹，全缘。叶为纸质，上面黄绿色或绿色，下面灰白色。孢子囊群圆形，一列。

【产地与习性】产江苏、浙江、江西、安徽、湖北、湖南、贵州、四川、福建、台湾、广东、香港、广西、云南。生强酸性土的荒坡或林缘，在森林砍伐后或放荒后的坡地上常成优势群落。日本、印度、越南都有分布。性喜温暖，喜湿润，也耐旱，喜酸性土壤，耐荫，在强光下可良好生长。生长适温 15 ～ 28℃。

【观赏评价与应用】本种习性强健，易生长，新叶美观，可用于林缘、林下或荒地绿化。

【同属种类】本属约 10 种，主产热带及亚热带地区，均为酸性土的指示植物。我国产 5 种，其中 2 种为特有种。

同属种类有：

1. 里白 *Dicranopteris glauca*【*Hicriopteris glauca*】

植株高约 1.5m。一回羽片对生，具短柄，基部稍变狭；小羽片 22 ～ 35 对，近对生或互生，平展；裂片 20 ～ 35 对，互生，几平展，长 7 ～ 10mm，宽 2.2 ～ 3mm，宽披针形，钝头，基部汇合。叶草质，上面绿色，下面灰白色，沿小羽轴及中脉疏被锈色短星状毛，后变无毛。孢子囊群圆形，中生。产浙江、湖北、四川、福建、台湾、江西、广东、广西、贵州、云南。日本及印度也有分布。

里白

2. 中华里白 *Diplopterygium chinensis*【*Hicriopteris chinensis*】

植株高约 3m。叶片巨大，二回羽状；羽片长圆形，长约 1m，宽约 20cm；小羽片互生，多数，披针形，顶端渐尖，基部不变狭，羽状深裂；裂片 50 ～ 60 对，长 1 ～ 1.4mm，宽 2mm，披针形或狭披针形，顶圆，常微凹，边缘全缘。叶坚质，上面绿色，下面灰绿色。叶轴褐棕色，初密被红棕色鳞片，边缘有长睫毛。孢子囊群圆形，一列，位于中脉和叶缘之间。产福建、广东、广西、贵州、四川。生山谷溪边或林中，有时成片生长。越南北部也有。

芒萁

中华里白

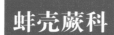

蚌壳蕨科 Dicksoniaceae

金毛狗
Cibotium barometz

【科属】蚌壳蕨科金毛狗属

【形态特征】根状茎卧生，粗大，顶端生出一丛大叶，柄长达120cm，基部被有一大丛垫状的金黄色茸毛；叶片大，长达180cm，宽约相等，三回羽状分裂；下部羽片为长圆形；一回小羽片线状披针形；末回裂片线形略呈镰刀形。叶几为革质或厚纸质，干后上面褐色，有光泽，下面为灰白或灰蓝色，两面光滑；孢子囊群在每一末回能育裂片1～5对处着生。

【产地与习性】产云南、贵州、四川南部、两广、福建、台湾、海南岛、浙江、江西和湖南。生于山麓沟边及林下阴处酸性土上。印度、缅甸、泰国、马来西亚、琉球及印度尼西亚都有分布。喜温暖，喜湿润，耐荫，忌强光，耐瘠，耐热，不耐寒。生长适温15～28℃。

【观赏评价与应用】本种的基部金黄色茸毛极为奇特，观赏价值极高，多用于林缘、山石边或滨水的岸边阴湿处栽培观赏。根状茎顶端的长软毛作为止血剂。

【同属种类】本属约有11种，分布于热带东南亚洲、夏威夷及中部美洲，我国仅有2种。

金毛狗

凤尾蕨科 **Pteridaceae**

'白斑大叶'凤尾蕨
Pteris cretica 'Albo-lineata'

【科属】凤尾蕨科凤尾蕨属

【形态特征】植株高 50 ~ 70cm。叶簇生，二型或近二型；叶片卵圆形，长 25 ~ 30cm，宽 15 ~ 20cm，一回羽状；不育叶的羽片（2）3 ~ 5 对（有时为掌状），通常对生，狭披针形或披针形，先端渐尖，基部阔楔形；能育叶的羽片 3 ~ 5(8) 对，对生或向上渐为互生，先端渐尖并有锐锯齿，基部阔楔形。叶中间白色，干后纸质，绿色或灰绿色。

【产地与习性】园艺种，性喜温暖、湿润环境，不耐寒，喜疏松、排水良好的微酸性壤土。生长适温 16 ~ 30℃。

【观赏评价与应用】叶形优美，婀娜多姿，为极具观赏性的蕨类之一，适合蔽荫的林缘、林下、山石边配置，也可做地被植物。盆栽可点缀居室的书桌、案几、窗台等处。

【同属种类】本属约有 250 种，产世界热带和亚热带地区，南达新西兰、澳大利亚及南非洲，北至日本及北美洲。我国有 78 种，其中 35 种为特有种。

傅氏凤尾蕨
Pteris fauriei

【科属】凤尾蕨科凤尾蕨属

【形态特征】植株高 50 ~ 90cm。叶簇生，叶片卵形至卵状三角形，长 25 ~ 45cm，宽 17 ~ 24(30)cm，二回深羽裂；侧生羽片 3 ~ 6（9）对，下部的对生，向上的无柄，镰刀状披针形，长 13 ~ 23cm，宽 3 ~ 4cm；裂片 20 ~ 30 对，互生或对生，斜展，镰刀状阔披针形。孢子囊群线形，囊群盖线形。

【产地与习性】产台湾、浙江、福建、江西、湖南、广东、广西、云南。生海拔 50 ~ 800m 林下沟旁的酸性土壤上。越南及日本均有。生长适温 15 ~ 28℃。

【观赏评价与应用】本种羽片美观，终年常绿，耐荫性好，易栽培，多用于蔽荫的林下、林缘及山石边丛植。

'白斑大叶'凤尾蕨

傅氏凤尾蕨

蕨科 **Pteridiaceae**

蕨
Pteridium aquilinum var. *latiusculum*

【科属】蕨科蕨属

【形态特征】植株高可达 1m。叶远生；叶片阔三角形或长圆三角形，长 30 ~ 60cm，宽 20 ~ 45cm，先端渐尖，基部圆楔形，三回羽状；羽片 4 ~ 6 对，对生或近对生，斜展，基部一对最大（向上几对略变小），三角形，长 15 ~ 25cm，宽 14 ~ 18cm，柄长约 3 ~ 5cm，二回羽状；小羽片约 10 对，一回羽状；裂片 10 ~ 15 对。叶脉稠密，仅下面明显。叶干后近革质或革质，暗绿色，上面无毛，下面在裂片主脉上多少被棕色或灰白色的疏毛或近无毛。叶轴及羽轴均光滑。

【产地与习性】产全国各地，但主要产于长江流域及以北地区，亚热带地区也有分布。生海拔 200 ~ 830 米山地阳坡及森林边缘阳光充足的地方。也广布于世界其他热带及温带地区。喜温暖，喜湿润，耐寒，耐热，耐瘠，生长适温 15 ~ 28℃。

【观赏评价与应用】早春新叶抽生，叶色清秀雅致，且适生性强，可大面积植于疏林下、林缘或路边欣赏。本种根状茎提取的淀粉称蕨粉，供食用，根状茎的纤维可制绳缆，能耐水湿，嫩叶可食，称蕨菜；全株入药。

【同属种类】本属约 13 种，广泛分布于世界各地，主要集中于热带地区，我国有 6 种，其中 3 种特有。

蕨

铁线蕨科 *Adiantaceae*

铁线蕨
Adiantum capillus-veneris

【科属】铁线蕨科铁线蕨属

【形态特征】植株高 15 ～ 40cm。叶远生或近生；柄纤细，栗黑色。叶片卵状三角形，长 10 ～ 25cm，宽 8 ～ 16cm，尖头，基部楔形，中部以下多为二回羽状，中部以上为一回奇数羽状；羽片 3 ～ 5 对，互生，基部一对较大，长圆状卵形，圆钝头，一回（少二回）奇数羽状，侧生末回小羽片 2 ～ 4 对，互生，对称或不对称的斜扇形或近斜方形。孢子囊群每羽片 3 ～ 10 枚，横生于能育的末回小羽片的上缘。

【产地与习性】广布种。我国主要分布于南方各省区。常生于海拔 100 ～ 2800m 流水溪旁石灰岩上或石灰岩洞底和滴水岩壁上，为钙质土的指示植物；也广布于非洲、美洲、欧洲、大洋洲及亚洲其他温暖地区。性喜温暖、湿润环境，对光线适应性强，喜疏松的中性至微碱性土壤。生长适温 15 ～ 28℃。

【观赏评价与应用】本种四季常青，柄纤细幽雅，扇形叶片给人以清秀之感，婀娜多姿，为观赏蕨类的代表种之一。园林中可用于稍蔽荫的园路边、山石边或墙面片植观赏，也可盆栽用于室内绿化或悬于廊柱上栽培欣赏。

【同属种类】本属现有 200 多种，广布于世界各地，自寒温带到热带，尤以南美洲为最多；我国现有 34 种，其中 16 种特有。
栽培的同属种有：

1. 扇叶铁线蕨 *Adiantum flabellulatum*
植株高 20 ～ 45cm。叶簇生；叶片扇形，长 10 ～ 25cm，二至三回不对称的二叉分枝，通常中央的羽片较长，两侧的与中央羽片同形而略短，中央羽片线状披针形，奇数一回羽状；小羽片 8 ～ 15 对，互生，中部以下的小羽片大小几相等，对开式的半圆形（能育的），或为斜方形（不育的），内缘及下缘直而全缘，基部为阔楔形或扇状楔形。产我国台湾、福建、江西、广东、海南、湖南、浙江、广西、贵州、四川、云南。生于海拔 100 ～ 1100m 阳光充足的酸性红、黄壤上。日本、东南亚也有。

2. 荷叶铁线蕨 *Adiantum reniforme* var. *sinense*【*Adiantum flabellulatum*】
植株高 5 ～ 20cm。叶簇生，单叶，叶片

扇叶铁线蕨

圆形或圆肾形，直径 2 ～ 6cm，叶柄着生处有一或深或浅的缺刻，两侧垂耳有时扩展而彼此重叠，叶片上面围绕着叶柄着生，形成 1 ～ 3 个同心圆圈，叶片的边缘有圆钝齿牙。叶纸质或坚纸质。囊群盖圆形或近长方形。特产四川。成片生于海拔 350m 覆有薄土的岩石上及石缝中。

荷叶铁线蕨

3. 梯叶铁线蕨 *Adiantum trapeziforme*
多年生常绿草本，叶互生，单叶，绿色，叶柄褐色。小叶近方形，叶柄对侧叶缘有锯齿，叶柄两侧全缘。生于中南美洲的热带雨林中。

梯叶铁线蕨

铁线蕨

水蕨科 Parkeriaceae

水蕨
Ceratopteris thalictroides

【科属】水蕨科水蕨属

【形态特征】植株幼嫩时呈绿色，由于水湿条件不同，形态差异较大，高可达70cm。叶簇生，二型。不育叶绿色，圆柱形，肉质；叶片直立或幼时漂浮，有时略短于能育叶，狭长圆形，长6～30cm，宽3～15cm，先端渐尖，基部圆楔形，二至四回羽状深裂，裂片5～8对，互生。能育叶叶片长圆形或卵状三角形，长15～40cm，宽10～22cm，先端渐尖，基部圆楔形或圆截形，二三回羽状深裂；羽片3～8对，互生。孢子囊沿能育叶的裂片主脉两侧的网眼着生。

【产地与习性】产广东、台湾、福建、江西、浙江、山东、江苏、安徽、湖北、四川、广西、云南等省区。生池沼、水田或水沟的淤泥中，有时漂浮于深水面上。也广布于世界热带及亚热带各地，日本也产。性喜温暖及潮湿的环境，喜光，也耐荫，喜疏松的微酸性壤土。生长适温15～30℃。

【观赏评价与应用】本种叶二型，有一定的观赏性，常用于水体绿化，可点缀于池塘边或植于潮湿的林缘或湿地、丛植片植均宜。也可盆栽用于居家欣赏。本种供药用，茎叶入药可治胎毒，消痰积；嫩叶可做蔬菜。

【同属种类】本属4～7种，广布于世界热带和亚热带，生池沼、水田或淤水沟中。我国有2种。

水蕨

栽培的同属植物有：

粗梗水蕨 *Ceratopteris pteridoides*

通常漂浮，植株高20～30cm；叶柄、叶轴与下部羽片的基部均显著膨胀成圆柱形。叶二型；不育叶为深裂的单叶，绿色，光滑，叶片卵状三角形，裂片宽带状；能育叶幼嫩时绿色，成熟时棕色，光滑，叶片长15～30cm，阔三角形，2～4回羽状；孢子囊沿主脉两侧的小脉着生。产安徽、湖北、江苏。常浮生于沼泽、河沟和水塘。也分布于东南亚和美洲。可供药用，茎叶入药可治胎毒，消痰积；嫩叶可做蔬菜。

粗梗水蕨

裸子蕨科 **Hemionitidaceae**

泽泻蕨
Parahemionitis cordata
【*Hemionitis arifolia*】

【科属】裸子蕨科泽泻蕨属

【形态特征】根状茎直立，短，鳞片褐色。叶片背面棕色，正面褐绿色，卵形，狭卵形或戟形，长6（10）cm，宽2～4（～6）cm，先端尖，基部心形，边缘具稀疏的红棕色毛。孢子褐色。

【产地与习性】产海南、台湾、云南等地，亚洲南部也产。喜高温、高湿环境，喜半荫，耐热性好，不耐寒。生长适温15～28℃。

【观赏评价与应用】本种有别于其他蕨类，叶似泽泻，有一定的观赏价值，可片植于温室、蕨类专类园等观赏，适合与山石相配。

【同属种类】本属1种，产亚洲。

泽泻蕨　泽泻蕨

金星蕨科 Thelypteridaceae

华南毛蕨
Cyclosorus parasiticus

【科属】金星蕨科毛蕨属

【别名】密毛毛蕨

【形态特征】植株高达70cm。叶近生；叶片长35cm，长圆披针形，先端羽裂，尾状渐尖头，基部不变狭，二回羽裂；羽片12～16对，无柄，顶部略向上弯弓或斜展，中部以下的对生，向上的互生，中部羽片长10～11cm，中部宽1.2～1.4cm，披针形，先端长渐尖，基部平截，羽裂达1/2或稍深；裂片20～25对，斜展，彼此接近，基部上侧一片特长，约6～7mm，其余的长4～5mm，长圆形，钝头或急尖头，全缘。孢子囊群圆形，生侧脉中部以上。

【产地与习性】产浙江、福建、台湾、广东、海南、湖南、江西、重庆、广西、云南。生海拔90～1900m山谷密林下或溪边湿地。日本、韩国、尼泊尔、缅甸、印度、斯里兰卡、越南、泰国、印度尼西亚、菲律宾均有分布。喜阴湿、喜温暖，不喜强光，不耐寒，喜疏松的微酸性土壤。生长适温15～28℃。

【观赏评价与应用】枝叶清新，叶姿优美，为优良的观叶植物，适合疏林下、蔽荫的林缘、山石边片植观赏，也可丛植于角隅、庭院阶前等欣赏。

【同属种类】本属约250种，分布于旧大陆的热带及亚热带地区，多数产在亚洲，有少量产在新大陆。我国有40种，其中10种为特有。

华南毛蕨

铁角蕨科 *Aspleniaceae*

大羽铁角蕨
Asplenium neolaserpitiifolium

【科属】铁角蕨科铁角蕨属

【别名】新大羽铁角蕨

【形态特征】植株高 60 ～ 70cm。叶簇生；叶片大，椭圆形，长 50 ～ 60cm，中部宽 28 ～ 40cm，渐尖头，三回羽状或四回深羽裂；羽片 10 ～ 12 对，基部的近对生，向上互生。小羽片 9 ～ 11 对，互生，上斜出，斜展。叶软纸质，干后草绿色；囊群盖狭线形。

【产地与习性】产台湾、海南、云南。生海拔 650 ～ 800m 密林中树干上。越南、泰国、缅甸、印度、马来群岛及日本均有分布。生长适温 15 ～ 28℃。

【观赏评价与应用】本种小叶羽片纤秀美观，为优良的观叶植物，适合蔽荫的山岩边、园路边及滨水岸边种植观赏。

【同属种类】本属超过 700 种，广布于世界各地，尤以热带为多。中国有 90 种，其中 17 种为特有种。

巢蕨
Neottopteris nidus

【科属】铁角蕨科巢蕨属

【别名】台湾山苏花、山苏花、鸟巢蕨

【形态特征】植株高 1 ～ 1.2m。叶簇生，叶片阔披针形，长 90 ～ 120cm，渐尖头或尖头，中部最宽处为（8-）9 ～ 15cm，向下逐渐变狭而长下延，叶边全缘并有软骨质的狭边。主脉下面几全部隆起为半圆形，上面下部有阔纵沟，向上部稍隆起，表面平滑不皱缩，光滑；叶厚纸质或薄革质。孢子囊群线形，生于小脉的上侧。

【产地与习性】产台湾、广东、海南、广西、贵州、云南、西藏。附生海拔 100 ～ 1900m 雨林中树干上或岩石上。也分布于东南亚、大洋洲热带地区及东非洲。喜温暖湿润，不耐寒，忌强光，如地栽需用疏松、排水良好的基质。生长适温 15 ～ 28℃。

【观赏评价与应用】巢蕨叶片密集挺拔，排列有序，具光泽，形似鸟巢，为著名的附生蕨类。可用于疏林下、稍蔽荫的林缘地栽，也常附于树干、枯木或山岩上栽培观赏，也可盆栽用于室内绿化。极富热带风情及野趣。

【同属种类】本属约有 7 种，分布于热带及亚热带亚洲的雨林中，有 1 种向西南到非洲，向东南达大洋洲。中国约有 11 种，主产华南及西南。

大羽铁角蕨

巢蕨

大羽铁角蕨

巢蕨

球子蕨科 Onocleaceae

东方荚果蕨
Matteuccia orientalis

【科属】球子蕨科荚果蕨属

【形态特征】植株高达1m。叶簇生，二型：不育叶叶片椭圆形，长40～80cm，宽20～40cm，先端渐尖并为羽裂，二回深羽裂，羽片15～20对，互生；能育叶与不育叶等高或较矮，有长柄，叶片椭圆形或椭圆状倒披针形，长12～38cm，宽5～11cm，一回羽状，羽片多数。孢子囊群圆形，着生于囊托上，成熟时汇合成线形。

本、朝鲜、俄罗斯及印度北部。性喜冷凉，不耐暑热，喜湿润，喜疏松、排水良好的壤土。生长适温12～25℃。

【观赏评价与应用】叶簇生，枝叶挺拔，色鲜绿，极为优美，为近年来开发的新优观赏蕨类。适合于园林中林下、林缘、水岸边丛植及片植，也适合庭院一隅或山石边丛植观赏。也可盆栽培。根状茎入药，有祛风、止血的功效。

【同属种类】本属约5种，分布于北半球温带。我国有3种，广布于南岭山脉以北各省区。

栽培的同属植物有：

荚果蕨 *Matteuccia struthiopteris*

植株高70～110cm。叶簇生，二型：不育叶片椭圆披针形至倒披针形，长50～100cm，中部宽17～25cm，向基部逐渐变狭，二回深羽裂，羽片40～60对，互生或近对生，斜展，下部的向基部逐渐缩小成小耳形，中部羽片最大，披针形或线状披针形，长10～15cm，宽1～1.5cm，先端渐尖，羽状深裂，裂片20～25对，叶草质；能育叶较不育叶短，叶片倒披针形，长20～40cm，中部以上宽4～8cm，一回羽状，羽片线形，两侧强度反卷成荚果状，呈念珠形，深褐色，包裹孢子囊群。产东北、内蒙古、河北、山西、河南、湖北西部、陕西、甘肃、四川、新疆、西藏。生海拔80～3000m山谷林下或河岸湿地。也广布于日本、朝鲜、俄罗斯、北美洲及欧洲。

东方荚果蕨

东方荚果蕨

荚果蕨

【产地与习性】产河南、陕西、甘肃、西藏、贵州、四川、重庆、湖北、湖南、江西、安徽、浙江、福建、台湾、广东、广西。生于海拔1000～2700m林下溪边。也分布于日

乌毛蕨科 Blechnaceae

乌毛蕨
Blechnum orientale

【科属】乌毛蕨科乌毛蕨属

【形态特征】植株高 0.5～2m。叶簇生于根状茎顶端；叶片卵状披针形，长达 1m 左右，宽 20～60cm，一回羽状；羽片多数，二型，互生，下部羽片不育，极度缩小为圆耳形，向上羽片突然伸长，疏离，能育，线形或线状披针形，长 10～30cm，宽 5～18mm，先端长渐尖或尾状渐尖，基部圆楔形，全缘或呈微波状。叶近革质。孢子囊群线形，紧靠主脉两侧。

【产地与习性】产西南、华南及华东。生于海拔 300～800m 较阴湿的水沟旁及坑穴边缘、山坡灌丛中或疏林下。东南亚、日本至波里尼西亚也有。性喜温暖、湿润，喜充足的散射光，忌强光，喜微酸性壤土。生长适温 15～28℃。

【观赏评价与应用】叶簇生于茎顶，叶形优美，为较具观赏的大型蕨类。园林中可丛植于园路两侧、山石边或稍荫蔽的庭园一隅观赏，大型盆栽可用于厅堂摆放。

【同属种类】本属超过 200 种，泛热带产，主产南半球。我国仅 1 种。

常见栽培的同属种有：

疣茎乌毛蕨 *Blechnum gibbum*
又名富贵蕨、美人蕨、矮树蕨，成株高 1～2m。根状茎直立，棕榈状。叶丛生，叶片长 50～120cm，宽 25～40cm，一回羽状复叶，羽片披针形，先端尖，基部渐宽，新叶先端常反卷。孢子囊群条形，沿主脉两侧着生。产南美洲，生于雨林中。

疣茎乌毛蕨

苏铁蕨

【形态特征】植株高 70 ～ 230cm。叶片长卵形或椭圆形，长 35 ～ 120cm，宽 30 ～ 40cm，先端渐尖；羽片 5 ～ 9(～ 13)对，对生或上部的互生，斜展，基部一对羽片略缩短，通常第二对较长，披针形，长 16 ～ 20(36)cm，宽 4.5 ～ 6(～ 17)cm，先端长渐尖或尾尖，基部极不对称，一回深羽裂；裂片 10 ～ 14(～ 24)对，披针形或线状披针形。叶革质。孢子囊群粗短，形似新月形，着生于主脉两侧的狭长网眼上。

【产地与习性】广布于广西、广东、湖南、江西、安徽、浙江、福建及台湾。生海拔 100 ～ 1100m 低海拔丘陵或坡地的疏林下阴湿地方或溪边。日本也有。性喜湿润环境，喜充足散射光，忌强光，喜酸性土壤。生长适温 15 ～ 28℃。

【观赏评价与应用】植株大型，叶青翠，每当夏季，小叶上会萌生大量的珠芽，落地后就可长出独立植株，为蕨类少见的"胎生"植物，极为奇特，观赏性极强，为蕨类植物代表种之一。可用于庭院的水景边或荫蔽处栽培观赏；嫩叶可作蔬菜。

【同属种类】本属约 10 种，分布于亚、欧、美洲的温带至亚热带地区。我国有 5 种。

室及书房装饰。

【同属种类】单种属，广布于热带亚洲。

胎生狗脊蕨
Woodwardia orientalis var. *formosana*
【 *Woodwardia prolifera* 】

【科属】乌毛蕨科狗脊属
【别名】珠芽狗脊、台湾狗脊蕨、胎生狗脊

胎生狗脊蕨

苏铁蕨
Brainea insignis

【科属】乌毛蕨科苏铁蕨属
【别名】富贵蕨、美人蕨
【形态特征】植株高达 1.5m。叶簇生于主轴的顶部，略呈二型；叶片椭圆披针形，长 50 ～ 100cm，一回羽状；羽片 30 ～ 50 对，对生或互生，线状披针形至狭披针形，先端长渐尖，基部为不对称的心脏形，近无柄，边缘有细密的锯齿。叶革质，光滑。孢子囊群沿主脉两侧的小脉着生。

【产地与习性】广东、广西、海南、福建及云南；也广布于从印度经东南亚至菲律宾的亚洲热带地区。喜温暖，喜湿润，以半荫环境为佳，也可在全光照下生长，耐热，不耐寒。喜疏松、排水良好的壤土。生长适温 15 ～ 28℃。

【观赏评价与应用】本种形体苍劲，棕榈状，有苏铁风范，为优良的观赏蕨类，也颇具盆景的韵味。园林中可用于林荫下、山石边或滨水的岸边栽培，盆栽可用于客厅、卧

鳞毛蕨科 **Dryopteridaceae**

贯众
Cyrtomium fortunei

【科属】鳞毛蕨科贯众属

【形态特征】植株高 25 ~ 50cm。叶簇生；叶片矩圆披针形，长 20 ~ 42cm，宽 8 ~ 14cm，先端钝，基部不变狭或略变狭，奇数一回羽状；侧生羽片 7 ~ 16 对，互生，披针形，多少上弯成镰状，中部的长 5 ~ 8cm，宽 1.2 ~ 2cm，先端渐尖少数成尾状，基部偏斜、上侧近截形有时略有钝的耳状凸、下侧楔形。孢子囊群遍布羽片背面。

【产地与习性】产我国大部分地区，生海拔 2400m 以下空旷地石灰岩缝或林下。日本、朝鲜、越南、泰国也有。性喜温暖、湿润环境，喜充足散射光，对土壤要求不严。生长适温 12 ~ 28℃。

【观赏评价与应用】本种新叶黄绿色，老叶深鲜绿，新叶及老叶形成鲜明对照，有一定观赏价值。适合用于半荫的林缘边、园路边或墙垣边种植观赏，丛植、片植效果均佳。

【同属种类】本属约 35 种，主要分布在亚洲东部，以中国西南为中心，少数达印度南部和非洲东部。我国产 31 种，其中 21 种为特有。

叉蕨科 Aspidiaceae

虹鳞肋毛蕨
Ctenitis subglandulosa

【科属】叉蕨科肋毛蕨属

【别名】.亮鳞肋毛蕨、肋毛蕨

【形态特征】植株高约1m；叶片三角状卵形，长45～60cm，基部宽30～40cm，先端渐尖，基部心形，四回羽裂；羽片12～14对，下部1～2对近对生，向上的互生；第二对羽片阔披针形，长16～20cm，先端渐尖，基部圆截形而近对称；二回小羽片10～12对，互生。叶纸质。孢子囊群圆形，生于小脉中部以下。

【产地与习性】产台湾、福建、浙江。生海拔450m山谷林下沟旁石缝。日本也产。性喜温暖、湿润的环境，不耐强光，喜稍蔽荫环境，对土壤要求不严，以中性至微碱性为佳。生长适温15～28℃。

【观赏评价与应用】植株高大，株形美观，叶片排列有序，耐荫性好，适合公园、绿地、风景区的林缘、林下、水岸及山石边丛植观赏，也常与其他蕨类配植。

【同属种类】本属约100～150种，分布于世界热带和亚热带地区。我国有10种，其中4种为我国特有。

三叉蕨

三叉蕨
Tectaria subtriphylla

【科属】叉蕨科叉蕨属

【形态特征】植株高50～70cm。叶近生，叶二型。不育叶三角状五角形，基部宽20～25cm，先端长渐尖，基部近心形，一回

三叉蕨

羽状，能育叶与不育叶形状相似但各部均缩狭；顶生羽片三角形，长15～20cm，基部楔形而下延，两侧羽裂。叶纸质。孢子囊群圆形，生于小脉连结处。

【产地与习性】产台湾、福建、广东、海南、广西、贵州、云南。生海拔100～450m山地或河边密林下阴湿处或岩石上。东南亚等地也产。生长适温15～28℃。

【观赏评价与应用】本种叶二型，终年常绿，有一定的观赏性，适合蔽荫的路边、山石边或池边种植，多片植。

【同属种类】本属约230种，产于热带及亚热带地区。我国有35种，其中4种为我国特有。

虹鳞肋毛蕨

虹鳞肋毛蕨

实蕨科 **Bolbitidaceae**

长叶实蕨
Bolbitis heteroclita

【科属】实蕨科实蕨属

【别名】尾叶实蕨

【形态特征】叶近生，相距约1cm；叶二型。不育叶变化大，或为披针形的单叶，或为三出，或为一回羽状；顶生羽片特别长大，披针形，先端常有一延长能生根的鞭状长尾；侧生羽片1～5对，阔披针形。叶薄草质。能育叶叶柄较长，叶片与不育叶同形而较小。孢子囊群初沿网脉分布，后满布能育叶下面。

【产地与习性】产台湾、福建、海南、广西、四川、贵州、云南。生于海拔50～1500m密林下树干基部或岩石上。日本、东南亚等地也有。喜温暖及湿润环境，耐荫，不耐寒，喜疏松壤土。生长适温15～28℃。

【观赏评价与应用】本种株形较矮，叶片大，有一定观赏性，园林中可用于蔽荫的林下做地被植物，或植于林缘、山石边、墙垣边观赏。

【同属种类】本属约80种，泛热带产，主产于亚洲、太平洋岛屿。我国有25种，其中2个杂交种，12个特有种。

长叶实蕨

华南实蕨
Bolbitis subcordata

【科属】实蕨科实蕨属

【别名】海南实蕨

【形态特征】叶簇生；叶二型。不育叶椭圆形，长20～50cm，宽15～28cm，一回羽状；羽片4～10对，下部的对生，近平展；顶生羽片基部三裂；侧生羽片阔披针形，长9～20cm，宽2.5～5cm，先端渐尖，基部圆形或圆楔形，叶缘有深波状裂片，半圆的裂片有微锯齿，缺刻内有一明显的尖刺；叶草质。孢子囊群初沿网脉分布，后满布能育羽片下面。

【产地与习性】产浙江、江西、台湾、福建、广东、海南、广西、云南。生海拔300～1050m山谷水边密林下石上。日本、越南也有。喜温暖及湿润环境，喜半荫，不喜强光，耐瘠，不耐寒。喜生于疏松、排水良好的壤土。生长适温15～28℃。

【观赏评价与应用】植株较高，叶片大，生长繁茂，易栽培。园林中可丛植于山石边、滨水岸边等处观赏。

肾蕨科 Nephrolepidaceae

长叶肾蕨
Nephrolepis biserrata

【科属】肾蕨科肾蕨属

【形态特征】根状茎短而直立，生有匍匐茎，向四方横展。叶簇生，柄长 10 ~ 30cm，粗达 4mm，坚实；叶片通常长 70 ~ 80cm 或超过 1m，宽 14 ~ 30cm，狭椭圆形，一回羽状，羽片多数（约 35 ~ 50 对），互生，偶有近对生，中部羽片披针形或线状披针形，长 9 ~ 15cm，宽 1 ~ 2.5cm，先端急尖或短渐尖，基部近对称，叶缘有疏缺刻或粗钝锯齿。叶薄纸质或纸质。孢子囊群圆形，成整齐的 1 行生于自叶缘至主脉的 1/3 处。

【产地与习性】产台湾、广东、海南、云南。生海拔 30 ~ 750m 林中。泛热带产。性喜温暖、湿润环境，忌干燥，不耐寒。对土壤要求不严。生长适温 15 ~ 28℃。

【观赏评价与应用】为半附生观赏蕨类，生长繁茂、姿态优美，叶片大，悬垂，富热带气息。可附于稍蔽荫的墙壁或地栽于园路边、岩石边丛植。

【同属种类】本属约有 20 个种，广布于全世界热带各地和邻近热带的地区。我国有 5 种，其中一种为引进。

肾蕨
Nephrolepis cordifolia
【*Nephrolepis auriculata*】

【科属】肾蕨科肾蕨属

【形态特征】附生或土生。匍匐茎上生有近圆形的块茎，直径 1 ~ 1.5cm。叶簇生，叶片线状披针形或狭披针形，长 30 ~ 70cm，宽 3 ~ 5cm，先端短尖，一回羽状，羽状多数，约 45 ~ 120 对，互生，常密集而呈覆瓦状排列，披针形，中部的一般长约 2cm，宽 6 ~ 7mm，先端钝圆或有时为急尖头，基部心脏形，叶缘有疏浅的钝锯齿。叶坚草质或草质。孢子囊群成 1 行位于主脉两侧，肾形，生于每组侧脉的上侧小脉顶端。

【产地与习性】产浙江、福建、台湾、湖南南部、广东、海南、广西、贵州、云南和西藏。生海拔 30 ~ 1500m 溪边林下。广布于全世界热带及亚热带地区。性喜温暖、湿润环境，也耐旱，不择土壤。生长适温 15 ~ 28℃。

【观赏评价与应用】肾蕨是目前国内外应用最为成功的蕨类之一，华南地区等地广为应用。其枝叶纤细，婀娜婆娑，叶色翠绿，四季常青，观赏性极佳。园林中多用于园路边、墙垣边、山石边或林下、林缘丛植或片植，也常用作地被植物。也是著名的切叶植物，常盆栽用于室内装饰。块茎富含淀粉，可食，亦可供药用。

常见栽培的种及品种有：

1. 波斯顿蕨 Nephrolepis exaltata 'Bostoniensis'

根状茎通常短而直立，有网状中柱。根状茎及叶柄有鳞片。叶长而狭，叶片一回羽状；羽片多数，互生，披针形，向叶端的羽片逐渐缩小，边缘有疏圆齿或矮钝的疏锯齿，叶缘为波状。孢子囊群圆形，生于叶脉的上侧一小脉顶端，成为一列，接近叶边。园艺种。

2. 镰叶肾蕨 Nephrolepis falcata

根状茎短而直立，具横走的匍匐茎。叶簇生，通常下垂；叶片长 60 ～ 80cm 或更长，宽 9 ～ 11cm，阔披针形，一回羽状，羽片多数（约 40 ～ 60 对或更多），互生或对生，平展或略斜展，下部的羽片较短，椭圆形，先端钝圆，中部的最长，镰刀形，先端短渐尖，基部上侧截形，稍呈耳状突起。叶薄草质。孢子囊群圆形，靠近叶边。产云南。附生于海拔 600 ～ 800m 棕榈树干上。越南、缅甸、马来西亚及菲律宾也有分布。

骨碎补科 **Davalliaceae**

大叶骨碎补
Davallia formosana

【科属】骨碎补科骨碎补属

【别名】华南骨碎补

【形态特征】植株高达 1 米。叶远生，相距 3 ～ 5cm；叶片大，三角形或卵状三角形，长宽各达 60 ～ 90cm，先端渐尖，四回羽状或五回羽裂；羽片约 10 对，互生，斜展，下部的柄长 2 ～ 4cm，基部一对最大，长三角形，

大叶骨碎补

长 20 ～ 30cm，宽 12 ～ 18cm，先端长渐尖，基部偏斜；一回小羽片约 10 对，互生，斜展，基部上侧一片最大，三角形；二回小羽片 7 ～ 10 对，互生，斜向上，基部上侧一片略较大，长卵形；末回小羽片椭圆形，钝头，深羽裂；裂片斜三角形，斜向上。叶坚草质或纸质；囊群盖管状。

【产地与习性】产台湾、福建、广东、海南、广西、云南。生于海拔 600 ～ 700 米低山山谷的岩石上或树干上，越南及柬埔寨也有分布。喜温暖，喜湿润，喜充足的散射光，耐热，不耐寒，喜微酸性土壤。生长适温 18 ～ 30℃。

【观赏评价与应用】本种叶形飘逸，清新优雅，可用于蔽荫的山石边、园路边栽培欣赏，也可用于蕨类植物专类园。

【同属种类】本属约 40 种，从大西洋岛屿横跨非洲至亚洲南部达马来西亚，向东南分布至澳大利亚及太平洋岛屿，北达日本。我国有 6 种，其中 1 种为特有种。

杯盖阴石蕨
Davallia griffithiana 【*Humata griffithiana*；*Humata tyermanni*】

【科属】骨碎补科骨碎补属

【别名】圆盖阴石蕨、阴石蕨

【形态特征】植株高达 20 ～ 40cm。叶远生，叶片三角状卵形，长 16 ～ 25cm，宽 14 ～ 18cm，先端渐尖，基部为四回羽裂，中部为三回羽裂，向顶部为二回羽裂；羽片 10 ～ 15 对，互生，基部一对近对生，斜向上，彼此接近；一回小羽片约 10 对，互生。叶革质。孢子囊群生于裂片上侧小脉顶端。

【产地与习性】产华东和华南、台湾、湖南、贵州、重庆、云南。生于海拔 300 ～ 1760m 林中树干上或石上。也分布于越南、老挝、印度。喜温暖及湿润环境，喜光，不耐寒，附生植物，可选用疏松壤土或附生基质栽培。生长适温 15 ～ 30℃。

【观赏评价与应用】本种形体粗犷，叶形飘逸，株型紧凑，粗壮的根状茎密被白毛，形似狼尾，十分独特。可附于树干、山岩上栽培，也可丛植于山石边或墙垣边。也常盆栽用于室内的窗台、案几摆放。

杯盖阴石蕨

大叶骨碎补

杯盖阴石蕨

骨碎补
Davallia mariesii

【科属】骨碎补科骨碎补属

【别名】海州骨碎补

【形态特征】植株高 15 ~ 40cm。叶远生，叶片五角形，长宽各 8 ~ 25cm，先端渐尖，基部浅心脏形，四回羽裂；羽片 6 ~ 12 对，下部 1 ~ 2 对对生或近对生，向上的互生；一回小羽片 6 ~ 10 对，互生；二回小羽片 5 ~ 8 对，无柄，稍斜向上，彼此密接，基部上侧一片略较大。叶坚草质。孢子囊群生于小脉顶端。

【产地与习性】产辽宁、山东、江苏及台湾。生于海拔 500 ~ 700m 山地林中树干上或岩石上。朝鲜及日本也有分布。性喜温暖，对光线适应性强，喜湿润，较耐旱，以疏松、排水良好的微酸性土壤为宜，也可用附生基质栽培。生长适温 15 ~ 28℃。

【观赏评价与应用】株型矮小，叶轮廓美观，叶形飘逸，格外清雅别致。易栽培，适应性强，可用于树干，山石阴湿处配置，也是优良的室内盆栽观叶植物。根状茎药用，有坚骨、补肾之效。

水龙骨科 **Polypodiaceae**

伏石蕨
Lemmaphyllum microphyllum

【科属】水龙骨科伏石蕨属

【形态特征】小型附生蕨类。叶远生，二型；不育叶近无柄，近圆形或卵圆形，基部圆形或阔楔形，长 1.6 ~ 2.5cm，宽 1.2 ~ 1.5cm，全缘；能育叶狭缩成舌状或狭披针形，叶脉网状。孢子囊群线形，位于主脉与叶边之间。

【产地与习性】产台湾、浙江、福建、江西、安徽、江苏、湖北、广东、广西和云南。附生林中树干上或岩石上，海拔 95 ~ 1500m。越南、朝鲜南部和日本也产。喜温暖及阴湿环境，不喜强光及干燥，耐热，有一定耐寒性。生长适温 15 ~ 28℃。

【观赏评价与应用】叶小，近球形，紧贴山石或树干表面，圆润可爱，极讨人喜欢，与其他蕨类形成鲜明对比，目前尚未引种，适合公园、绿地等大树树干、蔽荫的山石或墙壁上栽培观赏。

【同属种类】本属约有 9 种以上，由喜马拉雅经泰国、中国至朝鲜及日本均有分布。我国有 5 种，其中 2 种为特有种。

江南星蕨
Microsorum fortunei

【科属】水龙骨科星蕨属

【别名】福氏星蕨、大星蕨

【形态特征】附生，植株高 30 ~ 100cm。叶远生，相距 1.5cm；叶片线状披针形至披针形，长 25 ~ 60cm，宽 1.5 ~ 7cm，顶端长渐尖，基部渐狭，下延于叶柄并形成狭翅，全缘；叶厚纸质，下面淡绿色或灰绿色，两面无毛，幼时下面沿中脉两侧偶有极少数鳞片。孢子囊群大，圆形，沿中脉两侧排列成较整齐的一行或有时为不规则的两行，靠近中脉。

【产地与习性】产长江流域及以南各省区，北达陕西和甘肃。多生于海拔 300 ~ 1800m 林下溪边岩石上或树干上。马来西亚、不丹、缅甸、越南也有分布。性喜温暖及湿润的环境，耐热，喜湿，耐半荫，也喜光照。需用附生基质栽培。生长适温 15 ~ 28℃。

【观赏评价与应用】叶大美观，附着能力强，适合大树树干、山岩、墙壁等立体绿化，也可盆栽观赏。全草供药用，能清热解毒，利尿，祛风除湿，凉血止血，消肿止痛。

【同属种类】本属约有 40 种，主要分布于亚洲热带，少数到达非洲。中国有 5 种。

伏石蕨

江南星蕨

江南星蕨

江南星蕨

星蕨

星蕨
星蕨

鱼尾星蕨

贴生石韦

星蕨
Microsorum punctatum

【科属】水龙骨科星蕨属

【形态特征】附生，植株高 40 ~ 60cm。叶近簇生；叶片阔线状披针形，长 35 ~ 55cm，宽 5 ~ 8cm，顶端渐尖，基部长渐狭而形成狭翅，或呈圆楔形或近耳形，叶缘全缘或有时略呈不规则的波状；侧脉纤细而曲折；叶纸质，淡绿色。孢子囊群橙黄色，通常只叶片上部能育，不规则散生或有时密集为不规则汇合。

【产地与习性】产甘肃、台湾、湖南、广东、广西、海南、香港、四川、贵州和云南等省区。生长在平原地区疏荫处的树干上或墙垣上。越南、马来群岛、波利尼西亚、印度至非洲也有分布。喜温暖，耐热，喜湿润，也较耐旱。可用疏松、排水良好的壤土或附生基质栽培。生长适温 15 ~ 28℃。

【观赏评价与应用】叶绿色，舒展自然，姿态优美，清新雅致。适合公园、风景区或庭院附树栽培或植于稍蔽荫的岩石边、路边，或用于景观墙体绿化。也可盆栽悬于绿廊或用于居室装饰。

栽培的品种有：

鱼尾星蕨 *Microsorum punctatum* 'Grandiceps'

本种与原种星蕨区别为叶顶端鱼尾状多次分裂，小裂片先端尖，裂片全缘。有较高的观赏价值，我国有少量引种。

鱼尾星蕨

贴生石韦
Pyrrosia adnascens

【科属】水龙骨科石韦属

【形态特征】植株高约 5 ~ 12cm。根状茎细长，攀援附生于树干和岩石上，密生鳞片。叶远生，二型，肉质；叶片小，倒卵状椭圆形，或椭圆形，长 2 ~ 4cm，宽 8 ~ 10mm，上面疏被星状毛，下面密被星状毛，干后厚革质，黄色；能育叶条状至狭披针形，长 8 ~ 15cm，宽 5 ~ 8mm，全缘。孢子囊群着生于内藏小脉顶端，聚生于能育叶片中部以上。

【产地与习性】产台湾、福建、广东、海南、广西和云南。附生于海拔 100 ~ 1300m 树干或岩石上。亚洲热带其他地区也有分布。喜温暖、湿润的环境，对光线适应强，不耐寒。生长适温 15 ~ 28℃。

【观赏评价与应用】生长繁茂，常成片着生，小叶立于树干及岩石之上，清新自然，为优美的观叶植物，可用于大树树干、山石或湿润的石壁上绿化。全草有清热解毒作用，

贴生石韦

贴生石韦

贴生石韦

短柄，叶片椭圆形，或卵形，圆头，基部钝圆，长约 1.5 ~ 2cm，宽 1.2 ~ 1.5cm，干后纸质，上面灰色，下面淡棕色；能育叶近舌状，最宽处在中上部，圆钝头，向下渐变狭成楔形，下延。孢子囊群近圆形。

【**产地与习性**】产云南。附生于海拔 100 ~ 1050m 岩石上。不丹、印度、缅甸、泰国、菲律宾、印度尼西亚和加里曼丹岛也有分布。性喜温暖，不耐寒，喜湿润及稍荫蔽环境。生长适温 15 ~ 30℃。

【**观赏评价与应用**】叶片圆形，状似钱币，常层叠生长，极为可爱。园林中可用于大树树干、蔽荫立体景观墙壁、山岩等外栽培做覆盖材料，景观效果极佳。

钱币石韦

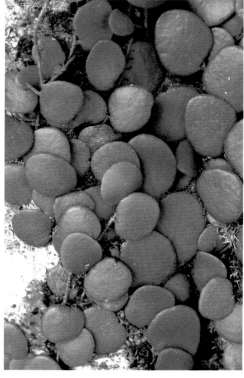

治腮腺炎、瘰疬。

【**同属种类**】全属约有 60 种，主产亚洲热带和亚热带地区，少数达非洲及大洋洲。中国现有 32 种，其中 6 种为特有种。

钱币石韦
Pyrrosia nummulariifolia

【**科属**】水龙骨科石韦属

【**形态特征**】植株矮小，不育叶约高 2cm，能育叶高 5 ~ 7cm。叶远生，二型；不育叶具

槲蕨科 **Drynariaceae**

槲蕨
Drynaria roosii

【科属】槲蕨科槲蕨属

【形态特征】通常附生岩石上或附生树干上。叶二型，基生不育叶圆形，长（2-）5～9cm，宽（2-）3～7cm，基部心形，浅裂至叶片宽度的1/3，边缘全缘，黄绿色或枯棕色。能育叶叶片长20～45cm，宽10～15（～20）cm，深羽裂到距叶轴2～5mm处，裂片7～13对，互生，稍斜向上，披针形，边缘有不明显的疏钝齿；叶干后纸质。孢子囊群圆形，椭圆形，叶片下面全部有分布。

【产地与习性】产华东、华南、华中及西南地区。附生海拔100～1800m树干或石上，偶生于墙缝。越南、老挝、柬埔寨、泰国北部、印度也有。对温度适应性强，耐热，耐寒性一般。喜湿润环境，以充足散射光为宜。用附生基质栽培。生长适温15～28℃。

【观赏评价与应用】二型叶，基生叶色淡雅，脉纹清晰，能育叶伸展，姿态优美，均具有较高的观赏价值。可附于树干、山石栽培，也可分栽悬于庭前、廊柱装饰。根状茎作"骨碎补"用，补肾坚骨，治跌打损伤、腰膝酸痛。

【同属种类】全属16种，主要分布于亚洲至大洋洲。我国有9种，其中1种为特有。

槲蕨　槲蕨　槲蕨

崖姜蕨
Pseudodrynaria coronans

【科属】槲蕨科崖姜蕨属

【形态特征】叶一型，长圆状倒披针形，长80～120cm或过之，中部宽20～30cm，顶端渐尖，向下渐变狭，至下约1/4处狭缩成宽1～2cm的翅，至基部又渐扩张成膨大的圆心脏形，基部以上叶片为羽状深裂，再向上几乎深裂到叶轴；裂片多数，斜展或略斜向上，被圆形的缺刻所分开，披针形。孢子囊群位于小脉交叉处，叶片下半部通常不育。

【产地与习性】产福建、台湾、广东、广西、海南、贵州、云南。附生于海拔100～1900m雨林或季雨林中生树干上或石上。越南、缅甸、印度、尼泊尔、马来西亚也有。喜温暖、湿润环境，喜半荫，忌强光，选用附生基质或疏松、排水良好的微酸性土壤栽培。生长适温15～28℃。

【观赏评价与应用】大型蕨类，株形飘逸，绿意盎然，给人以婆娑之感。可用于假山、山岩、石隙间栽培，也常吊挂用于绿廊、蕨类专类园等处观赏。肉质根状茎作"骨碎补"的代用品。

【同属种类】单种属。亚洲热带分布。

崖姜蕨　崖姜蕨

鹿角蕨科 **Platyceriaceae**

二歧鹿角蕨
Platycerium bifurcatum

【科属】鹿角蕨科鹿角蕨属

【形态特征】附生树上或岩石上，成簇。基生不育叶无柄，直立或贴生，长18～60cm，宽8～45cm；边缘全缘，浅裂直到四回分叉。正常能育叶，直立，伸展或下垂，通常不对称到多少对称，楔形，长25～100cm，二至五回叉裂。孢子囊群斑块1到10个，位于裂片先端，狭长。

【产地与习性】本种广为栽培，有一些栽培变型。其正常能育叶二至五回，叉裂成不对称，或多少对称的裂片，裂片先端部分能育。原产澳大利亚东北部沿海地区的亚热带森林中，以及新几内亚岛、小巽他群岛及爪哇等地。喜高温、高湿，不耐寒，栽培需选用附生基质。生长适温18～30℃。

【观赏评价与应用】为附生性观赏蕨，株型繁茂、孢子叶极为奇特，姿态优美，富有热带风情，世界各地广为栽培。可用于大树树干、岩石上、墙面绿化，或吊盆悬于廊架、花架上观赏。

【同属种类】全属约15种，主要分布于亚洲热带和亚热带，向北到达亚洲东北部温带，向南到达非洲东部；中国有1种。

二歧鹿角蕨　二歧鹿角蕨

二歧鹿角蕨

蘋科 **Marsileaceae**

蘋
Marsilea quadrifolia

【科属】蘋科蘋属

【别名】苹、田字草、破铜钱、四叶菜

【形态特征】植株高 5～20cm。根状茎细长横走，茎节远离，向上发出一至数枚叶子。叶柄长 5～20cm；叶片由 4 片倒三角形的小叶组成，呈十字形，长宽各 1～2.5cm，外缘半圆形，基部楔形，全缘，草质。孢子果双生或单生于短柄上。

【产地与习性】广布长江以南各省区，北达华北和辽宁，西到新疆。世界温热两带其他地区也有。生水田或沟塘中。生长适温 15～30℃。

【观赏评价与应用】叶片小巧可爱，排成田字型，清秀雅致，为深受欢迎的蕨类植物。本种易栽培，可成片种植于浅水岩边或湿地处观赏。也可盆栽。全草入药，清热解毒，利水消肿，外用治疮痈，毒蛇咬伤。

【同属种类】本属约 52 种，遍布世界各地，尤以大洋洲及南部非洲为最多。我国有 3 种。

蘋

蘋

蘋

槐叶蘋科 Salviniaceae

槐叶蘋
Salvinia natans

【科属】槐叶蘋科槐叶蘋属

【别名】槐叶苹

【形态特征】小型漂浮植物。三叶轮生，上面二叶漂浮水面，形如槐叶，长圆形或椭圆形，长 0.8～1.4cm，宽 5～8mm，顶端钝圆，基部圆形或稍呈心形，全缘；叶草质，上面深绿色，下面密被棕色茸毛。下面一叶悬垂水中，细裂成线状，被细毛，形如须根。孢子果 4～8 个簇生于沉水叶的基部。

【产地与习性】广布长江流域和华北、东北以及远到新疆的水田中，沟塘和静水溪河内。日本、越南和印度及欧洲均有分布。性喜温暖，生于水面之上或湿地上，耐热，喜光照。生长适温 15～30℃。

【观赏评价与应用】叶状似槐叶，叶排成羽状，两两对生，浮于水面之上，清新淡雅，小巧可爱，富有情趣，观赏价值较高。可用于公园、社区等水景园的水面绿化，也可盆栽。全草入药，治虚劳发热，湿疹。

【同属种类】本属约 10 种，广布各大洲，其中以美洲和非洲热带地区为主。中国有 2 种。

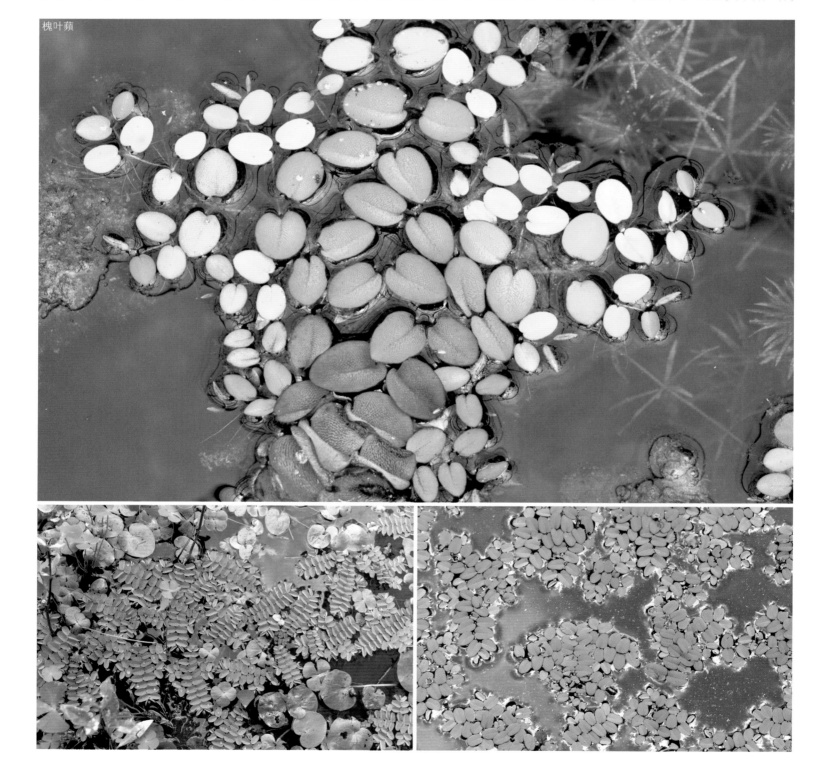

槐叶蘋

满江红科 Azollaceae

满江红
Azolla imbricata

【科属】满江红科满江红属

【形态特征】小型漂浮植物。植物体呈卵形或三角状，根状茎细长横走。叶小如芝麻，互生，无柄，覆瓦状排列成两行，叶片深裂分为背裂片和腹裂片两部分，背裂片长圆形或卵形，肉质，绿色，但在秋后常变为紫红色；腹裂片贝壳状，无色透明，多少饰有淡紫红色，斜沉水中。孢子果双生于分枝处。

【产地与习性】广布于长江流域和南北各省区。生于水田和静水沟塘中。朝鲜、日本也有。性喜温暖，生于水面之上，喜光照。生长适温 12 ~ 28℃。

【观赏评价与应用】本种秋季转红，色泽美观，可用于观赏，但本种生长快，极易郁闭水面，引种需注意。可用于小型水体或用于工艺缸盆栽培观赏。本种为优良的绿肥，又是很好的饲料，还可药用。

【同属种类】本属有 7 种，产温带至热带地区，中国有 2 种，其中 1 种引进栽培。

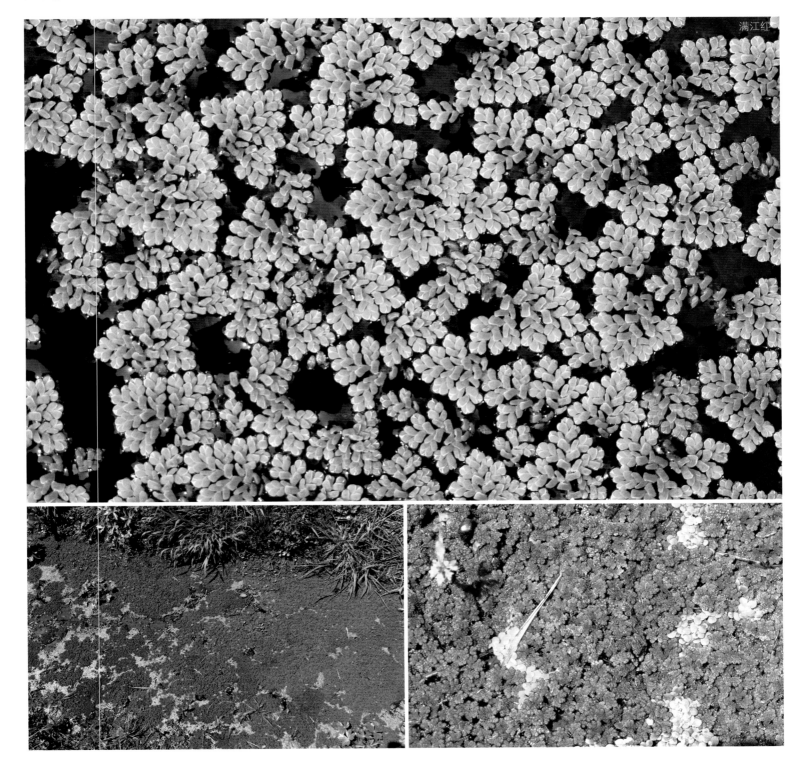

满江红

被子植物

金粟兰科 Chloranthaceae

全缘金粟兰
Chloranthus holostegius

【科属】金粟兰科金粟兰属

【别名】四块瓦、土细辛

【形态特征】多年生草本，高 25 ～ 55cm；根状茎生多数须根；茎直立，通常不分枝。叶对生，通常 4 片生于茎顶，呈轮生状，坚纸质，宽椭圆形或倒卵形，长 8 ～ 15cm，宽 4 ～ 10cm，顶端渐尖，基部宽楔形，边缘有锯齿。穗状花序顶生和腋生，通常 1 ～ 5 聚生，苞片宽卵形或近半圆形，不分裂；花白色；核果近球形或倒卵形，绿色。花期 5 ～ 6 月，果期 7 ～ 8 月。

【产地与习性】产于云南、四川、贵州、广西。生于海拔 700 ～ 1600m 山坡、沟谷密林下或灌丛中。性喜温暖及半荫环境，在全光照下也可正常生长，较耐寒，不耐酷热，

喜疏松、排水良好的砂质土壤。生长适温 15 ～ 26℃。

【观赏评价与应用】本种叶大呈轮生状，极具特色，花序洁白，观赏性强，适合用于公园、绿地及风景区的林缘、林下或路边片植观赏，也适合丛植于假山石边，园林小径或庭园一隅，也可用于花境栽培。全草供药用，具有解毒消肿、活血散瘀功效。

【同属种类】本属约 17 种，产亚洲温带及热带，我国有 13 种，其中 9 种为特有。

银线草
Chloranthus japonicus

【科属】金粟兰科金粟兰属

【别名】四叶细辛

【形态特征】多年生草本，高 20 ～ 49cm；根状茎多节，横走，分枝，有香气；茎直立，单生或数个丛生，不分枝。叶对生，通常 4

片生于茎顶，成假轮生，纸质，宽椭圆形或倒卵形，长 8 ～ 14cm，宽 5 ～ 8cm，顶端急尖，基部宽楔形，边缘有齿牙状锐锯齿，近基部或 1/4 以下全缘。穗状花序单一，顶生，苞片三角形或近半圆形；花白色；核果近球形或倒卵形。花期 4 ～ 5 月，果期 5 ～ 7 月。

【产地与习性】产于吉林、辽宁、河北、山西、山东、陕西、甘肃。生于海拔 500 ～ 2300m 山坡或山谷杂木林下阴湿处或沟边草丛中。朝鲜和日本也有。性喜冷凉及半荫环境，喜湿润，极耐寒，不耐热，耐瘠性好，对土壤要求不严。生长适温 12 ～ 25℃。

【观赏评价与应用】花序洁白，极具观赏性，目前仅植物园有少量引种，是具有开发价值的野生观赏花卉，适合林缘、疏林下、山石旁或墙垣边丛植或片植观赏。全株供药用，具有祛湿散寒、活血止痛、散瘀解毒的功效。根状茎可提取芳香油。

银线草

三白草科 Saururaceae

鱼腥草
Houttuynia cordata

【科属】三白草科蕺菜属

【别名】蕺菜、狗贴耳、侧耳根

【形态特征】腥臭草本，高 30 ～ 60cm。叶薄纸质，有腺点，卵形或阔卵形，长 4 ～ 10cm，宽 2.5 ～ 6cm，顶端短渐尖，基部心形，背面常呈紫红色。花序长约 2cm，总苞片长圆形或倒卵形，顶端钝圆。蒴果。花期 4 ～ 7 月。

【产地与习性】产我国中部、东南至西南部各省区，东起台湾，西南至云南、西藏，北达陕西、甘肃。 生于沟边、溪边或林下湿地上。亚洲东部和东南部广布。性喜温暖及潮湿的环境，也耐旱，不择土壤。生长适温 16 ～ 28℃。

【观赏评价与应用】本种与栽培品种'花叶'鱼腥草常用于园林绿化，多用于点缀园路边或水景区，多片植于路边、山石边或水边坡地，为优良地被植物。全株入药，有清热、解毒、利水之效。嫩根茎可食，我国西南地区人民常作蔬菜或调味品。

【同属种类】本属 1 种，分布于亚洲东部和东南部。我国在长江流域及其以南各省区常见。

栽培的品种有：

'花叶'鱼腥草 *Houttuynia cordata* 'Variegata'

形态特征与鱼腥草基本相同，唯叶片上具有花斑，常为绿色、褐色、紫红、白色等混杂在一起，较原种有更强的观赏性。

三白草
Saururus chinensis

【科属】三白草科三白草属

【别名】塘边藕

【形态特征】湿生草本，高约 1m 余；叶纸质，密生腺点，阔卵形至卵状披针形，长 10 ～ 20cm，宽 5 ～ 10cm，顶端短尖或渐尖，基部心形或斜心形，两面均无毛，上部的叶较小，茎顶端的 2 ～ 3 片于花期常为白色，呈花瓣状。花序白色，苞片近匙形，上部圆，无毛或有疏缘毛。花期 4 ～ 6 月。

【产地与习性】产于河北、山东、河南和长江流域及其以南各省区。生于低湿沟边，塘边或溪旁。日本、菲律宾至越南也有分布。喜温暖及水湿的环境，不耐旱，以肥沃的稍粘质壤土为佳。生长适温 15 ～ 30℃。

【观赏评价与应用】本种上部叶片呈白色，奇特美观，为优良的水景植物，多用于水岸边浅水处片植绿化，或常与其他水生植物配植于水际边，互为补充。全株入药，具有清热利湿、利尿消肿等功效。

【同属种类】本属 2 种，分布于亚洲东部和北美洲。我国 1 种。

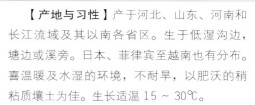

胡椒科 **Piperaceae**

草胡椒属
Peperomia Ruiz et Pavon

【科属】胡椒科草胡椒属

【别名】椒草

【形态特征】一年生或多年生草本，茎通常矮小，带肉质，常附生于树上或石上；叶互生、对生或轮生，全缘，无托叶。花极小，两性，常与苞片同着生于花序轴的凹陷处，排成顶生、腋生或与叶对生的细弱穗状花序，花序单生、双生或簇生，直径几与总花梗相等。浆果。

【产地与习性】我国约有 10 余种，产东南至西南部各省区。性喜温暖、湿润的环境，大多不耐强光，喜稍荫环境，喜肥沃、排水良好土壤。生长适温 16～30℃。

【观赏评价与应用】叶形多变，有的具有红、白、黄等色斑，具有较高的观赏性，为常见栽培的观叶植物，常用于布置居室，园林中大多用于观赏温室的路边、山石旁栽培观赏。部分种类入药。

【同属种类】本属约有 1000 种，广布于热带和亚热带地区，我国有 7 种，其中 2 种特有，1 种引进。

常见栽培的同属种及品种有：

1. 西瓜皮椒草 *Peperomia argyreia*

多年常绿草木，株高约 15～20cm。叶密集，肉质，盾形或宽卵形，叶面绿色，叶背为红色。叶面具银白色的规则色带，似西瓜皮。穗状花序，花小，白色。产美洲。

2. 皱叶椒草 *Peperomia caperata*

多年生常绿草本，植株簇生。叶圆心形。叶面有皱褶，绿色，主脉及侧脉向下凹陷。花穗较长，高于植株之上，花梗红褐色。产巴西。

3. 红皱椒草 *Peperomia caperata* ‘Autumn Leaf’

为皱叶椒草选育出的品种，叶面暗红色。

4. 红边椒草 *Peperomia clusiifolia*

多年生常绿草本，株高 10～30cm。叶肉质，肥厚。互生，全缘，叶边缘红色。肉穗花序。产牙买加等地。

5. 圆叶椒草 *Peperomia obtusifolia*

多年生常绿草本，株高约 30cm。叶互生，

西瓜皮椒草

西瓜皮椒草

西瓜皮

红皱椒草

皱叶椒草

红边椒草

红边椒草

椭圆形或倒卵形。叶端近平截或钝圆，叶基渐狭。叶面具光泽，肉质。产委内瑞拉。

6. 荷叶椒草 *Peperomia polybotrya*

多年生常绿草本，株高 15 ~ 20cm。叶肉质，簇生，叶倒卵形。穗状花序，灰白色。产热带及亚热带地区。

7. '斑叶' 垂椒草 *Peperomia serpens* 'Variegata'

多年生常绿草本植物。植株蔓性，匍匐状生长，茎圆形，肉质，多汁。叶长心脏形，先端尖，叶面淡绿色，叶缘黄白色。穗状花序长。栽培种。

山蒟
Piper hancei

【科属】胡椒科胡椒属

【形态特征】攀援藤本，长数至 10 余米。叶纸质或近革质，卵状披针形或椭圆形，少有披针形，长 6 ~ 12cm，宽 2.5 ~ 4.5cm，顶端短尖或渐尖，基部渐狭或楔形，有时钝。花单性，雌雄异株，聚集成与叶对生的穗状花序。雄花序长 6 ~ 10cm，雌花序长约 3cm，于果期延长；浆果球形，黄色。花期 3 ~ 8 月。

【产地与习性】产于浙江、福建、江西、湖南、广东、广西、贵州及云南。生于山地溪涧边、密林或疏林中，攀援于树上或石上。喜光照，也耐荫，喜疏松、排水良好的土壤。生长适温 18 ~ 30℃。

【观赏评价与应用】叶形变化较大，观赏性强，多用于棚架、花架、墙垣及假山石或庭园树干垂直绿化，也可用于园路边用作地被植物；茎、叶药用，治风湿、咳嗽、感冒等。

【同属种类】本属约 1000 ~ 2000 种，主产热带地区。我国有 60 余种，其中 34 种为特有，3 种引进。

假蒟
Piper sarmentosum

【科属】胡椒科胡椒属

【别名】蛤蒟

【形态特征】多年生、匍匐、逐节生根草本，长数至 10 余米；叶近膜质，有细腺点，下部的阔卵形或近圆形，长 7 ~ 14cm，宽6 ~ 13cm，顶端短尖，基部心形或稀有截平；上部的叶小，卵形或卵状披针形，基部浅心形、圆、截平或稀有渐狭。花单性，雌雄异株，聚集成与叶对生的穗状花序。雄花序长1.5 ~ 2cm，雌花序长 6 ~ 8mm，于果期稍延长。浆果近球形。花期 4 ~ 11 月。

【产地与习性】产福建、广东、广西、云南、贵州及西藏各省区。生于林下或村旁湿地上。印度、越南、马来西亚、菲律宾、印度尼西亚、巴布亚新几内亚也有。全日照或半日照，对土壤要求不严。生长适温 18 ~ 30℃。

【观赏评价与应用】叶色光亮，适生性强，为优良的观叶植物，可用于林下、林缘、路边或水岸边种植观赏；全草入药，用于跌打损伤、风湿痛、胃腹寒痛、腹胀、风寒咳嗽。

假蒟

马兜铃科 Aristolochiaceae

美丽马兜铃
Aristolochia elegans

【科属】马兜铃科马兜铃属

【形态特征】多年生攀援草质小型藤本植物，株高 3 ~ 5m。单叶互生，广心脏形，全缘，纸质。花单生于叶腋，花柄下垂，先端着一花，未开放前为一气囊状，花瓣满布深紫色斑点，喇叭口处有一半月形紫色斑块。蒴果长圆柱形。花期夏初。

【产地与习性】产美洲巴西。性喜温暖及散射光充足的环境，不耐强光，喜疏松、排水良好的壤土。生长适温 20 ~ 28℃。

【观赏评价与应用】我国有少量引种，叶心脏形，花大而奇特，具有异国风情，可用于小型篱架、花架、铁丝网、墙垣栽培观赏，常与其他同属植物配植，或用于专类园。

【同属种类】本属约有 400 种，分布于热带和温带地区。我国产 45 种，其中 33 种为特有。

美丽马兜铃

美丽马兜铃

通城马兜铃

通城马兜铃
Aristolochia fordiana

【科属】马兜铃科马兜铃属

【别名】通城虎、大散血、血蒟

【形态特征】草质藤本；叶革质或薄革质，卵状心形或卵状三角形，长 10 ~ 12cm，宽 5 ~ 8cm，顶端长渐尖或短渐尖，基部心形，两侧裂片近圆形，长约 3cm，下垂或扩展。总状花序长达 4cm，有花 3 ~ 4 朵或有时仅一朵，腋生，花被管基部膨大呈球形，外面绿色，向上急收狭成一长管，管口扩大呈漏斗状。

通城马兜铃

蒴果长圆形或倒卵形。花期 3 ~ 4 月，果期 5 ~ 7 月。

【产地与习性】产于广西、广东、江西、浙江和福建。生于山谷林下灌丛中和山地石隙中。性喜温暖及半荫环境，不耐寒，忌强光，对土壤要求不严。生长适温 18 ~ 28℃。

【观赏评价与应用】花小而奇特，与叶片色泽形成鲜明对比，适合小型的棚架、花架、绿篱或盆栽观赏。果实和根可药用。

烟斗马兜铃
Aristolochia gibertii

【科属】马兜铃科马兜铃属

【形态特征】多年生常绿蔓性藤本。叶互生，纸质，卵状心形，先端钝圆。花单生于叶腋，花柄较长，花被管合生，膨大成球形，上唇较长，呈烟斗状。花瓣密布褐色条纹或斑块。蒴果。主要花期夏至秋。

【产地与习性】原产南美的阿根廷、巴拉

烟斗马兜铃

烟斗马兜铃

烟斗马兜铃

大叶马兜铃

部急遽弯曲，下部长圆柱形，弯曲处至檐部较下部狭而稍短，外面黄绿色，有纵脉10条，密被白色长柔毛；檐部盘状，近圆形，边缘3浅裂，裂片平展，阔卵形，近等大或在下一片稍大，顶端短尖，黄绿色，喉部黄色；蒴果长圆状或卵形，成熟时暗褐色；种子倒卵形。花期4～5月，果期6～8月。

【产地与习性】产于台湾、福建、江苏、江西、广东、广西、贵州、云南。生于山坡灌丛中。性喜温暖及光照充足的环境，不耐荫蔽，耐热，耐瘠。对土壤要求不高。生长适温18～28℃。

【观赏评价与应用】本种花型奇特，性强健，园林中可用于小型棚架、篱架、花架等栽培观赏。或用于本属的专类区栽培观赏。

麻雀花
Aristolochia ringens

【科属】马兜铃科马兜铃属

【形态特征】多年生缠绕草质藤本，茎长2m以上。叶纸质，卵状心形，顶端钝尖或圆，基部心形。花单生于叶腋，具长柄，花下部膨大，上部收缩，檐二唇状，下唇较上唇长约一倍，花暗褐色，具灰白斑点。

【产地与习性】产南美，我国有少量引种。

圭和巴西。喜温暖及光照充足的环境，耐热、不耐寒，不择土壤。生长适温18～30℃。

【观赏评价与应用】本种生长茂盛，叶心形，花奇特，即似烟斗，也象善于捕鱼的鹈鹕，具有较高的观赏价值，可用于庭园的花架、绿廊、篱笆等的垂直绿化。

大叶马兜铃
Aristolochia kaempferi

【科属】马兜铃科马兜铃属

【别名】地黄蒲、南木香

【形态特征】草质藤本；叶纸质，叶形各式，卵形、卵状心形、卵状披针形或戟状耳形，长5～18cm，下部宽4～8cm，中部宽2～5cm，顶端短尖或渐尖，基部浅心形或耳形，边全缘或因下部向外扩展而有2个圆裂片。花单生，稀2朵聚生于叶腋；花被管中

大叶马兜铃

麻雀花

麻雀花

喜温暖，喜光照，耐热，对土壤要求不高。生长适温 18 ~ 30℃。

【观赏评价与应用】花大奇特，花期长，具有热带风情，具有较高的观赏价值。可用于小型棚架、花架、绿篱等栽培观赏。

港口马兜铃
Aristolochia zollingeriana

【科属】马兜铃科马兜铃属

【形态特征】草质藤本；叶纸质至薄革质，卵状三角形或肾形，长 5 ~ 7cm，宽 5 ~ 7.5cm，顶端短尖，基部浅心形，两侧裂片半圆形，扩展，边全缘，稀浅 3 裂。总状花序腋生，有花 3 ~ 4 朵；花梗基部具小苞片；基部收狭呈柄状，与子房连接处稍膨大，其上膨大呈球形，向上收狭成一长管，管口扩大呈漏斗状。蒴果长圆形。花期 7 月。

【产地与习性】产台湾。生于密林中。日本、爪哇亦产。性喜温暖，不耐寒，忌强光，对土壤要求不严。生长适温 18 ~ 28℃。

【观赏评价与应用】花小奇特，精致美丽，可用于小型的棚架、花架、绿篱或盆栽观赏。

港口马兜铃

港口马兜铃

杜衡
Asarum forbesii

【科属】马兜铃科细辛属

【别名】马辛

【形态特征】多年生草本；叶片阔心形至肾心形，长和宽各为 3 ~ 8cm，先端钝或圆，基部心形，两侧裂片长 1 ~ 3cm，宽 1.5 ~ 3.5cm，叶面深绿色，中脉两旁有白色云斑。花暗紫色，花被管钟状或圆筒状，喉部不缢缩，内壁具明显格状网眼，花被裂片直立，卵形，长 5 ~ 7mm，宽和长近相等。花期 4 ~ 5 月。

杜衡　杜衡　杜衡

【产地与习性】产于江苏、安徽、浙江、江西、河南、湖北及四川。生于海拔 800m 以下林下沟边阴湿地。喜温暖气候，喜半荫环境，以疏松、排水良好的壤土为佳。生长适温 16 ~ 28℃。

【观赏评价与应用】叶具云斑，有较强的观赏性，与其他观叶植物形成鲜明对比，可群植于园路边、山石旁或墙边片植，也可丛植点缀或与其他观赏植物配植。全草入药，挥发油对动物有明显的镇静作用。

【同属种类】约 90 种，分布于较温暖的地区，主产亚洲东部和南部，少数种类分布亚洲北部、欧洲和北美洲。我国有 39 种，其中 34 种为特有。

马蹄香
Saruma henryi

【科属】马兜铃科马蹄香属

【别名】冷水丹，狗肉香

【形态特征】多年生直立草本，茎高 50 ~ 100cm；叶心形，长 6 ~ 15cm，顶端短渐尖，基部心形，两面和边缘均被柔毛；叶柄长 3 ~ 12cm，被毛。花单生，花梗长 2 ~ 5.5cm，被毛；萼片心形，花瓣黄绿色，肾心形，基部耳状心形，有爪；蒴果蓇葖状。花期 4 ~ 7 月。

【产地与习性】产江西、湖北、河南、陕西、甘肃、四川及贵州等省。生于海拔 600 ~ 1600m 山谷林下和沟边草丛中。喜温暖、湿润及半荫环境，有一定耐寒性。生长适温 15 ~ 26℃。

【观赏评价与应用】叶呈心形，花黄色，均有一定的观赏性，园林中应用较少，可引种用于林下、林缘、山石边片植观赏。根状茎和根入药，治胃寒痛、关节疼痛；鲜叶外用治疮疡。

【同属种类】为我国特有属，1 种，产于中南、西南及西北各地。

马蹄香

马蹄香

莲科  Nelumbonaceae

荷花
Nelumbo nucifera

【科属】莲科莲属

【别名】莲花、莲、芙蕖、芙蓉、菡萏

【形态特征】多年生水生草本；根状茎横生，肥厚，节间膨大，内有多数纵行通气孔道，节部缢缩。叶圆形，盾状，直径25～90cm，全缘稍呈波状，上面光滑，具白粉；花直径10～20cm，美丽，芳香；花瓣红色、粉红色或白色，矩圆状椭圆形至倒卵形。坚果椭圆形或卵形，长1.8～2.5cm，果皮革质，坚硬，熟时黑褐色；种子卵形或椭圆形。花期6～8月，果期8～10月。

【产地与习性】产于我国南北各省。自生或栽培在池塘或水田内。俄罗斯、朝鲜、日本、印度、越南、亚洲南部和大洋洲均有分布。性喜温暖及阳光充足的环境，喜富含有机质的肥沃粘土。生长适温20～32℃。

【观赏评价与应用】荷花在我国有着悠久的历史文化，"莲出淤泥而不染，濯清涟而不妖"已成为荷花的绝妙写照，唐朝诗人李白、李商隐、皮日休、白居易都有对莲的吟诵。更多的诗人认定此花为仙界奇葩，温庭筠想到了"翩若惊鸿，婉若游龙"的洛水女神，白居易的《采莲曲》："菱叶萦波荷飐风，荷花深处小船涌。逢郎欲语低头笑，碧玉搔头落水中"，演绎出一段绮丽浪漫的爱情故事。屈大均在《广东新语·草语·莲菱》中记载了广州郊西的泮塘采莲盛景，老广州的"泮塘莲歌"已一去不复返了。目前佛山的三水荷花世界为国内以荷花为主打的主题公园，共有500余个荷花品种及数十个睡莲品种，置身三水荷花世界，感受"小荷才露尖尖角"的清新自然，又可欣赏"风过荷举，莲障千重"的景致。荷花为著名的园林水生花卉，花芳香，是我国著名的食用、药用兼观赏植物；世界各地广为种植，多片植于水体的浅水处观赏，与周边建筑、廊桥、河堤、柳树等搭配，使周边建筑与荷花相映成趣；藕、莲子、花均可食用并入药。

【同属种类】本属有2种：一种产亚洲及大洋洲，一种产美洲。

睡莲科 Nymphaeaceae

芡
Euryale ferox

【科属】睡莲科芡属

【别名】鸡头米、刺莲藕

【形态特征】多年生草本，沉水叶箭形或椭圆肾形，长 4 ～ 10cm，两面无刺；浮水叶革质，椭圆肾形至圆形，直径 10 ～ 130cm，盾状，有或无弯缺，全缘，下面带紫色，两面在叶脉分枝处有锐刺；花长约 5cm；萼片披针形，花瓣矩圆披针形或披针形，长 1.5 ～ 2cm，紫红色，成数轮排列。浆果球形，污紫红色；种子球形。花期 7 ～ 8 月，果期 8 ～ 9 月。

【产地与习性】产我国南北各省，从黑龙江至云南、广东。生在池塘、湖沼中。喜温暖湿润气候，喜光照。以静水为宜，水深不超过 2m。喜肥沃、深厚、略带粘性的轻粘壤土。生长适温 16 ～ 30℃。

【观赏评价与应用】叶大如盖，浓绿具有皱褶，花色明丽，均具有较高的观赏性，园林中常植于水体浅水处，多与荷花、睡莲、香蒲等配植。种子含淀粉，供食用、酿酒及制副食品用，根、茎、叶、果均可入药。嫩叶柄和花柄剥去外皮可做蔬菜。

【同属种类】本属仅 1 种，产中国、俄罗斯、朝鲜、日本及印度。

欧亚萍蓬草
Nuphar lutea

【科属】睡莲科萍蓬草属

【形态特征】多年水生草本。根状茎粗，可达 10cm。叶近革质，椭圆形，长 15 ～ 20cm，宽 10 ～ 18cm，基部弯缺占叶片 1/3 ～ 1/4，裂片开展，下面无毛或有柔毛，且有明显分叉脉；花直径 4 ～ 5cm；萼片宽卵形至圆形，长 2 ～ 3cm；花瓣条形，长 1 ～ 1.5cm；柱头盘 5 ～ 25 裂。浆果；种子卵形。花期 7 ～ 8 月，果期 9 ～ 10 月。

【产地与习性】产新疆。生在池沼中。几全部欧洲，俄罗斯高加索和西伯利亚、伊朗、中亚均有分布。性喜温暖及水湿环境，喜光，喜肥沃、稍粘重的土壤。生长适温 16 ～ 30℃。

【观赏评价与应用】叶大光亮，花色金黄，小花点缀于叶间，对比性强，具有观赏性，多用于水体的浅水外片植，也常与其他水生植物配植造景。

【同属种类】本属约 10 种，分布于亚洲、欧洲及美洲，我国产 3 种。

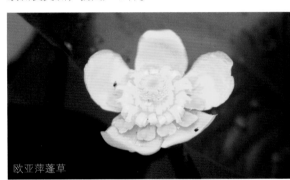
欧亚萍蓬草

欧亚萍蓬草

芡

芡

萍蓬草
Nuphar pumila

【科属】睡莲科萍蓬草属

【别名】黄金莲、萍蓬莲

【形态特征】多年水生草本；根状茎直径2～3cm。叶纸质，宽卵形或卵形，少数椭圆形，长6～17cm，宽6～12cm，先端圆钝，基部具弯缺，心形，裂片远离，圆钝，上面光亮，下面密生柔毛。花直径3～4cm；萼片黄色，外面中央绿色，矩圆形或椭圆形，花瓣窄楔形，先端微凹；柱头盘常10浅裂，淡黄色或带红色。浆果卵形；种子矩圆形。花期5～7月，果期7～9月。

【产地与习性】分布于新疆、黑龙江、吉林、河北、江苏、浙江、江西、福建、广东等地。俄罗斯的西伯利亚地区、日本、欧洲也有分布。性喜温暖、湿润、阳光充足的环境。对土壤要求不严，以土质肥沃略带粘性为好。生长适温15～30℃。

【观赏评价与应用】叶大光亮，柱头红色，与黄色花瓣形成鲜明对比，极为靓丽，观花、观叶均宜，园林中多用于池塘水景布置，与睡莲、莲花、荇菜、王莲、香蒲等配植，形成多彩的水上景观。根状茎食用，又供药用，有强壮、净血作用。

栽培的同属植物有：

台湾萍蓬草 *Nuphar shimadai*

多年水生草本；根状茎肥厚，直径1～1.5cm。叶纸质，矩圆形或卵形，长8～10cm，宽7～8cm，基部箭状心形，裂片近三角形，近全缘，下面中部有少数长硬毛，越向边缘毛越密；花萼倒卵形或匙状倒卵形，长约2cm，瓣倒卵状菱形，长6mm，先端截形或微缺；柱头盘具10裂片。浆果宽球形。花果期12月。产我国台湾。生在池塘中。

萍蓬草

萍蓬草

萍蓬草

台湾萍蓬草

台湾萍蓬草

睡莲
Nymphaea Linn.

【科属】睡莲科睡莲属

【形态特征】多年生水生草本；根状茎肥厚。叶二型：浮水叶圆形或卵形，基部具弯缺，心形或箭形，常无出水叶；沉水叶薄膜质，脆弱。花大形、美丽，浮在或高出水面；萼片4，近离生；花瓣白色、蓝色、黄色或粉红色，12～32枚，成多轮，有时内轮渐变成雄蕊。浆果海绵质，不规则开裂。

【产地与习性】约50种，广泛分布在温带及热带；我国产5种。喜光，不耐荫，对温度适应性因种类而异，大多喜温暖或高温环境，以疏松稍粘质的土壤为佳。生长适温16～30℃。

【观赏评价与应用】睡莲在岭南地区栽培历史较为悠久，晋代嵇含编撰的《南方草木状》中写到"花之美者，有水莲，如莲而茎紫，柔而无刺"这里说的水莲就是睡莲的一种，说明在晋代岭南我国已种植睡莲，清赵学敏所编《本草纲目拾遗》中写到"今浙人呼为子午

睡莲景观

睡莲景观

莲。生水泽腋荡中，叶较荷而小，缺口不圆，入夏开白花，午开子敛，子开午敛，故名。采花入药"，对其外观及用途进行了记载。睡莲同荷花一样，同为佛教用花，在我国南方的寺庙中，多有睡莲种植，也常见善男信女将睡莲用于供佛。睡莲花大美艳，叶大秀美，花、叶均可观赏，花开时节，令人赏心悦目，心旷神怡，常与王莲、荷花及其他水生植物配植，丛植于湖、塘等水岸边或浅水处，也可几株点缀于临水假山旁或庭院水景中。

栽培的同属植物及变种有：

1. 白睡莲 *Nymphaea alba*

多年水生草本；根状茎匍匐；叶纸质，近圆形，直径 10 ~ 25cm，基部具深弯缺，裂片尖锐，近平行或开展，全缘或波状，两面无毛，有小点；花直径 10 ~ 20cm，芳香；萼片披针形，长 3 ~ 5cm，脱落或花期后腐烂；花瓣 20 ~ 25，白色，卵状矩圆形，长 3 ~ 5.5cm，外轮比萼片稍长；浆果扁平至半球形，种子椭圆形。花期 6 ~ 8 月，果期 8 ~ 10 月。产河北、山东、陕西、浙江。生在池沼中。印度、俄罗斯高加索及欧洲有分布。根状茎可食。

2. 雪白睡莲 *Nymphaea candida*

多年水生草本；根状茎直立或斜升；叶纸质，近圆形，直径 10 ~ 25cm，基部具深弯缺，叶的基部裂片邻接或重叠；花直径 10 ~ 20cm，芳香；花托略四角形；萼片披针形，长 3 ~ 5cm，脱落或花期后腐烂；花瓣 20 ~ 25，白色，卵状矩圆形，长 3 ~ 5.5cm，外轮比萼片稍长；内轮花丝披针形；柱头具 6 ~ 14 辐射线，深凹；浆果。花期 6 月，果期 8 月。

产新疆。生在池沼中。西伯利亚、中亚、欧洲有分布。根状茎可食。

3. 埃及蓝睡莲 *Nymphaea capensis*

又名非洲睡莲，为多年生水生草本，具根状茎。叶大纸质，近圆形或椭圆形，叶片深裂至叶柄着生处，叶边缘具齿，叶绿色。花梗一般伸出水面，绿色。花瓣蓝色，花瓣 15 ~ 20，花径 15 ~ 20cm，雄蕊金黄。花期夏季。产非洲热带地区，其他地区有引种。

4. 齿叶睡莲 *Nymphaea lotus*

多年水生草本；根状茎肥厚，匍匐。叶纸质，卵状圆形，直径 15 ~ 26cm，基部具深弯缺，裂片圆钝，近平行，边缘有弯缺三角状锐齿，上面及下面无毛；花瓣白色、红色或粉红色；雄蕊花药先端不延长，外轮花瓣状，内轮不孕。浆果为凹下的卵形，种子球形。花期 8 ~ 10 月，果期 9 ~ 11 月。产印度、缅甸、泰国、菲律宾、匈牙利及非洲北部。

白睡莲

雪白睡莲

埃及蓝睡莲

埃及蓝睡莲

齿叶睡莲

齿叶睡莲

5. 柔毛齿叶睡莲 Nymphaea lotus var. pubescens

多年水生草本；根状茎肥厚，葡匐。叶纸质，卵状圆形，直径 15 ～ 26cm，基部深弯缺，裂片圆钝，近平行，边缘有弯缺三角状锐齿，上面无毛，下面带红色，密生柔毛、微柔毛或近无毛；叶柄长达 50cm，无毛。花瓣 12 ～ 14，白色、红色或粉红色，矩圆形，长 5 ～ 9cm，先端圆钝，具 5 纵条纹；外轮花瓣状，内轮不孕。浆果，种子球形。花期 8 ～ 10 月，果期 9 ～ 11 月。产云南南部及西南部、台湾。生在低山池塘中。印度、越南、缅甸、泰国分布。

6. 黄睡莲 Nymphaea mexicana

根状茎直生；浮水叶卵形，直径 10 ～ 20cm，具不明显波状缘，下面红褐色，具黑色小斑点；花鲜黄色，直径约 10cm，自近中午至下午约 4 点开放。原产墨西哥，我国各地栽培供观赏。

7. 延药睡莲 Nymphaea stellata

又名蓝睡莲，多年水生草本；根状茎短，肥厚。叶纸质，圆形或椭圆状圆形，长 7 ～ 13cm，直径 7 ～ 10cm，基部具弯缺，裂片平行或开展，先端急尖或圆钝，边缘有波状钝齿或近全缘，下面带紫色，两面无毛，皆具小点；花直径 3 ～ 15cm，微香；花瓣白色带青紫、鲜蓝色或紫红色。浆果球形。花果期 7 ～ 12 月。产湖北及海南岛。生在池塘中。印度、越南、缅甸、泰国及非洲有分布。根状茎可煮食。

柔毛齿叶睡莲

黄睡莲

延药睡莲

亚马逊王莲
Victoria amazonica

【科属】睡莲科王莲属

【形态特征】多年生或一年生大型浮叶草本。浮水叶椭圆形至圆形，直径可达 2m，叶缘上翘呈盘状，叶面绿色略带微红，有皱褶，背面紫红色，具刺。花单生，常伸出水面开放，初开白色，后变为淡红色至深红色，有香气浆果。花果期 7 ～ 9 月。

【产地与习性】产南美洲热带地区，我国南方引种栽培。性喜高温，不耐寒，以土质肥沃略带粘性为好。生长适温 22 ～ 30℃。

【观赏评价与应用】叶大型，形态奇特，花大，观赏性佳，一株可绿化水体上百平方米，是水景绿化不可或缺的观叶植物，多用于公园、风景区的水体栽培，也常与睡莲、荷花等配植，营造不同的景观效果。

【同属种类】本属有 2 种，分布于美洲热带地区，我国引种栽培。

栽培的同属植物有：

克鲁兹王莲 *Victoria cruziana*

大型多年生水生植物。叶浮于水面，直径 1.2 ～ 1.8m。成熟叶圆形，叶缘向上反折。花单生，伸出水面，芳香，初开时白色，逐渐变为粉红色，至凋落时颜色逐渐加深。浆果。花果期 7 ～ 10 月。产南美洲热带地区，我国南方引种栽培。

亚马逊王莲

克鲁兹王莲

莼菜科 **Cabombaceae**

莼菜
Brasenia schreberi

【科属】莼菜科莼属

【形态特征】多年生水生草本；根状茎具叶及匍匐枝，后者在节部生根，并生具叶枝条及其它匍匐枝。叶椭圆状矩圆形，长 3.5 ~ 6cm，宽 5 ~ 10cm，下面蓝绿色，两面无毛。花直径 1 ~ 2cm，暗紫色；萼片及花瓣条形，先端圆钝；花药条形。坚果矩圆卵形。花期 6 月，果期 10 ~ 11 月。

【产地与习性】产江苏、浙江、江西、湖南、四川、云南。生在池塘、河湖或沼泽。俄罗斯、日本、印度、美国、加拿大、大洋洲东部及非洲西部均有分布。性喜温暖，喜光照，生长适温 20 ~ 30℃，以水质清洁，土壤肥沃为宜。

【观赏评价与应用】叶形美观，浮于水面之上，有较强的观赏性，适合公园、绿地或庭院的静水栽培，多植于水体的浅水处，既可单独应用，也可与睡莲、石龙尾、水蜡烛等其他水生植物配植。莼菜富含胶质，嫩茎叶作蔬菜食用。

【同属种类】仅 1 种，分布在亚洲东部、大洋洲、非洲西部及北美洲。

莼菜

莼菜

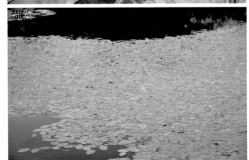

莼菜

水盾草
Cabomba caroliniana

【科属】莼菜科水盾草属

【别名】绿水盾草

【形态特征】多年生水生草本植物，茎长可达 5m。叶二型，沉水叶具叶柄，对生，扇形，二叉分裂，裂片线形。浮水叶在花枝上互生，叶狭椭圆形，盾状着生。花生于叶腋，花瓣 6，白色或淡紫色，基部黄色。

【产地与习性】原产美洲，生于溪流、湖泊及沼泽中。喜温暖及阳光充足的环境，不耐荫，喜微酸性的软水，对土壤要求不高。生长适温 18 ~ 30℃。

【观赏评价与应用】水盾草的叶片极为精致，观赏性极佳，多用作水族箱植物。本种易

水盾草

栽培，生长快，在我国江浙一带已逸生，具有一定的入侵性，排挤了本地的水生植物的生存空间。

【同属种类】本属 5 种，主要分布于美洲等地，我国产 1 种。

栽培的同属植物有：

　　红水盾草 *Cabomba furcata*

　　多年生水生草本，地下根茎发达，茎长 30 ~ 100cm，叶二型，叶红棕色，叶型与水盾草相似，花粉红色，基部黄色。产南美洲。

红水盾草

红水盾草

水盾草

毛茛科 Ranunculaceae

狼毒乌头
Aconitum lycoctonum

【科属】毛茛科乌头属

【形态特征】根近圆柱形，地下茎簇生，株高 100 ~ 120cm。基生叶具长柄；叶片肾状五角形，长 5.5 ~ 10cm，宽 8.5 ~ 20cm，基部心形，裂片超过中部，急尖，稀渐尖。总状花序，花浅黄色。花期初夏。

【产地与习性】产欧洲及亚洲北部。喜冷凉及半荫环境，也可在全光下生长，对土壤要求不严。生长适温 15 ~ 26℃。

【观赏评价与应用】花量大，花奇特，可供观赏，可用于疏林下、阴湿的草地边、园路边或墙垣边种植观赏，也可与同属植物配植。

【同属种类】本属约有 400 种，分布于北半球温带，主要分布于亚洲，其次在欧洲和北美洲。我国有 211 种，其中 166 种为特有种。

狼毒乌头

狼毒乌头

偶见栽培的野生植物有：

长白乌头 *Aconitum tschangbaischanense*
块根倒圆锥形，茎高 85 ~ 140cm。茎下部叶在开花时枯萎。茎中部叶有稍长柄；叶片肾状五角形，基部心形，三全裂，中央全裂片菱形，长渐尖，羽状深裂近中脉，末回裂片线状披针形或线形，通常全缘。总状花序顶生或腋生，顶生的有 7 ~ 14 花；萼片蓝色，上萼片高盔形或盔形，花瓣无毛，距向后弯曲。产吉林长白山区。生海拔 1000 ~ 1700m 间山地草坡或林边草地。

长白乌头

长白乌头

白类叶升麻
Actaea pachypoda

【科属】毛茛科类叶升麻属

【别名】白果类叶升麻

【形态特征】多年生草本，茎高 50cm 或更高，圆柱形，微具纵棱。叶 2 ~ 3 枚，茎下部的叶为羽状复叶，具长柄；顶部小叶卵形至宽卵状菱形，三裂边缘有锐锯齿，侧生小叶卵形有重锯齿。茎上部叶单叶，较小，长卵形，具重锯齿或不明显三裂。总状花序，花瓣匙形，白色；果实白色，果顶黑色。花期夏季，果期秋季。

【产地与习性】产北美。性喜光照充足

及湿润环境，耐寒，不耐酷热，耐瘠，以疏松、肥沃带稍粘性土壤为佳。生长适温 15 ~ 25℃。

【观赏评价与应用】本种花果均为白色，有较高的观赏价值，具抗性好，适应性强，可用于公园、绿地等路边、墙边、山石边成丛种植或带植，也适合花境及庭院一隅栽培观赏。

【同属种类】本属约 8 种，分布北温带。我国有 2 种。

白类叶升麻

白类叶升麻

夏侧金盏花
Adonis aestivalis

【科属】毛茛科侧金盏花属

【形态特征】一年生草本。茎高 10 ~ 20cm，不分枝或分枝，下部有稀疏短柔毛。茎下部叶小，有长柄，长约 3.5cm，其他茎生叶无柄，长达 6cm，茎中部以上叶稍密集，二至三回羽状细裂，末回裂片线形或披针状线形。花单生茎顶端，萼片约 5，花瓣约 8，橙黄色或橙红色，下部黑紫色，倒披针形。瘦果卵球形。6 月开花。

【产地与习性】产新疆西部。生田边草地。

夏侧金盏花

夏侧金盏花

在亚洲西部、欧洲也有分布。喜冷凉及阳光充足的环境，耐瘠，不择土壤，以肥沃的砂质壤土为宜。生长适温 15 ～ 25℃。

【观赏评价与应用】本种花秀丽，艳而不俗，朵朵小花点缀于绿叶之间，极为醒目。适合花境、岩石园、花坛等应用。大面积种植效果更佳，也可与其他观花植物配植应用。

【同属种类】本属约 30 种，分布于亚洲和欧洲。我国有 10 种，其中 3 种为特有种。

欧洲银莲花
Anemone coronaria

【科属】毛茛科银莲花属

【形态特征】多年生草本花卉，株高25 ～ 40cm，有根状茎。叶为基出叶，掌状深裂，叶脉掌状。花单生于茎顶，萼片花瓣状，有大红、紫红、粉、蓝、橙、白及复色，花瓣无。蒴果。花期 3 ～ 5 月，果期夏季。

欧洲银莲花

【产地与习性】产地中海地区。喜冷凉及全日照环境，喜湿润，喜疏松、排水良好中性偏碱的砂性壤土。生长适温 16 ～ 22℃。

【观赏评价与应用】花朵硕大，色彩丰富而艳丽，为著名观赏花卉，园林中多用于花境，或用于林缘、山石边片植，可适合花坛、花台及庭院的墙垣边种植观赏。

【同属种类】本属约有 150 种，在各大洲均有分布，多数分布于亚洲和欧洲。我国约53 种，其中 22 种为特有种。

欧洲银莲花

欧洲银莲花

栽培的品种有：

'福克'银莲花 Anemone coronaria 'Mr. Fokker'

本种花萼片蓝色，与欧洲银莲花形态基本相同，花茎较高，常用作切花栽培，栽培后 6 ～ 8 周即可开花。

'福克'银莲花

光滑银莲花
Anemone blanda

【科属】毛茛科银莲花属

【别名】希腊银莲花

【形态特征】多年生草本植物，株高30 ～ 75cm。叶掌状深裂，花单生于茎顶，花梗细长，花瓣多数，宽披针形，花蓝紫色、

光滑银莲花

光滑银莲花

淡红色或白色。雄蕊黄色。蒴果。花期春季。

【产地与习性】产欧洲。性喜冷凉及温暖环境，喜湿润，不耐旱，耐瘠，耐寒，花后控水，以利休眠。喜疏松、肥沃的微酸性壤土。生长适温 16 ~ 22℃。

【观赏评价与应用】花朵繁茂，色彩丰富，观赏性佳。可丛植于岩石园、庭院、山石边观赏，也适合用于花境或用于疏林及林缘栽培观赏。

鹅掌草
Anemone flaccida

【科属】毛茛科银莲花属

【别名】林荫银莲花

【形态特征】植株高 15 ~ 40cm。基生叶 1 ~ 2，有长柄；叶片薄草质，五角形，长 3.5 ~ 7.5cm，宽 6.5 ~ 14cm，基部深心形，三全裂，中全裂片菱形，三裂，末回裂片卵形或宽披针形，有 1 ~ 3 齿或全缘，侧全裂片不等二深裂。萼片 5，白色，倒卵形或椭圆形，顶端钝或圆形；花期 4 ~ 6 月。

【产地与习性】分布于云南、四川、贵州、湖北、湖南、江西、浙江、江苏、陕西、甘肃。生海拔 1100 ~ 3000m 的山地谷

中草地或林下。喜冷凉及半荫环境，不耐暑热，喜疏松、排水良好的中性壤土。生长适温 16 ~ 22℃。

【观赏评价与应用】本种叶色翠绿，叶形美观，小花洁白素雅，花姿柔美，目前园林中较少应用，可引种用于林缘、林下或园林小径边成片种植。也可于其他花色低矮草本配植，以达到最佳观赏效果。根状茎可药用，治跌打损伤。

草玉梅
Anemone rivularis

【科属】毛茛科银莲花属

【别名】虎掌草、白花舌头草

【形态特征】植株高（10-）15 ~ 65cm。基生叶 3 ~ 5，有长柄；叶片肾状五角形，长（1.6-）2.5 ~ 7.5cm，宽（2-）4.5 ~ 14cm，三全裂，中裂片宽菱形或菱状卵形，有时宽卵形，侧裂片不等二深裂，两面都有糙伏毛。花葶 1（ ~ 3），直立；聚伞花序长（4-）10 ~ 30cm，（1-）2 ~ 3 回分枝；花白色，倒卵形或椭圆状倒卵形。瘦果。5 月至 8 月开花。

【产地与习性】分布于西藏海拔 850 ~ 4900m 的山地草坡、小溪边或湖边。尼泊尔、不丹、印度、斯里兰卡也有分布。适应性强，喜光、耐荫，对土壤要求不高，中性至微酸性均可。生长适温 16 ~ 25℃。

【观赏评价与应用】本种开花繁茂，花洁白，且易栽培，国内植物园有少量引种，园

林中适合林缘、假山石旁或草地边片植。根状茎和叶供药用，治喉炎、扁桃腺炎、肝炎、痢疾、跌打损伤等症。

大火草
Anemone tomentosa

【科属】毛茛科银莲花属

【别名】大头翁

【形态特征】植株高 40 ~ 150cm。基生叶 3 ~ 4，为三出复叶，有时有 1 ~ 2 叶为单叶；中央小叶卵形至三角状卵形，长 9 ~ 16cm，宽 7 ~ 12cm，顶端急尖，基部浅心形，心形或圆形，三浅裂至三深裂，边缘有不规则小裂片和锯齿。侧生小叶稍斜。聚伞花序，2 ~ 3 回分枝；苞片 3，与基生叶相似，不等大；萼片 5，淡粉红色或白色。聚合果球形，瘦果。7 月至 10 月开花。

【产地与习性】分布于四川、青海、甘肃、陕西、湖北、河南、山西、河北。生海拔 700 ~ 3400m 山地草坡或路边阳处。喜光照，较耐荫，耐旱，耐寒，忌水湿。对土壤

大火草

大火草

鹅掌草

鹅掌草

草玉梅

要求不严，喜土层深厚的中性土壤。生长适温 16 ~ 25℃。

【观赏评价与应用】开花繁密，有一定的观赏性，具有野性美，可用于林缘、园林小径边缘、山石旁片植或与草坡、草坪上小面积种植用于点缀，也适合用于布置花境。根状茎供药用，茎含纤维，脱胶后可搓绳；种子可榨油。

野棉花
Anemone vitifolia

【科属】毛茛科银莲花属

【形态特征】植株高 60 ~ 100cm。基生叶 2 ~ 5，叶片心状卵形或心状宽卵形，长（5.2-）11 ~ 22cm，宽（6-）12 ~ 26cm，顶端急尖 3 ~ 5 浅裂，边缘有小牙齿。花葶粗壮，有密或疏的柔毛；聚伞花序长 20 ~ 60cm，2 ~ 4 回分枝；苞片 3，形状似基生叶，但较小，萼片 5，白色或带粉红色，倒卵形。聚合果球形，瘦果有细柄。7 月至 10 月开花。

【产地与习性】产云南、四川、西藏。生海拔 1200 ~ 2700m 山地草坡、沟边或疏林中。缅甸北部、不丹、尼泊尔、印度也有。性喜温暖及阳光充足的环境，较耐荫，耐旱。不择土壤，以土层深厚的中性至微酸性壤土为佳。生长适温 15 ~ 25℃。

【观赏评价与应用】本种萼片洁白或带粉红色，淡雅可爱，且开花量大，可用于花境与其他植物配植，也可片植于林缘、林下观赏。根状茎供药用，治跌打损伤、风湿关节痛、肠炎等症。

小花耧斗菜
Aquilegia parviflora

【科属】毛茛科耧斗菜属

【别名】血见愁

【形态特征】茎高 15 ~ 45cm。基生叶少数，为二回三出复叶；叶片轮廓三角形，宽 5 ~ 12cm，倒卵形至倒卵状楔形，长 1.6 ~ 3.5cm，宽 1.1 ~ 2.2cm，近革质，顶端三浅裂，浅裂片圆形，全缘或有时具 2 ~ 3 粗圆齿，侧面小叶通常无柄，二浅裂。花 3 ~ 6 朵，近直立；萼片开展，蓝紫色，罕为白色，花瓣瓣片钝圆形，具短距。蓇葖果，种子黑色。6 月开花。

【产地与习性】分布于黑龙江北部。生林缘，开阔的坡地或林下。在俄罗斯、蒙古及日本也有。喜冷凉及阳光充足环境，不耐暑热，忌积水，喜肥沃及排水良好的土壤。生长适温 15 ~ 25℃。

【观赏评价与应用】开花繁茂，朵朵小花点缀于枝顶，适合公园、绿地等篱垣边、岩石边或园路边成片种植或丛植，野趣盎然，极具推广价值。带根全草在黑龙江民间供药用，治妇女病。

【同属种类】本属约 70 种，分布于北温带。我国有 13 种，其中 4 种为特有种。

小花耧斗菜

小花耧斗菜

欧耧斗菜
Aquilegia vulgaris

【科属】毛茛科耧斗菜属

【形态特征】多年生草本。株高 30 ~ 60cm。基生叶具长柄，基生叶及茎下部叶为二回三出复叶，小叶 2 ~ 3 裂，裂片边缘具圆齿。最上部茎生叶近无柄，狭 3 裂。聚伞花序，具数朵花，花大，直径 3 ~ 5cm，通常蓝色，也有白色、红色、粉色等，下垂。萼片 5，花瓣 5，距向内弯曲成钩状。蓇葖果，种子黑色。花期 5 ~ 7 月。

【产地与习性】原产欧洲。喜冷凉及阳光充足环境，耐寒，不耐暑热，喜富含腐殖质及排水良好的土壤。生长适温 15 ~ 25℃。

野棉花

野棉花

野棉花

欧楼斗菜

欧楼斗菜

欧楼斗菜

宽 1.8 ～ 5cm，三浅裂或三深裂，裂片顶端圆形，常具 2 ～ 3 个粗圆齿。茎生叶数枚，向上渐变小。花 3 ～ 5 朵，较大而美丽，微下垂；萼片紫色，稍开展，花瓣瓣片黄白色。菁葖果，种子黑色。5 ～ 6 月开花，7 ～ 8 月结果。分布于辽宁、吉林及黑龙江。生海拔450 ～ 1000m 间的山地杂木林边和草地中。在朝鲜、俄罗斯也有分布。全草药用，治妇女病。

3. 华北楼斗菜 *Aquilegia yabeana*

根圆柱形，茎高 40 ～ 60cm。基生叶数个，为一或二回三出复叶；叶片宽约 10cm；小叶菱状倒卵形或宽菱形，三裂，边缘有圆齿，表面无毛，背面疏被短柔毛；茎中部叶有稍长柄，通常为二回三出复叶；上部叶小，有短柄，为一回三出复叶。花序有少数花；花下垂；萼片紫色，花瓣紫色。菁葖果；种子黑色。5 ～ 6 月开花。分布于四川、陕西、河南、山西、山东、河北和辽宁。生山地草坡或林边。

华北楼斗菜

华北楼斗菜

【观赏评价与应用】本种花艳丽，花色繁多，花形独特，叶态优美。适合丛植于花坛、花境及岩石园中，林缘或疏林下，片植或用于点缀均可取得良好效果。

野生的同属植物有：

1. 长白楼斗菜 *Aquilegia japonica*

茎直立，不分枝或有时在上部少分枝，高 15 ～ 40cm。叶全部基生，少数，为二回三

长白楼斗菜

尖萼楼斗菜

出复叶；叶片宽 2.5 ～ 8cm，小叶卵圆形，长0.9 ～ 2.4cm，宽 1.3 ～ 3.3cm，三全裂，全裂片楔状倒卵形，顶端三浅裂，浅裂片有 2 ～ 3浅圆齿；苞片线状披针形，一至三浅裂；萼片蓝紫色，开展，椭圆状倒卵形；花瓣瓣片黄白色至白色，距紫色。7 月开花。分布于吉林长白山。生海拔 1400 ～ 2500m 山坡草地。朝鲜及日本也有分布。

2. 尖萼楼斗菜 *Aquilegia oxysepala*

茎高 40 ～ 80cm，基生叶数枚，为二回三出复叶；叶片宽 5.5 ～ 20cm，中央小叶通常具 1 ～ 2mm 的短柄，楔状倒卵形，长 2 ～ 6cm，

上述三种偶见引种，花量大，观赏性极佳，可引种驯化在北方地区推广应用。

水毛茛
Batrachium bungei

【科属】毛茛科水毛茛属

【形态特征】多年生沉水草本。茎长 30cm以上，无毛或在节上有疏毛。叶有短或长柄；叶片轮廓近半圆形或扇状半圆形，直径2.5 ～ 4cm，3 ～ 5 回 2 ～ 3 裂，小裂片近丝形，在水外通常收拢或近叉开。花直径 1 ～ 1.5（～ 2）cm；萼片反折，花瓣白色，基部黄色，倒卵形；瘦果。花期 5 月至 8 月。

【产地与习性】分布于辽宁、河北，山西、江西、江苏、甘肃、青海及四川、云南和西藏。生于山谷溪流、河滩积水地、平原湖中

水毛茛

水毛茛

水毛茛

或水塘中，海拔自平原至 3000 多米的高山。性喜冷凉，喜阳光，喜粘质壤土。生长适温 15 ~ 25℃。

【观赏评价与应用】花瓣洁白，开花时节，小花点缀于水面之上，极为精致，适合庭园的静水或缓慢流动的水体栽培，也可与眼子菜、水禾等配植，具有野性美。

【同属种类】本属约 20 种，全世界广布。我国有 8 种，其中 1 种为我国特有。

驴蹄草
Caltha palustris

【科属】毛茛科驴蹄草属

【别名】马蹄叶、马蹄草

【形态特征】多年生草本，茎高（10-）20 ~ 48cm，在中部或中部以上分枝。基生叶 3 ~ 7，叶片圆形，圆肾形或心形，长（1.2-）2.5 ~ 5cm，宽（2-）3 ~ 9cm，顶端圆形，基部深心形或基部二裂片互相覆压，边缘全部密生正三角形小牙齿；茎生叶通常向上逐渐变小，稀与基生叶近等大，圆肾形或三角状心形。茎或分枝顶部有由 2 朵花组成的简单的单歧聚伞花序；萼片 5，黄色。蓇葖果，种子黑色。5 ~ 9 月开花，6 月开始结果。

【产地与习性】分布于西藏、云南、四川、浙江、甘肃、陕西、河南、山西、河北、内蒙古、新疆。生于海拔 600 ~ 4000m 山谷溪边或湿草甸，有时也生在草坡或林下较阴湿

驴蹄草

驴蹄草

处。喜冷凉，在充足的散射光及全光照下均可生长，耐寒，不耐暑热，以疏松、肥沃的潮湿土壤为佳。生长适温 15 ~ 25℃。

【观赏评价与应用】植株低矮，花量大，萼片金黄色，与环境对比度强，观赏性佳，目前在园林中极少应用，可引种用于园林湿地、林下、林缘及园路边种植观赏，片植、丛植均可取得良好效果。全草含白头翁素和其他植物碱，有毒，全草可供药用，有除风、散寒之效。

【同属种类】约 15 种，分布于南，北两半球温带或寒温带地区。我国有 4 种，其中 1 种为特有。

常见的同属植物有：

1. 膜叶驴蹄草 *Caltha palustris* var. *membranacea*

多年生草本，有多数肉质须根。茎高（10-）20 ~ 48cm，在中部或中部以上分枝，稀不分枝。基生叶 3 ~ 7，叶较薄，近膜质；叶片圆形，圆肾形或心形，长（1.2-）2.5 ~ 5cm，宽（2-）3 ~ 9cm，顶端圆形，基部深心形或基部二裂片互相覆压，边缘全部密生正三角形小牙齿；茎生叶通常向上逐渐变小，圆肾形，有时三角状肾形，边缘均有牙齿，有时上部边缘的齿浅而钝。单歧聚伞花序；萼片 5，黄色。蓇葖果，种子黑色。5 ~ 9 月开花，6 月开始结果。分布于东北。生溪边、沼泽中或林中。朝鲜、日本和俄罗斯西伯利亚东部也有分布。

膜叶驴蹄草

膜叶驴蹄草

2. 花葶驴蹄草 *Caltha scaposa*

多年生低矮草本。茎单一或数条，有时多达 10 条，直立或有时渐升，高 3.5 ~ 18（~ 24）cm，通常只在顶端生 1 朵花，无叶

花葶驴蹄草

花葶驴蹄草

葖果，种子黑色。6～9月开花，7月开始结果。分布于西藏、云南、四川、青海及甘肃。生海拔2800～4100m高山湿草甸或山谷沟边湿草地。在尼泊尔、不丹及印度北部也有分布。在四川西北部民间用全草治筋骨疼痛等症，用花治化脓创伤等症。

大叶铁线莲
Clematis heracleifolia

【科属】毛茛科铁线莲属

【别名】木通花、草牡丹

【形态特征】直立草本或半灌木。高约0.3～1m。茎粗壮，三出复叶，小叶片亚革质或厚纸质，卵圆形，宽卵圆形至近于圆形，长6～10cm，宽3～9cm，顶端短尖基部圆形或楔形，有时偏斜，边缘有不整齐的粗锯齿。聚伞花序顶生或腋生，花杂性，雄花与两性花异株；萼片4枚，蓝紫色，长椭圆形至宽线形，常在反卷部分增宽。瘦果卵圆形。花期8月至9月，果期10月。

【产地与习性】分布于湖南、湖北、陕西、河南、安徽、浙江、江苏、山东、河北、山西、辽宁、吉林。常生于海拔500～2000m山坡沟谷、林边及路旁的灌丛中。日本、朝鲜也有分布。性喜冷凉及半荫环境，在全光照下也可生长，喜疏松、肥沃的壤土。生长适温15～25℃。

或有时在中部或上部生1个叶，在叶腋不生花或有时生出1朵花，稀生2个叶。基生叶3～10，叶片心状卵形或三角状卵形，有时肾形，顶端圆形，基部深心形，边缘全缘或带波形，有时疏生小牙齿。茎生叶如存在时极小。花单独生于茎顶部，或2朵形成简单的单歧聚伞花序；萼片5（～7），黄色。蓇

【观赏评价与应用】开花繁茂，色泽艳丽，极易栽培，可用于园林小径、山岩边或林下、林缘栽培观赏，也可作地被植物。全草及根供药用，有祛风除湿、解毒消肿的作用。

【同属种类】约300种，各大洲都有分布，主要分布在热带及亚热带，寒带地区也有。我国有147种，其中93种为特有。

飞燕草
Consolida ajacis

【科属】毛茛科飞燕草属

【别名】千鸟草

【形态特征】茎高约达60cm，中部以上分枝；叶片长达3cm，掌状细裂。花序生茎或分枝顶端；下部苞片叶状，上部苞片小，不分裂，线形；小苞片生花梗中部附近，条形；萼片紫色、粉红色或白色，距钻形；花瓣瓣片三裂，先端二浅裂。蓇葖果。花期夏季，果期秋季。

大叶铁线莲

大叶铁线莲

飞燕草

大叶铁线莲

飞燕草

【产地与习性】原产于欧洲南部，我国各地栽培。喜凉爽、通风、日照充足的干燥环境和排水通畅的砂质壤土，怕高温，耐寒、耐旱，忌渍水，喜肥沃土壤。生长适温15～25℃。

【观赏评价与应用】花形别致，花色淡雅，极具观赏性。适宜布置花坛、花境，宜片植，也可作切花。

【同属种类】本属约有43种，分布于欧洲南部、非洲北部和亚洲西部的较干旱地区。我国引进栽培。

大花飞燕草
Delphinium × cultorum

【科属】毛茛科翠雀属

【别名】大花翠雀

【形态特征】一年生或二年生草本。叶为单叶，互生，掌状分裂。花序多为总状，有时伞房状，高30cm或更高；花两性，两侧对称。萼片5，花瓣状，紫色、蓝色、白色或黄色，卵形或椭圆形，上萼片有距，距钻形，2侧萼片和2下萼片无距。花瓣2，条形，生于上萼片与雄蕊之间，无爪，有距。蓇葖果。花期夏季，果期秋季。

大花飞燕草

大花飞燕草

【产地与习性】杂交种，我国各地有栽培。性喜冷凉，不耐热，较耐寒，喜充足的阳光，以疏松、肥沃的砂质壤土为佳。生长适温15～25℃。

【观赏评价与应用】本种花色丰富，花序极大，富有观赏性，为国内外重要的观花草本，园林中可用于花境、花坛或园路边种植，常与其他观花植物配植。

【同属种类】本属约350种，广布于北温带地区。我国有173种，其中150种为特有。

杂交铁筷子
Helleborus hybrida

【科属】毛茛科铁筷子属

【别名】铁筷子

【形态特征】多年生草本，有根状茎。叶为单叶，鸡足状深裂，叶边缘有锯齿。花1朵顶生。萼片5片，花瓣状，白色、粉红色或绿色，宿存。花瓣小，筒形或杯形，有短柄，顶端多少呈唇形。雄蕊多数。蓇葖果革质，有宿存花柱。种子椭圆球形。

【产地与习性】栽培种，喜冷凉及阳光充足的环境，不耐热，较耐寒。喜排水良好、肥沃的壤土，忌水湿。生长适温15～26℃。

杂交铁筷子

杂交铁筷子

杂交铁筷子

【观赏评价与应用】株型低矮，花形奇特，为优良的观赏植物，为常见栽培的观花草本。可片植园路边、墙垣边或丛植于山石、滨水岩边或庭院一隅均可。

【同属种类】本属约20种，主要分布于欧洲东南部和亚洲西部。我国有1种，为我国特有。

常见栽培的品种有：

‘白夫人’铁筷子 *Helleborus* ‘White Lady’
萼片白色，萼片中部淡绿色，基部绿色。

‘白夫人’铁筷子

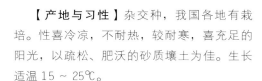

黑种草
Nigella damascena

【科属】毛茛科黑种草属

【形态特征】植株全部无毛。茎高25～50cm，不分枝或上部分枝。叶为二至三回羽状复叶，末回裂片狭线形或丝形，顶端锐尖。花直径约2.8cm，下面有叶状总苞；萼片蓝色，卵形，顶端锐渐尖，基部有短爪。蒴果椭圆球形。

【产地与习性】原产欧洲南部；喜光照，以冷凉气候为佳，不耐热、较耐寒，喜排水良好的砂质壤土。生长适温15～25℃。

【观赏评价与应用】枝叶清秀，花奇特美丽，为优良观花草本，可用于花坛、花境、林缘片植。种子含生物碱和芳香油；本种可作蜜源植物。

【同属种类】本属约有20种，主要分布于地中海地区。我国不产。

黑种草

黑种草

黑种草

白头翁
Pulsatilla chinensis

【科属】毛茛科白头翁属

【形态特征】植株高15～35cm。基生叶4～5，通常在开花时刚刚生出，有长柄；叶片宽卵形，长4.5～14cm，宽6.5～16cm，三全裂，中全裂片有柄或近无柄，宽卵形，三深裂，中深裂片楔状倒卵形，少有狭楔形或倒梯形，全缘或有齿，侧深裂片不等二浅裂，侧全裂片无柄或近无柄，不等三深裂，表面变无毛，背面有长柔毛；花葶1～2，有柔毛；苞片3，花直立；萼片蓝紫色，长圆状卵形。聚合果直径9～12cm；瘦果纺锤形，扁。4月至5月开花。

【产地与习性】分布于四川、湖北、江苏、安徽、河南、甘肃、陕西、山西、山东、河北、内蒙古、辽宁、吉林、黑龙江等地。生于平原和低山山坡草丛中、林边或干旱多石的坡地。在朝鲜和俄罗斯也有。性喜凉爽气候，耐寒，要求向阳、排水良好的砂质壤土。生长适温15～25℃。

【观赏评价与应用】白头翁花期早，植株矮小，花大色美，宿存的花柱密被白毛，极为奇特，在园林中可作自然栽植，用于布置花坛、道路两旁，或点缀于林间空地，也是理想的地被植物，极具野性美。

【同属种类】本属约33种，主要分布于欧洲、亚洲及北美。我国约有11种，其中1种为特有。

白头翁

白头翁

栽培的同属植物有：

欧洲白头翁 *Pulsatilla vulgaris*

多年生草本，株高15～30cm。叶基生，灰绿色，掌状细裂，裂片线形，花茎着生的苞叶线形，上具长柔毛，花葶具白色绒毛，花单生，花大，萼片6，花瓣状，排列为内列2轮，紫色，雄蕊金黄色。花期春季。产欧洲。

欧洲白头翁

欧洲白头翁

花毛茛
Ranunculus asiaticus

【科属】毛茛科毛茛属

【别名】波斯毛茛、洋牡丹

【形态特征】多年生球根草本，块根纺锤形，株高20～50cm；茎单生，或少数分枝；基生叶轮廓为阔卵形，具长柄，为三出复叶；茎生叶小，近无柄，羽状细裂，花单生或数朵聚生于茎顶，花径5～10cm，花有红、黄、白、橙及紫等多色，重瓣或半重瓣；花期春季。

花毛茛

花毛茛

【产地与习性】产地中海地区，世界各地广为种植。性喜冷凉环境，喜光，也耐荫，忌酷热，喜疏松肥沃、排水良好的砂质土。生长适温 10 ~ 20℃。

【观赏评价与应用】花毛茛花大秀美，且花色丰富，具有牡丹的风韵，因此在昆明等地俗称"洋牡丹"，可片植于林下、林缘、小径边或庭院中，也可数株点缀于草地边、假山石旁或用于花坛、花台等处，是花境、花带不可或缺的观花草本。

【同属种类】本属约 550 种，温寒地带广布，多数分布于亚洲和欧洲。我国 125 种，其中 66 种为特有。

栽培的花毛茛品种有：

1. '拉克斯·阿德妮'花毛茛 *Ranunculus asiaticus* 'Rax Ariadne'

花重瓣，花近白色或水粉红。

2. '拉克斯·米诺斯'花毛茛 *Ranunculus asiaticus* 'Rax Minoan'

花单瓣，花瓣上部橙黄至玫红色，花瓣基部深橙红色。

3. '拉克斯·提修斯'花毛茛 *Ranunculus asiaticus* 'Rax Theseus'

花单瓣，花瓣正面的上部为白色或淡红色，下部粉红色，背面粉红色。

常见的同属植物有：

1. 乌头叶毛茛 *Ranunculus aconitifolius*

草本，株高 40 ~ 60cm。叶掌状 5 裂，裂片长椭圆形，边缘具重锯齿，绿色。聚伞花序，花两性，整齐，萼片 5，绿色，花瓣 5，白色。瘦果。产中部欧洲。

乌头叶毛茛

2. 刺果毛茛 *Ranunculus muricatus*

一年生草本。基生叶和茎生叶均有长柄；叶片近圆形，长及宽为 2 ~ 5cm，顶端钝，基部截形或稍心形，3 中裂至 3 深裂，裂片宽卵状楔形，边缘有缺刻状浅裂或粗齿；上部叶较小。花多，直径 1 ~ 2cm；萼片长椭圆形，花瓣 5，狭倒卵形；瘦果扁平，椭圆形。花果期 4 月至 6 月。分布于江苏、浙江和广西。生于道旁田野的杂草丛中。

刺果毛茛

刺果毛茛

3. 石龙芮 *Ranunculus sceleratus*

一年生草本。茎直立，高 10 ~ 50cm。基生叶多数；叶片肾状圆形，长 1 ~ 4cm，宽 1.5 ~ 5cm，基部心形，3 深裂不达基部，裂片倒卵状楔形，不等 2 ~ 3 裂，顶端钝圆，有粗圆齿。茎生叶多数，下部叶与基生叶相似；

'拉克斯·阿德妮'花毛茛

'拉克斯·米诺斯'花毛茛

'拉克斯·提修斯'花毛茛

石龙芮

石龙芮

箭头唐松草

上部叶较小，3 全裂，裂片披针形至线形，全缘。聚伞花序有多数花；花小；萼片椭圆形，花瓣 5；瘦果极多数。花果期 5 月至 8 月。全国各地均有分布。生于河沟边及平原湿地。在亚洲、欧洲、北美洲的亚热带至温带地区广布。

上述几种园林中较少栽培，多为野生状态，花繁密，易栽培，可用于滨水岸边、山石边、草地绿化。

箭头唐松草
Thalictrum simplex

【科属】毛茛科唐松草属

【形态特征】茎高 54 ～ 100cm，不分枝或在下部分枝。茎生叶向上近直展，为二回羽状复叶；茎下部的叶片长达 20cm，小叶较大，圆菱形、菱状宽卵形或倒卵形，长 2 ～ 4cm，宽 1.4 ～ 4cm，基部圆形，三裂，裂片顶端钝或圆形，有圆齿，茎上部叶渐变小，小叶倒卵形或楔状倒卵形，基部圆形、钝或楔形，裂片顶端急尖；圆锥花序长 9 ～ 30cm，萼片 4。瘦果狭椭圆球形或狭卵球形。花期 7 月。

【产地与习性】产新疆、内蒙古。生海拔

箭头唐松草

1400 ～ 2400m 间山地草坡或沟边。在亚洲西部和欧洲也有分布。性喜冷凉及阳光充足的环境，不耐热，较耐寒，喜疏松壤土。生长适温 15 ～ 25℃。

【观赏评价与应用】本种花小繁密，极为雅致，在园林中有少量应用，可于林下丛植或点缀山石之旁，或用于疏林下栽培观赏。本属植物含有生物碱，可供药用。

【同属种类】本属约 150 种，分布于亚洲、欧洲、非洲、北美洲和南美洲。我国约有 76种，其中 49 种为特有。

'柠檬女王' 金莲花
Trollius × cultorum 'Lemon Queen'

【科属】毛茛科金莲花属

【形态特征】多年生草本，株高 45 ～ 60cm。叶掌状分裂，裂片长椭圆形，具深齿。花柠檬黄色，蓇葖果。花期晚春至初夏。

【产地与习性】园艺种。性喜温暖及阳光充足的环境，耐寒性好，较耐干旱，忌湿涝，喜排水良好、富含有机质的微酸性壤土。生长适温 15 ～ 25℃。

【观赏评价与应用】叶型美观，花繁茂，生于枝头之上，与叶形成鲜明对照，可丛植于路边、林缘、草地边缘或山石边，也适合花境或庭院造景。

【同属种类】本属约 305 种，分布于北半球温带及寒温带。我国有 16 种，其中 8 种为特有。

'柠檬女王' 金莲花

栽培的品种有：

'橘子公主' 金莲花 *Trollius × cultorum* 'Orange Princess'

与 '柠檬女王' 金莲花主要区别为花金黄色。

'橘子公主' 金莲花

长瓣金莲花
Trollius macropetalus

【科属】毛茛科金莲花属

【形态特征】茎高 70 ～ 100cm，疏生 3 ～ 4叶。基生叶 2 ～ 4 个，长 20 ～ 38cm；花直径 3.5 ～ 4.5cm；萼片 5 ～ 7 片，金黄色，干时变橙黄色，宽卵形或倒卵形，顶端圆形，生不明显小齿；花瓣 14 ～ 22 个，长度超过萼片或有时与萼片近等长。蓇葖果，种子狭倒卵球形。7 ～ 9 月开花，7 月开始结果。

【产地与习性】分布于辽宁、吉林及黑龙江等地。生海拔 450 ～ 600m 间湿草地。在俄罗斯远东及朝鲜北部也有分布。喜冷凉，喜光，喜湿润，不耐热，较耐寒，喜疏松、肥沃的壤土。生长适温 15 ～ 22℃。

【观赏评价与应用】本种花大金黄，点缀于枝间，极为美丽，在东北有少量种植，较高海拔地区可引种用于庭园的窗前、花坛、园路边种植观赏。种子含油脂，可制肥皂和油漆。

长瓣金莲花

长瓣金莲花

小檗科 **Berberidaceae**

六角莲
Dysosma pleiantha

【科属】小檗科鬼臼属

【形态特征】多年生草本，植株高 20 ～ 60cm，有时可达 80cm。茎直立，单生，顶端生二叶，无毛。叶近纸质，对生，盾状，轮廓近圆形，直径 16 ～ 33cm，5 ～ 9 浅裂，裂片宽三角状卵形。花梗长 2 ～ 4cm，常下弯，花紫红色，下垂；萼片 6，椭圆状长圆形或卵状长圆形，长 1 ～ 2cm；花瓣 6 ～ 9，紫红色，倒卵状长圆形。浆果倒卵状长圆形或椭圆形，熟时紫黑色。花期 3 ～ 6 月，果期 7 ～ 9 月。

【产地与习性】产于台湾、浙江、福建、安徽、江西、湖北、湖南、广东、广西、四川、河南。生于林下、山谷溪旁或阴湿溪谷草丛中。海拔 400 ～ 1600m。喜温暖及半荫环境，喜湿，不耐旱，以疏松、肥沃的壤土为宜。生长适温 16 ～ 28℃。

【观赏评价与应用】叶大奇特，刚萌芽未充分展开的新叶象一把把收拢的小雨伞，煞

是可爱，花奇特美丽。宜植于公园假山隙间、林下的阴湿之地。根状茎供药用，有散瘀解毒功效。

【同属种类】本属约 7 ～ 10 种，产中国及越南。我国有 7 种，其中 6 种为特有。栽培的同属植物有：

八角莲 *Dysosma versipellis*

多年生草本，植株高 40 ～ 150cm。茎直立，茎生叶 2 枚，薄纸质，互生，盾状，近圆形，直径达 30cm，4 ～ 9 掌状浅裂，裂片阔三角形，卵形或卵状长圆形，长 2.5 ～ 4cm，基部宽 5 ～ 7cm，先端锐尖，不分裂；花深红

八角莲

八角莲

色，5 ～ 8 朵簇生于离叶基部不远处，下垂；萼片 6；花瓣 6，勺状倒卵形。浆果椭圆形种子多数。花期 3 ～ 6 月，果期 5 ～ 9 月。产湖南、湖北、浙江、江西、安徽、广东、广西、云南、贵州、四川、河南、陕西。生于海拔 300 ～ 2400m 山坡林下、灌丛中、溪旁阴湿处、竹林下或石灰山常绿林下。

淫羊藿
Epimedium brevicornu

【科属】小檗科淫羊藿属

【别名】短角淫羊藿

【形态特征】多年生草本，植株高 20 ～ 60cm。二回三出复叶，基生和茎生，具 9 枚小叶；基生叶 1 ～ 3 枚丛生，具长柄，茎生叶 2 枚，对生；小叶纸质或厚纸质，卵形或

淫羊藿

淫羊藿

六角莲

阔卵形，长 3 ～ 7cm，宽 2.5 ～ 6cm，先端急尖或短渐尖，基部深心形，顶生小叶基部裂片圆形，近等大，侧生小叶基部裂片稍偏斜，急尖或圆形。圆锥花序具 20 ～ 50 朵花，花白色或淡黄色；萼片 2 轮。蒴果。花期 5 ～ 6 月，果期 6 ～ 8 月。

【产地与习性】产陕西、甘肃、山西、河南、青海、湖北、四川。生于海拔 650 ～ 3500m 林下、沟边灌丛中或山坡阴湿处。喜温暖、湿润及半荫环境，在全光照下也可生长，喜排水良好的壤土。生长适温 16 ～ 28℃。

【观赏评价与应用】花、果、叶均有一定的观赏价值，可用于庭园的荫蔽处丛植或点缀。淫羊藿属在国外有不少新品种在园林中得到应用，我国栽培甚少，我国是该属分布中心，应加强在叶色、抗性方面选育工作，以供园林应用。全草供药用。主治阳萎早泄，腰酸腿痛。

【同属种类】本属约 50 种，产北非、意大利、西喜马拉雅、中国、朝鲜和日本，包括东北亚。中国有 41 种，其中 40 种为特有种。

朝鲜淫羊藿
Epimedium koreanum
【Epimedium grandiflorum】

【科属】小檗科淫羊藿属

【别名】大花淫羊藿

【形态特征】多年生草本，植株高 15 ～ 40cm。二回三出复叶基生和茎生，通常小叶 9 枚；小叶纸质，卵形，长 3 ～ 13cm，宽 2 ～ 8cm，先端急尖或渐尖，基部深心形，基部裂片圆形，侧生小叶基部裂片不等大，上面暗绿色，叶缘具细刺齿；花茎仅 1 枚二回三出复叶。总状花序顶生，具 4 ～ 16 朵花。花大，直径 2 ～ 4.5cm，颜色多样，白色、淡黄色、深红色或紫蓝色；萼片 2 轮，外萼片长圆形，带红色，内萼片狭卵形至披针形；花瓣通常远较内萼片长，向先端渐细呈钻状距，基部具花瓣状瓣片；蒴果狭纺锤形，种子 6 ～ 8 枚。花期 4 ～ 5 月，果期 5 月。

【产地与习性】产于吉林、辽宁、浙江、安徽。朝鲜北部及日本有分布。生于林下或灌丛中。海拔 400 ～ 1500m。性喜冷凉及半荫环境，在全光照下也可正常生长，喜湿润，耐寒，耐瘠。喜疏松、肥沃的中性至微酸性壤土。生长适温 15 ～ 25℃。

【观赏评价与应用】本种供药用，有温肾壮阳、强筋骨、祛风寒功效。用于治阳萎遗精、早泄、小便失禁、关节冷痛、月经不调等症。

朝鲜淫羊藿

同属栽培的种及品种有：

1. 变色淫羊藿 Epimedium × versicolor
多年生草本，株高 75 ～ 100cm。小叶卵圆形，先端急尖，基部心形，边全缘。总状花序顶生，萼片 8，两轮，内轮花瓣状，白色，花瓣黄色。花期春季。

2. '新·硫黄'变色淫羊藿 Epimedium versicolor 'Neo-sulphureum'
与变色淫羊藿区别花萼及花瓣均为黄色。

3. '白花'扬格淫羊藿 Epimedium youngianum 'Niveum'
多年生草本，株高 50 ～ 75cm。小叶长卵圆形，先端钝尖，基部弯缺，具稀疏的刺齿。总状花序顶生，花白花。花期春季。

变色淫羊藿

'新·硫黄'变色淫羊藿

'白花'扬格淫羊藿

桃儿七
Sinopodophyllum hexandrum

【科属】小檗科桃儿七属

【形态特征】多年生草本，植株高 20 ～ 50cm。茎直立，单生。叶 2 枚，薄纸质，非盾状，基部心形，3 ～ 5 深裂几达中部，裂片不裂或有时 2 ～ 3 小裂，裂片先端急尖或渐尖，边缘具粗锯齿；花大，单生，先叶开放，两性，整齐，粉红色；萼片 6，早萎；花瓣 6，倒卵形或倒卵状长圆形。浆果卵圆形，熟时橘红色；种子卵状三角形。花期 5 ～ 6 月，果期 7 ～ 9 月。

【产地与习性】产于云南、四川、西藏、甘肃、青海和陕西。生于海拔 2200 ～ 4300m 林下、林缘湿地、灌丛中或草丛中。喜冷凉及光照充足的环境，耐寒、不耐热，喜疏松的微酸性壤土。生长适温 12 ～ 18℃。

【观赏评价与应用】叶大，花淡雅美丽，花期较短，果红艳，有一定观赏性，高海拔地区可引种用于公园、绿地的山石边、园路边种植观赏。根茎、须根、果实均可入药。

【同属种类】单种属。分布于中国、尼泊尔、不丹、印度、巴基斯坦、阿富汗东部和克什米尔。

桃儿七

防己科 Menispermaceae

一点血
Stephania dielsiana

【科属】防己科千金藤属

【别名】血散薯、金线吊乌龟

【形态特征】草质、落叶藤本，长 2 ～ 3m，枝、叶含红色液汁；块根硕大，露于地面，褐色，表面有凸起的皮孔；叶纸质，三角状近圆形，长 5 ～ 15cm，宽 4.5 ～ 14cm，顶端有凸尖，基部微圆至近截平；掌状脉 8 ～ 10 条；复伞形聚伞花序腋生，雄花序 1 至 3 回伞状分枝；雄花：萼片 6，花瓣 3，肉质，贝壳状；雌花序近头状，雌花：萼片 1，花瓣 2。核果红色。花期夏初。

【产地与习性】产广东、广西、贵州和湖南。常生于林中、林缘或溪边多石砾的地方。喜温暖、光照充足及通风的环境，耐热，不耐寒，喜砂质壤土。生长适温 16 ～ 28℃。

【观赏评价与应用】块根硕大，奇特，叶美观，均具有较高观赏价值，可用于小型棚架、花架绿化，可三五株丛植，也可孤植，或与其他同属植物配植均可。块根含青藤碱等多种生物碱，民间入药。

【同属种类】本属约 60 种，分布于亚洲和非洲的热带和亚热带地区，少数产大洋洲。我国有 37 种，其中 30 种为特有。

一点血

罂粟科 **Papaveraceae**

蓟罂粟
Argemone mexicana

【科属】罂粟科蓟罂粟属

【别名】刺罂粟

【形态特征】一年生草本，栽培者常为多年生，通常粗壮，高 30 ~ 100cm。茎具分枝和多短枝，疏被黄褐色平展的刺。基生叶密聚，叶片宽倒披针形、倒卵形或椭圆形，长5 ~ 20cm，宽 2.5 ~ 7.5cm，先端急尖，基部楔形，边缘羽状深裂；茎生叶互生，与基生叶同形，但上部叶较小。花单生于短枝顶，有时似少花的聚伞花序；萼片 2，舟状；花瓣 6，宽倒卵形，黄色或橙黄色。蒴果。种子球形。花果期 3 ~ 10 月。

蓟罂粟

蓟罂粟

【产地与习性】产中美洲和热带美洲。性喜高温，不耐寒，不择土壤。生长适温18 ~ 30℃。

【观赏评价与应用】性强健，易栽培，在我国部分地区逸为野生，花金黄，观赏性较强，但园林中较少应用，可片植于林缘、小径边或墙垣边。种子含油 30% 左右。黄色液汁含生物碱。

【同属种类】本属 29 种，主产美洲，在北美，自墨西哥中部延伸到美国西南部、南部至东南部和西印度群岛。我国引进栽培 1 种。

白屈菜
Chelidonium majus

【科属】罂粟科白屈菜属

【别名】土黄连、水黄连、断肠草

【形态特征】多年生草本，高 30 ~ 60（ ~ 100 ）cm。茎聚伞状多分枝，分枝常被短柔毛。基生叶少，早凋落，叶片倒卵状长圆形或宽倒卵形，长 8 ~ 20cm，羽状全裂，全裂片 2 ~ 4 对，倒卵状长圆形，具不规则的深裂或浅裂；茎生叶叶片长 2 ~ 8cm，宽 1 ~ 5cm。伞形花序多花；花瓣倒卵形，长约 1cm，全缘，

白屈菜

白屈菜

黄色；雄蕊花丝丝状，黄色。蒴果狭圆柱形。种子卵形。花果期 4 ~ 9 月。

【产地与习性】我国大部分省区均有分布，生于海拔 500 ~ 2200m 的山坡、山谷林缘草地或路旁、石缝。朝鲜、日本、俄罗斯及欧洲也有分布。喜光照，耐寒，较耐热。对土壤要求不高。生长适温 15 ~ 28℃。

【观赏评价与应用】花金黄，密集，叶翠绿，有一定观赏性，可片植于林缘、坡地、荒地等绿化，且有野性美。种子含油 40% 以上；全草入药，有毒，含多种生物碱。

【同属种类】本属 1 种，分布于旧大陆温带，从欧洲到日本均有，我国广泛分布。

秃疮花
Dicranostigma leptopodum

【科属】罂粟科秃疮花属

【别名】秃子花、勒马回

【形态特征】通常为多年生草本，高25 ~ 80cm，全体含淡黄色液汁。基生叶丛生，叶片狭倒披针形，长 10 ~ 15cm，宽 2 ~ 4cm，羽状深裂，裂片 4 ~ 6 对，再次羽状深裂或浅裂，小裂片先端渐尖，顶端小裂片 3 浅裂，

秃疮花

秃疮花

血水草

血水草

血水草

表面绿色，背面灰绿色，疏被白色短柔毛；花1～5朵于茎和分枝先端排列成聚伞花序；花瓣倒卵形，黄色；种子卵珠形。花期3～5月，果期6～7月。

【产地与习性】产云南、四川、西藏、青海、甘肃、陕西、山西、河北和河南，生于海拔400～2900（～3700）m的草坡或路旁，田埂、墙头、屋顶也常见。喜光，耐寒，耐瘠、耐旱，不择土壤。生长适温16～26℃。

【观赏评价与应用】本种抗性强，易栽培，花色金黄，观赏性较佳，园林中有少量应用，可用于疏林下、路边、山石边成片种植。或丛植点缀也佳。根及全草药用，有清热解毒、消肿镇痛、杀虫等功效。

【同属种类】本属3种，2种产喜马拉雅及邻近地区，1种产黄土高原，我国产3种，其中2种特有。

血水草
Eomecon chionantha

【科属】罂粟科血水草属

【别名】水黄莲、见血参

【形态特征】多年生草本，具红黄色液汁。叶全部基生，叶片心形或心状肾形，稀心状箭形，长5～26cm，宽5～20cm，先端渐尖或急尖，基部耳垂状，边缘呈波状。花葶灰绿色略带紫红色，高20～40cm，有3～5花，排列成聚伞状伞房花序；苞片和小苞片卵状披针形，花瓣倒卵形，长1～2.5cm，宽0.7～1.8cm，白色；蒴果狭椭圆形。花期3～6月，果期6～10月。

【产地与习性】产安徽、浙江、江西、福建、广东、广西、湖南、湖北、四川、贵州、云南，生于海拔1400～1800m的林下、灌丛下或溪边、路旁。喜温暖、湿润的环境，喜光，不耐寒，喜排水良好的肥沃壤土。生长适温16～28℃。

【观赏评价与应用】花洁白，雄蕊金黄色，叶心形，翠绿色，对比性强，目前园林中有少量应用，可用于岩石旁、林缘、小径或墙边片植观赏。全草入药，有毒。治劳伤咳嗽、跌打损伤等症。

【同属种类】本属1种，特产我国长江以南各省区和西南山区。

花菱草
Eschscholzia californica

【科属】罂粟科花菱草属

【形态特征】多年生草本植物，常作一、二年生栽培。株形铺散或直立，株高40～50cm，全株被白粉，呈灰绿色。叶基生，

花菱草

花菱草

茎上叶互生，多回三出羽状深裂，裂片线形至长圆形。花单生枝顶。萼片2枚，随花瓣展开或脱落。花瓣4枚，亮黄色，基部深橙黄色，栽培品种的花色有乳白、淡黄、橙、橘红等。蒴果。花期春季到夏初。

【产地与习性】原产美国加利福尼亚州，我国南北均有栽培。喜日光充足，耐干旱瘠薄。耐寒，喜冷凉干燥气候、不耐湿热。直根系，不耐移植，宜直播，喜深厚疏松的土壤。生长适温15～25℃。

【观赏评价与应用】茎叶嫩绿带灰色，花色绚丽，花朵繁密，为著名的庭园植物，可用于花坛、花境，也可用于草坪丛植或用作地被。

【同属种类】本属约12种，广泛分布于北美太平洋沿岸的荒漠和草原区。我国引进栽培1种。

荷青花
Hylomecon japonica

【科属】罂粟科荷青花属

【别名】鸡蛋黄花、补血草

【形态特征】多年生草本，高15～40cm。基生叶少数，叶片长10～15（～20）cm，羽状全裂，裂片2～3对，宽披针状菱形、倒

卵状菱形或近椭圆形，长3～7（～10）cm，宽1～5cm，先端渐尖，基部楔形，边缘具不规则的圆齿状锯齿或重锯齿，表面深绿色，背面淡绿色；茎生叶通常2，稀3，叶片同基生叶。花1～2（～3）朵排列成伞房状，顶生，有时也腋生；花瓣倒卵圆形或近圆形，雄蕊黄色。蒴果。花期4～7月，果期5～8月。

【产地与习性】产我国东北至华中、华东，生于海拔300～1800（～2400）m的林下、林缘或沟边。朝鲜、日本及俄罗斯东西伯利亚有分布。性喜冷凉环境，全光照、半荫均可良好生长，以疏松、肥沃的壤土为宜。生长适温15～25℃。

【观赏评价与应用】本种花朵金黄，观赏性较好，园林中较少应用，可植于林缘、疏林下或溪沟边种植观赏，也可点缀于山石边或与其他观花植物配植。根茎药用，具祛风湿、止血、止痛、舒筋活络、散瘀消肿等功效。

【同属种类】本属1种，产中国、日本、朝鲜及俄罗斯的西伯利亚。

博落回
Macleaya cordata

【科属】罂粟科博落回属

【别名】落回、号筒树

【形态特征】直立草本，基部木质化。茎高1～4m，绿色，光滑，多白粉。叶片宽卵形或近圆形，长5～27cm，宽5～25cm，先端急尖、渐尖、钝或圆形，通常7或9深裂或浅裂，裂片边缘波状、缺刻状、粗齿或多细齿，表面绿色，背面多白粉。大型圆锥花序多花，顶生和腋生；苞片狭披针形。萼片倒卵状长圆形，长约1cm，舟状，黄白色；花瓣无；雄蕊24～30，花丝丝状。蒴果，种子卵珠形。花果期6～11月。

【产地与习性】产我国长江以南、南岭以北的大部分省区均有分布，南至广东，西至贵州，西北达甘肃南部，生于海拔150～830m的丘陵或低山林中、灌丛中或草丛间。日本也产。喜温暖及光照充足环境，对土壤及水分要求不严，生长适温15～26℃。

【观赏评价与应用】本种叶大秀美，为优良观叶植物，花丝多，有一定观赏性。可丛植或片植于林缘、篱垣边、草地中、园路边均宜。全草有大毒，不可内服，入药治跌打损伤、关节炎等。

【同属种类】本属有2种，分布于我国及日本。我国2种，其中1种为特有。

鬼罂粟
Papaver orientale

【科属】罂粟科罂粟属

【别名】东方罂粟、东方虞美人

【形态特征】多年生草本，具乳白色液汁。茎单一，高60～100cm，直立。基生叶片轮廓卵形至披针形，二回羽状深裂，小裂片披针形或长圆形，具疏齿或缺刻状齿；茎生叶多数，互生，同基生叶，但较小。花单生；萼片2，有时3，花瓣4～6，宽倒卵形或扇状，红色或深红色，有时在爪上具紫蓝色斑点。蒴果近球形。种子圆肾形。花期6～7月。

【产地与习性】原产地中海地区，我国部分地区栽培作观赏花卉。性喜冷凉及光照充足环境，喜排水良好的肥沃壤土。生长适温15～26℃。

【观赏评价与应用】本种花大艳丽，花瓣基部具斑点，对比强烈，具有较高的观赏性，适合庭园造景，可用于小径边、墙边、草地边丛植或片植，也是花境、花带首选观

鬼罂粟

鬼罂粟

鬼罂粟

花植物。

【同属种类】约 100 种，主产中欧、南欧至亚洲温带，少数种产美洲、大洋洲和非洲南部。我国有 7 种 3 变种和 3 变型，分布于东北部和西北部，或各地栽培。

虞美人
Papaver rhoeas

【科属】罂粟科罂粟属

【别名】丽春花、赛牡丹

【形态特征】一年生草本。茎直立，高 25 ~ 90cm，具分枝。叶互生，叶片轮廓披针形或狭卵形，长 3 ~ 15cm，宽 1 ~ 6cm，羽状分裂，下部全裂，全裂片披针形和二回羽状浅裂；下部叶具柄，上部叶无柄。花单生于茎和分枝顶端；萼片 2，宽椭圆形；花瓣 4，圆形，紫红色，栽培品种有白、黄等色，单瓣或重瓣。蒴果宽倒卵形。花果期 3 ~ 8 月。

【产地与习性】原产欧洲，我国各地常见栽培，性喜冷凉，不耐热，较耐寒，本种不耐移植，最好带土坨移栽或直播。生长适温 10 ~ 25℃。

【观赏评价与应用】虞美人花色丰富，花茎柔弱，随风摇曳，别有一番风韵，在世界各地广为栽培，为著名的庭园植物，园林中大多片植于园路边、坡地营造群体景观，也适于花坛、庭前种植观赏。全株入药，含多

虞美人

虞美人

虞美

种生物碱，有镇咳、止泻等功效。

罂粟花
Papaver somniferum

【科属】罂粟科罂粟属

【别名】鸦片、大烟

【形态特征】一年生草本，高 30 ~ 60（ ~ 100 ）cm，栽培者可达 1.5m。主根近圆锥状，垂直。茎直立，不分枝。叶互生，叶片卵形或长卵形，长 7 ~ 25cm，先端渐尖至钝，基部心形，边缘为不规则的波状锯齿，两面无毛，具白粉。花单生；萼片 2，宽卵形；花瓣 4，白色、粉红色、红色、紫色或杂色。蒴果，种子多数，黑色或深灰色。花果期 3 ~ 11 月。

【产地与习性】原产南欧，性喜温暖及阳光充足的环境，较耐热，喜排水良好、肥沃的微酸性壤土。生长适温 18 ~ 26℃。

【观赏评价与应用】花大，色艳，重瓣的栽培品种为庭园观赏植物。罂粟与古柯、大麻并称为三大毒品植物，大多数国家禁止种植，国内有部分科研单位有种植，用于科研或科普材料；种子灭活后可作调料，种子榨油可供食用，本组图片摄于武汉植物园。

罂粟花

罂粟花

紫堇科 **Fumariaceae**

紫堇属
Corydalis DC.

【科名】紫堇科

【形态特征】一年生、二年生或多年生草本，或草本状半灌木，无乳汁。茎分枝或不分枝，直立、上升或斜生。基生叶少数或多数（稀 1 枚），早凋或残留宿存的叶鞘或叶柄基。茎生叶 1 至多数，稀无叶，互生或稀对生，叶片一至多回羽状分裂或掌状分裂或三出，极稀全缘。花排列成顶生、腋生或对生的总状花序，稀为伞房状或穗状至圆锥状，极稀形似单花腋生；萼片 2 枚，通常早落或稀宿存；花冠两侧对称，花瓣 4，紫色、蓝色、黄色、玫瑰色或稀白色，上部花瓣后部成圆筒形、圆锥形或短囊状的距，极稀无距。果多蒴果，种子肾形或近圆形。

【产地与习性】本属约 465 种，广布于北温带地区，南至北非，直至印度沙漠区的边缘，个别种分布到东非的草原地区。我国有 357 种，其中 262 种为特有种。

【观赏评价与应用】本属花奇特而美丽，色调明快，极为精致，目前大多处在野生状态下，园林栽培极为少见。可引种驯化用于风景区、公园等林缘、林下、路边溪涧或山岩之旁，富有野性美。

常见同属植物有：

1. 台湾黄堇 *Corydalis balansae*

又名北越紫堇，灰绿色丛生草本，高 30 ~ 50cm。枝条花葶状。基生叶早枯，通常

台湾黄堇

台湾黄堇

不明显。下部茎生叶约长 15 ~ 30cm，叶片上面绿色，下面苍白色，约长 7.5 ~ 15cm，宽 6 ~ 10cm，二回羽状全裂，一回羽片约 3 ~ 5 对，二回羽片常 1 ~ 2 对。总状花序多花而疏离，花黄色至黄白色，近平展。萼片卵圆形。蒴果线状长圆形，种子黑亮。产云南、广西、贵州、湖南、广东、香港、福建、台湾、湖北、江西、安徽、浙江、江苏、山东，生于海拔 200 ~ 700m 左右的山谷或沟边湿地。日本、越南、老挝有分布。全草药用，有清热祛火功能。

2. 紫堇 *Corydalis edulis*

又名麦黄草、断肠草。一年生灰绿色草本，高 20 ~ 50cm，具主根。基生叶具长柄，叶片近三角形，长 5 ~ 9cm，上面绿色，下面苍白色，1 ~ 2 回羽状全裂，一回羽片 2 ~ 3 对，二回羽片近无柄，倒卵圆形，羽状分裂。总状花序疏具 3 ~ 10 花。花粉红色至紫红色，平展。距圆筒形，基部稍下弯，约占花瓣全长

紫堇

紫堇

的 1/3。蒴果线形，下垂，具 1 列种子。产辽宁、北京、河北、山西、河南、陕西、甘肃、四川、云南、贵州、湖北、江西、安徽、江苏、浙江、福建，生于海拔 400 ~ 1200m 左右的丘陵、沟边或多石地。日本有分布。全草药用，能清热解毒，止痒，收敛。

3. 穆坪紫堇 *Corydalis flexuosa*

无毛草本，高 40 ~ 50cm。茎通常不分枝或稀分枝。基生叶数枚，叶片轮廓三角形、卵形至近圆形，长 3.5 ~ 8cm，三回三出分裂；茎生叶 3 ~ 4 枚，疏离互生于茎上部，最下部叶具较长的柄，上部叶具短柄至无柄，叶片轮廓近圆形或宽卵形，最下部叶长和宽 5 ~ 6cm，向上渐小，二至三回三出全裂，其他与基生叶相同。总状花序生于茎和分枝顶端，多花（15 朵以上）。萼片鳞片状，卵形或近圆形，花瓣天蓝色或蓝紫色。蒴果线形。花果期 5 ~ 8 月。产四川，生于海拔 1300 ~ 2700m 的山坡水边或岩石边。

穆坪紫堇

穆坪紫堇

4. 北京延胡索 *Corydalis gamosepala*

多年生草本，高（7-）10～22cm。常具3茎生叶；下部叶具叶鞘并常具腋生的分枝。叶二回三出，小叶的变异极大，通常具圆齿或圆齿状深裂，有时侧生的小叶全缘，有时部分小叶分裂成披针形或线形的裂片而形成二型叶。总状花序具7～13花。花桃红色或紫色，稀蓝色。萼片小，早落。蒴果线形，具1列种子。产辽宁、北京、河北、山东、内蒙古、山西、陕西、甘肃、宁夏，生于海拔（500-）1500～2500m的山坡、灌丛或阴湿地。

5. 刻叶紫堇 *Corydalis incisa*

又名地锦苗、羊不吃、紫花鱼灯草。灰绿色直立草本，高15～60cm。茎不分枝或少分枝，具叶。叶具长柄，基部具鞘，叶片二回三出，一回羽片具短柄，二回羽片近无柄，菱形或宽楔形，约长2cm，宽1cm，三深裂，裂片具缺刻状齿。总状花序长3～12cm，多花，萼片小，长约1mm。花紫红色至紫色，稀淡蓝色至苍白色，平展。蒴果线形至长圆形，具1列种子。产河北、山西、河南、陕西、甘肃、四川、湖北、湖南、广西、安徽、江苏、浙江、福建、台湾。生于近海平面至1800m的林缘、路边或疏林下。日本和朝鲜有分布。全草药用，解毒杀虫，治疮癣、蛇蛟伤。

6. 地锦苗 *Corydalis sheareri*

又名断肠草、红花鸡距草。多年生草本，高（10-）20～40（～60）cm。基生叶数枚，长12～30cm，具带紫色的长柄，叶片轮廓三角形或卵状三角形，长3～13cm，二回羽状全裂，第一回全裂片具柄，第二回无柄，卵形，中部以上具圆齿状深齿，下部宽楔形；茎生叶数枚，互生于茎上部，与基生叶同形。总状花序生于茎及分枝先端，有10～20花；花瓣紫红色，平伸，距圆锥形。蒴果，种子近圆形。花果期3～6月。产江苏、安徽、浙江、江西、福建、湖北、湖南、广东、香港、广西、陕西、四川、贵州、云南，生于海拔（170-）400～1600（～2600）m的水边或林下潮湿地。全草入药，治瘀血。

北京延胡索

北京延胡索

刻叶紫堇

刻叶紫堇

地锦苗

地锦苗

美丽荷包牡丹
Dicentra formosa

【科属】紫堇科丽包花属

【别名】美丽丽包花

【形态特征】多年生宿根草本，株高45～60cm。叶对生，二回三出羽状复叶，有长柄，裂片长椭圆形。总状花序顶生并弯垂，花瓣红色、紫红或白色；花瓣联合成心脏形。蒴果。花期春季。

【产地与习性】产美国西部。喜冷凉及光照充足的环境，耐寒，不耐炎热，喜疏松、排水良好的壤土。生长适温15～22℃。

【观赏评价与应用】花繁密，花色靓丽，极富观赏性，适合丛植于墙边、一隅或草地边缘及山石边，也可用于花境及庭院点缀。

【同属种类】本属9种，产北美，我国不产。

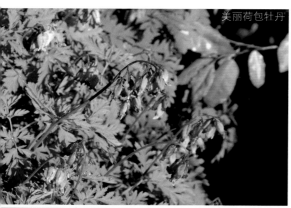

美丽荷包牡丹

美丽荷包牡丹

栽培的品种有：

'曙光'美丽荷包牡丹 *Dicentra formosa* 'Aurora'

与美丽荷包牡丹的主要区别为花瓣白色，先端粉红色。

'曙光'美丽荷包牡丹

'曙光'美丽荷包牡丹

荷包牡丹
Lamprocapnos spectabilis
【*Dicentra spectabilis*】

【科属】紫堇科荷包牡丹属

【别名】鱼儿牡丹、荷包花

【形态特征】多年生宿根草本，株高30～90cm。叶对生，长约20cm，二回三出羽状复叶，状似牡丹叶，叶具白粉，有长柄，裂片倒卵状。总状花序顶生呈拱状。花同向下垂，红色、白色，形似荷包；花瓣4枚，外两瓣较大，联合成心脏形囊状物，内层2枚狭长突出。蒴果细长，种子细小。花期4～5月。

【产地与习性】产我国北部，朝鲜、俄罗斯西伯利亚也有分布。喜光，较耐荫。耐寒、不耐暑热，喜湿润，不耐旱，以富含有机质的壤土为宜。生长适温15～22℃。

【观赏评价与应用】叶似牡丹，花朵奇特，状似荷包，极为可爱，为广受欢迎的观花草本。适合布置花境、花坛或于草地边缘、林缘、墙垣外等处栽培，还可用于点缀岩石园等处。

【同属种类】本属1种，产中国北部、朝鲜、俄罗斯。

荷包牡丹

大麻科　**Cannabaceae**

葎草
Humulus scandens
【*Humulus japonicus*】

【科属】大麻科葎草属

【别名】拉拉秧、锯锯藤

【形态特征】缠绕草本，茎、枝、叶柄均具倒钩刺。叶纸质，肾状五角形，掌状 5 ~ 7 深裂稀为 3 裂，长宽约 7 ~ 10cm，基部心脏形，表面粗糙，疏生糙伏毛，裂片卵状三角形，边缘具锯齿；雄花小，黄绿色，圆锥花序，雌花序球果状。瘦果。花期春夏，果期秋季。

【产地与习性】我国除新疆、青海外，南北各省区均有分布。常生于沟边、荒地、废墟、林缘边。日本、越南也有。性喜阳光，耐热，也较耐寒，不择土壤。生长适温 15 ~ 30℃。

【观赏评价与应用】本种性强健，观赏性一般，可用于荒地、边坡或篱垣绿化。本草可作药用，茎皮纤维可作造纸原料，种子油可制肥皂，果穗可代啤酒花用。

【同属种类】本属 3 种，主要分布北半球温带及亚热带地区。我国产 3 种，其中 1 种为特有种。

葎草

葎草

啤酒花
Humulus lupulus

【科属】大麻科葎草属

【形态特征】多年生草本植物，蔓长 6m 以上，通体密生细毛，并有倒刺。叶对生、纸质，卵形或掌形，3 ~ 5 裂，边缘具粗锯齿。花单生、雌雄异株。雄花细小，排成圆锥花序，花被片和雄蕊各 5；雌花每两朵生于一苞片腋部，苞片复瓦状排列成近圆形的穗状花序。果穗呈球果状。瘦果扁圆形。花期 7 ~ 8 月，果期 9 ~ 10 月。

【产地与习性】产新疆、四川，亚洲北部和东北部、美洲东部也有。喜冷凉，耐寒畏热，长日照植物，喜光，不择土壤，以土层深厚、疏松、肥沃、通气性良好的壤土为宜，中性或微碱性土壤均可。生长适温 14 ~ 25℃。

【观赏评价与应用】本种花序具有一定的观赏性，且易栽培，可用于攀援花架或篱棚。果穗供制啤酒用，雌花药用。

啤酒花

啤酒花

啤酒花

桑科 **Moraceae**

厚叶盘花木
Dorstenia contrajerva

【科属】桑科琉桑属

【形态特征】多年生草本，株高 20～45cm。叶轮廓卵圆形，不规则深裂，裂片近似菱形，全缘，绿色。扁平头状花序自叶腋抽出，绿色。花果期几乎全年。

【产地与习性】产美洲。性喜温暖，喜湿润，以半日照为宜。喜疏松、肥沃的微酸性砂质壤土。生长适温 20～28℃。

【观赏评价与应用】叶终年常绿，叶深裂，花序奇特，有一定观赏性，为桑科少见的草本植物，可丛植于园路边、山石边栽培。

【同属种类】全属约有 150 种，分布于非洲、亚洲及美洲等地。我国不产。

琉桑
Dorstenia elata

【科属】桑科琉桑属

【别名】黑魔盘

【形态特征】多年生草本或半灌木，具地下茎，肉质，株高约 20～40cm。叶纸质，椭圆形，叶片光亮，叶缘具疏锯齿。扁平头状花序自叶腋抽出，表面深紫或黑褐色。花果期几乎全年。

【产地与习性】产巴西，性喜温暖及湿润环境，耐热、不耐寒，喜排水良好的微酸性壤土。生长适温 20～28℃。

【观赏评价与应用】叶形美观，花序奇特，除盆栽外，在热带地区园林中可用于林缘、墙边或滨水岸边潮湿及稍蔽荫的场所片植观赏。

厚叶盘花木

琉桑

琉桑

厚叶盘花木

厚叶盘花木

琉桑

荨麻科 Urticaceae

吐烟花
Pellionia repens

【科属】荨麻科赤车属

【别名】花叶吐烟花

【形态特征】多年生草本。茎肉质，平卧，长 20～60cm，在节处生根。叶片斜长椭圆形或斜倒卵形，长 1.8～7cm，宽 1.2～3.7cm，顶端钝、微尖或圆形，基部在狭侧钝，在宽侧耳形，边缘有波状浅钝齿或近全缘。花序雌雄同株或异株。雄花花被片 5，雌花序有多数密集的花。瘦果。花期 5～10 月。

【产地与习性】产云南、海南。生于海拔800～1100m 山谷林中或石上阴湿处。越南、老挝、柬埔寨有分布。喜温暖、湿润及半荫的环境，对土壤要求不高，以疏松、肥沃的壤土为宜。生长适温 18～28℃。

【观赏评价与应用】吐烟花株形小巧，叶色靓丽，为优良的观叶植物。除盆栽或吊挂栽培外，也可用于庭院的路边、山石边或花坛栽培观赏。

【同属种类】本属约 60 种，主要分布于亚洲热带地区，少数种类分布到亚洲亚热带地区以及大洋洲一些岛屿。我国有 20 种，其中9 种为特有。

花叶冷水花
Pilea cadierei

【科属】荨麻科冷水花属

【别名】金边山羊血

【形态特征】多年生草本；或半灌木，具匍匐根茎。茎肉质，下部多少木质化，高15～40cm。叶多汁，同对的近等大，倒卵形，长 2.5～6cm，宽 1.5～3cm，先端骤凸，基部楔形或钝圆，边缘自下部以上有数枚不整齐的浅牙齿或啮蚀状，上面深绿色，中央有 2条（有时在边缘也有 2 条）间断的白斑。花雌雄异株；雄花序头状，常成对生于叶腋，雄花倒梨形，花被片 4。雌花花被片 4，近等长。花期 9～11 月。

【产地与习性】原产越南中部山区，喜温暖及半荫环境，在全光照下也可生长，喜湿润，以疏松、排水良好和中性至微酸性土壤为佳。生长适温 16～28℃。

【观赏评价与应用】叶有美丽的白色花斑，极为奇特，为常见栽培的观叶植物，园林中常用于林下、林缘、路边或山石边及滨水岸边片植，具有天然野趣。

【同属种类】本属约有 400 种，广布于热带地区，亚热带及温带较少分布。我国有 80种，其中 31 种为特有种，1 种引进。

花叶冷水花

花叶冷水花

花叶冷水花

吐烟花

吐烟花

吐烟花

玲珑冷水花
Pilea depressa

【科属】荨麻科冷水花属

【别名】婴儿泪

【形态特征】多年生常绿草本，茎匍匐，叶小，对生，倒卵形或心形，先端圆钝，基部楔形或近平截，叶柄短，叶边缘具浅齿。小花白色。花期夏秋。

【产地与习性】产波多黎各。喜温暖及半荫环境，耐热，不耐寒，空气过干叶片易干枯，喜排水良好的微酸性壤土。生长适温18～28℃。

【观赏评价与应用】小叶翠绿色，圆润可爱，生长快，生长繁茂，覆盖性强，可用于山石缝隙、墙壁或附着树干等造景，也可植于路边做地被植物。

小叶冷水花

玲珑冷水花

玲珑冷水花

小叶冷水花

小叶冷水花

小叶冷水花
Pilea microphylla

【科属】荨麻科冷水花属

【别名】透明草、小叶冷水麻

【形态特征】纤细小草本，无毛，铺散或直立。茎肉质，多分枝，高3～17cm。叶很小，同对的不等大，倒卵形至匙形，长3～7mm，宽1.5～3mm，先端钝，基部楔形或渐狭，边缘全缘，稍反曲，上面绿色，下面浅绿色。雌雄同株，有时同序，聚伞花序密集成近头状，具梗，稀近无梗。雄花花被片4，卵形，雌花花被片3，稍不等长。瘦果卵形，熟时变褐色，光滑。花期夏秋季，果期秋季。

【产地与习性】原产南美洲热带，后引入亚洲、非洲热带地区，在我国广东、广西、福建、江西、浙江和台湾低海拔地区已成为广泛的归化植物。常生长于路边石缝和墙上阴湿处。强健，喜温暖及阴湿环境，不择土壤。生长适温16～28℃。

【观赏评价与应用】本种植物体小嫩绿秀丽，花开时节轻轻震动植物，弹散出的花粉犹如一团烟火，景观十分美丽，故在美洲享有"礼花草"的美名，可用于园路边、墙隙处栽培观赏。

皱皮草
Pilea mollis

【科属】荨麻科冷水花属

【别名】蛤蟆草

【形态特征】多年生草本，植株高15～20cm。叶对生，卵形，叶面有凸起的褶皱，叶面边缘暗褐色，叶缘具锯齿，先端渐尖，基部楔形。三出脉。

皱皮草

皱皮草

【**产地与习性**】产哥伦比亚、哥斯达黎加等地。性喜温暖、湿润及半荫环境，不耐寒，喜疏松、肥沃、排水良好的土壤。生长适温16～28℃。

【**观赏评价与应用**】叶色美观，清新自然，极富观赏性，多盆栽，也可丛植点缀于林缘、林下、庭院等处，也可与色叶植物配植观赏。

泡叶冷水花
Pilea nummulariifolia

【**科属**】荨麻科冷水花属

【**别名**】毛蛤蟆草

【**形态特征**】多年生常绿草本。匍匐蔓生，分枝细而多，全株被短而细的绒毛。叶对生，圆形，质薄，叶缘具半圆形锯齿，脉间叶肉凸起，三出脉。花期秋季。

【**产地与习性**】哥斯达黎加、哥伦比亚。喜温暖、湿润环境，半日照及全光照均可生长，以排水良好的壤土为佳，忌粘重土壤。生长适温20～28℃。

【**观赏评价与应用**】叶色美观，终年常绿，可用于稍蔽荫的园路边种植观赏，也适合植于假山石上悬垂生长，也可作地被植物。

泡叶冷水花

泡叶冷水花

泡叶冷水花

镜面草

镜面草
Pilea peperomioides

【**科属**】荨麻科冷水花属

【**别名**】翠屏草

【**形态特征**】多年生肉质草本，具根状茎。茎直立，高2～13cm。叶聚生茎顶端，叶片肉质，干时变纸质，近圆形或圆卵形，长2.5～9cm，宽2～8cm，盾状着生于叶柄，先端钝形或圆形，基部圆形或微缺，边缘全缘或浅波状。雌雄异株；花序单个生于顶端叶腋，聚伞圆锥状。雄花花被片4，雌花花被片3。瘦果。花期4～7月，果期7～9月。

【**产地与习性**】产云南与四川。生于海拔1500～3 000m山谷林下阴湿处。性喜温暖、湿润及半荫环境，喜疏松、排水良好的微酸性壤土。生长适温18～26℃。

【**观赏评价与应用**】株形小巧，叶姿优美，状似缩小的荷叶，极为奇特，为优良的观叶植物，在我国广为栽培，主要用于公园、温室等点缀假山石、园路边等处，也可片植或盆栽观赏。

商陆科 **Phytolaccaceae**

商陆
Phytolacca acinosa

【科属】商陆科商陆属

【别名】山萝卜、金七娘、猪母耳

【形态特征】多年生草本，高0.5～1.5m。根肥大，肉质，倒圆锥形。叶片薄纸质，椭圆形、长椭圆形或披针状椭圆形，长10～30cm，宽4.5～15cm，顶端急尖或渐尖，基部楔形，渐狭，两面散生细小白色斑点。总状花序顶生或与叶对生，圆柱状，直立，通常比叶短，密生多花；花被片5，白色、黄绿色。果序直立；浆果扁球形。花期5～8月，果期6～10月。

【产地与习性】中国除东北、内蒙古、青海、新疆外各地均有分布，生于海拔500～3400m的沟谷、山坡林下、林缘路旁。朝鲜、日本及印度也有。性喜温暖、湿润环境，不择土壤。生长适温15～28℃。

【观赏评价与应用】本种习性强健，易栽培，可用于观赏，适合宅旁、坡地和阴湿隙地种植，片植、丛植均可。

【同属种类】本属约25种，分布热带至温带地区，绝大部分产南美洲，少数产非洲和亚洲。我国有4种，其中1种引进，1种特有。

垂序商陆
Phytolacca americana

【科属】商陆科商陆属

【别名】洋商陆、美洲商陆

【形态特征】多年生草本，高1～2m。根粗壮，肥大，倒圆锥形。茎直立，圆柱形，有时带紫红色。叶片椭圆状卵形或卵状披针形，长9～18cm，宽5～10cm，顶端急尖，基部楔形；总状花序顶生或侧生，花白色，微带红晕；花被片5。果序下垂；浆果扁球形，熟时紫黑色；种子肾圆形。花期6～8月，果期8～10月。

【产地与习性】原产北美，引入栽培，在我国部分地区逸生。性喜温暖及阳光充足的环境，耐寒、耐热，对土壤适应性强。生长适温16～28℃。

【观赏评价与应用】花序大，果繁密，具有一定的观赏性，园林中偶见应用，可丛植于林缘、坡荒地等处，即可观赏又可绿化。根供药用，治水肿、白带、风湿，并有催吐作用；种子利尿；叶有解热作用。全草可作农药。

商陆

商陆

垂序商陆

垂序商陆

商陆

垂序商陆

多雄蕊商陆
Phytolacca polyandra

【科属】商陆科商陆属

【别名】多蕊商陆、多药商陆

【形态特征】草本，高（0.5-）1 ~ 1.5m。叶片椭圆状披针形或椭圆形，长9 ~ 27cm，宽5 ~ 10.5cm，顶端急尖或渐尖，基部楔形，渐狭；总状花序顶生或与叶对生；花两性；花被片5，开花时白色，以后变红，长圆形；雄蕊12 ~ 16，两轮着生，花丝基部变宽，花药白色；浆果扁球形，种子肾形，黑色。花期5 ~ 8月，果期6 ~ 9月。

【产地与习性】产甘肃、广西、四川、贵州、云南。生于海拔1100 ~ 3000m山坡林下、山沟、河边、路旁。喜温暖、湿润及阳光充足的环境，有一定耐寒性，对土壤要求不高，喜微酸性壤土。生长适温15 ~ 28℃。

【观赏评价与应用】植物园有少量引种，花序及果有一定的观赏性，可用于林缘、坡地绿化。

数珠珊瑚
Rivina humilis

【科属】商陆科蕾芬属

【别名】蕾芬

【形态特征】半灌木，高30 ~ 100cm。茎直立，枝开展。叶稍稀疏，互生，叶片卵形，长4 ~ 12cm，宽1.5 ~ 4cm，顶端长渐尖，基部急狭或圆形，边缘有微锯齿。总状花序直立或弯曲，腋生，稀顶生；花被片椭圆形或倒卵状长圆形，顶端圆或稍尖，凹或平，白色或粉红色。浆果豌豆状，红色或橙色。花果期几乎全年。

【产地与习性】原产热带美洲。我国有栽培。喜温暖，耐热，耐瘠，不择土壤。生长适温18 ~ 28℃。

【观赏评价与应用】果小，似串串念珠，极为可爱，为优良的观果植物，本种性强健，可植于墙边、林缘、庭院等绿化，也可用于花坛、花台等。

【同属种类】本属1种，产美洲热带和亚热带，我国引进栽培。

紫茉莉科 Nyctaginaceae

紫茉莉
Mirabilis jalapa

【科属】紫茉莉科紫茉莉属

【别名】胭脂花、晚饭花

【形态特征】一年生草本，高可达1m。根肥粗，倒圆锥形。茎直立，多分枝。叶片卵形或卵状三角形，长3～15cm，宽2～9cm，顶端渐尖，基部截形或心形，全缘。花常数朵簇生枝端；花被紫红色、黄色、白色或杂色，高脚碟状；花傍晚开放，有香气，次日午前凋萎。瘦果球形。花期6～10月，果期8～11月。

【产地与习性】原产南美热带地区，各地普遍栽培。性喜温和而湿润的气候条件，不耐寒，北方做一年生栽培。不择土壤，喜土层深厚、疏松肥沃的壤土。喜通风良好环境。生长适温16～28℃。

【观赏评价与应用】花冠似喇叭，每日傍晚开花，故有"晚饭花"的别名，开花繁茂，花色丰富，是我国著名的庭园花卉。常用于房前屋后、篱旁、路边丛植或片植。

【同属种类】本属约50种，主产热带美洲。我国引进栽培1种。

紫茉莉

番杏科 **Aizoaceae**

花蔓草
Aptenia cordifolia

【科属】番杏科露花属

【别名】心叶日中花、露花

【形态特征】多年生常绿草本。茎斜卧，铺散，长 30 ～ 60cm，有分枝，稍带肉质。叶对生，叶片心状卵形，扁平，长 1 ～ 2cm，宽约 1cm，顶端急尖或圆钝具凸尖头，基部圆形，全缘；花单个顶生或腋生，直径约 1cm；花瓣多数，红紫色，匙形。蒴果肉质。花期 7 ～ 8 月。

【产地与习性】原产非洲南部。喜高温及光照充足的环境，不耐寒，以排水良好的砂质壤土为佳，忌粘重及过湿土壤。生长适温 18 ～ 25℃。

【观赏评价与应用】小叶心形，小花点缀于枝间，十分美丽，可用于多浆植物区的山石边、园路边种植。

【同属种类】本属 4 种，产南非，目前有部分资料将本属全部并入日中花属 *Mesembryanthemum*。

鹿角海棠
Astridia velutina

【科属】番杏科鹿角海棠属

【形态特征】多年生常绿多肉草本，常呈亚灌木状，分枝多呈匍匐状。叶片肉质具三棱，银灰色。花腋生，有白、红、粉及淡紫色等颜色。

【产地与习性】原产地南非、纳米比亚。喜温暖、干燥及阳光充足环境。不耐寒，喜肥沃、疏松、排水良好的砂壤土。生长适温 20 ～ 25℃。

【观赏评价与应用】本种性强健，叶奇特，对生状如鹿角，花美丽，可用于布置多肉植物专类园，用于岩石边、路边丛植点缀。

【同属种类】本属 9 种，产南非。

花蔓草

花蔓草

鹿角海棠

鹿角海棠

鹿角海棠

彩虹花
Dorotheanthus bellidiformis

【科属】番杏科彩虹花属

【别名】彩虹菊

【形态特征】多年生草本，茎叶肉质，匍匐状，株高 10 ~ 20cm，茎叶表面有透明的细小腺点，叶长椭圆形，具褶皱，先端钝，基部楔形，边全缘。头状花序，花色丰富，有红、粉、白、橙等多色；花期春季。

【产地与习性】产南非。喜充足阳光，耐旱，忌过湿，有一定耐寒性，喜排水良好、肥沃的土壤。生长适温 16 ~ 25℃。

【观赏评价与应用】本种花色娇艳，色彩缤纷，国外常用作花园美化。我国华东有少部分引种，可用于园路边、山石边或庭园的阶前、窗前片植观赏。

【同属种类】本属约 8 种，产南非等地。

宝绿
Glottiphyllum linguiforme

【科属】番杏科舌叶花属

【别名】舌叶花、佛手掌

【形态特征】多年生常绿肉质草本，株高 10 ~ 15cm。叶对生，舌状，绿色，具光泽，肉质，先端钝，无柄，近全缘。花单生于叶腋，黄色，花瓣披针形，花瓣多数，雄蕊金黄色。蒴果。花期 1 ~ 5 月。

【产地与习性】南非。喜光照，喜干燥，忌水湿，不耐寒。喜疏松、排水良好的砂质壤土。生长适温 18 ~ 25℃。

【观赏评价与应用】花色明快，我国引种大多用于盆栽观赏，也可用于公园、植物园等布置多肉专类园，三五株点缀或片植均可，也常与其他多浆植物配植。

【同属种类】本属约 20 种，产南部非洲，生于砂岩、砾石地带。

松叶菊
Lampranthus spectabilis

【科属】番杏科松叶菊属

【别名】美丽日中花、龙须海棠

【形态特征】多年生常绿草本，高 30cm。茎丛生，斜升，基部木质，多分枝。叶对生，叶片肉质，三棱线形，长 3 ~ 6cm，宽 3 ~ 4mm，具凸尖头，基部抱茎，粉绿色。花单生枝端，直径 4 ~ 7.5cm；苞片叶状，对生；花萼 5 深裂，花瓣多数，紫红色至白色，线形；雄蕊多数。蒴果肉质，种子多数。花期春季或夏秋。

【产地与习性】原产非洲南部。我国栽培供观赏。喜温暖及阳光充足的环境，喜干燥，忌水湿，不耐寒，高温休眠。喜疏松、排水良好的砂质壤土。生长适温 18 ~ 25℃。

【观赏评价与应用】花繁茂，清新雅致，朵朵小花生于枝顶，极为美丽，叶纤细，状似松叶，花瓣似菊花，故名。本种可片植于排水良好的砂质土壤中造景，也可盆栽观赏。

【同属种类】本属约有 220 种，产南部非洲。

仙人掌科 Cactaceae

鸾凤玉
Astrophytum myriostigma

【科属】仙人掌科星球属

【形态特征】幼株球形，老株变为细长筒状。球体约 20cm，有 5 棱，明显。棱上的刺座无刺，具褐色绵毛。球体绿色，常具白色星状毛或小鳞片。花朵着生于茎顶部，花大，漏斗形，黄色。

【产地与习性】产墨西哥。性喜温暖及阳光充足的环境，耐热、较耐寒，忌过湿，喜排水良好的砂质壤土。生长适温 15 ～ 28℃。

【观赏评价与应用】本种球体端正，美观，极具沙漠风光，常用于植物园、公园等沙生植物区或多浆植物区布置点缀。

【同属种类】本属约 6 种，产美洲。栽培的品种有：

1. '四角'鸾凤玉 *Astrophytum myriostigma* 'Quadricostatum' 与原种区别为四棱。

2. '三角'鸾凤玉 *Astrophytum myriostigma* 'Trescostata' 与原种区别为三棱。

3. 鸾凤玉锦 *Astrophytum myriostigma* 'Varegata' 为斑锦变异，球体为粉红色，球体无叶绿素，无法进行光合作用，需嫁接于量天尺、仙人球等为其提供养分。

般若
Astrophytum ornatum

【科属】仙人掌科星球属

【别名】美丽星球

【形态特征】幼株球形，成株长筒形，株高可达 1m 或更高，直径 25 ～ 35cm。具棱 7 ～ 8，大多数为 8，暗绿色，上被白色绵毛或小鳞片，棱上具刺座，刺座有白绵毛，具直刺 5 ～ 11，褐色。花生于茎顶，黄白色，花瓣有时带粉色。

【产地与习性】产墨西哥。喜温暖及阳光充足的环境，耐热、稍耐寒、喜干燥，忌水湿，喜砂质壤土，忌粘重土壤。生长适温 15 ～ 28℃。

【观赏评价与应用】球体美丽，上具白色绵毛及小鳞片，状如白云覆于球体之上，具有较高的观赏价值，多用于布置多浆植物区、沙生植物区等，可片植或丛植。

鸾凤玉

'四角'鸾凤玉

'三角'鸾凤玉

鸾凤玉锦

般若

般若

般若

将军
Austrocylindropuntia subulata

【科属】仙人掌科圆筒仙人掌属

【形态特征】植株肉质，高可达 4m，具分枝。幼株圆筒形，深绿色，无棱，上有长圆形瘤块。刺座具白色绵毛，每个刺座着生一圆柱形的肉质叶，叶小，老茎叶常脱落。花红色。

【产地与习性】原产秘鲁南部山区。性喜阳光，喜干燥，耐旱，不耐寒。忌水湿，喜排水良好的砂质土壤。生长适温 15 ~ 28℃。

【观赏评价与应用】植株筒状，具少量肉质叶，有一定观赏性。可用于布置岩石园、多浆植物区等。

【同属种类】本属约 12 种，产美洲。

将军

将军

黄金钮
Cleistocactus winteri

【科属】仙人掌科管花柱属

【别名】管花仙人柱

【形态特征】多年生肉质植物。茎细圆柱形，长可达 1m 或更长，直径 1.5 ~ 2.5cm，具分枝，直立或匍匐，绿色，具棱 16 ~ 18，具刺座，上密被金黄色短刺。花从刺座生出，漏斗状，粉红色，花期春季。

【产地与习性】产阿根廷。喜温暖及阳光充足环境。耐旱，忌水湿。喜砂质壤土，忌粘重土壤。生长适温 15 ~ 28℃。

【观赏评价与应用】本种茎细长，密布金黄色短刺，花小而艳丽，观赏性强，多用于多浆专类园或盆栽欣赏。

【同属种类】本属种类约有 50 ~ 60 种，分布于美洲。

黄金钮

黄金钮

黄金钮

鼠尾掌
Disocactus flagelliformis

【科属】仙人掌科姬孔雀属

【形态特征】肉质植物，茎细长，匍匐，具分枝，长可达 1m 或更长，植株绿色，具棱 10 ~ 14 个，刺座密集，辐射刺 10 ~ 20，黄褐色。花漏斗状，两侧对称，粉红色。浆果，红色。花期春季。

【产地与习性】原产墨西哥高山荒漠地带，喜温暖、阳光充足、干燥的环境，忌湿。喜排水良好的砂质壤土，忌使用粘重土壤，高湿时加强通风。生长适温 15 ~ 28℃。

【观赏评价与应用】茎悬垂，状似鼠尾而得名。刺密集，花艳丽，姿态优美，可供观赏，园林中可用于多浆植物园或干热地区用于附树、附石生长。

【同属种类】本属约 16 种，产中南美洲。

鼠尾掌

鼠尾掌

海王星
Dolichothele uberiformis

【科属】仙人掌科长疣球属

【形态特征】植株小型，轮廓圆球形，多丛生，肉质，球体直径 10 ~ 12cm 左右，绿色。疣突大，高约 5cm。周刺 6 个，中刺 1 个。花漏斗形，黄色。花期春至夏。

【产地与习性】 产墨西哥。喜温暖、光照充足及通风良好环境，喜干燥，忌湿热。喜排水良好的砂质壤土。生长适温 15～28℃。

【观赏评价与应用】 本种疣突大，观赏性强，且易栽培，生长快，常群生，形成较大的群落。可用于公园、风景区等沙生区或多浆区应用。

【同属种类】 本属约 4 种，产美洲，部分资料将本属并入乳突球属 Mammillaria。

金琥
Echinocactus grusonii

【科属】 仙人掌科金琥属

【形态特征】 多年生多浆植物，茎圆球形，球体大，高可达 1.2m，直径可达 1m，浅黄绿色，顶部有多数浅黄色羊毛状刺。有 20～37棱，棱上具刺座，具黄色硬刺 4 个，有光泽，

周刺 8～10 个。花单生于先端，黄色，具光泽，喇叭状。花期夏季，中午开花。

【产地与习性】 产墨西哥。性喜温暖、干燥及阳光充足的环境，耐热、耐瘠、不耐寒，忌湿。栽培以疏松、排水良好的砂质土壤为宜。生长适温 18～30℃。

【观赏评价与应用】 本种为强刺球类的代表种，因其球体浑圆，金碧辉煌，常被各大植物园、风景区作为标本球栽培或展出，数十个或更多成片种植，以营造群体景观。

【同属种类】 本属约 20 种，产南美洲及墨西哥。

栽培的品种有：

1. '狂刺' 金琥 *Echinocactus grusonii* 'Intentextus'
刺弯曲，金黄色，较原种更有观赏性。

2. '白刺' 金琥 *Echinocactus grusonii* 'Albispinus'
刺白色，观赏性较佳，其他特征与原种相同。

3. 裸虎 *Echinocactus grusonii* 'Inermis'
刺座无刺，较为奇特而珍稀。

'狂刺' 金琥

'白刺' 金琥

裸虎

宇宙殿
Echinocereus knippelianus

【科属】仙人掌科鹿角柱属

【形态特征】幼株近圆筒形，成株椭圆形，偶会萌生仔株。植株绿色，直径约5cm，高约10cm，具5～6棱，刺座密，刺白色，3～4枚，易脱落。花大，漏斗状，粉红、粉色。

【产地与习性】产墨西哥及美国，喜温暖及阳光，喜干燥，忌湿，喜通风良好，喜排水良好壤土，低温时控水。生长适温18～28℃。

【观赏评价与应用】花大，绚丽多彩，为优良的观花植物，适合公园、风景区等多浆植物温室种植观赏，也可盆栽用于居家装饰。

【同属种类】本属约有115种，产北美洲的美国南部及墨西哥。

宇宙殿

昙花
Epiphyllum oxypetalum

【科属】仙人掌科昙花属

【别名】月下美人

【形态特征】附生肉质植物，高2～6m。叶状侧扁，披针形至长圆状披针形，长15～100cm，宽5～12cm，先端长渐尖至急尖，或圆形，边缘波状或具深圆齿，基部急尖、短渐尖或渐狭成柄状；花单生于枝侧的小窠，漏斗状，于夜间开放，芳香；萼状花被片绿白色、淡琥珀色色或带红晕，瓣状花被片白色。浆果长球形，紫红色。种子多数。

昙花

昙花

昙花

【产地与习性】原产墨西哥、危地马拉、洪都拉斯、尼加拉瓜、苏里南和哥斯达黎加，世界各地区广泛栽培；性喜温暖、湿润及半荫环境，不耐寒，喜疏松、排水良好的砂质土壤。生长适温18～28℃。

【观赏评价与应用】本种为著名的观赏花卉，花大洁白，一般晚上9点左右开花，4～5小时后即凋谢，故有"昙花一现"之说，往往比喻美好事物转瞬即逝。昙花洁白如玉，具清香，可附树、附石栽培观赏，也可盆栽用于居家欣赏。

【同属种类】本属约13种，原产热带美洲；我国栽培4种，归化1种。

姬月下美人
Epiphyllum pumilum

【科属】仙人掌科昙花属

【形态特征】多年生肉质草本，茎长5m或更长，多分枝，侧枝下部圆柱形，长可达80cm或更长。茎绿色，叶状，扁平，具分枝。无叶。花生于叶状枝的小窠内，花白花，较小。浆果圆形，成熟后红色。种子黑色。

姬月下美人

姬月下美人

【产地与习性】产美洲墨西哥。性喜温暖、湿润及半荫环境，忌强光、不耐寒。喜疏松、排水良好壤土。生长适温18～28℃。

【观赏评价与应用】枝纤秀，花美丽，花期较长，可附于山石、墙壁、树干等栽培观赏，也可盆栽用于室内装饰。

栽培的同属种有：

1. 锯齿昙花 *Epiphyllum anguliger*

又名鱼骨昙花，茎长80～120cm。茎扁平，叶状，具深锯齿，花大，花白色或粉红色。花期夏秋至秋季，产墨西哥。

锯齿昙花

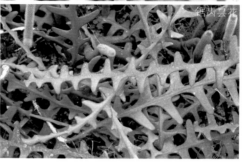
锯齿昙花

2. 直叶昙花 *Epiphyllum hookeri*

茎蔓性，长可达2m。茎扁平，叶状，茎边缘具小窠，花大，花瓣披针形，花瓣约20余枚，白色。花期夏到秋。产墨西哥至委内瑞拉等地。

直叶昙花

直叶昙花

幻乐

幻乐

幻乐
Espostoa melanostele

【科属】仙人掌科老乐柱属

【别名】翁柱

【形态特征】多年生肉质草本，全株被丝状毛，白色，植株柱状，有时分枝成烛台状，株高 2 ～ 3m 或更高，直径 10 ～ 15cm。具棱 20 ～ 25，刺座密集，中刺 1 ～ 2。花漏斗状，白色。花期夏季。

【产地与习性】秘鲁。喜阳光充足及干燥环境，不耐水湿、不耐寒，喜排水良好的砂质土壤。生长适温 18 ～ 28℃。

【观赏评价与应用】本种丝状绵毛洁白如雪，又似老翁白发，极为奇特，可群植于多浆植物区的山石边、园路边栽培观赏。

【同属种类】本属约 14 种，产美洲。

巨鹫玉
Ferocactus peninsulae

【科属】仙人掌科强刺球属

【形态特征】幼株球形，成株为短圆筒形，单生或群生。球体直径红 30cm 或更宽，株高可达 1m 或更高，深绿色。具棱 13，棱有时直，

有时略呈螺旋状。刺座褐色，中刺 6，周刺约 10 个，最长的一根中刺具钩，新刺紫红或红褐色。花黄色或橙黄色。

【产地与习性】产墨西哥及加利福尼亚。喜阳光充足，喜温暖，不耐湿热，忌水湿，栽培以砂质壤土为佳。生长适温 16 ～ 28℃。

【观赏评价与应用】刺粗大，刚劲有利，是强刺球属的代表种之一，特别群生植株，极为壮观，可用于大型多浆温室栽培，极具荒漠风光。

【同属种类】本属约有 35 种左右，产美洲。

巨鹫玉

巨鹫玉

袖浦柱
Harrisia jusbertii

【科属】仙人掌科卧龙柱属

【形态特征】茎肉质，具分枝，长可达 4 ～ 5m，茎粗 4 ～ 6cm，具 5 ～ 6 棱，绿色。具刺座，周刺 5 ～ 7 枚，常脱落；中刺 1，褐色。花漏斗状，白色，具香气，长达 18cm。浆果，红色，种子黑色。花期春至秋。

【产地与习性】产地不详，可能是杂交种。性喜阳光，喜温暖，不耐寒，忌湿涝，喜砂质壤土。生长适温 16 ～ 28℃。

【观赏评价与应用】本种花大洁白，果实红艳，挂果时间长，可用于沙生园、多浆园附石栽培观赏。

【同属种类】本属约 20 余种，产美洲。

袖浦柱

袖浦柱

量天尺
Hylocereus undatus

【科属】仙人掌科量天尺属

【别名】霸王鞭、火龙果、三角柱、三棱箭

【形态特征】多年生肉质植物，具气根。分枝多数，具3棱，棱常翅状，边缘波状或圆齿状，深绿色至淡蓝绿色，无毛，骨质；小窠沿棱排列，相距3～5cm，每小窠具1～3根开展的硬刺，刺锥形。花漏斗状，长25～30cm，直径15～25cm，于夜间开放；瓣状花被片白色，长圆状倒披针形。浆果红色，长球形，种子黑色。花期7～12月。

【产地与习性】分布中美洲至南美洲北部，世界各地广泛栽培。喜温暖及阳光充足环境，也耐半荫，忌湿，不耐寒，喜肥沃、排水良好的砂质壤土。生长适温16～28℃。

【观赏评价与应用】本种花大，果实艳丽，为著名的观花、观果植物，园林中可附于墙垣、山石、树干栽培，或用于生态园、观光园营造景观，也常播种装饰盆面。

【同属种类】约15种，分布于中美洲、西印度群岛以及委内瑞拉、圭亚那、哥伦比亚及秘鲁北部。我国引种栽培4种。

量天尺

量天尺

量天尺

金手指

金手指

金手指

金手指
Mammillaria elongata var. *intertexta*

【科属】仙人掌科乳突球属

【别名】黄金司

【形态特征】植株圆筒状，丛生。植物高10cm，直径3cm，辐射刺15～20，弯曲，针状，黄色至白色；中刺无或只有1根。花浅黄色至白色。花期春季。

【产地与习性】产墨西哥。喜温暖及阳光充足环境，忌湿，不耐寒，喜排水良好的砂质壤土。生长适温16～28℃。

【观赏评价与应用】株形小巧，整株被金黄的刺，小花点缀于茎顶，极为可爱，可用于多浆园的山石边栽培观赏，也常盆栽欣赏。

【同属种类】本属约有280种，产美洲，主要分布于墨西哥。

玉翁
Mammillaria hahniana

【科属】仙人掌科乳突球属

【形态特征】植株扁球形或球形，直径约10cm，淡绿色，疣状突起圆锥形，螺旋生长，刺座有短绵毛。疣突腋部有20根白毛，周刺20～30，白色，中刺2～3。花紫红色，浆果，粉紫色。

【产地与习性】产墨西哥。喜温暖及阳光

充足环境，耐热、不耐寒，喜排水良好的砂质壤土。生长适温16～28℃。

【观赏评价与应用】球体浑圆，紫红色小花在茎顶成圈开放，奇特可爱，为著名的小型盆栽植物，也可丛植、单植于多浆园的山石边观赏。

玉翁

玉翁

花座球属
Melocactus Boehm.

【科属】仙人掌科

【形态特征】球体因种类大小而有异，球体绿色，有部分呈浅蓝色。长筒形或圆球形，具棱 9～20，刺座间距较大，刺锥状、钻状、针状、褐色、红褐、紫褐等。成株球体顶部长出由刚毛状细刺状繁密的绵毛组成的花座，花座每年均增高，花在花座中开出，浆果。

【产地与习性】本属约 50 种，产美洲热带地区。性喜高温及光照充足，耐旱性极强，有一定耐寒性，耐瘠。喜砂质壤土。生长适温 18～30℃。

【观赏评价与应用】本类花座极为奇特，花果均有一定观赏价值，高雅迷人，可用于大型展览温室群植，也可盆栽观赏。

栽培的种类有：

1. 蓝云 *Melocactus azureus*

大球形，球体呈蓝灰色，幼时近球形，成株圆筒形，刺红褐色。花座刚毛红褐色，具白色绵毛，果粉红色。产巴西，生于岩石区及沙漠地带。

2. 魔云 *Melocactus matanzanus*

小球形，球体端正，球形，具周刺 7～8，中刺一，褐色。花座美观，刚毛鲜艳，红褐色，具白色绵毛。产古巴北部。

3. 卷云 *Melocactus neryi*

中球形，幼株球形，成株近筒状，株高约 18cm，直径 10cm。花座刚毛红褐色，上具白色绵毛。果粉红色。产巴西、委内瑞拉、苏里南等地。

4. 翠云 *Melocactus violaceus*

中球形，又名赏云，球形端正，球体蓝绿色，刺褐色。花座刚毛红褐色，有白色绵毛。果状似辣椒，粉红色。产巴西，生于干热的稀树草原及海岸沙地。

蓝云

魔云

卷云

翠云

令箭荷花
Nopalxochia ackermannii

【科属】仙人掌科令箭荷花属

【形态特征】多年生肉质草本，常呈灌木状，株高可达 2m。枝扁平叶状，有少数分枝，基部常短圆柱形，边缘具圆齿状浅裂，裂片凹下去的部分有刺窝。花红色、紫红、红色、粉红、黄色或白色等，着生于茎节上部。花期 4～7 月。

【产地与习性】产墨西哥。喜温暖、湿润的环境，喜半荫，耐旱，不耐热。喜肥沃、疏松、排水良好的中性至微酸性砂质壤土。生长适温 18～25℃。

【观赏评价与应用】本种花色繁多，花大娇丽，具有淡香，深受人们喜爱，在我国栽培甚广。多盆栽用于居室装饰，也可用于大型温室的多浆区地栽观赏。

【同属种类】本属约 2 种，产墨西哥及哥伦比亚。

英冠玉
Notocactus magnificus

【科属】仙人掌科南国玉属

【形态特征】多年生肉质植物，茎幼时球形，成株圆筒形，直径约 20cm，高可达 5m 以上，易群生，蓝绿色，棱 11～15。茎顶密生绒毛。刺座密集，放射状刺 12～15，毛状，黄色，中刺 8～12，针状，褐色。两种刺长均为约 0.5～0.8cm。花大，直径达 5～6cm，花冠漏斗状，鹅黄色。花期 6～7 月。

【产地与习性】产巴西。喜温暖、阳光及干燥环境，耐旱，不耐寒，忌水湿。喜疏松、排水良好的砂质土壤。生长适温 18～26℃。

【观赏评价与应用】本种刺色美观，茎顶具白色绵毛，花大艳丽，集生于茎顶，具有较强的观赏性，常群植于沙生区观赏，也可盆栽。

【同属种类】本属产南美洲，有部分文献将本属并入锦绣玉属 *Parodia*。

令箭荷花

英冠玉

英冠玉

英冠玉

藜科 Chenopodiaceae

'紫叶'甜菜
Beta vulgaris var. *cicla* 'Vulkan'

【科属】藜科甜菜属

【形态特征】多年生草本，多作2年生栽培。营养生长期无地上茎，叶在根颈处丛生。叶较大，肥厚；基生叶长圆形，长20～30cm，宽10～15cm，有长叶柄，上面皱缩不平，略有光泽，全缘或略成波状，叶紫红色；花茎自叶丛中间抽生，高约80cm，花2～3朵簇生。胞果。花、果期5～7月。

【产地与习性】栽培种，原种产欧洲。性喜温凉气候，喜光，耐寒力较强，也较耐热，对土壤要求不严，以排水良好的沙壤土为佳，生长适温15～28℃。

【观赏评价与应用】植株生长健壮，叶色美观，为优良色叶植物，可用于花坛、花境、路边、花园、庭院观赏。嫩叶可作蔬菜，根、种子可入药。

【同属种类】本属约10种，分布于欧洲、亚洲及非洲北部。我国引进栽培1种。

栽培的品种有：

'橙柄'甜菜 *Beta vulgaris* var. *cicla* 'Bright Yellow'

与'紫叶'甜菜区别为叶绿色，叶柄及叶脉橙黄色。

'橙柄'甜菜

'橙柄'甜菜

地肤
Kochia scoparia

【科属】藜科地肤属

【形态特征】一年生草本，高50～100cm。茎直立，圆柱状，淡绿色或带紫红色，有多数条棱，分枝稀疏。叶为平面叶，披针形或条状披针形，长2～5cm，宽3～7mm，先端短渐尖，基部渐狭为短柄。花两性或雌性，通常1～3个生于上部叶腋，构成疏穗状圆锥状花序，花被近球形，淡绿色。胞果扁球形，种子卵形。花期6～9月，果期7～10月。

【产地与习性】分布遍及全国，生于荒野、路旁、田边、海滩荒地。喜温暖及光照，不耐荫，不耐寒，耐干旱及瘠薄，对土壤要求不严，能自播繁衍。生长适温16～28℃。

【观赏评价与应用】株形美观，易造型，新叶嫩绿，极具观赏性，常造型点缀于花境、花坛中央、墙边或山石边，也可片植或列植观赏。幼苗时嫩叶可食用。果实称"地肤子"，为常用中药。

【同属种类】本属约10～15种，分布于非洲、中欧、亚洲温带、美洲的北部和西部。我国产7种。

地肤

地肤

地肤

'紫叶'甜菜

'紫叶'甜菜

翅碱蓬
Suaeda heteroptera

【科属】藜科碱蓬属

【别名】盐地碱蓬、碱葱

【形态特征】一年生草本，高 20 ~ 80cm，绿色或紫红色。茎直立，圆柱状，黄褐色。叶条形，半圆柱状，通常长 1 ~ 2.5cm，宽 1 ~ 2mm，先端尖或微钝，枝上部的叶较短。团伞花序通常含 3 ~ 5 花，腋生，在分枝上排列成有间断的穗状花序；花两性，有时兼有雌性；胞果，种子黑色。花果期 7 ~ 10 月。

【产地与习性】产东北、内蒙古、河北、山西、陕西、宁夏、甘肃、青海、新疆、山东、江苏、浙江的沿海地区，生于盐碱土，在海滩及湖边常形成单种群落。性喜冷凉及阳光充足环境，不耐暑热，耐盐碱，耐湿。适宜生长的土壤 pH 值在 8.5 ~ 10.0 之间。生长适温 16 ~ 25℃。

【观赏评价与应用】植株入秋转红，观赏性极佳，我国著名的盘锦红海滩，其主体就是翅碱蓬，可用于滨海荒滩、盐碱地等成片种植绿化。幼苗可做菜，北方沿海群众春夏多采食。

【同属种类】本属共 100 余种，分布于世界各地，生于海滨、荒漠、湖边及盐碱土地区。我国有 20 种，2 种特有，主产于新疆及北方各省。

同属植物有：

1. 碱蓬 *Suaeda glauca*

一年生草本，高可达 1m。茎直立，粗壮，圆柱状；枝细长，上升或斜伸。叶丝状条形，半圆柱状，通常长 1.5 ~ 5cm，宽约 1.5mm，灰绿色。花两性兼有雌性，单生或 2 ~ 5 朵簇生于叶腋的短柄上；两性花花被杯状，黄绿色；雌花花被近球形。胞果，种子黑色。花果期 7 ~ 9 月。产黑龙江、内蒙古、河北、山东、江苏、浙江、河南、山西、陕西、宁夏、甘肃、青海、新疆。生于海滨、荒地、渠岸、田边等含盐碱的土壤上。蒙古、俄罗斯、朝鲜、日本也有。

2. 辽宁碱蓬 *Suaeda liaotungensis*

一年生草本。茎单一，由基部分支，直立或横卧。叶长圆形至狭线形，肉质，先端尖或钝，粉绿色，秋季常变红色。团伞花序腋生，花被片 5，绿色，肉质，具狭透明膜质边缘。胞果，种子黑色。产黑龙江、辽宁及内蒙古。生于盐碱地。

翅碱蓬

翅碱蓬

翅碱蓬

碱蓬景观

碱蓬景观

辽宁碱蓬

辽宁碱蓬

苋科 Amaranthaceae

锦绣苋

Alternanthera bettzickiana

【科属】苋科莲子草属

【别名】红节节草

【形态特征】多年生草本，高20～50cm；茎直立或基部匍匐，多分枝。叶片矩圆形、矩圆倒卵形或匙形，长1～6cm，宽0.5～2cm，顶端急尖或圆钝，有凸尖，基部渐狭，边缘皱波状，绿色或红色，或部分绿色，杂以红色或黄色斑纹。头状花序顶生及腋生，2～5个丛生，花被片卵状矩圆形，白色。果实不发育。花期8～9月。

【产地与习性】原产南美巴西，各地有栽培。喜温暖及阳光充足的环境，较耐热，不耐寒，喜湿润、排水良好的土壤。生长适温16～30℃。

【观赏评价与应用】植株低矮，色泽美观，枝叶繁茂，耐修剪，常用各色品种成片栽植拼成花纹、图案及文字样式。适用布置模纹花坛，特别是立体花坛造形等。全株入药，有清热解毒、凉血止血、清积逐瘀功效。

【同属种类】约200种，分布美洲热带及暖温带，我国5种，其中引进4种。

大叶红草

Alternanthera dentata 'Rubiginosa'

【科属】苋科莲子草属

【别名】红龙草

【形态特征】多年生草本，株高30～50cm。嫩茎四棱形，老茎圆柱形，嫩枝及嫩叶具柔毛。叶对生，长椭圆形，先端渐尖，基部楔形，紫红色。头状花序。花果期冬季。

【产地与习性】栽培种，原种产西印度群岛至巴西。喜温暖、阳光充足的环境，耐热、不耐寒，一般土壤上均可良好生长。生长适温16～30℃。

【观赏评价与应用】植株低矮，叶片紫红，易栽培，为常见的色叶种，可用于花境、花台、草地中、滨水岸边片植或带植，也常与其他绿叶植物配植。

绿草

Alternanthera paronychioides

【科属】苋科莲子草属

【别名】美洲虾钳菜、绿苋草、华莲子草

【形态特征】多年生草本植物。株高15～20cm，多分枝，常匍匐生长，茎密被短毛。叶对生，倒披针形或匙形，全缘，叶绿色，先端钝圆，基部渐狭。头状花序，生于

锦绣苋

锦绣苋

大叶红草

大叶红草

大叶红草

绿草

红草

红草

叶腋，花小，白色。胞果。

【产地与习性】原产美国热带地区，我国广东、海南、台湾等地逸生。性喜温暖、湿润及阳光充足的环境，耐瘠、耐热，不择土壤。生长适温 16 ～ 30℃。

【观赏评价与应用】本种植株矮小，品种较多，色彩丰富，抗性强，可用做地被植物或用于立体花坛、模纹花坛配色与造景。

栽培的品种有：

红草 *Alternanthera paronychioides* 'Picta' 又名红苋草，与绿草区别为叶为紫红色。

红草

虾钳菜

2 ～ 20mm，顶端急尖、圆形或圆钝，基部渐狭，全缘或有不显明锯齿。头状花序 1 ～ 4 个，腋生，初为球形，后渐成圆柱形，花密生；花被片白色。胞果倒心形，种子卵球形。花期 5 ～ 7 月，果期 7 ～ 9 月。

【产地与习性】产长江以南大部分省区，生在村庄附近的草坡、水沟、田边或沼泽、海边潮湿处。印度、缅甸、越南、马来西亚、菲律宾等地也有。喜高温及湿润环境，耐热，不择土壤。生长适温 16 ～ 28℃。

【观赏评价与应用】处于野生状态，园林中极少应用，可用于边坡、荒地绿化。全株入药，有散瘀消毒、清火退热功效。

栽培的品种有：

'花叶'莲子草 *Alternanthera sessilis* 'Variegata'

多年生草本，株高 10 ～ 15cm，叶匙形或椭圆形，叶上具白色斑块或斑纹。可用于庭园的路边、墙垣边栽培，也可做地被。

'花叶'莲子草

红草

红草与绿草

'花叶'莲子草

虾钳菜
Alternanthera sessilis

【科属】苋科莲子草属

【别名】莲子草、白花仔

【形态特征】多年生草本，高 10 ～ 45cm；茎上升或匍匐，绿色或稍带紫色。叶片形状及大小有变化，条状披针形、矩圆形、倒卵形、卵状矩圆形，长 1 ～ 8cm，宽

尾穗苋
Amaranthus caudatus

【科属】苋科苋属

【别名】老枪谷

【形态特征】一年生草本，高达 1.5m；茎直立，粗壮，单一或稍分枝。叶片菱状卵形或菱状披针形，长 4 ~ 15cm，宽 2 ~ 8cm，顶端短渐尖或圆钝，具凸尖，基部宽楔形，稍不对称，全缘或波状缘，绿色或红色。圆锥花序顶生，下垂，有多数分枝，花密集成雌花和雄花混生的花簇；花被片红色。胞果近球形，种子近球形。花期 7 ~ 8 月，果期 9 ~ 10 月。

【产地与习性】我国各地栽培，有时逸为野生。原产热带，全世界各地栽培。对环境要求不严，适应性强。生长适温 15 ~ 28℃。

【观赏评价与应用】花序大，悬垂于枝间，奇特美丽，且栽培品种繁多，适合庭院、公园等一隅、路边栽培或做背景材料，也可用于切花或制成干花。根供药用，有滋补强壮作用。

【同属种类】本属约 40 种，分布于全世界，有些种为伴人植物，我国有 14 种，其中特有 1 种，引进 8 种以上。

栽培的品种有：

垂鞭绣绒球 *Amaranthus* cv.

一年生草本，株高约 80 ~ 150cm。叶片卵形或菱状披针形，顶端短渐尖或圆钝，具芒尖，基部楔形，稍不对称，全缘或波状缘。圆锥花序顶生或腋生，常下垂，由多数穗状花序形成，花密集成团。胞果近球形。

尾穗苋

尾穗苋

垂鞭绣绒球

垂鞭绣绒球

千穗谷
Amaranthus hypochondriacus

【科属】苋科苋属

【形态特征】一年生草本，高 10 ~ 80cm；茎绿色或紫红色，分枝。叶片菱状卵形或矩圆状披针形，长 3 ~ 10cm，宽 1.5 ~ 3.5cm，顶端急尖或短渐尖，具凸尖，基部楔形，全缘或波状缘；圆锥花序顶生，直立，长达 25cm，不分枝或分枝，由多数穗状花序形成；花被片

千穗谷

千穗谷

千穗谷

绿色或紫红色。胞果，种子近球形。花期 7 ~ 8 月，果期 8 ~ 9 月。

【产地与习性】原产北美，内蒙古、河北、四川、云南等地栽培供观赏。喜温暖及光照，对土壤要求不严。生长适温 15 ~ 26℃。

【观赏评价与应用】花序大，健生，适合公园、绿地等在林缘、墙边或园路边成丛或成片种植，也可用做背景材料。

苋
Amaranthus tricolor

【科属】苋科苋属

【别名】三色苋、雁来红

【形态特征】一年生草本；高 50 ~ 150cm。茎直立，粗壮，绿色或红色，常分枝。叶片卵形、菱状卵形或披针形，长 4 ~ 10cm，宽 2 ~ 7cm，绿色或红色、紫色或黄色或部分绿色杂有其它颜色，先端圆钝或微凹，基部楔形，全缘或波状。花单性，雄花、雌花混

苋

苋

苋

青葙

生，集成花簇；花被片 3，长圆形。胞果。

【产地与习性】原产亚洲热带，现广泛栽培，或逸为野生。喜温暖湿润气候条件。不耐寒，在日照充足的地方生长良好；要求多腐殖质的微酸性至中性土壤。耐干旱，能自播繁衍。生长适温 18 ～ 25℃。

【观赏评价与应用】苋是优良的观叶植物，观赏期长，作花坛背景、篱垣或在路边丛植，也可大片种植于草坪之中，与各色花草组成绚丽的图案，亦可盆栽、切花之用。

青葙
Celosia argentea

【科属】苋科青葙属

【别名】野鸡冠花、百日红

【形态特征】一年生草本，高 0.3 ～ 1m；茎直立，有分枝，绿色或红色。叶片矩圆披针形、披针形或披针状条形，少数卵状矩圆形，长 5 ～ 8cm，宽 1 ～ 3cm，绿色常带红色，顶端急尖或渐尖，基部渐狭；花多数，密生，塔状或圆柱状穗状花序，花被片初为白色顶端带红色，或全部粉红色，后成白色。胞果卵形。花期 5 ～ 8 月，果期 6 ～ 10 月。

【产地与习性】分布几遍全国。野生或栽培，生于平原、田边、丘陵、山坡，高达海拔 1100m。朝鲜、日本、俄罗斯及东南亚、非洲热带均有分布。对环境没有特殊要求，极健生，生长适温 16 ～ 28℃。

【观赏评价与应用】花序密集，富有观赏性，适合林缘、荒地、墙边片植，也可用于

青葙

花境，具有野性美。种子供药用，有清热明目作用。

【同属种类】本属约 45 ～ 60 种，分布于非洲、美洲和亚洲亚热带和温带地区，我国产 3 种，其中 1 种为特有。

鸡冠花
Celosia cristata

【科属】苋科青葙属

【别名】鸡冠

【形态特征】一年生草本；高 60 ～ 90cm，全体无毛。茎直立，粗壮。叶片卵形、卵状披针形或披针形，长 5 ～ 13cm，宽 2 ～ 6cm，先端渐尖，基部渐狭，全缘。花序通常为扁平肉质的鸡冠状，苞片、小苞片及花被片干膜质，宿存，为紫色、红色、黄色或红、黄

鸡冠花

鸡冠花

相间；胞果卵形；种子黑色。花果期 7 ~ 9 月。

【产地与习性】我国南北各地均有栽培，广布于温暖地区。对土、肥、水要求不严，但在土壤深厚、排水良好的壤土或沙壤土上生长良好。喜光和炎热干燥的环境，不耐寒。生长适温 16 ~ 28℃。

【观赏评价与应用】鸡冠花早已引入我国，早在唐代，就有吟诵鸡冠花的诗作了，诗人罗邺诗中写到："一枝浓艳对秋光，露滴风摇倚砌旁。晓景乍看何处似，谢家新染紫罗裳"。宋代诗人孔平仲诗曰："幽居装景要多般，带雨移花便得看。禁奈久长颜色好，绕阶更使种鸡冠"。诗歌寄托文人的情怀，也道出了鸡冠花特性。鸡冠花是著名的露地草本花卉之一，花序大，色彩多样，鲜艳明快，有较高的观赏价值，观赏期长。可用于花境、花坛，还是很好的切花材料，也可制干花，经久不凋；花和种子供药用，为收敛剂。

栽培的品种有：

'凤尾'鸡冠 Celosia cristata 'Plumosa'

与鸡冠花主要区别为花序为羽毛状的穗状花序，花序下面有分枝，圆锥状长圆形，表面羽毛状。

'凤尾'鸡冠

'凤尾'鸡冠

银花苋
Gomphrena celosioides

【科属】苋科千日红属

【别名】鸡冠千日红

【形态特征】直立或披散草本，株高约 35cm，茎被白色长柔毛。叶长椭圆形至匙形，长 3 ~ 5cm，宽 1 ~ 1.5cm，顶端急尖或钝，基部渐狭，背面密被或疏被柔毛。头状花序顶生，外形初呈球形，后呈长圆形。小苞片白色。胞果。花期 2 ~ 6 月。

【观赏评价与应用】原产美洲热带，现分布世界各热带地区。性强健，对环境要求不高。生长适温 16 ~ 30℃。

【同属种类】本属约 100 种，大部产热带美洲，有些种产大洋洲及马来西亚；我国有 2 种，其中引进 1 种。

银花苋

银花苋

千日红
Gomphrena globosa

【科属】苋科千日红属

【别名】百日红、火球花

【形态特征】一年生直立草本，高 20 ~ 60cm；茎粗壮，有分枝。叶片纸质，长椭圆形或矩圆状倒卵形，长 3.5 ~ 13cm，宽 1.5 ~ 5cm，顶端急尖或圆钝，凸尖，基部渐狭，边缘波状。花多数，密生，成顶生球形或矩圆形头状花序，单一或 2 ~ 3 个，常紫红色，有时淡紫色或白色；苞片白色。胞果近球形，种子肾形。花果期 6 ~ 9 月。

【产地与习性】原产美洲热带，我国南北各省均有栽培。对环境要求不严，性喜温暖及光照充足的环境，喜疏松肥沃排水良好的土壤。生长适温 16 ~ 28℃。

【观赏评价与应用】株型整齐，花序紫红或为白色，观赏期长，是优良的花坛、花境

千日红

千日红

材料，园林中常片植。还是天生的干燥花。花序入药，有止咳定喘、平肝明目功效。

'粉红'尖叶红叶苋
Iresine lindenii 'Pink Fire'

【科属】苋科血苋属

【形态特征】多年生直立草本，株高 1 ~ 1.8m。叶对生，长卵形，先端尖，基部楔形，全缘，绿色，带部分红色不规则斑块。叶柄长，粉红色。部分叶脉浅粉色或绿色。胞果球状。

【产地与习性】园艺种。喜高温及阳光充足的环境，耐热、不耐寒。以微酸性壤土为宜，忌积水。生长适温 18 ~ 30℃。

【观赏评价与应用】本种叶色斑斓，粉红及绿色形成鲜明对比，为优良的观叶植物，可三五株点缀于山石边、园路边或庭院中，也可片植观赏，宜与其他观叶植物配植。

【同属种类】本属约 70 种，产亚洲热带、美国北部及南部、太平洋群岛等地，我国引进 1 种。

'粉红'尖叶红叶苋

马齿苋科 **Portulacaceae**

繁瓣花
Lewisia longipetala

【科属】马齿苋科露薇花属

【别名】露薇花

【形态特征】多年生草本，茎匍匐，株高7～10cm。叶莲座状基生，倒卵状匙形，先端圆钝，基部渐狭，全缘或有稀疏的齿，绿色，肉质，长2～6cm。圆锥花序，花瓣8～10，粉红色，具深纵纹，花朵直径约4cm。园艺品种繁多，色泽依品种不同而有差异。蒴果。花期春末至夏季。

【产地与习性】原产美国西海岸中部山区。喜冷凉及阳光充足的环境，耐寒，耐瘠，喜干燥，不耐湿热。喜排水良好、疏松的砾质土壤。生长适温12～22℃。

【观赏评价与应用】花色靓丽，端庄美丽，为近年来新兴的观花草本，适合冷凉地区的岩石园、岩隙或庭院丛植及点缀。

【同属种类】本属约22种，产北美西部，我国不产，有少量引种栽培。

栽培的品种有：

'紫红小' 繁瓣花 *Lewisia longipetala* 'little Plum'

与原种相比，主要区别为花朵较小，直径约2.5cm，粉紫色。

'紫红小' 繁瓣花

大花马齿苋
Portulaca grandiflora

【科属】马齿苋科马齿苋属

【别名】太阳花、死不了、松叶牡丹、半支莲

【形态特征】一年生草本，高10～30cm。茎平卧或斜升，紫红色，多分枝。叶密集枝端，不规则互生，叶片细圆柱形，有时微弯，长1～2.5cm，直径2～3mm，顶端圆钝；花单生或数朵簇生枝端，日开夜闭；总苞8～9片，叶状，轮生，萼片2，淡黄绿色；花瓣5或重瓣，红色、紫色或黄白色。蒴果，种子细小。花期6～9月，果期8～11月。

大花马齿苋

大花马齿苋

大花马齿苋

繁瓣花

繁瓣花

繁瓣花

【产地与习性】原产巴西。我国各地均有栽培。喜强光和温暖的环境，不耐寒、耐旱、耐炎热。对土壤的适应性强，贫瘠、石灰质的土壤中也能生长。生长适温 16 ～ 30℃。

【观赏评价与应用】植株适应性强，生长健壮，花色丰富，是布置夏、秋季花坛的良好材料，可布置岩石园，还可盆栽观赏。

【同属种类】本属约 150 种，广布热带、亚热带至温带地区。我国有 5 种，其中 2 种为特有，1 种引进。

‘阔叶’马齿苋
Portulaca oleracea ‘Granatus’

【科属】马齿苋科马齿苋属

【别名】‘阔叶’半枝莲

【形态特征】一年生草本，全株无毛。茎平卧或斜倚，伏地铺散，多分枝。叶互生，有时近对生，叶片扁平，肥厚，倒卵形，长 1 ～ 3cm，宽 0.6 ～ 1.5cm，顶端圆钝或平截，有时微凹，基部楔形，全缘。花大，午时盛开；花瓣 5，黄色、白色、粉色、红色等，也

‘阔叶’马齿苋

‘阔叶’马齿苋

有重瓣品种。蒴果，种子细小。花期 5 ～ 8 月，果期 6 ～ 9 月。

【产地与习性】园艺种。喜光照，耐热、耐瘠，喜肥沃土壤，耐旱亦耐涝。生长适温 16 ～ 30℃。

【观赏评价与应用】花色丰富，品种繁多，且有重瓣种，观赏性极佳，为著名的庭园植物，园林中常用于花坛、园路边、阶旁绿化，因为匍匐性好，也是优良的地被植物或用于花境。

毛马齿苋
Portulaca pilosa

【科属】马齿苋科马齿苋属

【别名】多毛马齿苋

【形态特征】一年生或多年生草本，高 5 ～ 20cm。茎密丛生，铺散，多分枝。叶互生，叶片近圆柱状线形或钻状狭披针形，长 1 ～ 2cm，宽 1 ～ 4mm，腋内有长疏柔毛，茎上部较密。花直径约 2cm，花瓣 5，红紫色。蒴果卵球形，种子深褐黑色。花、果期 5 ～ 8 月。

【产地与习性】产福建、台湾、广东、海

毛马齿苋

毛马齿苋

南、西沙群岛、广西、云南。多生于海边沙地及开阔地。菲律宾、马来西亚、印度尼西亚和美洲热带地区也有。性耐旱，喜阳光，不耐寒，不择土壤，以排水良好的砂质土壤为宜。生长适温 18 ～ 30℃。

【观赏评价与应用】本种叶肉质，上缀满精致的小花，具有观赏性，可用多浆植物园或用于山石边、墙边等处片植观赏。广东用作刀伤药，将叶捣烂贴伤处。

棱轴土人参
Talinum fruticosum

【科属】马齿苋科土人参属

【形态特征】多年生草本，成株灌木状，株高 30 ～ 100cm。茎直立，肉质。叶互生或部分对生。叶片扁平，全缘，具短柄。顶生总状花序，花较大，萼片分离，基部合生，卵形，宿存；花瓣 5，粉红色，花直径约 1.5cm；蒴果，种子亮黑色。花期春季。

棱轴土人参

毛马齿苋

棱轴土人参

【产地与习性】产美洲，我国有引种。性喜温暖、湿润及阳光充足的环境，耐热、不耐寒，对土壤适应性强，中性至微酸性均可。生长适温 18 ~ 28℃。

【观赏评价与应用】花色鲜艳，星星点点缀于枝间或枝顶，有一定观赏性，目前园林中较少应用，可植于墙边、林缘等处观赏。本种入药，具有清热利湿、解毒消肿的功效。

【同属种类】本属约 50 种，主产美洲暖地，非洲、亚洲暖地多有逸生。我国引进 2 种。

土人参
Talinum paniculatum

【科属】马齿苋科土人参属

【别名】栌兰、煮饭花、假人参

【形态特征】一年生或多年生草本，全株无毛，高 30 ~ 100cm。茎直立，肉质，圆柱形。叶互生或近对生，具短柄或近无柄，叶片稍肉质，倒卵形或倒卵状长椭圆形，长 5 ~ 10cm，宽 2.5 ~ 5cm，顶端急尖，有时微凹，具短尖头，基部狭楔形，全缘。圆锥花序，花小，萼片卵形，紫红色，花瓣粉红色或淡紫红色。蒴果，种子黑褐色或黑色。花期 6 ~ 8 月，果期 9 ~ 11 月。

【产地与习性】原产热带美洲。我国中部和南部均有栽植，性喜温暖，耐热、不耐寒，喜阴湿之地，对土壤要求不严。生长适温 18 ~ 28℃。

【观赏评价与应用】本种花小，观赏性一般，多做蔬菜栽培，但土人参野性强，园林中可用蔬菜专类园或用于荒地、林缘等地片植。根为滋补强壮药，具有补中益气，润肺生津功效。

土人参

土人参

土人参

落葵科 **Basellaceae**

藤三七
Anredera cordifolia

【科属】落葵科落葵薯属

【别名】落葵薯、藤七

【形态特征】缠绕藤本，长可达数米。根状茎粗壮。叶具短柄，叶片卵形至近圆形，长2～6cm，宽1.5～5.5cm，顶端急尖，基部圆形或心形，稍肉质，腋生小块茎（珠芽）。总状花序具多花，花序轴纤细，下垂，花被片白色，渐变黑。花期6～10月。

【产地与习性】原产南美热带地区，我国引种栽培。喜温暖及光照充足环境，耐热、不耐寒，喜疏松、肥沃的壤土。生长适温18～28℃。

【观赏评价与应用】叶大美观，花序长，洁白淡雅，可用于拱门、棚架、篱垣种植观赏。珠芽、叶及根供药用，有滋补、壮腰膝、消肿散瘀的功效。

【同属种类】本属5～10种，产美国南部、西印度群岛至阿根廷等地。我国引进栽培2种。

藤三七　藤三七　　　　　　　　　　　　藤三七

落葵
Basella alba

【科属】落葵科落葵薯属

【别名】木耳菜、蘦芭菜、潺菜

【形态特征】一年生缠绕草本。茎长可达数米，肉质，绿色或略带紫红色。叶片卵形或近圆形，长3～9cm，宽2～8cm，顶端渐尖，基部微心形或圆形，全缘；穗状花序腋生，花被片淡红色或淡紫色，卵状长圆形，全缘。果实球形，红色至深红色或黑色，多汁液。花期5～9月，果期7～10月。

【产地与习性】原产亚洲热带地区。我国南北各地多有种植，南方逸为野生。性强健，对光照、土壤等环境要求不严。生长适温18～28℃。

【观赏评价与应用】叶大，果繁密，有一定观赏价值，可用于蔬菜专类园、农家乐、农庄等篱垣处栽培观赏及食用。全草供药用，为缓泻剂。果汁可作无害的食品着色剂。

【同属种类】本属有5种，我国栽培1种。

落葵　落葵　　　　　　　　　　　　　　落葵

石竹科 Caryophyllaceae

麦仙翁
Agrostemma githago

【科属】石竹科麦仙翁属

【别名】麦毒草

【形态特征】一年生草本，高 60 ~ 90cm，全株密被白色长硬毛。茎单生，直立，不分枝或上部分枝。叶片线形或线状披针形，长 4 ~ 13cm，宽（2-）5 ~ 10mm，基部微合生，抱茎，顶端渐尖。花单生，直径约 30mm；花萼长椭圆状卵形，后期微膨大，萼裂片线形，叶状；花瓣紫红色、白色；蒴果卵形；种子黑色。花期 6 ~ 8 月，果期 7 ~ 9 月。

【产地与习性】产黑龙江、吉林、内蒙古、新疆。生于麦田中或路旁草地，为田间杂草。欧洲、亚洲、非洲北部和北美洲也有。性强健，粗生，不用特殊管理，生长适温 15 ~ 25℃。

【观赏评价与应用】花大美丽，在北方园林中偶见应用，适合用于园路边、花坛或用于花境。全草药用，治百日咳等症。茎、叶和种子有毒。

【同属种类】本属约 3 种，产地中海地区、亚洲及美洲。我国产 1 种。

麦仙翁

麦仙翁

须苞石竹
Dianthus barbatus

【科属】石竹科石竹属

【别名】美国石竹、十样锦

【形态特征】多年生草本，高 30 ~ 60cm。茎直立，有棱。叶片披针形，长 4 ~ 8cm，宽约 1cm，顶端急尖，基部渐狭，合生成鞘，全缘，中脉明显。花多数，集成头状，有数枚叶状总苞片；花瓣具长爪，瓣片卵形，通常红紫色，有白点斑纹，顶端齿裂，喉部具髯毛。蒴果；种子褐色。花果期 5 ~ 10 月。

【产地与习性】原产欧洲及亚洲，我国各地均有栽培。耐寒、耐旱，怕热忌涝，喜阳光充足，夏季以半荫为宜，喜高燥通风之地，以肥沃、疏松、排水良好的壤土为宜。生长适温 15 ~ 25℃。

【观赏评价与应用】花繁密，色艳丽，花期长，观赏性佳，可广泛用于花坛、花境或用于庭园的路边、墙边种植观赏。

【同属种类】本属约 600 种，广布于北温带，大部分产欧洲和亚洲，少数产美洲和非洲。我国有 16 种，其中 2 种为特有。

地被香石竹
Dianthus caryophyllus × chinensis

【科属】石竹科石竹属

【形态特征】多年生草本，株高约 20cm，全株无毛。叶片线状披钱形，顶端渐尖，基部狭，全缘。花单生枝顶，花瓣红色或粉红色，蒴果。花期春季。

【产地与习性】为香石竹与石竹的杂交种。喜湿润及全日照，喜疏松、排水良好的壤土。生长适温 16 ~ 25℃。

须苞石竹

须苞石竹

须苞石竹

香气，粉红、紫红或白色；花萼圆筒形。蒴果卵球形。花期 5 ～ 8 月，果期 8 ～ 9 月。

【产地与习性】欧亚温带有分布，我国广泛栽培供观赏，性喜温暖，不耐寒，不耐暑热，喜疏松、排水良好微酸性土壤。生长适温 16 ～ 25℃。

【观赏评价与应用】园艺品种繁多，花色丰富，为著名切花，在南方也可地栽，用于花境、花坛或花带，多群植或丛植。

石竹
Dianthus chinensis

【科属】石竹科石竹属

【形态特征】多年生草本，高 30 ～ 50cm，全株无毛，带粉绿色。茎由根颈生出，疏丛生，直立。叶片线状披针形，长 3 ～ 5cm，宽 2 ～ 4mm，顶端渐尖，基部稍狭，全缘或有细小齿。花单生枝端或数花集成聚伞花序；花萼圆筒形，花瓣紫红色、粉红色、鲜红色或白色，顶缘不整齐齿裂，喉部有斑纹，疏生髯毛。蒴果；种子黑色。花期 5 ～ 6 月，果期 7 ～ 9 月。

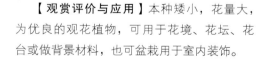

【观赏评价与应用】本种矮小，花量大，为优良的观花植物，可用于花境、花坛、花台或做背景材料，也可盆栽用于室内装饰。

香石竹
Dianthus caryophyllus

【科属】石竹科石竹属

【别名】康乃馨

【形态特征】多年生草本，高 40 ～ 70cm，全株无毛，粉绿色。茎丛生，直立，基部木质化，上部稀疏分枝。叶片线状披针形，长 4 ～ 14cm，宽 2 ～ 4mm，顶端长渐尖，基部稍成短鞘。花常单生枝端，有时 2 或 3 朵，有

【产地与习性】原产我国北方，生于草原和山坡草地。俄罗斯和朝鲜也有。喜土层深厚、肥沃、排水良好的壤土和砂壤土，喜阳光充足、通风环境。耐寒，耐干旱。生长适温 15～25℃。

【观赏评价与应用】石竹株型低矮，叶丛青翠，从暮春季节可开至仲秋，可布置花坛、花境，大面积成片栽植时可作地被材料。全株可入药，有清热利尿、活血通经之功效。

日本石竹
Dianthus japonicus

【科属】石竹科石竹属

【别名】滨瞿麦

【形态特征】多年生草本，高 20～60cm。茎直立，粗壮，无毛，圆柱形。叶片卵形至椭圆形，长 3～6cm，宽 1～2.5cm，顶端急尖或钝，基部渐狭，叶质较厚。花簇生成头状；苞片 4，椭圆形；瓣片红紫色或白色；种子近

日本石竹

圆形，黑色。花果期 6～9 月。

【产地与习性】原产日本。喜温暖及全日照环境，较耐热、耐瘠，不择土壤，微酸性至中性土壤均可生长。生长适温 15～25℃。

【观赏评价与应用】花期长，开花繁茂，观赏性佳，适合公园、居民区、校园等用于花境、花坛，也常与同属植物配植，片植、点缀效果均佳。

常夏石竹
Dianthus plumarius

【科属】石竹科石竹属

【别名】羽裂石竹

【形态特征】多年生草本，株高 20～30cm，茎丛生，被白粉。叶线形，长 3～8cm，先端急尖，边缘粗糙或有细锯齿，叶上面中脉明显，侧脉不明显，花 2～4 朵成聚伞花序状，顶生，芳香。花瓣蔷薇色或淡红色，具

常夏石竹

常夏石竹

环纹或花心紫黑色。花期 5～7 月。

【产地与习性】原产欧洲，我国引种栽培。喜温凉及阳光充足的环境，耐寒、不耐暑热，喜疏松、排水良好的土壤，忌水湿。生长适温 15～24℃。

【观赏评价与应用】本种花量大，色彩艳丽，极美丽，为世界广为栽培的庭园花卉，我国长江流域及以北地区习见栽培，可用于园路边、墙垣边、岩石园或用于花境、花坛等，也可做地被植物。

瞿麦
Dianthus superbus

【科属】石竹科石竹属

【形态特征】多年生草本，高 50～60cm，有时更高。茎丛生，直立，绿色。叶片线状披针形，长 5～10cm，宽 3～5mm，顶端锐尖，绿色，有时带粉绿色。花 1 或 2 朵生枝端，有时顶下腋生；苞片 2～3 对，倒卵形；花萼圆筒形，常染紫红色晕；花瓣边缘繸裂至中部或中部以上，通常淡红色或带紫色，稀白色，喉部具丝毛状鳞片；蒴果圆筒形，种子黑色。花期 6～9 月，果期 8～10 月。

瞿麦

瞿麦

荷莲豆

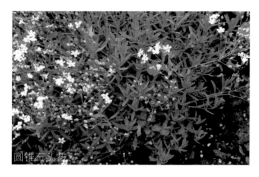
圆锥石头花

【产地与习性】产我国中部及以北地区，生于海拔 400 ~ 3700m 丘陵山地疏林下、林缘、草甸、沟谷溪边。欧洲、蒙古、朝鲜、日本也有。性喜冷凉及光照充足环境，抗性佳，耐瘠，耐寒，对土壤要求不严，生长适温 15 ~ 24℃。

【观赏评价与应用】花瓣繸裂，花色清雅，极富观赏性，可用于岩石园、花境、庭园丛植或片植，或用于林缘、疏林下种植，富有野生美。全草入药，有清热、利尿、破血通经功效。

荷莲豆
Drymaria diandra

【科属】石竹科荷莲豆草属

【别名】青蛇子、穿线蛇

【形态特征】一年生草本，长 60 ~ 90cm。茎匍匐，丛生，基部分枝。叶片卵状心形，长 1 ~ 1.5cm，宽 1 ~ 1.5cm，顶端凸尖。聚伞花序顶生；萼片披针状卵形，草质；花瓣白色，倒卵状楔形。蒴果卵形，种子近圆形。花期 4 ~ 10 月，果期 6 ~ 12 月。

【产地与习性】产华东、华南、华中及西南等地。生于海拔 200 ~ 2400m 的山谷、杂木林缘。日本、东南亚、非洲也有。喜温暖，耐热，耐瘠，喜疏松、排水良好的微酸性土壤，生长适温 15 ~ 28℃。

【观赏评价与应用】花小，观赏价值不大，叶小，心形，清新雅致，可做观叶植物栽培，可用于山岩边、园路边或做地被植物。全草入药，有消炎、清热、解毒之效。

【同属种类】本属约 48 种，主要分布于墨西哥、西印度群岛至南美。我国有 2 种。

圆锥石头花
Gypsophila paniculata

【科属】石竹科石头花属

【别名】锥花丝石竹、丝石竹

【形态特征】多年生草本，高 30 ~ 80cm。茎单生，稀数个丛生，直立，多分枝。叶片披针形或线状披针形，长 2 ~ 5cm，宽 2.5 ~ 7mm，顶端渐尖，中脉明显。圆锥状聚伞花序多分枝，疏散，花小而多；花萼宽钟形，具紫色宽脉；花瓣白色或淡红色，匙形。蒴果球形，种子小，圆形，红褐色。花期 6 ~ 8 月，果期 8 ~ 9 月。

【产地与习性】产新疆。生于海拔 1100 ~ 1500m 河滩、草地、固定沙丘、石

质山坡及农田中。哈萨克斯坦、俄罗斯、蒙古、欧洲、北美也有。喜冷凉及阳光充足环境，耐寒、不耐热，喜砂质壤土。生长适温 15 ~ 20℃。

【观赏评价与应用】花密集，小花点缀于枝头，极为美丽，适合岩石园的山岩边、园路边成丛或片植观赏。根、茎可供药用。

【同属种类】本属约 150 种，主要分布欧亚大陆温带地区，北美、北非和大洋洲也有。我国有 17 种，其中特有 4 种。

蔓枝满天星
Gypsophila repens

【科属】石竹科石头花属

【别名】匍生丝石竹

【形态特征】宿根草本。植株矮小，茎枝纤细，株高仅为 10 ~ 15cm。叶对生，线形。聚伞花序顶生或腋生，小花粉红色，单瓣或重瓣。蒴果。花期冬春季，果期春夏。

蔓枝满天星

圆锥石头花

荷莲豆

蔓枝满天星

蔓枝满天星

【产地与习性】产小亚细亚及高加索一带，现栽培的大多为园艺种。喜温暖、湿润及光照充足环境，耐寒、有一定耐热性，喜肥沃、排水良好的砂质壤土。生长适温 15 ～ 25℃。

【观赏评价与应用】花小繁密，极美丽，似繁星点缀于枝端，园林中可用于岩石园的岩石边、园路边丛植点缀，也可片植于林缘、草地边缘或用于地被及花境。

毛剪秋罗
Lychnis coronaria

【科属】石竹科剪秋罗属

【别名】毛缕、醉仙翁

【形态特征】多年生草本，高 40 ～ 80cm，全株密被灰白色绒毛。茎直立，粗壮，分枝稀疏。基生叶叶片倒披针形或椭圆形，长 5 ～ 10cm，宽 1 ～ 3cm，基部渐狭呈柄状，顶端急尖；茎生叶无柄，较小。二歧聚伞花序稀疏；花萼椭圆状钟形，花瓣深紫红色、白色。蒴果长圆状卵形，种子肾形，黑褐色。花期 5 ～ 6 月，果期 6 ～ 7 月。

【产地与习性】产欧洲南部和亚洲西部。喜温暖、湿润及日照充足环境。耐寒、不耐热，喜疏松、排水良好的壤土。生长适温 15 ～ 25℃。

毛剪秋罗

毛剪秋罗

毛剪秋罗

【观赏评价与应用】花小而艳丽，常用于庭园栽培，可丛植于墙垣边、岩石边或阶旁观赏，也适合花境应用。

【同属种类】本属约 25 种，分布于北温带。我国有 6 种。

剪秋罗
Lychnis fulgens

【科属】石竹科剪秋罗属

【别名】大花剪秋罗

【形态特征】多年生草本，高 50 ～ 80cm，全株被柔毛。茎直立，不分枝或上部分枝。叶片卵状长圆形或卵状披针形，长 4 ～ 10cm，宽 2 ～ 4cm，基部圆形，稀宽楔形，顶端渐尖。二歧聚伞花序具数花，稀多数花，紧缩

呈伞房状；花萼筒状棒形，花瓣深红色，瓣片深 2 裂达瓣片的 1/2；副花冠暗红色，呈流苏状；蒴果，种子黑褐色。花期 6 ～ 7 月，果期 8 ～ 9 月。

【产地与习性】产东北、河北、山西、内蒙古、云南、四川。生于低山疏林下、灌丛草甸阴湿地。日本、朝鲜和俄罗斯也有。

【观赏评价与应用】花大艳丽，为庭园常见观赏植物，可用于公园、绿地、风景区等布置花坛、花镜，或丛植用于点缀庭园一隅、池边等处。

剪秋罗

剪秋罗

剪秋罗

肥皂草

高雪轮
Silene armeria

【科属】石竹科蝇子草属

【别名】钟石竹

【形态特征】一年生草本，高 30～50cm。茎单生，直立，上部分枝。基生叶叶片匙形，花期枯萎；茎生叶叶片卵状心形至披针形，长 2.5～7cm，宽 7～35mm，基部半抱茎，顶端急尖或钝。复伞房花序较紧密；花萼筒状棒形，带紫色；花瓣淡红色，副花冠片披针形。蒴果长圆形，种子红褐色。花期 5～6 月，果期 6～7 月。

【产地与习性】原产欧洲南部。喜光照，半日照也可生长，喜湿润，忌积水，喜排水

高雪轮

高雪轮

高雪轮

肥皂草

小聚伞花序有 3～7 花；花瓣白色或淡红色；副花冠片线形。蒴果长圆状卵形，种子黑褐色。花期 6～9 月。

【产地与习性】地中海沿岸均有野生。我国城市公园栽培供观赏。喜冷凉及光照充足，喜湿润，耐旱，对土壤要求不严，中性至微酸性均可生长。生长适温 15～25℃。

【观赏评价与应用】栽培容易，适应性强，花繁叶茂，可广泛应用于园林绿化中，布置花坛、花境、镶边或作背景材料，丛植或片植，也可作地被植物。根入药，有祛痰、利尿等功效。

【同属种类】本属约 30 种，产地中海沿岸。我国引进 1 种。

栽培的品种有：

‘重瓣红’肥皂草 *Saponaria officinalis* ‘Rosenteller’

本种与原种的主要区别为花重新，花粉红色。

‘重瓣红’肥皂草

肥皂草
Saponaria officinalis

【科属】石竹科肥皂草属

【别名】石碱花

【形态特征】多年生草本，高 30～70cm。根茎细、多分枝。茎直立，不分枝或上部分枝，常无毛。叶片椭圆形或椭圆状披针形，长 5～10cm，宽 2～4cm，基部渐狭成短柄状，微合生，半抱茎，顶端急尖。聚伞圆锥花序，

良好的砂质土壤。生育适温约 15 ~ 25℃。

【观赏评价与应用】小花繁密，奇特美丽，为优良的观花草中适宜花境、花带、墙垣边成片种植，也适合点缀岩石园、庭院一隅或作地被植物。

【同属种类】本属约 600 种，主要分布北温带，其次为非洲和南美洲。我国有 110 种，其中 67 中为特有种。

海滨蝇子草
Silene maritima

【科属】石竹科蝇子草属

【形态特征】多年生草本，茎近平卧。叶对生，椭圆形，先端尖，基部渐狭，边缘具细齿，无柄，蓝绿色；托叶无。花两性，雌雄同株，花萼囊状，花后多少膨大，萼脉平行，萼齿 5；花瓣 5，白色，瓣片外露；蒴果，种子肾形。花期春季。

【产地与习性】产欧洲，性喜冷凉及阳光充足的环境，耐寒、不耐热，较耐荫，喜疏松、排水良好的砂质壤土，忌粘重。生长适温约 12 ~ 24℃。

【观赏评价与应用】叶色清雅，花奇特美观，可用于岩石园的山石边或园路边成片种植观赏。

矮雪伦

矮雪伦

矮雪伦
Silene pendula

【科属】石竹科蝇子草属

【别名】大蔓樱草、小町草

【形态特征】一年生或二年生草本。茎俯仰，多分枝，长 20 ~ 40cm。叶片卵状披针形或椭圆状倒披针形，长 3 ~ 5cm，宽 5 ~ 15（ ~ 20）mm，基部渐狭，顶端急尖或钝头。单歧式聚伞花序；花萼倒卵形，带紫色；花瓣淡红色至白色，副花冠片长圆形，顶端钝。蒴果卵状锥形，种子圆肾形。花期 5 ~ 6 月，果期 6 ~ 7 月。

【产地与习性】原产欧洲南部。喜冷凉，喜光，耐寒，喜富含腐殖质的壤土。生长适温约 12 ~ 24℃。

【观赏评价与应用】适应性强，花小繁茂，可用于布置花境、花坛，也常用于公园、绿地的园路边、墙边种植或用于点缀岩石园、庭院一隅等。

麦蓝菜
Vaccaria hispanica
【*Vaccaria segetalis*】

【科属】石竹科麦蓝菜属

【别名】王不留行、麦兰菜

【形态特征】一年生草本，高 30 ~ 70cm，全株无毛。叶卵状椭圆形至卵状披针形，长 2 ~ 9cm，宽 1.5 ~ 2.5cm，粉绿色。聚伞花序，花多数，萼筒花后膨大，顶端狭。花瓣 5，粉红色，先端具不整齐小齿。蒴果卵形，种子暗黑色。花期 4 ~ 5 月，果期 5 ~ 6 月。

【产地与习性】广布于欧洲和亚洲。我国除华南外，全国都产。生于草坡、撂荒地或麦田中。喜温暖、喜光照，忌湿热，不择土壤。生长适温约 15 ~ 25℃。

【观赏评价与应用】小花精致可爱，花繁密，具有观赏性。可片植于林缘、路边或阶前观赏，或丛植点缀于山石边、草地中，也可用于花境。种子入药，治经闭、乳汁不通等症。

【同属种类】本属 1 种，产欧洲和亚洲，我国有 1 种。

海滨蝇子草

海滨蝇子草

海滨蝇子草

麦蓝菜

麦蓝菜

蓼科 **Polygonaceae**

金线草
Antenoron filiforme

【科属】蓼科金线草属

【形态特征】多年生草本。茎直立，高50～80cm，节部膨大。叶椭圆形或长椭圆形，长6～15cm，宽4～8cm，顶端短渐尖或急尖，基部楔形，全缘；总状花序呈穗状，通常数个，顶生或腋生，花排列稀疏；苞片漏斗状，花被4深裂，红色，花被片卵形。瘦果卵形。花期7～8月，果期9～10月。

【产地与习性】产陕西、甘肃、华东、华中、华南及西南。生海拔100～2500m山坡林缘、山谷路旁，朝鲜、日本、越南也有。喜温暖、湿润环境，耐热，较耐寒。不择土壤。生长适温15～28℃。

【观赏评价与应用】株丛自然，生长茂盛，花序奇特、细长如线，适于林下、沟边、园

中边等应用，富有野趣。

【同属种类】本属约有3种，分布于东部和北美洲。我国有1种。

珊瑚藤
Antigonon leptopus

【科属】蓼科珊瑚藤属

【别名】紫苞藤、朝日藤

【形态特征】多年生攀援状藤本，蔓长1～5m。基部稍木质，由肥厚的块根发出。叶互生，卵形至长圆状卵形，长6～14cm，先端渐尖，基部深心脏形，有明显的网脉。总状花序顶生或生于上部叶腋内；花多数，丛生，花被淡红色，有时白色。瘦果圆锥状。花果期夏秋间。

珊瑚藤

【产地与习性】原产墨西哥。性喜高温及湿润环境，喜光，不耐荫，不耐寒，适生性强，对土壤没有特殊要求。生长适温15～30℃。

【观赏评价与应用】花开时节，繁花满枝，飘逸潇洒，极为娇艳，且花期极长，适合棚架、绿篱、墙垣等垂直绿化，或用于庭院的廊架绿化，景色宜人，效果极佳。但本种适应性强，在华南等地逸生，防止大量入侵排挤本种物种。

【同属种类】本属约有8种，产美洲。

金荞麦
Fagopyrum dibotrys

【科属】蓼科荞麦属

【别名】天荞麦、苦荞头

【形态特征】多年生草本。茎直立，高50～100cm，分枝，具纵棱。叶三角形，长4～12cm，宽3～11cm，顶端渐尖，基部近戟形，边缘全缘。花序伞房状，顶生或腋生；苞片卵状披针形，每苞内具2～4花；花被5

金线草

金线草

金线草

珊瑚藤

珊瑚藤

金荞麦

金荞麦

金荞麦

荞麦

荞麦

荞麦

深裂，白色，花被片长椭圆形。瘦果宽卵形。花期 7～9 月，果期 8～10 月。

【产地与习性】产陕西、华东、华中、华南及西南。生山谷湿地、山坡灌丛，海拔 250～3200m。印度、尼泊尔、克什米尔地区、越南、泰国也有。性喜温暖，耐热，耐寒，喜光，也较耐荫，中性至微酸性壤土均可良好生长。生长适温 15～28℃。

【观赏评价与应用】本种叶大美观，株形适中，园林中有少量应用，可用于石缝、岩石园、园路边丛植或片植，也可用于林缘、林下片植观赏。块根供药用，清热解毒、排脓去瘀。

【同属种类】本属约有 15 种，广布于亚洲及欧洲。我国有 10 种，其中 6 种为特有。

荞麦
Fagopyrum esculentum

【科属】蓼科荞麦属

【形态特征】一年生草本。茎直立，高 30～90cm，上部分枝，绿色或红色。叶三角形或卵状三角形，长 2.5～7cm，宽 2～5cm，顶端渐尖，基部心形；下部叶具长叶柄，上部较小近无梗；花序总状或伞房状，顶生或腋生，苞片卵形，每苞内具 3～5 花；花被 5 深裂，白色或淡红色。瘦果卵形。花期 5～9 月，果期 6～10 月。

【产地与习性】我国各地有栽培，有时逸为野生。生荒地、路边。性喜温暖、湿润及光照充足的环境，喜疏松、排水良好的中性至微酸性壤土。生长适温 15～28℃。

【观赏评价与应用】本种多作农作物栽培，可用于农业生态园、植物园的农作物专类区、农家乐等种植用于科普教育，也适合林缘片植观赏。种子含丰富淀粉，供食用；为蜜源植物；全草入药，治高血压、视网膜出血、肺出血。

何首乌
Fallopia multiflora

【科属】蓼科何首乌属

【别名】多花蓼、紫乌藤、夜交藤

【形态特征】多年生草本。块根肥厚，长椭圆形。茎缠绕，长 2～4m，多分枝，具纵棱。叶卵形或长卵形，长 3～7cm，宽 2～5cm，顶端渐尖，基部心形或近心形，两面粗糙，边缘全缘；花序圆锥状，顶生或腋生，苞片三角状卵形，每苞内具 2～4 花；花被 5 深裂，白色或淡绿色。瘦果卵形，具 3 棱。花期 8～9 月，果期 9～10 月。

【产地与习性】产陕西南部、甘肃南部、华东、华中、华南、四川、云南及贵州。生海拔 200～3000m 山谷灌丛、山坡林下、沟

何首乌

何首乌

何首乌

边石隙。日本也有。喜温暖气候和湿润的环境，较耐阴，忌干旱，在土层深厚、肥沃、富含腐殖质的砂质壤土中生长良好。生长适温 15 ～ 28℃。

【观赏评价与应用】枝蔓修长，生长繁茂，块根可赏，适宜做攀援绿化，可于墙垣、叠石之旁栽植。块根入药，安神、养血、活络。

【同属种类】本属 7 ～ 9 种之间，主要分布于北半球的温带。我国有 9 种，其中 3 种为特有。

千叶兰
Muehlenbeckia complexa

【科属】蓼科千叶兰属

【别名】丛枝竹节蓼

【形态特征】多年生常绿藤本。植株呈匍匐状，长可达 4.5m。茎红褐色。叶小，互生，心形，先端有小尖头或钝，基部微凹。花序生于叶腋，花被片白色。浆果。花期秋季。

【产地与习性】产新西兰，我国有引种。性喜温暖、阳光充足的环境，耐热、耐

旱、耐瘠，喜排水良好的砂质土。生长适温 16 ～ 26℃。

【观赏评价与应用】枝叶纤秀，细茎呈红褐色，小叶心形，具有小家碧玉之气质，极具观赏价值。除盆栽外，可用于岩石园、庭园中山石处栽培，覆于石上，或用于花台悬垂栽培，均有良好的观赏性。

【同属种类】本属约 14 种，主要分布于南半球，以南美洲最多。

中华山蓼
Oxyria sinensis

【科属】蓼科山蓼属

【形态特征】多年生草本，高 30 ～ 50cm。茎直立，通常数条，自根状茎发出。无基生叶，茎生叶叶片圆心形或肾形，长 3 ～ 4cm，宽 4 ～ 5cm，近肉质，顶端圆钝，基部宽心形，边缘呈波状。花序圆锥状，苞片褐色，每苞内具 5 ～ 8 花；花单性，雌雄异株，花被片 4。瘦果宽卵形。花期 4 ～ 5 月，果期 5 ～ 6 月。

【产地与习性】产四川、云南和西藏。生

海拔 1600 ～ 3800m 山坡、山谷路旁。性喜冷凉及光照充足的环境，耐寒，喜排水良好的砂质土。生长适温 12 ～ 18℃。

【观赏评价与应用】本种性强健，不择土壤，生长快，耐寒性强，覆盖性好，可引种用于较高海拔地区的林缘、园路边或荒地绿化。

【同属种类】本属有 2 种，分布于欧洲、亚洲及美洲北部的高山区。我国有 2 种，其中 1 种特有。

拳参
Polygonum bistorta

【科属】蓼科蓼属

【形态特征】多年生草本。茎直立，高 50 ～ 90cm，不分枝。基生叶宽披针形或狭卵形，纸质，长 4 ～ 18cm，宽 2 ～ 5cm；顶端渐尖或急尖，基部截形或近心形，沿叶柄下延成翅；茎生叶披针形或线形，下部绿色，上部褐色，顶端偏斜，开裂至中部。总状花序呈穗状，顶生，花被 5 深裂，白色或淡红色，

花被片椭圆形。瘦果椭圆形。花期 6 ~ 7 月，果期 8 ~ 9 月。

【产地与习性】产东北、华北、陕西、宁夏、甘肃、山东、河南、江苏、浙江、江西、湖南、湖北、安徽。生海拔 800 ~ 3000m 山坡草地、山顶草甸。日本、蒙古、哈萨克斯坦、俄罗斯及欧洲也有。喜冷凉及光照充足的环境，不耐热，耐瘠薄，耐寒，喜疏松、肥沃的壤土。生长适温 12 ~ 25℃。

【观赏评价与应用】性强健，花繁盛，花序远远高出枝顶，随风摇曳，极为美丽。适合公园、绿化的墙边、路边、树篱边丛植观赏，也可用于花境、岩石园或庭院一隅点缀观赏。根状茎入药，具有清热解毒，散结消肿的功效。

【同属种类】本属约 230 种，广布于全世界，主要分布于北温带。我国有 113 种，其中 23 种为特有种。

头花蓼
Polygonum capitatum

【科属】蓼科蓼属

【别名】草石椒

【形态特征】多年生草本。茎匍匐，丛生，基部木质化，多分枝，一年生枝近直立。叶卵形或椭圆形，长 1.5 ~ 3cm，宽 1 ~ 2.5cm，顶端尖，基部楔形，全缘。花序头状，直径 6 ~ 10mm，单生或成对，顶生；苞片长卵形，花被 5 深裂，淡红色，花被片椭圆形。瘦果长卵形。花期 6 ~ 9 月，果期 8 ~ 10 月。

【产地与习性】产江西、湖南、湖北、四川、贵州、广东、广西、云南及西藏。生海拔 600 ~ 3500m 山坡、山谷湿地，常成片生长。印度、尼泊尔、不丹、缅甸及越南也有。对温度适合性强，耐寒、耐热，在贫瘠的土壤上也可生长。生长适温 15 ~ 28℃。

【观赏评价与应用】株丛低矮，小花繁密，为优良地被植物，适合公园、绿地、风景区等林缘、滨水岸边、假山石边、墙边成片种植，也可用于点缀或用于草地、庭院等处点缀。全草入药，治尿道感染、肾盂肾炎等。

水蓼
Polygonum hydropiper

【科属】蓼科蓼属

【别名】辣蓼

【形态特征】一年生草本，高 40 ~ 70cm。茎直立，多分枝。叶披针形或椭圆状披针形，长 4 ~ 8cm，宽 0.5 ~ 2.5cm，顶端渐尖，基部楔形，边缘全缘，具辛辣味，叶腋具闭花受精花；总状花序呈穗状，顶生或腋生，通常下垂，花稀疏，苞片漏斗状，花被 5 深裂，稀 4 裂，绿色，上部白色或淡红色。瘦果卵形。花期 5 ~ 9 月，果期 6 ~ 10 月。

水蓼

水蓼

【产地与习性】分布于我国南北各省区。生河滩、水沟边、山谷湿地，海拔 50 ~ 3500m。朝鲜、日本、印度尼西亚、印度、欧洲及北美也有。喜光照，喜湿，不耐旱，喜肥沃的粘质壤土。生长适温 15 ~ 30℃。

【观赏评价与应用】生长繁茂，易栽培，适合公园、风景区的水体浅水处或滨水岸边群植观赏，也适宜与其他水生植物配植。全草入药，消肿解毒、利尿、止痢。

'红龙'腺梗小头蓼
Polygonum microcephalum 'Red Dragon'

【科属】蓼科蓼属

【形态特征】多年生草本，具根状茎。茎直立或外倾，高 40 ~ 60cm，具纵棱，分枝。叶宽卵形或三角状卵形，长 6 ~ 10cm，宽 2 ~ 4cm，顶端渐尖，基部近圆形，沿叶柄下延，叶紫红色或带绿色，中脉靠近基地深紫色。花序头状，顶生，通常成对，苞片卵形，花被 5 深裂，白色，花被片椭圆形。瘦果宽卵形。花期 5 ~ 9 月，果期 7 ~ 11 月。

【产地与习性】栽培种，原种产陕西、甘

头花蓼

头花蓼

头花蓼

'红龙'腺梗小头蓼

'红龙'腺梗小头蓼

倒根蓼

倒根蓼

红蓼

肃、湖北、湖南、四川、贵州、云南及西藏。生海拔 1000～2000m 山坡林下、山谷草丛。喜温暖、湿润及光照充足环境，耐寒，喜疏松、排水良好的中性至微酸性壤土。生长适温 15～26℃。

【观赏评价与应用】叶色美观，华东地区栽培较多，为优良的观叶植物，多片植于园路边、林缘或林下等处，也可用于庭园一隅、山石边点缀，也可做背景材料。

倒根蓼
Polygonum ochotense

【科属】蓼科蓼属

【形态特征】多年生草本；茎直立，高 15～40cm。基生叶卵状披针形或长圆状披针形，近革质，长 5～8cm，宽 1.5～3cm，顶端渐尖，基部圆形或微心形；茎生叶 3～4，卵状披针形，较小具短柄，上部的叶抱茎。总状花序呈短穗状，花被淡红色，5 深裂，花被片椭圆形。瘦果长卵形。花期 7～8 月，果

期 8～9 月。

【产地与习性】产吉林。生海拔 1500～2500m 山坡草地。分布于俄罗斯、朝鲜。性喜冷凉，喜光照，耐寒，喜排水良好的土壤。生长适温 12～20℃。

【观赏评价与应用】植株矮小，花序美观，花被淡红，具有观赏性，目前尚未见引种，可用于高海拔地区的岩石园等处种植观赏。

红蓼
Polygonum orientale

【科属】蓼科蓼属

【别名】荭草、东方蓼

【形态特征】一年生草本。茎直立，粗壮，高 1～2m，上部多分枝。叶宽卵形、宽椭圆形或卵状披针形，长 10～20cm，宽 5～12cm，顶端渐尖，基部圆形或近心形，微下延，边缘全缘。总状花序呈穗状，顶生或腋生，微下垂，通常数个再组成圆锥状；苞片宽漏斗状，每苞内具 3～5 花；花被 5 深裂，淡红色或白色；瘦果近圆形。花期 6～9 月，果期 8～10 月。

【产地与习性】除西藏外，广布于全国各地，野生或栽培。生海拔 30～2700m 沟边湿

地、村边路旁。朝鲜、日本、俄罗斯、菲律宾、印度、欧洲和大洋洲也有。喜温暖湿润的环境，喜光照；宜植于肥沃、湿润之地，也耐瘠，适应性强。生长适温 16～26℃。

【观赏评价与应用】植株高大，花序美观，花开时一片粉红，十分动人，为颇富野趣的庭园观赏植物，适于花境、水边、湖畔、林缘种植，可做背景花卉。果实入药，有活血、止痛、消积、利尿功效。

杠板归
Polygonum perfoliatum

【科属】蓼科蓼属

【别名】刺犁头、贯叶蓼

【形态特征】一年生草本。茎攀援，多分枝，长 1～2m，具纵棱，沿棱具稀疏的倒生皮刺。叶三角形，长 3～7cm，宽 2～5cm，顶端钝或微尖，基部截形或微心形，薄纸质；总状花序呈短穗状，不分枝顶生或腋生，每苞片内具花 2～4 朵；花被 5 深裂，白色或淡红色。瘦果球形。花期 6～8 月，果期 7～10 月。

红蓼

杠板归

杠板归

杠板归

【产地与习性】 产我国大部分省区。生海拔 80 ~ 2300m 田边、路旁、山谷湿地。朝鲜、日本、印度尼西亚、菲律宾、印度及俄罗斯也有。喜温暖，喜湿，耐热，耐旱，耐瘠，不耐寒。不择土壤。生长适温 16 ~ 26℃。

【观赏评价与应用】 本种适应性强，新叶美观，果蓝色，极为奇特，可用于观赏，目前园林栽培极少，可用于林缘、荒地绿化或用于同属植物配植。

赤胫散
Polygonum runcinatum var. *sinense*

【科属】 蓼科蓼属

【形态特征】 多年生草本，具根状茎。茎近直立或上升，高 30 ~ 60cm。叶菱状卵形，长 3 ~ 9cm，先端短渐尖，基部阔楔形，下延，具 1 对小圆裂片或否。花序头状，较小，数

赤胫散

个再集成圆锥状；花被 5 深裂，淡红色或白色。瘦果卵形。花期 4 ~ 8 月，果期 6 ~ 10 月。

【产地与习性】 产河南、陕西、甘肃、浙江、安徽、湖北、湖南、广西、四川、贵州、云南及西藏。生山坡草地、山谷灌丛，海拔 800 ~ 3900m。喜温暖及阳光充足环境，耐半荫，耐寒，耐瘠。不择土壤。生长适温 16 ~ 26℃。

【观赏评价与应用】 株丛矮小，叶美观，可用于布置花境或用于园路边、林缘及疏林下片植观赏。根状茎及全草入药，清热解毒、活血止血。

珠芽蓼
Polygonum viviparum

【科属】 蓼科蓼属

【别名】 山谷子

【形态特征】 多年生草本。茎直立，高 15 ~ 60cm，不分枝。基生叶长圆形或卵状披针形，长 3 ~ 10cm，宽 0.5 ~ 3cm，顶端尖或渐尖，基部圆形、近心形或楔形；茎生叶较小披针形，近无柄；总状花序呈穗状，顶生，紧密，下部生珠芽；苞片卵形，每苞内具 1 ~ 2 花；花被 5 深裂，白色或淡红色。瘦果。花期 5 ~ 7 月，果期 7 ~ 9 月。

【产地与习性】 产东北、华北、河南、西北及西南。生山坡林下、高山或亚高山草甸，海拔 1200 ~ 5100m。亚洲北部、印度、欧洲及北美也有。性喜冷凉，耐寒，喜排水良好的土壤。生长适温 12 ~ 20℃。

【观赏评价与应用】 植株矮小，花洁白，花序下部生有珠芽，具有较高的观赏性，目前尚未见引种，可用于高海拔地区的岩石园等处种植观赏。根状茎入药，清热解毒，止血散瘀。

珠芽蓼

珠芽蓼

珠芽蓼

虎杖
Reynoutria japonica

【科属】蓼科虎杖属

【别名】大接骨

【形态特征】多年生草本。根状茎粗壮，横走。茎直立，高 1 ~ 2m，粗壮，空心。叶宽卵形或卵状椭圆形，长 5 ~ 12cm，宽 4 ~ 9cm，近革质，顶端渐尖，基部宽楔形、截形或近圆形，边缘全缘。花单性，雌雄异株，花序圆锥状，腋生；苞片漏斗状，花被 5 深裂，淡绿色。瘦果卵形，具 3 棱。花期 8 ~ 9 月，果期 9 ~ 10 月。

【产地与习性】产陕西南部、甘肃南部、华东、华中、华南、四川、云南及贵州；生海拔 140 ~ 2000m 山坡灌丛、山谷、路旁、田边湿地。朝鲜、日本也有。喜温和湿润气候，耐寒、耐涝。对土壤要求不严。生长适温 16 ~ 28℃。

【观赏评价与应用】枝叶高大，疏散洒脱，可丛植于路边、墙垣边观赏。根状茎供药用，有活血、散瘀、通经、镇咳等功效。

【同属种类】本属约有 2 种，分布于东亚。我国有 1 种。

酸模

酸模

虎杖

虎杖

酸模
Rumex acetosa

【科属】蓼科酸模属

【别名】遏蓝菜、酸溜溜

【形态特征】多年生草本。根为须根。茎直立，高 40 ~ 100cm，通常不分枝。基生叶和茎下部叶箭形，长 3 ~ 12cm，宽 2 ~ 4cm，顶端急尖或圆钝，基部裂片急尖，全缘或微波状；花序狭圆锥状，顶生，花单性，雌雄异株；花被片 6，成 2 轮。瘦果椭圆形。花期 5 ~ 7 月，果期 6 ~ 8 月。

【产地与习性】产我国南北各省区。生山坡、林缘、沟边、路旁，海拔 400 ~ 4100m。亚洲北部、欧洲及美洲也有。喜光，耐寒，也较耐热，不择土壤。生长适温 15 ~ 26℃。

【观赏评价与应用】本种性强健，叶大，有一定观赏性，可用于林缘、林下或荒坡地绿化。全草供药用，有凉血、解毒之效。

【同属种类】约 200 种，分布于全世界，主产北温带。我国有 27 种，其中 1 种特有。

红脉酸模
Rumex sanguineus

【科属】蓼科酸模属

【形态特征】多年生湿生草本，丛生，株型矮密。叶长椭圆状披针形或卵状长圆形，长 10 ~ 25cm，宽 4 ~ 8cm，全缘，叶色暗紫，叶脉紫红色。花期 4 ~ 5 月，果期 5 ~ 6 月。

【产地与习性】产欧洲。我国杭州、上海等地区有引种应用。喜温暖、喜湿及阳光充足环境，稍耐半荫，对土壤要求不严。生长适温 15 ~ 25℃。

【观赏评价与应用】叶色美丽，叶脉红色，极具观赏价值，可用于公园、绿地的水体浅水处或滨水岸边种植，也可用于林缘、林下或湿地片植观赏。

红脉酸模

红脉酸模

白花丹科 Plumbaginaceae

海石竹

海石竹

海石竹

他花卉不易生长的环境栽培，适合岩石园或本属的专类园等园路边、山石边丛植或片植观赏，也可用于花坛。花萼和根为民间草药。

【同属种类】本属约有 300 种，分布于世界各地，但主要产于欧亚大陆的地中海沿岸；多生于海岸和盐性草原地区。我国约 22 种。

黄花矶松

黄花矶松

黄花矶松

海石竹
Armeria maritima

【科属】白花丹科海石竹属

【形态特征】多年生宿根草花，植株低矮，丛生，株高约 20～30cm。叶线形，全缘，绿色；头状花序，顶生。花茎高出叶面，小花聚生于茎顶，半球形，紫红色，花瓣五，雄蕊黄色。花期春季夏季。

【产地与习性】原产欧洲、美洲等地。性喜阳光充足及温暖的环境，耐旱、耐盐碱、对土壤要求不高，以排水良好的砂质土壤为佳。生长适温为 15～25℃。

【观赏评价与应用】本种株形小巧，花量大，开花时节，花团锦簇，极为繁盛，为著名的花园植物，可用于花坛、花境、岩石园或庭院栽培观赏，常成片种植营造景观或成丛种植用于点缀。

【同属种类】本属约有 126 种，产北半球，大多产地中海地区。

黄花矶松
Limonium aureum

【科属】白花丹科补血草属

【别名】黄花补血草、金色补血草

【形态特征】多年生草本，高 4～35cm。叶基生（偶而花序轴下部 1～2 节上也有叶），常早凋，通常长圆状匙形至倒披针形，长 1.5～3（5）cm，宽 2～5（15）mm，先端圆或钝，有时急尖，下部渐狭成平扁的柄。花序圆锥状，下部作数回叉状分枝，往往呈之字形曲折；穗状花序，由 3～5（7）个小穗组成；小穗含 2～3 花；萼檐金黄色；花冠橙黄色。花期 6～8 月，果期 7～8 月。

【产地与习性】产东北、华北和西北各省区、四川西北部，蒙古和俄罗斯也有。喜光、喜干燥、耐寒，喜含盐的砾石滩、黄土和砂质土地。生长适温为 12～25℃。

【观赏评价与应用】本种花繁茂，花期长，可供观赏，园林中可用于盐碱地、砂质土其

常见栽培的同属植物有：

1. 二色补血草 *Limonium bicolor*

又名二色匙叶草、二色矶松，多年生草本，高 20～50cm。叶基生，偶可花序轴下部 1～3 节上有叶，花期叶常存在，匙形至长圆状匙形，先端通常圆或钝，基部渐狭成平扁的柄。花序圆锥状；花序轴单生，或 2～5 枚各由不同的叶丛中生出；穗状花序，由 3～5（9）个小穗组成；小穗含 2～3（5）花；萼漏斗状，萼檐初时淡紫红或粉红色，后来变白，花冠黄色。花期 5～7 月，果期 6～8 月。产东北、黄河流域各省区和江苏北部；主要生于平原地区，也见于山坡下部、丘陵和海滨，喜生于含盐的钙质土上或砂地。蒙古也有。

2. 大叶补血草 *Limonium gmelinii*

又名拜赫曼，多年生草本，高 30～70（100）cm。叶基生，长圆状倒卵形、长椭圆形或卵形，宽大，长（5）10～30（40）cm，宽 3～8（10）cm，先端通常钝或圆，下表面常带灰白色，开花时叶不凋落。花序呈大型伞房状或圆锥状；穗状花序，由 2～7 个小穗紧密排列而成；小穗含 1～2（3）花；萼檐淡紫色至白色，花冠蓝紫色。花期 7～9 月，果期 8～9 月。产新疆北部；通常生于盐渍化的荒地上和盐土上，低洼处常见。欧洲也有。

二色补血草

二色补血草

大叶补血草

大叶补血草

中亚补血草
Psylliostachys suworowii

【科属】白花丹科秀穗花属

【别名】苏沃补血草、中亚补血草

【形态特征】一、二年生草本，株高约 30～60cm，无毛。叶基生，先端钝或尖，基部渐狭，长椭圆形，叶缘波状，浅绿色有光泽，全缘。穗状花序，小花序多数，花序轴有沟槽；花萼筒状，与花瓣同色，粉红色，膜质；花期夏季至秋季。

【产地与习性】分布于欧洲、中亚、高加索、伊朗一带。本种耐寒、喜光，喜疏松、排水良好的稍粘质土壤；对盐碱适应性强，忌涝。生长适温 15～25℃。

【观赏评价与应用】叶色青翠，花序大，开花繁盛，为优良的观花植物，适合中性至微碱性土壤应用，可片植于路边、墙边观赏，也可用于花境、花带或盐碱地块绿化。

【同属种类】本属约 3 种，产中亚及欧洲等地。

中亚补血草

中亚补血草

芍药科 **Paeoniaceae**

芍药
Paeonia lactiflora

【科属】芍药科芍药属

【别名】婪尾春

【形态特征】多年生草本。茎高 40～70cm，无毛。下部茎生叶为二回三出复叶，上部茎生叶为三出复叶；小叶狭卵形、椭圆形或披针形，顶端渐尖，基部楔形或偏斜。花数朵，生茎顶和叶腋，有时仅顶端一朵开放；苞片 4～5，披针形；花瓣 9～13，倒卵形，白色，栽培种有其他色泽；花期 5～6 月；果期 8 月。

【产地与习性】分布于东北、华北、西北、西南。喜光，耐寒，萌芽力强，喜阳光充足。以土层深厚、排水良好、疏松肥沃的壤土或沙壤土生长为佳。生长适温 15～25℃。

【观赏评价与应用】枝叶翠绿，花大艳丽，花色繁多，为名贵观赏花卉。可在公园、庭院、花境种植，也可作盆花、切花等。根药用。

【同属种类】本属较为复杂，许多物种分类地位尚没有最后确定，约 35 种，分布于欧、亚大陆温带地区。我国有 11 种。

窄叶芍药
Paeonia anomala

【科属】芍药科芍药属

【形态特征】多年生草本。块根纺锤形或近球形。茎高 50～70cm，无毛。叶为一至二回三出复叶，叶片轮廓宽卵形，长 9～17cm，宽 8～18cm；小叶成羽状分裂，裂片线状披针形至披针形，长 6～16cm，宽 3～8mm，稀 1cm 以上，顶端渐尖，全缘，表面绿色，背面淡绿色。花单生茎顶，苞片 3，萼片 3，宽卵形，带红色；花瓣约 9，紫红色。蓇葖无毛；种子黑色。花期 5～6 月，果期 8 月。

【产地与习性】产新疆西北部阿尔泰及天山山区。生海拔 1200～2000m 的针叶林下或阴湿山坡。欧洲、俄罗斯、蒙古也有。性喜阳光，也较耐荫，耐寒，喜湿润，以土层深厚、排水良好的肥沃的壤土为宜。生长适温 15～25℃。

【观赏评价与应用】叶片纤秀，清新自然，花大雅致，与绿叶相衬，极美丽。适合公园、绿地的园路边、山石边或疏林下种植观赏，也可用于花坛、花境等处。

川赤芍
Paeonia veitchii

【科属】芍药科芍药属

【形态特征】多年生草本。茎高 30～80cm，少有 1 米以上，无毛。叶为二回三出复叶，叶片轮廓宽卵形，长 7.5～20cm；小叶成羽状分裂，裂片窄披针形至披针形，宽 4～16mm，顶端渐尖，全缘。花 2～4 朵，生茎顶端及叶腋，有时仅顶端一朵开放；苞片 2～3，分裂或不裂，披针形；萼片 4，宽卵形；花瓣 6～9，倒卵形，紫红色或粉红。蓇葖果。花期 5～6 月，果期 7 月。

【产地与习性】分布于西藏、四川、青海、甘肃及陕西。在四川生海拔 2550～3700m 的山坡林下草丛中及路旁，在其它地区生海拔 1800～2800m 的山坡疏林中。性喜温暖及湿润环境，喜光，稍耐荫，耐寒性好，喜疏松、排水良好的肥沃的壤土。生长适温 12～25℃。

【观赏评价与应用】本种花大色艳，园林中较少应用，可引种到较高海拔地区用于公园、庭院等的小径、园路边、墙边或角隅种植观赏，也可与同属植物配植。根供药用，称"赤芍"，能活血通经，凉血散瘀，清热解毒。

芍药

窄叶芍药

川赤芍

芍药景观

川赤芍

梧桐科 Sterculiaceae

午时花
Pentapetes phoenicea

【科属】梧桐科午时花属

【别名】夜落金钱

【形态特征】一年生草本，高 0.5 ～ 1m，被稀疏的星状柔毛。叶条状披针形，长 5 ～ 10cm，宽 1 ～ 2cm，顶端渐尖，基部阔三角形、圆形或截形，边缘有钝锯齿；花 1 ～ 2 朵生于叶腋，开于午间，闭于明晨；萼片 5 枚，披针形，花瓣 5 片，红色，广倒卵形。蒴果近圆球形。花期夏秋。

【产地与习性】原产印度，亚洲热带地区和日本也有分布。性喜温暖、湿润的环境，喜光，在疏松、排水良好的微酸性砂质壤土生长为佳。生长适温 16 ～ 28℃。

【观赏评价与应用】为梧桐科少见的草本花属，花色艳丽，于午间开放，故有"午时花"之称，而且常整朵花脱落，故又称"夜落金钱"适合园路边、山石边点缀或用于庭院美化，也可做背景材料。

【同属种类】本属只有 1 种，广布于亚洲热带。我国引种栽培。

午时花

午时花

午时花

锦葵科 Malvaceae

黄秋葵
Abelmoschus esculentus

【科属】锦葵科秋葵属

【别名】咖啡黄葵、秋葵

【形态特征】一年生草本，高 1 ~ 2m；茎圆柱形，疏生散刺。叶掌状 3 ~ 7 裂，直径 10 ~ 30cm，裂片阔至狭，边缘具粗齿及凹缺；托叶线形。花单生于叶腋间，花梗长 1 ~ 2cm；小苞片 8 ~ 10，线形；花萼钟形，花黄色，内面基部紫色，花瓣倒卵形。蒴果筒状尖塔形，种子球形，多数。花期 5 ~ 9 月。

【产地与习性】原产于印度。性喜温暖及阳光充足的环境，生长快，耐旱、耐热、耐瘠，喜疏松、肥沃的微酸性壤土。生长适温 16 ~ 28℃。

【观赏评价与应用】生长快、易栽培、花大，可供观赏，多用作蔬菜栽培。可用于蔬菜专类园、农家乐、农业生态园等片植观赏及科普，也适于公园、绿地及庭院栽培。种

子含油，经高温处理后可供食用或供工业用。嫩果可作蔬食用。

【同属种类】本属约 15 种，分布于东半球热带和亚热带地。我国有 6 种，其中 1 种为特有。

栽培的同属植物有：

1. 黄蜀葵 *Abelmoschus manihot*

又名棉花葵、野芙蓉、黄芙蓉，一年生或多年生草本，高 1 ~ 2m。叶掌状 5 ~ 9 深裂，直径 15 ~ 30cm，裂片长圆状披针形，长 8 ~ 18cm，宽 1 ~ 6cm，具粗钝锯齿；叶柄长 6 ~ 18cm。花单生于枝端叶腋；小苞片 4 ~ 5，萼佛焰苞状，5 裂；花大，淡黄色，内面基部紫色。蒴果卵状椭圆形，种子多数，肾形。花期 8 ~ 10 月。产我国南方。常生于山谷草丛、田边或沟旁灌丛间，印度也有。

2. 黄葵 *Abelmoschus moschatus*

又名山芙蓉，一年生或二年生草本，高 1 ~ 2m，被粗毛。叶通常掌状 5 ~ 7 深裂，直径 6 ~ 15cm，裂片披针形至三角形，边缘具不规则锯齿，基部心形；叶柄长 7 ~ 15cm，托叶线形。花单生于叶腋间；小苞片 8 ~ 10，线形；花萼佛焰苞状；花黄色，内面基部暗紫色，直径 7 ~ 12cm。蒴果长圆形，种子肾形，具香味。花期 6 ~ 10 月。台湾、广东、广西、江西、湖南和云南等省区栽培或野生。常生于平原、山谷、溪涧旁或山坡灌丛中。越南、老挝、柬埔寨、泰国和印度也有。

黄秋葵

黄秋葵

黄秋葵

黄蜀葵

黄蜀葵

黄蜀葵

黄葵

黄葵

黄葵

3. 箭叶秋葵 Abelmoschus sagittifolius

又名五指山参、小红芙蓉，多年生草本，高 40～100cm，具萝卜状肉质根。叶形多样，下部的叶卵形，中部以上的叶卵状戟形、箭形至掌状 3～5 浅裂或深裂，裂片阔卵形至阔披针形，长 3～10cm，先端钝，基部心形或戟形，边缘具锯齿或缺刻。花单生于叶腋，小苞片 6～12，线形；花萼佛焰苞状，花红色或黄色。蒴果椭圆形，种子肾形。花期 5～9 月。产广东、海南、广西、贵州、云南等省区。常见于低丘、草坡、旷地、稀疏松林下或干燥的瘠地。越南、老挝、柬埔寨、泰国、缅甸、印度、马来西亚及澳大利亚等国也有。

观赏苘麻

箭叶秋葵

箭叶秋葵

观赏苘麻

观赏苘麻
Abutilon hybridum

【科属】 锦葵科苘麻属

【别名】 美丽苘麻

【形态特征】 草本，多年生呈灌木状，株高 1～2m，叶大，互生，卵圆形，三浅裂，先端渐尖，基部弯缺。花腋生，花钟型，单瓣，花冠桃红色、浅粉色、白色等。花期 5～10 月。

【产地与习性】 园艺种。喜光照，在半日照下也可良好生长。喜湿润，不耐旱。喜排水良好的砂质壤土。生长适温 18～28℃。

【观赏评价与应用】 株形美观，花色清秀，悬垂于枝间，十分美丽，为很有观赏价值的观花植物，适宜布置花坛、花境或盆栽。

【同属种类】 本属约 200 种，分布于热带

观赏苘麻

和亚热带地区。我国有 9 种，其中 3 种特有，1 种引进。

栽培的同属植物有：

1. 磨盘草 Abutilon indicum

又名石磨子、耳响草，一年生或多年生直立的亚灌木状草本，高达 1～2.5m，分枝多。叶卵圆形或近圆形，长 3～9cm，宽 2.5 7cm，先端短尖或渐尖，基部心形，边缘具不规则锯齿；花单生于叶腋，花萼盘状，绿色；花黄色，花瓣 5。果为倒圆形似磨盘，黑色，分果爿 15～20，种子肾形。花期 7～10 月。

产台湾、福建、广东、广西、贵州和云南等省区。常生于海拔 800m 以下的地带。越南、老挝、柬埔寨、泰国、斯里兰卡、缅甸、印度和印度尼西亚等热带地区也有。本种皮层纤维可为麻类的代用品。全草供药用。

磨盘草

磨盘草

磨盘草

2. 苘麻 *Abutilon theophrasti*

又名青麻，白麻，一年生亚灌木状草本，高达 1～2m。叶互生，圆心形，长 5～10cm，先端长渐尖，基部心形，边缘具细圆锯齿；托叶早落。花单生于叶腋，花萼杯状，花黄色，花瓣倒卵形。蒴果半球形，分果爿 15～20，种子肾形，褐色。花期 7～8 月。我国除青藏高原不产外，其他各省区均产，东北各地有栽培。常见于路旁、荒地和田野间。越南、印度、日本以及欧洲、北美洲等地区也有。本种为著名的经济作物，纤维色白，具光泽，可编织麻袋、搓绳索、编麻鞋等纺织材料。种子油供制皂、油漆和工业用润滑油；全草作药用。

苘麻

苘麻

苘麻

蜀葵

蜀葵

蜀葵

蜀葵
Alcea rosea
【*Althaea rosea*】

【科属】锦葵科蜀葵属

【别名】一丈红、棋盘花

【形态特征】一、二年生直立草本，高达 2m。叶近圆心形，直径 6～16cm，掌状 5～7 浅裂或波状棱角，裂片三角形或圆形，中裂片长约 3cm，宽 4～6cm；花腋生，单生或近簇生，排列成总状花序式；小苞片杯状，常 6～7 裂；萼钟状；花大，直径 6～10cm，有红、紫、白、粉红、黄和黑紫等色，单瓣或重瓣。果盘状，分果爿近圆形，多数。花期 2～8 月。

【产地与习性】原产我国。喜光，耐半阴，耐寒，喜冷凉气候。喜欢在土层深厚、肥沃、排水良好的壤土和沙壤土上生长。生长适温 15～26℃。

【观赏评价与应用】为著名的庭园植物，花大，花色丰富，花期长，宜丛植装饰门前，在花园、公园片植，也可植墙下路边作庭院观赏等美化材料，还可盆栽，也适宜做背景材料。全草入药，有清热止血、消肿解毒之功效。

【同属种类】本属约 60 余种，分布于亚洲、欧洲。我国有 2 种，其中 1 种特有。

药蜀葵
Althaea officinalis

【科属】锦葵科药葵属

【形态特征】多年生直立草本，高 1m。叶卵圆形或心形，3 裂或不分裂，长 3～8cm，

药蜀葵

药蜀葵

药蜀葵

棉花

棉花

棉花

芙蓉葵

芙蓉葵

芙蓉葵

宽 1.5 ~ 6cm，先端短尖，基部近心形至圆形，边缘具圆锯齿；总苞的小苞片 9 枚，披针形；萼杯状，5 裂，花冠直径约 2.5cm，淡红色，花瓣 5 枚。果圆肾形，分果爿多数。花期 7 月。

【产地与习性】产我国新疆塔城；性喜冷凉及阳光充足的环境，对土壤要求不高。生长适温 15 ~ 25℃。

【观赏评价与应用】本种花小，观赏价值一般，适合园路边或林缘片植，也可用于药用植物专类园。根入药用为镇咳药。

【同属种类】本属约 12 种，产亚洲、欧洲，我国产 1 种。

棉花
Gossypium hirsutum

【科属】锦葵科棉属

【别名】陆地棉、墨西哥棉、大陆棉

【形态特征】一年生草本，高 0.6 ~ 1.5m。叶阔卵形，直径 5 ~ 12cm，长、宽近相等或较宽，基部心形或心状截头形，常 3 浅裂，很少为 5 裂，中裂片常深裂达叶片之半；托叶早落。花单生于叶腋，花梗通常较叶柄略短；小苞片 3，花萼杯状，裂片 5；花白色或淡黄色，后变淡红色或紫色。蒴果卵圆形。花期夏秋季。

【产地与习性】原产美洲墨西哥，十九世纪末叶始传入我国栽培。性喜温暖、光照充足的环境，不耐暑热，喜疏松、排水良好的壤土。生长适温 15 ~ 28℃。

【观赏评价与应用】棉花为著名经济作物，我国栽培较多，可用于农业生态园等景区栽培观赏及科普教育。

【同属种类】本属约 20 种，分布于热带和亚热带。我国引进栽培的有 4 种。

芙蓉葵
Hibiscus moscheutos

【科属】锦葵科木槿属

【形态特征】多年生直立草本，高 1 ~ 2.5m；叶卵形至卵状披针形，有时具 2 小侧裂片，长 10 ~ 18cm，宽 4 ~ 8cm，基部楔形至近圆形，先端尾状渐尖，边缘具钝圆锯齿；托叶丝状，早落。花单生于枝端叶腋间；花大，白色、淡红和红色等，内面基部深红色，花瓣倒卵形。蒴果圆锥状卵形，种子近圆肾形。花期 7 ~ 9 月。

【产地与习性】原产美国东部。喜光，喜温暖，耐寒。喜肥沃、富含有机质的砂质壤土，忌积水。生长适温 18 ~ 26℃。

【观赏评价与应用】花大型，花色繁多，极美丽，为著名庭园植物，园林中常用于路边、草地边缘、林缘、墙垣边片植或丛植观赏，也可用于花境、花带种植或三五株用于点缀。

【同属种类】本属约 200 余种，分布于热带和亚热带地区。我国有 25 种，其中 12 个特有种，4 个引进种。

玫瑰茄
Hibiscus sabdariffa

【科属】锦葵科木槿属

【别名】山茄子

【形态特征】一年生直立草本，高达 2m，茎淡紫色，无毛。叶异型，下部的叶卵形，不分裂，上部的叶掌状 3 深裂，裂片披针形，长 2 ~ 8cm，宽 5 ~ 15mm，具锯齿，先端钝或渐尖，基部圆形至宽楔形；托叶线形。花单生于叶腋，小苞片 8 ~ 12，红色，肉质；花萼杯状，淡紫色，花黄色，内面基部深红色。蒴果卵球形，种子肾形。花期夏秋间。

【产地与习性】原产东半球热带地，现全世界热带地区均有栽培。喜温暖、湿润及阳光充足环境，耐热，不耐寒。对土壤要求不高。生长适温 20 ~ 30℃。

【观赏评价与应用】本种易栽培，花萼鲜艳，经久不落，花可赏，园林中可片植于林缘、园路边或丛植于山石边、庭院一隅。果枝是优良的插花材料；嫩叶、幼果腌渍后可食，花萼及小苞片可制果酱；花萼可提炼含有红色素的果胶，是理想的果汁、果酱等食品的染色剂。

三月花葵
Lavatera trimestris

【科属】锦葵科花葵属

【别名】裂叶花葵

【形态特征】一年生草本，高 1 ~ 2m，少分枝。叶肾形，上部的卵形，常 3 ~ 5 裂，长 2 ~ 5cm，宽 2.5 ~ 7cm，边缘具锯齿或牙齿；托叶卵形，花紫色，单生于叶腋间；小苞片 3 枚，正三角形；萼杯状，5 裂，裂片三角状卵形；花瓣 5 枚，倒卵圆形。花期 4 ~ 8 月。

【产地与习性】原产欧洲地中海沿岸。性喜冷凉及阳光充足的环境，喜排水良好的土壤。生长适温 15 ~ 25℃。

【观赏评价与应用】开花繁茂，花大色艳，极为美丽，为欧美常见的庭园花卉。适合庭园的路边、墙边、窗台及阶前片植或丛植，也可用于花境。

【同属种类】本属约 25 种，分布于欧、亚、美及大洋洲等。我国 1 种。

三月花葵

玫瑰茄

玫瑰茄

三月花葵

三月花葵

砖红蔓锦葵
Malvastrum lateritium

【科属】锦葵科赛葵属

【形态特征】多年生蔓生草本，株高20～30cm。叶轮廓圆形，掌状分裂，浅裂或至中裂，边缘有大锯齿，叶片绿色。花单生，萼片5，绿色，花瓣5，砖红色，花瓣基部近红色，花蕊金黄色。花期夏季。

【产地与习性】原产南美洲，性喜温暖及湿润的环境，喜阳光，耐旱，耐瘠，喜疏松、排水良好的壤土。生长适温16～26℃。

【观赏评价与应用】本种叶大，花艳丽，观赏性较强，适合公园、绿地、风景区等路边、墙隅等处种植，也可做地被或用于花境。

【同属种类】本属约40种，主要分布于南美，部分种类在热带地区逸生。我国引进栽培2种。

砖红蔓锦葵
砖红蔓锦葵　砖红蔓锦葵

锦葵　锦葵

锦葵

锦葵
Malva cathayensis
【*Malva sinensis*】

【科属】锦葵科锦葵属

【别名】钱葵、棋盘花

【形态特征】二年生或多年生直立草本，高50～90cm。叶圆心形或肾形，具5～7圆齿状钝裂片，长5～12cm，宽几相等，基部近心形至圆形，边缘具圆锯齿；托叶偏斜，卵形。花3～11朵簇生，小苞片3，长圆形，萼裂片5；花紫红色或白色，花瓣5，匙形。果扁圆形，分果爿9～11，肾形，种子黑褐色，肾形。花期5～10月。

【产地与习性】产我国，南北均有栽培，亚洲其他地区也有。性喜温暖、湿润及阳光充足的环境，耐寒、稍耐热、耐瘠，不择土壤，以土层深厚、肥沃的壤土为佳。生长适温15～25℃。

【观赏评价与应用】小花繁茂，观赏性佳，民间广为栽培，适合庭前、墙边、路边成片种植，也可用于花坛、花境或做背景材料。花白色的可入药。

【同属种类】本属约30种，分布亚洲、欧洲。我国有3种，其中引进1种。

瓶子草科 Sarraceniaceae

紫瓶子草
Sarracenia purpurea

【科属】瓶子草科瓶子草属

【别名】北美瓶子草

【形态特征】多年生食虫草本。具根茎，匍匐，叶丛莲座状，叶常绿，粗糙，圆筒状，叶中具倒向毛，使昆虫能进不能出。花葶直立，从叶基部抽生而出，花单生，紫或绿紫色。花期 4 ~ 5 月。

【产地与习性】北美。喜温暖，喜光照，喜湿，不耐旱，耐寒。喜疏松、湿润的土壤。生长适温 16 ~ 26℃。

【观赏评价与应用】本种叶形奇特，由叶子衍化的瓶状体极有特色，色彩绚丽，瓶内可分泌蜜汁及消化液，瓶口长有倒向毛，进入的昆虫无法逃出，最后被消化液分解，成为瓶子草的食物。本种可用于布置食虫植物专类区，为科普教育的良好材料。

【同属种类】本属约 25 种，产美洲，喜生于潮湿及沼泽地带。

紫瓶子草

紫瓶子草

栽培的同属植物有：

1. 红瓶子草 *Sarracenia hybrida*

株高约 15 ~ 25cm，瓶状体红色。杂交种。

2. 黄瓶子草 *Sarracenia flava*

株高 50 ~ 100cm，瓶状体绿色或黄绿色，花黄色。产美洲。

3. 鹦鹉瓶子草 *Sarracenia psittacina*

株高 15 ~ 20cm，瓶状体先端膨大，紫褐色。产北美。

4. '朱迪斯'瓶子草 *Sarracenia* 'Judith Hindle'

株高约 20cm，瓶状体细长，绿色，后期紫红色。园艺种。

5. '猩红'瓶子草 *Sarracenia* 'Scarlet Belle'

匍匐，株高约 20cm，瓶状体先端膨大，绿色，先端带褐色斑纹。杂交种。

红瓶子草

黄瓶子草

鹦鹉瓶子草

'朱迪斯'瓶子草

'猩红'瓶子草

猪笼草科 Nepenthaceae

猪笼草
Nepenthes mirabilis

【科属】猪笼草科猪笼草属

【别名】猴子埕

【形态特征】直立或攀援草本，高 0.5～2m。基生叶密集，近无柄，基部半抱茎；叶片披针形，长约 10cm；卷须短于叶片；瓶状体大小不一，长约 2～6cm，狭卵形或近圆柱

猪笼草

猪笼草

猪笼草

形，瓶盖着生处有距 2～8 条，瓶盖卵形或近圆形；茎生叶散生，叶片长圆形或披针形，长 10～25cm，基部下延，全缘或具睫毛状齿，两面常具紫红色斑点。总状花序，花被片 4，红至紫红色；雄花花被片长 0.5～0.7cm，雌花花被片长 0.4～0.5cm。蒴果。花期 4～11月，果期 8～12 月。

【产地与习性】产广东。生于海拔 50～400m 的沼地、路边、山腰和山顶等灌丛中、草地上或林下。从亚洲中南半岛至大洋洲北部均有产。性喜温暖、湿润环境，喜光，喜疏松、肥沃的壤土，生长适温 16～28℃。

【观赏评价与应用】本种瓶状体极为奇特，为著名的食虫植物，常用来布置专类园或悬于廊架下栽培观赏。药用有清热止咳、利尿和降压之效。

【同属种类】本属约有 85 种，分布于亚洲东南部和大洋洲北部。我国产 1 种。

栽培的同属植物有：

1. 大猪笼草 *Nepenthes* 'Miranda'

多年生藤本植物。叶互生，长椭圆形，全缘。叶脉延长为卷须，末端为瓶状体，瓶状体边缘暗红色，上部有暗红色斑块。花单性异株，蒴果。园艺种。

大猪笼草

2. 红瓶猪笼草 *Nepenthes × ventrata*

瓶状体较小，红色，上具脉纹。蒴果。杂交种。

3. 杂种猪笼草 *Nepenthes hybrida*

瓶状体较大，暗红色，上具脉纹。蒴果。杂交种。为市场上常见的种类。

4. 美丽猪笼草 *Nepenthes sibuyanensis*

瓶状体边缘绿色或淡红色，上布有小量暗红色块斑。花单性异株，蒴果。产菲律宾。

红瓶猪笼草

杂种猪笼草

美丽猪笼草

茅膏菜科 Droseraceae

捕蝇草
Dionaea muscipula

【科属】茅膏菜科捕蝇草属

【形态特征】多年生草本，株高 10 ~ 30cm。基生叶小，圆形，花开时枯萎，茎生叶互生，具细柄，弯月形或扇形，基部呈凹形，分为两半，能分泌黏液，呈露珠状，叶缘中间有 3 根对刺激反应灵敏的尖刺。叶片通常向外张开，叶缘蜜腺散发出甜蜜的气味。总状花序，小花白色。花期 5 ~ 6 月，果期夏秋。蒴果。

【产地与习性】产北美洲。全日照喜湿。喜疏松壤土。生长适温 15 ~ 28℃。

【观赏评价与应用】叶型奇特，可捕食昆虫，是科普教育的良好素材，盆栽可用于书桌、案几装饰。

【同属种类】本属 1 种，产北美。

捕蝇草

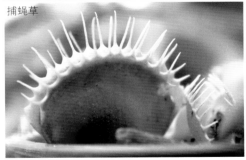

捕蝇草

捕蝇草

栽培的品种有：

1. '杯夹'捕蝇草 *Dionaea muscipula* 'Big'

与原种区别在于捕虫夹比原种大。

2. '黄色'捕蝇草 *Dionaea muscipula* 'Yellow'

在夏季的光照下叶片呈黄色。

'杯夹'捕蝇草

'黄色'捕蝇草

锦地罗
Drosera burmannii

【科属】茅膏菜科茅膏菜属

【别名】一朵芙蓉、落地金钱

【形态特征】草本，茎短，不具球茎。叶莲座状密集，楔形或倒卵状匙形，长 0.6 ~ 1.5cm，基部渐狭，近无柄或具短柄，绿色或变红色至紫红色，叶缘头状粘腺毛长而粗，常紫红色，叶面腺毛较细短。花序花葶状，1 ~ 3 条，具花 2 ~ 19 朵；花萼钟形，5 裂几达基部；花瓣 5，倒卵形。蒴果，果爿 5，

稀 6；种子棕黑色。花果期全年。

【产地与习性】产云南、广西、广东、福建等省区南部和台湾省。生于海拔 50 ~ 1520m 的平地、山坡、山谷和山顶的向阳处或疏林下，常见于雨季。广布于亚洲、非洲和大洋洲的热带和亚热带地区。性喜温暖、湿润环境，喜光，也耐荫。对土壤要求不严，生长适温 15 ~ 28℃。

【观赏评价与应用】本种叶奇特，色泽红艳，有极高的观赏性，可用于食虫植物专类区观赏。全株药用，味微苦，有清热去湿，凉血，化痰止咳和止痢之能。

【同属种类】约 100 种，主要分布于大洋洲，全世界各大洲均有分布。我国有 6 种。

锦地罗

锦地罗

锦地罗

董菜科 Violaceae

角堇
Viola cornuta

【科属】董菜科董菜属

【形态特征】一二年生草本，株高 10～20cm，具根状茎。地上茎短，叶为单叶，长卵形，先端钝圆，基部近心形，叶边缘具缺刻。花梗从叶腋抽生而出，顶生，花小，直径 3cm 左右，花瓣 5，具各种颜色。花期夏至秋。

【产地与习性】产欧洲，性喜冷凉及阳光充足的环境，不耐热。喜疏松肥沃的壤土，忌积水，生长适温 10～22℃。

【观赏评价与应用】株形小巧，花色极为丰富，且开花早，花期极长，多用于布置花坛、花境等，也适合公园、绿地、庭院等路边栽培或营造群体景观。

【同属种类】本属约 550 余种，广布温带、热带及亚热带；主要分布于北半球的温带。我国约有 96 种，其中 35 种特有，3 种引进。

紫花地丁
Viola philippica

【科属】董菜科董菜属

【别名】辽董菜、野董菜

【形态特征】多年生草本，无地上茎，高 4～14cm，果期高可达 20 余 cm。根状茎短。叶多数，基生，莲座状；叶片下部者通常较小，呈三角状卵形或狭卵形，上部者较长，呈长圆形、狭卵状披针形或长圆状卵形，长 1.5～4cm，宽 0.5～1cm，先端圆钝，基部截形或楔形，稀微心形，边缘具较平的圆齿。花中等大，紫堇色或淡紫色，稀呈白色，喉部色较淡并带有紫色条纹；蒴果长圆形，种子卵球形，淡黄色。花果期 4～9 月。

【产地与习性】除青海、西藏以外，国内几遍布于全国，生于山坡草丛、田边、路边。性强健，喜半阴的环境和湿润的土壤，但在阳光下和较干燥的地方也能生长，耐寒、耐旱，对土壤要求不严。生长适温 15～25℃。

【观赏评价与应用】是极好的地被植物，具有野生美，可单种成片植于林缘下或向阳

角堇

角堇

角堇

紫花地丁

紫花地丁

紫花地丁

的草地上，也可与其他同属草本植物配植，形成美丽的缀花草坪。全草供药用，能清热解毒，凉血消肿。嫩叶可作野菜。可作早春观赏花卉。

三色菫

'乳白'习见蓝菫菜
Viola sororia 'Albiflora'

【科属】菫菜科菫菜属

【形态特征】多年生草本，无茎，叶基生，株高 10 ～ 20cm。叶多数，基生，卵圆形，先端尖，基部心形，全缘，绿色。花单生叶腋，花梗细长，花白色，喉部带有紫色条纹。蒴果。花期春至夏季。

【产地与习性】产东欧及北美。性喜温暖及阳光充足的环境，耐寒性好，不耐暑热，喜湿润，较耐旱，忌湿涝。不择土壤。生长适温 15 ～ 26℃。

【观赏评价与应用】小花繁密，洁白如雪覆盖于枝顶，且耐寒性极强，可片植于路边、林缘、墙边或一隅观赏，也是优良的地被植物及花境植物。

三色菫

三色菫

'乳白'习见蓝菫菜

'乳白'习见蓝菫菜

三色菫
Viola tricolor

【科属】菫菜科菫菜属

【别名】猫脸花

【形态特征】二年生草本，多分枝呈丛生状，株高 15 ～ 30cm，地上茎无毛，有棱。基生叶有长柄，叶片近圆心形。茎生叶互生，排列紧密，通常为常圆状卵形、长圆状披针形或卵圆形，先端圆或钝，边缘有稀疏的圆齿或钝锯齿。花单生叶腋，苞叶极小；大花型花径 8 ～ 10cm，小花型花径 3 ～ 6cm，花瓣上瓣为深紫色或紫菫色，侧瓣及下瓣有兰紫、白、黄三色，侧瓣里面基部密生须毛，下瓣

具距。蒴果椭圆形。花期 4 ～ 6 月；6 月中旬种子成熟。

【产地与习性】原产欧洲南部，各地常见栽培。喜凉爽环境，较耐寒，略耐半阴，炎热多雨的夏季常发育不良。喜肥沃湿润的沙壤土。生长适温 16 ～ 26℃。

【观赏评价与应用】三色菫形似蝴蝶，花色美丽，株型低矮，多用于花坛、花境及镶边植物，也可盆栽或切花（作襟花），尤其是布置春季花坛的主要花卉之一。因花有三种颜色对称地分布在五个花瓣上，构成的图案，形同猫的两耳、两颊和一张嘴，故又名猫儿脸。又因整个花被风吹动时，如翻飞的蝴蝶，所以又有蝴蝶花的别名。

菫菜
Viola verecunda

【科属】菫菜科菫菜属

【别名】葡菫菜

【形态特征】多年生草本，高 5 ～ 20cm。根状茎短粗。地上茎通常数条丛生。基生叶叶片宽心形、卵状心形或肾形，长 1.5 ～ 3cm，宽 1.5 ～ 3.5cm，先端圆或微尖，基部宽心形，两侧垂片平展，边缘具向内弯的浅波状圆齿，两面近无毛；茎生叶少，疏列，与基生叶相似。花小，白色或淡紫色，生于茎生叶的叶腋。蒴果长圆形或椭圆形，种子卵球形，淡黄色。花果期 5 ～ 10 月。

【产地与习性】产我国大部分地区。生于

湿草地、山坡草丛、灌丛、杂木林林缘、田野、宅旁等处。朝鲜、日本、蒙古、俄罗斯有分布。喜温暖及阳光充足的环境，耐寒、耐热、对土壤要求不严。生长适温 15 ～ 25℃。

【观赏评价与应用】菫菜野生极强，春天的野外常成片开放，蓝色小花极为精致，富有观赏性。目前国内园林极少应用，多处于野生状态，可引种至山石园、林缘、小路边丛植或片植以供观赏。全草供药用，能清热解毒，可治疔疮、肿毒等症。

菫菜

菫菜

时钟花科 Turneraceae

时钟花
Turnera subulata

【科属】时钟花科时钟花属

【别名】时钟花

【形态特征】宿根草本花卉，株高 40～80cm。叶互生，椭圆形至倒阔披针形，先端锐尖，边缘有锯齿，基部楔形。花近枝顶腋生，花冠上部白色，下部逐渐变黄，底部紫黑色，花至午前凋谢。花期春夏季，果期夏秋季。

【产地与习性】原产巴西。喜全日照，不耐寒，不耐瘠，耐热性佳。以微酸性的疏松的壤土或沙壤土为佳。生长适温 20～30℃。

【观赏评价与应用】本种开花极有规律，早上太阳升起时开放，落日后闭合。在热带地区，其开花极为繁茂，小花朵朵点缀于枝顶，美丽可爱，可用于公园、绿地、校园或庭院布置花坛、花境，或成片种植于林缘、草地中、河岸坡地中营造群体景观效果。

【同属种类】本属约 130 余种，产热带及亚热带美洲。

栽培的同属种类有：

黄时钟花 *Turnera ulmifolia*

宿根草本花卉，株高 30～60cm。叶互生，长卵形，先端锐尖，边缘有锯齿，叶基有一对明显腺体。花近枝顶腋生，花瓣 5，卵圆形，先端近截平，具芒尖，花冠金黄色，每朵花至午前凋谢。花期春夏季、果期夏秋季。产美洲热带。

时钟花

时钟花

黄时钟花

黄时钟花

西番莲科 Passifloraceae

紫花西番莲
Passiflora amethystina

【科属】西番莲科西番莲属

【形态特征】多年生常绿藤本。叶纸质，基部心形，掌状三裂，裂片卵状长圆形，全缘。聚伞花序退化仅1花，花大，花萼及花瓣内面紫色，背面绿色，副花冠丝状，紫色。浆果。花期夏秋季。

【产地与习性】原产巴西、巴拉圭、玻利维亚。喜充足光照，不耐荫，全日照。喜湿润。喜疏松、肥沃的壤土。生长适温20～28℃。

【观赏评价与应用】花大而美丽，特别是副花冠极为奇特，具有异国情调，为近年来引进的观赏藤本花卉。常用于攀附于花架、绿篱及棚架等栽培观赏，也适合攀附于墙面的丝网等用于墙面立体绿化。

【同属种类】本属约有520种，主要产于热带美洲及亚洲热带地区。我国有20种，其中7种特有，7种引进。

紫花西番莲

紫花西番莲

红花西番莲
Passiflora coccinea

【科属】西番莲科西番莲属

【形态特征】多年生常绿藤本，蔓长可达数米。叶互生，长卵形，先端渐尖，基部心形或楔形，叶缘有不规则浅疏齿。花单生于叶腋，花瓣长披针形，先端微急尖，稍外向下垂，红色。副花冠3轮，最外轮较长，紫褐色并散布有斑点状白色，内两轮为白色，稍短。花期春至秋。

【产地与习性】产圭亚那。喜光照，在半日照下也可正常生长，喜疏松、排水良好的微酸性壤土。生长适温20～30℃。

【观赏评价与应用】花大奇特，极为艳丽，我国热带地区栽培较多，可用于棚架、花架、绿廊、栅栏及庭院种植观赏，也可与其他藤本植物或同属植物配植。

红花西番莲

红花西番莲

红花西番莲

鸡蛋果
Passiflora edulis

【科属】西番莲科西番莲属

【别名】紫果西番莲

【形态特征】草质藤本，长约6m；叶纸质，长6～13cm，宽8～13cm，基部楔形或心形，掌状3深裂，中间裂片卵形，两侧裂片卵状长圆形，裂片边缘有内弯腺尖细锯齿。聚伞花序退化仅存1花，与卷须对生；花芳香，苞片绿色，萼片5枚，外面绿色，内面绿白色；花瓣5枚，外副花冠裂片4～5轮。浆果卵球形，熟时紫色；种子多数。花期6月，果期11月。

鸡蛋果

鸡蛋果

鸡蛋果

【产地与习性】原产大小安的列斯群岛，现广植于热带和亚热带地区。性喜温暖及阳光充足的环境，耐热，耐瘠，适应性强，对土壤要求不高。生长适温 20 ~ 30℃。

【观赏评价与应用】本种多做水果栽培，在岭南、西南等地也常用于园林绿化，花大美丽，果实球形，可观可赏，适合棚架、篱架等绿化。入药具有兴奋、强壮之效。果瓤多汁液，可制成芳香可口的饮料。种子榨油，可供食用和制皂、制油漆等。

栽培的同属植物有：

1. 翅茎西番莲 *Passiflora alata*

多年生草本植物，成株茎多少木质化，蔓长可达 6m。单叶，互生，叶片长卵形或椭圆形，长 10 ~ 15cm，先端尖，基部圆形，边全缘，叶腋处具卷须。花大，萼片 5，内面紫红色，外面浅紫色，花瓣状，花冠丝状，紫色与白色相间。花期夏至秋。产巴西及秘鲁。

2. 蝙蝠西番莲 *Passiflora capsularis*

多年生藤本，蔓长可达 10m。叶纸质，长 6 ~ 10cm，宽约 5 ~ 10cm，先端 2 裂，基部圆形至心形，上面被稀疏伏，裂片近心形，裂片先端圆形或近钝尖，全缘，绿色；具叶柄。花白色，萼片 5 枚，内面白色，外面淡黄色，花瓣状。花冠丝状，白色。浆果球形。花期夏季。产美洲。

3. 蛇王藤 *Passiflora cochinchinensis*【*Passiflora moluccana* var. *teysmanniana*】

草质藤本，长达 6m。茎具条纹并被有散生疏柔毛。叶革质，下面密被短绒毛。披针形、椭圆形至长椭圆形，长 6 ~ 10cm，宽 2.5 ~ 6cm，先端钝尖或圆形，基部近心形。聚伞花序近无梗，单生于卷须与叶柄之间，有 2 ~ 12 朵花；苞片线形；花白色，萼片 5 枚，花瓣 5 枚，外副花冠裂片 2 轮，丝状，内副花冠褶状。浆果球形，种子多数，暗黄色。产广西、广东、海南。生于海拔 100 ~ 1000m 的山谷灌木丛中。老挝、越南、马来西亚均有分布。

4. 三角叶西番莲 *Passiflora suberosa*

草质藤本，茎长 1 ~ 4m，最长可达 10m。叶长 5 ~ 8cm，宽 5 ~ 11cm，被柔毛。基部心形，三浅裂，裂片卵形，先端锐尖或短尖。花腋生，单生或对生，花小，淡绿色或白色。萼片长圆形或披针形。浆果，熟时黑色。花期 8 ~ 9 月，果期秋至冬。原产西印度群岛及美国，现在我国台湾、云南、广东等地逸生。

翅茎西番莲

蝙蝠西番莲

蛇王藤

三角叶西番莲

葫芦科 **Cucurbitaceae**

冬瓜

Benincasa hispida

【科属】葫芦科冬瓜属

【形态特征】一年生蔓生或架生草本；叶柄粗壮，长 5 ～ 20cm；叶片肾状近圆形，宽 15 ～ 30cm，5 ～ 7 浅裂或有时中裂，裂片宽三角形或卵形，先端急尖，边缘有小齿，基部深心形，弯缺张开，近圆形。卷须 2 ～ 3 歧，雌雄同株；花单生。雄花花冠黄色，辐状，雌花梗长不及 5cm。果实长圆柱状或近球状，大型，有硬毛和白霜。种子卵形，白色或淡黄色，压扁。

【产地与习性】我国各地有栽培。云南西双版纳有野生者，果较小。喜温暖及光照充足的环境，抗热性强，喜肥沃的微酸性壤土。生长适温 16 ～ 28℃。

【观赏评价与应用】品种繁多，果形大小不一，可用于观赏，除作蔬菜栽培外，可用于农家乐、生态园、植物科普基地等栽培，用于教学、辨识等科普教育之用。可浸渍为各种糖果；果皮和种子药用，有消炎、利尿、消肿的功效。

【同属种类】本属 1 种，栽培于世界热带、亚热带和温带地区。

冬瓜栽培的变种有：

节瓜 *Benincasa hispida* var. *chieh-qua*

与冬瓜不同之处在于：子房活体时被污浊色或黄色糙硬毛，果实小，比黄瓜略长而粗，长 15 ～ 20（ ～ 25）cm，径 4 ～ 8(～ 10)cm，成熟时被糙硬毛，无白蜡质粉被。我国南方，尤其广东、广西普遍栽培。果实夏季作蔬菜食用。

冬瓜

冬瓜

冬瓜

节瓜

节瓜

节瓜

西瓜

Citrullus lanatus

【科属】葫芦科西瓜属

【别名】寒瓜

【形态特征】一年生蔓生藤本；卷须较粗壮，具短柔毛，2 歧；叶片纸质，轮廓三角状卵形，带白绿色，长 8 ～ 20cm，宽 5 ～ 15cm，3 深裂，中裂片较长，倒卵形、长圆状披针形或披针形，顶端急尖或渐尖，裂片又羽状或二重羽状浅裂或深裂，边缘波状或有疏齿，末次裂片通常有少数浅锯齿，叶片基部心形，有时形成半圆形的弯缺。雌雄同株。雌、雄花均单生于叶腋。花冠淡黄色。果实大型，近于球形或椭圆形，肉质，多汁。种子卵形。花果期夏季。

【产地与习性】原种可能来自非洲，久已广泛栽培于世界热带到温带，金、元时始传入我国。适应性强，我国南北均有栽培，喜温暖、喜光照，耐热，不耐寒。喜疏松、肥沃的砂质壤土。生长适温 16 ～ 28℃。

【观赏评价与应用】本种常作水果栽培，也常用于教学植物园、科普基地、生态园等景区种植用作科普教育素材。果实为夏季重要水果，果肉味甜，能降温去暑；种子含油，

西瓜

西瓜

西瓜

可作消遣食品；果皮药用，有清热、利尿、降血压之效。

【同属种类】本属4种，分布于非洲、亚洲及地中海地区。我国引进1种。

黄瓜
Cucumis sativus

【科属】葫芦科黄瓜属

【别名】胡瓜

【形态特征】一年生蔓生或攀援草本；卷须细，不分歧；叶片宽卵状心形，膜质，长、宽均7～20cm，3～5个角或浅裂，裂片三

黄瓜

黄瓜

黄瓜

角形，有齿，有时边缘有缘毛，先端急尖或渐尖，基部弯缺半圆形。雌雄同株。花冠黄白色。果实长圆形或圆柱形，熟时黄绿色。种子小，狭卵形，白色。花果期夏季。

【产地与习性】我国各地普遍栽培，现广泛种植于温带和热带地区。喜温暖，不耐寒，不耐水湿，喜富含有机质的肥沃壤土，生长适温为15～28℃。

【观赏评价与应用】果为我国各地夏季主要菜蔬之一，可用于果蔬展览、展示温室、科普基地、植物园等用于科普教育。茎藤药用，能消炎、祛痰、镇痉。

【同属种类】本属约32种，分布于世界热带到温带地区，以非洲为多。我国有4种。

南瓜
Cucurbita moschata

【科属】葫芦科南瓜属

【别名】倭瓜、番瓜

【形态特征】一年生蔓生草本；常节部生根，伸长达2～5m。叶片宽卵形或卵圆形，质稍柔软，有5角或5浅裂，稀钝，长12～25cm，宽20～30cm，侧裂片较小，中间裂片较大，三角形，上面密被黄白色刚毛和茸毛，常有白斑。雌雄同株。花冠黄色，钟状；瓠果形状多样，因品种而异。

【产地与习性】原产墨西哥到中美洲一带，世界各地普遍栽培。明代传入我国，现南北各地广泛种植。性喜温暖，喜光照，适应性强，耐热，不耐寒，喜肥，栽培以肥沃的壤土为佳。生长适温为15～28℃。

南瓜

南瓜

【观赏评价与应用】果实大，通常红色，为重要的食用及观赏植物。多用于大型生态景观地栽或用于棚架造景，也常见于农庄、农家乐等栽培观赏或食用。本种的果实可作菜肴，耐贮藏，亦可代粮食。全株各部供药用。

【同属种类】本属约15种，分布于热带及亚热带地区。我国栽培3种。

栽培的同属植物有：

观赏南瓜 *Cucurbita pepo* var. *ovifera*

一年生蔓性草本，卷须多分叉，先端螺旋状卷曲。叶广卵形，掌状分裂。花黄色。果形奇特，果实色彩鲜艳，单色或复色，且形状各异，变化丰富，品种繁多。本种多用于就垂直绿化，适于庭院、农业观光园等栽培观赏。可植于廊架、棚架、篱架造景，累累果实悬挂于架下，极为醒目。

观赏南瓜

观赏南瓜

观赏南瓜

辣子瓜
Cyclanthera pedata

【科属】葫芦科小雀瓜属

【别名】小雀瓜

【形态特征】一年生攀援草本；茎粗壮，多分枝，有棱沟。叶片鸟足状5全裂，中间裂片较长，椭圆形或长椭圆状披针形，长7～16cm，宽2～6cm，先端渐尖，基部楔形，

辣子瓜

辣子瓜

辣子瓜

边缘具稀疏小锯齿，侧裂片较小，长椭圆形，最外面的 2 裂片常又不规则 2 ~ 3 深裂。雄花具花 20 ~ 50 朵，花萼筒杯状，花冠黄色。雌花在生有花序的叶腋内单生、双生及簇生。果实狭长圆形至狭长椭圆形，种子黑褐色花果期夏、秋季。

【产地与习性】原产南美洲和中美洲。我国引种栽培。喜温暖及阳光充足的环境，耐热，耐瘠，对土壤要求不高，以肥沃、排水良好的壤土为宜。生长适温为 15 ~ 26℃。

【观赏评价与应用】我国引种栽培，果实有一定的观赏性，可用于风景区、公园的篱架、棚架、花架栽培观赏，或用于庭院绿化，即可观赏又可食用。幼苗及果实作蔬菜。

【同属种类】本属约 20 种，分布美洲热带。我国引种栽培 1 种。

喷瓜
Ecballium elaterium

【科属】葫芦科喷瓜属

【形态特征】蔓生草本；根伸长，粗壮。叶片卵状长圆形或戟形，长 8 ~ 20cm，宽 6 ~ 15cm，边缘波状或多少分裂，具粗齿，上面苍绿色，有粗糙的疣点和白色的短刚毛，

背面灰白色，密被白色短柔毛，顶端稍钝，基部弯缺半圆形。雄花生于总状花序，花冠黄色。果实苍绿色，长圆形或卵状长圆形。种子黑色或褐色。花果期春至秋。

喷瓜

喷瓜

喷瓜

【产地与习性】分布于地中海沿岸地区和小亚细亚。我国引进栽培。性喜冷凉及阳光充足的环境，喜温暖、忌干燥，以富含腐殖质的壤土为佳。生长适温为 15 ~ 25℃。

【观赏评价与应用】本种果实奇特，果实成熟后极膨胀，自果梗脱落后基部开一洞，由瓜瓤收缩将种子和果液同时喷射而出。花果均有一定的观赏价值，可种植于园路边、山石边或墙边种植观赏。果液作泻下剂用。

【同属种类】本属 1 种，分布在地中海沿岸地区和小亚细亚。我国新疆有野生。

葫芦
Lagenaria siceraria

【科属】葫芦科葫芦属

【形态特征】一年生攀援草本；叶柄纤细，长 16 ~ 20cm；叶片卵状心形或肾状卵形，长、宽均 10 ~ 35cm，不分裂或 3 ~ 5 裂，具 5 ~ 7 掌状脉，先端锐尖，边缘有不规则的齿，基部心形，弯缺开张，半圆形或近圆形。雌雄同株，雌、雄花均单生。雄花花萼筒漏斗状，花冠黄色。雌花花萼和花冠似雄花。果实初为绿色，后变白色至淡黄色，由于长期栽培，果形变异很大，因不同品种或变种而异。种子白色。花期夏季，果期秋季。

葫芦

葫芦

葫芦

【产地与习性】原产旧大陆热带，全世界热带至温带地区广泛栽培。喜温暖、向阳环境，要求肥沃、湿润、排水良好的土壤条件；不耐干旱和寒冷。生长适温为 15 ~ 26℃。

【观赏评价与应用】葫芦枝蔓生长快，有麝香气味，花大、白色、果实美观、繁多，常栽培作凉棚或供观赏。瓠果幼嫩时可作蔬菜，成熟后果皮木质化，中空，可作各种容器；也可药用，果皮、种子药用，能利尿、消肿、散结。

【同属种类】本属6种，主要分布于非洲热带地区。我国引进栽培1种。

栽培的品种有：

观赏葫芦 Lagenaria siceraria cv.

与原种主要区别为果形因不同品种而异，有的呈哑铃状，中间缢细，下部和上部膨大，上部大于下部，长数十厘米，有的仅长 10cm，有的呈扁球形、棒状或钩状。多用于篱架栽培观赏。

观赏葫芦

观赏葫芦

观赏葫芦

苦瓜
Momordica charantia

【科属】葫芦科苦瓜属

【别名】凉瓜、癞葡萄

【形态特征】一年生攀援状柔弱草本，多分枝；叶片轮廓卵状肾形或近圆形，膜质，长、宽均为 4 ~ 12cm，上面绿色，背面淡绿色，5 ~ 7 深裂，裂片卵状长圆形，边缘具粗齿或有不规则小裂片，先端多半钝圆形稀急尖，基部弯缺半圆形，叶脉掌状。雌雄同株。雄花单生叶腋，花萼裂片卵状披针形，花冠黄色。雌花单生，子房纺锤形。果实纺锤形或圆柱形，多瘤皱，成熟后橙黄色。花、果期 5 ~ 10 月。

【产地与习性】广泛栽培于世界热带到温带地区。我国南北均普遍栽培。喜温暖，喜光，不耐荫，为短日照植物，耐热性强，不耐寒。喜湿怕涝。对土壤要求不高，沙壤、轻粘质均可良好生长。生长适温为 16 ~ 26℃。

【观赏评价与应用】本种果味甘苦，主作蔬菜，因其果实奇特，也常用作观赏植物。适合果蔬展览温室、生态园及园林中的小型棚架、篱架栽培观赏。果实可糖渍；成熟果肉和假种皮也可食用；根、藤及果实入药，有清热解毒的功效。

苦瓜

苦瓜

苦瓜

【同属种类】本属约45种，多数种分布于非洲热带地区。我国有3种，其中1种引进。

木鳖
Momordica cochinchinensis

【科属】葫芦科苦瓜属

【别名】番木鳖、糯饭果

【形态特征】多年生草质大藤本，长达15m，具块状根；叶片卵状心形或宽卵状圆形，质稍硬，长、宽均 10 ~ 20cm，3 ~ 5 中裂至深裂或不分裂，中间的裂片最大，侧裂片较小。雌雄异株。雄花单生于叶腋或有时 3 ~ 4 朵着生在极短的总状花序轴上，花冠黄色。雌花单生于叶腋，花冠、花萼同雄花。果实卵球形，成熟时红色。花期 6 ~ 8 月，果期 8 ~ 10 月。

【产地与习性】分布于江苏、安徽、江西、福建、台湾、广东、广西、湖南、四川、贵州、云南和西藏。常生于海拔 450 ~ 1100m 的山沟、林缘及路旁。中南半岛和印度半岛也有。喜温暖及湿润环境，喜光，对土壤条件要求不严，生长适温为 16 ~ 28℃。

【观赏评价与应用】花奇特，果实大，色泽鲜艳，有较高的观赏价值，可用于布置大型棚架、亭廊或用于大树绿化。种子、根和叶入药，有消肿、解毒止痛之效。

木鳖

木鳖

木鳖

佛手瓜
Sechium edule

【科属】葫芦科佛手瓜属

【别名】洋丝瓜

【形态特征】具块状根的多年生宿根草质藤本，茎攀援或人工架生；叶片膜质，近圆形，中间的裂片较大，侧面的较小，先端渐尖，边缘有小细齿，基部心形，弯缺较深，近圆形。雌雄同株。雄花10～30朵生于8～30cm长的总花梗上部成总状花序，花萼筒短；花冠辐状。雌花单生，花冠与花萼同雄花。果实淡绿色，倒卵形，上部有5条纵沟。种子大，压扁状。花期7～9月，果期8～10月。

【产地与习性】原产南美洲。我国云南、广西、广东等地有栽培或逸为野生。喜光照，不耐荫，喜温，耐热，不耐寒。对土壤要求不严，以肥沃和保肥保水力强的土壤为佳。生长适温为15～28℃。

【观赏评价与应用】本种主要作果蔬栽培，因果实上有数条纵沟，状似佛手，故名。可用于小型棚架、花架、篱架栽培用于观赏果实，也适合生态园、植物园等栽培用作科普教育。

【同属种类】本属5种，主要分布于美洲热带地区。我国引进1种。

赤瓟
Thladiantha dubia

【科属】葫芦科赤瓟属

【别名】赤包

【形态特征】攀援草质藤本，根块状；叶片宽卵状心形，长5～8cm，宽4～9cm，边缘浅波状，有大小不等的细齿，先端急尖或短渐尖，基部心形，弯缺深，近圆形或半圆形，深1～1.5cm，宽1.5～3cm。雌雄异株；雄花单生或聚生于短枝的上端呈假总状花序，花冠黄色。雌花单生，花萼和花冠雌雄花。果实卵状长圆形，表面橙黄色或红棕色。种子卵形，黑色。花期6～8月，果期8～10月。

【产地与习性】产东北、河北、山西、山东、陕西、甘肃和宁夏。常生于海拔300～1800m的山坡、河谷及林缘湿处。喜冷凉及光照充足的环境，不耐暑热，耐瘠，对土壤要求不严，生长适温为15～28℃。

【观赏评价与应用】这是本属中分布最北的一个种，也是经济用途较大的种。果实和根入药，果实能理气、活血、祛痰和利湿，根有活血去瘀、清热解毒、通乳之效。《燕京岁时记》中记载："每至十月，市肆之间则有赤包儿、逗姑娘等物。赤包儿蔓生，形如甜瓜而小，至初冬乃红，柔软可玩。"赤瓟要用手仔细捏揉才能慢慢变软儿童们常常比赛谁捏得最软最快。但是，如果太急了就会将赤包捏破，流出来的是一包黑子和恶臭的粘液，臭味沾在手上很难洗除。在《四世同堂》里老舍先生用"大赤包"来形容冠晓荷的老婆是一肚子坏水，真是惟妙惟肖，令人叫绝。园林中可用于藤架、花架、篱架等栽培观赏。

【同属种类】本属23种，产不丹、印度、印尼、日本、老挝、缅甸、尼泊尔、泰国及越南，我国有23种，其中19种为特有。

佛手瓜

佛手瓜

佛手瓜

赤瓟

赤瓟

赤瓟

蛇瓜
Trichosanthes anguina

【科属】葫芦科栝楼属

【别名】蛇豆

【形态特征】一年生攀援藤本；叶片膜质，圆形或肾状圆形，长8~16cm，宽12~18cm，3~7浅裂至中裂，有时深裂，裂片极多变，通常倒卵形，两侧不对称，先端圆钝或阔三角形，具短尖头，边缘具疏离细齿，叶基弯缺深心形。花雌雄同株。雄花组成总状花序，常有1单生雌花并生，花冠白色，流苏与花冠裂片近等长；雌花单生，花萼及花冠同雄花。果实长圆柱形，通常扭曲，成熟时橙黄色。种子长圆形。花果期夏末及秋季。

【产地与习性】我国南北均有栽培。原产印度；日本、马来西亚、菲律宾以及非洲东部均有栽培。性喜温暖，喜光照，耐湿热，耐瘠，适合应性，不择土壤，生长适温18~28℃。

【观赏评价与应用】本种果实极为奇特，似蛇盘曲，故名。为著名观赏植物，可用于生态园、农家乐、公园、绿地的棚架栽培观赏。果实供蔬食，并可消渴，治黄疸；根和种子

蛇瓜

蛇瓜

蛇瓜

止泻、杀虫。

【同属种类】本属约100种，分布于东南亚，我国有33，其中14种特有，1种引进。

糙点栝楼
Trichosanthes dunniana
【*Trichosanthes rubriflos*】

【科属】葫芦科栝楼属

【别名】红花栝楼

【形态特征】大草质攀援藤本，长达3~6m。叶片纸质，阔卵形或近圆形，长、宽几相等，7~20cm，3~7掌状深裂，裂片阔卵形、长圆形或披针形。卷须3~5歧。花雌雄异株。雄总状花序粗壮，中部以上有(6-)11~14花。苞片深红色，花萼筒红色，花冠粉红色至红色，裂片倒卵形，边缘具流苏；雌花单生，裂片和花冠同雄花；果实阔卵形或球形，成熟时红色。种子黄褐色。花期5~11月，果期8~12月。

【产地与习性】产四川、广东、广西、贵州、云南和西藏等省区。生于海拔150~1940m的山谷密林中、山坡疏林及灌丛中。分布于印度东北部、缅甸、泰国、中南半岛、印度尼西亚。对环境要求不严，喜光，喜高温，不择土壤。生长适温20~30℃。

【观赏评价与应用】花大奇特，果实艳丽，为著名观赏植物，在华南等地广为栽培，也有逸为野生，可附于大树种植观赏，或用于大型棚架、篱架、厅廊等立体绿化。

糙点栝楼

糙点栝楼

糙点栝楼

老鼠拉冬瓜
Zehneria japonica
【*Zehneria indica*】

【科属】葫芦科马交儿属

【别名】马交儿、野梢瓜

【形态特征】攀援或平卧草本；茎、枝纤细。叶片膜质，多型，三角状卵形、卵状心形或戟形、不分裂或3~5浅裂，长3~5cm，宽2~4cm，若分裂时中间的裂片较长。雌雄同株。雄花单生或稀2~3朵生于短的总状花序上；花冠淡黄色。雌花在与雄花同一叶腋内单生或稀双生，花冠阔钟形；果实长圆形或狭卵形，成熟后橘红色或红色。种子灰白色。花期4~7月，果期7~10月。

【产地与习性】分布于四川、湖北、安徽、江苏、浙江、福建、江西、湖南、广东、广西、贵州和云南。常生于海拔500~1600m的林中阴湿处以及路旁、田边及灌丛中。日本、朝鲜、越南、印度半岛、印度尼西亚、菲律宾等也有。性强健，对环境要求不严，不择土壤，生长适温16~30℃。

【观赏评价与应用】本种花洁白，果实繁密，有一定的观赏性，目前园林中没有应用，可用于小型花架、篱架栽培观赏。全草药用，有清热、利尿、消肿之效。

【同属种类】本属约55种，分布于非洲和亚洲热带到亚热带。我国4种。

老鼠拉冬瓜

老鼠拉冬瓜

老鼠拉冬瓜

秋海棠科 Begoniaceae

四季秋海棠
Begonia cucullata

【科属】秋海棠科秋海棠属

【别名】玻璃翠

【形态特征】多年生常绿草本，茎直立，稍肉质，高 15 ~ 30cm。单叶互生，有光泽，卵圆至广卵圆形，长 5 ~ 8cm，宽 3 ~ 6cm，先端急尖或钝，基部稍心形而斜生，边缘有小齿和缘毛，绿色。聚伞花序腋生，具数花，花红色，淡红色或白色。蒴果具翅。花期 3 ~ 12 月。

【产地与习性】原产巴西低纬度高海拔地区林下。喜阳光，稍耐荫，怕寒冷，喜温暖，稍阴湿的环境和湿润的土壤，但怕热及水涝。生长适温 16 ~ 30℃。

【观赏评价与应用】本种花期极长，且开花繁茂，多用于林缘、草地或园路边栽培，也可用于布置花坛、花台等，效果极佳，成为重要的景观花卉，具有株型圆整、花多而密集、极易与其它花坛植物配植，因而越来

越受到欢迎。

【同属种类】超过 1400 种。广布于热带和亚热带地区，我国有 173 种，其中 141 种为特有种。

丽格秋海棠
Begonia × hiemalis

【科属】秋海棠科秋海棠属

【形态特征】多年生草本。茎绿色，节部膨大，茎近肉质。单叶，互生，叶近卵圆形，两侧不等，偏斜，不同品种叶子大小、色泽有差异。聚伞花序腋生，花有白、粉、红、黄等色。花期秋至冬。

【产地与习性】杂交种。性喜温暖、不喜强光，不耐瘠，喜湿润畏涝，不宜大水喷淋，雨季注意排水，喜疏松、肥沃的壤土。生长适温 16 ~ 30℃。

【观赏评价与应用】为广为栽培的观花草本，品种繁多，花色丰富，大多用于室内盆栽，现南方也用于园林景观布景，或用于吊挂栽培，或用于园路边、草地边缘丛植，也适合花坛、花台栽培观赏。

竹节秋海棠
Begonia maculata

【科属】秋海棠科秋海棠属

【形态特征】多年生草本，成株呈亚灌木状，株高约 1m。茎具竹节状的节。叶肉质，稍肥厚，斜长圆形至长圆状卵形，长 10 ~ 20cm，宽 5 ~ 6cm，顶端短尖，基部心形，边缘浅波状，上有绿色，具圆形小白点，下深红色。花排成腋生而悬垂的聚伞花序，花淡红色或白色。蒴果有翅。花期 6 ~ 9 月，果期夏秋间。

【产地与习性】产巴西，我国引种栽培。喜温暖、阳光充足的环境，较耐荫蔽，耐瘠、不耐寒，忌水渍，喜排水良好的砂质壤土。生长适温 16 ~ 30℃。

【观赏评价与应用】株形高大，茎节似竹，叶上具圆形白点，极具观赏性，为观叶、观茎、观花于一体的优良观赏植物，可数株丛植于园路边、庭院一隅、滨水岩边或廊架边观赏。

四季秋海棠

丽格秋海棠

竹节秋海棠

四季秋海棠

丽格秋海棠

竹节秋海棠

四季秋海棠

丽格秋海棠

球根秋海棠
Begonia tuberhybrida

【科属】秋海棠科秋海棠属

【形态特征】多年生球根花卉，地下具有肉质扁圆的块茎，株高达30cm，茎直立，肉质。单叶互生，叶片斜卵形，先端锐尖，基部偏斜，叶缘有粗齿及纤毛。聚伞花序腋生，花单性同株，雄花大而美丽，花径5～15cm；雌花小。品种极多，有单瓣、半重瓣、重瓣、花瓣皱边等，花色有红、白、粉红、复色等。花期5～9月。

【产地与习性】原产秘鲁和玻利维亚，各地普遍引种栽培。性喜温暖湿润，喜凉爽的气候和半阴环境，要求富含腐殖质、排水良好的微酸性土壤。生长适温16～26℃。

【观赏评价与应用】植株秀丽、优美，花形大、色彩丰富，着花多，兼具牡丹、月季、山茶、香石竹等名花的色、香、姿、韵，是珍贵的观赏花卉，常盆栽观赏、布置花坛。盆栽常用于布置厅堂、会客室、窗前，娇媚动人。

球根秋海棠

栽培的同属植物及品种有：

1. 虎斑秋海棠 *Begonia* 'Tiger'

植株矮小，株高约10cm，叶卵圆形，两侧不等大，偏斜。叶边缘具缘毛，叶面深绿色或黄绿色，上有大小不一的淡黄绿色斑块，花白色。蒴果，花期春季。园艺种。

虎斑秋海棠

虎斑秋海棠

2. '复兴·娜娜' 秋海棠 *Begonia* × *hiemalis* 'Renaissance Nana'

本种为索科特拉秋海棠 *Begonia socotrana* 与球根秋海棠 *Begonia tuberhybrida* 的杂交种，为多年生草本，叶轮廓为卵圆形，边缘深裂，基部弯缺。聚伞花序，花大，重瓣，下部花瓣粉红色，上部淡粉色或近白色。

'复兴·娜娜' 秋海棠

3. '复兴·丘比特' 秋海棠 *Begonia* × *hiemalis* 'Renaissance Putto'

本种与上一种相似，花重瓣，花瓣下部水粉色，上部橙黄色。

'复兴·丘比特'秋海棠

4. 玻利维亚秋海棠 *Begonia boliviensis*

多年生草本，植株悬垂，叶长卵形或近宽披针形，两侧不等大，先端尖，基部弯缺，叶面绿色，背面淡紫红色，叶缘具齿。花梗细长，花红色，花蕊金黄色。花期夏季。产玻利维亚。

玻利维亚秋海棠

5. 昌感秋海棠 *Begonia cavaleriei*

多年生草本。叶盾形，全部基生，具长柄；叶片厚纸质，两侧略不相等，轮廓近圆形，长8～15（22）cm，宽5～13（～19）cm，先端渐尖至长渐尖，基部略偏呈圆形，边全缘常带浅波状，上面褐绿色，下面淡褐绿色。花葶高约20cm，花淡粉红色，数朵，呈聚伞状；花被片4，雌花花被片3。蒴果下垂，种子多数。花期5～7月，果期7月开始。产贵州、云南、广西。

昌感秋海棠

6. 峨眉秋海棠 *Begonia emeiensis*

多年生草本。基生叶1，和茎生叶同形；叶片两侧不相等，轮廓卵状长圆形，长12～14cm，宽11～13cm，先端尾状渐尖，基部深心形，窄侧圆形。花葶高13～20cm，有棱，花粉红色，常2～4朵，呈二歧聚伞状。花期7～8月，果期9月开始。产四川。生于海拔900～950m沟边灌木丛中。

峨眉秋海棠

7. 兰屿秋海棠 Begonia fenicis

多年生无茎草本。叶均基生，具长柄；叶片两侧极不相等，轮廓卵状圆形或近圆形，长 8 ～ 10cm，宽 5.5 ～ 7.5cm；先端急尖，基部深心形，边缘有疏而浅不规则钝锯齿。花葶高 26 ～ 32cm，细弱；花白色至粉红色，有花 8 ～ 10 朵，呈二歧聚伞花序。蒴果，种子淡褐色。花期 5 月至 8 月。产台湾。生于低海拔的杂木林下。

8. 白芷叶秋海棠 Begonia heracleifolia

多年生草本，无地上直立的茎；叶为广圆形，叶基近心形，偏斜，叶缘具 5 ～ 9 狭的裂片，有的裂片到叶片的中部或超过中部，叶缘具睫毛。花集生于腋生的总花梗上，花粉红色或白色。蒴果。原产南美。

9. '银翠' 地毯秋海棠 Begonia imperialis 'Silver Jewel'

多年生草本植物，茎具节。叶片卵圆形，叶基心形，偏斜，叶面绿色，有大块银白色斑块，边缘具睫毛及浅齿。花白色，具多数花。园艺种。

10. 团扇秋海棠 Begonia leprosa

又名癞叶秋海棠，多年生草本。叶均基生，叶片两侧极不相等，轮廓近圆形，或宽卵圆形，长 4 ～ 8cm，宽 4.5 ～ 9cm，先端圆钝，或急尖至短尾尖，基部偏斜，心形。花白色或粉红色，2 ～ 5（～ 7）朵。蒴果，种子极多数。花期 9 月，果期 10 月开始。产广东、广西。

11. 铁十字秋海棠 Begonia masoniana

又名铁甲秋海棠，多年生草本。叶均基生，通常 1 片，叶片两侧极不相等，轮廓斜宽卵形至斜近圆形，长 10 ～ 19cm，宽 9 ～ 15cm，先端急尖或短尾尖，基部深心形，边缘有密、微凸起的长芒之齿。花葶高 38 ～ 54cm，花多数，黄色，4 ～ 5 回圆锥状二歧聚伞花序；花期 5 ～ 7 月，果期 9 月开始。产广西。

12. 蟆叶秋海棠 Begonia rex

又名紫叶秋海棠，多年生草本，高 17 ～ 23cm。叶均基生，叶片两侧不相等，轮廓长卵形，长 6 ～ 12cm，宽 5 ～ 8.9cm，先端短渐尖，基部心形，两侧不相等，窄侧呈圆形，边缘具不等浅三角形之齿，齿尖带长芒。花葶高 10 ～ 13cm，花 2 朵，生于茎顶；蒴果。花期 5 月，果期 8 月。产云南、贵州、广西。

兰屿秋海棠　兰屿秋海棠
白芷叶秋海棠　兰屿叶秋海棠
'银翠' 地毯秋海棠　'银翠' 地毯秋海棠
团扇秋海棠　团扇秋海棠
铁十字秋海棠　铁十字秋海棠
蟆叶秋海棠　蟆叶秋海棠

山柑科 Capparaceae

醉蝶花
Tarenaya hassleriana
【*Cleome spinosa*】

【科属】山柑科醉蝶花属

【别名】西洋白花菜

【形态特征】一年生草本，茎高 40 ～ 100cm。掌状复叶，互生；小叶 5 ～ 7，长圆状披针形，长 4 ～ 10cm，宽 1 ～ 2cm，先端急尖：花下小叶单生；托叶变成刺状。总状花序顶生；苞片单生，萼片 4，条状披针形，向外反卷。花瓣白色或淡紫红色，有长爪。蒴果圆柱形，种子肾形，近平滑。花期 7 ～ 9 月；果期 9 ～ 10 月。

【产地与习性】原产南美热带地区，现世界各地广泛栽培。全国各地亦有栽培。喜光、喜温暖干燥环境，略能耐荫，不耐寒，要求土壤疏松、肥沃。生长适温 15 ～ 22℃。

【观赏评价与应用】醉蝶花花色颇为美丽，适于布置花境或在路边、林缘成片栽植。也是极好的蜜源植物。醉蝶花还是非常优良的抗污花卉，对二氧化硫、氯气的抗性都很强。

【同属种类】本属约 33 种，产非洲及美洲，我国引进 1 种。

醉蝶花

醉蝶花

十字花科 **Cruciferae**

纤细南庭芥
Aubrieta gracilis

【科属】十字花科南庭芥属

【形态特征】多年生常绿草本，株高10cm，全株具白色短绒毛。叶卵圆形或菱形，边缘具1～2个突起，先端渐尖，基部渐狭。花序着生于叶腋，花瓣4，紫色、粉红或白色等。花期春季。

【产地与习性】产东欧巴尔干山脉。性喜冷凉及阳光充足的环境，耐寒，耐瘠，忌湿热，喜疏松的砂质壤土。生长适温15～22℃。

【观赏评价与应用】花娇艳柔美，在欧美广泛种植，园林中可用于布置花境、园路边、墙垣边等处，也可丛植于岩石园用于造景。

【同属种类】本属约20种，产南欧至亚洲中部。

岩生水芹

纤细南庭芥

岩生水芹
Aubrieta hybrida

【科属】十字花科南庭芥属

【形态特征】多年生草本，植株低矮，株高10～20cm，茎上具短白色绵毛。叶卵圆形，上有白色绵毛，先端圆钝，基部楔形，边缘具数个缺刻。花着生于上部叶腋，萼片4，绿色，花瓣4，紫红色、粉色、白色等、蓝色等，花期春至夏。

岩生水芹

【产地与习性】本种为杂交种，喜光照，也耐半荫，喜凉爽环境，忌暑热，以排水良好的中性到微碱性砂质土壤为佳。生长适温15～22℃。

【观赏评价与应用】岩生水芹花朵靓丽，花后植株冠型依然优美，有较高的观赏价值。园林中可用于岩石园丛植或用于点缀，也可用于花境或作镶边花材。

纤细南庭芥

金庭芥
Aurinia saxatilis

【科属】十字花科金庭芥属

【科属】岩生庭芥

【形态特征】多年生草本，茎丛生，株高15～30cm。叶长椭圆形，上具灰白色绒毛。全缘，先端圆钝，基部渐狭。花瓣4，金黄色。

金庭芥

金庭芥

金庭芥

花期春至夏。

【产地与习性】产中部及南部欧洲。喜充足的阳光，喜冷凉环境，耐瘠，喜砂质土壤，施肥时不要过浓。生长适温 15 ~ 22℃。

【观赏评价与应用】花金黄色，极为繁茂，盛花时节，花团锦簇，状似花毯一般。园林中多用于岩石岩点缀岩隙、山石边，也适合植于小径、园路边或墙垣边片植或用于花境。

【同属种类】本属约 12 种，产欧洲。

甘蓝
Brassica oleracea

【科属】十字花科芸薹属

【形态特征】二年生或多年生草本，高60 ~ 150cm。下部叶大，大头羽状深裂，长达 40cm，具有色叶脉，有柄；顶裂片大，顶端圆形，基部歪心形，边缘波状，具细圆齿，顶裂片 3 ~ 5 对，倒卵形，上部叶长圆形，全缘，抱茎，所有叶肉质，无毛，具白粉霜。总状花序在果期长达 30cm 或更长；花浅黄色；种子球形。

【产地与习性】英国及地中海地区野生，我国现栽培的均为选育的品种。性喜光照，喜温暖及凉爽气候，较耐寒，也耐热，喜土壤深厚肥沃、疏松，耐盐碱。生长适温15 ~ 25℃。

【观赏评价与应用】本种多作蔬菜栽培，植物园、公园可种植用于科普教学活动，也适合农家乐、生态园种植观赏或用于科普。

【同属种类】约 40 种，多分布在地中海地区；我国有 6 种。

羽衣甘蓝
Brassica oleracea var. *acephala*

【科属】十字花科芸薹属

【形态特征】为食用甘蓝的园艺变种，栽培观赏其抽薹前的营养期植株。二年生草本，不分枝，株高 30 ~ 40cm，抽薹开花时可高达

120 ~ 150cm。叶宽大、肥厚，呈倒卵形，集生于茎基部，叶面皱缩平滑无毛，被有白粉，外部叶片呈粉蓝、绿色，边缘呈细波状皱褶，呈鸟羽状；总状花序顶生，花小，淡黄色。果实为角果。观叶期 11 月至翌年 2 月，花期 4月，果期 5 ~ 6 月。

【产地与习性】原种产地中海沿岸至小亚细亚一带，现广泛栽培，主要分布于温带地区。喜光，喜凉爽湿润气候，极耐寒，可忍受多次短暂的霜冻，耐热性也很强，喜土壤深厚肥沃、疏松，耐盐碱。生长适温15 ~ 25℃。

【观赏评价与应用】羽衣甘蓝叶色鲜艳、五彩缤纷，是冬、春露地栽培的重要观叶花卉，适宜布置花坛、花台和盆栽等。由于品种不同，叶色丰富多变，叶形也不尽相同，叶缘有紫红、绿、红、粉等颜色，叶面有淡黄、绿等颜色，整个植株形如牡丹，所以羽衣甘蓝也被形象地称为"叶牡丹"。

甘蓝栽培的品种有：

1. '骏河初日'甘蓝 *Brassica oleracea* cv.　株高可达 1m，叶着生于茎上，间距约5cm。叶卵圆形，全缘，在茎顶包心，观赏性较强。

'骏河初日'甘蓝

2. '白孔雀'甘蓝 *Brassica oleracea* cv.　株高约 50cm，叶密生，着生于茎上，叶羽状分裂，裂片线形，全缘，后心叶变白。本种叶片极有特色，可用做观叶植物。

'白孔雀'甘蓝

3. 抱 子 甘 蓝 *Brassica oleracea* var. *gemmifera*

茎粗壮，直立，高 0.5 ~ 1m，茎的全部叶腋有大的柔软叶芽，直径 2 ~ 3cm。我国各大城市偶有栽培。叶芽作蔬菜食用。

4. 紫甘蓝 *Brassica oleracea* 'Rubra'
本种与甘蓝的主要区别为叶紫色。

油菜
Brassica rapa var. *oleifera*
【*Brassica campestris*】

【科属】十字花科芸薹属

【别名】芸苔、芸薹

【形态特征】二年生草本，高 30 ~ 90cm；茎粗壮，直立。基生叶大头羽裂，顶裂片圆形或卵形，边缘有不整齐弯缺牙齿，侧裂片 1 至数对，卵形；上部茎生叶长圆状倒卵形、长圆形或长圆状披针形，基部心形，抱茎，两侧有垂耳，全缘或有波状细齿。总状花序在花期成伞房状，以后伸长；花鲜黄色。长角果线形，种子球形。花期 3 ~ 4 月，果期 5 月。

【产地与习性】产陕西、江苏、安徽、浙江、江西、湖北、湖南、四川、甘肃大量栽培。喜冷凉及阳光充足环境，喜湿润，耐寒，喜土层深厚，保水性强的中性至微酸性壤土。生长适温 14 ~ 22℃。

【观赏评价与应用】主要油料植物之一，种子含油量 40% 左右，油供食用；嫩茎叶和总花梗作蔬菜；种子药用，能行血散结消肿；叶可外敷消肿。

应用：本种为重要的油料植物之一，在我国南方广泛栽培。花开时节，一片金黄，极为美丽，近年来，各地都在结合本地山、水、人文等特色，与油菜花相结合列入观光项目，成为当地一景，如云南罗平油菜花、广东英德油菜花、江西婺源油菜花、广西阳朔油菜花、贵州苗寨油菜花、湖南凤凰油菜花等，有力地带动了当地旅游业的发展，吸引了大批游客，推动了当地经济与文化的发展。

油菜

油菜

大叶碎米荠
Cardamine macrophylla

【科属】十字花科碎米荠属

【形态特征】多年生草本，高 30 ~ 100cm。茎较粗壮，圆柱形，直立。茎生叶通常 4 ~ 5 枚，有叶柄，长 2.5 ~ 5cm；小叶 4 ~ 5 对，顶生小叶与侧生小叶的形状及大小相似，小叶椭圆形或卵状披针形，顶端钝或短渐尖，边缘具比较整齐的锐锯齿或钝锯齿，顶生小叶基部楔形，侧生小叶基部稍不等。总状花序多花，外轮萼片淡红色，长椭圆形，内轮萼片基部囊状；花瓣淡紫色、紫红色，少有白色。长角果扁平，种子椭圆形。花期 5 ~ 6 月，果期 7 ~ 8 月。

【产地与习性】产内蒙古、河北、山西、湖北、陕西、甘肃、青海、四川、贵州、云南、西藏等省区。生于海拔 1600 ~ 4200m 山坡灌木林下、沟边、石隙、高山草坡水湿处。俄罗斯远东地区以及日本、印度也有分布。喜冷凉，喜光照，喜湿润，对土壤要求不严。生长适温 12 ~ 20℃。

【观赏评价与应用】本种开花繁茂，观赏性佳，目前国内尚没有引种栽培，较高海拔地区可尝试引种于园林中种植观赏。全草药

大叶碎米荠

大叶碎米荠

大叶碎米荠

用，利小便、止痛及治败血病；嫩苗可食用，亦为良好的饲料。

【同属种类】约有 200 种，分布于全球，主产温带地区。我国约有 48 种，其中 24 种特有，1 种引进。

香花芥
Clausia trichosepala

【科属】十字花科香芥属

【形态特征】二年生草本，高 10 ~ 60cm；茎直立，多为单一，有时数个，不分枝或上部分枝。基生叶在花期枯萎，茎生叶长圆状椭圆形或窄卵形，长 2 ~ 4cm，宽 3 ~ 18mm，顶端急尖，基部楔形，边缘有不等尖锯齿。总状花序顶生；萼片直立，内轮 2 片窄椭圆形，二者顶端皆有少数白色长硬毛；花瓣倒卵形，基部具线形长爪；长角果窄线形。花果期 5 ~ 8 月。

【产地与习性】产吉林、内蒙古、河北、山西、山东。生在山坡。朝鲜有分布。喜冷凉及阳光充足的环境，耐寒，不耐热，耐瘠，喜排水良好的砂质土壤。生长适温 15 ~ 25℃。

【观赏评价与应用】本种适应性强，花期较长，小花秀雅可爱，为优良观赏草花。在园林中可用于园路边、小径、草地边缘成片种植，也可用于岩石园或庭院点缀。

【同属种类】本属有 5 种，产亚洲中部及欧洲；我国有 2 种。

香花芥

香花芥

桂竹香
Erysimum cheiri
【*Cheiranthus cheiri*】

【科属】十字花科糖芥属

【形态特征】多年生草本，常作二年生栽培。全体有贴生长柔毛。茎直立或上升，高 20 ~ 60cm，有棱角，下部木质化，有分枝。基生叶莲座状，倒披针形、披针形至线形，长 1.5 ~ 7cm，宽 5 ~ 15mm，先端急尖，基部渐狭，全缘或稍有小齿。总状花序在果期伸长，花橘黄色或黄褐色，芳香。长角果条形，种子 2 行，卵形，浅棕色。花期 4 ~ 5 月，果期 5 ~ 6 月。

【产地与习性】原产南欧，我国各地普遍栽培，供观赏。耐寒，喜向阳地势、冷凉干燥的气候和排水良好、疏松肥沃的土壤。畏涝忌热。生长适温 15 ~ 25℃。

【观赏评价与应用】本种花期早，为优良的早春花卉，其花色艳丽，开花量较大，可用于布置花坛、花境，或植于路边、滨水岸边等与其他观花植物配植，形成良好的景观效果。

【同属种类】约 150 种，多产欧洲及亚洲；我国有 17 种，其中 5 种特有。

桂竹香

桂竹香

桂竹香

糖芥
Erysimum amurense

【科属】十字花科糖芥属

【形态特征】一年或二年生草本，高 30 ~ 60cm；茎直立，不分枝或上部分枝。叶披针形或长圆状线形，基生叶长 5 ~ 15cm，宽 5 ~ 20mm，顶端急尖，基部渐狭，全缘；上部叶有短柄或无柄，基部近抱茎，边缘有波状齿或近全缘。总状花序顶生，有多数花；花瓣橘黄色。种子深红褐色。花期 6 ~ 8 月，果期 7 ~ 9 月。

【产地与习性】产东北、华北、江苏、陕西、四川。生在田边荒地、山坡。蒙古、朝鲜、俄罗斯均有分布。喜温暖、湿润环境，喜光，耐瘠。耐寒。不择土壤，生长适温 15 ~ 25℃。

【观赏评价与应用】本种花金黄，有一定的观赏价值，目前在园林中应用较少，可用于公园、绿地等片植观赏，也可用于花境栽培。

糖芥

糖芥

栽培的同属植物有：

'金枪'糖芥 *Erysimum perofskianum* 'Gold Shot'

多年生草本，叶线形，先端尖，基部楔形，叶缘有稀疏尖齿。花集生于茎顶，总状花序，花瓣金黄色。花期春至夏。园艺种。

'金枪'糖芥

'金枪'糖芥

屈曲花
Iberis amara

【科属】十字花科屈曲花属

【别名】珍珠球

【形态特征】一年生草木，高10～40cm；茎直立，稍分枝。茎下部叶匙形，上部叶披针形或长圆状楔形，长1.5～2.5cm，

顶端圆钝，基部渐狭，上部每边有2～4疏生牙齿，下部全缘。总状花序顶生；花瓣白色或浅紫色，倒卵形，种子宽卵形，红棕色。花期5月，果期6月。

【产地与习性】原产西欧；我国各地栽培。性喜阳光，耐寒，忌暑热，喜富含腐殖质及疏松而排水良好的壤土，生长适温15～25℃。

【观赏评价与应用】花小繁茂，色彩美艳，富有野趣，本种植株较高，可与其他矮性观花草本配植用作背景材料或丛植于园路边、山石边、庭院一隅都可取得较好的景观效果。

【同属种类】约40种，主产地中海地区；我国有2栽培种。

菘蓝
Isatis tinctoria
【*Isatis indigotica*】

【科属】十字花科菘蓝属

【别名】板蓝根

【形态特征】二年生草本，高40～100cm；茎直立，绿色，顶部多分枝。基生叶莲座状，长圆形至宽倒披针形，长5～15cm，宽1.5～4cm，顶端钝或尖，基部渐狭，全缘或稍具波状齿；茎生叶蓝绿色，长椭圆形或长圆状披针形，长7～15cm，宽1～4cm，基部叶耳不明显或为圆形。花瓣黄白。短角果近长圆形。花期4～5月，果期5～6月。

【产地与习性】原产我国，全国各地均有栽培。性强健，对环境适应性强，不择土壤，生长适温15～28℃。

屈曲花

屈曲花

屈曲花

菘蓝

菘蓝

【观赏评价与应用】本种观赏性一般，多作药用植物栽培，常用于公园、植物园的药用植物区用作科普教育，园林中也用于园路边、林缘等栽培观赏。根、叶均供药用，有清热解毒、凉血消斑、利咽止痛的功效。叶还可提取蓝色染料。

【同属种类】约50种，分布在中欧、地中海地区、西亚及中亚；我国有4种。

香雪球
Lobularia maritima

【科属】十字花科香雪球属

【形态特征】多年生草本，作二年生栽培，株高 15 ～ 30cm，多分枝而匍生，有灰白色毛。叶互生，披针形或条形，全缘。总状花序顶生，小花密集成球状，花白、淡紫、深紫、紫红等色，亦有大花及白缘和斑叶等观叶品种，具微香。花期 3 ～ 6 月，秋季仍能开花，短角果小。花期 5 ～ 10 月。

【产地与习性】原产欧洲地中海地区喜冷凉，忌湿热，喜阳光，也耐半阴，适应性较强，对土壤要求不严，比较耐干旱瘠薄，但在肥沃、排水良好的土壤上生长良好。生长适温 15 ～ 25℃。

【观赏评价与应用】香雪球匍匐生长，幽香宜人，是花坛、花境镶边的优良材料，宜于岩石园墙垣栽种，也可盆栽和作地被等。

【同属种类】4 种，分布在地中海地区；我国栽培有 1 种。

涩荠
涩荠

香雪球

香雪球

香雪球

涩荠
Malcolmia africana

【科属】十字花科涩荠属

【别名】离蕊芥、马康草

【形态特征】二年生草本，高 8 ～ 35cm，密生单毛或叉状硬毛；茎直立或近直立，多分枝。叶长圆形、倒披针形或近椭圆形，长 1.5 ～ 8cm，宽 5 ～ 18mm，顶端圆形，有小短尖，基部楔形，边缘有波状齿或全缘。总状花序有 10 ～ 30 朵花，疏松排列；萼片长圆形；花瓣紫色或粉红色。长角果圆柱形或近圆柱形，种子长圆形。花果期 6 ～ 8 月。

【产地与习性】产河北、山西、河南、安徽、江苏、陕西、甘肃、宁夏、青海、新疆、四川。生在路边荒地或田间。亚洲北部和西部以及欧洲、非洲也有分布。性喜冷凉及阳光充足的环境，耐瘠，耐寒，不耐热，不择土壤。生长适温 15 ～ 25℃。

【观赏评价与应用】小花美丽，全株具有芳香，适合用于布置岩石园或芳香园，也常用于花境或园路边栽培观赏，成片种植或与其他观花植物配植均可，也可用作切花或用于花坛。

【同属种类】本属约 35 种，主产亚洲及地中海区域；我国有 4 种。

紫罗兰
Matthiola incana

【科属】十字花科紫罗兰属

【形态特征】二年生或多年生草本，高达 60cm，全株密被灰白色具柄的分枝柔毛。茎

紫罗兰

紫罗兰

紫罗兰

直立，多分枝。叶片长圆形至倒披针形或匙形，连叶柄长 6 ~ 14cm，宽 1.2 ~ 2.5cm，全缘或呈微波状，顶端钝圆或罕具短尖头，基部渐狭成柄。总状花序顶生和腋生，花多数，较大，萼片直立，长椭圆形，花瓣紫红、淡红或白色。长角果圆柱形，种子近圆形。花期 4 ~ 5 月。

【产地与习性】原产欧洲南部地中海沿岸，我国广泛栽培，供观赏。喜冷凉气候，冬季能耐 ~ 5℃低温，忌燥热；要求肥沃湿润及深厚之壤土；喜阳光充足，但也稍耐半阴；生长适温 15 ~ 25℃。

【观赏评价与应用】开花茂盛，花色鲜艳，香气极为浓郁，且花期长，为大众所喜爱的芳香植物。可用于布置花坛、花境，常与其他观花植物配植于园路边、墙边或庭院等处观赏。高性种可用于切花布置室内。紫罗兰在古希腊是富饶多产的象征，雅典以它作为徽章旗帜上的标记。克里特人则把它们用于皮肤保养方面，他们将紫罗兰花浸在羊奶中，当成乳液使用。盎格鲁·萨克逊人则将它视为抵抗邪灵的救星。紫罗兰也常制作成干花茶，用于饮用，具有滋润皮肤、清除口腔异味等功效。

【同属种类】本属约 50 种，分布于地中海区、欧洲、亚洲西部及中部和南非洲；我国有 1 种。

豆瓣菜
Nasturtium officinale

【科属】十字花科豆瓣菜属

【别名】西洋菜、水生菜、水薄菜、水田芥

【形态特征】多年生水生草本，高 20 ~ 40cm。茎匍匐或浮水生，多分枝，节上生不定根。单数羽状复叶，小叶片 3 ~ 7(~ 9) 枚，宽卵形、长圆形或近圆形，顶端 1 片较大，长 2 ~ 3cm，宽 1.5 ~ 2.5cm，钝头或微凹，近全缘或呈浅波状，基部截平，侧生小

叶与顶生的相似，基部不等称。总状花序顶生，花多数；萼片长卵形，花瓣白色。长角果圆柱形而扁。花期 4 ~ 5 月，果期 6 ~ 7 月。

【产地与习性】产黑龙江、河北、山西、山东、河南、安徽、江苏、广东、广西、陕西、四川、贵州、云南、西藏。栽培或野生，喜生水中，水沟边、山涧河边、沼泽地或水田中。欧洲、亚洲及北美均有分布。喜温暖及阳光充足的环境，喜湿，耐热，耐寒，耐瘠，对土壤要求不严。生长适温 15 ~ 26℃。

【观赏评价与应用】本种株形紧凑美观，小花洁白，且易栽培，可用于流速缓慢的溪流、河边等植于山石边造景，也可用于岸边湿地绿化；全草也可药用，有解热、利尿的效能。

【同属种类】本属 5 种，1 种产非洲，2 种产亚洲及欧洲，2 种产北美，我国产 1 种。

二月兰
Orychophragmus violaceus

【科属】十字花科诸葛菜属

【别名】诸葛菜

【形态特征】二年生草本，高 10 ~ 50cm。基生叶及下部茎生叶大头羽状全裂，顶裂片

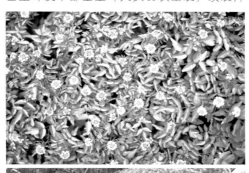
二月兰

豆瓣菜

近圆形或短卵形，长 3 ~ 7cm，宽 2 ~ 4cm，先端钝，基部心形，有钝齿，侧裂片 2 ~ 6 对；上部叶长圆形或窄卵形，长 4 ~ 9cm，先端急尖，边缘有不整齐牙齿，基部耳状，抱茎。花紫色，浅红色或褪成白色。长角果条形，种子卵形至长圆形。花期 3 ~ 5 月，果期 5 ~ 6 月。

【产地与习性】原产我国，分布于辽宁、河北、山西、河南、安徽、江苏、浙江、湖北、江西、陕西、甘肃、四川等省，生于山坡、路旁或地边，野生或栽培。耐寒性、耐阴性较强，有一定散射光即能正常生长；对土壤要求不严，但以中性或弱碱性土壤为好。生长适温 15 ~ 25℃。

【观赏评价与应用】本种野性极强，易栽培，且观赏性极佳，近年来在园林中应用较为广泛，早春时花开成片，多用于园路边、山石边种植或用作地被观赏，也常用于林下大片种植用以营造群体景观。

【同属种类】2 种，分布于中国及朝鲜。我国有 2 种。

二月兰

二月兰

豆瓣菜

报春花科 Primulaceae

秦巴点地梅
Androsace laxa

【科属】报春花科点地梅属

【形态特征】多年生草本，植株由着生于根出条上的莲座状叶丛形成垫状疏丛。叶2型，外层叶匙形或倒披针形，长3.5～6mm，宽1.5～2mm，边缘具缘毛；内层叶椭圆形至近圆形，长3～9mm，宽2.5～7mm，先端钝或近圆形，基部渐狭，上面被较短的柔毛，下面被白色长柔毛。花葶单一，伞形花序3～6（8）花；花冠粉红。蒴果长圆形，稍高出花萼。花期6～7月。

【产地与习性】产于四川、湖北、陕西。生于海拔2700～3600m的山坡林缘和岩石上。性喜冷凉及阳光充足的环境，耐寒，不耐湿热，喜疏松的砂质土壤。生长适温10～18℃。

【观赏评价与应用】本种植株低矮，平铺于地面，叶丛生，花繁密，有极佳的观赏性，可用于高海拔地区的岩石园、小径等处点缀或片植。全草可药用。

【同属种类】本属有100种，广布于北半球温带。我国有73种。

同属植物有：

1. 硬枝点地梅 *Androsace rigida*

多年生草本，植株由着生于根出条上的莲座状叶丛形成疏丛；当年生叶丛着生于枝端，直径8～15mm。叶3型，外层叶卵状披针形，长4～6mm，中层叶舌状长圆形或匙形，约与外层叶等长；内层叶椭圆形至倒卵状椭圆形，比外层叶约长1倍。花葶单一，伞形花序1～7花；花冠深红色或粉红色。蒴果。花期5～7月。 产于云南和四川。生于海拔2900～3800m山坡草地、林缘和石缝中。

2. 刺叶点地梅 *Androsace spinulifera*

多年生草本。莲座状叶丛单生或2～3枚自根茎簇生；叶两型，外层叶小，密集，卵形或卵状披针形，先端软骨质，渐尖成刺状；内层叶倒披针形，稀披针形，先端锐尖或圆钝而具骤尖头；伞形花序多花；花冠深红色。蒴果近球形。花期5～6月；果期7月。产于四川、云南。生于海拔2900～4450m山坡草地、林缘、砾石缓坡和湿润处。

刺叶点地梅

刺叶点地梅

3. 点地梅 *Androsace umbellata*

一或二年生草本，全株被节状长柔毛。叶通常10～30片基生，圆形至心状圆形，边缘有三角状裂齿；花葶直立，通常数条由基部抽出，伞形花序，有7～15花；花冠通常白色，漏斗状，筒部短于萼。蒴果近球形，种子小，棕褐色。花期3～4月；果期5～6月。分布极广，我国各地均有，生于山坡、荒地、路旁。俄罗斯、朝鲜、日本及东南亚也有。

本属植物大多生长于较高海拔地区，我

秦巴点地梅

秦巴点地梅

秦巴点地梅

硬枝点地梅

硬枝点地梅

国园林中极少栽培，本类群大多有较高的观赏价值，可引种至海拔及气候相仿地区试种，从中选育新品种推广。

点地梅

点地梅

仙客来
Cyclamen persicum

【科属】报春花科仙客来属

【别名】兔耳花、兔子花、一品冠

【形态特征】多年生草本。块茎扁球形，直径通常 4 ~ 5cm，具木栓质的表皮，棕褐色，顶部稍扁平。叶和花葶同时自块茎顶部抽出；叶片心状卵圆形，直径 3 ~ 14cm，先端稍锐尖，边缘有细圆齿。花葶高 15 ~ 20cm，花葶通常分裂达基部，花冠白色、玫瑰红色、栽培种也有其他颜色，喉部深紫色，裂片反折。

【产地与习性】原产希腊、叙利亚、黎巴嫩等地；现已广为栽培。喜充足的散射光，凉爽、湿润及阳光充足的环境。喜疏松、肥沃、排水良好的微酸性沙壤土。生长适温为 15 ~ 25℃。

【观赏评价与应用】仙客来花形别致，色

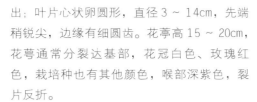

仙客来

仙客来

仙客来

彩娇艳，品种繁多，为世界著名的观赏花卉。本种大多盆栽观赏，在园林中偶用于温室专题造景或用于点缀。

【同属种类】本属约有 20 种，主产地中海区域。我国庭园栽培 1 种。

广西过路黄
Lysimachia alfredii

【科属】报春花科珍珠菜属

【别名】四叶一枝花

【形态特征】茎簇生，直立或有时基部倾卧生根，高 10 ~ 30（45）cm。叶对生，茎下部的较小，常成圆形，上部茎叶较大，茎端的 2 对间距很短，密聚成轮生状，叶片卵形至卵状披针形，长 3.5 ~ 11cm，宽 1 ~ 5.5cm，先端锐尖或钝，基部楔形或近圆形，边缘具缘毛。总状花序顶生，缩短成近头状；花萼分裂近达基部，花冠黄色。蒴果近球形，褐色。花期 4 ~ 5月；果期 6 ~ 8月。

广西过路黄

广西过路黄

广西过路黄

【产地与习性】产于贵州、广西、广东、湖南和江西南部、福建西南部。生于山谷溪边、沟旁湿地、林下和灌丛中，海拔 220 ～ 900m。性喜温暖、湿润，喜光照充足的半荫环境，耐瘠，耐热，不耐寒。以疏松、排水良好的壤土栽培为宜。生长适温为 16 ～ 26℃。

【观赏评价与应用】本种为颇具乡土气息的野生草本花卉，色彩靓丽，野性十足，充满生机。在园林中还少见应用，可用于岩石园点缀于石隙中、小径边，或用于林缘、草地边缘等处绿化，也适于花境与其他观赏草花配植。

【同属种类】约 180 余种，主要分布于北半球温带和亚热带地区；少数种类产于非洲、拉丁美洲和大洋洲。我国有 138 种。

缘毛过路黄
Lysimachia ciliata

【科属】报春花科珍珠菜属

【形态特征】多年生直立草本，株高可达 60 ～ 120cm。叶对生，长圆形，先端尖，基部渐狭，全缘。花单出腋生，花梗细长，长 5cm。花萼 5 深裂，绿色，宿存，花瓣 5，金

缘毛过路黄

缘毛过路黄

缘毛过路黄

黄色，基部红色，具金色缘毛；蒴果；花期夏至秋。

【产地与习性】产北美。喜温暖及阳光充足的环境，喜湿，不耐旱，耐瘠，喜疏松、肥沃的湿润壤土。生长适温为 15 ～ 26℃。

【观赏评价与应用】本种为我国近年来引进的观花植物，植株高大，小花金黄色，极为艳丽，极适合乔木、大型灌木的林缘前、园路边、墙垣边片植观赏，或用作其他矮小草本的背景材料。

'金叶'过路黄
Lysimachia nummularia 'Aurea'

【科属】报春花科珍珠菜属

【形态特征】多年生蔓性常绿草本，匍匐生长，株高约 5cm，蔓长可达 50cm。叶对生，圆形，先端圆形，基部心形，全缘，金黄色。叶柄短或近无柄。花生于叶腋，花金黄色，花瓣 5；花期夏季。

【产地与习性】原产于欧洲、美洲，我国广泛栽培。性喜阳光充足环境，耐寒，耐旱，有一定耐热性，忌水湿。喜疏松、排水良好的中性至微酸性壤土。生长适温为 15 ～ 26℃。

【观赏评价与应用】本种生长快，适生性强，整株金黄色，艳丽奇目，园林中多用于路边、坡地、林缘、水岸边做地被植物栽培，也可与其他彩叶植物搭配建造色块，景观效果极佳。

'金叶'过路黄

'金叶'过路黄

'金叶'过路黄

栽培的同属植物有：

1. 圆叶过路黄 *Lysimachia nummularia*
又名金钱草，与'金叶'过路黄的区别是叶片绿色。

圆叶过路黄

2. 狼尾花 *Lysimachia barystachys*
又名虎尾草，多年生草本，具横走的根茎，全株密被卷曲柔毛。茎直立，高 30 ～ 100cm。叶互生或近对生，长圆状披针形、倒披针形以至线形，长 4 ～ 10cm，宽 6 ～ 22mm，先端钝或锐尖，基部楔形。总状花序顶生，花密集，常转向一侧；花萼分裂近达基部，裂片长圆形，花冠白色。蒴果球形。花期 5 ～ 8 月；果期 8 ～ 10 月。产我国大部分地区。生于草甸、山坡路旁灌丛间，垂直分布上限可达海拔 2000m。俄罗斯、朝鲜、日本有分布。

狼尾花

狼尾花

临时救

临时救

3. 临时救 Lysimachia congestiflora

又名聚花过路黄，茎下部匍匐，节上生根，上部及分枝上升，长6～50cm。叶对生，茎端的2对间距短，近密聚，叶片卵形、阔卵形以至近圆形，近等大，长（0.7）1.4～3（4.5）cm，宽（0.6）1.3～2.2（3）cm，先端锐尖或钝，基部近圆形或截形，稀略呈心形。花2～4朵集生茎端和枝端成近头状的总状花序，在花序下方的1对叶腋有时具单生之花；花冠黄色，内面基部紫红色。蒴果球形。花期5～6月；果期7～10月。产我国长江以南各省区以及陕西、甘肃南部和台湾省。生于水沟边、田梗上和山坡林缘、草地等湿润处，垂直分布上限可达海拔2100m，印度、不丹、缅甸、越南。

4. 大叶过路黄 Lysimachia fordiana

又名大叶排草，根茎粗短，发出多数纤维状根。茎通常簇生，直立，肥厚多汁，高30～50cm。叶对生，茎端的2对间距短，常近轮生状，叶片椭圆形、阔椭圆形以至菱状卵圆形，长6～18cm，宽3～10（12.5）cm，先端锐尖或短渐尖，基部阔楔形。花序为顶生缩短成近头状的总状花序；花冠黄色。蒴果近球形。花期5月；果期7月。产于云南、广东、广西。生于密林中和山谷溪边湿地，垂直分布上限可达海拔800m。

大叶过路黄

大叶过路黄

大叶过路黄

5. 宜昌过路黄 Lysimachia henryi

茎簇生，直立或基部有时倾卧生根，高8～30cm。叶对生，茎端的2～3对间距极短，呈轮生状，近等大或较下部茎叶大1～2倍，叶片披针形至卵状披针形，稀卵状椭圆形，长1～4.5cm，宽5～16mm，先端锐尖或稍钝，基部楔状渐狭，稀为阔楔形。花集生于茎端，略成头状花序状；花冠黄色。蒴果。花期5～6月；果期6～7月。产于四川东部和湖北西部。生于长江沿岸石缝中。

宜昌过路黄

宜昌过路黄

6. 巴东过路黄 Lysimachia patungensis

茎纤细，匍匐伸长，节上生根；分枝上升，长3～10cm。叶对生，茎端的2对（其中1对常缩小成苞片状）密聚，呈轮生状，叶片阔卵形或近圆形，极少近椭圆形，长1.3～3.8cm，宽8～30mm，先端钝圆、圆形或有时微凹，基部宽截形，稀为楔形。花2～4朵集生于茎和枝的顶端，花萼分裂近达基部，花冠黄色，内面基部橙红色。蒴果球形。花期5～6月；果期7～8月。产湖北、湖南、广东、江西、安徽、浙江、福建。生于山谷溪边和林下，垂直分布上限可达海拔1000m。

巴东过路黄

橘红灯台报春
Primula bulleyana

【科属】报春花科报春花属

【别名】橘红报春

【形态特征】多年生草本，具极短的根茎和成丛的粗长支根。叶椭圆状倒披针形，长10～22（30）cm，宽3～8（10）cm，先端钝或圆形，基部渐狭窄，下延至叶柄，边缘具稍不整齐的小牙齿。花葶粗壮，高20～70cm，具伞形花序5～7轮，每轮具（4）8～16花；花萼钟状，分裂达中部或略过之，花未开放时呈深橙红色，开后为深橙黄色。蒴果。花期6～7月。

【产地与习性】产于云南和四川。生于海拔2600～3200m高山草地潮湿处。性喜冷凉及光照充足的环境，喜湿，不耐旱。在贫瘠土壤也能良好生长，以肥沃的砂质壤土为佳。生长适温为15～25℃。

【观赏评价与应用】本种适应性较强，云南昆明有少量引种栽培，花橘红色，呈半球形，观赏价值较高，可植于滨水的小溪边、池边或湿地边缘，可营造出具有原生态气息的景观。

橘红灯台报春

橘红灯台报春

橘红灯台报春

【同属种类】本属约有500种，主要分布于北半球温带和高山地区，仅有极少数种类分布于南半球。我国约有300种。

四季报春
Primula obconica

【科属】报春花科报春花属

【别名】鄂报春

【形态特征】多年生草本。叶卵圆形、椭圆形或矩圆形，长3～14（17）cm，宽2.5～11cm，先端圆形，基部心形或有时圆形，边缘近全缘具小牙齿或呈浅波状而具圆齿状裂片，干时纸质或近膜质。花葶1至多枚自叶丛中抽出，高6～28cm，伞形花序2～13花，在栽培条件下可出现第二轮花序；花萼杯状或阔钟状，花冠玫瑰红色，稀白色。蒴果球形。花期3～6月。

【产地与习性】产于云南、四川、贵州、湖北、湖南、广西、广东和江西。生长于海拔500～2200m林下、水沟边和湿润岩石上。本种适应性强，广为栽培，喜光，喜湿润，较耐荫，喜疏松、肥沃的壤土。生长适温为15～26℃。

【观赏评价与应用】本种现在世界各地广泛栽培，花量大，花期长，在栽培条件下可全年开化，故名。园林中可用于林缘、疏林下、墙垣边成片种植，常用于盆栽布置居室。

四季报春

四季报春

四季报春

小报春
Primula forbesii

【科属】报春花科报春花属

【别名】痢痢头花

【形态特征】二年生草本，叶通常多数簇生，叶片矩圆形、椭圆形或卵状椭圆形，通常长1～3.5cm，宽0.5～2.5cm，先端圆形，基部截形或浅心形，边缘通常圆齿状浅裂，裂片具牙齿。花葶1至多枚自叶丛中抽出，高6～13cm，伞形花序1～2轮，很少3～4轮，每轮4～8花；花萼钟状，花冠粉红色。蒴果球形。花期2～3月。

【产地与习性】产于云南。生长于海拔1500～2000m湿草地、田埂中。性强健，对环境要求不严，不择土壤，生长适温为15～25℃。

【观赏评价与应用】小花极为繁茂，似星星点缀于枝顶，极为美丽，在园林中偶见应用，适合花坛、花台绿化或用于花境栽培观赏，也可用于庭院的阶旁，园路栽培。全草供药用，有清热止血、止血消炎之效。

小报春

小报春

小报春

欧洲报春

欧洲报春

欧洲报春

黄花九轮草

欧洲报春
Primula vulgaris

【科属】报春花科报春花属

【别名】德国报春

【形态特征】多年生草本，常作一、二年生栽培，株高15～20cm。叶基生，长椭圆形，先端近圆形，叶脉深凹，叶面皱。伞形花序，花瓣5，红色、粉色、白色、粉色等，基部常与上部不同色，大多为黄色。蒴果。花期秋至春。

【产地与习性】产欧洲，我国引种栽培。性喜凉爽，耐潮湿，怕暴晒，不耐高温，要求肥沃，排水良好的微酸性土壤。生长最适温度为15～25℃，冬天10℃左右即能越冬。

【观赏评价与应用】本种为著名观花草本，品种繁多，花色艳丽，世界各地广为种植，除盆栽外，园林中可用于布置色块或用于花坛、花带栽培观赏。

黄花九轮草
Primula veris

【科属】报春花科报春花属

【形态特征】多年生草本。叶卵状矩圆形或矩圆形，长4～14cm，宽2～7.5cm，果时长可达20cm，先端圆形或钝，基部渐狭窄，边缘具不整齐的浅圆齿或阔三角形牙齿，上面疏被小糙伏毛，下面密被茸毛状短柔毛；花葶高12～35cm，被短毛；伞形花序3～15花；花萼窄钟状，花冠黄色。蒴果长圆体状。

黄花九轮草

花期5～6月，果期7～8月。

【产地与习性】产新疆，生于海拔1500～2000m山阴坡草地。俄罗斯、伊朗也有。性喜冷凉及阳光充足的环境，极耐寒，不耐热，忌湿热，喜疏松、排水良好的壤土。生长最适温度为15～22℃

【观赏评价与应用】叶色翠绿，花色金黄，极为娇艳，在欧美等种植较多，我国少见栽培，可丛植于岩石园的石隙、小径等处点缀，或片植于林缘、滨水岸边、园路边等处，也适合与同属植物配植以形成不同色块。

原生的同属及栽培的同属植物有：

1. 耳叶报春 *Primula auricula*

多年生草本，株高15～25cm，叶卵圆形，先端圆钝或稍尖，基部渐狭，全缘。伞形花序多花，品种繁多，花冠黄色、紫色、粉红、红色、绿色等，基部常为黄色、白色等，花期春季。产中欧。

耳叶报春

2. 霞红灯台报春 Primula beesiana

多年生草本。叶丛自粗短的根茎发出，叶片狭，长圆状倒披针形至椭圆形倒披针形，长 8 ~ 20cm，宽 2 ~ 6cm，先端圆形，基部渐狭窄，下延至叶柄，边缘具近于整齐的三角形小牙齿。花葶 1 ~ 3 枚自叶丛中抽出，通常高 20 ~ 35cm，具伞形花序 2 ~ 4（8）轮，每轮具 8 ~ 16 花；花萼钟状，花冠玫瑰红色，稀为白色，冠筒口周围黄色。蒴果。花期 6 ~ 7 月。产云南和四川西等地。生长于海拔 2400 ~ 2800m 溪边和沼泽草地。缅甸北部亦有。

霞红灯台报春

霞红灯台报春

3. 紫花雪山报春 Primula chionantha 【 Primula sinopurpurea 】

多年生草本。叶丛基部由鳞片、叶柄包叠成假茎状，高 4 ~ 9cm，直径可达 3.5cm；叶形变异较大，矩圆状卵形、矩圆状披针形、披针形以至倒披针形，长 5 ~ 20（25）cm，宽 1 ~ 5cm，先端锐尖或钝，基部渐狭窄，边

紫花雪山报春

紫花雪山报春

紫花雪山报春

缘具细小牙齿或近全缘。花葶粗壮，伞形花序 1 ~ 4 轮，每轮 3 至多花；花萼狭钟状，花冠紫蓝色或淡蓝色，稀白色。蒴果筒状。花期 5 ~ 7 月，果期 7 ~ 8 月。产于四川，云南和西藏东部。生长于海拔 3000 ~ 4400m 高山草地、草甸、流石滩和杜鹃丛中。

4. 穗花报春 Primula deflexa

多年生草本。叶片矩圆形至倒披针形，长 5 ~ 15cm，宽 1.5 ~ 3cm，先端圆形或钝，基部渐狭窄，边缘具不整齐的小牙齿或圆齿，具缘毛。花葶高 30 ~ 60cm，花序通常短穗状，多花，花萼壶状，花冠蓝色或玫瑰紫色。花期 6 ~ 7 月，果期 7 ~ 8 月。产于云南、西藏和四川，生长于海拔 3300 ~ 4800m 山坡草地和水沟边。

穗花报春

5. 球花报春 Primula denticulata

多年生草本。叶多枚形成密丛，叶片矩圆形至倒披针形，先端圆形或钝，基部渐狭，边缘具小牙齿和缘毛。花葶高 5 ~ 30cm，果期高可达 45cm；花萼狭钟状，常染紫色；花冠蓝紫色或紫红色，极少白色，冠筒口周围黄色。蒴果近球形。花期 4 ~ 6 月。产于西藏。生于海拔 2800- 4100m 山坡草地、水边和林下，自克什米尔地区沿喜马拉雅山分布至印度北部地区。本亚种在欧美庭园已广为栽培，并有不少园艺品种。

球花报春

6. 日本报春 Primula japonica

多年生草本，株高约 45cm。叶片倒披针形至倒卵状椭圆形，先端圆钝，基部渐狭窄，下延至叶柄，边缘具近于整齐的三角形小牙齿。花葶直立，具伞形花序 3 ~ 4 轮；花萼窄钟形，花冠鲜红色、紫红色、粉色等。蒴果。花期 6 ~ 7 月。产日本，在欧美有众多园艺种。

日本报春

日本报春

7. 多脉报春 Primula polyneura

多年生草本。叶阔三角形或阔卵形以至近圆形，长 2～10cm，宽度常略大于长度，基部心形，边缘掌状 7～11 裂，深达叶片半径的 1/4～1/2，裂片阔卵形或矩圆形，边缘具浅裂状粗齿，稀近全缘；伞形花序 1～2 轮，每轮 3～9（12）花；花萼管状，花冠粉红色或深玫瑰红色，冠筒口周围黄绿色至橙黄色。蒴果。花期 5～6 月，果期 7～8 月。产于云南、四川和甘肃。生于海拔 2000～4000m 林缘和潮湿沟谷边。

8. 偏花报春 Primula secundiflora

多年生草本。叶通常多枚丛生；叶片矩圆形、狭椭圆形或倒披针形，连柄长 5～15cm，宽 1～3cm，先端钝圆或稍锐尖，基部渐狭窄，边缘具三角形小牙齿；伞形花序 5～10 花，有时出现第 2 轮花序；花萼窄钟状，花冠红紫色至深玫瑰红色。蒴果。花期 6～7 月，果期 8～9 月。产于青海、四川、云南和西藏。生长于海拔 3200～4800m 水沟边、河滩地、高山沼泽和湿草地。

9. 樱草 Primula sieboldii

多年生草本。叶 3～8 枚丛生，叶片卵状矩圆形至矩圆形，长 4～10cm，宽（2）3～7cm，先端钝圆，基部心形，稀近圆形或截形，边缘圆齿状浅裂。花葶高 12～25（30）cm，被毛；伞形花序顶生，5～15 花；花萼钟状，果时增大，裂片披针形至卵状披针形；花冠紫红色至淡红色，稀白色。蒴果近球形半。花期 5 月，果期 6 月。产于东北和内蒙古。生于林下湿处。日本、朝鲜及俄罗斯也有。

樱草

10. 锡金报春 Primula sikkimensis

又名钟花报春，多年生草本。叶丛高 7～30cm；叶片椭圆形至矩圆形或倒披针形，先端圆形或有时稍锐尖，基部通常渐狭窄，很少钝形以至近圆形，边缘具锐尖或稍钝的锯齿或牙齿。花葶稍粗壮，高 15～90cm，伞形花序通常 1 轮，2 至多花，有时亦出现第 2 轮花序；花萼钟状或狭钟状，花冠黄色，稀为乳白色。蒴果。花期 6 月，果期 9～10 月。产于四川、云南和西藏。生长于海拔 3200～4400m 林缘湿地、沼泽草甸和水沟边。尼泊尔、印度、不丹也有。

锡金报春

11. 藏报春 Primula sinensis

多年生草本。叶多数簇生；叶片轮廓阔卵圆形至椭圆状卵形或近圆形，长 3～13cm，宽 2～10cm，先端钝圆，基部心形或近截形，边缘 5～9 裂，深约达叶片半径的 1/2，裂片矩圆形，每边具 2～5 缺刻状粗齿；伞形花序 1～2 轮，每轮 3～14 花；花冠淡蓝紫色或玫瑰红色，冠筒口周围黄色。蒴果。花期 12 月至翌年 3 月，果期 2～4 月。产于陕西，湖北，四川和贵州。生长于海拔 200～1500m 蔽荫和湿润的石灰岩缝中。

藏报春

12. 高穗花报春 Primula vialii

多年生草本。叶狭椭圆形至矩圆形或倒披针形，连柄长 10～30cm，宽 2～7cm，先端圆钝，基部渐狭窄，边缘具不整齐的小牙齿，两面均被柔毛。花葶高 15～60cm，穗状花序多花，花未开时呈尖塔状，花全部开放后呈筒状；苞片线状披针形；花萼长 4～5mm，花蕾期外面深红色，后渐变为淡红色；花冠蓝紫色。蒴果球形。花期 7 月。产于云南和四川。生于海拔 2800～4000m 湿草地和沟谷水边。

高穗花报春

景天科 **Crassulaceae**

明镜

落地生根

明镜
Aeonium tabuliforme

【科属】景天科树莲花属

【别名】盘叶莲花掌

【形态特征】多年生肉质植物，茎短，不分枝，株高15cm，直径可达50cm。叶莲座状着生，叶匙形，先端有尖头，叶由中心向周围辐射层叠生长，叶缘具白色缘毛。花序顶生，高约20～30cm，小花黄绿色。

【产地与习性】产加那利群岛。性喜温暖及阳光充足的环境，耐旱，耐热，耐瘠，不耐寒。喜疏松、排水良好的砂质土壤。生长最适温度为16～28℃。

【观赏评价与应用】本种叶平如镜，叶片覆瓦状层层叠叠，极为奇特，为优良观叶植物，可用于岩石园、沙生植物园片植或三五株丛植，可营造原生态景观。

【同属种类】全属约95种，主产加那利群岛，葡萄牙的马德拉岛、摩洛哥及东部非洲也有。

落地生根
Bryophyllum pinnatum

【科属】景天科落地生根属

【形态特征】多年生草本，高40～150cm；

茎有分枝。羽状复叶，长10～30cm，小叶长圆形至椭圆形，长6～8cm，宽3～5cm，先端钝，边缘有圆齿，圆齿底部容易生芽，芽长大后落地即成一新植物；圆锥花序顶生，花下垂，花冠高脚碟形，基部稍膨大，向上成管状，裂片4，淡红色或紫红色。蓇葖包在花萼及花冠内；种子小。花期1～3月。

落地生根

落地生根

【产地与习性】原产非洲。我国各地栽培，有逸为野生的。性强健，喜光照，较耐荫，耐湿热，而贫瘠，不择土壤。生长最适温度为16～28℃。

【观赏评价与应用】本种叶肥厚，叶边缘可长出不定芽，落地即可成为一新植株，故名。花筒下垂，有一定观赏性，可片植于草地边缘、墙边、林缘、小径边观赏，也可用于多浆专类园等用于科普教育。

【同属种类】全属约20种，生长在非洲马达加斯加。我国有1种。

栽培的同属植物有：

棒叶落地生根 *Bryophyllum delagoense*

多年生肉质草本，茎直立，粉褐色。叶圆棒状，上表面具沟槽，粉色，叶缘具齿，常生有已生根的小植株（珠芽）。花序顶生，小花红色或橙色。花期初夏。产马达加斯加。

棒叶落地生根

棒叶落地生根

火祭

火祭
Crassula capitella

【科属】景天科青锁龙属

【别名】秋火莲

【形态特征】多年生肉质草本。叶对生，排列整齐，呈十字形，叶长圆形，先端钝尖，叶绿色，在冬季的阳光下，转成红色。

【产地与习性】产非洲。性喜高温及全日照环境，耐旱，耐热，耐瘠，忌水湿。喜疏松的砂质壤土。长适温 20 ~ 28℃。

【观赏评价与应用】叶套叠对生，极为奇特，在冬日的阳光下，叶片转红，极为美观，为优良的观叶植物，除盆栽观赏外，也可用于多浆植物专类园或岩石园栽培。

【同属种类】本属约 280 余种，主要产于非洲。

火祭

火祭

栽培的同属植物有：

青锁龙 *Crassula muscosa*

多年生常绿草本或成纤细分枝的亚灌木，株高 20 ~ 30cm。枝为石松状。叶鳞片状，三角状卵形，交互对生，先端渐尖或延伸成细尖状。花小，单生或成小聚伞花序。通常不开花。产南非。

青锁龙

青锁龙

青锁龙

玉蝶
Echeveria glauca

【科属】景天科石莲花属

【别名】石莲花、荷花掌

【形态特征】多年生宿根多浆植物，株高 15 ~ 30cm。叶倒卵形，似荷花瓣，肥厚多汁，先端锐尖，稍带粉蓝色，叶心淡绿色，大叶微带紫晕，表面具白粉。总状聚伞花序，花冠红色，花瓣不张开。花期 7 ~ 10 月。

【产地与习性】产墨西哥。性喜高温及阳光充足的环境，不耐寒，耐热，喜干燥。喜疏松、排水良好的砂质土壤。生长适温 18 ~ 28℃。

【观赏评价与应用】本种株形圆润，叶片莲座状着生，状似荷花花瓣，故名"荷花掌"，在我国台湾省栽培较多。除盆栽观赏外，可用于沙生植物区、岩石园的山岩边、岩隙及路边栽培观赏。

【同属种类】习性强健，叶色美观，常盆栽用于室内的窗台、书桌及案几上摆放观赏。

玉蝶

玉蝶

玉蝶

长药八宝
Hylotelephium spectabile

【科属】景天科八宝属

【别名】长药景天、石头菜

【形态特征】多年生草本。茎直立，高30～70cm。叶对生，或3叶轮生，卵形至宽卵形，或长圆状卵形，长4～10cm，宽2～5cm，先端急尖、钝，基部渐狭，全缘或多少有波状牙齿。花序大形，伞房状，顶生，花密生，萼片5，花瓣5，淡紫红色至紫红色。蓇葖直立。花期8～9月，果期9～10月。

【产地与习性】产安徽、陕西、河南、山东、河北、东北。生于低山多石山坡上。朝鲜也有。习性强健，极健生，对环境要求不严，在贫瘠的或肥沃土壤上均可生长。生长适温15～25℃。

【观赏评价与应用】株形美观，叶片翠绿，花开时成片缀于枝顶，且习性强健，抗性极强，为优良观花、观叶草本。适合公园、绿地、风景区及校园等片植于园路边、疏林下、墙边或滨水的河岸边种植，也适合用于花境或岩石园点缀。

【同属种类】全属共33种，分布欧亚大陆及北美洲。我国有16种，其中6种特有。

长药八宝

长药八宝

长药八宝

长寿花
Kalanchoe blossfeldiana

【科属】景天科伽蓝菜属

【别名】燕子海棠

【形态特征】多年生肉质草本，株高30～60cm。茎直立，多分枝。叶对生，叶片肉质，鲜绿色，长圆状匙形或长圆状倒卵形，长3～7cm，宽2～3cm，先端圆钝，基部渐狭略成匙形，边缘具圆齿或近全缘。花多数，成紧密的聚伞花序，猩红色，花萼4。花期2～5月。

【产地与习性】原产非洲，我国各地有栽培。喜温暖、湿润及充足的散射光，不耐寒，耐旱，喜疏松的砂质壤土。生长适温15～25℃。

【观赏评价与应用】本种因花期极长，故有长寿花一说，在我国引进多年，各地常见栽培，多将此花送于长者，寓意有长寿之意。可用于多浆植物园、岩石园点缀，在干燥地区也可于室外的花坛、花带绿化。

【同属种类】全属约有125种，分布自非洲至中国。我国有4种，其中2种特有。

长寿花

长寿花

长寿花

栽培的同属植物有：

1. 极乐鸟伽蓝菜 *Kalanchoe beauverdii*
蔓性多肉草本，长达3～5m。叶对生，披针形，反卷，肉质，全缘。小花生于叶腋，花萼4，绿色，宿存。花瓣4，紫褐色。产马达加斯加及科摩罗。

极乐鸟伽蓝菜

极乐鸟伽蓝菜

2. 仙女之舞 *Kalanchoe beharensis*
多年生肉质植物，呈树木状，茎木质化，高可达3m。叶轮廓为三角形，对生，边缘深裂，波状，具锈红色绒毛。产美洲及非洲。

仙女之舞

仙女之舞

3. 大叶落地生根 Kalanchoe daigremontiana

多年生肉质草本，株高 50 ～ 100cm，茎单生，直立。叶对生，肉质，长三角形，叶长15 ～ 20cm，宽 2 ～ 3cm，先端尖，基部渐宽，叶上具不规则的褐紫斑纹，边缘有粗齿，在缺刻处会长出不定芽，落地生根而成新的植株。叶柄短。复聚伞花序、顶生，花小，钟形，下垂，萼片 4，花瓣 4，淡紫色。产非洲。

大叶落地生根

大叶落地生根

4. 鸡爪三七 Kalanchoe laciniata

又名伽蓝菜，多年生草本，高20 ～ 100cm。叶对生，中部叶羽状深裂，全长 8 ～ 15cm，裂片线形或线状披针形，边缘有浅锯齿或浅裂。聚伞花序排列圆锥状，萼片4，披针形，花冠黄色，高脚碟形，管部下部膨大。花期 3 月。产云南、广西、广东、台湾、福建。亚洲热带亚热带地区及非洲北部也有。全草药用，有解毒、散瘀之效。

鸡爪三七

5. '魔法钟'伽蓝菜 Kalanchoe 'Magic Bells'

多年生草本，株高 60 ～ 90cm。复叶，小叶长椭圆形，具长柄，先端钝圆，基部楔形。圆锥花序顶生，花下垂，花冠高脚碟形，基部稍膨大，向上成管状，裂片 4，粉红色。蓇葖果，花期秋末至冬季。园艺种。

'魔法钟'伽蓝菜

6. 宫灯长寿花 Kalanchoe manginii

又名红提灯，多年生草本植物，株高约30cm，多分枝，呈蔓性，多少下垂。叶对生，长卵形，肉质，先端圆，基部楔形，边缘有数个缺刻。聚伞花序，小花下垂，萼片4，花红色，管状，先端呈 4 瓣。产非洲的马达加斯加。

宫灯长寿花

宫灯长寿花

7. '奇迹铃'宫灯长寿花 Kalanchoe manginii 'Mirabella'

为宫灯长寿花的栽培品种，主要区别为花瓣深红色。

'奇迹铃'宫灯长寿花

8. 白银之舞 Kalanchoe pumila

多年生肉质植物，株高约 20cm。叶到生，匙形或近卵圆形，叶先端具锯齿，下部近全缘，上面密布白色绒毛，呈银白色。聚伞花序，花小，花瓣 4，粉色，花期冬至春。产马达加斯加。

白银之舞

9. 双飞蝴蝶 Kalanchoe synsepala

多年生常绿多肉草本，茎短。叶对生，卵圆形，先端圆，基部渐狭，近无柄，叶缘有锯齿状缺刻。花葶由叶腋处抽生而出，花茎柔软，细长，簇生于花茎顶端，小花淡粉色，花瓣 4。花期冬、春。产马达加斯加岛。

双飞蝴蝶

双飞蝴蝶

10. 月兔耳 Kalanchoe tomentosa

多年生多肉类植物，株高 20cm 左右。叶片肉质，奇特，形似兔耳，肉质匙形叶密被白色绒毛，叶边具齿，叶片边缘着生褐色斑纹。花期夏秋季。产非洲马达加斯加岛。

月兔耳

月兔耳

子持年华
Orostachys boehmeri

【科属】景天科瓦松属

【形态特征】多年生肉质草本，株高 5 ～ 10cm。叶肉质，莲座状，灰蓝色或灰绿色，圆形或长匙形，表面光滑，全缘，被有白粉。具走茎，顶端会形成一新植株。花期冬季。

【产地与习性】产日本，喜温暖及阳光充足的环境，忌水湿，耐旱。喜疏松、排水良好的砂质壤土。生长适温 16 ～ 26℃。

【观赏评价与应用】株形紧凑，走茎顶端生有小植株，剪下栽培即成一新株，极为奇特，盆栽可用于阳台、窗台、书桌等摆放观赏，也可植于岩石园的岩隙、山石边观赏。

子持年华

子持年华

【同属种类】本属有 13 种，分布中国、朝鲜、日本、蒙古至俄罗斯。我国有 9 种，1 种特有。

费菜
Phedimus aizoon
【*Sedum aizoon*】

【科属】景天科费菜属

【形态特征】多年生草本；全株肉质肥厚，茎高 20 ～ 50cm，直立。叶互生，狭披针形、椭圆状披针形至卵状倒披针形。长 3.5 ～ 8cm，宽 1.2 ～ 2cm，先端渐尖，基部楔形，边缘有不整齐的锯齿；聚伞花序有多花，萼片 5，条形，肉质，花瓣 5，黄色。蓇葖果；种子椭圆形。花期 6 ～ 7 月，果期 8 ～ 9 月。

【产地与习性】分布于四川、湖北、江西、安徽、浙江、江苏、青海、宁夏、甘肃、内蒙古、河南、山西、陕西、河北、东北等省区。生于山坡、路边及山谷岩石缝中。适应性强，对土壤要求不严，以含腐殖质的沙壤土为佳。喜湿润，稍耐荫，忌干旱和积水。生长适温 15 ～ 25℃。

【观赏评价与应用】植株茂盛，枝叶青翠，花色金黄，且易栽培，适应性强，可作地被植物、花坛镶边或园路边、墙边栽培观赏，也适于屋顶绿化。

【同属种类】本属约 20 种，产亚洲及欧洲，我国产 8 种，2 种特有。

栽培的同属植物有：

勘察加费菜 *Phedimus kamtschaticus*

又名堪察加景天，多年生草本。茎斜上，高 15 ～ 40cm，常不分枝。叶互生或对生，少有为 3 叶轮生，倒披针形、匙形至倒卵形，长 2.5 ～ 7cm，宽 0.5 ～ 3cm，先端圆钝，下部渐狭，成狭楔形，上部边缘有疏锯齿至疏圆齿。

费菜

费菜

费菜

勘察加费菜

勘察加费菜

聚伞花序顶生；萼片5，花瓣5，黄色，披针形。蓇葖果，种子细小。花期6～7月，果期8～9月。产山西、河北、内蒙古、吉林。生于海拔600～1800m的多石山坡。俄罗斯、朝鲜、日本也有。

凹叶景天
Sedum emarginatum

【科属】景天科景天属

【别名】石板菜、九月寒

【形态特征】多年生草本。茎细弱，高10～15cm。叶对生，匙状倒卵形至宽卵形，长1～2cm，宽5～10cm，先端圆，有微缺，基部渐狭，有短距。花序聚伞状，顶生，萼片5，披针形至狭长圆形，花瓣5，黄色，线状披针形至披针形。蓇葖果，种子细小，褐色。花期5～6月，果期6月。

【产地与习性】产云南、四川、湖北、湖

凹叶景天

凹叶景天

南、江西、安徽、浙江、江苏、甘肃、陕西。生于海拔600～1800m处山坡阴湿处。喜温暖，喜光照，耐热，不喜暑热，喜疏松、排水良好的砂质土。生长适温15～26℃。

【观赏评价与应用】小叶清新，花金黄灿烂，覆盖性强，适合小路边、岩石边、花坛等种植观赏，也可用作花境的镶边植物。全草药用，可清热解毒，散瘀消肿，治跌打损伤、热疖、疮毒等。

【同属种类】本属约有470种，主产北半球，延伸到非洲和南半球的南美洲。我国有121种，其中91种为特有。

西班牙景天
Sedum hispanicum

【科属】景天科景天属

【别名】中华景天

【形态特征】多年生肉质草本，株高5～10cm，茎呈蔓性。小叶聚生于侧枝上，轮廓近球形，小叶肉质，短棒状。聚伞花序，花瓣5，淡粉色。花期春至夏。

【产地与习性】产南欧。喜温暖及阳光充足的环境，耐热，较耐寒，忌水湿，喜疏松、排水良好的砂质土。生长适温15～25℃。

【观赏评价与应用】本种株形圆润，小叶短棒状，极为可爱，为优良的观叶植物，常成片种植于园路边、山石旁或用作镶边材料。也可用于多浆植物专类园观赏。

西班牙景天

西班牙景天

垂盆草
Sedum sarmentosum

【科属】景天科景天属

【别名】豆瓣菜

【形态特征】多年生草本。不育枝及花茎细，匍匐而节上生根，直到花序之下，长

垂盆草

垂盆草

垂盆草

10～25cm。3叶轮生，叶倒披针形至长圆形，长15～28mm，宽3～7mm，先端近急尖，基部急狭，有距。聚伞花序，有3～5分枝，花少；萼片5，花瓣5，黄色。种子卵形。花期5～7月，果期8月。

【产地与习性】产我国大部分地区，从黑龙江至海南均有分布。生于海拔1600m以下山坡阳处或石上。朝鲜、日本也有。性喜温暖及湿润环境，在全光照下及半荫条件均可生长，适应性强，耐旱，耐寒，耐瘠。不择土壤。生长适温15～25℃。

【观赏评价与应用】垂盆草性状优良，即可观叶又可观花，在园林中应用广泛。可用于地被、坡地或园路边成片种植观赏，也可用于石墙的岩隙绿化，近年来层顶绿化方兴未艾，垂盆草因其耐粗放管理的特性在屋顶绿化方面得到了大力推广。全草药用，能清热解毒。

佛甲草

佛甲草

'胭脂红'假景天

'金丘'松叶佛甲草

'胭脂红'假景天

线形至倒披针形，长 2 ～ 2.5cm，先端近短尖，基部有短距。聚伞花序顶生，花黄色，细小。膏葖果。花期春末夏初。分布我国东南部。生于山野水湿地及岩石上。

3. '金丘'松叶佛甲草 *Sedum mexicanum* 'Gold Mound'

叶 4 ～ 5 叶轮生，叶扁，宽可至 3mm，金黄色。聚伞花序，小花黄色。

姬星美人

'胭脂红'假景天
Sedum spurium 'Coccineum'

【科属】景天科景天属

【形态特征】多年生肉质草本，株高 10 ～ 15cm。小叶两两对生，小叶肉质，卵圆形，先端短渐尖，基部渐狭，叶近全缘，有小缺刻。叶上部呈紫红色。聚伞花序，小花红色。花期夏季。

【产地与习性】园艺种。喜温暖，喜光照，耐热，较耐寒，忌湿，喜疏松、排水良好的砂质土。生长适温 15 ～ 25℃。

【观赏评价与应用】本种叶呈紫红色，引人注目，有极佳的观赏性，园林中可与其他彩叶多肉植物组成色块栽培观赏，也适于岩石园、多浆分类园等栽培。

栽培的同属植物有：

1. 姬星美人 *Sedum anglicum*

多年生肉质植物，株高 5 ～ 10cm，茎多分枝，常下垂，茎上生根。叶膨大互生，倒卵圆形，灰绿色，全缘。花期春季。产西亚和北非。

2. 佛甲草 *Sedum lineare*

多年生肉质草本，全体无毛。茎纤细倾卧，长 10 ～ 15cm。叶 3 ～ 4 片轮生，近无柄，

姬星美人

'金丘'松叶佛甲草

4. 圆叶景天 Sedum makinoi

多年生草本，高 15 ~ 25cm。叶对生，倒卵形至倒卵状匙形，长 17 ~ 20mm，宽 6 ~ 8mm，先端钝圆，基部渐狭。聚伞状花序，花枝二歧分枝；萼片 5，线状匙形，花瓣 5，黄色，披针形。蓇葖斜展，种子细小。花期 6 ~ 7 月。产安徽及浙江。生于低山山谷林下阴湿处。日本也有。

5. 白菩提 Sedum morganianum

多年生常绿肉质植物。叶长圆状披针形，肉质，浅绿色，急尖，叶易脱落，落地后易生根。顶生伞房花序，花紫红色。花期夏季。产墨西哥。

6. 反曲景天 Sedum reflexum

多年生草本植物，株高约 15 ~ 25cm。叶肉质，棒状，弯曲，先端尖，叶带有白色蜡粉，灰绿色。花亮黄色。花期 6 ~ 7 月。产欧洲。

7. '马特罗娜' 紫景天 Sedum telephium 'Matrona'

多年生草本，株高可达 60cm，具白霜。叶互生，卵形至倒卵形或长圆状椭圆形，具粗锯齿。伞房花序，花粉红色，花期秋季。园艺种。

圆叶景天　　圆叶景天

白菩提　　白菩提

反曲景天　　反曲景天

'马特罗娜' 紫景天　　'马特罗娜' 紫景天

虎耳草科 Saxifragaceae

落新妇
Astilbe chinensis

【科属】虎耳草科落新妇属

【形态特征】多年生草本，高50～100cm，茎直立。基生叶2～3回三出复叶，小叶卵状长圆形、菱状卵形或卵形，长2～8.5cm，宽1.5～5cm，顶生小叶比侧生小叶大，基部楔形或微心形，先端渐尖，边缘有重牙齿；茎生叶2～3，比基生叶小；顶生圆锥花序，花萼5深裂，花瓣5，紫色，线形。蒴果，种子褐色。花期7～8月，果期9月。

【产地与习性】分布于我国东北、华北、西北、西南，生于山谷溪边、阔叶林下、草甸。朝鲜、日本、俄罗斯也有分布。性强健，耐寒，性喜半阴，在湿润的环境下生长良好。对土壤适应性较强，喜微酸、中性排水良好的砂质壤土，也耐轻碱土壤。生长适温15～25℃。

【观赏评价与应用】花序大，清新优雅，极为美观，常用作切花。也可种植在疏林下及林缘墙垣半阴处，也可植于溪边和湖畔。还可作花坛和花境材料，矮生类型可布置岩石园。

【同属种类】约18种，分布于亚洲和北美。我国有7种，3种特有，南北均产。

落新妇

落新妇

落新妇

山荷叶
Astilboides tabularis

【科属】虎耳草科大叶子属

【别名】大叶子、大脖梗子

【形态特征】多年生草本，高1～1.5m。基生叶1，盾状着生，近圆形，或卵圆形，直径18～60（～100）cm，掌状浅裂，裂片宽卵形，先端急尖或短渐尖，常再浅裂，边缘具齿状缺刻和不规则重锯齿；茎生叶较小，掌状3～5浅裂，基部楔形或截形。圆锥花序顶生，具多花；花小，白色或微带紫色，萼片4～5，花瓣4～5。蒴果；种子具翅。花期6～7月，果期8～9月。

【产地与习性】产吉林、辽宁等省。生于山坡杂木林下或山谷沟边。朝鲜也有分布。性喜冷凉，不耐热，性强健，对土壤要求不严，生长适温15～25℃。

【观赏评价与应用】本种叶极大，最大者可过1m，清新翠绿，极具观赏性，在吉林等

山荷叶

山荷叶

山荷叶

地园林中有少量应用，适合三五株丛植于草地、林缘、园路边或植于庭院一隅观赏。也可用于岩石园的山石边种植。根状茎含鞣质和淀粉，可提制栲胶和酿酒。

【同属种类】本属1种，产中国及朝鲜。

岩白菜
Bergenia purpurascens

【科属】虎耳草科岩白菜属

【别名】滇岩白菜、蓝花岩陀

【形态特征】多年生草本，高13～52cm。叶均基生；叶片革质，倒卵形、狭倒卵形至近椭圆形，稀阔倒卵形至近长圆形，长5.5～16cm，宽3～9cm，先端钝圆，边缘具波状齿至近全缘，基部楔形。聚伞花序圆锥状，萼片革质，近狭卵形，花瓣紫红色。花果期5～10月。

【产地与习性】产四川、云南及西藏。生于海拔2700～4800m的林下、灌丛、高山草甸和高山碎石隙。缅甸、印度、不丹、尼泊尔也有。喜冷凉，喜光，在半荫下生长也佳，耐瘠性好，耐寒、不耐热，生长适温12～20℃。

【观赏评价与应用】花紫红，叶翠绿，对

比性强，可供观赏，在欧美等地园林常见应用，我国现有少量栽培，可片植于小径、园路边或墙边栽培观赏，也可用岩石园的岩隙绿化。全草含岩白菜素等香豆精类。根状茎入药；治虚弱头晕、劳伤咳嗽等证。

【同属种类】有10种，星散分布于亚洲。我国有7种，其中3种特有。

日本金腰
Chrysosplenium japonicum

【科属】虎耳草科金腰属

【别名】珠芽金腰子

【形态特征】多年生草本，高8.5～15.5cm，丛生；基生叶肾形，长0.6～1.6cm，宽0.9～2.5cm，边缘约具15浅齿，基部心形或肾形；茎生叶与基生叶同形，长约1.1cm，宽约1.3cm，边缘约具11浅。聚伞花序；花序分枝疏生柔毛；花密集，绿色，萼片在花期直立。蒴果，种子黑棕色。花果期3～6月。

【产地与习性】产吉林、辽宁、安徽、浙江和江西。生于海拔500m左右的林下或山谷湿地。朝鲜、日本也有。性喜温暖、湿润环境，喜光也耐荫，喜疏松、肥沃的壤土，生长适温15～25℃。

【观赏评价与应用】本种放叶较早，青翠欲滴，花期苞叶淡黄色，有较高的观赏生，可片植于公园、绿地的园路边、石隙处、滨水岸边等处，以湿润之地为最佳。

【同属种类】有65种，亚、欧、非、美四洲均有分布，但主产亚洲温带。生于海拔450～4800m的林下、高山灌丛、高山草甸

和高生碎石隙。我国有35种，其中20种为特有种。

栽培的同属植物有：

大叶金腰 *Chrysosplenium macrophyllum*
多年生草本，高17～21cm；不育枝叶互生，具柄，叶片阔卵形至近圆形，边缘具11～13圆齿。花茎疏生褐色长柔毛。基生叶数枚，具柄，叶片革质，倒卵形，先端钝圆，全缘或具不明显之微波状小圆齿，基部楔形；茎生叶通常1枚，叶片狭椭圆形，边缘通常具13圆齿。多歧聚伞花序，萼片近卵形至阔卵形，无花盘。蒴果。花果期4～6月。产陕西、安徽、浙江、江西、湖北、湖南、广东、四川、贵州和云南。生于海拔1000～2236m的林下或沟旁阴湿处。

雨伞草
Darmera peltata

【科属】虎耳草科雨伞花属

【形态特征】多年生草本，株高60～100cm，叶基生，轮廓圆形，边缘浅裂

雨伞草

雨伞草

至深裂，绿色，直径 40 ～ 60cm，叶柄极长。先花后叶或与叶同出，聚伞花序，着花数十朵，小花粉红色，花期晚春至初夏。

【产地与习性】产美国西部。性喜温暖、湿润及阳光充足的环境，耐湿，耐寒，耐瘠，不耐热。喜疏松、肥沃的壤土。生长适温 15 ～ 25℃。

【观赏评价与应用】花序粉红色，在绿叶中极为醒目，适合园路边、墙边片植观赏，也可用于花境与其他观花草本配植使用，因耐湿性好，也可用于水岸边、湿地等片植或丛植点缀。

【同属种类】本属 1 种，产美国。

红花矾根
Heuchera sanguinea

【科属】虎耳草科矾根属

【别名】红花肾形草、珊瑚钟

【形态特征】多年生草本，株高 25 ～ 35cm。叶基生，阔心形至卵圆形，边缘浅裂，绿色。圆锥花序顶生，高出叶面，花小，钟状，红色。蒴果。花期 5 ～ 6 月。

红花矾根

红花矾根

【产地与习性】原产北美。性喜温暖及半荫环境，耐寒，不耐旱，喜土层深厚、富含有机质及排水良好的土壤。生长适温 15 ～ 25℃。

【观赏评价与应用】株形优雅，小花秀气，我国长江流域及以北地区栽培较多，可用于林缘、路边、小径片植，或用于花境配植或花坛、花带做镶边植物，也可用于岩石园点缀。

【同属种类】全属约 80 种，产美洲，我国引种栽培。

'桃红火焰' 小花矾根
Heuchera micrantha 'Peach Flambe'

【科属】虎耳草科矾根属

【别名】'桃红火焰' 小花肾形草

【形态特征】多年生草本，株高 30 ～ 60cm。叶基生，阔心形至卵圆形，边缘浅裂并具齿，桃红色。圆锥花序顶生，高出叶面，花小，钟状，鲜红色。蒴果。花期春

'桃红火焰' 小花矾根

'桃红火焰' 小花矾根

至夏季。

【产地与习性】园艺种。喜温暖，喜半荫，耐寒性好，不耐暑热，喜疏松、排水良好的肥沃土壤。生长适温 15 ～ 25℃。

【观赏评价与应用】本种叶色瑰丽，极艳丽，为优良的观叶品种，适合丛植于林缘、路边、角隅等处，也适合花境做镶边植物，也可用于岩石园点缀。

栽培的品种有：

'紫色宫殿' 小花矾根 *Heuchera micrantha* 'Palace Purple'

本品种叶紫红色或暗紫色，圆锥花序顶生，花小，钟状，近白色。

'紫色宫殿' 小花矾根

'紫色宫殿' 小花矾根

'紫色宫殿' 小花矾根

鸡眼梅花草
Parnassia wightiana

【科属】虎耳草科梅花草属

【别名】鸡肫梅花草

【形态特征】多年生草本，高18～24（～30）cm。根状茎粗大，块状。基生叶2～4，具长柄；叶片宽心形，长2.5～4（～5）cm，宽3.8～5.5cm，先端圆或有突尖头，基部弯缺深浅不等，呈微心形或心形，边薄，全缘，向外反卷。花单生于茎顶，萼片卵状披针形或卵形，花瓣白色。蒴果倒卵球形，种子褐色。花期7～8月，果期9月开始。

【产地与习性】产陕西、湖北、湖南、广东、广西、贵州、四川、云南和西藏。生于海拔600～2000m山谷疏林下、山坡杂草中、沟边和路边等处。印度北部至不丹也有分布。喜温暖及阳光充足的环境，也耐荫，不耐寒，在瘠薄的土壤上也能良好生长。生长适温16～28℃。

【观赏评价与应用】本种叶呈心形，终年翠绿，小花洁白，着生于花茎顶端，极为美

鸡眼梅花草

鸡眼梅花草

鸡眼梅花草

丽。目前处于野生状态，适生性较强，可引种至滨水的池边、园路边或岩石园丛植观赏。

【同属种类】本属约70余种，分布于北温带高山地区；亚洲东南部和中部较为集中。我国约63种，其中49种特有。

羽叶鬼灯檠
Rodgersia pinnata

【科属】虎耳草科鬼灯檠属

【别名】岩陀、九叶岩陀

【形态特征】多年生草本，高（0.25-）0.4～1.5m。近羽状复叶；叶柄长3.5～32.5cm，基生叶和下部茎生叶通常具小叶片6～9枚，上有顶生者3～5枚，下有轮生者3～4枚，上部茎生叶具小叶片3枚；小叶片椭圆形、长圆形至狭倒卵形，长（6.5-）11～32cm，宽（2.7-）7～12.5cm，先端短渐尖，基部渐狭，边缘有重锯齿。多歧聚伞花序圆锥状，萼片5，革质；花瓣不存在；蒴果紫色。花果期6～8月。

【产地与习性】产四川、贵州和云南。生于海拔2400～3800m的林下、林缘、灌丛、高山草甸或石隙。喜冷凉及阳光充足的环境，耐宽、耐瘠，忌湿热，以疏松、排水良好的砂质壤土为宜。生长适温12～25℃。

【观赏评价与应用】叶大，覆盖能力强，花序大，均具有较高的观赏价值，适于疏林下、林缘、路边成片种植观赏，也可数株点缀于山石边、池边等处。根状茎含淀粉，可制酒、醋和酱油；叶含鞣质，可提制栲胶。

【同属种类】有5种，分布于东亚和喜马拉雅地区。我国有4种，2种特有。

羽叶鬼灯檠

羽叶鬼灯檠

羽叶鬼灯檠

栽培的同属植物及品种有：

1. 七叶鬼灯檠 *Rodgersia aesculifolia*

多年生草本，高0.8～1.2m。根状茎圆柱形，横生。掌状复叶具长柄，小叶片5～7，草质，倒卵形至倒披针形，长7.5～30cm，宽2.7～12cm，先端短渐尖，基部楔形，边缘具重锯齿。多歧聚伞花序圆锥状，萼片（6-）5，开展，近三角形，无花瓣；蒴果卵形，具喙；种子多数。花果期5～10月。产陕西、宁夏、甘肃、河南、湖北、四川和云南。生于海拔1100～3400m的林下、灌丛、草甸和石隙。

七叶鬼灯檠

七叶鬼灯檠

七叶鬼灯檠

2.'爱尔兰青铜'鬼灯檠 Rodgersia 'Irish Bronze'

多年生草本，株高可达 100cm，近羽状复叶，小叶长椭圆形，先端尖，基部楔形，边缘具细齿，春秋棕色，夏季绿色，冬季落叶。圆锥花序顶生，棕红色。花期春季。园艺种。

'爱尔兰青铜'鬼灯檠

虎耳草

虎耳草

虎耳草

3.'罗塔拉'鬼灯檠 Rodgersia podophylla 'Rotlaub'

多年生落叶草本，高 0.6 ～ 1m。基生叶少数，掌状复叶，小叶片 5（～ 7），近倒卵形，边缘有锯齿；茎生叶互生，较小，叶片青铜色。圆锥花序顶生多花；萼片白色，花瓣不存在。蒴果；花期 6 ～ 7 月。园艺种。

'罗塔拉'鬼灯檠

虎耳草
Saxifraga stolonifera

【科属】虎耳草科虎耳草属

【别名】金线吊芙蓉

【形态特征】多年生草本，高 8 ～ 45cm。鞭匐枝细长，具鳞片状叶，具 1 ～ 4 枚苞片状叶。基生叶具长柄，叶片近心形、肾形至扁圆形，长 1.5 ～ 7.5cm，宽 2 ～ 12cm，先端钝或急尖，基部近截形、圆形至心形，(5-)7 ～ 11 浅裂。聚伞花序圆锥状，具 7 ～ 61 花；花两侧对称；萼片在花期开展至反曲，花瓣白色，中上部具紫红色斑点，基部具黄色斑点。花果期 4 ～ 11 月。

【产地与习性】产河北、陕西、甘肃、江苏、安徽、浙江、江西、福建、台湾、河南、湖北、湖南、广东、广西、四川、贵州和云南。生于海拔 400 ～ 4500m 的林下、灌丛、草甸和阴湿岩隙。朝鲜、日本也有。喜充足的散射光，忌强光，喜湿润，有一定的耐寒性，喜疏松排水良好的壤土。生长适温 15 ～ 25℃。

【观赏评价与应用】本种适应性强，在我国广为栽培，其叶圆润可爱，小花秀丽雅致。除盆栽外，可用于布置蔽荫的花坛、花带或用于林缘绿化，也可用于点缀石隙等处。全草入药；微苦、辛、寒，有小毒；祛风清热，凉血解毒。

【同属种类】本属约 450 余种，分布于北极、北温带和南美洲，主要生于高山地区。我国有 216 种，其中 139 种为特有。

艾氏虎耳草
Saxifraga × arendsii

【科属】虎耳草科虎耳草属

【形态特征】多年生草本，株高 15cm。叶互生，先端齿裂，裂片近披针形。聚伞花序，萼片 5，花瓣 5，有粉红、玫红、紫红、白色等。蒴果。花期春季。

艾氏虎耳草

艾氏虎耳草

【产地与习性】园艺杂交种。性喜冷凉及光照充足的环境，耐寒，不耐热，忌湿涝，喜疏松排水良好的砂质壤土。生长适温15～25℃。

【观赏评价与应用】小花极为繁密，且色泽丰富，为著名的早春观花草本，在欧洲应用广泛。适合用于园林小径，岩石园等丛植或点缀。

栽培的同属种及原生种有：

1. 阴地虎耳草 *Saxifraga urbium*

多年生草本，株高30cm。叶基生，卵圆形，先端圆钝，基部楔形，边缘具圆钝的圆齿。聚伞花序，萼片5，花瓣5，花瓣白色，上面布满紫红色小斑点，近基部有一黄色斑块。花期夏季。园艺种。

阴地虎耳草

阴地虎耳草

2. 球茎虎耳草 *Saxifraga sibirica*

多年生草本，高6.5～25cm，具鳞茎。基生叶具长柄，叶片肾形，7～9浅裂，裂片卵形、阔卵形至扁圆形，两面和边缘均具腺柔毛；茎生叶肾形、阔卵形至扁圆形，基部肾形、截形至楔形，5～9浅裂。聚伞花序伞房状，具2～13花，稀单花；花瓣白色。花果期5～11月。产黑龙江、河北、山西、陕西、甘肃、新疆、山东、湖北、湖南、四川、云南和西藏。生于海拔770～5100m的林下、灌丛、高山草甸和石隙。俄罗斯、蒙古、尼泊尔、印度、克什米尔地区及欧洲东部均有。

球茎虎耳草

'鲁贝拉'大穗杯花
Tellima grandiflora 'Rubra'

【科属】虎耳草科锦缘花属

【别名】锦缘花

【形态特征】多年生草本，株高可达80cm。叶卵圆形，边缘具齿裂，基部心形或微凹，叶绿色。花序高大，高可达100cm，小花黄绿色，花冠筒状，边缘具流苏。花期夏季。

【产地与习性】产北美洲。性喜温暖及光照充足的环境，也耐半荫，喜湿，耐寒，不耐热，耐瘠。喜生于富含腐殖质的壤土，微酸性至微碱性均可。生长适温15～25℃。

【观赏评价与应用】小花奇特秀雅，偏向一侧，极为可爱，适合公园、绿地、风景区及庭院等园路边、墙边片植观赏，也可用于花境与其他观花植物配植，也常数株丛植于一隅点缀。

【同属种类】本属10种，产北美西部，从阿拉斯加至加利福尼亚北部均产。

'鲁贝拉'大穗杯花

'鲁贝拉'大穗杯花

黄水枝
Tiarella polyphylla

【科属】虎耳草科黄水枝属

【别名】防风七

【形态特征】多年生草本，高20～45cm；根状茎横走，深褐色。茎不分枝。基生叶具长柄，叶片心形，长2～8cm，宽2.5～10cm，先端急尖，基部心形，掌状3～5浅裂，边缘具不规则浅齿；茎生叶通常2～3枚，与基生

黄水枝

黄水枝

叶同型。总状花序，萼片在花期直立，卵形；无花瓣；蒴果，种子黑褐色。花果期4～11月。

【产地与习性】产陕西、甘肃、江西、台湾、湖北、湖南、广东、广西、四川、贵州、云南和西藏。生于海拔980～3800m的林下、灌丛和阴湿地。日本、中南半岛、缅甸、不丹、印度、尼泊尔也有。性喜温暖及散射光充足的环境，不耐暑热，耐寒，对土壤要求不高。生长适温12～22℃。

【观赏评价与应用】黄水枝叶型美观，小花精致，园林中常丛植于山石边、园路边供观赏，也适于庭院栽培。全草入药；苦，寒；具有清热解毒，活血祛瘀，消肿止痛的功效。

【同属种类】本属有3种，分布于亚洲东部和北美。我国产1种。

栽培的同属植物有：

心叶黄水枝 *Tiarella cordifolia*

又名泡沫花，多年生草本，株高约40cm。叶轮廓为心形，长5～10cm，掌状3～5浅裂，裂片先端尖，边缘具浅齿。总状花序，花白色，花期春末至初夏。产北美。

心叶黄水枝

蔷薇科 Rosaceae

龙芽草
Agrimonia pilosa

【科属】蔷薇科龙芽草属

【别名】路边黄、仙鹤草

【形态特征】多年生草本。根多呈块茎状。茎高 30 ~ 120cm，叶为间断奇数羽状复叶，通常有小叶 3 ~ 4 对，稀 2 对，向上减少至 3 小叶，小叶倒卵形，倒卵椭圆形或倒卵披针形，长 1.5 ~ 5cm，宽 1 ~ 2.5cm，顶端急尖至圆钝，稀渐尖，基部楔形至宽楔形，边缘有急尖到圆钝锯齿。花序顶生，分枝或不分枝；萼片 5，三角卵形；花瓣黄色。果实倒卵圆锥形。花果期 5 ~ 12 月。

【产地与习性】我国南北各省区均产。常生于海拔 100 ~ 3800m 溪边、路旁、草地、灌丛、林缘及疏林下。欧洲中部以及俄罗斯、蒙古、朝鲜、日本和越南均有。性强健，对环境适应性强，不用特殊护理，生长适温 15 ~ 28℃。

龙芽草

龙芽草

龙芽草

【观赏评价与应用】性强健，易栽培，覆盖性好，叶色青翠，小花金黄色，目前较少栽培，可用于林缘、坡地或路边栽培绿化。

【同属种类】本属约有 10 种，分布在北温带和热带高山及拉丁美洲。我国有 4 种。

红柄羽衣草
Alchemilla erythropoda

【科属】蔷薇科羽衣草属

【形态特征】多年生草本，株高 15 ~ 25cm。单叶互生，掌状深裂，裂片边缘具深锯齿，蓝绿色，叶柄长，紫红色。花两性，集合成疏散的聚伞花序。萼片二轮，萼片在芽中为镊合状排列，黄绿色；花瓣缺。瘦果。花期夏季。

【产地与习性】产东部欧洲。性喜冷凉及阳光充足的环境，耐半荫，耐寒，耐瘠，对土壤要求不严。生长适温 15 ~ 25℃。

【观赏评价与应用】本种叶蓝绿色，色泽美观，可用作色叶植物，适合砾石花园、岩石园等路边片植或丛植点缀，也可用于地面覆盖或与其他色叶植物配植。

【同属种类】本属 100 ~ 300 种之间，产亚洲、非洲及美洲的温带至寒带地区，在热带的高山地区也有，我国有 3 种。

红柄羽衣草

蛇莓
Duchesnea indica

【科属】蔷薇科蛇莓属

【别名】蛇泡草、龙吐珠、三爪风

【形态特征】多年生草本；根茎短，粗壮；匍匐茎多数，长 30 ~ 100cm。小叶片倒卵形至菱状长圆形，长 2 ~ 3.5（~ 5）cm，宽 1 ~ 3cm，先端圆钝，边缘有钝锯齿，两面皆有柔毛。花单生于叶腋；萼片卵形，花瓣倒卵形，黄色。瘦果卵形，光滑或具不显明突起。

花期 6 ~ 8 月，果期 8 ~ 10 月。

【产地与习性】产辽宁以南各省区。生于海拔 1800m 以下山坡、河岸、草地、潮湿的地方。从阿富汗东达日本，南达印度、印度尼西亚，在欧洲及美洲均有。喜光，性耐寒，喜生于阴湿环境，不择土壤，喜富含腐殖质、排水良好的土壤上生长良好。生长适温 15 ~ 28℃。

【观赏评价与应用】蛇莓植株低矮，枝叶茂密，覆盖性好，花期一朵朵黄色的小花缀于其上，花期过后还可观红色的果实。是优良的地被植物。全草供药用，具有清热解毒、活血散瘀、收敛止血的作用，又能治毒蛇咬伤，敷治疔疮等。

【同属种类】本属有 2 种，分布于亚洲南部、欧洲及北美洲。我国产 2 种。

蛇莓

蛇莓

蛇莓

草莓
Fragaria × ananassa

【科属】蔷薇科草莓属

【别名】凤梨草莓

【形态特征】多年生草本，高 10 ~ 40cm。茎低于叶或近相等，密被开展黄色柔毛。叶三出，小叶具短柄，质地较厚，倒卵形或菱形，稀几圆形，长 3 ~ 7cm，宽 2 ~ 6cm，顶端圆钝，基部阔楔形，侧生小叶基部偏斜，边缘具缺刻状锯齿。聚伞花序，有花 5 ~ 15 朵，萼片卵形，花瓣白色。聚合果大，鲜红色。花期 4 ~ 5 月，果期 6 ~ 7 月。

【产地与习性】原产南美，我国各地栽培。生长适温 16 ~ 25℃。

【观赏评价与应用】花大洁白，果实艳丽，有极高的观赏价值，常作水果栽培。多用于生态园、农庄、农家乐等栽培用于采摘或欣赏。

【同属种类】本属约 20 余种，分布于北半球温带，至亚热带，欧亚两洲习见，个别种分布向南延伸到拉丁美洲。我国产约 9 种，3 种特有，1 种引进。

草莓

草莓

草莓

同属植物有：

1. 东方草莓 *Fragaria orientalis*

多年生草本，高 5 ~ 30cm。三出复叶，小叶几无柄，倒卵形或菱状卵形，长 1 ~ 5cm，宽 0.8 ~ 3.5cm，顶端圆钝或急尖，

东方草莓

东方草莓

东方草莓

顶生小叶基部楔形，侧生小叶基部偏斜，边缘有缺刻状锯齿。花序聚伞状，有花（1）2 ~ 5（6）朵，花两性，花瓣白色。花期 5 ~ 7 月，果期 7 ~ 9 月。产东北、内蒙古、河北、山西、陕西、甘肃、青海。生于海拔 600 ~ 4000m 山坡草地或林下。朝鲜、蒙古、俄罗斯也有。本种目前园林中尚没有应用，可引种用作地被植物观赏。果实鲜红色，质软而多汁，香味浓厚，略酸微甜，可食用或供制果酒、果酱。

2. '红花' 草莓 *Fragaria × Potentilla hybrids*

多年生草本植物，株高 10 ~ 20cm。三出复叶，小叶轮廓为倒卵圆形或近菱形，上部边缘有缺刻状锯齿，下部全缘，叶柄及叶缘具绒毛。花序聚伞状，花两性，花瓣红色。聚合果红色。杂交种。我国引种栽培。

'红花' 草莓

路边青
Geum aleppicum

【科属】蔷薇科路边青属

【别名】水杨梅

【形态特征】多年生草本。茎直立，高 30 ~ 100cm。基生叶为大头羽状复叶，通常有小叶 2 ~ 6 对，小叶大小极不相等，顶生小叶最大，菱状广卵形或宽扁圆形，顶端急尖或圆钝，基部宽心形至宽楔形，边缘常浅裂，有不规则粗大锯齿；茎生叶羽状复叶，有时重复分裂，顶生小叶披针形或倒卵披针形；茎生叶托叶大。花序顶生，疏散排列，花瓣黄色；萼片卵状三角形。聚合果倒卵球形。花果期 7 ~ 10 月。

【产地与习性】产东北、内蒙古、山西、陕西、甘肃、新疆、山东、河南、湖北、四川、贵州、云南、西藏。生海拔 200 ~ 3500m 山坡草地、沟边、地边、河滩、林间隙地及林缘。广布北半球温带及暖温带。喜光，对环境适应性强，不用特殊护理，生长适温 15 ~ 25℃。

【观赏评价与应用】本种性强健，对环境适应性强，叶色青绿，小花黄色，有一定观赏价值，可用于公园、绿地等的园路边、山

路边青

路边青

路边青

石边或坡地成片种植观赏。全株含鞣质，可提制栲胶；全草入药，有祛风、除湿、止痛、镇痉之效。鲜嫩叶可食用。

【同属种类】本属约 70 余种，广泛分布于南北两半球温带。我国有 3 种。

栽培的同属植物有：

紫萼路边青 *Geum rivale*

多年生草本，株高 15～25cm。叶为羽状复叶，下部叶极小，具锯齿，顶生小叶极大，轮廓为卵圆形边缘具浅裂。花序顶生，花萼片紫色，花瓣紫红色，直径 1.5cm。花期夏至秋。产欧洲北美及亚洲部分地区。

紫萼路边青

匍枝委陵菜
Potentilla flagellaris

【科属】蔷薇科委陵菜属

【形态特征】多年生匍匐草本；根细而簇生。匍匐茎发达。基生叶和茎生叶均为掌状复叶，连叶柄长 4～10cm，叶柄有伏生柔毛或疏柔毛；小叶 5 枚，稀 3 枚，菱状倒卵形，无柄，长 1.5～7cm，宽 0.7～4cm，先端急尖或渐尖，基部楔形，边缘有不整齐的锯齿。

匍枝委陵菜

匍枝委陵菜

单花与叶对生，花瓣黄色。瘦果长圆状卵形。期多在 5～7 月，果期 7～9 月。

【产地与习性】分布于东北、河北、山西、甘肃等省，生草甸、河岸、路旁及疏林下。耐寒性强，喜光也耐阴，有较强的抗旱、抗涝能力，耐践踏。生长适温 15～25℃。

【观赏评价与应用】植株绿期长，生长迅速，管理简便，以观叶为主，观花为辅。种植于广场、庭院、街心花坛、绿岛形成大面积草坪，绿草丛中有黄花点缀，十分美丽。也可与其他花灌木配置。

【同属种类】本属约 500 种，大多分布北半球温带、寒带及高山地区，极少数种类接近赤道。我国有 86 种，22 种为特有。

蛇含委陵菜
Potentilla kleiniana

【科属】蔷薇科委陵菜属

【别名】蛇含、五爪龙

【形态特征】一年生、二年生或多年生宿根草本。多须根。花茎上升或匍匐，常于节处生根并发育出新植株，长 10～50cm，被疏柔

蛇含委陵菜

蛇含委陵菜

毛或开展长柔毛。基生叶为近于鸟足状 5 小叶，小叶片倒卵形或长圆倒卵形，长 0.5～4cm，宽 0.4～2cm，顶端圆钝，基部楔形，边缘有多数急尖或圆钝锯齿，下部茎生叶有 5 小叶，上部茎生叶有 3 小叶，小叶与基生小叶相似。聚伞花序密集枝顶如假伞形，花瓣黄色。瘦果近圆形。花果期 4～9 月。

【产地与习性】产我国大部分地区。生海拔 400～3000m 田边、水旁、草甸及山坡草地。朝鲜、日本、印度、马来西亚及印度尼西亚均有分布。性强健，喜光，耐寒，耐瘠，耐热，不择土壤，生长适温 15～28℃。

【观赏评价与应用】本种覆盖性好，花金黄，花量大，生长快，可用于公园、绿地、校园、广场等园路边或做地被植物，也可用于疏林下成片种植。全草供药用，有清热、解毒、止咳、化痰之效，捣烂外敷治疮毒、痛肿及蛇虫咬伤。

栽培的同属植物有：

1. 蕨麻 *Potentilla anserina*

又名蕨麻委陵菜、鹅绒委陵菜，多年生草本。茎匍匐，在节处生根。基生叶为间断羽状复叶，有小叶 6～11 对，小叶对生或互生，小叶片通常椭圆形，倒卵椭圆形或长椭圆形，顶端圆钝，基部楔形或阔楔形，边缘有多数尖锐锯齿或呈裂片状，茎生叶与基生叶相似，小叶对数较少；单花腋生；萼片三角卵形，花瓣黄色。产东北、内蒙古、河北、山西、陕西、甘肃、宁夏、青海、新疆、四川、云南、

蕨麻

蒴麻

西藏。生海拔 500 ～ 4100m 河岸、路边、山坡草地及草甸。本种分布横跨欧亚美三洲北半球温带，以及南美智利、大洋洲新西兰及塔斯马尼亚岛等地。

2. 二裂委陵菜 Potentilla bifurca

多年生草本或亚灌木。花茎直立或上升，高 5 ～ 20cm，密被疏柔毛或微硬毛。羽状复叶，有小叶 5 ～ 8 对，最上面 2 ～ 3 对小叶基部下延与叶轴汇合；叶柄密被疏柔毛或微硬毛，小叶片无柄，对生稀互生，椭圆形或倒卵椭圆形，长 0.5 ～ 1.5cm，宽 0.4 ～ 0.8cm，顶端常 2 裂，稀 3 裂，基部楔形或宽楔形。近伞房状聚伞花序，顶生，疏散；花瓣黄色。瘦果。花果期 5 ～ 9 月。产黑龙江、内蒙古、河北、山西、陕西、甘肃、宁夏、青海、新疆、四川。生海拔 800 ～ 3600 米地边、道旁、沙滩、山坡草地、黄土坡上、半干旱荒漠草原及疏林下。蒙古、俄罗斯、朝鲜也有。

二裂委陵菜

二裂委陵菜

3. 耐寒委陵菜 Potentilla fragiformis

又名楔叶萎陵菜，多年生草本。基生叶掌状 3 出复叶，小叶片倒卵形、椭圆形或卵状椭圆形，长 0.8 ～ 2cm，宽 0.6 ～ 1.5cm，顶端圆钝，基部楔形或阔楔形，每边有 3 ～ 5 急尖或圆钝锯齿，近基部全缘；茎生叶 1 ～ 2，小叶与基生叶小叶相似。聚伞花序疏散，有花 3 ～ 5 朵，萼片三角卵形，花瓣黄色。成熟瘦果有脉纹。花果期 6 ～ 8 月。产我国新疆。生海拔 2200 ～ 4800m 谷坡草地、岩石缝中、河谷阶地及沼泽边。广布于欧洲、亚洲北部至喜马拉雅山一带。

耐寒委陵菜

耐寒委陵菜

4. 三叶委陵菜 Potentilla freyniana

多年生草本。根分枝多，簇生。花茎纤细，直立或上升，高 8 ～ 25cm。基生叶掌状 3 出复叶，小叶片长圆形、卵形或椭圆形，顶端急尖或圆钝，基部楔形或宽楔形，边缘有多数急尖锯齿；茎生叶 1 ～ 2，小叶与基生叶小叶相似，唯叶柄很短，叶边锯齿减少；伞房状聚伞花序顶生，多花，松散，花瓣淡黄色。

三叶委陵菜

成熟瘦果卵球形。花果期 3 ～ 6 月。产东北、西南、华东、河北、山西、山东、陕西、甘肃、湖北、湖南。生海拔 300 ～ 2100m 山坡草地、溪边及疏林下阴湿处。俄罗斯、日本和朝鲜也有。

5. '娜娜' 纽曼委陵菜 Potentilla neumanniana 'Nana'

又名春委陵菜，多年生草本植物，茎匍匐，株高 25 ～ 50cm，茎蔓生，可达 1m 以上。掌状复叶，小叶 5 ～ 7，中部叶片大，下部片较小，倒卵形，上部边缘有深锯齿呈裂片状，下部全缘。花瓣 5，金黄色。花期夏季。

'娜娜' 纽曼委陵菜

'娜娜' 纽曼委陵菜

三叶委陵菜

地榆

地榆
Sanguisorba officinalis

【科属】蔷薇科地榆属

【别名】黄爪香

【形态特征】多年生草本，高 30 ~ 120cm。茎直立，有棱。基生叶为羽状复叶，有小叶 4 ~ 6 对，叶柄无毛或基部有稀疏腺毛；小叶片卵形或长圆状卵形，长 1 ~ 7cm，宽 0.5 ~ 3cm，顶端圆钝稀急尖，基部心形至浅心形，边缘有多数粗大圆钝稀急尖的锯齿；茎生叶较少，小叶片长圆形至长圆披针形，狭长。穗状花序椭圆形，从花序顶端向下开放，萼片 4 枚，紫红色。果实包藏在宿存萼筒内。花果期 7 ~ 10 月。

【产地与习性】产我国大部分地区，生海拔 30 ~ 3000m 草原、草甸、山坡草地、灌丛中、疏林下。广布于欧洲、亚洲北温带。习性强健，对环境适应性强，对光照、土壤没有特殊要求，生长适温 15 ~ 28℃。

【观赏评价与应用】本种叶具清香，叶美观，花序奇特，均有一定的观赏价值，在园林中有少量应用，适合墙边、山石边、坡地、林缘片植观赏，也可作花境植物。根为止血要药及治疗烧伤、烫伤，此外有些地区用来提制栲胶，嫩叶可食，又作代茶饮。

【同属种类】本属约 30 余种，分布于欧洲、亚洲及北美。我国有 7 种，1 种特有。

同属植物有：

大白花地榆 *Sanguisorba stipulata*

多年生草本。茎高 35 ~ 80cm，光滑。叶为羽状复叶，有小叶 4 ~ 6 对，小叶椭圆形或卵状椭圆形，基部心形至深心形，稀微心形，顶端圆形，边缘有粗大缺刻状急尖锯齿，茎生叶 2 ~ 4，与基生叶相似，向上小叶对数逐渐减少。穗状花序直立，萼片 4。花果期 7 ~ 9 月。产吉林、辽宁。生海拔 1400 ~ 2300m 山地、山谷、湿地、疏林下及林缘。俄罗斯、朝鲜、日本及北美均有分布。本种花大美观，目前尚没有引种，可在较高海拔地区引种驯化栽培观赏。

林石草
Waldsteinia ternata

【科属】蔷薇科林石草属

【形态特征】多年生草本。根茎匍匐。茎高 7 ~ 20cm，光滑无毛。基生叶为掌状 3 小叶，小叶片倒卵形或宽椭圆形，长 2.5 ~ 3cm，宽 1.5 ~ 2cm，顶端圆钝，基部楔形或阔楔形，上部 3 ~ 5 浅裂，边缘有圆钝锯齿，茎生叶 1 或退化；花单生或 2 ~ 3 朵，萼片 5，三角长卵形，副萼片 5，披针形；花瓣 5，黄色。瘦果长圆形至歪倒卵形。花果期 5 ~ 6 月。

【产地与习性】产吉林长白山。生海拔 700 ~ 1000m 林下阴湿处。俄罗斯远东地区也有分布。性喜冷凉及半荫环境，耐寒，不耐热，喜湿，不耐旱。喜疏松、肥沃的壤土。生长适温 15 ~ 25℃。

【观赏评价与应用】植株低矮，小花金黄，与绿叶对比极为醒目，为优良的观花观叶植物，可用于墙边、石边、水际边或林缘成片种植，其覆盖性强，也是优良的地被植物。也适合用于花坛、花境等做镶边植物。

【同属种类】本属约 6 种，分布北温带。我国有 1 种。

地榆

地榆

大白花地榆

大白花地榆

林石草

林石草

蝶形花科 Fabaceae

蔓花生
Arachis duranensis

【科属】蝶形花科落花生属

【形态特征】多年生宿根草本植物，枝条呈蔓性，株高 10～15cm。叶互生，倒卵形，全缘。花为腋生，蝶形，金黄色。荚果。全日照。不择土壤。喜湿润。花期春季至秋季。

【产地与习性】产中南美洲，主产阿根廷、玻利维亚及巴拉圭。性喜高温及阳光充足的环境，不耐寒，耐瘠，忌水涝，喜疏松、排水良好的土壤。生长适温 18～30℃。

【观赏评价与应用】习性强健，花色金黄，星星点点的小花点缀于植株上部，极为可爱，园林中常用于路边、坡地、山石边或草坪等作地被植物；由于覆盖能力强，也用于公路、边坡等地用于治理水土流失。

【同属种类】约 22 种，分布于热带美洲，我国引进 2 种。

栽培的同属植物有：

花生 *Arachis hypogaea*

又名地豆、落花生，一年生草本。根部有丰富的根瘤；茎直立或匍匐，长 30～80cm。叶通常具小叶 2 对；小叶纸质，卵状长圆形至倒卵形，长 2～4cm，宽 0.5～2cm，先端钝圆形，有时微凹，具小刺尖头，基部近圆形，全缘；花冠黄色或金黄色，旗瓣直径 1.7cm，开展，先端凹入；翼瓣与龙骨瓣分离。荚果。

蔓花生

蔓花生

花生

蔓花生

花果期 6～8 月。原产于南美洲巴西，我国各地广泛种植。落花生为重要油料作物之一。可用于植物园、农庄等种植用于科普教育素材。

黄耆
Astragalus membranaceus

【科属】蝶形花科黄耆属

【别名】膜荚黄耆

【形态特征】多年生草本，高 50～100cm。主根肥厚，木质。茎直立，上部多分枝，有细棱，被白色柔毛。羽状复叶有13～27 片小叶，长 5～10cm；小叶椭圆形或长圆状卵形，长 7～30mm，宽 3～12mm，先端钝圆或微凹，基部圆形。总状花序稍密，

黄耆

黄耆

黄耆

华黄耆

有 10 ~ 20 朵花；苞片线状披针形，花萼钟状，花冠黄色或淡黄色。荚果薄膜质，稍膨胀，半椭圆形，两面被白色或黑色细短柔毛；种子 3 ~ 8 颗。花期 6 ~ 8 月，果期 7 ~ 9 月。

【产地与习性】产东北、华北及西北。生于林缘、灌丛或疏林下，亦见于山坡草地或草甸中。俄罗斯有分布。性强健，喜光，耐寒，不耐暑热，耐瘠，不择土壤。生长适温18 ~ 30℃。

【观赏评价与应用】株形紧凑，花果均可观赏，可用于坡地、林缘绿化，或植于园路边或用于药用植物专类园。根入药。

【同属种类】本属约 3000 多种，分布于北半球、南美洲及非洲，稀见于北美洲和大洋洲。我国有 401 种，221 种为特有种。

栽培的本属植物有：

1. 华黄耆 Astragalus chinensis

多年生草本，高 30 ~ 90cm。奇数羽状复叶，具 17 ~ 25 片小叶，长 5 ~ 12cm；小叶椭圆形至长圆形，长 1.5 ~ 2.5cm，宽 4 ~ 9mm，先端钝圆，具小尖头，基部宽楔形或近圆形。总状花序生多数花，稍密集；花冠黄色，旗瓣宽椭圆形或近圆形，翼瓣小，瓣片长圆形。荚果椭圆形，种子肾形。花期 6 ~ 7 月，果期 7 ~ 8 月。产东北、内蒙古、河北、山西。生于向阳山坡、路旁砂地和草地上。

2. 蒙古黄耆 Astragalus mongholicus 【Astragalus membranaceus var. mongholicus】

多年生草本，株高 25 ~ 60cm。茎直立，上部多分枝，有细棱，被白色柔毛。羽状复叶有 13 ~ 27 片小叶，长 5 ~ 10cm；小叶椭圆形或长圆状卵形，长 5 ~ 10mm，宽 3 ~ 5mm。总状花序稍密，有 10 ~ 20 朵花；花冠黄色或淡黄色。荚果薄膜质，无毛；种子 3 ~ 8 颗。花期 6 ~ 8 月，果期 7 ~ 9 月。产黑龙江、内蒙古、河北、山西。生于向阳草地及山坡上。

蒙古黄耆

紫云英
Astragalus sinicus

【科属】蝶形花科黄耆属

【形态特征】二年生草本，多分枝，匍匐，高 10 ~ 30cm。奇数羽状复叶，具 7 ~ 13 片小叶，长 5 ~ 15cm；小叶倒卵形或椭圆形，长 10 ~ 15mm，宽 4 ~ 10mm，先端钝圆或微凹，基部宽楔形。总状花序生 5 ~ 10 花，呈伞形；总花梗腋生，花萼钟状，被白色柔毛；花冠紫红色或橙黄色。荚果线状长圆形，种子肾形，栗褐色。花期 2 ~ 6 月，果期 3 ~ 7 月。

【产地与习性】产长江流域各省区。生于海拔 400 ~ 3000m 间的山坡、溪边及潮湿处。喜生于温暖湿润气候和排水良好的中性至策酸性砂质土壤，忌渍怕旱，生长适温18 ~ 30℃。

【观赏评价与应用】紫云英株型低矮整齐，花色鲜艳，且适生性好，为良好的观花植物，适合坡地、林缘、疏林下大面积种植，营造群体景观，也可用于滨水岸边、墙边绿化。为优良牧草，也可用于改良土壤。

紫云英

紫云英

澳洲蓝豆
Baptisia australis

【科属】蝶形花科赛靓属

【形态特征】多年生宿根草本，株高1 ~ 1.5m，冠幅达 0.6 ~ 1m。羽状复叶，三

澳洲蓝豆

澳洲蓝豆

小叶，小叶倒卵形，先端尖，基部渐狭，全缘，叶绿色。叶柄短，长约1cm。总状花序，花蝶形，蓝色。花期4～5月。

【产地与习性】原产澳洲，我国华东等地引种栽培。喜阳光充足及温暖环境，不耐寒，喜疏松、排水良好的砂质土壤。生长适温16～26℃。

【观赏评价与应用】为近年来引进的新优植物，适应性强，花蓝色，清新可人，与绿叶相衬，极为美观，可丛植于林缘、山石边、滨水岸边或一隅点缀，或与其他红色、黄色系植物配植观赏。

【同属种类】本属约34种，产澳洲及美洲，我国有少量引种。

刀豆
Canavalia gladiata

【科属】蝶形花科刀豆属

【别名】挟剑豆

【形态特征】缠绕草本，长达数米。羽状复叶具3小叶，小叶卵形，长8～15cm，宽（4-）8～12cm，先端渐尖或具急尖的尖头，基部宽楔形，侧生小叶偏斜；总状花序具长总花梗，有花数朵生于总轴中部以上；花萼稍被毛，花冠白色或粉红。荚果带状，略弯曲，种子椭圆形或长椭圆形。花期7～9月，果期10月。

【产地与习性】我国长江以南各省区间有栽培。热带亚热带及非洲广布。喜阳光及温暖环境，不耐寒。对土壤要求不严，以排水良好而疏松的砂壤土栽培为好。生长适温16～28℃。

【观赏评价与应用】本种花果有一定的观赏价值，适合棚架、花架、篱垣立体绿化。嫩荚和种子供食用，但须先用盐水煮熟，然后

刀豆

刀豆

刀豆

换清水煮，方可食用。本种亦可作绿肥，覆盖作物及饲料。

【同属种类】本属约50种，产热带及亚热带地区。我国共5种，其中引进2种。

栽培的同属植物有：

海刀豆 *Canavalia rosea*【*Canavalia maritima*】

粗壮草质藤本。羽状复叶具3小叶；小叶倒卵形、卵形、椭圆形或近圆形，长5～8（～14）cm，宽4.5～6.5（～10）cm，先端通常圆，截平、微凹或具小凸头，稀渐尖，基部楔形至近圆形，侧生小叶基部常偏斜。总状花序腋生，花1～3朵聚生于花序轴近顶

海刀豆

海刀豆

部的每一节上；花萼钟状，花冠紫红色。荚果线状长圆形，种子椭圆形。花期6～7月。产我国东南部至南部。蔓生于海边沙滩上。热带海岸地区广布。

距瓣豆
Centrosema pubescens

【科属】蝶形花科距瓣豆属

【形态特征】多年生草质藤本。叶具羽状3小叶；小叶薄纸质，顶生小叶椭圆形、长圆形或近圆形，长4～7cm，宽2.5～5cm，先端急尖或短渐尖，基部钝或圆；侧生小叶略小，稍偏斜；总状花序腋生；花2～4朵，常密集于花序顶部；花萼5齿裂，花冠淡紫红色，旗瓣宽圆形，翼瓣镰状倒卵形，龙骨瓣宽而内弯。荚果线形，种子长椭圆形。花期

距瓣豆

距瓣豆

蝙蝠草

距瓣豆

11 ~ 12 月。

【产地与习性】原产热带美洲。我国广东、海南、台湾、江苏、云南有引种栽培。性喜阳光及高温环境，不耐霜寒，对土质要求不高，以微酸性壤土为宜。生长适温 18 ~ 28℃。

【观赏评价与应用】本种生长势旺盛，覆盖性极强，生长快，为优良绿肥和覆盖植物，可用于篱架、花架或用于墙垣立体绿化；茎叶可作饲料。

【同属种类】本属约 45 种，分布于美洲。我国引种 1 种。

蝙蝠草
Christia vespertilionis

【科属】蝶形花科蝙蝠草属

【别名】飞机草

【形态特征】多年生直立草本，高 60 ~ 120cm。常由基部开始分枝。叶通常为单小叶，稀有 3 小叶；小叶近革质，灰绿色，顶生小叶菱形或长菱形或元宝形，长 0.8 ~ 1.5cm，宽 5 ~ 9cm，先端宽而截平，近中央处稍凹，基部略呈心形，侧生小叶倒心形或倒三角形，两侧常不对称，先端截平，基部楔形或近圆形。总状花序顶生或腋生，有时组成圆锥花序，花冠黄白色。荚果有荚节 4 ~ 5，椭圆形。花期 3 ~ 5 月，果期 10 ~ 12 月。

【产地与习性】产广东、海南、广西。多生于旷野草地、灌丛中、路旁及海边地区。全世界热带地区均有分布。喜温暖及光照充足环境，较耐荫，喜热俱寒，对土质要求不严，生长适温 16 ~ 28℃。

蝙蝠草

蝙蝠草

【观赏评价与应用】叶奇特，状似飞机翅膀，故名"飞机草"。本种在园林中较少大面积应用，多数株丛植于路边、小径处观赏。全草供药用，治肺结核、虫蛇咬伤；叶外敷为跌打接骨药。

【同属种类】本属约 13 种，分布于热带亚洲和大洋洲；我国有 5 种，其中 1 种特有。

蝶豆
Clitoria ternatea

【科属】蝶形花科蝶豆属

【别名】蓝蝴蝶

【形态特征】攀援状草质藤本。茎、小枝细弱。小叶 5 ~ 7，但通常为 5，薄纸质或近膜质，宽椭圆形或有时近卵形，长 2.5 ~ 5cm．宽 1.5 ~ 3.5cm，先端钝，微凹，常具细微的小凸尖，基部钝。花大，单朵腋生；苞片 2，披针形；花萼膜质；花冠蓝色、粉红色或白色，单瓣或重瓣。荚果扁平，具长喙，有种子 6 ~ 10 颗；种子黑色。花、果期 7 ~ 11 月。

【产地与习性】原产于印度，我国各地栽培。性喜高温及阳光充足的环境，耐热性好，不耐寒，喜肥沃的中性至微酸性土壤。生长

蝶豆

蝶豆

蝶豆

蝶豆

适温 18 ~ 30℃。

【观赏评价与应用】 本种花型美观，色泽雅致，为广受欢迎的藤蔓植物，适于小型棚架、篱架或墙垣绿化，也可用于坡地作地被植物。全株可作绿肥。根、种子有毒。

【同属种类】 本属约 70 种，分布于热带和亚热带地区。我国有 5 种，其中引进 1 种。

小冠花
Coronilla varia

【科属】 蝶形花科小冠花属

【别名】 绣球小冠花

【形态特征】 多年生草本，茎直立，粗壮，多分枝，高 50 ~ 100cm。奇数羽状复叶，具

小冠花

小冠花

小冠花

小叶 11 ~ 17（~ 25）；小叶薄纸质，椭圆形或长圆形，长 15 ~ 25mm，宽 4 ~ 8mm，先端具短尖头，基部近圆形；伞形花序腋生，苞片 2，披针形，花萼膜质，花冠紫色、淡红色或白色，有明显紫色条纹。荚果细长圆柱形，稍扁，具 4 棱，各荚节有种子 1 颗。花期 6 ~ 7 月，果期 8 ~ 9 月。

【产地与习性】 原产欧洲地中海地区。我国东北南部有栽培。喜温暖、湿润及阳光充足的环境，抗寒性好，但不耐热，忌湿涝。喜排水良好的中性壤土，生长适温 15 ~ 25℃。

【观赏评价与应用】 小冠花性强健，我国上世纪七十年代引进主要用公路、铁路两侧护坡、河堤固岸等水土保持工程。因其观赏性强，在园林中也常见应用，适合坡地、路边或林下大面积种植观赏。

【同属种类】 本属约 16 种，产欧洲及北非。

猪屎豆
Crotalaria pallida

【科属】 蝶形花科猪屎豆属

【形态特征】 多年生草本，或呈灌木状；茎枝圆柱形。叶三出，小叶长圆形或椭圆形，长 3 ~ 6cm，宽 1.5 ~ 3cm，先端钝圆或微凹，基部阔楔形。总状花序顶生，长达 25cm，有花 10 ~ 40 朵；苞片线形，花萼近钟形，五裂，花冠黄色，伸出萼外。荚果长圆形，种子 20 ~ 30 颗。花果期 9 ~ 12 月间。

【产地与习性】 产福建、台湾、广东、广西、四川、云南、山东、浙江。生海拔 100 ~ 1000m 荒山草地及砂质土壤之中。分布到美洲、非洲、亚洲热带、亚热带地区。性强健，对环境适应性极强，可粗放管理，生长适温 15 ~ 30℃。

【观赏评价与应用】 性强健，易栽培，常见用于公路、铁路等两侧应用，即可观赏，也可用于护坡及水土保持工程，园林中也可用于园路边或墙垣边片植或用于点缀。本种

猪屎豆

猪屎豆

猪屎豆

可供药用，全草有散结、清湿热等作用。

【同属种类】 本属约 700 种，主产热带地区并延伸到亚热带，我国有 42 种，其中 9 种为特有，6 种引进。

广东金钱草
Desmodium styracifolium

【科属】 蝶形花科山蚂蝗属

【别名】 金钱草

【形态特征】 直立亚灌木状草本，高 30 ~ 100cm。多分枝。叶通常具单小叶，有时具 3 小叶；小叶厚纸质至近革质，圆形或近圆形至宽倒卵形，长与宽均 2 ~ 4.5cm，侧生小叶如存在，则较顶生小叶小，先端圆或微凹，基部圆或心形。总状花序短，顶生或腋生，花密生，每 2 朵生于节上；花萼密被小钩状毛和混生丝状毛，顶端 4 裂，花冠紫红色。荚果，有荚节 3 ~ 6。花、果期 6 ~ 9 月。

【产地与习性】 产广东、海南、广西、云南。生于海拔 1000m 以下山坡、草地或灌木丛中。印度、斯里兰卡、缅甸、泰国、越南、马来西亚也有分布。性强健，喜光，喜温暖，不耐寒，不择土壤。生长适温 15 ~ 28℃。

【观赏评价与应用】 本种枝叶青翠，性强

广东金钱草

广东金钱草

健，有一定的观赏性，可用于坡地、园路边或草地边缘种植观赏或用作地被植物。全株供药用，平肝火，清湿热，利尿通淋，可治肾炎浮肿、尿路感染等。

【同属种类】约 280 种，多分布于亚热带和热带地区。我国有 32 种，其中 4 种特有，3 种引进。

同属植物有：

三点金 *Desmodium triflorum*

多年生草本平卧，高 10 ~ 50cm。茎纤细，多分枝。叶为羽状三出复叶，小叶 3；小叶纸质，顶生小叶倒心形，倒三角形或倒卵形，长和宽约为 2.5 ~ 10mm，先端宽截平而微凹

三点金

三点金

入，基部楔形。花单生或 2 ~ 3 朵簇生于叶腋；花冠紫红色，与萼近相等。荚果扁平，狭长圆形，有荚节 3 ~ 5。花、果期 6 ~ 10 月。产浙江、福建、江西、广东、海南、广西、云南、台湾等省区。生于海拔 180 ~ 570m 旷野草地、路旁或河边沙土上。印度、斯里兰卡、尼泊尔、缅甸、泰国、越南、马来西亚、太平洋群岛、大洋洲和美洲热带地区也有分布。

刺果甘草
Glycyrrhiza pallidiflora

【科属】蝶形花科甘草属

【形态特征】多年生草本。茎直立，多分枝，高 1 ~ 1.5m。叶长 6 ~ 20cm；小叶 9 ~ 15 枚，披针形或卵状披针形，长 2 ~ 6cm，宽 1.5 ~ 2cm，上面深绿色，下面淡绿色，顶端渐尖，具短尖，基部楔形，边缘具微小的钩状细齿。总状花序腋生，花密集成球状；花萼钟状，花冠淡紫色、紫色或淡紫红色。荚果卵圆形，种子 2 枚，黑色。花期 6 ~ 7 月，果期 7 ~ 9 月。

刺果甘草

刺果甘草

刺果甘草

【产地与习性】分布于东北、华北及西北等地；蒙古、西伯利亚、中亚、巴基斯坦、阿富汗也有分布。性喜冷凉，喜光照，耐寒、耐热、耐旱、怕涝，喜钙质土，耐盐碱。生长适温 15 ~ 25℃。

【观赏评价与应用】适应性强，耐盐碱，园林中可用于盐碱地、砂质地片植栽培，即可观赏，也可起到改良土壤的作用。

【同属种类】全属约 20 种，分布遍全球各大洲，以欧亚大陆为多。我国有 8 种，其中 2 种特有。

栽培的同属植物有：

甘草 *Glycyrrhiza uralensis*

多年生草本；根与根状茎粗壮，具甜味。茎直立，多分枝，高 30 ~ 120cm，叶长 5 ~ 20cm；小叶 5 ~ 17 枚，卵形、长卵形或近圆形，长 1.5 ~ 5cm，宽 0.8 ~ 3cm，顶端钝，具短尖，基部圆，边缘全缘或微呈波状，多少反卷。总状花序腋生，具多数花，花萼钟状，花冠紫色、白色或黄色。荚果弯曲呈镰刀状或呈环状，密集成球，种子圆形或肾

扁豆

香豌豆

形。花期 6 ~ 8 月，果期 7 ~ 10 月。产东北、华北、西北各省区及山东。常生于干旱沙地、河岸砂质地、山坡草地及盐渍化土壤中。蒙古及俄罗斯西伯利亚地区也有。

扁豆
Lablab purpureus

【科属】蝶形花科扁豆属

【别名】藤豆

【形态特征】多年生、缠绕藤本。茎长可达 6m，常呈淡紫色。羽状复叶具 3 小叶；小叶宽三角状卵形，长 6 ~ 10cm，宽约与长

扁豆

扁豆

相等，侧生小叶两边不等大，偏斜，先端急尖或渐尖，基部近截平。总状花序直立，长 15 ~ 25cm，花 2 至多朵簇生于每一节上；花萼钟状，花冠白色或紫色。荚果长圆状镰形，扁平，直或稍向背弯曲，种子 3 ~ 5 颗，扁平。花期 4 ~ 12 月。

【产地与习性】可能原产印度，我国各地广泛栽培。性温暖、湿润环境，喜阳光充足，忌湿涝，以疏松、肥沃的中性或微酸性土壤栽培为宜。生长适温 15 ~ 28℃。

【观赏评价与应用】本种花有紫白两种，豆荚有绿白、浅绿、粉红或紫红等色。可用于篱架、花架、墙垣边作植观赏。嫩荚作蔬食，白花和白色种子入药，有消暑除湿，健脾止泻之效。

【同属种类】本属 1 种，产非洲，我国引进栽培。

香豌豆
Lathyrus odoratus

【科属】蝶形花科山黧豆属

【别名】麝香豌豆

【形态特征】一年生草本，高 50 ~ 200cm，全株或多或少被毛。茎攀缘，多分枝。叶具 1 对小叶，托叶半箭形；叶轴具翅，叶轴末端具有分枝的卷须；小叶卵状长圆形或椭圆形，长 2 ~ 6cm，宽 0.7 ~ 3cm，全缘，具羽状脉或有时近平行脉。总状花序长于叶，具 1 ~ 3 (~ 4) 朵花，花下垂，极香，通常

香豌豆

香豌豆

紫色，也有白色、粉红色、红紫色、紫堇色及蓝色等各种颜色；荚果线形有时稍弯曲，种子平滑。花果期 6 ~ 9 月。

【产地与习性】原产意大利，我国各地栽培。性喜温暖、凉爽气候，喜阳光充足环境，不耐暑热，较耐寒。喜疏松、排水良好的中性壤土。生长适温 15 ~ 25℃。

【观赏评价与应用】香豌豆花形奇特，花开繁茂，花期长，即可植于园路边作背景材料，也可用于小型篱架攀援作垂直绿化材料，也可作为地被植物，任其攀爬生长。植株及种子有毒。

【同属种类】本属约有 160 种，分布于欧、亚及北美的北温带地区，南美及非洲也有少量分布。我国有 18 种，其中 3 种特有，3 种引进。

春山黧豆
Lathyrus vernus

【科属】蝶形花科山黧豆属

【别名】春花香豌豆、春苦豆

【形态特征】多年生草本，株高 20 ~ 50cm。羽状复叶，小叶长椭圆形，先端急尖，基部楔形，全缘，叶柄短。总状花序，花淡紫红色。荚果紫红色，先端绿色。花期夏季。

春山黧豆

春山黧豆

【产地与习性】产欧洲及俄罗斯西伯利亚的森林中，喜温暖、湿润及光照充足的环境，耐半荫，耐寒，耐瘠，不耐湿热。喜疏松、排水良好的中性至微酸性壤土。生长适温15～25℃。

【观赏评价与应用】花紫红，果实紫色，点缀于绿叶之间，极为美丽，为优良观花观果植物。多丛植于山石边、园路边或庭院一隅点缀，或与其他观花植物配植观赏。

栽培的同属植物有：

宽叶香豌豆 *Lathyrus latifolius*

多年生草质藤本，茎长达2m，多分枝。叶互生，羽状，有2小叶，小叶椭圆形，叶柄有翼，卷须着生于两小叶之间。总状花序，花萼5浅裂，花冠浅红色或白色。角果。花期5～9月。产欧洲南部。

宽叶香豌豆

百脉根

百脉根

百脉根
Lotus corniculatus

【科属】蝶形花科百脉根属

【别名】牛角花、五叶草

【形态特征】多年生草本，高15～50cm。具主根。茎丛生，平卧或上升。羽状复叶小叶5枚；顶端3小叶，基部2小叶呈托叶状，纸质，斜卵形至倒披针状卵形，长5～15mm，宽4～8mm；伞形花序；花3～7朵集生于总花梗顶端，萼钟形，花冠黄色或金黄色，干后常变蓝色。荚果直，线状圆柱形，有多数种子，种子细小。花期5～9月，果期7～10月。

【产地与习性】产西北、西南和长江中上游各省区。生于湿润而呈弱碱性的山坡、草地、田野或河滩地。亚洲、欧洲、北美洲和大洋洲均有分布。喜温暖、湿润气候，耐瘠、耐湿、耐荫、耐旱，对土壤要求不严。生长适温15～25℃。

【观赏评价与应用】本种抗性极好，对环境适应性强，花开时节，犹如金色地毯一般，多用于园路边、坡地、水岸边或疏林下大片种植，或用于公路等两侧绿化，景观效果极佳。本种也是良好的牧草，具根瘤菌，有改良土壤的功能。又是优良的蜜源植物之一。

【同属种类】本属约125种，分布地中海区域、欧亚大陆、南北美洲和大洋洲温带。我国有8种。

多叶羽扇豆
Lupinus polyphyllus

【科属】蝶形花科羽扇豆属

【别名】多花羽扇豆

【形态特征】多年生草本，高50～100cm。茎直立，分枝成丛。掌状复叶，小叶(5)9～15(～18)枚；小叶椭圆状倒披针形，长(3)4～10(～15)cm，宽1～2.5cm，先端钝圆至锐尖，基部狭楔形。总状花序远长于复叶，长15～40cm；花多而稠密，互生，萼二唇形，密被贴伏绢毛，花冠蓝色至堇青色，旗瓣反折，龙骨瓣喙尖，先端呈蓝黑色。荚果长圆形，有种子4～8粒。花期6～8月，

多叶羽扇豆

果期 7 ~ 10 月。

【产地与习性】原产美国西部。生于河岸、草地和潮湿林地。我国见于栽培。性喜温暖、湿润的环境，不耐暑热，耐寒性较好，喜土层深厚，排水良好的肥沃壤土。生长适温 15 ~ 25℃。

【观赏评价与应用】上世纪 90 年代初期，电影《鲁冰花》伤感的主题曲风靡一时："天上的星星不说话，地上的娃娃想妈妈 .... 夜夜想起妈妈的话，闪闪的泪光鲁冰花 ......"，成为流行歌曲中歌颂母爱的经典名曲，也让人们认识的鲁冰花。鲁冰花是羽扇豆属植物的通称，原产北美，后传至欧洲，在我国长江流域一带种植较多，因鲁冰花根部有根瘤菌，可以固氮肥田，因此我国台湾山地的茶农在种植茶树时，常常在茶树下种植鲁冰花，以助茶树健康生长。多叶羽扇豆叶姿优美，花序大而美观，且园艺品种众多，为世界广为种植的观花植物，适合用于作背景材料，或用于山石、小径、园路边丛植点缀。

【同属种类】本属约 200 种，主要分布北美洲，其次分布南美洲，地中海区域和非洲。我国引进栽培。

栽培的同属植物有：

羽扇豆 *Lupinus micranthus*

一年生草本，高 20 ~ 70cm。茎上升或直立，基部分枝，全株被棕色或锈色硬毛。掌状复叶，小叶 5 ~ 8 枚；小叶倒卵形、倒披

羽扇豆

针形至匙形，长 15 ~ 70mm，宽 5 ~ 15mm，先端钝或锐尖，具短尖，基部渐狭。总状花序顶生，长 5 ~ 12cm，长不超出复叶，萼二唇形，花冠蓝色，旗瓣和龙骨瓣具白色斑纹。荚果长圆状线形，有种子 3 ~ 4 粒。种子卵形，扁平。花期 3 ~ 5 月，果期 4 ~ 7 月。原产地中海区域。生于砂质土壤。我国见于栽培。

紫花大翼豆
Macroptilium atropurpureum

【科属】蝶形花科大翼豆属

【形态特征】多年生蔓生草本。茎被短柔毛或茸毛，逐节生根。羽状复叶具 3 小叶；托叶卵形，小叶卵形至菱形，长 1.5 ~ 7cm，宽 1.3 ~ 5cm，有时具裂片，侧生小叶偏斜，外侧具裂片，先端钝或急尖，基部圆形，上面被短柔毛，下面被银色茸毛；花萼钟状，被白色长柔毛，具 5 齿；花冠深紫色。荚果线形，顶端具喙尖，具种子 12 ~ 15 颗；花期夏至秋。

紫花大翼豆

【产地与习性】原产热带美洲，现世界上热带、亚热带许多地区均有栽培或已在当地归化。性强健，喜高温，对光照、水分及土壤没有特殊要求，生长适温 16 ~ 28℃。

【观赏评价与应用】本种花紫色，有一定观赏性，我国作为牧草引进，其抗旱强，现多用于高速公路，铁路护坡，也可用于公园、绿地等的坡地、林下种植，即可观赏，又可防止水土流失，且有良好的固氮作用，可作

紫花大翼豆

紫花大翼豆

绿肥。

【同属种类】本属约 20 种，分布于美洲；我国引入栽培 2 种。

紫苜蓿
Medicago sativa

【科属】蝶形花科苜蓿属

【别名】苜蓿

【形态特征】多年生草本，高 30 ~ 100cm。茎直立、丛生以至平卧，四棱形。羽状三出复叶；托叶大，卵状披针形；小叶长卵形、倒长卵形至线状卵形，等大，或顶生小叶稍大，长（5）10 ~ 25（~ 40）mm，宽 3 ~ 10mm，纸质，先端钝圆，具由中脉伸出的长齿尖，基部狭窄，楔形，边缘三分之一以上具锯齿。花序总状或头状，具花 5 ~ 30

紫苜蓿

羽扇豆

朵；萼钟形，花冠各色：淡黄、深蓝至暗紫色。荚果螺旋状紧卷 2 ~ 4（~ 6）圈，有种子 10 ~ 20 粒。花期 5 ~ 7 月，果期 6 ~ 8 月。

【产地与习性】原产欧洲及亚洲中部。我国北部和西北部广为栽培。喜光，适应性广，喜温暖、多晴少雨的干燥气候，耐旱，极耐寒。对土壤要求不高，生长适温 16 ~ 25℃。

【观赏评价与应用】为优良绿肥和饲用植物，其花色丰富，在园林中可做地被或用于边坡绿化，也适合用于改良土壤。

【同属种类】本属约 85 种，分布地中海区域、西南亚、中亚和非洲。我国有 15 种，其中 1 种特有，6 种引进。

栽培的同属植物有：

天蓝苜蓿 *Medicago lupulina*

一、二年生或多年生草本，高 15 ~ 60cm。茎平卧或上升，多分枝，叶茂盛。羽状三出复叶；托叶卵状披针形，长可

天蓝苜蓿

天蓝苜蓿

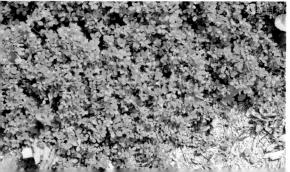

达 1cm，先端渐尖，基部圆或戟状；小叶倒卵形、阔倒卵形或倒心形，长 5 ~ 20mm，宽 4 ~ 16mm，纸质，先端多少截平或微凹，具细尖，基部楔形，边缘在上半部具不明显尖齿。花序小头状，具花 10 ~ 20 朵；萼钟形，花冠黄色。荚果肾形，有种子 1 粒。花期 7 ~ 9 月，果期 8 ~ 10 月。产我国南北各地，以及青藏高原。欧亚大陆广布

红花菜豆
Phaseolus coccineus

【科属】蝶形花科菜豆属

【别名】荷包豆

【形态特征】多年生缠绕草本。在温带地区通常作一年生作物栽培；茎长 2 ~ 4m 或过之。羽状复叶具 3 小叶；托叶小，不显著；小叶卵形或卵状菱形，长 7.5 ~ 12.5cm，宽有时过于长，先端渐尖或稍钝。花多朵生于较叶为长的总花梗上，排成总状花序；花萼阔钟形，花冠通常鲜红色，偶为白色。荚果镰状长圆形。花期夏至秋。

【产地与习性】原产中南美洲，世界各地的温带和热带地区皆有栽培，我国除少数高寒山区外都有种植。性喜光，喜温暖湿润。炎热伏天，开花量减少，初秋天气转凉，又会出现第二次开花高潮。喜疏松、排水良好的肥沃壤土。生长适温 16 ~ 25℃。

【观赏评价与应用】花色鲜红，点缀于绿

红花菜豆

红花菜豆

红花菜豆

叶之间，极为优美，是优良的藤蔓植物，可用于篱架、花架立体绿化，也是阳台绿化的好材料。红花菜豆不仅供观赏，也是各地喜爱的蔬菜，味美而富于营养；药用则有补胃下气、健脾利水的功效。

【同属种类】约 50 种，分布于全世界的温暖地区，尤以热带美洲为多；我国有 3 种，均为引进。

栽培的同属植物有：

菜豆 *Phaseolus vulgaris*

一年生、缠绕或近直立草本。羽状复叶具 3 小叶；托叶披针形，小叶宽卵形或卵状菱形，侧生的偏斜，长 4 ~ 16cm，宽 2.5 ~ 11cm，先端长渐尖，基部圆形或宽楔形，全缘。总状花序比叶短，有数朵生于花序顶部的花；花萼杯状，花冠白色、黄色、紫堇色或红色；荚果带形，稍弯曲，种子 4 ~ 6。花期春夏。原产美洲。

菜豆

菜豆

菜豆

四棱豆
Psophocarpus tetragonolobus

【科属】蝶形花科四棱豆属

【形态特征】一年生或多年生攀援草本。茎长 2 ～ 3m 或更长，具块根。叶为具 3 小叶的羽状复叶；小叶卵状三角形，长 4 ～ 15cm，宽 3.5 ～ 12cm，全缘，先端急尖或渐尖，基部截平或圆形；总状花序腋生，有花 2 ～ 10朵；花萼绿色，钟状，旗瓣圆形，外淡绿，内浅蓝，翼瓣倒卵形，浅蓝色，龙骨瓣稍内弯，基部具圆形的耳，白色而略染浅蓝；荚果四棱状，种子 8 ～ 17 颗，白色。果期10 ～ 11 月。

【产地与习性】原产地可能是亚洲热带地区，现亚洲南部、大洋洲、非洲等地均有栽培。喜光照，喜高温环境，耐热性强，不耐寒。喜排水良好的肥沃微酸性壤土，生长适温 16 ～ 28℃。

【观赏评价与应用】花较大，果奇特，呈四棱形，有较强的观赏性，可用于篱架、墙垣绿化。本种的嫩叶、嫩荚可作蔬菜，块根亦可食；种子富含蛋白质。

【同属种类】本属约 10 种，产东半球热带地区。我国引进 1 种。

葛麻姆
Pueraria lobata var. *montana*

【科属】蝶形花科葛属

【形态特征】粗壮藤本，长可达 8m。羽状复叶具 3 小叶，小叶三裂，偶尔全缘，顶生小叶宽卵形，长大于宽，长 9 ～ 18cm，宽 6 ～ 12cm，先端渐尖，基部近圆形，通常全缘，侧生小叶略小而偏斜，两面均被长柔毛，下面毛较密；总状花序长 15 ～ 30cm，中部以上有颇密集的花；2 ～ 3 朵聚生于花序轴的节上；花萼钟形，花冠长 12 ～ 15mm，旗瓣圆形，翼瓣镰状，龙骨瓣镰状长圆形。荚果长椭圆

形，扁平。花期 7 ～ 9 月，果期 10 ～ 12 月。

【产地与习性】产云南、四川、贵州、湖北、浙江、江西、湖南，福建、广西、广东、海南和台湾。生于旷野灌丛中或山地疏林下。日本、越南、老挝、泰国和菲律宾有分布。喜温暖、湿润的气候，喜阳光充足。对土壤适应性强，一般土壤均可良好生长。生长适温16 ～ 28℃。

【观赏评价与应用】本种性强健，野性强，花繁密，观赏性佳，适合公园、绿地等篱架、花架栽培观赏或用于边坡绿化，也可用于公路、铁路两侧用作水土保持植物。

栽培的同属植物：

1. 葛 Pueraria montana

粗壮藤本，长可达 8m，茎基部木质，有粗厚的块状根。羽状复叶具 3 小叶；小叶三裂，偶尔全缘，顶生小叶宽卵形或斜卵形，长 7 ～ 15（～ 19）cm，宽 5 ～ 12（～ 18）cm，先端长渐尖，侧生小叶斜卵形，稍小。总状花序长 15 ～ 30cm，中部以上有颇密集的花；花 2 ～ 3 朵聚生于花序轴的节上；花萼钟形，花冠长 10 ～ 12mm，紫色，旗瓣倒卵形，翼瓣镰状，龙骨瓣镰状长圆形。荚果长椭圆形。

葛

葛

花期 9 ~ 10 月，果期 11 ~ 12 月。产我国南北各地，除新疆、青海及西藏外，分布几遍全国。生于山地疏或密林中。东南亚至澳大利亚亦有分布。

2. 爪哇葛藤 *Pueraria phaseoloides*

又名三裂叶野葛，草质藤本。羽状复叶具 3 小叶；小叶宽卵形、菱形或卵状菱形，顶生小叶较宽，长 6 ~ 10cm，宽 4.5 ~ 9cm，侧生的较小，偏斜，全缘或 3 裂。总状花序单生，长 8 ~ 15cm 或更长，中部以上有花，聚生于稍疏离的节上；萼钟状，花冠浅蓝色或淡紫色，旗瓣近圆形，翼瓣倒卵状长椭圆形，龙骨瓣镰刀状。荚果近圆柱状，种子长椭圆形。花期 8 ~ 9 月，果期 10 ~ 11 月。产云南、广东、海南、广西和浙江。生于山地、丘陵的灌丛中。印度、中南半岛及马来半岛亦有分布。

爪哇葛藤

决明

决明

决明

决明
Senna tora
【*Cassia tora*】

【科属】蝶形花山扁豆属

【别名】草决明、假花生

【形态特征】直立、粗壮、一年生亚灌木状草本，高 1 ~ 2m。叶长 4 ~ 8cm；小叶 3 对，膜质，倒卵形或倒卵状长椭圆形，长 2 ~ 6cm，宽 1.5 ~ 2.5cm，顶端圆钝而有小尖头，基部渐狭，偏斜。花腋生，通常 2 朵聚生；萼片稍不等大，卵形或卵状长圆形；花瓣黄色，下面二片略长。荚果纤细，近四棱形，种子菱形，光亮。花果期 8 ~ 11 月。

【产地与习性】原产于美洲热带地区。我国各地普遍栽培或逸为野生。喜光，喜湿润，耐寒性不强，喜排水良好的砂质壤土。生长适温 16 ~ 26℃。

【观赏评价与应用】株丛茂盛，花色金黄，适应性强，园林中可用于公园、风景区丛植于路边、山岩边栽培观赏，也可带植于墙边、水岸边或做背景植物。本种是重要的药用植物，也可栽培供观赏。

【同属种类】本属约有 260 种，泛热带均产，我国有 15 种，其中 13 种为引进。

白灰毛豆
Tephrosia candida

【科属】蝶形花科灰毛豆属

【别名】短萼灰叶

【形态特征】灌木状草本，高 1 ~ 3.5m。茎木质化，具纵棱。羽状复叶长 15 ~ 25cm；小叶 8 ~ 12 对，长圆形，长 3 ~ 6cm，宽 6 ~ 1.4cm，先端具细凸尖，上面无毛，下

白灰毛豆

白灰毛豆

面密被平伏绢毛；总状花序顶生或侧生，长15～20cm，疏散多花，花萼阔钟状；花冠白色、淡黄色或淡红色，旗瓣外面密被白色绢毛，翼瓣和龙骨瓣无毛。荚果直，线形，种子橄榄色。花期10～11月，果期12月。

【产地与习性】原产印度东部和马来半岛。我国福建、广东、广西、云南有种植，并逸生于草地、旷野、山坡。性强健，喜光，喜高温及湿润环境，耐瘠，对土壤要求不严，生长适温16～30℃。

【观赏评价与应用】本种花量大，花朵洁白，极为素雅，抗性极强，粗生，可丛植于路边、山石边、林缘观赏，也常用于公路、铁路护坡。

【同属种类】本属有400多种。广布热带和亚热带地区，多数产非洲。我国有11种，其中1种特有，3种引进。

野决明
Thermopsis lupinoides

【科属】蝶形花科野决明属

【别名】黄华、花豆秧

【形态特征】多年生草本，高50～80cm。复叶长5～12.5cm；小叶较大，阔椭圆形，长3.5～8cm，宽（2）2.5～3.5（～4.7）cm，先端钝或急尖，基部楔形；顶生小叶常为阔披针形；总状花序长5～18（～25）

cm，花多而疏散，互生；萼钟形；花瓣黄色。荚果直，线形，种子肾形。花期5～8月。

【产地与习性】产黑龙江、吉林。生于河口滩地及滨海沙滩。日本、朝鲜、俄罗斯也有分布。喜冷凉及阳光充足的环境，耐寒性好，不耐湿热，对土壤要求不严。生长适温12～22℃。

【观赏评价与应用】叶色翠绿，花色金黄，极为醒目，为优良的观花草本。可用于园路边、墙垣边或一隅栽培，也常与其他观花草本、灌木配植。

【同属种类】本属25种，产亚洲及北美洲。我国有12种，其中4种为特有。

白三叶
Trifolium repens

【科属】蝶形花科车轴草属

【别名】白车轴草

【形态特征】多年生草本植物，植株低矮。侧根发达。主茎短，由茎节上长出匍匐茎，长30～60cm，节上向下产生不定根，向上长叶；掌状三出复叶，叶柄细长直立，长15～20cm；小叶倒卵形或心脏形，叶绿有细齿，叶面中央有"V"形白斑；腋生头形总状花序，着生于自叶腋抽出的比叶梗长的花梗上；花小白色或略带粉红色；荚果狭小，包藏于宿存的花被内，每荚含种子3～4粒，黄褐色。花果期5～10月。

白三叶

白三叶

白三叶

【产地与习性】原产欧洲，是一种重要的牧草和优良的地被植物。全国各地尤其是北方地区普遍栽培。喜光，喜湿润，耐阴性好，对土壤要求不严，以土层深厚、肥沃、排水良好的中性至微酸性土壤生长为宜。生长适温16～28℃。

【观赏评价与应用】白三叶绿期和花期长，适应性强，是优良的观赏型地被植物，可用于疏林下、园路边、林缘或滨水岸边片植观赏。

【同属种类】本属约250种，分布欧亚大陆，非洲，南、北美洲的温带，以地中海区域为中心。我国有13种，9种引进。

栽培的同属植物及品种有：

1. 紫三叶草 *Trifolium repens* 'Purpurascens' 与原种的区别为叶片紫色，叶缘绿色。

2. '血竭' 三叶草 *Trifolium repens* 'Dragon's Blood'
与原种区别为叶片绿白色，下部具菱形斑，绿色并带紫色。

3. 野火球 *Trifolium lupinaster*
又名野火荻、红五叶，多年生草本，高30～60cm。茎直立，单生，基部无叶，秃净，上部具分枝。掌状复叶，通常小叶5枚，稀

紫三叶草

'血竭' 三叶草

野火球

3 枚或 7（～9）枚；小叶披针形至线状长圆形，长 25～50mm，宽 5～16mm，先端锐尖，基部狭楔形。头状花序着生顶端和上部叶腋，具花 20～35 朵；萼钟形，花冠淡红色至紫红色，旗瓣椭圆形，翼瓣长圆形，龙骨瓣长圆形。荚果长圆形，种子阔卵形。花果期 6～10 月。产东北、内蒙古、河北、山西、新疆。生于低湿草地、林缘和山坡。朝鲜、日本、蒙古和俄罗斯均有分布。

4. 红花三叶草 Trifolium pratense

又名红车轴草、红三叶，为多年生草本，生长期 2～5（～9）年。主根深入土层达 1m。茎粗壮，具纵棱。掌状三出复叶；叶柄较长，茎上部的叶柄短；小叶卵状椭圆形至倒卵形，长 1.5～3.5（～5）cm，宽 1～2cm，先端钝，有时微凹，基部阔楔形，两面疏生褐色长柔毛，叶面上常有 V 字形白斑。花序球状或卵状，顶生；具花 30～70 朵，密集；萼钟形，

花冠紫红色至淡红色。荚果卵形；通常有 1 粒扁圆形种子。花果期 5～9 月。原产欧洲中部，引种到世界各国。我国南北各省区均有种植，并见逸生于林缘、路边、草地等湿润处。

5. 狐尾车轴草 Trifolium rubens

又名狐尾三叶草，多年生宿根草本，须根发达，植株丛生。三出复叶，小叶宽披针形，边缘具细齿。头状花序，具花数十朵或更多，花红色。花期 5～6 月。原产欧亚大陆。

红花三叶草

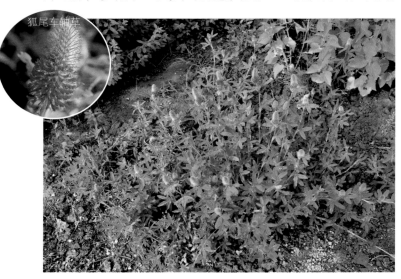
狐尾车轴草

胡卢巴
Trigonella foenum-graecum

【科属】蝶形花科胡卢巴属

【别名】香草、香豆

【形态特征】一年生草本，高 30～80cm。茎直立，圆柱形，多分枝。羽状三出复叶，小叶长倒卵形、卵形至长圆状披针形，近等大，长 15～40mm，宽 4～15mm，先端钝，基部楔形，边缘上半部具三角形尖齿；花无梗，1～2 朵着生叶腋，萼筒状，花冠黄白色或淡黄色，基部稍呈堇青色。荚果圆筒状，种子长圆状卵形。花期 4～7 月，果期 7～9 月。

【产地与习性】分布于地中海东岸、中东、伊朗高原以至喜马拉雅地区。本种适应性强，抗寒，耐热，生长迅速，喜肥沃、排水良好的土壤。生长适温 16～26℃。

【观赏评价与应用】全草含香豆素，气味

胡卢巴
胡卢巴

胡卢巴

芬芳，小花观赏价值不大，可用于香草专类园或用于岩石园点缀。本种可作饲料；嫩茎、叶可作蔬菜食用；种子供药用，能补肾壮阳，祛痰除湿；茎、叶或种子晒干磨粉掺入面粉中蒸食作增香剂。

【同属种类】本属约 55 余种，分布地中海沿岸，中欧，南北非洲，西南亚，中亚和大洋洲。我国有 8 种，其中两种引进。

广布野豌豆
Vicia cracca

【科属】蝶形花科野豌豆属

【别名】草藤

【形态特征】多年生草本，高 40～150cm。茎攀援或蔓生，有棱，被柔毛。偶数羽状复叶，叶轴顶端卷须有 2～3 分支；小叶 5～12 对互生，线形、长圆或披针状线形，长 1.1～3cm，宽 0.2～0.4cm，先端锐尖或圆形，具短尖头，基部近圆或近楔形，全缘；总状花序与叶轴近等长，花多数，10～40

广布野豌豆

广布野豌豆

密集一面向着生于总花序轴上部；花萼钟状，花冠紫色、蓝紫色或紫红色。荚果长圆形或长圆菱形，种子 3 ～ 6，扁圆球形。花果期 5 ～ 9 月。

【产地与习性】广布于我国各省区的草甸、林缘、山坡、河滩草地及灌丛。欧亚、北美也有。性强健，野性极强，对环境没有特殊要求，生长适温 15 ～ 28℃。

【观赏评价与应用】本种为水土保持绿肥作物。嫩时为牛羊等牲畜喜食饲料，花期早春为蜜源植物之一。

【同属种类】本属约 160 种，产北半球温带至南美洲温带和东非。我国有 40 种，其中 13 种特有，3 种引进。

蚕豆
Vicia faba

【科属】蝶形花科野豌豆属

【别名】南豆、胡豆

【形态特征】一年生草本，高 30 ～ 100（～ 120）cm。茎粗壮，直立。偶数羽状复叶，叶轴顶端卷须短缩为短尖头；小叶通常 1 ～ 3 对，互生，上部小叶可达 4 ～ 5 对，基部较少，小叶椭圆形，长圆形或倒卵形，稀圆形，长 4 ～ 6（～ 10）cm，宽 1.5 ～ 4cm，先端圆钝。总状花序腋生，花萼钟形，具花 2 ～ 4（～ 6）朵呈丛状着生于叶腋，花冠白色，具

蚕豆

蚕豆

蚕豆

紫色脉纹及黑色斑晕。荚果肥厚。花期 4 ～ 5 月，果期 5 ～ 6 月。

【产地与习性】原产欧洲地中海沿岸，亚洲西南部至北非。性喜冷凉及阳光充足的环境，不耐寒，不耐暑热，喜疏松、排水良好的壤土。生长适温 15 ～ 26℃。

【观赏评价与应用】蚕豆花美丽，可用于观赏，多用于林缘、路边丛植，或用于农庄、生态园等用于科普教育之用，本种是人类最早栽培的豆类作物之一，作为粮食磨粉制糕点、小吃。嫩时作为时新蔬菜或饲料，民间药用治疗高血压和浮肿。

歪头菜
Vicia unijuga

【科属】蝶形花科野豌豆属

【别名】山豌豆、偏头草

【形态特征】多年生草本，高（15）40 ～ 100（～ 180）cm。通常数茎丛生，偶见卷须；小叶一对，卵状披针形或近菱形，长（1.5）3 ～ 7（～ 11）cm，宽 1.5 ～ 4（～ 5）cm，先端渐尖，边缘具小齿状，基部楔形。总状花序单一，稀有分支呈圆锥状复总状花序，花萼紫色，斜钟状或钟状，花冠蓝紫色、紫红色或淡蓝色。荚果扁、长圆形，种子 3 ～ 7，扁圆球形。花期 6 ～ 7 月，果期 8 ～ 9 月。

【产地与习性】产东北、华北、华东、西

歪头菜

南。生于低海拔至 4000m 山地、林缘、草地、沟边及灌丛。朝鲜、日本、蒙古、俄罗斯西伯利亚及远东均有。适应性强，喜光，耐荫，耐寒性好，不择土壤。生长适温 15 ～ 28℃。

【观赏评价与应用】本种生长旺盛，小花蓝紫色，有一定观赏价值，可用于园路边、林缘、坡地等种植观赏，也可用于水土保持工程及绿肥，为早春蜜源植物之一。本种为优良牧草、牲畜喜食。嫩时亦可为蔬菜。全草药用，有补虚、调肝、理气、止痛等功效。

歪头菜

歪头菜

大叶草科 Gunneraceae

大叶蚁塔
Gunnera manicata

【科属】大叶草科大叶草属

【别名】根乃拉草、长萼大叶草

【形态特征】多年生草本，株高 2 ~ 3m，具肥厚的肉质茎。叶大型，直径可达 2m，叶柄粗壮，布满尖刺。花序圆锥塔状，淡绿色并带棕红色。花期春季，果期秋季。

【产地与习性】产巴西。性喜光照，喜湿润及温暖环境，耐寒性差，多于热带栽培。喜疏松、肥沃的壤土。生长适温 20 ~ 28℃。

【观赏评价与应用】叶片青翠，硕大，极为奇特，有极高的观赏性，为我国近年来引种的观赏植物。多孤植或三五株丛植于园路边、庭园一隅、滨水岸边、山石边或门廊两侧观赏。

【同属种类】本属约 72 种，产南北美洲，我国引进 1 种。

大叶蚁塔

大叶蚁塔

大叶蚁塔

粉绿狐尾藻
Myriophyllum aquaticum

【科属】大叶草科狐尾藻属

【别名】大聚藻

【形态特征】多年生挺水或沉水草本，植株长度 50 ~ 80cm。茎上部直立，下部具有沉水性。叶轮生，多为 5 叶轮生，叶片圆扇形，一回羽状，两侧有 8 ~ 10 片淡绿色的丝状小羽片。雌雄异株，穗状花序，白色。分果。花期 7 ~ 8 月。

【产地与习性】产南美洲。习性强健，对环境要求不严，以光照充足为佳，耐热性强，不耐寒。生长适温 20 ~ 30℃。

【观赏评价与应用】株形美观，叶色清新，为优良的水生植物。园林中多用于公园、风景区等水体或水岸边湿地成片种植，景观效果极佳。但本种生长快，有一定的入侵性，栽培时需注意。

【同属种类】本属约 35 种，广布于全世界。我国有 11 种，其中 1 种引进，1 种特有。

粉绿狐尾藻

粉绿狐尾藻

粉绿狐尾藻

千屈菜科 Lythraceae

多花水苋
Ammannia multiflora

【科属】千屈菜科水苋菜属

【形态特征】草本，直立，多分枝，高8～35(～65)cm，茎上部略具4棱。叶对生，长椭圆形，长8～25mm，宽2～8mm，顶端渐尖，茎下部的叶基部渐狭，中部以上的叶基部通常耳形或稍圆形，抱茎。多花或疏散的二歧聚伞花序，萼筒钟形；花瓣4，倒卵形。蒴果扁球形；种子半椭圆形。花期7～8月，果期9月。

【产地与习性】产我国南部各省区，常生于湿地或水田中。广布于亚洲、非洲、大洋洲及欧洲。喜温暖及光照充足，通风好的环境，喜水湿，较耐寒，在浅水中栽培长势最好，也可旱地栽培。对土壤要求不严。生长适温18～28℃。

【观赏评价与应用】各地常有栽培，供观赏，用于水边、浅水区的造景，也可旱地栽培，因植株较高大，可用作花境的背景材料。

【同属种类】本属约25种，广布于热带和亚热带，主产于非洲和亚洲；我国有4种，其中1种归化。

多花水苋

多花水苋

朱红萼距花
Cuphea llavea

【科属】千屈菜科萼距花属

【形态特征】多年生草本，株高30～50cm。叶对生，托叶小，叶片宽披针形，先端渐尖，叶下部渐宽，楔形，边全缘，绿色，具短缘毛。花着生于枝顶叶腋，花冠管长，紫红色，花瓣红色，蒴果。花期春至秋。

【产地与习性】产墨西哥，我国有少量引种。喜阳光充足的环境，耐热，不耐寒，忌水湿。喜疏松、肥沃的壤土。生长适温18～28℃。

【观赏评价与应用】本种花色红艳，观赏性较好，在南方有少量引种，园林中尚没有应用，可用于花坛、花带或花境栽培，也适合园路边、山石边点缀。

【同属种类】本属约300种，原产美洲和夏威夷群岛。我国引种栽培的有7种。

朱红萼距花

朱红萼距花

千屈菜
Lythrum salicaria

【科属】千屈菜科千屈菜属

【形态特征】多年生草本，根茎横卧于地下，粗壮；茎直立，多分枝，高 30～100cm，枝通常具 4 棱。叶对生或三叶轮生，披针形或阔披针形，长 4～6(～10)cm，宽 8～15mm，顶端钝形或短尖，基部圆形或心形，有时略抱茎，全缘。花组成小聚伞花序，簇生，萼裂片 6，三角形；花瓣 6，红紫色或淡紫色。蒴果扁圆形。

【产地与习性】产全国各地；生于河岸、湖畔、溪沟边和潮湿草地。分布于亚洲、欧洲、非洲的阿尔及利亚、北美和澳大利亚东南部。喜阳光充足，通风良好及水湿环境，耐寒，耐热，耐瘠，对土壤没有特殊要求，生长适温 18～28℃。

【观赏评价与应用】本种花色绚丽，花期长，观赏性极佳，在园林中广泛应用，可用公园、社区、风景区等的水体浅水处或湿地成片种植观赏，或用于园路边、墙边做背景材料，或者与其他水生花卉搭配。全草入药，治肠炎、痢疾、便血；外用于外伤出血。

【同属种类】本属约 35 种，广布于全世界，我国有 2 种。

千屈菜

千屈菜

圆叶节节菜
Rotala rotundifolia

【科属】千屈菜科节节菜属

【别名】过塘蛇、猪肥菜

【形态特征】一年生草本，各部无毛；根茎细长，匍匐地上；茎单一或稍分枝，直立，高 5～30cm。叶对生，无柄或具短柄，近圆形、阔倒卵形或阔椭圆形，长 5-10mm，有时可达 20mm，宽 3.5～5mm，顶端圆形，基部钝形。花单生于苞片内，组成顶生稠密的穗状花序，每株 1～3 个，有时 5～7 个；花极小，萼筒阔钟形，花瓣 4。蒴果椭圆形，花、果期 12 月至次年 6 月。

【产地与习性】产广东、广西、福建、台湾、浙江、江西、湖南、湖北、四川、贵州、云南等地；生于水田或潮湿的地方，华南地区极为常见。印度、马来西亚、斯里兰卡、中南半岛及日本也有。习性强健，喜光，喜水湿，不甚耐旱，不择土壤。生长适温 18～30℃。

【观赏评价与应用】叶色青绿，花繁盛，适应性极强，可粗放管理，可用于水体的浅水处或湿地成片种植，或与其他水生植物配植均可。本种是我国南部水稻田的主要杂草之一，常用作猪饲料。

【同属种类】本属约 46 种，主产亚洲及非洲热带地区，我国有 10 种，其中 1 种特有，1 种归化。

千屈菜

圆叶节节菜

圆叶节节菜

圆叶节节菜

菱科 Trapaceae

欧菱
Trapa natans

【科属】菱科菱属

【别名】菱

【形态特征】多年生浮水水生草本植物。根二型。叶二型：浮水叶互生，聚生于主茎和分枝茎顶端，形成莲座状菱盘，叶片三角形状菱形，表面深亮绿色，背面绿色带紫，疏生淡棕色短毛，叶边缘中上部具齿状缺刻或细锯齿，全缘，叶柄中上部膨大成海绵质气囊或不膨大；沉水叶小，早落。花小，单生于叶腋，花瓣4，白色；果三角状菱形，具4刺角。

【产地与习性】世界广布。喜充足的光照，耐寒、耐热，喜相对平静的水面。生长适温16～30℃。

【观赏评价与应用】浮叶类水生植物，叶美观，花白色或淡红色，是优良的水生观赏植物，多用于公园、绿地、小区、校园的水体绿化与点缀。

【同属种类】本属大部分归并，约有7种。分布于欧亚及非洲热带、亚热带和温带地区。我国有3种。

柳叶菜科 **Onagraceae**

柳兰
Chamerion angustifolium
【*Epilobium angustifolium*】

【科属】柳叶菜科柳兰属

【别名】铁筷子、火烧兰

【形态特征】多年生粗壮草本，直立，丛生；根状茎广泛匍匐于表土层，长达2m。茎高20～130cm。叶螺旋状互生，稀近基部对生，无柄，茎下部的近膜质，披针状长圆形至倒卵形，长0.5～2cm，常枯萎，褐色，中上部的叶近革质，线状披针形或狭披针形，先端渐狭，基部钝圆或有时宽楔形，边缘近全缘或稀疏浅小齿。花序总状，直立，萼片紫红色，长圆状披针形，花瓣粉红至紫红色，稀白色。蒴果，种子狭倒卵状。花期6～9月，果期8～10月。

柳兰

【产地与习性】分布于我国西南、西北、华北至东北，生于高海拔地区山坡林缘、林下及河谷湿草地。北温带广布种，北美洲、欧洲至日本、小亚细亚至喜马拉雅等地也有分布。喜凉爽、湿润气候及湿润、肥沃、排水良好的土壤，耐寒性强，稍耐阴，不耐炎热。生长适温15～26℃。

【观赏评价与应用】柳兰花穗长大，花色艳美，是较为理想的夏花植物。其地下根茎生长能力极强，易形成大片群体，开花时十分壮观。植株较高，极适宜做花境的背景材料，也可用作插花。

【同属种类】本属8种，产亚洲、欧洲、非洲及北美等地，我国有4种。

柳叶菜
Epilobium hirsutum

【科属】柳叶菜科柳叶菜属

【别名】鸡脚参

【形态特征】多年生粗壮草本，茎高25～120（～250）cm。叶草质，对生，茎上部的互生，无柄，并多少抱茎；茎生叶披针状椭圆形至狭倒卵形或椭圆形，稀狭披针形，长4～12（～20）cm，宽0.3～3.5（～5）cm，先端锐尖至渐尖，基部近楔形，边缘每侧具20～50枚细锯齿。总状花序直立；苞片叶状。花直立，萼片长圆状线形，花瓣常玫瑰红色，或粉红、紫红色。蒴果。花期6～8月，果期7～9月。

柳叶菜

柳叶菜

【产地与习性】广布种，分布全国各地，生于水沟边、林边、路边。国外分布于日本、朝鲜、西伯利亚至小亚细亚、斯堪的纳维亚和非洲北部。耐寒性强，喜凉爽、湿润气候及湿润的土壤，稍耐阴。生长适温15～26℃。

【观赏评价与应用】植株高大，花色优美，花期夏季，是优良的花境材料。嫩苗嫩叶可作色拉凉菜；根或全草入药，可消炎止痛、祛风除湿、跌打损伤，活血止血、生肌之效。

【同属种类】约165种，为温带植物区系成分，广泛分布于寒带、温带与热带高山，北半球与南半球均有。我国33种，其中9种特有。

山桃草
Gaura lindheimeri

【科属】柳叶菜科山桃草属

【形态特征】多年生粗壮草本，常丛生；茎直立，高60～100cm，常多分枝。叶无柄，椭圆状披针形或倒披针形，长3～9cm，宽5～11mm，向上渐变小，先端锐尖，基部楔形，边缘具远离的齿突或波状齿。花序长穗状，花近拂晓开放；萼片花开放时反折；花瓣白色，后变粉红，排向一侧。蒴果，种子1～4粒。花期5～8月，果期8～9月。

【产地与习性】分布于北美洲温带，我国北方各地和华中、华东常见栽培，供观赏。喜阳光充足，耐寒性强，能耐～35℃低温，喜凉爽、半湿润环境和疏松、肥沃、排水良好的砂质壤土。生长适温15～25℃。

【观赏评价与应用】本种小花洁白，优雅美丽，为优良的观花植物，多片植于路边、山石边或滨水岸边，也可丛植用于点缀或用作花坛、花境材料。

【同属种类】本属21种，产北美洲的墨西哥。我国引进2种。

水龙
Ludwigia adscendens

【科属】柳叶菜科丁香蓼属

【别名】过塘蛇、过江藤

【形态特征】多年生浮水或上升草本，浮水茎节上常簇生圆柱状或纺锤状白色海绵状贮气的根状浮器，具多数须状根；浮水茎长可达 3m，直立茎高达 60cm。叶倒卵形、椭圆形或倒卵状披针形，长 3 ~ 6.5cm，宽 1.2 ~ 2.5cm，先端常钝圆，有时近锐尖，基部狭楔形。花单生于上部叶腋；花瓣乳白色，基部淡黄色。蒴果淡褐色，种子淡褐色。花期 5 ~ 8 月，果期 8 ~ 11 月。

【产地与习性】产福建、江西、湖南、广东、香港、海南、广西、云南。生于海拔 100 ~ 1500m 水田、浅水塘。印度、斯里兰卡、孟加拉国、巴基斯坦、中南半岛、马来半岛、印度尼西亚、澳大利亚也有。性喜光照，喜温暖及高温环境，不耐寒。生长适温 15 ~ 28℃。

【观赏评价与应用】水龙花朵洁白，叶色翠绿，生长快，覆盖性好，可用于公园、绿地等水体绿化，也可与其他浮水植物配植。全草入药，清热解毒，利尿消肿，也可治蛇咬伤；也可作猪饲料。

【同属种类】本属 82 种，广布于泛热带，我国有 9 种，其中 1 种特有。

栽培的品种有：

'粉红'山桃草 *Gaura* 'Siskiyou Pink'

与山桃草主要区别为叶紫红色，花瓣粉红色。

'粉红'山桃草

卵叶丁香蓼
Ludwigia ovalis

【科属】柳叶菜科丁香蓼属

【别名】卵叶水丁香

【形态特征】多年生匍匐草本，茎长达50cm，茎枝顶端上升。叶卵形至椭圆形，长1～2.2cm，宽0.5～1.5cm，先端锐尖，基部骤狭成具翅的柄。花单生于茎枝上部叶腋，小苞片2，生花基部；萼片4，卵状三角形；花瓣不存在；蒴果近长圆形，种子淡褐色至红褐色，椭圆状。花期7～8月，果期8～9月。

【产地与习性】产安徽、江苏、浙江、江西、湖南、福建、台湾等省。生于塘湖边、田边、沟边、草坡、沼泽湿润处，海拔40～200m。日本也有。喜温暖及水湿环境，耐热，有一定的耐寒性，宜植于浅水处，喜稍粘质壤土。生长适温15～28℃。

【观赏评价与应用】本种花小，观赏价值不大，叶色美丽，可供观赏，适合水体的浅水处成片种植观赏。

栽培的同属植物有：

1. 毛草龙 Ludwigia octovalvis

又名草龙、水秧草，多年生粗壮直立草本，有时基部木质化，高50～200cm。叶披针形至线状披针形，长4～12cm，宽0.5～2.5cm，先端渐尖或长渐尖，基部渐狭。萼片4，卵形，花瓣黄色，倒卵状楔形。蒴果圆柱状，种子近球状或倒卵状。花期6～8月，果期8～11月。产江西、浙江、福建、台湾、广东、香港、海南、广西、云南。生于海拔0～300（～750）m田边、湖塘边、沟谷旁及开旷湿润处。亚洲、非洲、大洋洲、南美洲及太平洋岛屿热带与亚热带广泛地区也有分布。

毛草龙

毛草龙

毛草龙

2. 黄花水龙 Ludwigia peploides subsp. stipulacea

多年生浮水或上升草本，浮水茎节上常生圆柱状海绵状贮气根状浮器，具多数须状根；浮水茎长达3m，直立茎高达60cm。叶长圆形或倒卵状长圆形，长3～9cm，宽1～2.5cm，先端常锐尖或渐尖，基部狭楔形。花单生于上部叶腋；萼片5，三角形；花瓣鲜金黄色，基部常有深色斑点。蒴果，种子椭圆状。花期6～8月，果期8～10月。产浙江、福建与广东。生于海拔50～200m运河、池塘、水田湿地。日本也有。

黄花水龙

黄花水龙

月见草
Oenothera biennis

【科属】柳叶菜科月见草属

【别名】山芝麻、夜来香

【形态特征】直立二年生粗壮草本，基生莲座叶丛紧贴地面；茎高50～200cm。基生叶倒披针形，长10～25cm，宽2～4.5cm，先端锐尖，基部楔形，边缘疏生不整齐的浅钝齿。茎生叶椭圆形至倒披针形，长7～20cm，宽1～5cm，先端锐尖至短渐尖，基部楔形，边缘每边有5～19枚稀疏钝齿。花序穗状，不分枝，萼片绿色，有时带红色，花瓣黄色，稀淡黄色。蒴果，种子暗褐色。花果期夏至秋。

【产地与习性】原产于北美洲，中国有引

月见草

月见草

月见草

海滨月见草

美丽月见草

美丽月见草

种或逸生，生山坡、路旁、荒野草丛。栽培供观赏。

适应性强，喜光，对土壤要求不严，耐瘠、抗旱、耐寒。自播能力强。生长适温 15～25℃。

【观赏评价与应用】本种抗性极强，易栽培，花色金黄、芳香，盛开于夏季，是一种优良的观赏花卉，适于公园、绿地等林缘、园路边成片种植，也可用于花境、花带栽培观赏。

【同属种类】本属有121种，分布北美洲、南美洲及中美洲温带至亚热带地区。我国引进10种。

海滨月见草
Oenothera drummondii

【科属】柳叶菜科月见草属

【别名】海芙蓉

【形态特征】直立或平铺一年生至多年生草本；茎长20～50cm，不分枝或分枝。基生叶灰绿色，狭倒披针形至椭圆形，长5～12cm，宽1～2cm，先端锐尖，基部渐狭或骤狭至叶柄，边缘疏生浅齿至全缘；茎生叶狭倒卵形至倒披针形，有时椭圆形或卵形，长3～7cm，宽0.5～1.8cm，先端锐尖至浑圆，基部渐狭或骤狭至叶柄，边缘疏生浅齿至全缘，稀在下部呈羽裂状。花序穗状，萼片绿色或黄绿色，花瓣黄色。蒴果圆柱状。花期5～8月，果期8～11月。

【产地与习性】原产美国大西洋海岸与墨西哥湾海岸，我国福建、广东等有栽培，并在沿海海滨野化。性强健，易栽培，喜光照，喜温暖环境，不耐寒，耐盐性强，喜砂质土壤。生长适温15～30℃。

【观赏评价与应用】海滨月见草适应性强，花金黄，极为艳丽，观赏性极佳，目前在我国广东及福建滨海地区野化，可用于海滨的风景区或植物园、公园的沙生区栽培欣赏。

美丽月见草
Oenothera speciosa

【科属】柳叶菜科月见草属

【形态特征】多年生草本植物，株高40～50cm。叶互生，披针形，先端尖，基部楔形，下部有波缘或疏齿，上部近全缘，绿色。花单生或2朵着生于茎上部叶腋，花瓣4，粉红色，具暗色脉缘，雄蕊黄色，雌蕊白色。蒴果。花期夏季。

【产地与习性】产美国。性喜温暖及光照充足环境，不耐寒，较耐旱，忌水湿。对土壤要求不严，以疏松、肥沃的壤土为宜。生长适温15～30℃。

【观赏评价与应用】花大而美丽，常成片开放，极为壮观，为极优的观花草本。可片植于园路边、疏林下、庭前观赏，也常用于花境、花坛、花台栽培，也适合用作观花地被植物。

同属植物有：

粉花月见草 *Oenothera rosea*

多年生草本，具粗大主根；茎常丛生，上升，长30～50cm。基生叶紧贴地面，倒披针形，长1.5～4cm，宽1～1.5cm，先端锐尖或钝圆，自中部渐狭或骤狭，开花时基生叶枯萎。茎生叶灰绿色，披针形（轮廓）或长圆状卵形，长3～6cm，宽1～2.2cm，先端下部的钝状锐尖，中上部的锐尖至渐尖，基部宽楔形并骤缩下延至柄，边缘具齿突，基部细羽状裂。花单生于茎、枝顶部叶腋，花管淡红色，萼片绿色，带红色；花瓣粉红至紫红色，宽倒卵形。蒴果棒状，种子长圆状倒卵形。花期4～11月，果期9～12月。原产美洲。我国浙江、江西、云南、贵州等地逸为野生。生于海拔1000～2000m荒地草地、沟边半阴处。

粉花月见草

野牡丹科 **Melastomataceae**

蔓茎四瓣果
Heterocentron elegans

【科属】野牡丹科四瓣果属

【别名】蔓性多花野牡丹

【形态特征】常绿藤蔓植物，茎匍匐，长可达 60cm 或更长。叶对生，阔卵形，3 出脉，叶面皱，叶缘具细齿。花顶生，粉红色。浆果。花期春至秋。

【产地与习性】产墨西哥。喜光，喜湿润，不耐寒，对土壤要求不严，喜疏松、排水良好的微酸性土壤。生长适温 20 ~ 28℃。

【观赏评价与应用】本种性强健，覆盖性好，小花繁茂，花美丽，花期长，我国南方有引种，适于墙垣边、园路边或坡地绿化，也可用于花坛、花台栽培观赏或用作地被植物。

【同属种类】本属 17 种，产美洲，我国引进 1 种。

蔓茎四瓣果

蔓茎四瓣果

蔓茎四瓣果

虎颜花
Tigridiopalma magnifica

【科属】野牡丹科虎颜花属

【别名】大莲蓬、熊掌

【形态特征】草本，茎极短。叶基生，叶片膜质，心形，顶端近圆形，基部心形，长宽 20 ~ 30cm 或更大，边缘具不整齐的啮蚀状细齿，具缘毛。蝎尾状聚伞花序腋生，具长总梗（即花葶），长 24 ~ 30cm，苞片极小，早落；花萼漏斗状杯形，具 5 棱，花瓣暗红色。蒴果漏斗状杯形，顶端平截。花期约 11 月，果期 3 ~ 5 月。

【产地与习性】产广东西南部。生于海拔约 480m 的山谷密林下阴湿处、溪旁、河边或岩石上积土。性喜温暖及湿润的环境，喜充足的散射光，在全光照下也可生长，不耐寒，喜疏松、排水良好的微酸性壤土。生长适温 16 ~ 28℃。

【观赏评价与应用】叶大秀美，新叶红色，花暗红色，均有较高的观赏价值，可孤植或丛植于墙边、路边或一隅观赏。也可盆栽用于室内装饰。

【同属种类】本属 1 种，产中国。

虎颜花

虎颜花

大戟科 Euphorbiaceae

红尾铁苋

Acalypha chamaedrifolia
【*Acalypha reptans*】

【科属】大戟科铁苋菜属

【形态特征】多年生常绿植物，株高20cm左右。叶互生，卵圆形，先端渐尖，基部楔形，边缘具锯齿。柔荑花序，具毛，红色。花期春至秋季。

【产地与习性】产西印度群岛。喜光照，耐热性强，忌湿涝，较耐旱。不择土壤，喜疏松、肥沃的微酸性壤土。生长适温20～30℃。

【观赏评价与应用】长势繁茂，花序极为美观，适合公园或庭院的路边、草坪边缘、林缘、山石边或临水岸边片植观赏，也可盆栽用于阳台、窗台绿化。

【同属种类】约450种，广布于世界热带、亚热带地区。我国约18种，其中7种特有，2种引进。

红尾铁苋

红尾铁苋

猩猩草

Euphorbia cyathophora

【科属】大戟科大戟属

【别名】草一品红

【形态特征】一年生或多年生草本。茎直立，上部多分枝，高可达1m。叶互生，卵形、椭圆形或卵状椭圆形，先端尖或圆，基部渐狭，长3～10cm，宽1～5cm，边缘波状分裂或具波状齿或全缘；花序单生，数枚聚伞状排列于分枝顶端。雄花多枚，常伸出总苞之外；雌花1枚。蒴果，种子卵状椭圆形。花果期5～11月。

【产地与习性】原产中南美洲，归化于旧大陆；广泛栽培于我国大部分省区市，常见于公园，植物园及温室中，用于观赏。性强健，喜阳光充足及湿润的环境，耐热、耐瘠，不择土壤。生长适温18～28℃。

猩猩草

猩猩草

猩猩

【观赏评价与应用】植株矮小，苞片奇特而美丽，适生性极强，在我国部分地区归化，可用于山石边、园路边、草地中、林缘等处丛植，也可盆栽。

【同属种类】本属约2000种以上，是被子植物中特大属之一，遍布世界各地，其中非洲和中南美洲较多；我国有77种，其中11种特有，9种引进。

银边翠

Euphorbia marginata

【科属】大戟科大戟属

【别名】高山积雪

【形态特征】一年生草本。茎单一，自基部向上极多分枝，高可达60～80cm。叶互生，椭圆形，长5～7cm，宽约3cm，先端钝，具小尖头，基部平截状圆形，绿色，全缘；总苞叶2～3枚，椭圆形，先端圆，基部渐狭。全缘，绿色具白色边；苞叶椭圆形，近无柄花序单生于苞叶内或数个聚伞状着生；总苞

钟状。雄花多数，雌花1枚。花果期6～9月。

【产地与习性】原产北美。我国南北各省亦有引种栽培。栽培供观赏。喜光，喜温暖，耐寒性不强，耐干旱瘠薄，对土壤要求不严，但以肥沃而排水良好的疏松砂质壤土为佳。生长适温15～26℃。

【观赏评价与应用】银边翠的总苞叶银白色，与下部绿叶交互映衬，如高山顶部积雪一般，故名。可用于风景区、公园及庭园等处的墙边、路边种植观赏，也可用于花坛、花境、花丛做背景材料。

猫尾大戟
Euphorbia alluaudii subsp. *alluaudii*
【*Euphorbia leucodendron*】

【科属】大戟科大戟属

【形态特征】多年生肉质植物，株高1～2m，成株灌木状。茎圆柱状，绿色，叶退化，仅茎上部残留部分小叶片，椭圆形，全缘，绿色。花着生枝条上部，总苞红色，雄蕊伸出总苞外。花期夏季。

【产地与习性】产马达加斯加，生于热带干燥森林、灌丛或岩石区等地带。喜高温及

干燥环境，喜光照，耐热，不耐寒。喜排水良好的砂质土壤。生长适温16～28℃。

【观赏评价与应用】本种茎节光滑，干净整洁，终年常绿，观赏性佳。可用于沙生植物园、多浆园或丛植于山石处观赏。

丛林大戟
Euphorbia amygdaloides

【科属】大戟科大戟属

【形态特征】多年生草本，株高60～80cm，具乳汁。叶互生，密集，狭椭圆形，先端钝尖，基部渐狭，花期下部叶常脱落。聚伞花序，总苞黄绿色，雄花无花被，雄蕊1。蒴果。花期晚春至初夏。

【产地与习性】产欧洲、土耳其及高加索地区。性喜冷凉及阳光充足的环境，耐寒，耐瘠，忌湿热。不择土壤。生长适温15～28℃。

【观赏评价与应用】花序黄绿色，清新可爱，且花量极大，适合公园、绿地、园路边或墙边成片种植或丛植点缀，也可植于庭院一隅栽培观赏。

金苞大戟
Euphorbia polychroma

【科属】大戟科大戟属

【形态特征】多年生草本，株高30～45cm。单叶互生，长椭圆形，先端钝，基部楔形，全缘，叶脉白色。聚伞花序，生于茎顶，总苞金黄色。花期晚春至初夏。

【产地与习性】产欧洲中部及东部，亚洲北部也有少量分布。喜冷凉，喜光照，耐寒性佳，也耐瘠。不择土壤。生长适温15～25℃。

【观赏评价与应用】株形适中，总苞金黄色，极为美观，多丛植于路边、山石边点缀，也可片植于林缘、墙边观赏。

金苞大戟

金苞大戟

猫尾大戟

猫尾大戟

猫尾大戟

丛林大戟

丛林大戟

丛林大戟

京大戟
Euphorbia pekinensis

【科属】大戟科大戟属

【别名】大戟、湖北大戟

【形态特征】多年生草本。根圆柱状，长 20 ～ 30cm。茎单生或自基部多分枝，高 40 ～ 80（90)cm。叶互生，常为椭圆形，少为披针形或披针状椭圆形，变异较大，先端尖或渐尖，基部渐狭或呈楔形或近圆形或近平截，边缘全缘；总苞叶 4 ～ 7 枚，苞叶 2 枚。花序单生于二歧分枝顶端，总苞杯状。雄花

京大戟

京大戟

京大戟

多数，伸出总苞之外；雌花 1 枚。蒴果球状。种子长球状。花期 5 ～ 8 月，果期 6 ～ 9 月。

【产地与习性】广布于全国（除台湾、云南、西藏和新疆）。生于山坡、灌丛、路旁、荒地、草丛、林缘和疏林内。分布于朝鲜和日本。喜充足的光照，耐寒、耐热、耐瘠，不择土壤。生长适温 15 ～ 28℃。

【观赏评价与应用】苞片鲜艳，观赏性强，可丛植于山石边、墙隅或用于宿根园栽培观赏。根入药，逐水通便，消肿散结，主治水肿，并有通经之效；亦可作兽药用；有毒，宜慎用。

栽培的同属植物有：

1. 皱叶麒麟 *Euphorbia decaryi*

多年生肉质植物，匍匐生长，株高 10 ～ 20cm，茎肉质，呈棒状，表皮褐色。茎上叶脱落，叶聚生于茎顶，长椭圆形，全缘，绿色或淡褐色，全缘，叶皱缩。小花黄绿色。花期夏季。产马达加斯加等地，生于干燥热带灌丛或岩石地区。

皱叶麒麟

皱叶麒麟

皱叶麒麟

2. 泽漆 *Euphorbia helioscopia*

一年生草本。茎直立，高 10 ～ 30（50)cm。叶互生，倒卵形或匙形，长 1 ～ 3.5cm，宽 5 ～ 15mm，先端具牙齿，中部以下渐狭或呈楔形；总苞叶 5 枚，倒卵状长圆形，长 3 ～ 4cm，宽 8 ～ 14mm，先端具牙齿，基部略渐狭。花序单生，总苞钟状，边缘 5 裂。雄花数枚，明显伸出总苞外；雌花 1 枚，子房柄略伸出总苞边缘。蒴果三棱状阔圆形，光滑。花果期 4 ～ 10 月。除黑龙江、吉林、内蒙古、广东、海南、台湾、新疆、西藏外均有分布，生于山沟、路旁、荒野和山坡，较常见。分布于欧亚大陆和北非。

泽漆

泽漆

3. 白条麒麟 *Euphorbia leuconeura*

多年生肉质植物，株高可达 1.8m，成株茎多少木质化。茎上叶大部分脱落，多集生于茎顶，叶长椭圆形，先端尖或圆钝，基部渐狭，叶全缘，叶脉明显，白色。花小，雄蕊白色。花期夏季。产马达加斯加等地。

白条麒麟

4. 人参大戟 Euphorbia neorubella

多年生多浆植物，块根膨大，状似人参。枝叶柔软，多匍匐生长，叶小，披针形，先端尖，基部楔形，全缘。花粉红色。花期冬季。产非洲。

5. 布纹球 Euphorbia obesa

植株球形，单生，高可达20cm。具棱8，球体表面布满红褐色纵横交错的条纹。花顶生，雌雄异株。花期夏季。产南非。

6. 螺旋麒麟 Euphorbia tortirama

多年生肉质植物，无叶、肉质茎圆柱形，具三棱、螺旋状生长。茎绿色，棱缘波浪形，上有对生的锐刺。小花多着生于茎顶，黄色。花期秋季。产非洲。

人参大戟

布纹球

螺旋麒麟

蓖麻
Ricinus communis

【科属】大戟科蓖麻属

【形态特征】一年生粗壮草本或草质灌木，高达5m；小枝、叶和花序通常被白霜，茎多液汁。叶轮廓近圆形，长和宽达40cm或更大，掌状7～11裂，裂缺几达中部，裂片卵状长圆形或披针形，顶端急尖或渐尖，边缘具锯齿。总状花序或圆锥花序，雄花：花萼裂片卵状三角形，雌花：萼片卵状披针形。蒴果卵球形或近球形，种子椭圆形，微扁平。花期几全年。

【产地与习性】原产地可能在非洲东北部的肯尼亚或索马里；现广布于全世界热带地区或栽培于热带至温暖带各国。喜温暖及阳光充足的环境，耐热，耐瘠，对土壤的适应性强，生长适温15～26℃。

【观赏评价与应用】叶大清秀，果实球形，均有一定的观赏价值，在园林中有少量应用，多丛植于草地中、墙隅、园路边观赏。蓖麻油在工业上用途广，在医药上作缓泻剂；种子含蓖麻毒蛋白及蓖麻碱，若误食种子过量（小孩2～7粒，成人约20粒）后，将导致中毒死亡。

栽培的同属植物有：

'红叶'蓖麻 *Ricinus communis* 'Sanguineus' 与原种的主要区别叶片、茎及果为红色。

蓖麻

蓖麻

蓖麻

红叶蓖麻

红叶蓖麻

葡萄科 Vitaceae

白粉藤
Cissus repens

【科属】葡萄科白粉藤属

【形态特征】草质藤本。小枝圆柱形，有纵棱纹，常被白粉。叶心状卵圆形，长5～13cm，宽4～9cm，顶端急尖或渐尖，基部心形，边缘每侧有9～12个细锐锯齿，上面绿色，下面浅绿色。花序顶生或与叶对生，二级分枝4～5集生成伞形；花瓣4，卵状三角形。果实倒卵圆形，有种子1颗，种子倒卵圆形。花期7～10月，果期11月至翌年5月。

【产地与习性】产广东、广西、贵州、云南。生海拔100～1800m山谷疏林或山坡灌丛。越南、菲律宾、马来西亚和澳大利亚也有分布。性喜温暖及半荫环境，在全光照下也可正常生长，耐瘠，不耐寒，喜疏松、肥沃的土壤。生长适温16～28℃。

【观赏评价与应用】叶大青翠，终年常绿，为优良观叶植物，适合小型花架、篱架或矮墙绿化。

【同属种类】本属约有350种，主要分布于泛热带。我国有15种，2种为特有。

锦屏藤
Cissus verticillata

【科属】葡萄科白粉藤属

【别名】珠帘藤、面线藤

【形态特征】多年生常绿蔓性植物，蔓长5m以上。枝条细，具卷须。叶互生，长心形，先端尖，基部心形，叶缘有锯齿，绿色。老株自茎节处生长红褐色细长气根。聚伞花序，与叶对生，淡绿白色。浆果球形。花期春至秋季，果期7～8月。

【产地与习性】产美洲，我国南方引种栽培。喜全光照，耐热性好，不耐寒，喜湿润，不耐旱。喜肥沃、疏松排水良好的土壤。生长适温20～30℃。

【观赏评价与应用】锦屏藤的气根修长，悬垂于棚架之下，奇特美丽，极具热带风情，观赏性极佳。适合大型棚架、花架、绿廊等垂直绿化，也可盆栽观赏。

白粉藤

白粉藤

锦屏藤

亚麻科 Linaceae

红亚麻
Linum grandiflorum

【科属】亚麻科亚麻属

【形态特征】一年生草本，株高 35～45cm。叶对生，披针形，先端尖，基部渐狭，全缘。花单生，花瓣5，花瓣卵圆形，花红色。花期晚春至初夏。

【产地与习性】产阿尔及利亚。性喜阳光及温暖，不耐寒，喜微酸性肥沃的壤土，生长适温15～25℃。

【观赏评价与应用】花色鲜艳，点缀于枝顶，秀雅美丽，为新优观花草本。可丛植于园路边、小径、山石边或一隅，也适合花境做背景材料或用于庭院一隅栽培。与其他色系的观花草本配植效果更佳。

【同属种类】本属约180种，主要分布于温带和亚热带山地，地中海区分布较为集中。我国有9种，1种引进。

红亚麻

红亚麻

宿根亚麻
Linum perenne

【科属】亚麻科亚麻属

【别名】多年生亚麻、豆麻

【形态特征】多年生草本，高20～90cm。茎多数，直立或仰卧，中部以上多分枝。叶互生；叶片狭条形或条状披针形，长8～25mm，宽8～3（4）mm，全缘内卷，先端锐尖，基部渐狭。花多数，组成聚伞花序，蓝色、蓝紫色、淡蓝色。萼片5，卵形，花瓣5，倒卵形。蒴果近球形，种子椭圆形。花期6～7月，果期8～9月。

【产地与习性】分布于河北、山西、内蒙古、西北和西南等地。生于干旱草原、沙砾质干河滩和干旱的山地阳坡疏灌丛或草地，海拔高度达4100m。俄罗斯西伯利亚至欧洲和西亚皆有广布。喜阳光充足的环境和排水良好的土壤，性强健，耐寒，耐干旱。生长适温15～25℃。

【观赏评价与应用】小花蓝艳可爱，密生于枝顶，可用于花坛、花境、岩石园种植观赏，也可在草坪坡地上片植或点缀。

宿根亚麻

宿根亚麻

宿根亚麻

无患子科 Sapindaceae

大花倒地铃
Cardiospermum grandiflorum

【科属】无患子科倒地铃属

【形态特征】多年生草质藤本，蔓长可达6m，茎上具柔毛。二回三出复叶，叶长可达16cm，小叶轮廓为三角形，纸质，边缘羽状分裂。圆锥花序，花大，萼片4，绿色，花瓣4，白色。蒴果，长椭圆形，被柔毛。花期秋冬。

【产地与习性】产南美洲、非洲及西印度群岛。性喜高温及湿润的环境，耐热性好，不耐寒，不择土壤，可耐短期水淹。生长适温15～30℃。

【观赏评价与应用】花洁白，果似铃铛，有较高的观赏价值，目前华南有少量引种，可用于小型棚架、花架或墙垣立体绿化，因为覆盖能力强，也可用作边坡绿化观赏。

【同属种类】本属约12种，多数分布在美洲热带，我国有1种。

倒地铃
Cardiospermum halicacabum

【科属】无患子科倒地铃属

【别名】风船葛、野苦瓜

【形态特征】草质攀援藤本，长约1～5m；二回三出复叶，轮廓为三角形；叶柄长3～4cm；小叶近无柄，薄纸质，顶生的斜披针形或近菱形，长3～8cm，宽1.5～2.5cm，顶端渐尖，侧生的稍小，卵形或长椭圆形，边缘有疏锯齿或羽状分裂。圆锥花序少花，萼片4，花瓣乳白色，倒卵形。蒴果梨形、陀螺状倒三角形或有时近长球形，种子黑色。花期夏秋，果期秋季至初冬。

【产地与习性】我国东部、南部和西南部很常见，北部较少。生长于田野、灌丛、路边和林缘；广布于全世界的热带和亚热带地区。野性强，可粗放管理，对环境要求不高，生长适温15～30℃。

【观赏评价与应用】用途同大花倒地铃，全株可做药，味苦性凉，有清热利水、凉血解毒和消肿等功效。

芸香科 **Rutaceae**

白鲜
Dictamnus dasycarpus

【科属】芸香科白鲜属

【别名】千斤拔、大茴香

【形态特征】多年生宿根草本，高40 ~ 100cm。叶有小叶9 ~ 13片，小叶对生，无柄，位于顶端的一片则具长柄，椭圆至长圆形，长3 ~ 12cm，宽1 ~ 5cm，生于叶轴上部的较大，叶缘有细锯齿，叶脉不甚明显。总状花序长可达30cm；花瓣白带淡紫红色或粉红带深紫红色脉纹，倒披针形；雄蕊伸出于花瓣外；萼片及花瓣均密生透明油点。成熟的果（蓇葖）沿腹缝线开裂为5个分果瓣，种子阔卵形或近圆球形。花期5月，果期8 ~ 9月。

【产地与习性】产东北、内蒙古、河北、山东、河南、山西、宁夏、甘肃、陕西、新疆、安徽、江苏、江西、四川等省区。生于丘陵土坡或平地灌木丛中或草地或疏林下，石灰岩山地亦常见。朝鲜、蒙古、俄罗斯也有。喜温暖及阳光充足的环境，耐寒，不耐热，不择土壤。生长适温15 ~ 26℃。

【观赏评价与应用】花序大而美丽，为一优良的观花植物，目前园林较少应用，可引种至路边、墙边、假山石边成片种植观赏，也可三五株丛植用于点缀。根皮味苦，性寒。可用于治风湿性关节炎、外伤出血、荨麻疹等。

【同属种类】本属1 ~ 5种，产亚洲、欧洲，我国产1种。

芸香
Ruta graveolens

【科属】芸香科芸香属

【别名】臭草、香草

【形态特征】草本，植株高可达1m，各部有浓烈特殊气味。叶二至三回羽状复叶，长6 ~ 12cm，末回小羽裂片短匙形或狭长圆形，长5 ~ 30mm，宽2 ~ 5mm，灰绿或带蓝绿色。花金黄色，萼片4片；花瓣4片；花初开放时与花瓣对生的4枚贴附于花瓣上，与萼片对生的另4枚斜展且外露，较长，花盛开时全部并列一起。果长6 ~ 10mm，由顶端开裂至中部；种子甚多，肾形，褐黑色。花期3 ~ 6月及冬季末期，果期7 ~ 9月。

【产地与习性】原产地中海沿岸地区，我国南北有栽培。喜温暖及阳光充足的环境，有一定耐热性，喜湿润，忌渍涝。喜疏松、肥沃的壤土。生长适温15 ~ 26℃。

【观赏评价与应用】叶蓝绿色，花色金黄，对比明显，可作色叶植物栽培观赏，在园林中可丛植于山石边、园路边、草坪一隅观赏，也可盆栽用于阶旁、室内绿化。茎枝及叶均用作草药。味微苦，辛。性平，凉。清热解毒，凉血散瘀。

【同属种类】约10种，分布于加那利群岛、地中海沿岸及亚洲西南部。我国引进栽培2种。

蒺藜科 **Zygophyllaceae**

骆驼蓬
Peganum harmala

【科属】蒺藜科骆驼蓬属

【别名】臭古朵

【形态特征】多年生草本，高 30～70cm，无毛。茎直立或开展，由基部多分枝。叶互生，卵形，全裂为 3～5 条形或披针状条形裂片，裂片长 1～3.5cm，宽 1.5～3mm。花单生枝端，与叶对生；萼片 5，裂片条形，花瓣黄白色，倒卵状矩圆形。蒴果近球形，种子三棱形，黑褐色。花期 5～6 月，果期 7～9 月。

【产地与习性】分布于宁夏、内蒙古、甘肃、新疆、西藏。生于荒漠地带干旱草地、绿洲边缘轻盐渍化沙地、壤质低山坡或河谷沙丘（达 3600m）。蒙古、中亚、西亚、伊朗、印度、地中海地区及非洲北部也有。性喜冷凉及干燥的环境，不耐湿，耐旱，耐瘠。喜砂质壤土。生长适温 14～25℃。

【观赏评价与应用】本种性强健，适应性极强，可用于公园、植物园的沙生区做科普植物素材，也可用于沙地、坡地绿化。种子可做红色染料；榨油可供轻工业用；全草入药治关节炎，又可做杀虫剂。叶子揉碎能洗涤泥垢，代肥皂用。

【同属种类】6 种，分布于地中海沿岸、中亚、蒙古、北美；我国有 3 种，其中 1 种特有。

蒺藜
Tribulus terrestris

【科属】蒺藜科蒺藜属

【别名】白蒺藜

【形态特征】一年生草本。茎平卧，无毛，枝长 20～60cm。偶数羽状复叶，长 1.5～5cm；小叶对生，3～8 对，矩圆形或斜短圆形，长 5～10mm，宽 2～5mm，先端锐尖或钝，基部稍偏斜，全缘。花腋生，花黄色；萼片 5，花瓣 5；果有分果瓣 5，中部边缘有锐刺 2 枚，下部常有小锐刺 2 枚。花期 5～8 月，果期 6～9 月。

【产地与习性】全国各地有分布。生于沙地、荒地、山坡、居民点附近。全球温带都有。性喜冷凉及阳光充足的环境，耐瘠，耐旱，适应性强，不择土壤。生长适温 15～25℃。

【观赏评价与应用】小花金黄色，果实带有锐刺，较为奇特，有一定观赏性，园林中较少应用，可用于植物园做科普教育素材。青鲜时可做饲料。果入药能平肝明目，散风行血。果刺易粘附家畜毛间，有损皮毛质量。

【同属种类】本属约 15 种，主要分布于热带和亚热带地区。我国有 2 种。

蒺藜

蒺藜

蒺藜

骆驼蓬

骆驼蓬

骆驼蓬

酢浆草科 Oxalidaceae

分枝感应草
Biophytum fruticosum

【科属】酢浆草科感应草属

【别名】大还魂草

【形态特征】草本，高 3 ～ 25cm。茎短二叉分枝或不分枝，基部本质化；小叶 6 ～ 16 对，矩圆形或倒卵状矩圆形而稍弯斜，长 4 ～ 12mm，宽 3 ～ 7mm，先端近圆形，具短尖头，基部截平，近顶端小叶较大，基部一侧呈耳锤状，最先端小叶变成芒状。总花梗纤细，具 1 ～ 3 朵花或更多花聚生于总花梗先端成伞形花序；萼片 5，花瓣 5，白色。蒴果椭圆形，种子褐色。花期 6 ～ 12 月，果期8 月至翌年 2 月。

分枝感应草

分枝感应草

分枝感应草

【产地与习性】分布于江苏、湖北、湖南、广东、广西、贵州、云南和四川等省区。生于海拔 380 ～ 1000m 的路旁、岩壁、密林或疏林中。喜光，也耐荫，喜湿润，较耐旱，对土壤要求不严。生长适温 15 ～ 25℃。

【观赏评价与应用】枝叶秀美，小花洁白，点缀于枝叶间，有一定的观赏价值，可用于疏林下、路边、墙边片植观赏，也可丛植于山石边或一隅点缀。全草入药。

【同属种类】本属约 50 种，分布于热带地区，主产于南美和非洲，亚洲次之。我国有 3 种。

关节酢浆草
Oxalis articulata

【科属】酢浆草科酢浆草属

【别名】粉花酢浆草

【形态特征】多年生草本，地下具块茎。

关节酢浆草

关节酢浆草

关节酢浆草

叶基生，掌状复叶，3 小叶复生，叶柄较长，小叶心形，顶端凹，基部楔形，绿色，全缘，被短绒毛。伞形花序，花萼 5，绿色，花瓣 5，粉红色，下部有深粉色条纹，下部粉紫色。蒴果。花期夏至秋。

【产地与习性】产南美洲，我国引种栽培。性喜温暖及湿润环境，喜光，不耐荫蔽，一般土壤均可良好生长。生长适温 15 ～ 26℃。

【观赏评价与应用】红花酢浆草植株低矮、整齐，花多叶繁，花期长，花色艳，覆盖地面迅速，是优良的地被花卉，适合用于花坛、花境、疏林地及林缘大片种植。

【同属种类】约 700 种，全世界广布，我国有 8 种，我国引进 10 余种。

红花酢浆草
Oxalis corymbosa

【科属】酢浆草科酢浆草属

【形态特征】多年生草本。植株丛生，高 20 ～ 30cm，无地上茎，地下块状根茎纺锤形，有多数小鳞茎。叶基生，掌状复叶，三小叶复生，叶柄长，被毛；小叶倒心形，长 2 ～ 4cm，顶端凹陷，两面均被毛。花茎从基部抽生，伞形花序，花序着生 12 ～ 14 朵花，萼片 5，花瓣 5，倒心形，花红色等。蒴果。花期 4 ～ 11 月。

【产地与习性】原产南美洲，我国各地逸为野生。喜半阴、湿润环境，耐阴性强，不耐干旱，怕积水，适于土层深厚、排水良好、富含腐殖质的砂质壤土。生长适温 15 ～ 30℃。

红花酢浆草

红花酢浆草

【观赏评价与应用】本种性强健，在我国各地逸为野生，园林中较少应用，适合公园、绿地、风景区等林缘、疏林下、园路边成片种植观赏，但本种繁殖力极强，在某些地区成为难以铲除的杂草，引种时需注意。

芙蓉酢浆草
Oxalis purpurea

【科属】酢浆草科酢浆草属

【形态特征】多年生草本，植株高约10～20cm，地下具鳞茎。叶基生，掌状复叶，小叶倒心形，前端微凹，基部楔形，无柄，叶片具短绒毛。花单生，花萼5，绿色，花瓣5，粉红色，花瓣下部颜色渐深，紫红色，基部黄色。花期春至夏。

【产地与习性】原产非洲南部，喜光，不耐荫蔽，喜湿润，忌积水，对土壤要求不严，以肥沃、疏松及排水良好的砂质土壤为佳。生长适温15～25℃。

芙蓉酢浆草

【观赏评价与应用】本种开花较早，株型整齐，而且花期长，清香淡雅，观赏价值高。适合栽植于园路边、墙边、山石边或花坛美化，也可与同属植物配植。

芙蓉酢浆草

紫叶酢浆草
Oxalis triangularis

【科属】酢浆草科酢浆草属

【别名】紫花酢浆草

【形态特征】多年生常绿草本，株高20～30cm。叶基生，三出复叶，小叶倒三角形，顶端微凹，叶紫色，边全缘。伞房花序，花萼5，绿色，花瓣5，花为淡紫色，基部绿色。花期春至秋。

【产地与习性】产巴西，我国引种栽培。性喜阳光充足的环境，不耐荫，喜湿润，不耐干旱，喜疏松排水良好的土壤。生长适温15～26℃。

紫叶酢浆草

紫叶酢浆草

【观赏评价与应用】本种植株矮小，叶色美丽，小花繁密，景观效果极佳，为不可多得的色叶植物。可片植于园路边、墙垣处或数株丛植于庭园点缀，也可用做地被植物观赏。栽培的同属植物及品种有：

1. 白花酢浆草 *Oxalis acetosella*

又名山酢浆草，多年生草本，高8～10cm。小叶3，倒心形，先端凹陷，两侧角钝圆，基部楔形。总花梗基生，单花，萼片5，卵状披针形，花瓣5，白色或稀粉红色。蒴果卵球形。花期7～8月，果期8～9月。分布于东北、华北，西北和西南等地。生于海拔800～3 400m的针阔混交林和灌丛中。北美、日本、朝鲜、俄罗斯至中欧皆有分布。

白花酢浆草

白花酢浆草

2. 大花酢浆草 *Oxalis bowiei*

又名大饼酢浆草，多年生草本，高 10 ~ 15cm。叶多数，基生；小叶 3，宽倒卵形或倒卵圆形，长 1.5 ~ 2cm，宽 2.5 ~ 3cm，先端钝圆形、微凹，基部宽楔形。伞形花序基生或近基生，具花 4 ~ 10；萼披针形，花瓣紫红色。花期 5 ~ 8月，果期 6 ~ 10月。原产南非。

3. 莹光黄酢浆草 *Oxalis dentata*

多年生草本，株高 15cm 左右。叶多数，基生，小叶 3，叶心形，先端凹，基部呈楔形。花单生，花萼 5，绿色，花瓣 5，黄色。花期秋至冬。

4. 桃之辉酢浆草 *Oxalis glabra*

多年生草本，株高 15cm，具鳞茎。叶基生，小叶 2，叶长披针形或长心形，先端凹，基部楔形。花单生，花萼 5，绿色，花谢后变为粉红色。花瓣 5，粉红色，蒴果。花期晚春至初夏。产南非。

5. 长发酢浆草 *Oxalis hirta*

多年生草本，株高 10 ~ 15cm，全株被柔毛。茎直立匍匐，具分枝。掌状复叶 3 小叶，在茎顶近簇生，小叶 3，长卵形或近披针形，先端稍尖，基部楔形，无柄。花瓣 5，紫红色。蒴果。花期秋季。产南非。

6. 鸡毛菜酢浆草 *Oxalis monophylla* 'Dysseldorp'

多年生草本，具鳞茎，株高约 10 ~ 15cm。单叶，卵圆形，先端略尖或微凹，基部渐狭，呈楔形，叶柄长。花单生，花瓣 5，粉红色，基部黄色。花期秋季。

7. '粉花重瓣' 酢浆草 *Oxalis nidulans* 'Pompom'

多年生草本，具鳞茎，株高 10 ~ 15cm。叶基生，3 小叶，心形，先端凹，基部楔形，小叶近无柄。花单生，花瓣多数，粉红色。花期秋季。园艺种。

8. 黄花酢浆草 *Oxalis pes-caprae*

又名黄麻子酢浆草，多年生草本，高 5 ~ 10cm。叶多数，基生；小叶 3，倒心形，长约 2cm，宽 2 ~ 2.5cm，先端深凹陷，基部楔形，具紫斑。伞形花序基生，萼片披针形，花瓣黄色。蒴果圆柱形，种子卵形。原产南非。

9. 波科基酢浆草 *Oxalis pocockiae*

多年生草本，具鳞茎，株高 10cm。叶基生，叶柄长，小叶 3，心形，先端凹，基部楔形，全缘。花单生，花梗细长，花瓣 5，偶见 6 瓣，淡粉色或白色，基部黄绿色。花期秋季。

10. 一片心酢浆草 *Oxalis simplex*

多年生草本，具鳞茎，株高 10cm。叶基生，单叶，心形，先端凹，基部楔形。花小，花瓣 5，白色，基部黄色。

大花酢浆草　莹光黄酢浆草　桃之辉酢浆草　长发酢浆草　鸡毛菜酢浆草　'粉花重瓣'酢浆草　黄花酢浆草　波科基酢浆草

一片心酢浆草

牻牛儿苗科　Geraniaceae

血红老鹳草
Geranium sanguineum

【科属】牻牛儿苗科老鹳草属

【形态特征】多年生草本，株高30～50cm。根茎粗壮，茎呈匍匐状，具分枝，全株被毛。叶基生，叶掌状深裂，裂片披针形或线形，全缘，叶片具短绒毛。花腋生，花梗密布绒毛，花瓣5，紫红色，具深紫色脉纹。蒴果。花期春至夏。

【产地与习性】原产欧洲和亚洲温带，以高加索至欧洲为多。性喜冷凉及阳光充足的环境，不耐热，耐瘠，喜肥沃的微酸性土壤。生长适温15～26℃。

【观赏评价与应用】本种色泽靓丽，紫红色的小花点缀于绿叶之间，十分美丽，广受欢迎，可用于营造花境、岩石园景观，或用于园路边、小径、墙垣边绿化，也适于庭院绿化。

【同属种类】本属约300种，世界广布，但主要分布于温带及热带山区。我国有50种，其中18种特有，3种引进。

栽培的品种有：

矮生血红老鹳草 *Geranium sanguineum* 'Nanum'

与原种相比，植株较矮，高红25～40cm。花较小，粉红色。

矮生血红老鹳草

血红老鹳草

血红老鹳草

血红老鹳草

'梅琳达'老鹳草
Geranium 'Melinda'

【科属】牻牛儿苗科老鹳草属

【形态特征】多年生草本，株高50～90cm。叶对生，掌状深裂，裂片长椭圆形，边缘具深齿。聚伞花序，花萼5，绿色，花瓣5，覆瓦状排列，花粉色，上具深紫色脉纹，蒴果。花期夏季。

【产地与习性】园艺种。喜温暖及阳光充足的环境，耐寒，不耐湿热，喜肥沃的中性至微酸性壤土。生长适温15～25℃。

【观赏评价与应用】淡粉色的花朵清秀雅致，与绿叶相配相得益彰，为新优观花草本，适于公园、绿地、庭院等路边、墙边、滨水岸边、廊架旁或阶前绿化，也可用于布置花境或做背景材料。

'梅琳达'老鹳草

'梅琳达'老鹳草

'洛弗尔'暗花老鹳草
Geranium phaeum 'Lily Lovell'

【科属】牻牛儿苗科老鹳草属

【形态特征】多年生草本，株高45～60cm。叶对生，掌状深裂，裂片具深齿。聚伞花序，萼片5，宽披针形，绿色。花瓣5，蓝紫色或近紫黑色，反折。花期晚春至初夏。

'洛弗尔'暗花老鹳草

'洛弗尔'暗花老鹳草

【产地与习性】园艺种，原种产欧洲。喜温暖，喜光照，不耐荫蔽，耐寒性好，不喜湿热，喜肥沃、排水良好的中性至微酸性壤土。生长适温 15 ～ 25℃。

【观赏评价与应用】枝条纤秀，叶色清新，小花精致，有较高的观赏价值，适合用于布置花坛、花带或用于园路边、庭园一隅栽培，片植或丛植均可取得良好的景观效果。

栽培的同属植物有：

1. 达尔马提亚老鹳草 *Geranium dalmaticum*

多年生草本，株高 10 ～ 15cm。叶掌状5 深裂，裂片三角状卵形，上部浅裂，下部全缘。花瓣 5，淡粉红色。蒴果。花期晚春至初夏。产南斯拉夫及阿尔巴尼亚。

达尔马提亚老鹳草

达尔马提亚老鹳草

2. '伊丽莎白安妮' 斑点老鹳草
Geranium maculatum 'Elizabeth Ann'

多年生草本，株高 30 ～ 45cm。叶掌状深裂，小裂片再分裂数个小裂片，叶紫色。聚伞花序，花萼绿色，花瓣粉红色。花期春至夏季。园艺种。

'伊丽莎白安妮'斑点老鹳草

'伊丽莎白安妮'斑点老鹳草

3. 雷氏老鹳草 *Geranium renardii*

多年生草本，株高 15 ～ 30cm。叶对生，掌状浅裂，裂至叶面的 1/3 ～ 1/2，裂片先端圆钝，裂片有圆钝齿牙，叶脉深凹，将叶面分隔成大小不一的凸起。聚伞花序，花萼 5，绿色。花瓣 5，浅粉色，上有深紫色纵纹。蒴果。花期晚春至夏季。产欧洲北部及高加索地区。

雷氏老鹳草

雷氏老鹳草

4. 白花林地老鹳草 *Geranium sylvaticum* 'Album'

多年生草本，株高 50 ～ 70cm。叶掌状深，裂片具深齿。聚伞花序，花萼 5，绿色，花瓣5，白色。蒴果。花期晚春至初夏。

白花林地老鹳草

5. 灰背老鹳草 *Geranium wlassovianum*

多年生草本，高 30 ～ 70cm。叶基生和茎上对生；叶片五角状肾圆形，基部浅心形，长4 ～ 6cm，宽 6 ～ 9cm，5 深裂达中部或稍过之，裂片倒卵状楔形，下部全缘，上部 3 深裂。花序腋生和顶生，稍长于叶，萼片长卵形或矩圆形状椭圆形，花瓣淡紫红色，具深紫色脉纹。蒴果。花期 7 ～ 8 月，果期 8 ～ 9月。分布于东北、山西、河北、山东和内蒙古等。生于低、中山的山地草甸、林缘等处。俄罗斯，蒙古，朝鲜皆有分布。

灰背老鹳草

灰背老鹳草

天竺葵
Pelargonium hortorum

【科属】牻牛儿苗科天竺葵属

【别名】洋绣球

【形态特征】多年生草本，高 30 ～ 60cm。

天竺葵

蔓性天竺葵

直径 5 ~ 7cm，五角状浅裂或有时近全缘，裂片宽三角形，先端微钝，边缘被睫毛。伞房花序腋生，有花数朵，萼片披针形，花冠洋红色，上面 2 瓣着深色条纹。花期春季。

【产地与习性】原产非洲南部。性喜温暖及阳光充足环境，喜湿润，但忌水湿，不喜高温，不耐荫，不耐寒，以疏松、肥沃、排水良好的微酸性壤土栽培为宜。生长适温 15 ~ 20℃。

【观赏评价与应用】小花秀雅，极为繁茂，观赏性极佳，可用于滨水花坛、花台栽培观赏，也适合廊架、鲜花餐厅营造立体景观。

栽培的同属植物有：

香叶天竺葵 *Pelargonium graveolens*

多年生草本或灌木状，高可达 1m。茎直立，基部木质化，上部肉质，有香味。叶互生；叶片近圆形，基部心形，直径 2 ~ 10cm，掌状 5 ~ 7 裂达中部或近基部，裂片矩圆形或披针形，小裂片边缘为不规则的齿裂或锯齿，两面被长糙毛。伞形花序与叶对生，具花 5 ~ 12 朵；萼片长卵形，绿色；花瓣玫瑰色或粉红色。花期 5 ~ 7 月，果期 8 ~ 9 月。全国各地庭园有栽培。原产非洲南部。

香叶天竺葵

茎直立，基部木质化，上部肉质，多分枝或不分枝。叶互生；叶片圆形或肾形，茎部心形，直径 3 ~ 7cm，边缘波状浅裂，具圆形齿，两面被透明短柔毛，表面叶缘以内有暗红色马蹄形环纹。伞形花序腋生，具多花，萼片狭披针形，花瓣红色、橙红、粉红或白色。蒴果。花期 5 ~ 7 月，果期 6 ~ 9 月。

【产地与习性】原产非洲南部。喜温暖、湿润和阳光充足环境，忌水湿及高温。不耐荫，不耐寒，喜疏松、肥沃、排水良好的壤土。生长适温 15 ~ 20℃，高温则进入休眠。

【观赏评价与应用】天竺葵生长茂盛，开花热烈，红的似火，粉的似霞，为世界著名的观赏花卉，除盆栽外，可用于景观园、公园、风景区等大面积种植营造景观效果，也可用于花坛、花带或用于庭院栽培观赏。

【同属种类】本属约 250 种，主要分布于热带，特别集中分布于南非。我国已知较为普遍引种的约 5 种。

蔓性天竺葵
Pelargonium peltatum

【科属】牻牛儿苗科天竺葵属

【别名】盾叶天竺葵

【形态特征】多年生攀缘或缠绕草本，长 40 ~ 100cm。叶互生，略呈肉质；叶片近圆形，

蔓性天竺葵

香叶天竺葵

蔓性天竺葵

香叶天竺葵

沼沫花科 Limnanthaceae

沼沫花
Limnanthes douglasii

【科属】沼沫花科沼沫花属

【别名】荷包蛋花

【形态特征】一年生草本植物，株高15～35cm。叶为羽状复叶，小叶互生，上部3浅裂，下部全缘，叶近无柄。花单生，萼片5，绿色，花瓣5，花瓣上部白色，下部蛋黄色，并具褐色脉纹。花期夏季。

【产地与习性】原产美洲，性喜温暖及阳光充足的环境，喜湿，不耐旱，耐寒。不择土壤，在排水不良的粘壤土上也可生长。生长适温15～25℃。

【观赏评价与应用】小花双色，放花时覆于枝顶，极为耀眼，为优良观花草本，适合滨水河岸、池边片植，也可用于山石边、岩石园的小径或一隅点缀观赏。

【同属种类】本属约17种，产北美，我国不产。

沼沫花

沼沫花

沼沫花

旱金莲科  Tropaeolaceae

旱金莲
Tropaeolum majus

【科属】旱金莲科旱金莲属

【别名】荷叶七、旱荷叶

【形态特征】一年生肉质草本，蔓生。叶互生；叶片圆形，直径 3 ~ 10cm，有主脉 9 条。由叶柄着生处向四面放射，边缘为波浪形的浅缺刻，背面通常被疏毛或有乳凸点。单花腋生，花黄色、紫色、橘红色或杂色，萼片 5，长椭圆状披针形；花瓣 5，通常圆形，边缘有缺刻。果扁球形。花期 6 ~ 10 月，果期 7 ~ 11 月。

【产地与习性】原产南美秘鲁、巴西等地。我国普遍引种作为庭院或温室观赏植物。喜光照充足及温暖的环境，不耐寒，较耐旱，对土壤要求不严，在贫瘠的土地上也能生长，以疏松、肥沃的壤土为佳。生长适温 15 ~ 25℃。

【观赏评价与应用】旱金莲叶圆润可爱，状似荷叶，花繁盛而艳丽，为著名庭园植物，世界各地广为栽培。适于园路边、山石边、滨水的花坛成片种植，营造群体景观，也可用于小型花架、篱架栽培欣赏。

【同属种类】本属约 90 种，分布于南美。我国引进 1 种。

栽培的品种有：

1.‘花叶’旱金莲 *Tropaeolum majus* ‘Variegata’

与原种的区别为叶片具大小不一的白色斑块或斑点。

旱金莲

‘花叶’旱金莲

‘花叶’旱金莲

凤仙花科  Balsaminaceae

凤仙花
Impatiens balsamina

【科属】凤仙花科凤仙花属

【别名】指甲花

【形态特征】一年生草本；高达80cm。茎直立，肉质。叶狭披针形或阔披针形，长4～12cm，宽1.5～3cm，先端渐尖，基部楔形，边缘有尖锐锯齿；花单生或数花簇生叶腋；花大，通常粉红色或杂色，单瓣或重瓣；花萼距向下弯曲，2侧片阔卵形，旗瓣圆，先端凹，有小尖头，背面中肋有龙骨状突起，翼瓣宽大。蒴果椭圆形，种子多数。花期7～9月；果期8～10月。

【产地与习性】分布于热带亚洲，我国各地普遍栽培。喜光，不耐寒。喜在土壤深

凤仙花

凤仙花

凤仙花

华凤仙

华凤仙

厚、排水良好、疏松、肥沃壤土、沙壤土生长，不耐水淹，易自播繁衍。生长适温15～26℃。

【观赏评价与应用】凤仙花的花朵如飞凤，色彩艳丽，迎夏盛开，花期长。可供公园花坛、花境、庭院地栽或盆栽等，茎、叶可入药。历代吟诵凤仙花的诗作很多，如唐·吴仁壁《凤仙花》："香红嫩绿正开时，冷蝶饥蜂两不知。此际最宜何处看，朝阳初上碧梧枝"，将凤仙花比作凤凰栖息于枝条上。宋·杨万里《凤仙花》："细看金凤小花丛，费尽司花染作工。雪色白边袍色紫，更饶深浅四般红"，说明了凤仙花的多姿多彩。凤仙花可用来染指甲，自古有之，但源于何时，从文献中可见端倪，明王三聘在《古今事物考》中提到："唐杨贵妃生而手足爪甲红，谓白鹤精也。宫中效之，此其始也"。清赵翼在《陔余丛考》说到："俗以凤仙花染指，自宋已然……"，虽然没有确定于宋朝开始，但那时已极为普遍。

【同属种类】本属有900种以上，产欧洲、亚洲、非洲、欧洲。我国有227种，其中187种特有，2种引进。

华凤仙
Impatiens chinensis

【科属】凤仙花科凤仙花属

【别名】水边指甲花

【形态特征】一年生草本，高30～60cm。茎纤细，有不定根。叶对生，无柄或几无柄；

叶片硬纸质，线形或线状披针形，稀倒卵形，长2～10cm，宽0.5～1cm，先端尖或稍钝，基部近心形或截形，边缘疏生刺状锯齿。花较大，单生或2～3朵簇生于叶腋，紫红色或白色；侧生萼片2，线形，唇瓣漏斗状，基部渐狭成内弯或旋卷的长距；旗瓣圆形，翼瓣无柄。蒴果椭圆形，种子数粒，黑色，有光泽。花期春至初冬。

【产地与习性】产于江西、福建、浙江、安徽、广东、广西和云南等省区。常生于海拔100～1200m池塘、水沟旁、田边或沼泽地。印度、缅甸、越南、泰国、马来西亚也有分布。性强健，喜光，喜湿，耐瘠，不耐寒。对土壤要求不严，以微酸性壤土为宜。生长适温15～25℃。

【观赏评价与应用】本种小花极为精致，小巧可爱，花期极长，因常生于水边，故名水边指甲花，本种目前园林极少应用，可引种植于小溪边、河岸边成片种植观赏，本种可自播，第二年不用再播种繁殖。全草入药，有清热解毒、消肿拔脓、活血散瘀之功效。

新几内亚凤仙
Impatiens hawkeri

【科属】凤仙花科凤仙花属

【形态特征】多年生肉质草本，株高20～30cm。茎直立，淡红色。叶互生，长卵形，先端尖，基部楔形，叶绿色或具淡紫色，叶

新几内亚凤仙

新几内亚凤仙

非洲凤仙花

【产地与习性】原产东非，现在世界各地常广泛引种栽培。性喜阳光及湿润的环境，耐热、耐水湿，不耐寒。喜疏松、肥沃的砂质壤土。生长适温 15 ～ 26℃。

【观赏评价与应用】叶片翠绿，繁花满株，品种繁多，色彩极为绚丽，在南方几乎全年见花，世界各地广为种植，适合公园、绿地、风景区等路边、林缘、草坪中群植观赏，也适于花坛、花带种植或用于花境。

栽培的同属植物有：

1.'金色丛林'凤仙花 *Impatiens auricoma* 'Jungle Gold'

一年生草本，株高 30 ～ 50cm。茎粗壮，淡红色，肉质。下部叶常脱落，多密集生于茎顶，叶长圆形，先端尖，基部楔形，具长柄，叶片绿色，边缘具锯齿。花生于上部叶腋，花金黄色，蒴果。花期夏季。园艺种。

脉紫红色，叶缘具锯齿。花单生叶腋，花色丰富，有红、白、紫、雪青等色。花期夏至秋。

【产地与习性】产非洲。喜温暖及光照充足的环境，但忌强光，不耐寒，不耐暑热，忌水涝，喜疏松、排水良好的微酸性土壤。生长适温 15 ～ 26℃。

【观赏评价与应用】新几内亚凤仙花色丰富、花期长，为广受欢迎的观花草本，除盆栽用于室内装饰外，可用于园路边、林缘、山石边或草地中丛植或片植观赏，也常用于花坛、花境或与其他观花植物配植。

非洲凤仙花
Impatiens walleriana

【科属】凤仙花科凤仙花属

【别名】苏丹凤仙花、玻璃翠

【形态特征】多年生肉质草本，高30 ～ 70cm。茎直立，绿色或淡红色。叶互生或上部螺旋状排列，具柄，叶片宽椭圆形或卵形至长圆状椭圆形，长 4 ～ 12cm，宽2.5 ～ 5.5cm，顶端尖或渐尖，有时突尖，基部楔形，稀多少圆形。总花梗生于茎、枝上部叶腋，通常具 2 花，稀具 3 ～ 5 花，或有时具1 花，花大小及颜色多变化，鲜红色，深红、

粉红色，紫红色，淡紫色，蓝紫色或有时白色。侧生萼片 2，淡绿色或白色，旗瓣顶端微凹，翼瓣基部裂片与上部裂片同形；唇瓣浅舟状。蒴果纺锤形。花期 6 ～ 10 月。

非洲凤仙花

非洲凤仙花

'金色丛林'凤仙花

'金色丛林'凤仙花

2. 棒凤仙花 Impatiens claviger

一年生草本，高 50 ~ 60cm。茎粗壮，不分枝或上部具小枝。叶常密集在上部，互生，具柄，叶片膜质，倒卵形或倒披针形，顶端渐尖，基部楔状，边缘具圆齿状锯齿。总花梗生于上部叶腋，花多数，排成总状，花大，淡黄色。蒴果棒状。花期 10 月至翌年 1 月，果期 1 ~ 2 月。产云南、广西。生于海拔 1000 ~ 1800m 山谷疏或密林下潮湿处，越南北部也有。

4. 管茎凤仙花 Impatiens tubulosa

一年生草本，高 30 ~ 40cm。茎较粗壮，肉质，直立。叶互生，下部叶在花期凋落，上部叶常密集；叶片披针形或长圆状披针形，先端渐尖或长渐尖，基部狭楔形下延，边缘具圆齿状齿。总花梗和花序轴粗壮，劲直，具 3 ~ 4（~ 5）花，排列成总状花序；花黄色；蒴果棒状。花期 8 ~ 12 月。产浙江、江西、福建、广东。生于海拔 500 ~ 700m 林下或沟边阴湿处。

5. 水凤仙花 Impatiens aquatilis

一年生草本，高 30 ~ 50cm。茎直立，绿色或带紫色；叶互生，具短柄，在上部较密集；叶片坚硬，披针形或卵状披针形，或卵状长圆形，长 5 ~ 12cm，宽 1.5 ~ 2.5cm，顶端渐尖，基部狭成短叶柄或近无柄，边缘具圆齿状锯齿或细锯齿。总花梗生于上部叶腋，具 6 ~ 10 花；花较大，粉紫色。蒴果线形。花期 8 ~ 9 月，果期 10 月。产云南。生于海拔 1500 ~ 3000 米湖边或溪边阴潮湿处。

棒凤仙花

3. 刚果凤仙花 Impatiens niamniamensis

多年生草本，株高 30 ~ 50cm。茎直立，紫褐色。单叶互生，叶长卵圆形，先端尖，基部楔形，边缘具锯齿。花两性，单生于叶腋，花萼 3，侧面 2 枚较小，淡绿色，下面一枚较大，囊状，向外延伸成距，基部黄色，上部鲜红色，花瓣 5，两对合生，不等大，蒴果。原产非洲。

管茎凤仙花

刚果凤仙花

管茎凤仙花

管茎凤仙花

刚果凤仙花

水凤仙花

伞形科 Umbelliferae

芹菜
Apium graveolens

【科属】伞形科芹属

【别名】旱芹、药芹

【形态特征】二年生或多年生草本，高15～150cm，有强烈香气。根圆锥形，支根多数，褐色。茎直立，光滑。根生叶有柄，叶片轮廓为长圆形至倒卵形，长7～18cm，宽3.5～8cm，通常3裂达中部或3全裂，裂片近菱形，边缘有圆锯齿或锯齿；上部的茎生叶有短柄，叶片轮廓为阔三角形，通常分裂为3小叶，小叶倒卵形，中部以上边缘疏生钝锯齿以至缺刻。复伞形花序顶生或与叶对生，花瓣白色或黄绿色。分生果圆形或长椭圆形。花期4～7月。

【产地与习性】我国南北各省区均有栽培，分布于欧洲、亚洲、非洲及美洲。供作蔬菜。果实可提取芳香油，作调合香精。喜温暖及阳光充足的环境，喜湿润，耐旱，耐瘠，较耐寒，喜疏松、肥沃的壤土。生长适温15～28℃。

【观赏评价与应用】本种多作蔬菜食用，也可用于园博园、公园的蔬艺馆、果蔬专类园种植观赏。

【同属种类】本属约20种，广泛分布于南北两半球温带地区，我国引进1种。

积雪草
Centella asiatica

【科属】伞形科积雪草属

【别名】崩大碗、铜钱草

【形态特征】多年生草本，茎匍匐，细长，节上生根。叶片膜质至草质，圆形、肾形或马蹄形，长1～2.8cm，宽1.5～5cm，边缘有钝锯齿，基部阔心形；伞形花序，聚生于叶腋，每一伞形花序有花3～4，聚集呈头状，花瓣卵形，紫红色或乳白色。果实两侧扁压，圆球形。花果期4～10月。

积雪草

积雪草

积雪草

芹菜

芹菜

芹菜

【产地与习性】分布于陕西、江苏、安徽、浙江、江西、湖南、湖北、福建、台湾、广东、广西、四川、云南等省区。喜生于海拔200～1900m阴湿的草地或水沟边；亚洲南部、大洋洲、非洲也有分布。性喜温暖及阳光充足环境，较耐荫，不择土壤。生长适温15～28℃。

【观赏评价与应用】本种野性强，易栽培，叶色翠绿，覆盖性强，有一定观赏性，适合公园、绿地等疏林下、路边、山石边种植或用作地被植物。全草入药，具有清热利湿、消肿解毒的功效。

【同属种类】本属约20种，分布于热带与亚热带地区，主产南非；我国有1种。

'紫叶'鸭儿芹
Cryptotaenia japonica 'Atropurpurea'

【科属】伞形科鸭儿芹属

【形态特征】多年生草本，高20～100cm。基生叶或上部叶有柄，叶片轮廓三角形至广卵形，通常为3小叶；中间小叶片呈菱状倒卵形或心形，顶端短尖，基部楔形；两侧小叶片斜倒卵形至长卵形，叶紫色。复伞形花序呈圆锥状，花瓣白色。分生果线状长圆形。花期4～5月，果期6～10月。

【产地与习性】园艺种，原种产我国、朝鲜及日本。喜温暖、湿润及光照充足环境，耐湿性好，也较耐旱。喜疏松、肥沃的壤土。生长适温15～26℃。

【观赏评价与应用】紫叶鸭儿芹色彩别致，为优良的色叶植物，可用于山石边、园路边

'紫叶'鸭儿芹

'紫叶'鸭儿芹

丛植点缀，也适于和其他色叶植物配植用作地被植物，或与乔灌木进行合理配置，丰富色彩空间，提高观赏效果。

【同属种类】本属约5～6种，产欧洲、非洲、北美洲及东亚；我国有1种。

胡萝卜
Daucus carota var. *sativus*

【科属】伞形科胡萝卜属

【形态特征】二年生草本，高15～120cm，根肉质，长圆锥形，粗肥，呈红色或黄色。茎单生。基生叶薄膜质，长圆形，二至三回羽状全裂，末回裂片线形或披针形，长2～15mm，宽0.5～4mm，顶端尖锐，有小尖头，光滑或有糙硬毛；茎生叶近无柄，末回裂片小或细长。复伞形花序，伞辐多数，花通常白色，有时带淡红色。果实圆卵形。花期5～7月。

【产地与习性】栽培变种，性喜冷凉，喜阳光充足，不耐瘠，有一定的耐旱性，喜土

胡萝卜

胡萝卜

胡萝卜

层深厚、肥沃的中性至微酸性壤土。生长适温15～26℃。

【观赏评价与应用】叶色翠绿，有一定观赏性，可用于蔬菜专类园或生态园及农庄栽培，用于科普教育。根作蔬菜食用。并含多种维生素及胡萝卜素。

【同属种类】约20种，分布于欧洲、非洲、美洲和亚洲；我国有1种。

高山刺芹
Eryngium alpinum

【科属】伞形科刺芹属

【形态特征】多年生宿根草本，茎直立，无毛，株高30～70cm。单叶，长椭圆形，基

高山刺芹

高山刺芹

高山刺芹

部弯缺，边缘有刺状锯齿，革质；头状花序单生排成聚伞状；萼齿5，直立，硬而尖；花瓣5，蓝色。果卵圆形或球形。花期为6～8月。

【产地与习性】产欧洲。性喜冷凉及阳光充足的环境，耐寒，耐瘠，不耐湿热，喜土层深厚，排水良好的砂质壤土。生长适温15～25℃。

【观赏评价与应用】本种姿态优美，花序密集，蓝色的小花极为雅致，近年来我国引种栽培，适合公园、风景区的园路边带植或丛植点缀，也可用于岩石园或庭院一隅栽培观赏。

【同属种类】本属约220～250之间，广布于热带和温带地区。我国有2种。

茴香
Foeniculum vulgare

【科属】伞形科茴香属

【别名】小茴香

【形态特征】草本，高0.4～2m。茎直立，光滑，灰绿色或苍白色，多分枝。叶片轮廓为阔三角形，长4～30cm，宽5～40cm，4～5回羽状全裂，末回裂片线形，长1～6cm，宽约1mm。复伞形花序顶生与侧生，小伞形花序有花14～39；花瓣黄色。果实长圆形。花期5～6月，果期7～9月。

【产地与习性】原产地中海地区，我国各省区都有栽培。性喜冷凉及阳光充足环境，耐寒、耐热，不耐荫蔽，喜生于肥沃、排水良好的壤土。生长适温15～25℃。

【观赏评价与应用】茴香为著名蔬菜，在园林中较少应用，可用于蔬菜专类园或生态园栽培观赏并用于科普教育。嫩叶可作蔬菜食用或作调味用。果实入药，有驱风祛痰、散寒、健胃和止痛之效。

【同属种类】本属1种，分布于欧洲、美洲及亚洲西部。我国引进1种。

栽培的品种有：

球茎茴香 *Foeniculum vulgare* var. *dulce*

与原种的主要区别为叶鞘的基部膨大，相互抱合成一个扁球或球形的球茎。

茴香

茴香

球茎茴香

茴香

球茎茴香

南美天胡荽
Hydrocotyle vulgaris

【科属】伞形科天胡荽属

【别名】铜钱草、香菇草

【形态特征】多年生草本，茎蔓性，株高5～15cm，节上常生根。叶互生，具长柄，圆盾形，边缘波状，绿色，光亮。伞形花序，小花白色。花期6～8月。

南美天胡荽

南美天胡荽

南美天胡荽

天胡荽

天胡荽

【产地与习性】 产欧洲、北美、非洲。喜光照，耐热性好，喜湿，忌干旱，不择土壤。生长适温 18 ~ 30℃。

【观赏评价与应用】 叶圆润可受，状似一片片小荷叶，极为美观，且习性强健，适生性极强，常用于公园、绿地、庭院水景绿化，多植于浅水外或湿地。也可盆栽用于室内装饰。

【同属种类】 本属约 75 (~ 100) 种，分布在热带和温带地区；我国有 14 余种，其中引进 5 种。

栽培的同属植物有：

天胡荽 *Hydrocotyle sibthorpioides*

多年生草本，茎细长而匍匐，平铺地上成片，节上生根。叶片膜质至草质，圆形或肾圆形，长 0.5 ~ 1.5cm，宽 0.8 ~ 2.5cm，基部心形，不分裂或 5 ~ 7 裂，裂片阔倒卵形，边缘有钝齿。伞形花序与叶对生，小伞形花序有花 5 ~ 18，花瓣卵形，绿白色。果实略呈心

天胡荽

形，成熟时有紫色斑点。花果期 4 ~ 9 月。产我国大部分地区。通常生于海拔 475 ~ 3000m 在湿润的草地、河沟边、林下。朝鲜、日本、东南亚至印度也有分布。

'冠军苔藓卷' 欧芹
Petroselinum crispum 'Champion Moss Curled'

【科属】 伞形科欧芹属

【形态特征】 二年生草本，光滑。根纺锤形，有时粗厚。茎圆形，稍有棱槽，高 30 ~ 100cm，中部以上分枝，枝对生或轮生。叶深绿色，表面光亮，基生叶和茎下部叶有长柄，羽状分裂，末回裂片长卵圆形，3 裂或深齿裂；伞形花序；小伞花序有花 20，花瓣长 0.5 ~ 0.7mm。果实卵形，灰棕色。花期 6 月，果期 7 月。

【产地与习性】 栽培种，原种产于地中海地区。性喜冷凉及光照充足环境，耐寒，不耐热，喜排水良好的肥沃壤土。生长适温 15 ~ 25℃。

【观赏评价与应用】 叶青翠，卷曲，状似苔藓，观赏性佳，多用于园路边、山石边或墙垣边片植或丛植点缀。也可用于花坛或花境做镶边植物。嫩叶可作菜蔬，根可供食用。

【同属种类】 本属约 2 种；原产欧洲西部和南部，我国引进 1 种。

'冠军苔藓卷' 欧芹

'冠军苔藓卷' 欧芹

'冠军苔藓卷' 欧芹

龙胆科 Gentianaceae

福建蔓龙胆
Crawfurdia pricei

【科属】龙胆科蔓龙胆属

【形态特征】多年生缠绕草本。茎圆形，上部螺旋状扭转；茎生叶卵形、卵状披针形或披针形，稀宽卵形，长4～11（15）cm，宽2～5（9）cm，先端渐尖，稀急尖，基部圆形，边缘膜质、微反卷、细波状。聚伞花序，有2至多花，腋生或顶生，稀单花腋生；花萼筒形，萼筒不开裂，花冠粉红色、白色或淡紫色，钟形。蒴果淡褐色，椭圆形，扁平；种子褐色，圆形。花果期10～12月。

【产地与习性】产湖南，福建、广西、广东。生于海拔430～2000m山坡草地、山谷灌丛或密林中。性喜冷凉及半荫环境，不喜强光，耐瘠，不耐水湿，喜砂质壤土。生长适温15～26℃。

【观赏评价与应用】小花成串着生，悬于枝蔓间，随风摇曳，极为可爱，目前园林中尚没有应用，可引种用于稍蔽荫的花架、篱架栽培观赏。

【同属种类】本属约16种，分布于亚洲南部，我国有14种。

洋桔梗
Eustoma grandiflorum

【科属】龙胆科洋桔梗属

【别名】龙胆花、大花桔梗

【形态特征】一二年上草本。茎直立，株高30～60cm。叶对生，卵形，先端尖，基部楔形，全缘，灰绿色。花瓣5，钟状，花色丰富，有红、粉红、紫、淡紫、白、黄、镶边等色。有单重瓣之分。花期5～10月，果期秋季。

【产地与习性】美国南部。喜全日照，喜冷凉环境，不耐热，忌渍涝，喜疏松、肥沃的壤土。生长适温12～25℃。

【观赏评价与应用】花大美丽，花型奇特，园林中较少应用，可用于布置花境、花坛、花台，也是常用的切花材料。

【同属种类】本属3种，产美洲。我国引进1种。

紫芳草
Exacum affine

【科属】龙胆科藻百年属

【别名】紫星花

【形态特征】一年生草本，株高约30～60cm，多分枝。叶卵形或心形，深绿色，具光泽且密生，全缘；花碟形或盘状，花瓣5，紫篮色，雄蕊鲜黄明艳，具淡香。花期4～7月，果期夏秋。

【产地与习性】产索科得拉岛。性喜阳光充足，耐热，不耐寒，喜富含腐殖质的微酸性壤土，粘重土壤生长不良。生长适温15～26℃。

【观赏评价与应用】紫芳草花小，芳香优雅，清新动人，为优良观花草本。目前园林中极少应用，可用于布置花坛、花台或用于花境等。也可用作镶边植物。

【同属种类】本属约70种，分布于东半球热带地区。

福建蔓龙胆

福建蔓龙胆

洋桔梗

洋桔梗

洋桔梗

紫芳草

紫芳草

夹竹桃科 | Apocynaceae

柳叶水甘草
Amsonia tabernaemontana

【科属】夹竹桃科水甘草属

【别名】蓝星水甘草

【形态特征】草本，株高30cm；叶互生，狭披针形，先端渐尖，基部楔形，全缘，柳叶状。花萼5裂，裂片覆瓦状排列；花冠高脚碟状，花冠筒圆筒形，上部膨大，喉部被长柔毛，花冠裂片5枚，披针形，花冠蓝色、淡蓝色或近白色。花期晚春至夏季。

【产地与习性】产美洲，喜温暖，喜光照充足，不耐暑热，喜疏松、排水良好的壤土。生长适温15～25℃。

【观赏评价与应用】为夹竹桃科少见的草本植物，小花清爽宜人，如繁星点点，极为美丽，适合公园、绿地、庭院等绿化，也可丛植用于点缀。

【同属种类】本属约20种，产美洲及亚洲，我国产1种。

小蔓长春
Vinca minor

【科属】夹竹桃科蔓长春花属

【形态特征】蔓性多年生草本，具有直立的花茎，全株无毛。叶长圆形至卵圆形，长1～3.5cm，宽0.7～1.7cm。花梗长1～1.5cm；花长约1cm，直径约1.5cm；花萼5裂；花冠漏斗状，花冠筒比花萼长，花冠裂片斜倒卵形；雄蕊5枚，着生于花冠筒的中部之下，花丝扁平，比花药长，花药顶端具有一丛毛的膜；花盘舌状；子房由2枚离生心皮所组成，花柱端部膨大，柱头有毛，基部有一增厚的环状圆盘。菁葖2个，直立。花期5月。

【产地与习性】原产欧洲。喜温暖及阳光充足的环境，耐寒性好，不耐暑热，喜湿润，不择土壤，以喜富含腐殖质的中性至微酸性壤土为宜。生长适温15～25℃。

【观赏评价与应用】株形小巧，早春放叶放花，花色蓝艳可爱，富有观赏性，可用于坡地、林缘做地被植物，也可片植或丛植于路边、墙边或作镶边材料。

【同属种类】本属约5种，产亚洲西部及欧洲，我国引进栽培2种。

萝藦科 *Asclepiadaceae*

马利筋
Asclepias curassavica

【科属】萝藦科马利筋属

【别名】莲生桂子

【形态特征】多年生直立草本，灌木状，高达80cm，全株有白色乳汁；叶膜质，披针形至椭圆状披针形，长6～14cm，宽1～4cm，顶端短渐尖或急尖，基部楔形而下延至叶柄；聚伞花序顶生或腋生，着花10～20朵；花萼裂片披针形，花冠紫红色，裂片长圆形，副花冠生于合蕊冠上，5裂，黄色。蓇葖披针形，种子卵圆形。花期几乎全年，果期8～12月。

【产地及习性】原产西印度群岛，现广植于世界各热带及亚热带地区。我国华南常见栽培，也有逸为野生性喜温暖干燥的通风环境，喜光，不耐寒，对土壤要求不严。生长适温15～28℃。

【观赏评价与应用】马利筋花色美丽，花冠宛如小莲花，副花冠黄色而形如桂花，故又有"莲生桂子"之名。热带地区可用于花坛、花境材料，或丛植观赏。马利筋属植物均含有剧毒，是金斑蝴蝶幼虫的食物来源，蝴蝶的幼虫食用马利筋后，毒素会在虫体内积累，小鸟食用后也会被毒死，甚至有些种类的马利筋，蝴蝶幼虫食用量过大也会被麻醉，可见毒性之强。在西方医学史上，应用较为悠久，他的属名 Asclepias 就是来源于西方医神 Asclepius 的名字，可见在医药领域马利筋是占有重要地位的。

【同属种类】马利筋属共有120种，分布于美洲，部分种类在其他地区归化。我国引入栽培1种。

栽培的品种有：

黄冠马利筋 *Asclepias curassavica* 'Flaviflora'

与原种的区别为花冠黄色。

黄冠马利筋

黄冠马利筋

马利筋

爱之蔓
Ceropegia woodii

【科属】萝藦科吊灯花属

【别名】吊金钱、心叶蔓

【形态特征】多年生肉质草本，枝蔓长可达1m，具块根，茎细长，多悬垂。单叶对生，心形，前端圆，有小尖头，基部心形，暗绿色，沿叶脉分布有大小不一的灰白色斑块，全缘，肉质。花单生于叶腋，花萼筒状，五裂，花冠筒状，弧形，顶端粘合，具缘毛，蓇葖果。花期5～10月。

马利筋

马利筋

爱之蔓

爱之蔓

眼树莲

眼树莲

圆叶眼树莲

圆叶眼树莲

【产地与习性】产南非。喜全光照，在半荫环境也生长良好，喜干燥，不耐湿，喜肥沃、排水良好的砂质土壤。生长适温18～25℃。

【观赏评价与应用】爱之蔓枝蔓悬垂，潇洒飘逸，小叶圆润可爱，为广受欢迎的肉质植物，可悬挂植于廊架、树干上观赏，也常盆栽用于室内装饰及美化。

【同属种类】本属约170种，分布于亚洲东南部，经印度、马达加斯加，到非洲；我国产17种。

眼树莲
Dischidia chinensis

【科属】萝藦科眼树莲属

【别名】上树瓜子、瓜子金、瓜子藤

【形态特征】藤本，常攀附于树上或石上，全株含有乳汁；茎肉质，节上生根。叶肉质，卵圆状椭圆形，长1.55～2.5cm，宽1cm，顶端圆形，无短尖头，基部楔形；花极小，花萼裂片卵圆形，花冠黄白色，坛状，花冠喉部紧缩。蓇葖披针状圆柱形，种子顶端具白色绢质种毛。花期4～5月，果期5～6月。

【产地与习性】产于广东和广西。生长于山地潮湿杂木林中或山谷、溪边，攀附在树上或附生石上。性喜半荫及湿润的环境，耐热，喜湿，有一定的耐旱性。生长适温18～28℃。

【观赏评价与应用】常攀附于大树生长，枝条常垂悬于枝间，随风飘动，优雅动人，适合大树干附生栽培观赏。全株供药用，有清肺热、化疮、凉血解毒之效。

【同属种类】本属约80种，分布于亚洲和大洋洲的热带和亚热带地区。我国产5种。

圆叶眼树莲
Dischidia nummularia

【科属】萝藦科眼树莲属

【形态特征】草质藤本，附生于树干上或山石上生长。茎细长，可达1.5m，叶柄长1～2mm。叶片圆形，有小尖头，全缘，直径7～10mm，绿色。花冠白色或淡黄白色，花裂片卵状三角形。蓇葖披针形。花期3～6月，果期6～9月。

【产地与习性】产广东、广西、海南及云南，生于海拔300～1000m的森林中，亚洲南部，澳大利亚及太平洋岛屿也有。性喜温暖及湿润环境，以半荫为宜，较耐旱。生长适温18～28℃。

【观赏评价与应用】叶心形，圆润可人，终年常绿，为优良观叶植物，适合附于树干、山石等栽培，也可吊盆栽培用于廊架或室内绿化。

百万心
Dischidia ruscifolia

【科属】萝藦科眼树莲属

【别名】钮扣玉藤

【形态特征】多年生常绿草质藤本，蔓长可达1m。叶绿色，稍肉质，对生，阔椭圆形或卵形，先端突尖，全缘。花小，白色。花期秋季。

【产地与习性】菲律宾。喜半荫环境，在阳光下也可生长，喜湿润，不甚耐旱。喜

百万心

百万心

百万心

排水良好、肥沃的砂质壤土。生长适温18～28℃。

【观赏评价与应用】叶成对着生，心形，有较高的观赏价值。可附于树干、山石栽培观赏，也多作吊盆用于阳台、书房等处装饰。

栽培的同属植物有：

1. 玉荷包 *Dischidia major*

多年生小型草质藤本，有不定根，缠绕或攀附生长。叶对生，肉质，椭圆形或卵形全

玉荷包

缘，枝条上常着生变态叶，中空，长椭圆形，叶面不规则。花生于叶腋，花黄绿色。蓇葖果。花期夏、秋。产东南亚、澳洲等地。

2. 青蛙藤 *Dischidia vidalii*

多年生小型草质藤本，株高30cm左右。叶对生，肉质，椭圆形或卵形，先端尖，全缘，枝条上常着生变态叶，中空，似蚌壳。花簇生于叶腋，红色。蓇葖果。花期夏至秋。

青蛙藤

青蛙藤

剑龙角
Huernia macrocarpa

【科属】萝藦科星钟花属

【形态特征】多年生肉质草本，株高10～20cm。茎肉质，6棱，具角状突起，绿色。花钟形，五裂，黄褐色，上具褐色斑点。花期春夏。

【产地与习性】产非洲。性喜光照充足环境，耐热，不耐寒，忌水湿，喜干燥，低温控水，喜疏松、排水良好的砂质壤土。生长适温20～30℃。

【观赏评价与应用】本种叶片退化，茎奇特，花大美丽，多用于多浆植物专类园或用于沙生区栽培观赏，也常盆栽用于阳台、窗

剑龙角

剑龙角

台或案几上摆放观赏。

【同属种类】本属约44种，产非洲东部及南部，我国有少量引种。

萝藦
Metaplexis japonica

【科属】萝藦科萝藦属

【别名】老鸦瓢、哈喇瓢、羊角

【形态特征】多年生草质藤本，长达8m，具乳汁；叶膜质，卵状心形，长5～12cm，宽4～7cm，顶端短渐尖，基部心形，叶耳圆，长1～2cm，两叶耳展开或紧接，叶面绿色，叶背粉绿色。总状式聚伞花序腋生或腋外生，花萼裂片披针形，花冠白色，有淡紫红色斑纹，近辐状，花冠筒短，花冠裂片披针形。蓇葖双生，纺锤形，种子扁平。花期7～8月，果期9～12月。

【产地与习性】分布于东北、华北、华东

剑龙角

萝藦

萝藦

萝藦

长茎肉珊瑚

长茎肉珊瑚

长茎肉珊瑚

大豹皮花

大豹皮花

大花犀角

和甘肃、陕西、贵州、河南和湖北等省区。生长于林边荒地、山脚、河边、路旁灌木丛中。日本、朝鲜和俄罗斯也有。习性强健，对环境要求不高，性耐寒，不耐热，不择土壤。生长适温 15～25℃。

【观赏评价与应用】果纺锤形，花小，均有一定观赏价值，本种野性强，易栽培，可用于小型篱架、棚架绿化。全株可药用，茎皮纤维坚韧，可造人造棉。

【同属种类】本属约 6 种，分布于亚洲东部。我国产 2 种。

长茎肉珊瑚
Sarcostemma viminale

【科属】萝藦科肉珊瑚属

【形态特征】无叶藤本，绕生在树上，具乳汁，枝柔软下垂；枝绿色，长可达数米。聚伞花序顶生，无总花梗，着花 10 余朵，花

梗被微毛；花冠淡黄绿色，近辐状，披针形，副花冠双轮，着生于合蕊冠上，白色。蓇葖披针状圆柱形，种子扁平。花期夏秋。

【产地与习性】产非洲。性喜高湿及光照环境，耐热，不耐霜寒，耐瘠，忌湿。喜疏松、排水良好的砂质土。生长适温 18～30℃。

【观赏评价与应用】茎肉质，柔软，叶退化，多用于公园、植物园的沙质植物区种植，可附于小型篱架、棚架栽培，任其攀爬。

【同属种类】全属至少 10 种，分布于亚洲热带和亚热带地区和非洲。我国产 1 种。

大豹皮花
Stapelia gigantea

【科属】萝藦科豹皮花属

【别名】大犀角

【形态特征】肉质多年生植物；茎几株簇生在一起，亮绿色，被短柔毛，高15～20cm，直径3cm，肉质茎四棱，棱明显凸起，棱刺细尖。无叶。花 1～2 朵，大形，

花冠黄绿色，辐状呈五角星状射出，内面具有深红色横皱波纹和疏生淡紫色的毛，裂片卵状三角形，顶部渐尖延伸长尾状；副花冠双轮，着生于合蕊冠基部，紫色；花期秋季。

【产地与习性】原产热带非洲，性喜高温及阳光充足之地，耐热性强，不耐寒，忌渍涝，喜生于肥沃的砂质土壤。生长适温18～30℃。

【观赏评价与应用】株形低矮，花大奇特，状似海星，为著名的多浆植物，多用于岩石园、沙生植物园丛植或片植观赏，也可盆栽用于室内美化。

【同属种类】全属约 60 余种，分布于热带非洲和亚洲热带地区及大洋洲等；欧洲及美洲也有栽培。我国引进栽培 3 种。

栽培的同属植物有：

大花犀角 Stapelia grandiflora

多年生肉质多年生植物；茎簇生，下部近圆形，上部具四棱，棱凸起，棱刺细尖。无叶。花大，单生，花冠紫红色，辐状呈五角星状射出，内面具有黄白色斑，花瓣具细柔毛，花瓣前端尾尖；副花冠双轮，上部黄白色，基部紫色；花期秋季。产非洲。

茄科 Solanaceae

紫水晶
Browallia speciosa

【科属】茄科歪头花属

【别名】布洛华丽

【形态特征】一年生草本，株高 15～30cm。叶互生，长椭圆形，先端渐尖，基部近圆，全缘，叶柄短。花腋生，花梗黑紫色，花冠长管状，花瓣深裂，蓝紫色，喉部白色。花期春至夏。

【产地与习性】产哥伦比亚。性喜温暖及阳光充足的环境，不耐荫，不耐寒，有一定的耐热性，忌湿涝。喜肥沃富含有机质的砂质壤土。生长适温 15～25℃。

【观赏评价与应用】花晶莹美丽，清新雅致，观赏性强，适合花坛、花境栽培观赏，或用于园路边、墙边及庭院一隅丛植，盆栽可用于阳台、客厅、卧室等绿化。

【同属种类】本属约 7 种，产美洲热带。我国引种 1 种。

紫水晶

紫水晶

小花矮牵牛
Calibrachoa hybrids

【科属】茄科舞春花属

【别名】舞春花

【形态特征】多年生宿根草本，茎细弱，呈匍匐状。叶互生，狭椭圆形或倒披针形，上

小花矮牵牛

小花矮牵牛

具短柔毛，全缘，绿色。花萼五，披针形，5 裂。花冠漏斗状，先端 5 裂，花色丰富，有白、黄、红、橙、紫等色。花期春季。

【产地与习性】园艺种，喜温暖及阳光充足的环境，不耐荫蔽，喜湿润，不耐水湿，喜疏松、肥沃、排水良好的微酸性的壤土。生长适温 18～26℃。

【观赏评价与应用】株形美观，开花繁茂，为近年来兴起的观花草本植物，适合公园、庭院的花坛、路边片植栽培观赏，或盆栽可用于廊架吊挂栽培营造立体景观，也可用于阳台、窗台、卧室、客厅等装饰。

【同属种类】本属约 28 种，产南美洲，从巴西南部至秘鲁与智利，生于空旷的草地等处。

菜椒
Capsicum annuum (Grossum Group)

【科属】茄科辣椒属

【别名】甜椒、灯笼椒

【形态特征】一年生或有限多年生植物；植株高大，高 40～200cm。叶矩圆形或卵形，长 10～13cm。花单生，俯垂；花萼杯状，花冠白色，淡紫色。果梗直立或俯垂，果实大型，近球状、圆柱状或扁球状，多纵沟，顶端截形或稍内陷，基部截形且常稍向内凹入，味不辣而略带甜或稍带椒味。花果期 5～11 月。

【产地与习性】为多年选育出的品种群，

菜椒

菜椒

菜椒

性喜温暖、湿润及阳光充足的环境，不耐寒，较耐热，不耐瘠。生长适温 16 ～ 26℃。

【观赏评价与应用】果实大，色彩丰富，即可做蔬菜食用，也可用于观赏，多用于生态园、农庄栽培或用于果蔬景观，也常用于植物园的果蔬专类区用于科普教育。

【同属种类】本属约 25 余种，主要分布南美洲；我国引进栽培 2 种。

栽培的原种及品种有：

1. 辣椒 *Capsicum annuum*

株高 40 ～ 80cm，叶互生，枝顶端节不伸长而成双生或簇生状，矩圆状卵形、卵形或卵状披针形，全缘，顶端短渐尖或急尖，基部狭楔形，果实长指状，顶端渐尖且常弯曲，没有成熟时绿色，成熟后红色、黄色或紫红色，味辣。产墨西哥到哥伦比亚；现我国南北均有栽培。

2. 樱桃椒 *Capsicum annuum* var. *cerasiforme*

又名珍珠椒，株高约 30cm。植物体高40cm。叶长椭圆形，全缘，绿色。花梗直立，花小，果圆球形，红色、紫色、绿色等。

3. 朝天椒 *Capsicum annuum* var. *conoides*

植物体多二歧分枝。叶长 4 ～ 7cm，卵形。花常单生于二分叉间，花梗直立，花稍俯垂，花冠白色或带紫色。果梗及果实均直立，果实较小，圆锥状，成熟后红色或紫色，味极辣。

辣椒

辣椒

樱桃椒

朝天椒

朝天椒

风铃辣椒
Capsicum baccatum

【科属】茄科辣椒属

【别名】五角辣椒

【形态特征】多年生草本，常作 1 年生栽培，株高 30 ～ 60cm。茎半木质化，分枝多。单叶互生，卵状或卵状披针形。花白色，基部黄色。浆果，红色，前端具突起，角状。花期春季，果熟夏秋。

【产地与习性】产美洲。性喜高温及阳光充足的环境，耐热、不耐寒。喜湿润，忌渍涝。喜肥沃、排水良好的微酸性的土壤。生长适温 16 ～ 30℃。

【观赏评价与应用】果形奇特，呈风铃状，为近年来引进的观果植物，多作盆栽，适合阳台、窗台或天台摆放观赏，也可植于庭院或公园路边、墙垣边观赏。

风铃辣椒

风铃辣椒

风铃辣椒

洋金花
Datura metel

【科属】茄科曼陀罗属

【别名】白曼陀罗、风茄花、闹羊花

【形态特征】一年生直立草木而呈半灌木状，高 0.5 ～ 1.5m，全体近无毛；叶卵形或广卵形，顶端渐尖，基部不对称圆形、截形或楔形，长 5 ～ 20cm，宽 4 ～ 15cm，边缘有不规则的短齿或浅裂、或者全缘而波状。花单

洋金花

洋金花

洋金花

毛曼陀罗

毛曼陀罗

毛曼陀罗

生，花萼筒状，花冠长漏斗状，筒中部之下较细，向上扩大呈喇叭状，白色、黄色或浅紫色，单瓣、在栽培类型中有2重瓣或3重瓣；蒴果近球状或扁球状，疏生粗短刺，种子淡褐色。花果期3～12月。

【产地与习性】 分布于热带及亚热带地区，温带地区普遍栽培；喜充足的阳光，耐热，耐瘠，不耐寒，喜向阳地块，栽培以肥沃、保肥良好的壤土为佳。生长适温16～28℃。

【观赏评价与应用】 花大洁白，清新淡雅，为药用及观赏兼用种，可片植于林缘、路边或墙边欣赏，也可丛植于草地边缘、山石边点缀。叶和花含莨菪碱和东莨菪碱；花为中药的"洋金花"，作麻醉剂。全株有毒，而以种子最毒！

【同属种类】 本属约11种，多数分布于热带和亚热带地区，少数分布于温带。我国3种。

栽培的同属植物有：

1. 毛曼陀罗 *Datura innoxia*

一年生直立草本或半灌木状，高1～2m，全体密被细腺毛和短柔毛。叶片广卵形，长10～18cm，宽4～15cm，顶端急尖，基部不对称近圆形，全缘而微波状或有不规则的疏齿。花单生。花萼圆筒状而不具棱角，花冠长漏斗状，下半部带淡绿色，上部白色，花开放后呈喇叭状。蒴果俯垂，近球状或卵球状，密生细针刺，针刺有韧曲性。种子扁肾

形，褐色。花果期6～9月。广布欧亚大陆及南北美洲；全株有毒。

2. 曼陀罗 *Datura stramonium*

又名枫茄花、狗核桃，草本或半灌木状，高0.5～1.5m，全体近于平滑或在幼嫩部分被短柔毛。叶广卵形，顶端渐尖，基部不对称楔形，边缘有不规则波状浅裂，裂片顶端急尖，有时亦有波状牙齿。花单生于，花萼

曼陀罗

曼陀罗

筒状，筒部有5棱角，两棱间稍向内陷，基部稍膨大；花冠漏斗状，下半部带绿色，上部白色或淡紫色。蒴果直立生，卵状，表面生有坚硬针刺或有时无刺而近平滑，成熟后淡黄色。种子卵圆形，稍扁，黑色。花期6～10月，果期7～11月。广布于世界各大洲。全株有毒。

3. 紫花曼陀罗 *Datura stramonium* var. *tatula*

与原种曼陀罗的主要区别为花紫色，单瓣或重瓣。

紫花曼陀罗

紫花曼陀罗

紫花曼陀罗

天仙子
Hyoscyamus niger

【科属】 茄科天仙子属

【别名】 莨菪、马铃草

【形态特征】 二年生草本，高达1m，全体被粘性腺毛。自根茎发出莲座状叶丛，卵状披针形或长矩圆形，长可达30cm，宽达10cm，顶端锐尖，边缘有粗牙齿或羽状浅裂；第二年春茎伸长而分枝，茎生叶卵形或三角状卵形，

天仙子

天仙子

天仙子

顶端钝或渐尖，无叶柄而基部半抱茎或宽楔形，边缘羽状浅裂或深裂，向茎顶端的叶成浅波状，裂片多为三角形，顶端钝或锐尖。花在茎中部以下单生于叶腋，在茎上端则单生于苞状叶腋内而聚集成蝎尾式总状花序，通常偏向一侧，花萼筒状钟形，花冠钟状，黄色而脉纹紫堇色；蒴果，种子近圆盘形。夏季开花、结果。生长适温 15 ～ 26℃。

【产地与习性】分布于我国华北、西北及西南，华东有栽培或逸为野生；蒙古、俄罗斯、欧洲、印度也有。常生于山坡、路旁、住宅区及河岸沙地。性强健，耐瘠、耐寒、耐旱，对环境要求不高，一般土壤均可生长。

【观赏评价与应用】本种一般做药用植物栽培，园林中偶见应用，适合丛植于山石边、园路边点缀。根、叶、种子药用，含莨菪碱及东莨菪碱，有镇痉镇痛之效，可作镇咳药及麻醉剂。种子油可供制肥皂。

【同属种类】本属约 20 种，分布于地中海区域到亚洲东部；我国 2 种。

番茄
Lycopersicon esculentum

【科属】茄科番茄属

【别名】蕃柿、西红柿

【形态特征】草本，株高 0.6 ～ 2m 或更高，全体生粘质腺毛，有强烈气味。茎易倒伏。叶羽状复叶或羽状深裂，长 10 ～ 40cm，小叶极不规则，大小不等，常 5 ～ 9 枚，卵形或矩圆形，长 5 ～ 7cm，边缘有不规则锯齿或裂片。花序常 3 ～ 7 朵花；花萼辐状，裂片披针形，花冠辐状，黄色。浆果扁球状或近球状，肉质而多汁液，橘黄色或鲜红色；种子黄色。花果期夏秋季。

【产地与习性】原产南美洲；我国南北广泛栽培。喜温暖及阳光充足环境，不耐荫蔽，

番茄

番茄

番茄

较耐热，不耐涝，在中性及微酸性土壤上生长良好，生长适温 15 ～ 26℃。

【观赏评价与应用】果实为盛夏的蔬菜和水果，果实繁密，色彩鲜艳，可供观赏。多用于生态园、农庄等营造果蔬立体景观。

【同属种类】本属 9 种，产于南美洲，世界各地广泛栽培。我国栽培 1 种。

栽培的品种有：

櫻桃番茄 *Lycopersicon esculentum* var. *cerasiforme*

与原种的区别主要为果实小，圆球形或椭圆形，果实红色、黄色、紫色。

櫻桃番茄

櫻桃番茄

櫻桃番茄

假酸浆
Nicandra physalodes

【科属】茄科假酸浆属

【别名】冰粉；鞭打绣球

【形态特征】茎直立，有棱条，无毛，高 0.4 ～ 1.5m。叶卵形或椭圆形，草质，长 4 ～ 12cm，宽 2 ～ 8cm，顶端急尖或短渐尖，基部楔形，边缘有具圆缺的粗齿或浅裂，两面有稀疏毛；花单生于枝腋而与叶对生，通常具较叶柄长的花梗，俯垂；花萼 5 深裂，花冠钟状，浅蓝色。浆果球状，黄色。种子淡褐色。花果期夏秋季。

【产地与习性】原产南美洲，我国南北

假酸浆

假酸浆

假酸浆

花烟草

均有栽培。性强健,极粗生,对环境没有特殊要求,在我国多地逸为野生。生长适温 15 ~ 28℃。

【观赏评价与应用】本种花大,色彩淡雅,具有较高的观赏性,性强健,易栽培,适于林缘、路边、墙边或庭院等丛植观赏。全草药用,有镇静、祛痰、清热解毒之效。

【同属种类】单属种,原产南美洲;我国有栽培或逸出而成野生。

花烟草
Nicotiana alata

【科属】茄科烟草属

【形态特征】有限的多年生草本,高 0.6 ~ 1.5m。叶在茎下部铲形或矩圆形,基部稍抱茎或具翅状柄,向上成卵形或卵状矩圆形,近无柄或基部具耳,接近花序即成披针形。花序为假总状式,疏散生几朵花;花萼杯状或钟状,花冠淡绿色、淡粉色、红色等。蒴果卵球状,灰褐色。花期夏季,果期秋季。

【产地与习性】原产阿根廷和巴西,东北、华北、华东各地常见栽培。喜温暖、向阳的环境及肥沃疏松的土壤,耐旱、耐热,不耐寒。生长适温 15 ~ 26℃。

【观赏评价与应用】植株紧凑、连续开花、花量大,群体与个体表现都较好,是优美的花坛、花境材料,又可丛植或大面积栽植,适于草坪、庭院、路边及林带边缘,也可作

花烟草

花烟草

盆栽。

【同属种类】本属约有 95 种,分布于南美洲,北美洲和大洋洲。我国栽培 3 种。

红花烟草
Nicotiana tabacum

【科属】茄科烟草属

【别名】烟草、烟叶

【形态特征】一年生或有限多年生草本,全体被腺毛;茎高 0.7 ~ 2m。叶矩圆状披针形、披针形、矩圆形或卵形,顶端渐尖,基部渐狭至茎成耳状而半抱茎,长 10 ~ 30(~ 70)cm,宽 8 ~ 15(~ 30)cm。花序顶生,圆锥状,多花;花萼筒状或筒状钟形,花冠漏斗状,淡红色,筒部色更淡。蒴果卵状或矩圆状,种子圆形或宽矩圆形。夏秋季开花结果。

【产地与习性】原产南美洲。我国南北各省区广为栽培。喜温暖及阳光充足的环境,不耐荫,耐热,不耐寒,喜疏松、排水良好的中性至微酸性壤土。生长适温 15 ~ 28℃。

【观赏评价与应用】本种为烟草工业的原料,适合公园、风景区的农作物专类园种植观赏或用于科普教育;全株也可作农药杀虫剂;亦可药用,作麻醉、发汗、镇静和催吐剂。

红花烟草

红花烟草

地毯赛亚麻
Nierembergia repens

【科属】茄科赛亚麻属

【别名】白杯花、白花赛亚麻

【形态特征】多年生草本，株高 15 ~ 35cm。茎柔弱，具分枝，全株被柔毛。叶小，长卵形或近菱形，先端稍尖，基部楔形，全缘，绿色。花单生枝顶或腋生，花梗细长，花冠白色，基部黄色，花径约 4cm。花期夏季。

【产地与习性】产阿根廷。喜温暖及阳光充足的环境，不耐寒，不耐瘠薄，对土壤适应性强，从微酸性壤土至微碱性土壤均可生长。生长适温 15 ~ 26℃。

【观赏评价与应用】花色洁白清雅，朵朵小花着生于枝顶，与绿叶相配，极为醒目，可用于花境、花坛、花带种植观赏，或用于庭院的路边、小径丛植点缀。也可盆栽用于装饰居室。

【同属种类】本属约 26 种，产美洲等地，我国有引种。

地毯赛亚麻

地毯赛亚麻

矮牵牛
Petunia × hybrida

【科属】茄科碧冬茄属

【别名】碧冬茄

【形态特征】一年生草本，高 30 ~ 60cm。叶有短柄或近无柄，卵形，顶端急尖，基部阔楔形或楔形，全缘，长 3 ~ 8cm，宽 1.5 ~ 4.5cm。花单生于叶腋，花萼 5 深裂，裂片条形，顶端钝，果时宿存；花冠白色、红色、黄色、紫堇色或复色，漏斗状，单瓣或重瓣。蒴果圆锥状，种子极小。自然花期夏秋，果期秋季。

【产地与习性】杂交种，全国各地均有栽

矮牵牛

矮牵牛

培。喜温暖、向阳和通风良好的环境条件。不耐寒，耐暑热，在干热的夏季能正常开花，在阴雨较多和气温较低的环境条件下开花不良，喜排水良好、疏松的酸性砂质土。生长适温 15 ~ 26℃。

【观赏评价与应用】矮牵牛花色艳丽，花大、色彩丰富，有大、中、小型花多种，适用于花坛及自然式布置，大花及重瓣品种常供盆栽观赏或做切花。

【同属种类】本属约 3 种，主要分布于南美洲。我国普遍栽培 1 种。

挂金灯
Physalis alkekengi var. *franchetii*

【科属】茄科酸浆属

【别名】锦灯笼、红姑娘

【形态特征】多年生草本，基部常匍匐生根。茎较粗壮，茎节膨大；茎高约 40 ~ 80cm。叶长 5 ~ 15cm，宽 2 ~ 8cm，长

挂金灯

挂金灯

矮牵牛

挂金灯

蛾蝶花
蛾蝶花

卵形至阔卵形、有时菱状卵形，顶端渐尖，基部不对称狭楔形、下延至叶柄，全缘而波状或者有粗牙齿、有时每边具少数不等大的三角形大牙齿，叶缘有短毛；花萼阔钟状，除裂片密生毛外筒部毛被稀疏，花冠辐状，白色；果萼卵状，橙色或火红色，光滑无毛。浆果球状，橙红色。花期5～9月，果期6～10月。

【产地与习性】本变种在我国分布广泛，除西藏尚未见到外其它各省区均有分布；朝鲜和日本也有。常生于田野、沟边、山坡草地、林下或路旁水边；性强健，对环境没有特殊要求，极粗生，生长适温15～28℃。

【观赏评价与应用】果实艳丽，果熟时节，象一盏盏小灯笼悬挂于枝间，极为可爱，为不可多得的观果植物。可丛植于林缘、山石边、墙边或庭院一隅观赏，也可用于花境、花坛栽培。果可食和药用，可清热解毒、消肿。

【同属种类】本属约75种，大多数分布于美洲热带及温带地区，少数分布于欧亚大陆

蛾蝶花

及东南亚。我国6种。

蛾蝶花
Schizanthus pinnatus

【科属】茄科蛾蝶花属

【形态特征】一、二年生草本植物，株高40～80cm，具分枝。叶羽状分裂，裂片全缘，上有矮绒毛。圆锥状总状花序，花色彩丰富，往往一花多色。花期春至初夏。

【产地与习性】产智利。性喜冷凉及阳光充足的环境，较耐热，不耐热，喜疏松、肥

沃、富含腐殖质的微酸性壤土。生长适温15～25℃。

【观赏评价与应用】花繁色艳，且品种丰富，为常见栽培的观花草本，多用于草地边、滨水河岸、院墙边或用于花境栽培，也可用于花坛、花台或庭前阶边绿化。

【同属种类】本属约12种，产美洲，我国有引种栽培。

茄
Solanum melongena

【科属】茄科茄属

【别名】茄子、紫茄

【形态特征】直立分枝草本至亚灌木，高可达1m。叶大，卵形至长圆状卵形，长8～18cm或更长，宽5～11cm或更宽，先端钝，基部不相等，边缘浅波状或深波状圆裂。能孕花单生，花后常下垂，不孕花蝎尾状与能孕花并出；萼近钟状，花冠辐状，果的

茄

茄

茄

蛾蝶花

形状大小变异极大。本种因经长期栽培而变异极大，花的颜色及花的各部数目均有出入，一般有白花，紫花，5~6（~7）数。果的形状有长或圆，颜色有白、红、紫等色。

【产地与习性】可能原产亚洲热带，Sendtner 认为原产阿拉伯。我国各省均有栽培。性喜温暖、湿润及阳光充足环境，耐热，不耐寒，喜疏松、肥沃、富含腐殖质壤土。生长适温 15~28℃。

【观赏评价与应用】为常见蔬菜，可用于公园、植物园等果蔬专类园栽培观赏或用于科普教育，也适合农家乐、生态园栽培供游客采摘。根、茎、叶入药，为收敛剂，有利尿之效，叶也可以作麻醉剂。种子为消肿药，果生食可解食用菌中毒。

【同属种类】本属约 1200 余种，分布于全世界热带及亚热带，少数达到温带地区，主要产南美洲的热带。我国有 41 种，约一半为其他地区引进。

马铃薯
Solanum tuberosum

【科属】茄科茄属

【别名】洋芋、阳芋、土豆

【形态特征】草本，高 30~80cm。地下茎块状，扁圆形或长圆形。叶为奇数不相等的羽状复叶，小叶常大小相间，长 10~20cm；叶柄长约 2.5~5cm；小叶，6~8 对，卵形至长圆形，最大者长可达 6cm，宽达 3.2cm，

最小者长宽均不及 1cm，先端尖，基部稍不相等，全缘，伞房花序顶生，花白色或蓝紫色；萼钟形，花冠辐状。浆果圆球状。花期夏季。

【产地与习性】我国各地均有栽培。原产热带美洲的山地，现广泛种植于全球温带地区。喜温暖、湿润及阳光充足的环境，喜肥水，不耐瘠薄，以土层深厚，排水良好，富含腐殖质的土壤为最佳。生长适温 15~28℃。

【观赏评价与应用】块茎富含淀粉，供食用，为山区主粮之一，并为淀粉工业的主要原料。刚抽出的芽条及果实中有丰富的龙葵碱，为提取龙葵碱的原料。可用于公园、植物园的果蔬专类园供科普教育。

栽培的同属植物有：

1. 南美香瓜茄 *Solanum muricatum*
一年生草本，株高可达 1m 或更高。叶互生，单出或 3 出叶。聚伞花序，花冠白色至浅紫色。果为浆果，卵形，椭圆形或圆球形，黄白色，上常有紫色斑纹。花果期夏秋。南美洲。

2. 白蛋茄 *Solanum texanum*
又名金银茄，一年生草本，株高约 30cm。叶互生，长椭圆形，先端尖，基部圆钝，全缘或稍波状，绿色。花单生，萼片绿色，花瓣淡紫色。果初为白色，成熟后变成金黄色。花期春季，果期夏秋。产巴西。

南美香瓜茄

马铃薯

马铃薯

南美香瓜茄

南美香瓜茄

马铃薯

白蛋茄

旋花科 Convolvulaceae

缠枝牡丹
Calystegia dahurica f. *anestia*

【科属】旋花科打碗花属

【形态特征】多年生草本，全体不被毛。茎缠绕，伸长，有细棱。叶形多变，三角状卵形或宽卵形，长4~10(~15)cm，宽2~6

缠枝牡丹

缠枝牡丹

（~10）cm或更宽，顶端渐尖或锐尖，基部截形或心形，全缘或基部稍伸展为具2~3个大齿缺的裂片。花腋生，1朵；花冠通常白色或有时淡红或紫色，花冠重瓣，撕裂状，形状不规则，花瓣裂片向内变狭，没有雄蕊和雌蕊。蒴果卵形，种子黑褐色。花期夏季。

【产地与习性】原产我国，黑龙江、河北、江苏、安徽、浙江、四川等省均有。栽培或逸生，见于路旁以至海拔1500~3100m的山坡上。性强健，繁殖力极强，对环境要求不严，喜疏松、排水良好的壤土。生长适温15~25℃。

【观赏评价与应用】花大秀美，为旋花科少见的重瓣种，且习性强健，易栽培，适合用于花坛、花台栽培观赏，也适合小型花架、篱架立体绿化。但本种侵占性强，种植后很难清除，引种时需注意。

【同属种类】本属约25种，分布于两半球的温带和亚热带。我国有6种。

银灰旋花
Convolvulus ammannii

【科属】旋花科旋花属

【形态特征】多年生草本，根状茎短，高2~10（~15）cm，平卧或上升，枝和叶密被贴生稀半贴生银灰色绢毛。叶互生，线形或狭披针形，长1~2cm，宽（0.5-）1~4（5）mm，先端锐尖，基部狭，无柄。花单生枝端，萼片5，花冠小，漏斗状，淡玫瑰色或白色带紫色条纹。蒴果球形，种子2~3枚。花期夏季，果期秋季。

银灰旋花

银灰旋花

【产地与习性】产我国内蒙古、东北、河北、河南、甘肃、宁夏、陕西、山西、新疆、青海及西藏。生干旱山坡草地或路旁。分布朝鲜、蒙古、俄罗斯。性喜温暖及阳光充足的环境，耐旱，不喜水湿，耐寒性好，喜疏松、排水良好的壤土。生长适温15~25℃。

【观赏评价与应用】叶面银灰色，花朵洁白，可作色叶植物栽培，适合与其他色叶类配植于园路边、山石边，也可用于庭院的墙垣边、小径绿化。

【同属种类】本属约250种，广布于两半球温带及亚热带，极少数在热带。我国8种。

马蹄金
Dichondra micrantha
【*Dichondra repens*】

【科属】旋花科马蹄金属

【形态特征】多年生匍匐性草本植物。植株低矮，茎纤细，匍匐，被白色柔毛；叶小，全绿心脏形；叶柄细长；花1朵，稀2朵，生于叶腋；花梗纤细，花冠阔钟状，5深裂，淡黄色；蒴果，种子1粒，很少2粒，近球形，黄色至褐色。

【产地与习性】我国长江以南各省区均有

马蹄金

分布，生于海拔 180 ～ 1850m 的田边、路边和山坡阴湿处。喜光，喜温暖湿润气候，对土壤要求不严。能耐一定低温，在 ～ 8℃ 的低温条件下，虽有部分叶片表面变褐色，但仍能安全越冬；对土壤要求不严，生长适温 15 ～ 28℃。

【观赏评价与应用】马蹄金植株低矮，根、茎发达，四季常青，抗性强，覆盖率高，是优良的观赏草坪和地被材料，多用于多种草坪花坛内最低层的覆盖，也可用于沟坡、堤坡、路边等固土材料，还可作盆栽花卉或盆景的盆面覆盖材料。

【同属种类】本属14种，大多数分布美洲，2 种产新西兰，1 种广布于两半球热带亚热带地区，我国 1 种。

栽培的同属植物有：

'银瀑' 马蹄金 *Dichondra argentea* 'Silver Falls'

多年生匍匐性草本植物。茎纤细，匍匐或悬垂生长，全株被白色柔毛；叶小，银灰色；叶柄细长；花小，花冠钟状，5 深裂，淡黄绿色；蒴果。园艺种。

马蹄金

马蹄金

'银瀑' 马蹄金

'银瀑' 马蹄金

'银瀑' 马蹄金

番薯
Ipomoea batatas

【科属】旋花科番薯属

【别名】甘薯、地瓜

【形态特征】一年生草本，地下部分具圆形、椭圆形或纺锤形的块根，块根的形状、皮色和肉色因品种或土壤不同而异。茎平卧或上升，偶有缠绕。叶片形状、颜色常因品种不同而异，也有时在同一植株上具有不同叶形，通常为宽卵形，全缘或 3 ～ 5（～ 7）裂，裂片宽卵形、三角状卵形或线状披针形，叶片基部心形或近于平截，顶端渐尖，叶色有浓绿、黄绿、紫绿等，顶叶的颜色为品种的特征之一；聚伞花序腋生，有 1 ～ 3 ～ 7 朵花聚集成伞形，萼片长圆形或椭圆形，花冠粉红色、白色、淡紫色或紫色，钟状或漏斗状。蒴果卵形或扁圆形。

【产地与习性】原产南美洲及大、小安的列斯群岛，现已广泛栽培在全世界的热带、亚热带地区。性喜温暖及光照充足的环境，耐热，不耐寒，忌水渍，喜土层深厚、排水良好的砂质壤土。生长适温 15 ～ 28℃。

【观赏评价与应用】本种块根硕大，攀爬能力较强，园林中多用于棚架营建果蔬立体景观。番薯是一种高产而适应性强的粮食作物，块根除做主粮外，也是食品加工、淀粉和酒精制造工业的重要原料，根、茎、叶又是优良的饲料。

番薯

番薯

番薯

【同属种类】本属约 500 种，广泛分布于热带、亚热带和温带地区。我国 29 种，南北均产。

番薯常见栽培的品种有：

1.'紫叶'番薯 Ipomoea batatas 'Black Heart'

与原种的主要区别为叶心形，叶片紫色。

'紫叶'番薯

'紫叶'番薯

'紫叶'番薯

2.'金叶'番薯 Ipomoea batatas 'Marguerite'

与原种的主要区别为叶心形，叶片金黄色。

'金叶'番薯

'金叶'番薯

3.'彩叶'番薯 Ipomoea batatas 'Rainbow'

与原种的主要区别为叶心形，顶端尖，叶片绿色，上具白色或紫红色斑块。

紫叶番薯、金叶番薯等观赏品种适应性强，生长旺盛，叶片茂密，叶色艳丽，观赏期长，能快速覆盖地面，达到景观绿化效果，是优良的地被植物，适合在阳光充足的地段应用。也可盆栽、悬吊。

'彩叶'番薯

茑萝
Ipomoea quamoclit
【*Quamoclit pinnata*】

【科属】旋花科番薯属

【别名】茑萝松

【形态特征】一年生柔弱缠绕性草本，全株无毛。叶卵形或长圆形，长 2～10cm，宽 1～6cm，羽状深裂至中脉，有 10～18 对条形至丝状的平展细裂片；花序腋生，由少数花组成聚伞花序；花直立，花冠高脚碟状，深红色，管上部稍膨大，冠檐开展。蒴果卵形，种子 4，黑褐色。花期 7～9 月；果期 8～10 月。

【产地与习性】原产南美洲热带地区。全国各地均有栽培，供观赏。喜光，喜温暖，忌寒冷，怕霜冻。对土壤要求不严，生长适温 15～28℃。

【观赏评价与应用】叶纤细秀丽，是庭院花架、花篱的优良植物，也可盆栽陈设于室

茑萝

茑萝

茑萝

内。花开时节，其花形虽小，但星星点点散布在绿叶丛中，活泼动人。

栽培与茑萝相近种有：

槭叶茑萝 Ipomoea × sloteri【Quamoclit × sloteri】

又名葵叶茑萝，一年生草本；茎缠绕，多分枝。叶掌状深裂，长（4-）5～10cm，裂片披针形，先端细长而尖；基部 2 裂片各 2 裂。聚伞花序腋生，1～3 花，萼片 5，不相等；花冠高脚碟状，较大，红色，管基部狭，冠檐骤然开展，5 深裂；蒴果圆锥形，或球形，平滑。种子 1～4 粒。花期 7～9 月；果期 8～10 月。杂交种。

槭叶茑萝

槭叶茑萝

月光花
Ipomoea alba
【*Calonyction aculeatum*】

【科属】旋花科番薯属

【别名】嫦娥奔月

【形态特征】一年生、大的缠绕草本，长可达 10m，有乳汁，茎绿色，圆柱形。叶卵形，长 10～20cm，先端长锐尖或渐尖，基部心形，全缘或稍有角或分裂。花大，夜间开，芳香，1 至多朵排列成总状，萼片卵形，绿色；花冠大，雪白色，极美丽，瓣中带淡绿色。蒴果卵形，种子大，无毛。花期夏季，果期秋季。

【产地与习性】原产地可能为热带美洲，现广布于全热带。性喜高温及光照充足环境，耐热，不耐寒，不喜水湿，喜疏松、肥沃的壤土。生长适温 15～28℃。

【观赏评价与应用】花极大，雪白色，清新丽质，极具观赏性，于傍晚开放，适合棚架、花篱绿化，或盆栽用于阳台观赏，亦用

月光花

月光花

以嫁接红薯，可增产。肉质萼及嫩叶可作蔬菜，干花可做汤及点心。

五爪金龙
Ipomoea cairica

【科属】旋花科番薯属

【别名】五爪龙、牵牛藤

【形态特征】多年生缠绕草本，全体无毛。茎细长，叶掌状 5 深裂或全裂，裂片卵状披针形、卵形或椭圆形，中裂片较大，长 4～5cm，宽 2～2.5cm，两侧裂片稍小，顶端渐尖或稍钝，具小短尖头，基部楔形渐狭，全缘或不规则微波状，基部 1 对裂片通常再 2 裂；聚伞花序腋生，具 1～3 花，或偶有 3 朵以上；萼片稍不等长，花冠紫红色、紫色或淡红色、偶有白色，漏斗状。蒴果近球形，种子黑色。

【产地与习性】原产热带亚洲或非洲，现已广泛栽培或归化于全热带。性强健，极粗生，对光照、土质、水分没有特殊要求，生长适温 15～30℃。

【观赏评价与应用】性强健，易栽培，花常成片开放，极美观，观赏性强，但本种入侵性强，较难清除，引种时需注意，可用于棚架、绿篱立体绿化，也可用做地面覆盖植物。块根供药用，外敷热毒疮，有清热解毒之效。

五爪金龙

五爪金龙

王妃藤
Ipomoea horsfalliae

【科属】旋花科番薯属

【别名】王子薯

【形态特征】多年生常绿蔓性藤本，深褐色。叶互生，掌状深裂，裂片 3～5 片，长椭圆形至披针形，革质，具光泽，上部裂片长椭圆形，下部最小，近披针形。花腋生，花冠喇叭状，先端 5 裂，红色。花期春至秋，果期秋、冬。

【产地与习性】产西印度群岛。喜全光照，耐热，喜湿润，不耐寒，喜疏松、排水良好的肥沃壤土。生长适温 22～30℃。

【观赏评价与应用】花姿优雅，花期长，适合小型花架、棚架、篱垣种植观赏，也可盆栽用于阳台、天台绿化。

王妃藤

王妃藤

圆叶牵牛
Ipomoea purpurea
【*Pharbitis purpurea*】

【科属】旋花科番薯属

【别名】牵牛花、喇叭花

【形态特征】一年生缠绕草本。叶圆心形或宽卵状心形，长 4～18cm，宽 3.5～16.5cm，基部圆，心形，顶端锐尖、骤

圆叶牵牛

圆叶牵牛

圆叶牵牛

马鞍藤
Ipomoea pes-caprae

【科属】旋花科番薯属

【别名】厚藤、马蹄草

【形态特征】多年生草本，全株无毛；茎平卧，有时缠绕。叶肉质，干后厚纸质，卵形、椭圆形、圆形、肾形或长圆形，长3.5～9cm，宽3～10cm，顶端微缺或2裂，裂片圆，裂缺浅或深，有时具小凸尖，基部阔楔形、截平至浅心形；多歧聚伞花序，腋生，有时仅1朵发育；萼片厚纸质，卵形，花冠紫色或深红色，漏斗状。蒴果球形，种子三棱状圆形。花果期几乎全年。

【产地与习性】产浙江、福建、台湾、广东、广西，海滨常见，多生长在沙滩上及路边向阳处。广布于热带沿海地区。性喜光照，不耐荫蔽，耐瘠性好，喜疏松、排水良好的砂质土，忌粘重土壤。生长适温16～30℃。

【观赏评价与应用】马鞍藤是典型的海滩植物，花大美丽，适合滨海风景区、公园的沙滩绿化，即有美化作用，又可起到防风沙

尖或渐尖，通常全缘，偶有3裂，两面疏或密被刚伏毛；叶柄长2～12cm。花腋生，单一或2～5朵着生于花序梗顶端成伞形聚伞花序，萼片近等长，外面3片长椭圆形，内面2片线状披针形；花冠漏斗状，紫红色、红色或白色，花冠管通常白色，瓣中带面色深，外面色淡；蒴果近球形，3瓣裂。种子卵状三棱形。花期夏季，果期秋季。

果期秋季。原产热带美洲，现已广植于热带和亚热带地区。

马鞍藤

牵牛

牵牛

【产地与习性】本种原产热带美洲，在世界各地已归化。喜光，不耐寒，较耐热，耐瘠薄，对土壤的适应性强，较耐干旱盐碱。生长适温16～28℃。

【观赏评价与应用】本种野性强，花大，飘逸，极具美感，为著名的庭园植物，多用于篱垣、花架、棚架绿化，有一种回归自然的野性美，也适合与同属植物配植，或盆栽观赏。

常见栽培与圆叶牵牛相近的种有：

牵牛 *Ipomoea nil*【*Pharbitis nil*】

一年生缠绕草本。叶宽卵形或近圆形，深或浅的3裂，偶5裂，长4～15cm，宽4.5～14cm，基部圆，心形，中裂片长圆形或卵圆形，渐尖或骤尖，侧裂片较短，三角形，裂口锐或圆；花腋生，单一或通常2朵着生于花序梗顶，萼片近等长，披针状线形，内面2片稍狭；花冠漏斗状，蓝紫色或紫红色，花冠管色淡；种子卵状三棱形。花期夏季，

马鞍藤

的效果，也适合内地公园、植物园的沙生植物区栽培观赏。茎、叶可作猪饲料；全草入药，有祛风除湿、拔毒消肿之效。

三裂叶薯
Ipomoea triloba

【科属】旋花科番薯属

【别名】小花假番薯

【形态特征】草本；茎缠绕或有时平卧。叶宽卵形至圆形，长 2.5 ~ 7cm，宽 2 ~ 6cm，全缘或有粗齿或深 3 裂，基部心形，两面无毛或散生疏柔毛；花序腋生，花序梗短于或长于叶柄，1 朵花或少花至数朵花成伞形状聚伞花序；萼片近相等或稍不等；花冠漏斗状，淡红色或淡紫红色，冠檐裂片短而钝。蒴果近球形，种子 4 或较少。花果期夏秋。

【产地与习性】原产热带美洲，现已成为热带地区的杂草。本种适应性极强，对环境没有要求，一般土质都可良好生长。生长适温 18 ~ 30℃。

【观赏评价与应用】小花繁密，色泽秀雅，点缀于枝叶间极为美丽，目前多处于野生状态，园林中较少应用，适合廊柱、小型花架、篱架或树干立体绿化。

木玫瑰

木玫瑰

木玫瑰

木玫瑰

三裂叶薯

三裂叶薯

木玫瑰
Merremia tuberosa

【科属】旋花科鱼黄草属

【别名】姬旋花

【形态特征】常绿蔓性草质藤本，多年生下部茎木质化。叶纸质，互生，掌状深裂，裂片 7，阔披针形。花顶生，漏斗状，鲜黄色。蒴果，果熟似干燥的玫瑰花。花期秋季，果期冬季。

【产地与习性】热带美洲。性强健，极粗生，喜全光照，不耐荫，喜湿润，不甚耐旱，对土质要求不高，以疏松、排水良好的中性至微酸性土壤为佳。生长适温 20 ~ 30℃。

【观赏评价与应用】花金黄靓丽，悬垂于枝蔓间，随风摇曳，极为飘逸，果实似玫瑰状，观赏性佳，可用于大型棚架、花架、篱垣等处成片种植营造立体景观，以美化环境。

金钟藤
Merremia boisiana

【科属】旋花科鱼黄草属

【别名】多花山猪菜

【形态特征】大型缠绕草本或亚灌木。茎

金钟藤

金钟藤

金钟藤

圆柱形，具不明显的细棱，幼枝中空。叶近于圆形，偶为卵形，长 9.5 ~ 15.5cm，宽 7 ~ 14cm，顶端渐尖或骤尖，基部心形，全缘，两面近无毛或背面沿中脉及侧脉疏被微柔毛。花序腋生，为多花的伞房状聚伞花序，有时为复伞房状聚伞花序；外萼片宽卵形，内萼片近圆形，花冠黄色，宽漏斗状或钟状。蒴果圆锥状球形。种子三棱状宽卵形。花期春夏季，果期夏秋。

【产地与习性】产海南、广西西南、云南东南部，生于海拔 120 ~ 680m 的疏林润湿处或次生杂木林。越南，老挝及印度尼西亚也有。性喜高温及多湿环境，耐瘠，耐热，不耐寒，不择土壤。生长适温 18 ~ 30℃。

【观赏评价与应用】金钟藤叶大青翠，生长繁盛，花色金黄，极具观赏性。适合公路、坡地作地被植物，也可用于大型花架、廊架作立体绿化。金钟藤为典型的入侵植物，繁殖快，极难清除，能迅速蔓延成为森林杀手，因此除原产地外，其他地区引种需注意。

【同属种类】本属约 80 种，广布于热带地区。我国约有 19 种。

栽培的同属植物有：

1. 多裂鱼黄草 *Merremia dissecta*

草本，茎缠绕、细长，圆柱形。叶掌状分裂近达基部，具 5 ~ 7 披针形的、具小短尖头的、边缘具粗齿至不规则的羽裂片。花序梗腋生，1 至少花；萼片近相等，花冠漏斗状，白色，喉部紫红色，冠檐具 5 条明显的带。蒴果球形，种子通常 4。花期夏秋，果期秋冬。

原产美洲，在非洲，印度，东南亚，以至澳大利亚的昆士兰通常已归化栽培作观赏。

2. 篱栏网 *Merremia hederacea*

又名茉栾藤、小花山猪菜，缠绕或匍匐草本，匍匐时下部茎上生须根。茎细长，有细棱。叶心状卵形，长 1.5 ~ 7.5cm，宽 1 ~ 5cm，顶端钝，渐尖或长渐尖，具小短尖头，基部心形或深凹，全缘或通常具不规则的粗齿或锐裂齿，有时为深或浅 3 裂。聚伞花序腋生，有 3 ~ 5 朵花，萼片宽倒卵状匙形，或近于长方形，花冠黄色，钟状。蒴果扁球形或宽圆锥形，种子三棱状球形。花期夏秋季。产台湾、广东、海南、广西、江西、云南。生于海拔 130 ~ 760m 的灌丛或路旁草丛。分布于非洲，热带亚洲及澳洲等地。

多裂鱼黄草

多裂鱼黄草

多裂鱼黄草

篱栏网

篱栏网

睡菜科 Menyanthaceae

睡菜
Menyanthes trifoliata

【科属】睡菜科睡菜属

【形态特征】多年生沼生草本。匍匐状根状茎粗大，黄褐色。叶全部基生，挺出水面，三出复叶，小叶椭圆形，长 2.5 ~ 4（8）cm，宽 1.2 ~ 2（4）cm，先端钝圆，基部楔形，全缘或边缘微波状，无小叶柄。花葶由根状茎顶端鳞片形叶腋中抽出，高 30 ~ 35cm；总状花序多花；花 5 数；花萼筒甚短，裂片卵形；花冠白色，筒形。蒴果球形，种子膨胀，圆形。花果期 5 ~ 7 月。

【产地与习性】产西藏、云南、四川、贵州、河北、黑龙江、辽宁、吉林、浙江。在沼泽中成群落生长，海拔 450 ~ 3600m。广布于北半球温带地区。性喜温暖及阳光充足的环境，耐寒、喜湿，不耐旱，喜肥沃的稍粘质土壤。生长适温 15 ~ 26℃。

【观赏评价与应用】本种叶大青绿，花朵洁白，花葶高于叶面，极为雅致，与环境形成鲜明对比，园林中多用于水体的浅水

睡菜

睡菜

睡菜

处绿化，也常用其他水生植物配植，营建水体景观。

【同属种类】单种属，分布于北温带。

金银莲花
Nymphoides indica

【科属】睡菜科荇菜属

【别名】白花荇菜、印度荇菜

【形态特征】多年生水生草本。茎圆柱形，不分枝，形似叶柄，顶生单叶。叶飘浮，近革质，宽卵圆形或近圆形，长 3 ~ 18cm，基部心形，全缘，叶柄短，圆柱形。花多数，簇生节上，5 数；花萼分裂至近基部，裂片长椭圆形至披针形；花冠白色，基部黄色，冠筒短，具 5 束长柔毛，裂片卵状椭圆形，先端钝，腹面密生流苏状长柔毛；蒴果椭圆形，种子膨胀，褐色，近球形。花果期 8 ~ 10 月。

【产地与习性】产东北、华东、华南以及河北、云南。生海拔 50 ~ 1530m 的水中。广布于世界的热带至温带。性喜温暖及阳光充足的环境，耐热，有一定耐寒性，喜湿，不耐旱。喜生于浅水处。生长适温 16 ~ 30℃。

【观赏评价与应用】叶浮于水面之上，呈心形，终年碧绿，雪白的小花伸出水面，点缀于其间，极为可爱，可用于公园、绿地等水体绿化。

金银莲花

金银莲花

金银莲花

【同属种类】本属约 20 种，广布于全世界的热带和温带。我国有 6 种。

荇菜
Nymphoides peltatum

【科属】睡菜科荇菜属

【别名】莲叶荇菜

【形态特征】多年生水生草本。茎圆柱形，多分枝，密生褐色斑点。上部叶对生，下部叶互生，叶片飘浮，近革质，圆形或卵圆形，直径 1.5 ~ 8cm，基部心形，全缘，有不明显的掌状叶脉，下面紫褐色。花常多数，簇生节上，5 数；花萼分裂近基部，裂片椭圆形或椭圆状披针形；花冠金黄色，冠筒短，喉部具 5 束长柔毛，裂片宽倒卵形。蒴果无柄，椭圆形，种子大，褐色，椭圆形。花果期 4 ~ 10 月。

【产地与习性】产全国绝大多数省区。生于海拔 60 ~ 1800m 池塘或不甚流动的河溪中。在中欧、俄罗斯、蒙古、朝鲜、日本、伊朗、印度、克什米尔地区也有分布。喜充足光照，不喜荫蔽，适生于多腐殖质的微酸性至中性的底泥和富营养的水域中，再生力强。生长适温 16 ~ 30℃。

【观赏评价与应用】叶漂浮水面，花大而美丽，整个花期长达 4 个多月，是一种美丽的水生观赏植物，宜用于水流较缓的静水区，适于大片种植。关于荇菜，在我国著名的《诗经》中就有记载，且流传甚广，原诗如下："关关雎鸠，在河之洲。窈窕淑女，君子好逑。参差荇菜，左右流之。窈窕淑女，寤寐求之。求之不得，寤寐思服。悠哉悠哉，辗转反侧……"。从诗中可以看出，娓娓道来的是一首爱情诗篇，描绘了年轻女子的曼妙身姿及一个青年男子对爱情的渴求与对女子的倾慕，即道出了相思之苦，也给出了后人想象的空间。荇菜根茎可供食用，可做蔬菜煮汤，在上古时代是人们餐桌上的美食。

荇菜

花葱科 Polemoniaceae

宿根福禄考
Phlox paniculata

【科属】花葱科天蓝绣球属

【别名】天蓝绣球

【形态特征】多年生草本，茎直立，高60～100cm，单一或上部分枝。叶交互对生，有时3叶轮生，长圆形或卵状披针形，长7.5～12cm，宽1.5～3.5cm，顶端渐尖，基部渐狭成楔形，全缘。多花密集成顶生伞房状圆锥花序，花萼筒状，花冠高脚碟状，淡红、红、白、紫等色。蒴果卵形，有多数种子。种子卵球形，黑色或褐色。花期夏季，果期秋季。

【产地与习性】原产北美洲东部，现广为栽培。性喜冷凉气候，耐～26℃低温，忌夏季炎热多雨，要求阳光充足，过于荫蔽处生

宿根福禄考

宿根福禄考

宿根福禄考

长不良；喜肥沃、深厚、湿润而排水良好的土壤。生长适温16～26℃。

【观赏评价与应用】开花期正值其他花卉开花较少的夏季，在欧美冷凉地区有着"夏季花园的脊梁"之称，可用于布置花坛、花境，亦可点缀于草坪中。园林中可在路边绿地、公园游憩区等以宿根福禄考为主体材料营造各种自然式花境。

【同属种类】全属约118种，产北美，1种产俄罗斯西伯利亚。我国引入栽培的有3种。

丛生福禄考
Phlox subulaa

【科属】花葱科天蓝绣球属

【形态特征】多年生矮小草本。茎丛生，铺散。叶对生或簇生于节上，钻状线形或线状披针形，长1～1.5cm，锐尖，被开展的短缘毛；花数朵生枝顶，成简单的聚伞花序，花梗纤细，密被短柔毛；花萼外面密被短柔毛；花冠高脚碟状，淡红、紫色或白色，裂片倒卵形。蒴果长圆形。花期夏季，果期秋季。

【产地与习性】原产北美东部，华东地区有引种栽培。性喜阳光及充足的环境，耐寒，不耐酷热，喜疏松、排水良好的土壤。生长

丛生福禄考

丛生福禄考

适温16～26℃。

【观赏评价与应用】本种花繁茂，群体景观效果佳，盛开时节，犹如花毯一般，繁花似锦，极为喜庆。为广为种植的优良的地被花卉，除用地被外，也可用于花坛、花境镶边或用于岩石园中、庭园点缀。

福禄考
Phlox drummondii

【科属】花葱科天蓝绣球属

【别名】小天蓝绣球

【形态特征】一、二年生草本，株高15～45cm。茎直立，多分枝。叶互生，基部叶对生，宽卵形、矩圆形或被针形，长2～7.5cm，顶端急尖或突尖，基部渐狭或稍抱茎，全缘，聚伞花序顶生，花萼筒状，裂片条形；花冠高脚碟状，裂片圆形。蒴果椭圆形，有宿存萼片。种子矩圆形。花期5～6月。

【产地与习性】原产美洲北部。全国均有栽培，喜光，喜夏季凉爽的气候，耐寒，忌

福禄考

肉红花葱

福禄考

酷暑，忌涝。要求土质疏松、湿润的园土。生长适温 16 ～ 26℃。

【观赏评价与应用】福禄考植株矮小，花色丰富，可用于布置春季、初夏季的花坛、花境及岩石园，亦可作盆栽供室内装饰。植株较高的品种可做切花。

栽培的变种有：

星花福禄考 *Phlox drummondii* var. *stellaris* 与原种的主要区别为：花瓣边缘呈三齿裂，中齿较长。

肉红花葱
Polemonium carneum

【科属】花葱科花葱属

【别名】鹅黄花葱

【形态特征】多年生草本，株高 35 ～ 100cm。叶互生，一次羽状分裂，裂片披针形，先端尖，基部楔形，全缘。顶生聚伞花序，花萼钟状，绿色，5 裂。花冠粉红、紫色或白色，卵圆形。蒴果。花期春至初夏。

【产地与习性】产美洲，生于平地、草原或低海拔山区。喜温暖及湿润的环境，耐寒、耐瘠薄，忌湿热。喜疏松、肥沃及水良好的壤土。生长适温 16 ～ 26℃。

【观赏评价与应用】小花繁盛，花色典雅，为优良观花草本，适合公园、庭院、校园等路边、滨水岸边、墙边或林缘成片种植或丛植点缀，也可用于花境或做低矮草花的背景材料。

【同属种类】约 20 种，分布欧洲、北亚、北美。我国有 3 种，其中 1 种为特有。

栽培的同属植物有：

'天国阶梯'匍匐花葱 *Polemonium reptans* 'Stairway to Heaven'

多年生草本，株高 40 ～ 50cm。奇数羽状复叶，小叶对生，卵圆形，先端尖，基部圆，近无柄，全缘，绿色。聚伞花序，小花淡蓝色，花瓣 5，花期春季。园艺种，原种产东欧及北美地区。

星花福禄考

星花福禄考

星花福禄考

'天国阶梯'匍匐花葱

水叶草科 Hydrophyllaceae

蓝翅草
Phacelia tanacetifolia

【科属】水叶草科钟穗花属

【形态特征】多年生草本，株高可达100cm，茎具柔毛。叶轮廓三角状卵形，羽状二次分裂，小叶披针形，全缘，绿色。总状花序，萼片5，绿色带紫红色，上密布长绒毛，花冠5，淡蓝紫色，雄蕊极长，远远超出花冠，蓝色。花期夏季。

【产地与习性】产美国西南部及北部墨西哥，产于海拔2300m以下河谷草原、林地等处。性喜温暖及阳光充足的环境，喜中等水分，但也耐旱，耐瘠，对酸碱度要求不高，从微酸性至微碱性均可生长，喜砂质土壤。生长适温16～26℃。

【观赏评价与应用】株形适中，叶姿优美，花蓝艳可爱，我国有少量栽培，适合林缘、路边、墙垣边种植观赏，或用于花境做背景材料。

【同属种类】本属约230种，产北美洲及南美洲，我国有少量引种。

蓝翅草

蓝翅草

蓝翅草

紫草科 **Boraginaceae**

好望角牛舌草
Anchusa capensis

【科属】紫草科牛舌草属

【形态特征】一年生草本植物，株高约60cm。叶长椭圆形，叶面密布白色绒毛，先端钝或尖，基部渐狭，全缘，绿色。花序顶生及腋生，分枝，花萼5裂，花瓣5，花冠蓝色。坚果。花期夏季，果期秋季。

【产地与习性】原产南非。性喜温暖及阳光充足的环境，不耐寒，耐瘠，对土壤要求不高，以干燥、疏松和排水良好的土壤为佳。生长适温 16 ~ 26℃。

【观赏评价与应用】本种叶片柔软，亮绿色，小花蓝色，点缀于枝间，极为优雅，常

好望角牛舌草

好望角牛舌草

好望角牛舌草

好望角牛舌草

琉璃苣

用于花坛、园路边或岩石园点缀。

【同属种类】本属约50种，主要分布非洲北部，亚洲中部及西部、欧洲。我国栽培1种。

琉璃苣
Borago officinalis

【科属】紫草科玻璃苣属

【别名】琉璃花

【形态特征】一年生草本植物，株高50 ~ 60cm。叶卵形，叶面粗糙，叶脉处正面下凹，有叶翼，叶面布满细毛，边全缘。聚伞花序，花萼5，淡紫色，上密布绒毛，花瓣5，深蓝色或淡紫色，具芳香。花期5 ~ 10月，果期7 ~ 11月。

【产地与习性】地中海沿岸及小亚细亚。

琉璃苣

琉璃苣

性喜温暖及阳光充足的环境，喜湿润，较耐热，不耐寒，对土壤适应性强，以疏松、肥沃的壤土为佳。生长适温 15 ~ 26℃。

【观赏评价与应用】花色幽雅，叶色青翠，为优良观赏草本，适合公园、绿地等植于边坡、园路边片植，也可用于庭院或花坛栽培观赏；花及叶可作为佐料，具黄瓜的清香；花及叶入药；种子可提炼精油。

【同属种类】本属5种，产地中海地区，我国引种1种。

山茄子
Brachybotrys paridiformis

【科属】紫草科山茄子属

【别名】假王孙、人参棍子

【形态特征】根状茎粗约3mm。茎直立，高 30 ~ 40cm，不分枝。基部茎生叶鳞片状；中部茎生叶具长叶柄，叶片倒卵状长圆形，长 2 ~ 5cm，下面稍有短伏毛；叶柄长 3 ~ 5cm，有狭翅；上部 5 ~ 6 叶假轮生，具短柄，叶片倒卵形至倒卵状椭圆形，长 6 ~ 12cm，宽 2 ~ 5cm，先端短渐尖，基部楔形。花序顶生，花集于花序轴的上部，通常约为6朵；花冠紫色。小坚果，背面三角状卵形。花期初夏，果期夏至秋。

【产地与习性】产东北。生林下、草坡、田边等处。性喜冷凉及阳光充足之地，也耐

琉璃苣

山茄子

山茄子

山茄子

紫花拟紫草

紫花拟紫草

生长适温 15 ～ 25℃。

【观赏评价与应用】株丛矮小，花及叶色泽鲜明，均有较高的观赏价值，可丛植于山石边、水岸边或一隅装饰，也可片植于路边、墙边观赏，或与同科植物配植营造不同色彩景观。

【同属种类】本属 15 种，产亚洲及欧洲，我国不产。

半荫，不耐热，耐瘠薄，喜疏松、排水良好的壤土。生长适温 15 ～ 22℃。

【观赏评价与应用】叶大秀美，为优良观叶植物，目前处于野生状态，园林中尚没有应用，可引种片植于园路边、山石边、草地中或庭园一隅观赏。幼嫩时茎叶可作蔬菜。

【同属种类】仅 1 种，分布于我国东北、朝鲜及俄罗斯远东地区。

大叶蓝珠草
Brunnera macrophylla

【科属】紫草科蓝珠草属

【别名】西伯利亚牛舌草

【形态特征】多年生草本，株高 30 ～ 45cm。基生叶大，心形，全缘，茎生叶较小，长椭圆形，先端尖，基部楔形，全缘。花序具分枝，集为圆锥花序，小花蓝色。花期春季。

【产地与习性】产高加索地区。性喜冷凉

大叶蓝珠草

大叶蓝珠草

及光照充足的环境，耐寒，耐瘠，忌积水及炎热。生长适温 14 ～ 22℃。

【观赏评价与应用】小花蓝色，点缀于花茎之上，极为优雅，可片植于廊架边、休憩区、园路边观赏，也适于花境或作地被植物。

【同属种类】本属 3 种，产欧洲及亚洲西北部，我国不产。

紫花拟紫草
Buglossoides purpurocaerulea

【科属】紫草科拟紫草属

【形态特征】多年生草本，株高 20 ～ 30cm。叶互生，披针形，先端急尖，基部渐狭下延成柄，叶具短绒毛。花序直立，上有数朵小花，弯垂，小花蓝色。

【产地与习性】产地中海地区、土耳其、英国及俄罗斯等地，喜冷凉及阳光充足的环境，适生性强，对土壤、水分没有特殊要求。

倒提壶
Cynoglossum amabile

【科属】紫草科琉璃草属

【别名】蓝布裙

【形态特征】多年生草本，高 15 ～ 60cm。茎单一或数条丛生。基生叶具长柄，长圆状披针形或披针形，长 5 ～ 20cm（包括叶柄），宽 1.5 ～ 4cm，稀 5cm；茎生叶长圆形或披针形。花序锐角分枝，分枝紧密，向上直伸，集为圆锥状，花萼外面密生柔毛，裂片卵形或长圆形，先端尖；花冠通常蓝色，稀白色，栽培种也有其他颜色。小坚果卵形。花果期

倒提壶

倒提壶

倒提壶

车前叶蓝蓟

车前叶蓝蓟

5 ～ 9 月。

【产地与习性】产云南、贵州、西藏、四川及甘肃。生海拔 1250 ～ 4565m 山坡草地、山地灌丛、干旱路边及针叶林缘。不丹有分布。性喜冷凉及光照充足的环境，抗逆性强，对土壤、水分要求不严，生长适温 15 ～ 25℃。

【观赏评价与应用】小花繁密，似一群蓝色的精灵点缀于枝间，极为淡雅醒目，令人心旷神怡。多丛植于公园、绿地的小径、园路边或庭园一隅观赏，也可用于花境与其他草花配植。

【同属种类】本属约 75 种，除北极地区外广布于全世界。我国有 12 种。

车前叶蓝蓟
Echium plantagineum

【科属】紫草科蓝蓟属

【别名】蓝蓟

【形态特征】一二年生草本植物，株高 30 ～ 50cm，茎及叶均被柔毛，基生叶椭圆形，

花期枯萎。茎生叶披针形，先端尖，基部宽，近戟形，无柄。聚伞花序生于枝顶，花冠近漏斗形，初为淡粉红色，后变为蓝紫色。花期夏季。

【产地与习性】产地中海。性喜冷凉及光照充足环境，不耐湿，不耐暑热。喜疏松、排水良好的微酸性土壤。生长适温 15 ～ 25℃。

【观赏评价与应用】本种植株花朵繁密，蓝色小花极为美丽，为优良庭园植物，可用于墙垣外，园路边、庭前或林缘片植或带植，也适合用于花境或作背景材料。

【同属种类】本属超过 40 种，分布于非洲、欧洲及亚洲西部。我国产 1 种。

宽叶假鹤虱
Hackelia brachytuba
【*Eritrichium brachytubum*】

【科属】紫草科假鹤虱属

【别名】大叶假鹤虱

【形态特征】多年生草本，高 40 ～ 70cm。茎多分枝，疏生短毛。基生叶心形，长 5 ～ 10（13）cm，宽 4 ～ 9cm，先端急尖，基部心形，两面疏生短毛；茎生叶叶柄较短，叶片卵形或狭卵形，长 4 ～ 10cm，宽 2 ～ 5cm。花序生茎或分枝顶端，花萼裂片三角状披针形或线状披针形，花冠蓝色或淡紫色，钟状辐形。小坚果背腹二面体型。花果期 7 ～ 8 月。

【产地与习性】产西藏、云南、四川及甘肃。生海拔 2900 ～ 3800m 山坡或林下。尼泊尔有分布。性喜冷凉及光照充足的环境，极耐寒，不喜湿热，耐瘠性好，以疏松、排水良好的土壤为佳。生长适温 10 ～ 16℃。

宽叶假鹤虱

宽叶假鹤虱

宽叶假鹤虱

【观赏评价与应用】本种株形紧凑，花朵蓝艳，有优良观花草本，目前尚没有引种栽培，可引至与原生境同等海拔地区驯化栽培，适合丛植于路边、山石边或滨水的池塘等处，也可用于岩石园点缀。

【同属种类】本属大约45种，产中亚至喜马拉雅，美洲，欧洲等地。我国有3种。

香水草
Heliotropium arborescens

【科属】紫草科天芥菜属

【别名】南美天芥菜

【形态特征】多年生草本。茎直立或斜升，不分枝或茎上部分枝，密生黄色短伏毛及开展的稀疏硬毛。茎下部叶具长柄，中部及上部叶具短柄；叶片卵形或长圆状披针形，长4～8cm，宽1.5～4cm，先端渐尖，基部宽楔形，上面粗糙。镰状聚伞花序顶生，集为伞房状，花期密集；花萼裂至中部或中部以下，花冠紫罗兰色或紫色，稀白色，芳香。核果圆球形。花期2～6月。

【产地与习性】原产南美秘鲁，喜温暖及湿润环境，喜光，较耐热，有一定耐寒性。喜肥沃、排水良好的土壤。生长适温15～26℃。

【观赏评价与应用】花具芳香，色泽艳丽，为优良的芳香草本植物，目前我国有少量引种，园林中少见应用，适合植于山石边、墙垣边或庭园一隅欣赏。

【同属种类】本属约250种，广布全世界热带及温带地区。我国有10种。

香水草

香水草

匐卧木紫草
Lithodora diffusa

【科属】紫草科木紫草属

【形态特征】多年生草本，株高15cm。叶对生，在茎顶密集近簇生，叶披针形，先端钝，叶面具白色缘毛。花单生，花萼5，红色，具绒毛。花瓣5，蓝色，花期春至夏。

【产地与习性】产欧洲。性喜冷凉及阳光充足的环境，耐旱，耐寒，不耐热，忌水渍。喜疏松、排水良好的砂质土壤。生长适温15～25℃。

【观赏评价与应用】株形矮小，花色清雅，可用于岩石园的小径、岩隙点缀。

【同属种类】本属3种，产欧洲西南部、土耳其及阿尔及利亚。

匐卧木紫草

美国滨紫草
Mertensia virginica

【科属】紫草科滨紫草属

【别名】弗州滨紫草

【形态特征】多年生草本，株高45～60cm。基生叶丛生，早枯；茎生叶互生，卵圆形，先端尖，基部圆，无柄。聚伞花序具少数花，在茎上部集成小型圆锥状花序，苞叶大，近卵圆形。无苞片；花萼5，深裂，比花冠筒短；花冠漏斗状，初开紫红色，后变为蓝色。坚果。花期春季。

【产地与习性】产北美。喜温暖及阳光充

美国滨紫草

足的环境，喜湿润，耐寒，耐瘠，对疏松、肥沃的土壤，在微酸性至弱碱性土壤中均可生长。生长适温15～26℃。

【观赏评价与应用】叶青翠，花艳丽，清新怡人，可用于布置野生花园、林缘、山石边或庭园装饰。

【同属种类】约15种，分布于东欧、北美和亚洲热带以外的地区。我国产6种。

勿忘草
Myosotis silvatica

【科属】紫草科勿忘草属

【形态特征】多年生草本。茎直立，单一或数条簇生，高20～45cm，通常具分枝。基生叶和茎下部叶有柄，狭倒披针形、长圆状披针形或线状披针形，长达8cm，宽5～12mm，先端圆或稍尖，基部渐狭；茎中部以上叶无柄，较短而狭。花序在花期短，花后伸长，长达15cm，花萼裂片披针形，花冠蓝色，裂片5，近圆形。小坚果卵形。花期夏季，果期秋季。

【产地与习性】产云南、四川、江苏、华北、西北、东北。生于山地林缘或林下、山坡或山谷草地等处。欧洲以及伊朗、俄罗斯、

勿忘草

勿忘草

巴基斯坦、印度和克什米尔地区也有。性强健，不需特殊养护，生长适温 15 ～ 26℃。

【观赏评价与应用】园艺品种繁多，有白、粉、紫、蓝等色，花色优雅，覆盖性好，可用于滨水岸边、山石边、园路边片植观赏，也可丛植点缀岩石边、庭院一隅等处，盆栽用于居室装饰。

【同属种类】本属约 50 种，分布于欧亚大陆的温带，热带非洲，南部非洲，大洋洲。我国有 5 种。

泡囊草
Physochlaina physaloides

【科属】紫草科泡囊草属

【别名】大头狼毒、汤乌普

【形态特征】高 30 ～ 50cm。叶卵形，长3 ～ 5cm，宽 2.5 ～ 3cm，顶端急尖，基部宽楔形，并下延到长 1 ～ 4cm 的叶柄，全缘而微波状，两面幼时有毛。花序为伞形式聚伞花序，有鳞片状苞片；花萼筒状狭钟形，5 浅裂；花冠漏斗状，长超过花萼的 1 倍，紫色，筒部色淡，5 浅裂，裂片顶端圆钝；雄蕊稍伸出于花冠；花柱显著伸出花冠。蒴果，种子黄色。花期 4 ～ 5 月，果期 5 ～ 7 月。

【产地与习性】分布于新疆、内蒙古、黑龙江和河北省；蒙古、俄罗斯亦有。生于山坡草地或林边。喜温暖及阳光充足的环境，耐

寒，不耐热，耐瘠，喜疏松、排水良好的壤土。生长适温 15 ～ 25℃。

【观赏评价与应用】花繁密，色泽清雅，具有观赏性，但园林中较少应用，可用于园路边、林缘、疏林下片植或用于花坛、墙边绿化，也可用于花境。含莨菪碱、东莨菪碱和山莨菪碱；药用，有镇痛、镇静、解痉之功效。

【同属种类】本属约 11 种，产亚洲。我国有 6 种。

药用肺草
Pulmonaria officinalis

【科属】紫草科肺草属

【形态特征】多年生草本，株高 25 ～30cm。基生叶较大，茎生叶互生，长卵形，先端尖，无叶柄，叶上具白色斑点。镰状聚伞花序，花萼 5 浅裂，上具长绒毛，与花冠筒等长，花有蓝色、紫红色、粉红色。坚果。花期春天。

【产地与习性】产欧洲及西亚。性喜温暖及阳光充足的环境，也喜半荫，生长适温15 ～ 26℃。

【观赏评价与应用】叶具白色斑点，花色丰富，为优良的地被及装饰植物，可用于池岸、山石、园路边点缀，或片植于林缘、疏林下，也可用于花镜或花坛栽培观赏。

【同属种类】本属约 14 种，分布中亚至欧洲。我国产 1 种。

栽培的品种及原种有：

1.'白花'药用肺草 *Pulmonaria officinalis* 'Sissinghurst White'

与原种区别为花白色。

2. 白斑叶肺草 *Pulmonaria saccharata*

多年生草本，株高 60cm。基生叶较大，茎生叶互生，长椭圆形，先端尖，基部下延至茎部，无柄。镰状聚伞花序，花萼 5 浅裂，与花冠筒等长，花初开粉红色，后转为蓝紫。坚果。花期春季。产法国及意大利。

药用肺草

泡囊草

白斑叶肺草

'白花'药用肺草

浙赣车前紫草
Sinojohnstonia chekiangensis

【科属】紫草科车前紫草属

【形态特征】根状茎多条，细长，长达15cm。茎数条，细弱，平卧或斜升。基生叶数个，叶片长卵形，先端渐尖，基部心形，茎生叶较小。花序含多数花，花萼5裂至基部，裂片线状披针形；花冠漏斗状，白色或稍带淡红色。小坚果，花果期4～5月。

【产地与习性】产浙江、江西、湖南、山西、陕西。生林下或阴湿的岩石旁。喜荫蔽，不喜强光，耐瘠，较耐寒，对土壤要求不高，以疏松、肥沃的砂质壤土为佳。生长适温15～25℃。

【观赏评价与应用】花洁白，清雅秀气，目前我国尚没有引种，可引种用于岩石旁、岩隙或疏林下、林缘栽培观赏。

【同属种类】本属共3种，分布于我国。

聚合草
Symphytum officinale

【科属】紫草科聚合草属

【别名】友谊草、爱国草

【形态特征】丛生型多年生草本，高30～90cm。茎数条，直立或斜升，有分枝。基生叶通常50～80片，最多可达200片，具长柄，叶片带状披针形、卵状披针形至卵形，长30～60cm，宽10～20cm，稍肉质，先端渐尖；茎中部和上部叶较小，无柄，基部下延。花序含多数花；花萼裂至近基部，裂片披针形；花冠淡紫色、紫红色至黄白色，裂片三角形。小坚果歪卵形。花期5～10月。

【产地与习性】原产俄罗斯欧洲部分及高加索，生山林地带。性喜温暖及阳光充足的环境，适应性强，对土壤、水分没有特殊要求，可粗放管理。生长适温15～26℃。

【观赏评价与应用】本种性强健，易栽培，花期长，小花悬垂于枝间，极为秀丽，可用于路边、滨水岸边或墙垣边绿化，也常用于花境配植。茎叶可作家畜青饲料。

【同属种类】本属约20种，分布于高加索至中欧。现在世界各地均有栽培，我国栽培1种。

浙赣车前紫草

浙赣车前紫草

聚合草

聚合草

马鞭草科 Verbenaceae

单花莸
Caryopteris nepetifolia

【科属】马鞭草科莸属

【别名】莸

【形态特征】多年生草本，有时蔓生，仅基部木质化，高30～60cm；叶片纸质，宽卵形至近圆形，长1.5～5cm，宽1.5～4cm，顶端钝，基部阔楔形至圆形，边缘具4～6对钝齿。单花腋生，花萼杯状；花冠淡蓝色，外面疏生细毛和腺点，下唇中裂片较大，全缘，雄蕊4枚，与花柱均伸出花冠管外。蒴果。花果期5～9月。

【产地与习性】产江苏、安徽、浙江、福建。生阴湿山坡、林边、路旁或水沟边。喜温暖、湿润环境，耐寒，耐瘠、耐荫，对土壤要求不严。生长适温15～26℃。

【观赏评价与应用】花色清雅，奇特美丽，适合林缘、山石边、墙垣边种植观赏，也可用于花坛或花境栽培。全草入药，有祛暑解表，利尿解毒功效。浙江民间用全草作刀伤药；江苏用全草提制外用止血粉。

【同属种类】本属有16种，产亚洲，我国有14种。

原生的同属植物有：

三花莸 *Caryopteris terniflora*

草本，成株亚灌木状，高15～60cm；叶片纸质，卵圆形至长卵形，顶端尖，基部阔楔形至圆形，两面具柔毛和腺点，以背面较密，边缘具规则钝齿。聚伞花序腋生，花序梗长1～3cm，通常3花，偶有1或5花，花冠紫红色或淡红色，二唇形，裂片全缘，下唇中裂片较大，圆形。花果期6～9月。产河北、山西、陕西、甘肃、江西、湖北、四川、云南。生于海拔550～2600m的山坡、平地或水沟河边。

美女樱
Glandularia × hybrida
【*Verbena × hybrida*】

【科属】马鞭草科美女樱属

【形态特征】多年生草本，作一二年生栽培，株高30～50cm。茎低矮、粗壮，四棱，枝条外倾，匍匐状。叶对生，长椭圆形，先端钝圆，边缘有锯齿，基部常有裂刻或分裂，有短柄。穗状花序顶生，多数小花密集排列呈伞房状；萼筒细长，花冠高脚蝶状，裂片5枚，有蓝、紫、红、粉红、白等色。花期5～10月。

【产地与习性】原产巴西、秘鲁、乌拉圭等地，现世界各地广泛栽培。喜阳光、不耐阴，较耐寒、不耐旱，对土壤要求不严，但以疏松肥沃、较湿润的中性土壤为佳。生长适温15～26℃。

【观赏评价与应用】美女樱株丛矮密，花繁色艳，花期长，可用作花坛、花境材料。也可大面积栽植于园林隙地、树坛中，或作盆花。

【同属种类】全属约83种，产南美。我国引进2种。

单花莸

单花莸

单花莸

单花莸

三花莸

三花莸

三花莸

美女樱

美女樱

美女樱

栽培的同属植物有：

细裂美女樱 *Glandularia tenera*【*Verbena tenera*】

本种与美女樱主要区别在于叶片为 2～3 回羽状分裂，裂片线形，被毛较稀，花较小。花果期 6～10 月。原产巴西，用途同美女樱。

细裂美女樱

细裂美女樱

细裂美女樱

姬岩垂草

Phyla canescens

【科属】马鞭草科过江藤属

【形态特征】多年生草本，四方形，有时基部木质化，匍匐，节易生根。单叶对生，长卵形，边缘具疏齿，基部楔形。花序头状，在结果时延长；花小，生于苞腋；花萼小，膜质，近二唇形；花冠柔弱，下部管状，上部扩展呈二唇形，上唇较小，2 裂，下唇较大，3 深裂，花粉红色。花期夏季。

【产地与习性】产智利。喜温暖喜光照，耐旱，耐热，不耐寒，对土质要求不严，以

姬岩垂草

姬岩垂草

肥沃的壤土为宜。生长适温 18～28℃。

【观赏评价与应用】本种铺地而长，小花奇特美丽，极具观赏性，可用于园路边的山石边、墙垣边种植观赏，也适于岩石园点缀。

【同属种类】本属约 10 种，分布于亚、非、美洲；我国有 1 种。

假马鞭

Stachytarpheta jamaicensis

【科属】马鞭草科假马鞭属

【别名】玉龙鞭、大蓝草

【形态特征】多年生粗壮草本或亚灌木，高 0.6～2m；幼枝近四方形，疏生短毛。叶片厚纸质，椭圆形至卵状椭圆形，长 2.4～8cm，顶端短锐尖，基部楔形，边缘有粗锯齿。穗状花序顶生，花单生于苞腋内，螺旋状着生；花萼管状，膜质；花冠深蓝紫色，顶端 5 裂，裂片平展；果内藏于膜质的花萼内，成熟后 2 瓣裂。花期 8 月，果期 9～12 月。

【产地与习性】产福建、广东、广西和云南南部。常生长在海拔 300～580m 的山谷阴湿处草丛中。原产中南美洲，东南亚广泛有分布。性喜温暖及湿润的环境，喜湿，不甚耐旱，对土质要求不严，以肥沃的微酸性壤土为宜。生长适温 15～28℃。

【观赏评价与应用】小花疏生于花茎之上，蓝艳可爱，有一定的观赏性，多作药用植物栽培，也可用于林缘、路边、假山边丛植或点缀。全草药用，有清热解毒、利水通淋之效。兽药治牛猪疮疖肿毒、喘咳下痢。

【同属种类】本属约 65 种，主要分布于热带美洲。我国有 1 种。

假马鞭

假马鞭

假马鞭

柳叶马鞭草
Verbena bonariensis

【科属】马鞭草科马鞭草属

【形态特征】多年生草本植物，茎直立，株高约1.5m。叶对生，线形或披针形，先端尖，基部无柄，绿色。由数十小花组成聚伞花序，顶生，小花蓝紫色。花期夏秋开放。

【产地与习性】产南北美洲，习性强健，性喜温暖及湿润气候，不耐寒，较耐热，对土壤要求不高，以疏松、肥沃及排水良好的中性至微酸性壤土为宜，生长适温为16～26℃。

【观赏评价与应用】柳叶马鞭草摇曳的身姿，娇艳的花色，繁茂而长久的观赏期，花色柔和常大片种植以营造景观效果，也适合与其他植物配置，或用于园路边、滨水岸边、墙垣边群植，景观效果也佳。也可作花境的背景材料。本种常被一些景区冒充薰衣草种植。

【同属种类】本属约250种，主产于美洲；我国产1种。

柳叶马鞭草

柳叶马鞭草

马鞭草
Verbena officinalis

【科属】马鞭草科马鞭草属

【别名】铁马鞭

【形态特征】多年生草本，高30～120cm。茎四方形，近基部可为圆形。叶片卵圆形至倒卵形或长圆状披针形，长2～8cm，宽1～5cm，基生叶的边缘通常有粗锯齿和缺刻，茎生叶多数3深裂，裂片边缘有不整齐锯齿。穗状花序顶生和腋生，细弱，花小，最初密集，结果时疏离；花萼有硬毛，花冠淡紫至蓝色。果长圆形。花期6～8月，果期7～10月。

【产地与习性】产我国大部分地区，常生长在低至高海拔的路边、山坡、溪边或林旁。全世界的温带至热带地区均有分布。性强健，适生性强，对环境没有特殊要求，生长适温为15～28℃。

马鞭草

马鞭草

【观赏评价与应用】多作药用植物栽培，小花蓝色，有一定观赏性，可丛植可片植于林缘、疏林下或坡地观赏，或用于植物园、公园的药用植物区。全草供药用，性凉，有凉血、散瘀、通经、清热、解毒、止痒、驱虫、消胀的功效。

栽培的同属植物有：

1. 戟叶马鞭草 *Verbena hastata*

又名沼泽马鞭草、蓝花马鞭草，多年生草本，茎直立，淡紫色，株高40～70cm。叶长椭圆形，先端尖，基部楔形，叶边缘具深锯齿。穗状花序，小花蓝色或淡蓝色。花期夏季。产北美。

戟叶马鞭草

戟叶马鞭草

2. '玫瑰'戟叶马鞭草 *Verbena hastata* 'Rose'

与戟叶马鞭草的区别为花瓣玫红色。

'玫瑰'戟叶马鞭草

柳叶马鞭草

唇形科 Labiatae

霍香
Agastache rugosa

【科属】唇形科藿香属

【别名】土藿香、叶藿香

【形态特征】多年生直立草本。茎高0.5 ~ 1.5m，四棱形。叶心状卵形至长圆状披针形，长4.5 ~ 11cm，宽3 ~ 6.5cm，向上渐小，先端尾状长渐尖，基部心形，稀截形，边缘有粗齿。轮伞花序多花，在主茎或侧枝上组成顶生密集的圆筒形穗状花序；花萼管状倒圆锥形，花冠淡紫蓝色，冠檐二唇形，上唇直伸，先端微缺，下唇3裂。小坚果卵状长圆形。花期6 ~ 9月；果期9 ~ 11月。

【产地与习性】分布于华东、东北地区及河北、云南、贵州、四川等省。生于阴湿山坡或溪边湿地。喜温暖、湿润和阳光充足环境，怕干燥和积水，对土壤要求不严，宜疏松肥沃和排水良好的沙壤土。生长适温为15 ~ 26℃。

霍香

霍香

霍香

【观赏评价与应用】藿香在我国栽培历史悠久，当密集的淡紫红色花盛开时优美雅致，适用于花境、池畔和庭院成片栽植。也可盆栽观赏。藿香亦可作为烹饪佐料或烹饪材料。

【同属种类】本属有9种，1种产亚洲东部，8种产北美洲。

同属栽培的品种有：

'金叶'霍香 *Agastache rugosa* 'Golden jubilee'

与原种的主要区别是叶金色。

'金叶'霍香

'金叶'霍香

筋骨草
Ajuga ciliata

【科属】唇形科筋骨草属

【形态特征】多年生草本，根部膨大，直立，无匍匐茎。茎高25 ~ 40cm，四棱形，基部略木质化，紫红色或绿紫色。叶片纸质，卵状椭圆形至狭椭圆形，长4 ~ 7.5cm，宽3.2 ~ 4cm，基部楔形，下延，先端钝或急尖，边缘具不整齐的双重牙齿，具缘毛。穗状聚伞花序顶生，一般长5 ~ 10cm，由多数轮伞花序密聚排列组成；苞叶大，叶状，有时呈紫红色，花萼漏斗状钟形，花冠紫色，具蓝色条纹，冠筒长为花萼的一倍或较长，冠檐二唇形，上唇短，直立，下唇增大，3裂。小坚果长圆状或卵状三棱形。花期4 ~ 8月，果期7 ~ 9月。

【产地与习性】产河北，山东，河南，山西，陕西，甘肃，四川及浙江；生于海拔340 ~ 1800m山谷溪旁，阴湿的草地上，林下湿润处及路旁草丛中。性喜温暖、湿润的环境，喜半荫，一般土壤均可良好生长。生长适温为15 ~ 25℃。

【观赏评价与应用】株形紧凑，小花艳丽，着生于茎顶，观赏性极佳，可成片植于林缘、疏林下、假山石边或滨水湿地，也可用于花境或花坛栽培。全草入药，治肺热咯血、跌打损伤、扁桃腺炎、咽喉炎等症。

【同属种类】本属约40 ~ 50种，广布于欧、亚大陆温带地区。我国有18种。

筋骨草

筋骨草

筋骨草

金疮小草
Ajuga decumbens

【科属】唇形科筋骨草属

【别名】青鱼胆、散血草

【形态特征】一或二年生草本，平卧或上升，具匍匐茎，茎长 10 ～ 20cm；叶片薄纸质，匙形或倒卵状披针形，长 3 ～ 6cm，宽 1.5 ～ 2.5cm，有时长达 14cm，宽达 5cm，先端钝至圆形，基部渐狭，下延，边缘具不整齐的波状圆齿或儿全缘，具缘毛。轮伞花序多花，排列成间断长 7 ～ 12cm 的穗状花序，位于下部的轮伞花序疏离，上部者密集；花萼漏斗状，花冠淡蓝色或淡红紫色，稀白色，冠檐二唇形，上唇短，下唇宽大，3 裂。小坚果倒卵状三棱形。花期 3 ～ 7 月，果期 5 ～ 11 月。

【产地与习性】产长江以南各省区，最西可达云南西畴及蒙自；生于海拔 360 ～ 1400m 溪边、路旁及湿润的草坡上。朝鲜，日本也有。性喜温暖及半荫环境，在全光照下也可生长，喜湿，不耐旱、不耐寒。喜疏松、肥沃的壤土。生长适温为 15 ～ 28℃。

【观赏评价与应用】本种性强健，株形适中，花着生于茎顶，花开时节，花繁密如地毯，可成全植于疏林下、园路边、墙隅或滨水岸边，也可丛植用于岩石园、小径点缀。全草入药，治痈疽疔疮、火眼、乳痈、鼻衄、咽喉炎、肠胃炎、毒蛇咬伤以及外伤出血等症。

多花筋骨草
Ajuga multiflora

【科属】唇形科筋骨草属

【形态特征】多年生草本。茎直立，不分枝，高 6 ～ 20cm，四棱形。基生叶具柄，茎上部叶无柄；叶片均纸质，椭圆状长圆形或椭圆状卵圆形，长 1.5 ～ 4cm，宽 1 ～ 1.5cm，先端钝或微急尖，基部楔状下延，抱茎，边缘有不甚明显的波状齿或波状圆齿，具长柔毛状缘毛。轮伞花序自茎中部向上渐靠近，至顶端呈一密集的穗状聚伞花序；花萼宽钟形，花冠蓝紫色或蓝色，筒状，冠檐二唇形，上唇短，先端 2 裂，下唇伸长，3 裂。小坚果倒卵状三棱形。花期 4 ～ 5 月，果期 5 ～ 6 月。

【产地与习性】产内蒙古，黑龙江，辽宁，河北，江苏，安徽；生于开朗的山坡疏草丛或河边草地或灌丛中。俄罗斯，朝鲜也有。性喜半阴和湿润气候，也可在全光照下生长，耐旱、耐阴，喜中性至微酸性土壤。生长适温为 15 ～ 25℃。

【观赏评价与应用】本种株形矮小，花繁盛，为常见栽培观花草本，可用于花坛、花境美化，也适合片植于林缘、疏林下、园路边、小径边等处，也常与其他观花植物配植。朝鲜用全草入药，作利尿药，名为花夏枯草。

'暗紫'匍匐筋骨草
Ajuga reptans 'Atropurpures'

【科属】唇形科筋骨草属

【形态特征】多年生草本，株高 10 ～ 25cm，茎匍匐生长。基生叶有叶柄，茎生叶椭圆状卵形，纸质，紫红色，无柄。轮伞花序密集成顶生穗状花序，花蓝色，二唇形，上唇短，2 裂，下唇 3 裂，坚果。花期春季

【产地与习性】园艺种。喜温暖及阳光充足的环境，不耐荫蔽，喜湿润，耐寒，耐旱，喜中性至微酸性肥沃土壤。生长适温为 15 ～ 25℃。

【观赏评价与应用】本种株形矮小，花序大，花艳丽，观赏性佳，适合公共绿地、公园、景区的廊架前、园路边、墙边及山石边片植，也是花境应用的优良材料，或与其他色彩的观花植物及色叶植物配植，营造不同的色块。

金疮小草

金疮小草

金疮小草

多花筋骨草

多花筋骨草

多花筋骨草

'暗紫'匍匐筋骨草

'暗紫'匍匐筋骨草

'暗紫'匍匐筋骨草

药水苏
Betonica officinalis

【科属】唇形科药水苏属

【形态特征】多年生草本，高 50 ～ 100cm；茎直立，钝四棱形。基生叶具长柄，宽卵圆形，长 8 ～ 12cm，宽 3 ～ 5cm，先端钝，基部深心形，边缘具圆齿；茎生叶卵圆形，长 4.5 ～ 5.5cm，宽 3 ～ 4cm，通常二对，远离。轮伞花序多花，密集成紧密的长长圆形穗状花序，有时最下方的一轮伞花序稍远离；花萼管状钟形。花冠紫色，冠檐二唇形，上唇长圆形，下唇轮廓扁圆形。花期 5 月。

【产地与习性】原产于欧洲及西亚。喜冷凉，喜光照，耐寒，耐旱，不耐热。喜疏松、肥沃、排水良好的土壤。生长适温为 15 ～ 26℃。

【观赏评价与应用】本种多作药用植物栽培，花密集而美丽，也适合公园、绿地、风景区等丛植于园路边、山石边、墙边或用于花境及作背景材料。

【同属种类】本属约 15 种，产亚洲及欧洲。我国引进栽培 1 种。

新风轮菜

药水苏

药水苏

新风轮菜

新风轮菜
Calamintha nepeta

【科属】唇形科新风轮菜属

【形态特征】多年生草本，株高 45 ～ 60cm。叶具柄，叶卵圆形，先端尖，边缘具稀疏锯齿。聚伞花序腋生，具 10 余朵花，苞片小，披针状钻形。花萼管状或管状钟形，萼筒下部不成囊状或果时微囊状，萼檐二唇形，上唇 3 齿，下唇 2 齿。花冠白色，冠檐二唇形，上唇几扁平，先端微缺，下唇反折，3 裂。小坚果卵形。花期夏季，果期秋季。

【产地与习性】产西欧、中亚及非洲，性喜冷凉及光照充足的环境，耐旱，耐瘠，耐寒。对土壤要求不严。生长适温为 15 ～ 26℃。

【观赏评价与应用】叶色青翠，小花淡雅，多丛植用于篱垣前、山石边、园路边或岩石园点缀，或大片植于草地边缘、林缘等处观赏。

【同属种类】本属约 6 ～ 7 种，产非洲、亚洲及欧洲。我国有 1 种。

猫须草
Clerodendranthus spicatus

【科属】唇形科肾茶属

【别名】肾茶

【形态特征】多年生草本。茎直立，高 1 ～ 1.5m，四棱形。叶卵形、菱状卵形或卵状长圆形，长（1.2）2 ～ 5.5cm，宽（0.8）1.3 ～ 3.5cm，先端急尖，基部宽楔形至截状楔形，边缘具粗牙齿或疏圆齿，齿端具小突尖，纸质。轮伞花序 6 花，在主茎及侧枝顶端组成具总梗长 8 ～ 12cm 的总状花序；花萼卵珠形，花冠浅紫或白色，外面被微柔毛，在上唇上疏布锈色腺点，冠筒狭管状，冠檐大，二唇形，上唇大，外反，下唇直伸，长圆形。雄蕊 4，超出花冠 2 ～ 4cm。小坚果卵形。花、果期 5 ～ 11 月。

药水苏

猫须草

彩叶草

彩叶草

彩叶草

【产地与习性】产海南，广西，云南，台湾及福建；常生于海拔上达1050m以下林下潮湿处。印度，缅甸，泰国，印度尼西亚，菲律宾至澳大利亚及邻近岛屿也有。性喜温暖及湿润环境，耐热，喜湿，不耐旱，不耐寒，喜疏松、肥沃的壤土。生长适温为15～28℃。

【观赏评价与应用】花序大，花色素雅，雄蕊极长，状似猫须，故名。可丛植于水岸边、山石处、园路边或墙边，也可用于花境做背景材料。

【同属种类】本属约5种，产东南亚至澳大利亚，我国仅产1种。

彩叶草
Coleus scutellarioides

【科属】唇形科鞘蕊花属

【别名】洋紫苏

【形态特征】直立或上升草本，茎四棱形，

通常紫色。叶大小、形状变异很大，通常卵圆形，先端钝至短渐尖，基部阔楔形至圆形，边缘有圆齿，色泽多样，有黄，暗红，紫色及绿色。轮伞花序多花，多数密集排列成长5～10cm，宽3～8cm的简单或分枝的圆锥花序，花萼钟形，花冠淡紫色、蓝色，冠檐二唇形，上唇短，直立，4裂，下唇较长，内凹，舟状。小坚果。花期8～9月。

【产地与习性】原产于热带亚洲，现在世界各国广泛栽培，国内各地常见。喜光照充足和温暖湿润的生态环境，要求水肥条件好，土壤肥沃、疏松、透气的砂质壤土。在盐碱及重粘土地不适宜或生长不良，不耐寒，不耐水淹。生长适温为15～30℃。

【观赏评价与应用】彩叶草姿态多变，叶色绚丽多彩，多用于园路边、林缘大片种植，以营造不同的色块，也常用于花坛、花境作配材。

【同属种类】本属约90（～150）种，产东半球热带及澳大利亚。我国有6种。

齿叶水蜡烛
Dysophylla sampsonii

【科属】唇形科水蜡烛属

【别名】森氏水珍珠菜

【形态特征】一年生草本。茎直立或基部匍匐生根，高15～50cm。叶倒卵状长圆形至

齿叶水蜡烛

齿叶水蜡烛

齿叶水蜡烛

倒披针形，长 0.9 ~ 6.2cm，宽 4 ~ 8mm，先端钝或急尖，基部渐狭，边缘自 1/3 处以上具明显小锯齿，基部近全缘，坚纸质。穗状花序，花萼宽钟形，萼齿 5，卵形。花冠紫红色，冠檐 4 裂。小坚果卵形。花期 9 ~ 10 月，果期 10 ~ 11 月。

【产地与习性】产湖南，江西，广东，广西，贵州；生于沼泽中或水边。性喜温暖及阳光充足，喜湿，不耐干旱，耐热性好，喜肥沃、稍粘质的微酸性壤土。生长适温为 15 ~ 30℃。

【观赏评价与应用】本种性强健，野性强，花开时节，花序向上伸展，状似蜡烛一般，花色鲜艳，有较高的观赏性，本种在园林中较少应用，可大面积推广。适合公园、绿地、景区等浅水处或湿地成片种植绿化，也适于同其他水生植物配植。

【同属种类】本属约 27 种，分布于东南亚，大多在印度，其中有 1 种延至澳大利亚。我国有 7 种。

栽培的同属植物有：

水蜡烛 *Dysophylla yatabeana*

多年生草本。茎高 40 ~ 60cm，不分枝或稀具短的分枝。叶 3 ~ 4 枚轮生，狭披针形，长 3.5 ~ 4.5cm，宽 5 ~ 7mm，先端渐狭具钝头，边缘全缘或于上部具疏而不明显的锯齿，纸质。穗状花序，花萼卵钟形，萼齿 5，三角形。花冠紫红色，为花萼长之 2 倍，冠檐近相等 4 裂。小坚果。花期 8 ~ 10 月。产浙江，安徽，湖南，贵州；生于水池中、水稻田内或湿润空旷地方。日本，朝鲜也有。

水蜡烛

水蜡烛

'花叶'欧活血丹
Glechoma hederacea 'Variegata'

【科属】唇形科活血丹属

【形态特征】蔓生草本，具葡匐茎，上升，逐节生根。茎高 10 ~ 17cm，四棱形，基部通常为淡紫红色。叶草质，茎基部的较小，叶片近圆形，茎上部叶较大，叶片肾形或肾状圆形，长 0.8 ~ 1.3cm，宽约 2cm，先端圆形，基部心形，边缘具粗圆齿，齿端有时微凹，

'花叶'欧活血丹

'花叶'欧活血丹

'花叶'欧活血丹

叶片具白色边缘或斑块。聚伞花序 2 ~ 4 花，组成轮伞状；花萼管状，上部微弯。花冠紫色，冠檐二唇形，上唇直立，先端 2 裂，下唇斜展，3 裂。坚果。花期 5 月。

【产地与习性】产新疆；生于山谷草地上。北欧、西欧、中欧各国，以及俄罗斯也有。性喜冷凉及光照充足的环境，喜湿润，不耐水渍，喜肥沃、排水良好的土壤。生长适温为 15 ~ 26℃。

【观赏评价与应用】叶圆形，上具白花斑块，为优良的观叶草本，小花淡雅，有较高的观赏性，适于公园、景区、校园等园路边成片种植观赏或用作花境的镶边植物。全草入药，有治肺病及肾炎等疾病的功效。

【同属种类】本属约 8 种，广布于欧、亚大陆温带地区，南北美洲有栽培。我国有 5 种。

活血丹
Glechoma longituba

【科属】唇形科活血丹属

【形态特征】多年生草本，有葡匐茎，生有不定根。茎高 10 ~ 20cm，四棱形，基部通常淡紫红色。茎下部叶较小，叶片心形或近肾形；上部叶较大，心形，长 1.8 ~ 2.6cm，宽 2 ~ 3cm。轮伞花序通常有 2 花，稀有 4 ~ 6

活血丹

活血丹

活血丹

花，花萼筒状，齿5；花冠淡蓝色至紫色，下唇有深色斑点，冠筒上部膨大成钟形，冠檐二唇形，上唇直立，2裂，下唇伸长，3裂。小坚果深褐色。花期4～5月，果期5～6月。

【产地与习性】除西北、内蒙外，全国各地均产，生长在较阴湿的山坡林下、溪边草丛及路旁。俄罗斯远东地区、朝鲜也有。耐阴，耐寒，不耐积水和干旱，以砂质土壤中生长较好。生长适温为15～26℃。

【观赏评价与应用】叶形如串串金钱，玲珑可爱，淡蓝色小花十分美丽，是优良的耐阴地被植物，也可用于悬吊观赏。全草有清热、解毒、利尿、消肿的效用。

'特丽莎'香茶菜
Isodon 'Mona Lavender'

【科属】唇形科香茶菜属

【别名】'莫娜紫'香茶菜

【形态特征】草本，株高60～90cm，茎紫色。叶对生，卵形，叶片具点状突起。叶背深紫色至淡紫色，叶面绿色，先端尖，基部楔形，叶缘具深齿。花蓝紫色，穗状花序。瘦果。花期春至夏。

【产地与习性】园艺种，性喜温暖及阳光充足的环境，耐热，不耐荫蔽，喜湿润，忌旱，粘重土壤上生长不良，以疏松、肥沃的微酸性壤土为宜。生长适温为15～28℃。

【观赏评价与应用】本种性强健，适应性强，色彩为少见的蓝紫色，多用于盆栽，也适合花坛、花境或一隅栽培观赏。

【同属种类】本属大约100种，产亚洲，少数几种产非洲。我国有77种。

栽培的同属植物有：

1. 显脉香茶菜 *Isodon nervosus*【*Rabdosia nervosa*】

又名大叶蛇总管，多年生草本，高达1m；茎自根茎生出，直立，不分枝或少分枝。叶交互对生，披针形至狭披针形，长3.5～13cm，宽1～2cm，先端长渐尖，基部楔形至狭楔形，边缘有具胼胝尖的粗浅齿。聚伞花序（3）5～9（15）花，于茎顶组成疏散的圆锥花序。花萼紫色，钟形，萼齿5，近相等。花冠蓝色，冠檐二唇形，上唇4等裂，裂片长圆形或椭圆形，下唇舟形。小坚果卵

显脉香茶菜

显脉香茶菜

圆形。花期7～10月，果期8～11月。产陕西，河南，湖北，江苏，浙江，安徽，江西，广东，广西，贵州及四川；生于海拔（60）300～600（1000）m山谷、草丛或林下荫处。

2. 溪黄草 *Isodon serra*【*Rabdosia serra*】

又名溪沟草，多年生草本；根茎肥大，粗壮，有时呈疙瘩状。茎直立，高达1.5（2）m。茎叶对生，卵圆形或卵圆状披针形或披针形，长3.5～10cm，宽1.5～4.5cm，先端近渐尖，基部楔形，边缘具粗大内弯的锯齿，草质。圆锥花序生于茎及分枝顶上，下部常分枝，上部全体组成庞大疏松的圆锥花序，花萼钟形，萼齿5，长三角形，近等大。花冠紫色，冠檐二唇形，上唇外反，先端具相等4圆裂，下唇阔卵圆形。成熟小坚果阔卵圆形。花、果期8～9月。产我国大部分地区；常成丛生于海拔120～1250m山坡、路旁、田边、溪旁、河岸、草丛、灌丛、林下沙壤土上。俄罗斯远东地区，朝鲜也有。

溪黄草

溪黄草

溪黄草

花叶野芝麻

花叶野芝麻

花叶野芝麻

花叶野芝麻
Lamium galeobdolon
【*Lamiastrum galeobdolon*】

【科属】唇形科野芝麻属

【别名】斑叶野芝麻、山野芝麻

【形态特征】半常绿草本植物，株高30～50cm，全株被细绒毛，茎斜伸或匍匐。叶对生，卵形，叶面皱，常有白色斑块，先端尖，基部楔形，叶缘具锯齿，叶具柄。轮伞花序，生于茎上部叶腋，冠檐二唇形，花黄色，被毛。花期春至夏。

【产地与习性】产欧洲。性喜温暖环境，喜湿润，较耐荫，喜充足的散射光，但在强光下生长不良，耐寒。喜疏松、肥沃的壤土。生长适温为15～25℃。

【观赏评价与应用】叶色秀丽，花金黄，对比性极强，为著名的观叶及观花草本，适于林下、林缘、路边成片种植，也可用于布置花境、花带等。

【同属种类】本属约40种，产欧洲、北非及亚洲，输入北美。我国有4种。

贵野芝麻
Lamium orvala

【科属】唇形科野芝麻属

【形态特征】多年生草本，株高60cm。叶对生，卵圆形，先端细尖，基部心形，边缘具深锯齿，叶面皱。轮伞花序，着生于上部叶腋，花冠粉红色，二唇形，上唇盔状，下唇长，白色，上布满紫色斑点，边缘齿裂。花期晚春至夏季。

【产地与习性】产欧洲。性喜温暖及阳光充足的环境，耐寒性好，不耐热，对土壤适应性强，在粘质、疏松、砂质土上均可良好生长。生长适温为15～25℃。

【观赏评价与应用】株形整齐，花色艳丽，极具观赏性，可丛植于园路边、林缘边、滨水的河岸边、山石边及庭园一隅，也可用于花境、花坛等栽培观赏。

贵野芝麻

贵野芝麻

野生及栽培的同属植物有：

1. 宝盖草 *Lamium amplexicaule*

又名接骨草，一年生或二年生植物。茎高10～30cm，基部多分枝，上升，四棱形。茎下部叶具长柄，上部叶无柄，叶片均圆形或肾形，长1～2cm，宽0.7～1.5cm，先端圆，基部截形或截状阔楔形，半抱茎，边缘具极深的圆齿。轮伞花序6～10花，花萼管状钟形，花冠紫红或粉红色，冠筒细长，冠檐二唇形，上唇直伸，长圆形，下唇稍长，3裂。小坚果倒卵圆形。花期3～5月，果期7～8月。产江苏，安徽，浙江，福建，湖南，湖北，河南，陕西，甘肃，青海，新疆，四川，贵州，云南及西藏；生于海拔4000m以下路旁、林缘、沼泽草地及宅旁等地。欧洲，亚洲均有。

宝盖草

宝盖草

宝盖草

2. 野芝麻 Lamium barbatum

又名山苏子，多年生植物；茎高达1m，单生，直立，四棱形。茎下部的叶卵圆形或心脏形，长4.5～8.5cm，宽3.5～5cm，先端尾状渐尖，基部心形，茎上部的叶卵圆状披针形，较茎下部的叶为长而狭，先端长尾状渐尖，边缘有微内弯的牙齿状锯齿。轮伞花序4～14花，花萼钟形，萼齿披针状钻形。花冠白或浅黄色，冠檐二唇形，上唇直立，倒卵圆形或长圆形，下唇3裂。小坚果倒卵圆形。花期4～6月，果期7～8月。产东北、华北、华东各省区，西北的陕西、甘肃，中南的湖北、湖南以及西南的四川、贵州；生于海拔2600m以下路边、溪旁、田埂及荒坡上。俄罗斯远东地区，朝鲜、日本也有。

野芝麻

野芝麻

野芝麻

3. '玫瑰色'紫花野芝麻 Lamium maculatum 'Roseum'

多年生草本，株高20～80cm。单叶对生，叶片卵形，先端尖，基部截形或微凹，叶缘锯齿明显，叶面中部具白色条斑。轮伞花序，花冠二唇形，上唇盔状，与下唇近等长，花

玫瑰色紫花野芝麻

紫红色。园艺种，原种紫花野芝麻产于欧洲、北非和西亚。

英国薰衣草
Lavandula angustifolia

【科属】唇形科薰衣草属

【别名】薰衣草

【形态特征】幼株草本状，成株半灌木或矮小灌木。叶线形或披针状线形，在花枝上的叶较大，疏离，长3～5cm，宽0.3～0.5cm，被密的或疏的灰色星状绒毛，在更新枝上的叶小，簇生，长不超过1.7cm，宽约0.2cm，密被灰白色星状绒毛，均先端钝，基部渐狭成极短柄，全缘，边缘外卷。轮伞花序通常具6～10花，多数，在枝顶聚集成间断或近连续的穗状花序，花紫色，苞片菱状卵圆形。花萼卵状管形或近管形，花冠长约为花萼的2倍，冠檐二唇形，上唇直伸，2裂，裂片较大，圆形，下唇开展，3裂，裂片较小。小坚果4，光滑。花期6月。

【产地与习性】原产地中海地区；性喜冷凉及稍干燥环境，较耐寒，不耐湿热，忌水渍。喜疏松、肥沃及排水良好壤土，在微酸性土壤中可以生长，更喜中性至微碱性土壤。生长适温15～25℃。

【观赏评价与应用】薰衣草产品利用广泛，

英国薰衣草

英国薰衣草

大多用于美容、熏香、食用、药用，其干花、精油、香包、香枕、薰衣草茶等制品也深受游客喜爱。薰衣草代表的是浪漫，往往与时尚联系在一起。法国普罗旺斯、日本北海道、新疆伊犁的薰衣草早就声名远播。由陈怡蓉主演的电视剧《薰衣草》热播后，在全国掀起薰衣草热，从南到北皆有以薰衣草为主题的休闲景区，闻着薰衣草淡淡的花香，体验那蓝紫色梦幻般的异国的风光与情调。在园林中可用于路边、墙边成片种植观赏，也可丛植用于点缀草坪、山石边或廊架旁。

【同属种类】本属约28种，分布于大西洋群岛及地中海地区至索马里，巴基斯坦及印度；我国栽培数种。

齿叶薰衣草
Lavandula dentata

【科属】唇形科薰衣草属

【形态特征】幼株草本状，成株为小灌木，多作草本栽培。丛生，株高约60cm，全株被白色绒毛。叶对生，披针形，叶羽状分裂，灰绿色。穗状花序，花小，具芳香，紫蓝色。花期夏季，果期秋季。

【产地与习性】产西班牙、法国，我国引种栽培。性喜光照，较耐寒，较耐热，不喜瘠薄之地，以疏松排水良好的壤土为宜。生长适温15～25℃。

齿叶薰衣草

齿叶薰衣草

齿叶薰衣草

【观赏评价与应用】株形小巧，叶色美观，花美丽，芳香怡人，可用于公园、校园、植物园等小径旁、坡地、墙边成片种植，或数株用于点缀岩石园、庭院一隅。也可盆栽用于居室美化。

羽叶薰衣草
Lavandula pinnata

【科属】唇形科薰衣草属

【形态特征】幼株草本状，成株为小灌木，多作草本栽培。叶对生，二回羽状复叶，小叶线形或披针形，灰绿色。轮伞花序，在枝顶聚集成穗状花序，花茎细高，花唇形，花蓝紫色。坚果。主要花期冬至春季、果期春至夏。

【产地与习性】产加纳利群岛。喜温暖及阳光充足的环境，耐热性较好，在南方栽培较多，忌水湿，喜疏松、肥沃的壤土。生长

羽叶薰衣草

羽叶薰衣草

羽叶薰衣草

适温 15 ~ 26℃。

【观赏评价与应用】枝叶清秀，花序伸出叶面，色泽雅致，可大片种植以营造景观效果，也适合用于林缘、路边、墙垣边、廊前种植观赏，或用于花境与其他观花植物配植。

西班牙薰衣草
Lavandula stoechas

【科属】唇形科薰衣草属

【科属】法国薰衣草

【形态特征】幼株草本状，成株为小灌木，株高 30 ~ 100cm。叶对生，叶线形或披针形，长 1 ~ 4cm，灰绿色。轮伞花序苞片密集，在枝顶聚成穗状花序，花序顶部着生几个特化的苞片，状似兔耳，紫色。花小，从苞片中伸出，紫色。坚果。主要晚春至夏季。

【产地与习性】产地中海地区。喜冷凉及阳光充足的环境，忌湿热，耐寒，喜疏松、肥沃的中性至微碱性壤土。生长适温 15 ~ 25℃。

【观赏评价与应用】本种全株具芳香，苞片大而美丽，象翩翩起舞的蝴蝶翻飞于花间，极具观赏性，适合庭院、公园、景区、农庄等路边片植观赏或数株植于草丛中、岩石园、假山石边点缀。

西班牙薰衣草

西班牙薰衣草

益母草
Leonurus japonicus
【*Leonurus artemisia*】

【科属】唇形科益母草属

【别名】益母蒿

【形态特征】一年生或二年生草本。茎直立，通常高 30 ~ 120cm，钝四棱形，多分枝。叶轮廓变化很大，茎下部叶轮廓为卵形，基部宽楔形，掌状 3 裂，裂片呈长圆状菱形至卵

益母草

益母草

圆形，通常长 2.5 ~ 6cm，宽 1.5 ~ 4cm，裂片上再分裂；茎中部叶轮廓为菱形，较小，通常分裂成 3 个或偶有多个长圆状线形的裂片，基部狭楔形。轮伞花序腋生，具 8 ~ 15 花，花萼管状钟形，花冠粉红至淡紫红色，冠檐二唇形，上唇直伸，内凹，下唇略短于上唇。小坚果长圆状三棱形。花期通常在 6 ~ 9 月，

果期 9 ~ 10 月。

【产地与习性】产全国各地；生于海拔 3400m 以下的多种生境。俄罗斯，朝鲜，日本，热带亚洲，非洲，以及美洲各地有分布。性喜向阳之地，喜光，不喜荫蔽，喜湿润，也耐旱，不择土壤。生长适温 15 ~ 30℃。

【观赏评价与应用】本种株形紧凑，小花繁密，有一定的观赏性，目前园林中较少应用，可丛植于坡地、林下或林缘等处欣赏，具有野性美。全草入药，广泛用于治妇女闭经、痛经、月经不调、产后出血过多、恶露不尽等症。

【同属种类】本属约 20 种，分布于欧洲、亚洲温带，少数种在美洲、非洲各地逸生。我国产 12 种。

地笋
Lycopus lucidus

【科属】唇形科地笋属

【别名】地参

【形态特征】多年生草本，高 0.6 ~ 1.7m；茎直立，通常不分枝，四棱形。叶具极短柄或近无柄，长圆状披针形，多少弧弯，通常长 4 ~ 8cm，宽 1.2 ~ 2.5cm，先端渐尖，基部渐狭，边缘具锐尖粗牙齿状锯齿。轮伞花

序无梗，轮廓圆球形，多花密集，萼齿 5，披针状三角形。花冠白色，冠檐不明显二唇形，上唇近圆形，下唇 3 裂。小坚果倒卵圆状四边形。花期 6 ~ 9 月，果期 8 ~ 11 月。

【产地与习性】产东北，河北，陕西，四川，贵州，云南；生于海拔 320 ~ 2100m 沼泽地、水边、沟边等潮湿处。俄罗斯，日本也有。性强健，对环境没有特殊要求，以湿润之地种植为佳。生长适温 15 ~ 26℃。

【观赏评价与应用】株干挺拔秀雅，有一定观赏性，具有野性美，可丛植于山岩边、墙边一隅或林缘，也可用于花境作背景材料。

【同属种类】约 10 种，广布于东半球温带及北美。我国产 4 种。

香蜂花
Melissa officinalis

【科属】唇形科蜜蜂花属

【形态特征】多年生草本。茎直立或近直立，多分枝。叶片卵圆形，在茎上的一般长达 5(6.5)cm，宽 3 ~ 4(5)cm，枝上的较小，长 1 ~ 3cm，宽 0.8 ~ 2cm，先端急尖或钝，

基部圆形至近心形，稀为钝或急尖，边缘具锯齿状圆齿或钝锯齿，近膜质或草质。轮伞花序腋生。花萼钟形，花冠乳白色，冠檐二唇形，上唇直伸，先端微缺，下唇 3 裂，中裂片最大，斜开展，先端圆形。小坚果卵圆形。花期 6 ~ 8 月。

【产地与习性】原产俄罗斯，伊朗至地中海及大西洋沿岸。喜温暖，喜湿润，喜光照充足，耐寒，不甚耐热；喜疏松、肥沃、排水良好的土壤为宜。生长最适气温为 12 ~ 26℃。

【观赏评价与应用】叶色清新，有一定观赏性，可用于公园、绿地等山石边、园路边、墙边或一隅点缀。入药作刺激剂或轻泻剂，为一很好蜜源植物；植株富含芳香油，油主要成分为柠檬醛，为一很好的芳香油植物。

【同属种类】本属约 4 种，产亚洲及欧洲，我国有 3 种，1 种引进栽培。

薄荷
Mentha canadensis
【*Mentha haplocalyx*】

【科属】唇形科薄荷属

【别名】水薄荷

【形态特征】多年生草本。茎直立，高
30～60cm。叶片长圆状披针形，披针形，椭
圆形或卵状披针形，稀长圆形，长3～5（7）
cm，宽0.8～3cm，先端锐尖，基部楔形至近
圆形，边缘在基部以上疏生粗大的牙齿状锯
齿。轮伞花序腋生，轮廓球形，花萼管状钟
形，萼齿5，狭三角状钻形，先端长锐尖。花
冠淡紫，冠檐4裂，上裂片先端2裂，较大，
其余3裂片近等大。坚果。花期7～9月，果
期10月。

【产地与习性】产南北各地；生于海拔可
高达3500m水旁潮湿地。热带亚洲，俄罗斯
远东地区，朝鲜，日本及北美洲也有。喜温暖
湿润气候和阳光充足、雨量充沛的环境；土
壤以疏松肥沃、排水良好的夹沙土为好。生
长最适气温为16～25℃。

【观赏评价与应用】轮伞花序极为美观，
小花淡雅，极具观赏性，园林中多丛植用于
路边、林缘、墙垣边造景。幼嫩茎尖可作菜
食，全草又可入药，治感冒发热喉痛，头痛，
目赤痛，皮肤风疹搔痒，麻疹不透等症。

【同属种类】本属约30种，主产北温带地
区，南半球很少，我国现今连栽培种6种。

栽培的同属植物及品种有：

1. 唇萼薄荷 *Mentha pulegium*

多年生草本，芳香；茎大多上升，极稀
直立或匍匐，高15～30（50）cm，钝四棱形。
茎叶具短柄，被微柔毛，叶片卵圆形或卵形，
长8～13mm，宽5～7mm，先端钝，基部近
圆形，边缘具疏圆齿，但常为全缘，草质。轮
伞花序多花，具10～30花，圆球状，疏散，
花萼管形，萼齿5。花冠鲜玫瑰红、紫色或稀
有白色，冠檐4裂，上裂片披针形，其余下
方3裂片长圆形，全缘。花期9月。原产中欧
及西亚，喜温暖。

2. '斑叶'圆叶薄荷 *Mentha suaveolens*
'Variegata'

多年生常绿草本。叶对生，椭圆形至长
圆形，叶绿色，叶缘具锯齿，边缘有乳白色
色斑。花粉白色。花期7～9月，果期秋季。
园艺种。

'斑叶'圆叶薄荷

'斑叶'圆叶薄荷

'斑叶'圆叶薄荷

薄荷

薄荷

薄荷

唇萼薄荷

唇萼薄荷

唇萼薄荷

凉粉草
Mesona chinensis

【科属】唇形科凉粉草属

【别名】仙草

【形态特征】草本，直立或匍匐。茎高
15～100cm，分枝或少分枝，茎、枝四棱形。
叶狭卵圆形至阔卵圆形或近圆形，长2～5cm，
宽0.8～2.8cm，在小枝上者较小，先端急尖
或钝，基部急尖、钝或有时圆形，边缘具或
浅或深锯齿，纸质或近膜质。轮伞花序多数，
组成间断或近连续的顶生总状花序，花萼开
花时钟形。花冠白色或淡红色，小，冠檐二
唇形，上唇宽大，具4齿，2侧齿较高，中央

2齿不明显，有时近全缘，下唇全缘，舟状。小坚果长圆形，黑色。花、果期7～10月。

【产地与习性】产台湾，浙江，江西，广东，广西；生于水沟边及干沙地草丛中。性喜温暖、湿润及光照充足的环境，也耐荫，不耐寒，耐热。不择土壤。生长适温16～28℃。

【观赏评价与应用】叶清秀，花淡雅，适合公园、绿地、植物园等园路边、山石边、林缘或庭院一隅栽培。植株晒干后可煎汁与米浆混和煮熟，冷却后即成黑色胶状物，质韧而软，以糖拌之可作暑天的解渴品，广东、广西常有出售，广州一带称为凉粉，梅县一带称作仙人拌、仙牛拌。

【同属种类】本属约8～10种，产亚洲。我国产2种。

贝壳花
Moluccella laevis

【科属】唇形科贝壳花属

【别名】领圈花

【形态特征】一、二年生草本，株高40～100cm。叶对生，卵圆形，叶上部具深锯齿，下面全缘。花六朵轮生，萼片筒状，似贝壳，小花白色，冠檐二唇状，上唇较小，全缘，下唇裂片3，侧裂片小，中裂片大，顶端凹缺。花期6～8月，果期秋季。

【产地与习性】产土耳其、高加索及叙利亚。喜全日照，喜湿润环境，耐热，不耐寒。喜疏松、排水良好的壤圭。生长适温15～25℃。

【观赏评价与应用】本种萼片极大，状似贝壳而得名，小花秀雅，多用于庭园的路边、墙垣边栽培观赏，盆栽可用于阳台、窗台；也可做切花。

【同属种类】本属约8种，产印度西北部至地中海。我国引种1种。

贝壳花

贝壳花

贝壳花

美国薄荷
Monarda didyma

【科属】唇形科美国薄荷属

【形态特征】多年生直立草本。茎四棱形。叶片卵状披针形，长达10cm，宽达4.5cm，先端渐尖或长渐尖，基部圆形，边缘具不等大的锯齿，纸质；茎中部叶柄长达2.5cm，向上渐短，在顶部近无柄，基部略宽大，幼时密被长柔毛，老时变秀净。轮伞花序多花，在茎顶密集成径达6cm的头状花序；花萼管状，稍弯曲，萼齿5，钻状三角形。花冠紫红色，长约为花萼2.5倍，冠檐二唇形，上唇直立，先端稍外弯，全缘，下唇3裂，平展，中裂片较狭长。花期7月。

【产地与习性】原产北美洲，我国各地有栽培。性强健，喜阳光充足，耐旱、耐寒，忌涝，不择土壤，但在腐殖质丰富、排水良好的壤土中生长更佳，生长适温15～25℃。

【观赏评价与应用】植株高大，开花整齐，园林中常作背景材料，也可供花境、坡地、林下、水边栽植。亦可通过修剪控制其高度及花期。

【同属种类】6～12种，分布于北美洲。我国栽培2种。

美国薄荷

美国薄荷

美国薄荷

法氏荆芥

'六巨山'法氏荆芥

'六巨山'法氏荆芥

法氏荆芥
Nepeta × faassenii

【科属】唇形科荆芥属

【别名】紫花猫薄荷、猫薄荷

【形态特征】多年生草本，茎直立，株高30～60cm，有强烈香气。叶对生，叶近三角形，先端钝，基部平截或微凹，边缘具较大的深锯齿，叶脉明显，叶柄较长。松散的总状花序，花小，淡紫色，花冠2唇形，上唇短，全缘，下唇3侧，侧裂片小，中裂片大，具数齿。坚果。花期6～8月，果期7～9月。

【产地与习性】为 Nepeta racemosa 和 Nepeta nepetella 的杂交种。性喜冷凉及全日照的环境，较耐荫，耐旱，忌湿涝。喜肥沃及疏松的壤土。生长适温15～25℃。

【观赏评价与应用】花色雅致，唯植株有些散乱，适合丛植于园路边、草地边缘、墙边观赏，也可做地被植物或用于花坛美化。

【同属种类】约250种，主要分布于欧亚温带，我国有42种。

栽培的品种有：

'六巨山'法氏荆芥 *Nepeta × faassenii* 'Six Hills Giant'

与法氏荆芥的主要区别为，株高60～120cm，株型紧凑、花穗挺拔，总状花序，淡紫色，叶具药香味，花期春末至夏季。

'六巨山'法氏荆芥

总花荆芥
Nepeta racemosa

【科属】唇形科荆芥属

【别名】总花猫薄荷

【形态特征】多年生草本，茎直立或斜升，丛生，常匍匐生长，株高25～30cm。叶卵圆形，具白色绒毛，叶边缘具锯齿。总状花序，花淡紫色，偶见白花，花冠二唇形，上唇2裂，下唇大，先端具齿。花期春末至秋季。

【产地与习性】产高加索、伊朗及土耳其等地，性喜阳光及冷凉环境，在半荫蔽环境下也可生长，极耐寒，不耐热。喜疏松、排水良好的壤土。生长适温15～25℃。

【观赏评价与应用】本种株形低矮，花期长，花色清雅，适合林缘、园路边、岩石或墙垣边片植或带植，也可用于岩石园、香草园及庭园等装饰。

总花荆芥

总花荆芥

总花荆芥

栽培的同属植物有：

荆芥 Nepeta cataria

多年生植物。茎坚硬，基部木质化，多分枝，高40～150cm。叶卵状至三角状心脏形，先端钝至锐尖，基部心形至截形，边缘具粗圆齿或牙齿，草质。花序为聚伞状，花萼花时管状，花后花萼增大成瓮状。花冠白色，下唇有紫点。小坚果卵形。花期7～9月，果期9～10月。产新疆，甘肃，陕西，河南，山西，山东，湖北，贵州，四川及云南等地；多生于宅旁或灌丛中，海拔一般不超过2500m。自中南欧经阿富汗，向东一直分布到日本。

荆芥

荆芥

荆芥

罗勒
Ocimum basilicum

【科属】唇形科罗勒属

【别名】九层塔、香荆芥

【形态特征】一年生草本，高20～80cm。茎直立，钝四棱形，多分枝。叶卵圆形至卵圆状长圆形，长2.5～5cm，宽1～2.5cm，先端微钝或急尖，基部渐狭，边缘具不规则牙齿或近于全缘，两面近无毛。总状花序顶生于茎、枝上，由多数具6花交互对生的轮伞花序组成，下部的轮伞花序远离，上部轮伞花序靠近；花萼钟形，萼齿5，呈二唇形。花冠淡紫色，或上唇白色下唇紫红色，冠檐二唇形，上唇宽大，4裂，下唇长圆形。小坚果卵珠形。花期通常7～9月，果期9～12月。

【产地与习性】产新疆，吉林，河北，浙江，江苏，安徽，江西，湖北，湖南，广东，广西，福建，台湾，贵州，云南及四川，多为栽培。非洲至亚洲温暖地带也有。性喜温暖及光照，不耐热，耐瘠，对土壤要求不严。生长适温15～25℃。

【观赏评价与应用】罗勒气味芬芳，为著名的香料植物，适合公园、绿地、植物园等芳香专类园种植观赏。茎、叶及花穗含芳香油，主要用作调香原料，配制化妆品、皂用及食用香精，亦用于制牙膏、漱口剂中作矫味剂。嫩叶可食，亦可泡茶饮，有驱风、芳香、健胃及发汗作用。全草入药，治胃痛，胃痉挛等症。

【同属种类】约100～150种，分布于全球温暖地带，我国有5种。

栽培的品种有：

'红罗宾'罗勒 *Ocimum basilicum* 'Red Rubin'

本种与罗勒的主要区别为茎、叶紫红色。

'红罗宾'罗勒

马郁兰
Origanum majorana

【科属】唇形科牛至属

【别名】甘牛至

【形态特征】多年生草本，株高30～70cm。叶对生，卵圆形，叶长2～3cm，先端钝，基部近平截或微凹，全缘。花白色至淡粉红色。

【产地与习性】主产于欧洲、非洲等地，我国引种栽培。性喜温暖及阳光充足的环境，不耐荫，耐寒，耐瘠，不耐热。喜疏松、排水良好的肥沃壤土。生长适温15～25℃。

【观赏评价与应用】本种全株具芳香，多作芳香植物栽培，叶小可爱，也可用于观赏，适合花坛、小径、山石边丛植，或用于药用植物专类园。

【同属种类】约15～20种，主要分布于地中海至中亚。我国产1种。

紫苏

马郁兰

马郁兰

紫苏

'金叶'牛至
Origanum vulgare 'Aureum'

【科属】唇形科牛至属

【形态特征】多年生草本或半灌木，芳香；茎直立或近基部伏地，高25～60cm。叶黄绿色，卵圆形或长圆状卵圆形，先端钝或稍钝，基部宽楔形至近圆形或微心形，全缘，具柔毛。花序呈伞房状圆锥花序。花萼钟状，萼齿5，三角形。花冠紫红、淡红至白色，管状

'金叶'牛至

'金叶'牛至

钟形。小坚果卵圆形。花期7～9月，果期10～12月。

【产地与习性】园艺种，性喜温暖、湿润的环境，不耐热，喜疏松、排水良好的肥沃壤土。生长适温15～25℃。

【观赏评价与应用】金叶牛至叶色金黄，为优良的色叶草本植物，在园林中应用广泛，常用作地被或片植于路边、山石边等处，也可用于花坛、花境中作镶边植物。

紫苏
Perilla frutescens

【科属】唇形科紫苏属

【别名】苏子

【形态特征】一年生草本。茎直立，高0.3～2m，绿色或紫红色。叶阔卵形或近圆形，长7～13cm，先端短尖或渐尖，基部圆形或阔楔形，边缘基部以上有粗锯齿。轮伞花序有2花，花萼钟形，萼齿5，二唇形；花冠白色至紫红色，冠檐近二唇形，上唇微缺，下唇3裂，中裂片较大；小坚果近球形。花期8～9月，果期9～10月。

【产地与习性】全国各地普遍栽培，生于山坡、沟边、路旁。性喜温暖湿润，较耐

紫苏

湿，不耐干旱。对土壤要求不严，砂质壤上、壤土、黏壤土均可，宜排水良好。生长适温16～28℃。

【观赏评价与应用】紫苏在我国种植应用约有近2000年的历史，主要用于药用、油用、香料、食用等方面，其株型美丽，叶色紫红，可以栽培观赏，作为地被或者用于花境。

【同属种类】1种，产亚洲东部。

栽培的变种有：

回回苏 Perilla frutescens var. crispa

这一变种与原变种不同在于叶具狭而深的锯齿，常为紫色；果萼较小。我国各地栽培，供药用及香料用。

俄罗斯糙苏
Phlomis russeliana

【科属】唇形科糙苏属

【别名】西亚糙苏

【形态特征】多年生草本，茎直立，四棱形，株高60～90m。叶长卵形，先端尖，叶下部渐宽，基部心形，叶缘具浅齿。轮伞花序多花，生于主茎轴上，彼此分离，花冠黄色，冠檐二唇形。坚果。花期晚春至初夏。

俄罗斯糙苏

俄罗斯糙苏

浅黄糙苏

【产地与习性】产地中海及亚洲西部。性喜冷凉及阳光充足的环境，稍耐荫，喜湿润，忌水渍。对土壤的酸碱性适合性强，从微酸性至微碱性土壤上均可良好生长。生长适温15～25℃。

【观赏评价与应用】本种株形美观，叶色翠绿，花色金黄，为我国近年来引进的优良观花草本。可丛植于园路边、山石边或庭园一隅，或用于花境作背景材料，或片植于林缘、墙边栽培观赏。

【同属种类】约100种以上，产地中海，近东，亚洲中部至东部。我国有43种。

栽培的同属植物有：

1. 浅黄糙苏 Phlomis bourgaei

多年生草本，株高30～50cm。叶对生，长卵形或近三角形，边缘具齿，叶脉深凹，上具白色短绒毛。轮伞花序，多花，生于主茎轴上，分离。花冠黄色，二唇形，上唇盔状。坚果。花期晚春至夏季。

2. 块根糙苏 Phlomis tuberosa

多年生草本，高40～150cm；根块根状增粗。茎具分枝，基生叶或下部的茎生叶三角形，先端钝或急尖，基部深心形，边缘为不整齐的粗圆齿状，中部的茎生叶三角状披针形，基部心形，边缘为粗牙齿状，稀为不整齐的波状；轮伞花序多数，约3～10个生于主茎及分枝上，彼此分离，多花密集；花

浅黄糙苏

块根糙苏

块根糙苏

冠紫红色，冠檐二唇形。坚果。花果期 7 ～ 9 月。产黑龙江、内蒙古及新疆；生于海拔 1200 ～ 2100m 湿草原或山沟中。中欧各国、巴尔干半岛至伊朗、俄罗斯、蒙古也有。

3. 大花糙苏 *Phlomis megalantha*

年生草本；茎高 15 ～ 45cm，有时具不育分枝。茎生叶圆卵形或卵形至卵状长圆形，长 5 ～ 17.5cm，宽 4.2 ～ 11cm，先端急尖或钝，稀渐尖，基部心形，上部的有时浅心形至几截形，边缘为深圆齿状。轮伞花序多花，1 ～ 2 个生于主茎顶部，彼此分离。花萼管状钟形，花冠淡黄、蜡黄至白色，冠檐二唇形，上唇外面被短柔毛，边缘具小齿，下唇较大。小坚果。花期 6 ～ 7 月，果期 8 ～ 11 月。产山西中部、陕西南部、四川西部及湖北西部；生于海拔 2500 ～ 4200m 冷杉林下或灌丛草坡。本种尚没有引种栽培，可引至高海拔地区用于园林绿化。

大花糙苏

4. 串铃草 *Phlomis mongolica*

多年生草本；茎高 40 ～ 70cm，不分枝或具少数分枝。基生叶卵状三角形至三角状披针形，长 4 ～ 13.5cm，宽 2.7 ～ 7cm，先端钝，基部心形，边缘为圆齿状，茎生叶同形，通常较小，苞叶三角形或卵状披针形。轮伞花序多花密集，多数，彼此分离；苞片线状钻形，花萼管状。花冠紫色，冠檐二唇形。小坚果顶端被毛。花期 5 ～ 9 月，果期在 7 月以后。产河北、山西、陕西、甘肃、内蒙古；生于海拔 770 ～ 2200m 山坡草地上。本种为有毒植物，可入药。

串铃草

假龙头花
Physostegia virginiana

【科属】唇形科假龙头花属

【别名】随意草

【形态特征】多年生宿根草本，株高 60 ～ 120cm，茎四方形、丛生而直立。单叶对生，披针形，亮绿色，边缘具锯齿。穗状花序顶生，长 20 ～ 30cm。每轮有花 2 朵，花冠唇形，花筒长约 2.5cm，唇瓣短，花色淡紫红。花期 7 ～ 9 月。

【产地与习性】分布于北美洲，我国各地常见栽培。喜疏松、肥沃、排水良好的砂质壤土，夏季干燥则生长不良。生性强健，地下匍匐茎易生幼苗。生长适温 15 ～ 25℃。

【观赏评价与应用】假龙头花叶秀花艳，成株丛生，盛开的花穗迎风摇曳，婀娜多姿，宜布置花境、花坛背景或野趣园中丛植，也适合大型盆栽或切花。

【同属种类】本属约 14 种，产北美，我国引进 1 种。

假龙头花

假龙头花

假龙头花

栽培的品种有：

1. '红美人' 假龙头 *Physostegia virginiana* 'Red Beauty'

与原种的区别为花粉红色。

2. '白花' 假龙头 *Physostegia virginiana* 'Alba'

与原种的区别为花白色。

'红美人' 假龙头

'白花' 假龙头

碰碰香
Plectranthus 'Cerveza'n Lime'

【科属】唇形科马刺花属

【形态特征】多年生草本，株高约20～30cm。叶大多生于茎顶，下部老叶脱落，质厚，叶卵圆形，先端圆钝，基部圆，上部边缘有大缺刻，下部近全缘。叶面具短绒毛。

【产地与习性】园艺种。性喜高温及阳光充足的环境，耐热，耐瘠，不耐寒。喜疏松、排水良好的砂质壤土。生长适温15～28℃。

【观赏评价与应用】株形紧凑，叶美观，为优良的小型观叶植物，多盆栽用于室内装饰，园林中可用于山石边或园路两侧种植观赏。

【同属种类】本属约330余种，主产南半球，南部非洲，马达加斯加、印度、印尼及大洋洲，我国不产，引种栽培5种。

到手香

碰碰香

碰碰香

到手香

到手香

到手香
Plectranthus amboinicus

【科属】唇形科马刺花属

【形态特征】多年生草本，全株被细绒毛，具香气，卧生，株高30～40cm。叶对生，叶片肉质，长卵形，先端尖，基部平，具粗锯齿。轮伞花序，小花多数，花淡紫色。瘦果。花期春夏。

【产地与习性】非洲。性喜高湿及干燥环境，不耐湿，不耐寒，耐瘠。喜疏松、排水良好的砂质壤土。生长适温16～28℃。

【观赏评价与应用】本种香气浓郁，常作香草植物栽培，适合岩石边、小路边或花坛种植，也可盆栽用于室内观赏。

龙虾花
Plectranthus neochilus

【科属】唇形科马刺花属

【形态特征】多年生草本，茎直立或斜升，具分枝，株高40～60cm。叶肉质，倒卵形至椭圆状卵形，长2～5cm，宽1.5～3.5cm。先端尖，基部近无柄，上部边缘具稀疏的锯齿。叶片具长绒毛。轮伞花序紧密，花冠蓝紫色，上唇小，下唇大，全缘。花期春季。

【产地与习性】产东欧洲至南非，生于干燥的灌丛中。性喜高温及阳光充足的环境，喜干燥，忌湿，耐瘠性好，喜排水良好的沙壤土，忌粘重土壤。生长适温18～30℃。

【观赏评价与应用】叶秀丽，花奇特，为优良观赏草本，我国厦门植物园有引种栽培，适合岩石园，沙生植物园丛植点缀。

龙虾花

龙虾花

如意蔓
Plectranthus verticillatus

【科属】唇形科马刺花属

【别名】瑞典常春藤

【形态特征】多年生蔓性草本，茎紫色。叶圆形，绿色，有大锯齿，基部圆钝。圆锥花序腋生，花小，近白色，花瓣上具紫色斑点，花冠二唇形，上唇反卷，下唇卵圆形。花期几乎全年。

【产地与习性】产非洲南部。喜光，全日照及半日照均可良好生长，耐热，不耐寒，喜湿润环境，肥沃、排水良好的砂质壤土为宜。生长适温 18～30℃。

【观赏评价与应用】叶翠绿，圆润可爱，有较高的观赏性。可用于园路边、墙垣边栽培观赏，也可吊盆用于居室绿化。

如意蔓

如意蔓

如意蔓

夏枯草
Prunella vulgaris

【科属】唇形科夏枯草属

【形态特征】多年生草本；根茎匍匐，在节上生须根。茎高 20～30cm，上升，下部伏地，自基部多分枝。茎叶卵状长圆形或卵圆形，大小不等，长 1.5～6cm，宽 0.7～2.5cm，先端钝，基部圆形、截形至宽楔形，下延至叶柄成狭翅，边缘具不明显的波状齿或几近全缘，草质。轮伞花序密集组成顶生穗状花序，花萼钟形，二唇形。花冠紫、蓝紫或红紫色，冠檐二唇形，上唇近圆形，下唇约为上唇 1/2，3 裂，中裂片较大。小坚果黄褐色。花期 4～6 月，果期 7～10 月。

【产地与习性】产陕西，甘肃，新疆，河南，湖北，湖南，江西，浙江，福建，台湾，广东，广西，贵州，四川及云南等省区；生于海拔高可达 3000m 荒坡、草地、溪边及路旁等湿润地上，世界各地广布。对环境要求不严，极耐寒，也较耐热，对土质要求不高，生长适温 15～28℃。

【观赏评价与应用】植株矮小，花美丽，适合公园的林缘、路边片植观赏，也适合数株用于山石边、溪边点缀。也可盆栽用于居室绿化。全株入药，味苦，微辛，性微温，入肝经，祛肝风，行经络。治口眼歪斜，止筋骨疼，舒肝气，开肝郁。

【同属种类】本属 7 种，广布于欧亚温带

夏枯草

夏枯草

地区及热带山区，非洲西北部及北美洲也有。我国有 4 种。

栽培及原生的同属植物有：

　1. 山菠菜 *Prunella asiatica*

　　多年生草本，具有匍匐茎及从下部节上生出的密集须根。茎多数，从基部发出，上升，高 20～60cm。茎叶卵圆形或卵圆状长圆形，长 3～4.5cm，宽 1～1.5cm，先端钝或近急尖，基部楔形或渐狭，边缘疏生波状齿或圆齿状锯齿；花序下方的 1～2 对叶较狭长，近于宽披针形。轮伞花序 6 花，聚集于枝顶组成长 3～5cm 的穗状花序。花萼先端红色或紫色。花冠淡紫或深紫色，中部以上骤然增大，冠檐二唇形，上唇长圆形，内凹，龙骨状，下唇宽大，3 裂。小坚果卵珠状。花期 5～7 月，果期 8～9 月。产东北，山西，山东，江苏，浙江，安徽及江西；生于海拔可达 1700m 路旁、山坡草地、灌丛及潮湿地上。日本，朝鲜也有。

山菠菜

　2. 硬毛夏枯草 *Prunella hispida*

　　多年生草本，具密生须根的匍匐地下根茎。茎直立上升，高 15～30cm。叶卵形至卵状披针形，长 1.5～3cm，宽 1～1.3cm，先端急尖，基部圆形，边缘具浅波状至圆齿状锯齿，两面均密被具节硬毛；最上一对茎叶直接下承于花序或有一小段距离。轮伞花序通常 6 花，多数密集组成顶生长 2～3cm 宽 2cm 的穗状花序。花萼紫色，管状钟形。花冠深紫至蓝紫色，冠檐二唇形，上唇长圆形，龙骨状，内凹，下唇宽大，3 裂。小坚果。花、果期自 6 月至翌年 1 月。产云南，四川；生于海拔 1500～3800m 路旁，林缘及山坡草地上。印度也有。

硬毛夏枯草

红唇
Salvia coccinea

【科属】唇形科鼠尾草属

【别名】朱唇、小红花

【形态特征】一年生或多年生草本；茎直立，高达 70cm。叶片卵圆形或三角状卵圆形，长 2 ~ 5cm，宽 1.5 ~ 4cm，先端锐尖，基部心形或近截形，边缘具锯齿或钝锯齿，草质。轮伞花序 4 至多花，疏离，组成顶生总状花序；花萼筒状钟形。花冠深红或绯红色，冠檐二唇形，上唇比下唇短，伸直，长圆形，下唇中裂片最大，倒心形。小坚果倒卵圆形。花期 4 ~ 7 月。

【产地与习性】原产美洲，在我国也有栽培。性喜温暖及阳光充足的环境，不耐寒，不耐湿热，耐瘠，喜疏松、肥沃的壤土。生长适温 15 ~ 26℃。

【观赏评价与应用】本种花期长，红艳动人，似云霞一般美艳，可成片种植于路边、坡地、墙边、庭院等，或用于花境与其他观花植物配植；全草又可入药，治血崩，高热，

红唇

红唇

红唇

腹痛不适。

【同属种类】本属约 900 ~ 1100 种，生于热带或温带。我国有 84 种。

蓝花鼠尾草
Salvia farinacea

【科属】唇形科鼠尾草属

【别名】粉萼鼠尾草

【形态特征】一、二年生或多年生草本植物及常绿小灌木，株高 30 ~ 60cm。叶对生，呈长椭圆形，先端圆，全缘（或有钝锯齿）。花轮生于茎顶或叶腋，花呈紫、青色，有时白色，具有强烈芳香。种子近椭圆形。花期春夏，果期秋季。

【产地与习性】地中海沿岸及南欧。性喜温暖及全日照环境，较耐热，不耐寒，耐瘠，但以肥沃、排水良好的壤土为佳。生长适温 15 ~ 28℃。

【观赏评价与应用】本种花具芳香，色泽典雅清幽，在世界园林中广为应用，可用于公园、植物园、绿地等成片种植，或用于花境与其他观花植物搭配种植，也可用于岩石旁、墙边、庭院点缀。

蓝花鼠尾草

蓝花鼠尾草

深蓝鼠尾草
Salvia guaranitica

【科属】唇形科鼠尾草属

【别名】巴西鼠尾草

【形态特征】一年生或多年生草本，株高 1 ~ 1.5m。叶对生，叶卵圆形，先端尖，基部心形或近平截，叶缘具细齿。轮伞花序组成总状穗状花序，花冠蓝色，冠檐二唇状，等长。花期夏季。

【产地与习性】产巴西及巴拉圭。喜温暖及阳光充足的环境，不耐热，稍耐寒，忌积水，喜疏松、肥沃的壤土。生长适温 15 ~ 26℃。

【观赏评价与应用】花形奇特，色泽艳丽，极为优雅，适于公园、绿地等路边、林缘片植观赏，也可用于花境或作背景材料。

深蓝鼠尾草

深蓝鼠尾草

深蓝鼠尾草

墨西哥鼠尾草
Salvia leucantha

【科属】唇形科鼠尾草属

【形态特征】一年生或多年生草本，茎直立多分枝，茎基部稍木质化。株高约1m，全株被柔毛。叶披针形，叶面皱，先端渐尖，具柄，边缘具浅齿。穗状花序，花紫红色。花期秋季，果期冬季。

【产地与习性】产中南美洲。喜温暖及光照充足的环境，稍耐寒，不耐湿热，喜疏松、肥沃的壤土。生长适温18～26℃。

【观赏评价与应用】叶具柔毛，花紫红，对比度强，花叶俱美，为优良观花草本，花期长，适合公园、庭院等路边、花坛栽培观赏，也可作干花及切花。

墨西哥鼠尾草

墨西哥鼠尾草

一串红
Salvia splendens

【科属】唇形科鼠尾草属

【别名】墙下红、西洋红

【形态特征】亚灌木状草本，高可达90cm。叶卵圆形或三角状卵圆形，长2.5～7cm，宽2～4.5cm，先端渐尖，基部截形或圆形，稀钝，边缘具锯齿。轮伞花序2～6花，组成顶生总状花序，花序长达20cm或以上。红色。花萼钟形，红色。花冠红色，冠檐二唇形，上唇直伸，略内弯，长圆形，下唇比上唇短，3裂。小坚果椭圆形。花期3～10月。

【产地与习性】原产巴西，我国各地庭园中广泛栽培。不耐寒，忌霜冻；喜阳光充足，但也能耐半荫；喜疏松、肥沃土壤。喜阳，也耐半阴，耐寒性差，生长适温20～25℃。

【观赏评价与应用】本种在世界各地广为种植，为著名的庭园植物，其品种丰富，色泽艳丽，多用于花坛、花带、花丛的主体材料，或成片植于林缘、墙边、滨水岸边形成群体景观，也常用于花境或作镶边材料。

一串红

一串红

天蓝鼠尾草
Salvia uliginosa

【科属】唇形科鼠尾草属

【形态特征】多年生草本植物，茎基部略木质化，株高30～90cm。茎四方形，分枝较多，有毛。叶对生，长椭圆形，先端圆，全缘或具钝锯齿。轮伞花序，花紫色或青色。花果期6～10月。

【产地与习性】产巴西、乌拉圭。喜温暖及光照充足环境，在蔽荫环境下生长不良，不耐寒，不耐湿涝，喜排水良好的砂质土壤，生长适温15～26℃。

天蓝鼠尾草

一串红

天蓝鼠尾草

天蓝鼠尾草

【观赏评价与应用】本种株形自然，花色淡雅秀丽，观赏价值较高，适合公园、绿地及庭院片植或丛植点缀，也可作花境材料。

彩苞鼠尾草
Salvia viridis

【科属】唇形科鼠尾草属

【形态特征】一年生或多年生草本，株高约 40 ～ 60cm。叶对生长椭圆形，先端钝尖，基部钝，叶表有凹凸状织纹，叶缘具睫毛，有香味。总状花序，花梗具毛，花蓝紫色，唇瓣浅粉色，花梗上部具纸质苞片，紫色有深色条纹坚果。花期夏季。

彩苞鼠尾草

【产地与习性】原产于地中海地区至伊朗一带。喜光照及温暖环境，不耐荫，不耐寒，较耐热，有一定耐旱性。喜疏松、肥沃的壤土。生长适温 15 ～ 26℃。

【观赏评价与应用】彩苞鼠尾草的花序奇特，顶部的纸质苞片极为艳丽，小花精致，观赏性极佳，可用于公园、绿地、庭院等片植或丛植点缀，也适合作花境材料或植于花坛、花台及墙垣边欣赏。

栽培的同属植物有品种有：

1. '紫罗兰女王' 鼠尾草 *Salvia* 'Violel Queen'

多年生草本，株高 20 ～ 40cm。叶长卵形，先端尖，基部微凹，具短柄或近无柄，边缘具齿，深绿色，叶脉白色。总状花序，高达 50 ～ 60cm。花冠二唇形，上唇弯，近盔状，下唇二裂，蓝紫色。花期春季。园艺种。

2. '紫叶' 鼠尾草 *Salvia lyrata* 'Purple Knockout'

多年生草本，株高 25 ～ 40cm。叶轮郭长卵形，叶常下部分裂，上部全缘。总状花序，花冠白色或具淡色。花期夏季。

3. 林地鼠尾草 *Salvia nemorosa*

多年生草本，株高 50 ～ 90cm。叶对生，长椭圆状或近披针形，叶面皱，先端尖，具柄。轮伞花序再组成穗状花序，长达 30 ～ 50cm，花冠二唇形，略等长，下唇反折，蓝紫色、粉红色。花期夏至秋。产欧洲及俄罗斯。

4. 草地鼠尾草 *Salvia pratensis*

多年生草本，株高 60 ～ 100cm；具块根，茎直立。基生叶较大，长椭圆形，先端尖，基部近心形；茎生叶小，下部具柄，上部无柄，对生。总状花序，小花 6 朵轮生，花冠蓝色，花期夏季。

'紫罗兰女王' 鼠尾草

'紫叶' 鼠尾草

林地鼠尾草

草地鼠尾草

5. 南欧丹参 *Salvia sclarea*

多年生草本，叶大，基生叶长可达 20～30cm，茎生叶约 15cm。轮伞花序组成穗状花序，花浅蓝色、粉红或白色等，产地中海、非洲及亚洲中部一带，我国引种栽培。产欧洲、西亚及非洲北部。在美国部分地区已归化。

南欧丹参

南欧丹参

6. 云南鼠尾草 *Salvia yunnanensis*

多年生草本；茎直立，高约30cm，钝四棱形。叶通常基出，稀有 1～2 对茎生叶；基出叶为单叶或三裂或为羽状复叶，单叶时叶片为长圆状椭圆形，先端钝或圆形，基部心形至圆形，边缘具圆齿，三裂叶或羽状复裂叶的顶裂片最大，卵圆形或椭圆形；茎生叶叶片披针形或狭卵圆形或狭椭圆形。轮伞花序 4～6 花，花萼钟形，背面常染紫色。花冠蓝紫色，冠檐二唇形，上唇镰刀形，下唇 3 裂，中裂片最大，倒心形。小坚果椭圆形。花期 4～8 月。产云南，四川及贵州；生于海拔 1800～2900m 山坡草地、林边路旁或疏林干燥地上。

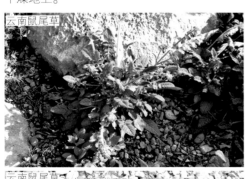
云南鼠尾草

云南鼠尾草

四棱草
Schnabelia oligophylla

【科属】唇形科四棱草属

【别名】四方草

【形态特征】草本。根茎短且膨大，逐节生根茎高 60～100（120）cm，直立或上升，上部几成丛缠绕，节间长 0.5～8-（12）cm，以中部的最长；叶对生，具柄，叶片纸质，卵形或三角状卵形，稀掌状三裂，长 1～3cm，宽 8～17mm，先端锐尖或短渐尖，基部近圆形或楔形，有时呈浅心形，边缘具锯齿。总梗着生于茎上部叶腋，仅有花 1 朵，花萼钟状，萼齿 5，花冠大，淡紫蓝色或紫红色，冠檐二唇形，上唇直立，2 裂，下唇前伸，3 裂。小坚果倒卵珠形。花期 4～5 月，果期 5～6 月。

【产地与习性】产福建，江西，湖南，广东，广西，四川；生于海拔约 700m 山谷溪旁，石灰岩上，河边林下，疏林中，石边。喜温暖及光照充足的环境，喜湿，耐荫，较耐寒。喜疏松、肥沃的壤土。生长适温 15～26℃。

四棱草

四棱草

四棱草

【观赏评价与应用】本种茎节具棱，有一定的观赏性，目前在植物园有少量引种，可丛植于路边、山石边或一隅观赏。用全草入药，有活血通经之效，单用水煎或同猪肉蒸内服，治妇女闭经。

【同属种类】本属 2 种，我国特有种。

黄芩
Scutellaria baicalensis

【科属】唇形科黄芩属

【别名】香水水草

【形态特征】多年生草本；茎基部伏地，上升，高（15）30～120cm，钝四棱形。叶坚纸质，披针形至线状披针形，长 1.5～4.5cm，宽（0.3）0.5～1.2cm，顶端钝，基部圆形，全缘。花序在茎及枝上顶生，总状，常在茎顶聚成圆锥花序；花冠紫、紫红至蓝色，冠檐 2 唇形，上唇盔状，下唇中裂片三角状卵圆形。小坚果卵球形。花期 7～8 月，果期 8～9 月。

【产地与习性】产黑龙江，辽宁，内蒙古，河北，河南，甘肃，陕西，山西，山东，四川等地；生于海拔 60～1300（1700～2000）m 向阳草坡地、休荒地上。俄罗斯东西伯利亚，蒙古，朝鲜，日本均有分布。性喜温暖、湿

黄芩

黄芩

黄芩

润环境，不耐热，耐寒，耐瘠，对土质适应性强，没有特殊要求。生长适温 15 ～ 25℃。

【观赏评价与应用】本种开花繁茂，花色清新，有较高的观赏价值，目前多作药用植物栽培，也可用于公园、绿地等灌木前、林缘或园路边片植，也可植于公园、植物园的药用专类园种植用于科普教育。根茎为清凉性解热消炎药，对上呼吸道感染，急性胃肠炎等均有功效。

【同属种类】约 350 多种，世界广布，但热带非洲少见，非洲南部不产。我国有 98 种。
栽培的同属植物有：

1. 滇黄芩 *Scutellaria amoena*

多年生草本；茎直立，高 12 ～ 26（35）cm。叶草质，长圆状卵形或长圆形，茎下部者变小，茎中部以上渐大，常对折，顶端圆形或钝，基部圆形或楔形至浅心形，边缘有不明显的圆齿至全缘。花对生，排列成顶生的总状花序；花萼常带紫色，花冠紫色或蓝紫色，冠檐 2 唇形，上唇盔状，内凹。成熟小坚果卵球形，黑色。花期 5 ～ 9 月，果期 7 ～ 10 月。产云南，四川；生于海拔 1300 ～ 3000m 左右的云南松林下草地中。

韩信草

韩信草

韩信草

滇黄芩

滇黄芩

2. 韩信草 *Scutellaria indica*

多年生草本；茎高 12 ～ 28cm，上升直立，四棱形。叶草质至近坚纸质，心状卵圆形或圆状卵圆形至椭圆形，长 1.5 ～ 2.6（3）cm，宽 1.2 ～ 2.3cm，先端钝或圆，基部圆形、浅心形至心形，边缘密生整齐圆齿，两面被微柔毛或糙伏毛。花对生，在茎或分枝顶上排列成总状花序；花冠蓝紫色，冠檐 2 唇形，上唇盔状，内凹，下唇中裂片圆状卵圆形。成熟小坚果栗色或暗褐色。花果期 2 ～ 6 月。产江苏，浙江，安徽，江西，福建，台湾，广东，广西，湖南，河南，陕西，贵州，四川及云南等地；生于海拔 1500m 以下的山地或丘陵地、疏林下，路旁空地及草地上。朝鲜，日本，印度，中南半岛，印度尼西亚等地也有。

水苏
Stachys aspera

【科属】唇形科水苏属

【别名】芝麻草

【形态特征】多年生草本，高 20 ～ 80cm，茎单一，直立。茎叶长圆宽披针形，长 5 ～ 10cm，宽 1 ～ 2.3cm，先端微急尖，基部圆形至微心形，边缘为圆齿状锯齿。轮伞花序 6 ～ 8 花，下部者远离，上部者密集组成

水苏

长穗状花序；花萼钟形，齿 5，等大，三角状披针形。花冠粉红或淡红紫色，冠檐二唇形，上唇直立，下唇开张。小坚果。花期 5 ~ 7 月，果期 7 月以后。

【产地与习性】产辽宁，内蒙古，河北，河南，山东，江苏，浙江，安徽，江西，福建；生于海拔在 230m 以下水沟、河岸等湿地上。俄罗斯，日本也有。性喜冷凉及阳光充足环境，耐寒性好，不耐酷热，喜湿，不耐旱，喜疏松、肥沃的壤土。生长适温 15 ~ 25℃。

【观赏评价与应用】株形端正而紧凑，小花清秀，极为可爱，可丛植于与园路边、篱垣边观赏，或用于花境栽培。民间用全草或根入药，治百日咳、扁桃体炎、咽喉炎、痢疾等症。

【同属种类】约 300 种，广布于南北半球的温带，在热带中除在山区外几不见。我国产 18 种。

绵毛水苏
Stachys byzantina
【*Stachys lanata*】

【科属】唇形科水苏属

【形态特征】多年生草本，茎直立，株高 40 ~ 60cm，全株被绒毛。叶对生，叶长椭圆形，长 10 ~ 15cm，宽 5cm，边缘有浅齿，叶

绿色，具柄。轮伞花序组成穗状花序，下面疏离，上面密集。花冠紫色，冠檐 2 唇形，上唇盔状，下唇比上唇大，上有深色斑块。花期夏至秋。

【产地与习性】产于土耳其、亚美尼亚和伊朗。性喜温暖及光照充足的环境，耐荫，耐旱，耐瘠，不耐湿热，以疏松、肥沃的壤土栽培为宜。生长适温 15 ~ 26℃。

【观赏评价与应用】叶片布满银灰色绒毛，极富质感，观赏性佳，可用于布置园路边、山石边、墙边及岩石园等，也可用于花境或庭院种植观赏。

‘紫尾’西尔加香科科
Teucrium hircanicum ‘Purple Tails’

【科属】唇形科香科科属

【形态特征】多年生草本植物，株高 50 ~ 60cm。叶对生，长椭圆形或宽披针形，先端圆钝，基部心形，叶缘有锯齿。穗状花序，小花多数，花紫红色。花期夏季。

【产地与习性】园艺种。喜温暖、阳光充足的环境，在稀疏的半荫下生长更佳，耐寒，不耐热，喜疏松、排水良好的土壤。生长适温 15 ~ 26℃。

【观赏评价与应用】本种性强健，花序远伸出枝叶外，紫色小花着生于花序之上，极为美观，可用于布置林缘、路边或篱垣前，或丛植于假山石边、庭园一隅点缀，也可用于花境或作背景材料。

【同属种类】约 260 种，遍布于世界各地，盛产于地中海区。我国有 18 种。

杉叶藻科 **Hippuridaceae**

杉叶藻
Hippuris vulgaris

【科属】杉叶藻科杉叶藻属

【形态特征】多年生挺水或沉水草本，高 10 ~ 60cm。茎直立，不分枝，全株无毛。茎的下部沉水，上部浮水或挺水，高 20 ~ 80cm，圆柱形，具关节。叶线形，叶 6 ~ 12 片轮生，质软，全缘，不分裂，长 1 ~ 2.5cm，顶端钝头，基部无柄。花小，单生于叶腋，通常两性，无花瓣；核果椭圆形。

【产地与习性】分布于我国西南高山、华北北部和东北地区，生于浅水中或河旁水草地上。亚洲其他地区、大洋洲也有分布。喜日光充足之处，在疏阴环境下亦能生长。喜温暖及阳光充足，有一定耐寒性，生长适温 15 ~ 28℃。

【观赏评价与应用】本种株形优雅，小叶轮生于枝上，极为奇特，可用于公园、绿地、植物园的水体浅水处成片栽培观赏，形成独特景观，也可缸栽观赏。

【同属种类】本属 2 种，产亚洲、大洋洲等地，我国产 2 种。

车前科 **Plantaginaceae**

车前
Plantago asiatica

【科属】车前科车前属

【别名】车轱辘菜

【形态特征】二年生或多年生草本。叶基生呈莲座状，平卧、斜展或直立；叶片薄纸质或纸质，宽卵形至宽椭圆形，长 4 ~ 12cm，宽 2.5 ~ 6.5cm，先端钝圆至急尖，边缘波状、全缘或中部以下有锯齿、牙齿或裂齿，基部宽楔形或近圆形。花序 3 ~ 10 个，直立或弓曲上升；穗状花序细圆柱状，花萼片先端钝圆或钝尖，花冠白色。蒴果纺锤状卵形、卵球形或圆锥状卵形。花期 4 ~ 8 月，果期 6 ~ 9 月。

【产地与习性】产我国大部分地区，生于海拔 3 ~ 3200m 草地、沟边、河岸湿地、田边、路旁或村边空旷处。朝鲜、俄罗斯、日本、尼泊尔、马来西亚、印度尼西亚也有分布。性强健，粗生，对环境没有特殊要求，生长适温 14 ~ 28℃。

【观赏评价与应用】本种性强健，覆盖性好，花序有一定的观赏性。在园林中应用较少，适合林缘、疏林下、边坡绿化，也可用于山石边、墙垣边或岩石园点缀。

【同属种类】本属约 200 余种，广布世界温带及热带地区，向北达北极圈附近。中国有 22 种，其中 3 种特有，4 种引进。

大车前
Plantago major

【科属】车前科车前属

【别名】大猪耳朵草

【形态特征】二年生或多年生草本。叶基生呈莲座状，平卧、斜展或直立；叶片草质、薄纸质或纸质，宽卵形至宽椭圆形，长 3 ~ 18（~ 30）cm，宽 2 ~ 11（~ 21）cm，先端钝尖或急尖，边缘波状、疏生不规则牙齿或近全缘。花序 1 至数个；穗状花序细圆柱状，花萼片先端圆形，无毛或疏生短缘毛。花冠白色，无毛。蒴果近球形、卵球形或宽椭圆球形。花期 6 ~ 8 月，果期 7 ~ 9 月。

【产地与习性】产东北、内蒙古、河北、山西、陕西、甘肃、青海、新疆、山东、江苏、福建、台湾、广西、海南、四川、云南、西藏。生于海拔 5 ~ 2800m 草地、草甸、河滩、沟边、沼泽地、山坡路旁、田边或荒地。分布欧亚大陆温带及寒温带，在世界各地归化。性喜温暖及光照充足环境，耐寒性强，较耐热、耐瘠，不择土壤，生长适温 15 ~ 26℃。

大车前

车前

车前

车前

大车前

大车前

【观赏评价与应用】叶大美观，花序高大，观赏性较高，可片植于林缘、篱架前、山石边或滨水岸边观赏，也可丛植点缀于假山边、草地中或庭园一隅。

栽培的品种有：

1. '紫叶' 车前 *Plantago major* 'Purpurea' 与原种大车前的主要区别为叶片紫色，花序轴紫色。

2. '花叶' 车前 *Plantago major* 'Variegata' 与原种大车前的主要区别为叶具大小不一的黄色斑块或条纹。

长叶车前
Plantago lanceolata

【科属】车前科车前属

【别名】窄叶车前、欧车前、披针叶车前

【形态特征】多年生草本。叶基生呈莲座状，无毛或散生柔毛；叶片纸质，线状披针形、披针形或椭圆状披针形，长 6 ~ 20cm，宽 0.5 ~ 4.5cm，先端渐尖至急尖，边缘全缘或具极疏的小齿，基部狭楔形，下延。花序 3 ~ 15 个；花序梗直立或弓曲上升，长 10 ~ 60cm；穗状花序幼时通常呈圆锥状卵形，成长后变短圆柱状或头状。花冠白色，无毛。蒴果狭卵球形。花期 5 ~ 6 月，果期 6 ~ 7 月。

【产地与习性】产辽宁、甘肃、新疆、山东。生于海拔 3 ~ 900m 海滩、河滩、草原湿地、山坡多石处或沙质地、路边、荒地。欧洲、俄罗斯、蒙古、朝鲜半岛、北美洲有分布。喜光，耐旱，耐寒，耐瘠，不择土壤。生长适温 15 ~ 25℃。

【观赏评价与应用】本种株形紧凑，花序美丽，可供观赏，目前园林中有少量应用，适合墙边、石边、路边片植或丛植，也可用于岩石边、沙生园点缀观赏。

玄参科　**Scrophulariaceae**

毛麝香
Adenosma glutinosum

【科属】玄参科毛麝香属

【形态特征】直立草本，高 30 ～ 100cm。茎圆柱形，上部四方形，中空。叶对生，上部的多少互生，叶片披针状卵形至宽卵形，长 2 ～ 10cm，宽 1 ～ 5cm，其形状、大小均多变异，先端锐尖，基部楔形至截形或亚心形，边缘具不整齐的齿，有时为重齿。花单生叶腋或在茎、枝顶端集成较密的总状花序；萼 5 深裂，萼齿全缘；花冠紫红色或蓝紫色，上唇卵圆形，先端截形至微凹，下唇三裂，有时偶有 4 裂。蒴果卵形。花果期 7 ～ 10 月。

【产地与习性】分布于江西、福建、广东、广西及云南等省区。生于海拔 300 ～ 2000m 的荒山坡、疏林下湿润处。南亚、东南亚及大洋洲也有。性喜温暖及湿润环境，耐荫、耐热，不耐寒。对土壤要求不严，生长适温 15 ～ 28℃。

【观赏评价与应用】小花蓝紫色，有较高的观赏性，目前园林中尚没有应用，全草药用。

【同属种类】约 15 种，分布于亚洲东部和大洋洲。我国现有 4 种。

心叶假面花
Alonsoa meridionalis

【科属】玄参科假面花属

【形态特征】多年生草本，一般作一年生栽培，株高 30 ～ 60cm。茎细长，具分枝，绿色或染红色。叶对生，卵形，先端尖，基部圆钝，边缘具锯齿，绿色。总状花序，萼片 5，花瓣 5，红色，有距。花期春、夏，果期夏、秋。

【产地与习性】产秘鲁，性喜温暖及光照充足的环境，较耐旱，不耐瘠，喜疏松、肥沃的微酸性壤土。生长适温 16 ～ 26℃。

【观赏评价与应用】花小，清新丽质，红艳可爱，华东一带引种栽培，园林中可用于花境或作背景材料，也可植于林缘下或水岸边欣赏。也是庭院绿化美化及盆栽欣赏的佳品。

【同属种类】本属约 15 种，产中南美洲，我国引进 1 种。

天使花
Angelonia salicariifolia

【科属】玄参科香彩雀属

【别名】香彩雀

【形态特征】多年生草本，株高 30 ～ 70cm，成株亚灌木状。叶对生，线状披针形，边缘具刺状疏锯齿。花腋生，花冠唇形，花色有白、红、紫或杂色。全年可开花，以夏季为盛。

心叶假面花

心叶假面花

心叶假面花

天使花

金鱼草

天使花

金鱼草

金鱼草

【产地与习性】原产美洲，我国栽培广泛。性喜高湿及水湿环境，不耐旱，较耐荫，对土壤要求不严。生长适温 18 ～ 28℃。

【观赏评价与应用】习性强健，为水陆二栖植物，可用于林缘、草地中、墙边、篱架前成片种植观赏，也可用于湿地及浅水处种植，或用于花坛、花台栽培，也是盆栽装饰室内的优良观花植物。

【同属种类】本属约 34 种，产南美洲，我国有少量引种。

金鱼草
Antirrhinum majus

【科属】玄参科金鱼草属

【别名】龙头花

【形态特征】多年生草本，常作一、二年

生花卉栽培。茎直立，高 30 ～ 80cm。茎下部的叶对生，上部的互生；叶片披针形至长圆状披针形，长 3 ～ 7cm，先端渐尖，基部楔形，全缘；总状花序顶生；花萼 5 裂，裂片卵形；花冠红色、紫色、黄色、白色，基部前面膨大成囊状，二唇形，上唇直立，2 裂，下唇 3 裂。蒴果卵形。 花、果期 6 ～ 10 月。

【产地与习性】原产地中海沿岸，现各地栽培。较耐寒，不耐热；喜阳光，也耐半阴。喜肥沃、疏松和排水良好的微酸性砂质壤土。对光照长短反应不敏感。生长适温 16 ～ 26℃。

【观赏评价与应用】金鱼草品种繁多，花色艳丽，即有矮型种，也有高型种，矮型种适合公园、绿地、公路隔离带等片植观赏，也可用于花坛和花境材料，高型种可做切花或用于背景材料。

【同属种类】本属约 30 种，产北半球，我国常进 1 种。

卡罗莱纳过长沙
Bacopa carolineana

【科属】玄参科假马齿苋属

【形态特征】多年生湿生草本，匍匐，节上生根，株高 10 ～ 20cm。叶略肉质，对生，无柄，叶卵圆形，先端圆，基部抱茎，茎上及叶片基部具白色绵毛。花小，单生于顶部

叶腋，不明显 2 唇形。蒴果。花期夏至秋。

【产地与习性】产美国南部，喜高温及多湿环境，喜光照，不耐荫，不耐干旱，不耐寒。对土壤要求不严。生长适温 16 ～ 28℃。

卡罗莱纳过长沙

卡罗莱纳过长沙

卡罗莱纳过长沙

【观赏评价与应用】小叶圆润可爱，小花秀丽，有较高的观赏性，园林中可用于水体的浅水处片植或丛植点缀，也适合与其他矮小的水生植物配植观赏。

【同属种类】约 60 种，分布于热带和亚热带，主产美洲，我国有 3 种。

百可花
Bacopa diffusa

【科属】玄参科假马齿苋属

【别名】白可花

【形态特征】一二年生草本；叶对生，叶缘有齿缺，匙形；花单生于叶腋内，具柄；萼片 5，完全分离，后方一枚常常最宽大，侧面 3 枚最狭小；花冠白色，不明显 2 唇形。蒴果。花期 5 ~ 7 月。

【产地与习性】主产美洲，我国引种栽培。性喜温暖及光照充足的环境，不耐炎热，较耐寒，忌积水，喜生于肥沃的壤土。生长适温 16 ~ 25℃。

【观赏评价与应用】百可花清新秀丽，品种较多，花期长，为优良的观花草本。适合公园、庭院、绿地等的花坛、花境及路边栽培观赏，也可盆栽悬垂于廊架上栽培打造立体景观。

假马齿苋
Bacopa monnieri

【科属】玄参科假马齿苋属

【形态特征】匍匐草本，节上生根，多少肉质，体态极象马齿苋。叶无柄，矩圆状倒披针形，长 8 ~ 20mm，宽 3 ~ 6mm，顶端圆钝，极少有齿。花单生叶腋，萼下有一对条形小苞片；萼片前后两枚卵状披针形，其余 3 枚披针形至条形；花冠蓝色，紫色或白色，不明显 2 唇形，上唇 2 裂；蒴果长卵状，种子椭圆状。花期 5 ~ 10 月。生长适温 18 ~ 28℃。

【产地与习性】分布于我国台湾、福建、广东、云南。全球热带广布。生水边、湿地及沙滩。性喜高温及水湿环境，喜光，适应性强，对土壤没有特殊要求。

【观赏评价与应用】本种覆盖性强，生长快，叶片翠绿，小花洁白，花开时节，小花点缀于枝顶，清秀雅致，可用于公园、绿地及风景区的水体浅水处绿化。全株药用，有消肿之效。

荷包花
Calceolaria crenatiflora

【科属】玄参科荷包花属

【别名】蒲包花

【形态特征】一年生草本，株高 20 ~ 70cm。光滑或稍有柔毛。叶近基生，叶片卵形至广卵形，长 8 ~ 13cm，宽 4 ~ 6cm，先端钝圆，基部楔形，边缘呈微波状或具细锯齿，茎上部叶逐渐变小。花顶生聚伞花序，花萼 4 裂，花冠黄色，红色等，下唇膨大成荷包状，具多数斑点。花期 5 ~ 6 月，果期 6 ~ 7 月。

【产地与习性】原产于智利，性喜冷凉及光照充足的环境，但忌强光，忌水湿，稍耐旱，喜疏松、肥沃及排水良好的壤土。生长适温 15 ~ 24℃。

荷包花

荷包花

荷包花

【观赏评价与应用】花形奇特，色泽鲜艳，品种繁多，且花期长，为广为栽培的观赏草本，除盆栽用于室内装饰外，园林中也可用于山石边、小径边、篱架前或庭院种植观赏。

【同属种类】本属约 310 种，产美洲，我国引进 1 种。

双距花
Diascia barberae

【科属】玄参科双距花属

【形态特征】一年生草本，茎直立，具分枝，四棱，株高 20 ~ 40cm。叶对生，三角形，先端狭，基部渐宽，全缘，具稀疏锯齿，叶无柄。总状花序，花冠 2 唇形，粉红、玫红等，双距。花期夏至秋。

【产地与习性】原产非洲。性喜温暖及湿润环境，喜光，不耐寒，稍耐旱，栽培以疏松、排水良好的土壤为宜。生长适温 15 ~ 25℃。

【观赏评价与应用】本种开花繁盛，花有双距，极为奇特，近年来我国园林开始应用，可片植于路边、林缘或篱前，也可用于花坛、花带或公路隔离带种植观赏。

【同属种类】本属约 68 种，产非洲南部，我国引进 1 种。

双距花

双距花

双距花

毛地黄
Digitalis purpurea

【科属】玄参科毛地黄属

【形态特征】二年生或多年生草本植物。茎直立，少分枝。株高 60 ~ 120cm。叶片卵圆形或卵状披针形，叶粗糙、皱缩、叶基生呈莲座状，叶缘有圆锯齿。顶生总状花序，花冠钟状，花冠紫红、白色，紫色等，内面有斑点。蒴果卵形。花期 6 ~ 8 月，果熟期 8 ~ 10 月小。

【产地与习性】欧洲原产，我国各地栽培。较耐寒，喜光并耐半荫，较耐干旱瘠薄。适宜在湿润而排水良好的土壤上生长。生长适温 15 ~ 25℃。

【观赏评价与应用】花序大型，高大挺拔，钟形的小花密集着生于花茎之上，极为美丽，其品种繁多，色彩丰富，可用于布置花境，或用于林缘、园路边及岩石园点缀。

【同属种类】约 25 种，分布于欧洲和亚洲的中部与西部。我国栽培有 1 种。

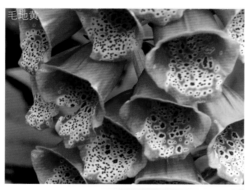
毛地黄

毛地黄

毛地黄

大石龙尾
Limnophila aquatica

【科属】玄参科石龙尾属

【别名】大宝塔

【形态特征】多年生草本，株高 30 ~ 50cm。叶分为沉水叶和气生叶，沉水叶轮生，羽状开裂至毛发状多裂，气生叶轮生，长椭圆形，先端尖，基部抱茎，叶边缘具细齿。总状花序，花冠筒状，5 裂，花瓣具毛，有蓝色斑块。蒴果。花期秋季，其他季节也可少量见花。

【产地与习性】产斯里兰卡及印度，华南植物园有引种。性喜高温及阳光充足的环境，不耐荫蔽，喜水湿，忌干旱，喜生于稍带粘质土壤的浅水边。生长适温 18 ~ 28℃。

【观赏评价与应用】开花极为繁盛，小花雅致，且花期长，可用于景区、公园、绿地等景观的水体浅水处成片种植或点缀，也可与本属植物配植观赏。

【同属种类】约有 40 种，分布于旧大陆热带亚热带地区，我国现有 10 种。

大石龙尾

大石龙尾

大石龙尾

紫苏草
Limnophila aromatica

【科属】玄参科石龙尾属

【别名】双漫草

【形态特征】一年生或多年生草本，茎简单至多分枝，高 30 ～ 70cm，基部倾卧而节上生根。叶无柄，对生或三枝轮生，卵状披针形至披针状椭圆形，或披针形，长 10 ～ 50mm，宽 3 ～ 15mm，具细齿，基部多少抱茎。花具梗，排列成顶生或腋生的总状花序，或单生叶腋；花冠白色，蓝紫色或粉红色。蒴果卵珠形。花果期 3 ～ 9 月。

【产地与习性】分布于广东、福建、台湾、江西等省。生于旷野、塘边水湿处。日本，南亚，东南亚及澳大利亚也有。性喜温暖及光照充足环境，喜湿，不耐寒，耐热性强，不择土壤，生长适温 16 ～ 28℃。

【观赏评价与应用】本种叶清秀，小叶常轮生，有一定的观赏价值，适合水体的浅水处绿化，多成片种植。全草药用。

中华石龙尾
Limnophila chinensis

【科属】玄参科石龙尾属

【形态特征】草本，高 5 ～ 50cm；茎简单或自基部分枝，下部匍匐而节上生根。叶对生或 3 ～ 4 枚轮生，无柄，长 5 ～ 53mm，宽 2 ～ 15mm，卵状披针形至条状披针形，稀为匙形，多少抱茎，边缘具锯齿。单生叶腋或排列成顶生的圆锥花序；花冠紫红色、蓝色、稀为白色。蒴果宽椭圆形。花果期 10 月至次年 5 月。

【产地与习性】分布于广东、广西、云南等省区。生于水旁或田边湿地。此外南亚，东南亚及澳大利亚也有。喜高温及水湿环境，耐热，不耐寒，耐瘠，对土壤要求不严，生长适温 16 ～ 28℃。

【观赏评价与应用】叶清秀，小花紫红色或蓝色，清新雅致，目前园林中较少应用，可片植于水体的浅水处或沼泽湿地观赏。

栽培的同属植物有：

大叶石龙尾 *Limnophila rugosa*

草本，高 5 ～ 50cm；茎简单或自基部分枝，下部匍匐而节上生根。叶对生或 3 ～ 4 枚轮生，无柄，长 5 ～ 53mm，宽 2 ～ 15mm，卵状披针形至条状披针形，稀为匙形，多少抱茎，边缘具锯齿。单生叶腋或排列成顶生的圆锥花序；花冠紫红色、蓝色、稀为白色。蒴果宽椭圆形。花果期 10 月至次年 5 月。分布于广东、广西、云南等省区。生于水旁或田边湿地。此外南亚，东南亚及澳大利亚也有。

大叶石龙尾

紫苏草

中华石龙尾

紫苏草

中华石龙尾

中华石龙尾

紫苏草

柳穿鱼

匍茎通泉草

柳穿鱼
Linaria maroccana

【科属】玄参科柳穿鱼属

【别名】姬金鱼草、摩洛哥柳穿鱼

【形态特征】一年生草本，株高20～40cm。枝叶细如柳，叶线形，分枝多。总状花序，花沿花茎逐渐向上开放，花冠紫红色、白色，堇紫色等，唇瓣中心鲜黄。花期春夏季，果期夏、秋季。

【产地与习性】产葡萄牙、北非。喜光照，喜温暖，不耐寒，不耐热，喜肥沃富含有机质的砂质壤土。生长适温12～25℃。

【观赏评价与应用】开花繁茂，花期长，繁花期状似花毯一般，适合公园、绿地、公路的隔离带成片种植观赏，也可用于花坛、花境栽培，也常盆栽用于居室装饰。

【同属种类】约100种，分布于北温带，主产欧亚两洲。我国有10种。

柳穿鱼

柳穿鱼

匍茎通泉草
Mazus miquelii

【科属】玄参科通泉草属

【别名】姬金鱼草、摩洛哥柳穿鱼

【形态特征】多年生草本。茎有直立茎和

匍茎通泉草

匍匐茎，直立茎倾斜上升，高10～15cm，匍匐茎花期发出，长达15～20cm。基生叶常多数成莲座状，倒卵状匙形，边缘具粗锯齿，有时近基部缺刻状羽裂；茎生叶在直立茎上的多互生，在匍匐茎上的多对生，卵形或近圆形，宽不超过2cm，具疏锯齿。总状花序顶生，伸长，花稀疏；花萼钟状漏斗形，萼齿与萼筒等长，披针状三角形；花冠紫色或白色而有紫斑，上唇短而直立，先端深2裂，下唇中裂片较小，稍突出，倒卵圆形。蒴果圆球形。花果期2～8月。

【产地与习性】分布于江苏、安徽、浙江、江西、湖南、广西、福建、台湾。日本也有。生海拔300m以下的潮湿的路旁、荒林及疏林中。喜温暖、阳光充足的环境，较耐荫，耐

寒，耐瘠，不择土壤。生长适温15～25℃。

【观赏评价与应用】株形矮小，花大美丽，目前园林中尚没有应用，可引种用于山石边、墙隅点缀，也可用作地被植物。

【同属种类】本属约35种，分布于中国、印度、印度尼西亚、日本、朝鲜、马来西亚、蒙古、菲律宾、俄罗斯、澳大利亚、新西兰及越南。我国有25种。

猴面花
Mimulus luteus

【科属】玄参科沟酸浆属

【别名】锦花沟酸浆、沟酸浆

【形态特征】多年生草本，多作一年生栽培，株高30～40cm。茎粗壮，中空，伏地处节上生根。叶交互对生，宽卵圆形，边缘具齿。稀疏总状花序，花对生在叶腋内，不明显二唇状，上唇2裂，下唇3裂，花冠黄色、白色、粉红、红色等，通常有斑块或斑点。花期春季，果期夏季。

【产地与习性】产南美。性喜冷凉及阳光充足的环境，耐寒，不耐热，喜湿润，不耐

猴面花

猴面花

猴面花

干旱，喜肥沃、排水良好的微酸性土壤。生长适温 15 ~ 25℃。

【观赏评价与应用】花明妍多姿，且品种繁多，色彩丰富，混植或单一种植效果均佳，可用于花坛、花境、花带、公路的隔离带或路边栽培观赏，或数株点缀于山石边、小径效果也佳，也可盆栽用于室内装饰。

【同属种类】本属约 150 种，广布于全球，以美洲西北部最多。我国有 5 种。

龙面花
Nemesia strumosa

【科属】玄参科龙面花属

【形态特征】一年生草本，株高 15 ~ 25cm。叶对生，披针形或卵形，叶缘有刺状锯齿。花顶生，二唇形，上唇四裂，下唇大，近全缘。花色有黄、橙红等色，花瓣上着生许多斑彩或斑点。花期春季，果期夏季。

【产地与习性】产非洲。喜温暖及光照充足的环境，不耐寒、不耐热，喜肥沃、富含腐殖质的砂质壤土。生长适温 15 ~ 25℃。

【观赏评价与应用】用途同猴面花。

龙面花

龙面花

龙面花

【同属种类】本属约 58 种，产非洲南部，我国引进 1 种。

红花钓钟柳
Penstemon barbatus

【科属】玄参科钓钟柳属

【形态特征】多年生草本，株高达 90cm。单叶，披针形、线形，先端尖，全缘，无叶柄，光滑或有毛。总状花序，花冠红色，小花长 2.5cm；冠檐二唇裂，下唇反卷有毛；上唇突出；蒴果。花期夏季，果期秋季。

【产地与习性】原产美国科罗拉多州至内华达州，以及墨西哥。耐寒，喜凉爽、湿润，

红花钓钟柳

红花钓钟柳

耐旱，喜光亦耐半阴，要求排水良好的肥沃壤土。耐盐碱。生长适温 15 ~ 25℃。

【观赏评价与应用】本种性强健，易栽培，花色艳丽，且花期较长，可用于林缘、路边、花坛等绿化，也可用于花境或用于岩石园点缀。

【同属种类】本属约 360 种，产北美及东亚，我国引进栽培 3 种。

钓钟柳
Penstemon campanulatus

【科属】玄参科钓钟柳属

【别名】吊钟柳

【形态特征】多年生常绿草本，株高 15 ~ 45cm。叶对生，基生叶卵形，茎生叶披针形，全缘。总状花序顶生，花冠红色、粉色、紫红等，二唇形，上唇 2 裂，下唇 3 裂。花期 5 ~ 6 月。

【产地与习性】产墨西哥及危地马拉。喜温暖及阳光充足的环境，耐寒，较耐热，对土壤适应性强，微酸性至微碱性均可生长。生长适温 15 ~ 25℃。

【观赏评价与应用】花大色艳，开花热

钓钟柳

钓钟柳

钓钟柳

烈，红花绿叶极为醒目，可用于林缘、疏林下、假山石边或墙隅种植观赏，也可用于花坛、花镜栽植，也是庭院绿化的优良材料。

毛地黄叶钓钟柳
Penstemon digitalis 'Husker Red'

【科属】玄参科钓钟柳属

【形态特征】多年生草本，株高60～100cm。基生叶卵圆形，全缘。茎生叶交互对生，长椭圆形或近宽披针形，先端尖，无叶柄，全缘。总状花序，花冠淡粉色或白色。花期春至夏。

【产地与习性】产美洲。喜温暖及阳光充足的环境，耐寒，不耐热，忌积水与酷热，喜疏松、肥沃的壤土。生长适温15～25℃。

毛地黄叶钓钟柳

毛地黄叶钓钟柳

【观赏评价与应用】植株紧凑，花姿优雅，花与叶形成鲜明对比，在园林中可用于林缘、墙边、园路边等处种植或做背景材料，或用于花境或庭院栽培观赏。

栽培的同属植物有：

电灯花钓钟柳 *Penstemon cobaea*

多年生草本，株高30～70cm。叶长圆形或披针形，先端尖，基部下延成柄或无柄，边缘具浅齿，绿色。总状花序，花粉色、白花或蓝色。花期夏季。产北美。

电灯花钓钟柳

电灯花钓钟柳

天目地黄
Rehmannia chingii

【科属】玄参科地黄属

【形态特征】多年生草本，高30～60cm，茎单出或基部分枝。基生叶多少莲座状排列，叶片椭圆形，长6～12cm，宽3～6cm，纸质，两面疏被白色柔毛，边缘具不规则圆齿或粗锯齿，抑或为具圆齿的浅裂片，先端钝或突尖，基部楔形；茎生叶外形与基生叶相似，向上逐渐缩小。花单生，萼齿披针形或卵状披针形；花冠紫红色，上唇裂片长卵形，下唇裂片长椭圆形。蒴果卵形，种子多数。花期4～5月，果期5～6月。

【产地与习性】分布于浙江、安徽。生于拔海190～500m之山坡、路旁草丛中。性喜冷凉及阳光充足的环境，不耐热，耐寒，耐瘠，喜疏松、排水良好的壤土。生长适温15～25℃。

【观赏评价与应用】本种花大，色彩艳丽，具有野性美，目前园林中极少应用，适合野生花园、林缘、墙隅丛植或片植，也可用于野生花境栽培观赏。

【同属种类】本属约6种，全部产我国。

天目地黄

天目地黄

栽培的同属植物有：

地黄 *Rehmannia glutinosa*

多年生草本，体高10～30cm。叶通常在茎基部集成莲座状，向上则强烈缩小成苞片，或逐渐缩小而在茎上互生；叶片卵形至长椭圆形，长2～13cm，宽1～6cm，边缘具不规则圆齿或钝锯齿以至牙齿；基部渐狭成柄。花在茎顶部略排列成总状花序，或几全部单生叶腋而分散在茎上；萼密被多细胞长柔毛和白色长毛，萼齿5枚；花冠筒多少弓曲，外面

单色蝴蝶草

不耐寒，耐瘠，喜肥沃的微酸性壤土。生长适温 15 ~ 28℃。

【观赏评价与应用】本种枝条悬垂，花缀于其间，摇曳多姿，极为美丽，可用于廊架、花架等立体绿化，也可盆栽用于室内美化。

【同属种类】本属约 50 种，主要分布于亚、非热带地区。我国现有 10 种。

栽培的品种有：

'斑叶'单色蝴蝶草 *Torenia concolor* 'Tricolor'

与原种的主要区别为茎紫红色，叶脉为黄色或带有淡紫色。

地黄

地黄

地黄

紫红色，花冠裂片，5 枚，先端钝或微凹，内面黄紫色，外面紫红色。蒴果。花果期 4 ~ 7 月。分布于辽宁、河北、河南、山东、山西、陕西、甘肃、内蒙古、江苏、湖北等省区。生于海拔 50 ~ 1100m 之砂质壤土、荒山坡、山脚、墙边、路旁等处。

单色蝴蝶草
Torenia concolor

【科属】玄参科蝴蝶草属

【形态特征】匍匐草本；茎具 4 棱，节上生根；分枝上升或直立；叶片三角状卵形或长卵形，稀卵圆形，长 1 ~ 4cm，宽 0.8 ~ 2.5cm，先端钝或急尖，基部宽楔形或近于截形，边缘具锯齿或具带短尖的圆锯齿。单朵腋生或顶生，稀排成伞形花序；萼具 5 枚宽略超过 1mm 的翅，基部下延；萼齿 2 枚，长三角形；花冠蓝色或蓝紫色；花果期 5 ~ 11 月。

【产地与习性】分布于广东、广西、贵州及台湾等省区。生于林下、山谷及路旁。喜温暖及半荫环境，也可在全光照下生长，耐热，

单色蝴蝶草

单色蝴蝶草

'斑叶'单色蝴蝶草

'斑叶'单色蝴蝶草

夏堇
Torenia fournieri

【科属】玄参科蝴蝶草属

【别名】兰猪耳

【形态特征】直立草本，高 15 ~ 50cm。叶片长卵形或卵形，长 3 ~ 5cm，宽 1.5 ~

夏堇

夏堇

夏堇

2.5cm，几无毛，先端略尖或短渐尖，基部楔形，边缘具带短尖的粗锯齿。花通常在枝的顶端排列成总状花序；萼椭圆形，绿色或顶部与边缘略带紫红色；花冠冠筒淡青紫色，背黄色；上唇直立，浅蓝色，宽倒卵形；下唇裂片矩圆形或近圆形。蒴果长椭圆形，种子小，黄色。花果期6～12月。

【产地与习性】本种原产越南，我国南方常见栽培。喜高温、耐炎热。喜光、耐半阴，对土壤要求不严，以疏松、肥沃的微酸性土壤为宜。生长适温15～28℃。

【观赏评价与应用】夏堇品种繁多，花色丰富，花朵小巧可爱，且花期长，易栽培，世界各地广为栽培，为著名庭园植物，可成片种植于路边、草地边或林缘等处，也可丛植用于假山石边、庭院一隅点缀。盆栽可用于居室美化。

毛蕊花
Verbascum thapsus

【科属】玄参科毛蕊花属

【形态特征】二年生草本，高达1.5m，全株被密而厚的浅灰黄色星状毛。基生叶和下部的茎生叶倒披针状矩圆形，基部渐狭成短柄状，长达15cm，宽达6cm，边缘具浅圆齿，上部茎生叶逐渐缩小而渐变为矩圆形至卵状

毛蕊花

毛蕊花

毛蕊花

矩圆形。穗状花序圆柱状，长达30cm，花密集，数朵簇生在一起（至少下部如此），花萼裂片披针形；花冠黄色。蒴果卵形。花期6～8月，果期7～10月。

【产地与习性】广布于北半球，我国新疆、西藏、云南、四川有分布。生海拔1400～3200m山坡草地、河岸草地。性喜冷凉及阳光充足的环境，耐瘠，不喜湿热，不择土壤，生长适温15～22℃。

【观赏评价与应用】本种适生性强，新叶美观，花序大，金色小花缀于其上，极为美丽，可丛植用于岩石园、假山石边等点缀，也可片植于园路边、草地中等处观赏。

【同属种类】本属约有300种，主要分布于欧、亚地区。我国有6种。

轮叶婆婆纳
Veronicastrum sibiricum

【科属】玄参科腹水草属

【别名】草本威灵仙

【形态特征】根状茎横走，长达13cm，节间短。茎圆柱形，不分枝，无毛或多少被多细胞长柔毛。叶4～6枚轮生，矩圆形至宽条形，长8～15cm，宽1.5～4.5cm。花序顶生，长尾状；花萼裂片不超过花冠一半长，钻形；花冠红紫色、紫色或淡紫色。蒴果卵状，种子椭圆形。花期7～9月。

轮叶婆婆纳

轮叶婆婆纳

轮叶婆婆纳

【产地与习性】分布于东北、华北、陕西北部、甘肃东部及山东半岛。朝鲜，日本及俄罗斯亚洲部分也有。生海拔可达 2500m 处路边、山坡草地及山坡灌丛内。性喜冷凉及光照充足之地，性强健，耐寒性好，生长适温 12 ~ 22℃。

【观赏评价与应用】花序高出叶面，清新淡雅，富有动态感，目前园林尚没引种，可用于公园、绿地的园路边、林缘、疏林下或坡地成片种植，也可用于岩石园或墙隅点缀观赏。

【同属种类】本属约 20 种，产亚洲东部和北美，我国有 13 种。

阿拉伯婆婆纳
Veronica persica

【科属】玄参科婆婆纳属

【别名】波斯婆婆纳

【形态特征】铺散多分枝草本，高 10 ~ 50cm。茎密生两列多细胞柔毛。叶 2 ~ 4 对（腋内生花的称苞片），具短柄，卵形或圆形，长 6 ~ 20mm，宽 5 ~ 18mm，基部浅心形，平截或浑圆，边缘具钝齿，两面疏生柔毛。总状花序很长；花萼裂片卵状披针形，有睫毛；花冠蓝色、紫色或蓝紫。蒴果肾形。花期 3 ~ 5 月。

【产地与习性】原产于亚洲西部及欧洲，在我国部分地区归化。性强健，对环境要求不严，粗生，生长适温 15 ~ 26℃。

【观赏评价与应用】本种生长快，覆盖性极强，蓝色的小花极为繁密，点缀于植株顶端，十分美丽，可用作地被植物，以快速覆盖地表。

【同属种类】本属大约 250 种，广布种，主产亚洲及欧洲，我国有 53 种。

平卧婆婆纳
Veronica prostrata

【科属】玄参科婆婆纳属

【形态特征】草本，株高 30 ~ 50cm。叶片狭卵形，先端尖，叶缘有重锯齿，无柄。穗状花序，小花蓝色，上有深色纵纹。花期夏季，果期秋季。

【产地与习性】产欧洲。性喜温暖及阳光充足的环境，耐寒、不耐热，喜疏松、肥沃、排水良好的沙壤土。生长适温 15 ~ 25℃。

【观赏评价与应用】花色艳丽，与环境形成鲜明对照，可成片种植于公园、风景区的路边、草地中或墙垣处，也可用于花境与其他植物配植，或丛植用于岩石园等处点缀。

平卧婆婆纳

平卧婆婆纳

阿拉伯婆婆纳

阿拉伯婆婆纳

阿拉伯婆婆纳

平卧婆婆纳

穗花婆婆纳

穗花婆婆纳

穗花婆婆纳

穗花婆婆纳
Veronica spicata

【科属】玄参科婆婆纳属

【形态特征】年生草本，茎单生或数支丛生，直立或上升，高 15 ～ 50cm，不分枝。叶对生，茎基部的常密集聚生，叶片长矩圆形，长 2 ～ 8cm，宽 0.5 ～ 3cm；中部的叶为椭圆形至披针形，顶端急尖；上部的叶小得多，有时互生，全部叶边缘具圆齿或锯齿，少全缘的。花序长穗状；花梗几乎没有；花冠紫色或蓝色。幼果球状矩圆形。花期 7 ～ 9 月。

【产地与习性】产新疆。欧洲至俄罗斯西伯利亚和中亚地区也有。生海拔可高至 2500m 草原和针叶林带内。性喜冷凉及光照充足的环境，耐寒，不耐酷热，耐瘠薄，喜疏松、肥沃的壤土。生长适温 15 ～ 25℃。

【观赏评价与应用】株形紧凑，花枝优美，朵朵小花缀于花序之上，极为美观，且花期长，为值得推广的观花草本。可用于园路边、公路两侧、墙边、滨水岩边成片种植观赏，也可用于墙隅处、假山石边点缀。也可用于花坛或花境栽培观赏。

栽培的品种有：

1.'达尔文蓝'婆婆纳 *Veronica spicata* 'Darwin's Blue'

多年生草本，茎直立，株高 60 ～ 90cm，穗状花序，花冠蓝色。

2.'红狐'婆婆纳 *Veronica spicata* 'Rrd Fox'

多年生草本，根本下立，株高 35 ～ 50cm，花粉红色。

'达尔文蓝'婆婆纳

'红狐'婆婆纳

苦苣苔科 *Gesneriaceae*

索娥花
Alsobia dianthiflora

【科属】苦苣苔科齿瓣岩桐属

【形态特征】多年生蔓性草本，蔓长可达1m。叶对生，卵圆形，先端钝，基部楔形，边缘具齿，叶面上布满红色细绒毛。花朵腋生，花瓣5，白色，下部具紫色细斑点，上面流苏状。花期夏季。

【产地与习性】产南美洲。性喜温暖及半荫环境，不耐寒，较耐热，喜疏松排水良好的砂质壤土。生长适温16～28℃。

【观赏评价与应用】本种生长快，花朵洁白，为优良的盆栽花卉，园林中可用于壁挂、吊挂栽培以营造立体景观。

【同属种类】本属3种，产美洲，我国引进1种。

索娥花

索娥花

索娥花

朱红苣苔
Calcareoboea coccinea

【科属】苦苣苔科朱红苣苔属

【形态特征】多年生草本。叶10～20个，均基生；叶片草质或坚纸质，椭圆状狭卵形或长圆形，两侧稍不相等，长4.5～9.5cm，宽2～4.2cm，顶端微尖，基部钝、圆形或宽楔形，边缘有小齿。花序有9～11花；苞片密集，狭卵形或披针形。花萼裂片狭线状披针形，花冠朱红色，外面密被，内面疏被短毛；蒴果线形。花期4～6月。

【产地与习性】产云南东和广西。生于海拔1000～1460m石灰岩山林中石上。性喜温暖及半荫环境，忌强光，耐旱，忌水湿，生长适温15～25℃。

【观赏评价与应用】株形矮小，为朱红色，靓丽可人，有优良观花植物，适合半荫的林下、小径或专类园种植观赏。

【同属种类】本属1种，产我国。

朱红苣苔

朱红苣苔

光萼唇柱苣苔
Chirita anachoreta

【科属】苦苣苔科唇柱苣苔属

【形态特征】一年生草本。茎高6～35（～55）cm，有2～6节，不分枝或分枝。叶对生；叶片薄草质，狭卵形或椭圆形，长3～13cm，宽1.5～7.5cm，顶端急尖，基部斜，圆形、浅心形或宽楔形，边缘有小牙齿。

光萼唇柱苣苔

光萼唇柱苣苔

花序腋生，有（1－）2～3花；苞片对生，宽卵形至狭卵形。花萼5裂近中部。花冠白色或淡紫色。蒴果，种子褐色。花期7～9月。

【产地与习性】产云南、广西、湖南、广东和台湾。生于海拔220～1900m山谷林中石上和溪边石上。缅甸、泰国、老挝和越南也有分布。性喜温暖、湿润的环境，喜半荫，不耐干旱，对土质要求不严，以疏松壤土为宜。生长适温15～26℃。

【观赏评价与应用】花朵洁白，与环境对比度强，有较高的观赏性，极具野性美，目前园林中较少栽培，可用于公园、绿地、风景区的坡地、较缓的崖壁或疏林下成片种植，以营造群体景观，或用于专类园。

【同属种类】约140种，分布于尼泊尔、不丹、印度、缅甸、我国南部、中南半岛、马来半岛及印度尼西亚。我国有99种。

蚂蟥七
Chirita fimbrisepala

【科属】苦苣苔科唇柱苣苔属

【别名】红蚂蟥七、石螃蟹、岩蚂蟥

【形态特征】多年生草本，具粗根状茎。叶均基生；叶片草质，两侧不对称，卵形、宽卵形或近圆形，长4～10cm，宽3.5～11cm，顶端急尖或微钝，基部斜宽楔形或截形，或一侧钝或宽楔形，另一侧心形，边缘有小或粗牙齿。聚伞花序1～4(～7)条，有(1－)

蚂蟥七

蚂蟥七

蚂蟥七

2～5花；苞片狭卵形至狭三角形，花萼5裂至基部，裂片披针状线形，花冠淡紫色或紫色，筒细漏斗状。蒴果。种子纺锤形。花期3～4月。

【产地与习性】产广西、广东、贵州南部、湖南、江西和福建。生于海拔400～1000m山地林中石上或石崖上，或山谷溪边。性喜温暖、湿润的环境，喜半荫，较耐旱。生长适温15～26℃。

【观赏评价与应用】本种花大美丽，开花极为繁茂盛，目前较少栽培，可引种到人工石壁上栽培观赏。根状茎治小儿疳积、胃痛、跌打损伤。

栽培的同属植物有：

1. 烟叶唇柱苣苔 *Chirita heterotricha*

又名烟叶长蒴苣苔，多年生草本。叶对生或簇生；叶片草质，椭圆形、长椭圆形或长圆状倒卵形，长3～23cm，宽1.5～12cm，顶端微尖，基部渐狭，下延成柄，边缘全缘或有不明显小齿；苞片对生，狭三角形至宽

烟叶唇柱苣苔

烟叶唇柱苣苔

披针形。花萼5裂至基部，裂片线状披针形。花冠淡紫色或白色，筒细漏斗状。蒴果线形，种子褐色。花期5～9月。产海南。生海拔约430m山谷林中或溪边石上。

2. 三苞唇柱苣苔 *Chirita tribracteata*

多年生草本。叶约7片，均基生；叶片纸质，椭圆形或倒卵形，两侧不相等，长（1.8－）8～10cm，宽（1.4－）5～7.4cm，顶端钝或圆形，基部斜宽楔形，或一侧楔形，另一侧截形，边缘具浅钝齿或浅波状；苞片3，轮生，椭圆形或长椭、圆形。花萼5裂至基部；裂片线状披针形。花冠蓝色，筒细漏斗状。花期6月。产广西。生于石灰岩山中的岩洞稍阴处。

三苞唇柱苣苔

三苞唇柱苣苔

金红花
Chrysothemis pulchella

【科属】苦苣苔科金红岩桐属

【形态特征】多年生宿根草本，株高15～30cm。叶长卵圆形，对生，先端尖，基部楔形，叶面暗绿色，叶背紫褐色，叶缘有锯齿。花顶生或腋生，花萼红色，花筒状，花冠橙黄，上具紫色条纹。花期夏至秋，果期秋冬。

【产地与习性】产中南美洲。性喜温暖及光照，也耐半荫，喜湿润，较耐旱，不耐寒。喜疏松、排水良好的土壤。生长适温15～28℃。

【观赏评价与应用】花叶俱美，花期长，可用于花坛、花台或用于花境作壤边植物，盆栽可用于室内阳台、窗台绿化。

【同属种类】本属约7种，产美洲，我国引进1种。

金红花

金红花

金红花

西藏珊瑚苣苔
Corallodiscus lanuginosus

【科属】苦苣苔科珊瑚苣苔属

【形态特征】多年生草本。叶全部基生，莲座状；叶片近纸质，卵圆形或倒卵圆形，长3～3.5cm，宽2.8～3.5cm，顶端圆形，基部楔形，边缘全缘或微波状。聚伞花序不分枝，稀为2次分枝，每花序具2～4花；苞片不存在；花萼钟状，5裂至基部，裂片长圆形。花冠筒状，淡紫色，上唇2裂至中部，裂片相等，近圆形，下唇3深裂，裂片长圆形。蒴果线形。花期6月，果期7月。

【产地与习性】产我国西藏南部。生于海拔2100～3200m河谷林缘岩石及石壁上。印度、不丹、尼泊尔也有分布。性喜温暖及湿润环境，喜光照，忌强光，耐寒，不耐酷热。以疏松壤土栽培为宜。生长适温12～25℃。

【观赏评价与应用】本种叶莲座状，紧贴地面而生，小花淡雅秀气，富有观赏性，目前国内尚没有引种用于园林应用，可引至同海拔左右地区用于稍蔽荫的山石上、石壁上栽培观赏。

【同属种类】本属约3～5种，分布于我国及印度、不丹，尼泊尔和印度北部。我国有3种。

鲸鱼花
Columnea microphylla

【科属】苦苣苔科鲸鱼花属

【形态特征】多年生草本，茎细长下垂。单叶对生，肉质，宽披针形或长椭圆形，先端尖，基部下延成柄，全缘，叶被软毛。花单生叶腋，花冠红色，冠筒长，上唇盔状，侧裂片小，下唇狭长。花期春末夏初。

【产地与习性】原产哥斯达黎加。性喜高温及湿润环境，喜半荫，不耐寒。喜排水良好、富含含腐殖质的壤土。生长适温15～28℃。

【观赏评价与应用】枝蔓柔软，花奇特鲜艳，花开时状似鲸鱼，故名。适合廊架、花架等吊挂栽培，与其他悬垂植物打造立体景观。

【同属种类】本属约200种，产于热带美洲和加勒比地区，我国有少量引种。

西藏珊瑚苣苔

西藏珊瑚苣苔

鲸鱼花

闽赣长蒴苣苔
Didymocarpus heucherifolius

【科属】苦苣苔科长蒴苣苔属

【形态特征】多年生草本，具粗根状茎。叶 5 ~ 6，均基生；叶片纸质，心状圆卵形或心状三角形，长 3 ~ 9cm，宽 3.5 ~ 11cm，顶端微尖，基部心形，边缘浅裂。花序 1 ~ 2 回分枝，有 3 ~ 8 花；苞片椭圆形或狭椭圆形，边缘有 1 ~ 2 齿。花冠粉红色，长 2.5 3.2cm，外面被短柔毛，内面无毛；上唇 2 深裂，裂片卵形，下唇长 3 深裂，裂片长圆形，顶端圆形。蒴果线形或线状棒形，种子狭椭圆形。花期 5 月。

【产地与习性】产广东、江西、福建、浙江、安徽。生于海拔 460 ~ 1000m 山谷路边、溪边石上或林下。喜温暖、湿润及半荫环境，不耐热，有一定耐寒性。生长适温 15 ~ 26℃。

【观赏评价与应用】花冠为少见的粉红色，与绿叶极为相衬，可用于蔽荫的疏林下、林缘或石隙、山石上种植观赏。

【同属种类】本属约 180 种。产亚洲，我国有 31 种。

双片苣苔
Didymostigma obtusum

【科属】苦苣苔科双片苣苔属

【别名】唇柱苣苔

【形态特征】多年生草本，茎渐升或近直立，长 12 ~ 20cm。叶对生；叶片草质，卵形，长 2 ~ 10cm，宽 1.4 ~ 7cm，顶端微尖或微钝，基部稍斜，宽楔形或斜圆形，边缘具钝锯齿。花序腋生，不分枝或 2 ~ 4 回分枝，有 2 ~ 10 花；苞片披针状线形，花萼裂片披针状狭线形。花冠淡紫色或白色，筒细漏斗形。蒴果，种子椭圆形。花期 6 ~ 10 月。

【产地与习性】产广东和福建南部。生于海拔约 650m 山谷林中或溪边阴处。性喜温暖及半荫环境，喜湿，不耐旱，不耐寒，忌强光直射，喜疏松壤土。生长适温 15 ~ 26℃。

【观赏评价与应用】株形矮小，花艳丽可爱，为优良的观花草本，目前园林中尚没有应用，本种生于海拔较低之处，易引种驯化，可用于潮湿的石壁处、阴湿的池塘边或水沟边大片种植观赏。

【同属种类】本属有 2 种，全部特产于我国。

喜荫花
Episcia cupreata

【科属】苦苣苔科喜荫花属

【别名】红桐草

【形态特征】多年生草本植物，株高约 15 ~ 25cm。叶对生，长椭圆形，先端尖，基部楔形，叶面灰绿色，上布有大小不一的褐斑，叶缘具锯齿，叶上布满细绒毛。花腋生，花瓣 5 枚，花色有红色，花瓣边缘具长绒毛。园艺种也有黄、粉红、蓝、白等色。花期 5 ~ 9 月，果期秋季。

【产地与习性】产南美洲。性喜温暖及湿润环境，喜充足的散射光，忌强光直射，喜

闽赣长蒴苣苔

闽赣长蒴苣苔

闽赣长蒴苣苔

双片苣苔

双片苣苔

双片苣苔

喜荫花

喜荫花

喜荫花

疏松、肥沃的壤土。生长适温 15 ~ 28℃。

【观赏评价与应用】叶多具有不同色斑，花色丰富，为群众喜闻乐见的观赏草本，多盆栽用于居室绿化，也可用于公园、绿地树下蔽荫处、阴湿的山石旁成片种植，也可用于专类园。

【同属种类】本属约 12 种，产中南美洲，我国引进 1 种。

小岩桐
Gloxinia sylvatica

【科属】苦苣苔科小岩桐属

【别名】小圆彤

【形态特征】多年生肉质草本，株高 15 ~ 30cm，全株具细毛，成株由地下横走茎生长多数幼苗而成丛生状。叶对生，披针形或卵状披针形，先端尖，基部下延成柄，全缘。花 1 ~ 2 朵腋生，花梗细长，花冠橙红色。蒴果。花期 10 月至第二年 3 月，冬季为盛花期。

【产地与习性】产秘鲁及玻利维亚。性喜高温及光照充足的环境，喜湿润，不耐寒，对土壤要求不高。生长适温 15 ~ 28℃。

【观赏评价与应用】花朵奇特雅致，开花热烈，具有热带风情，适合公园、绿地、景区等丛植于山石边、小径、或水岸边观赏，

也可用于花境或盆栽用于室内装饰。

【同属种类】本属约 4 种，产巴西，我国引进 1 种。

艳斑苣苔
Kohleria bogotensis

【科属】苦苣苔科红雾花属

【别名】波哥大红雾花

【形态特征】多年生草本植物，株高 20 ~ 40cm。单叶对生，长卵圆形，先端尖，基部近楔形，具长柄，叶缘具细锯齿，叶面布满细绒毛。花单生于叶腋，花冠红色，上具黄色脉纹。蒴果。花期春至秋。

【产地与习性】原产于中南美洲。性喜温暖及半荫环境，耐荫，耐热，不耐寒。喜疏松、肥沃的壤土。生长适温 15 ~ 28℃。

【观赏评价与应用】本种适应性较强，红色的小花点缀于枝端，极为秀气，可植于稍蔽荫的大树下、山岩边，极具野性美。

艳斑苣苔

艳斑苣苔

小岩桐

小岩桐

小岩桐

艳斑苣苔

【同属种类】本属 43 种，产中南美洲，我国引进 1 种。

金鱼花
Nematanthus gregarius

【科属】苦苣苔科袋鼠花属

【别名】袋鼠花、河豚花

【形态特征】多年生常绿草本，株高 20 ~ 30cm。叶对生，椭圆形，革质，具光泽。花单生于叶腋，中部膨大，先端尖缩，状似金鱼嘴，花橘黄色。蒴果。花期冬至春。

【产地与习性】产巴西。性喜高温及湿润环境，喜光，不耐荫蔽，不耐寒，忌水涝。喜疏松、肥沃的壤土。生长适温 15 ~ 28℃。

【观赏评价与应用】叶小青翠，小花精致，状似张开嘴的金鱼一样，十分奇特，且本种花开繁茂，较易栽培，可附于树干、山石处栽培，或丛植于墙隅、拐角处、山石边点缀，也可吊挂栽培打造立体景观。

【同属种类】本属 36 种，全部产巴西，我国引进 1 种。

金鱼花

金鱼花

金鱼花

可丛植于岩隙中。全草药用，治咳嗽、劳伤、痈疮红肿等症。

【同属种类】约 87 种，分布于我国及不丹至印度尼西亚和菲律宾。我国有 18 种。

粉绿异裂苣苔
Pseudochirita guangxiensis var. *glauca*

【科属】苦苣苔科异裂苣苔属

【形态特征】多年生草本。茎高 40 ~ 60cm，密被短绒毛。叶对生，叶片草质，椭圆形或椭圆状卵形，长 11 ~ 27(~ 30)cm，宽 6 ~ 16 (~ 19)cm，顶端急尖或短渐尖，基部宽楔形，稍斜，边缘有小牙齿。聚伞花序生茎顶叶腋，具梗。花萼钟状，5 浅裂，绿色。花冠绿白色。蒴果。

【产地与习性】产广西。性喜温暖及半荫环境，不耐寒，喜湿，喜排水良好的中性至微酸性壤土。生长适温 15 ~ 28℃。

【观赏评价与应用】叶大，终年常绿，花小，有一定观赏性。可植于林荫下、蔽荫的路边或山石边观赏。

【同属种类】本属 1 种，产我国。

粉绿异裂苣苔

锈色蛛毛苣苔
Paraboea rufescens

【科属】苦苣苔科蛛毛苣苔属

【形态特征】多年生草本。根状茎木质化，粗壮；茎极短，长 2 ~ 10cm，密被锈色毡毛。叶对生，密集于茎近顶端，具叶柄；叶片长圆形或狭椭圆形，长 3 ~ 12cm，宽 2 ~ 5.5cm，顶端钝，基部圆形，边缘密生小钝齿，上面密被短糙伏毛。聚伞花序伞状，成对腋生，通常具 5 ~ 10 花；苞片 2，卵形。花萼 5 裂至近基部，裂片相等，线形。花冠狭钟形，淡紫色，稀紫红色；檐部二唇形，上唇比下唇短 2 裂，下唇 3 裂。蒴果线形，螺旋状卷曲。花期 6 月，果期 8 月。

【产地与习性】产广西、贵州及云南。生于海拔 700 ~ 1500m 山坡石山岩石隙间。泰国北部及越南也有分布。性喜温暖及湿润环境，喜光，较耐热，较耐寒，对土壤要求不严，以疏松、排水良好的壤土为宜。生长适温 15 ~ 26℃。

【观赏评价与应用】叶色美观，终年常绿，小花秀雅，园林中可用于岩壁的立体绿化，

锈色蛛毛苣苔

锈色蛛毛苣苔

锈色蛛毛苣苔

粉绿异裂苣苔

粉绿异裂苣苔

长筒漏斗苣苔
Raphiocarpus macrosiphon

【科属】苦苣苔科漏斗苣苔属

【形态特征】多年生草本，株高10～20cm。叶多集生于茎顶端；叶片卵状椭圆形，顶端尖，基部偏斜或近圆形，边缘具齿，两面被长柔毛。聚伞花序腋生，具1～3花；花萼5裂至近基部，裂片近相等，线形。花冠橙红色，中部之下突然变细成细筒状，外面被疏柔毛；筒长约4.5cm；上唇2裂，下唇3裂。蒴果。花期7～8月。

【产地与习性】产广东及广西。性喜温暖及湿润环境，喜半荫，不耐寒，喜疏松、排水良好的壤土。生长适温15～28℃。

【观赏评价与应用】花为少见的橙红色，极为美丽，目前园林中尚没有应用，可引种至半荫的山石边、林下种植观赏，也可用于专类园。

【同属种类】本属1种，产我国。

长筒漏斗苣苔

长筒漏斗苣苔

非洲堇
Saintpaulia ionantha

【科属】苦苣苔科非洲堇属

【别名】非洲紫罗兰

【形态特征】多年生草本。全株被软毛。

非洲堇

非洲堇

叶基生，圆形或长圆状卵形，基部心形，长4～7cm，边缘有浅锯齿或近全缘。1～6花在花梗上成总状，萼深5裂。花冠二唇形，堇紫色，园艺种有多色泽。蒴果近球形。花期8～9月，果期9～10月。

【产地与习性】产非洲热带。性喜温暖及湿润环境，忌强光，以充足的散射光为佳，不耐寒，不耐瘠。喜疏松、排水良好的微酸性土壤。生长适温15～26℃。

【观赏评价与应用】植株矮小，品种繁多，花色极为丰富，且一年四季均可见花，小花秀雅精致，绚丽多彩，多用于室内盆栽观赏，也可用于温室片植于小径、假山石边观赏。

【同属种类】本属约15种，产非洲热带，我国引进1种。

大岩桐
Sinningia speciosa

【科属】苦苣苔科大岩桐属

【形态特征】多年生草本，具块茎。叶基生，叶为卵圆形或卵形，长10～18cm，叶缘具钝锯齿，被茸毛。花顶生，花梗与叶等长，花萼5裂，裂片卵状披针形，被茸毛。花

大岩桐

大岩桐

大岩桐

海豚花

海豚花

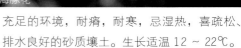

海豚花

冠略成钟形，紫色或其他颜色，花冠边缘 5 浅裂。蒴果。花期 4 ~ 6 月，果期 6 ~ 7 月。

【产地与习性】产巴西。性喜温暖及湿润环境，忌强光，以散射光为宜，不耐瘠薄，不耐寒。喜疏松、肥沃的微酸性壤土。生长适温 15 ~ 26℃。

【观赏评价与应用】大岩桐花大，花色丰富，为世界著名的盆栽花卉，多盆栽用于室内装饰，也可用于大型温室内的花坛、花台或于山石边、小路边种植观赏。

【同属种类】本属约 70 种，产于中美洲及南美洲，主产于巴西，我国引进 1 种。

海豚花
Streptocarpus saxorum

【科属】苦苣苔科海角苣苔属

【别名】海角苣苔

【形态特征】多年生草本植物，株高 20 ~ 45cm。单叶对生，肉质，卵圆型或长椭圆形，先端尖，基部荞形，边缘具锯齿，绿色；花梗细长，腋生，冠筒细长，花瓣 5，蓝色、白花。蒴果。花期冬季。

【产地与习性】产南非。性喜温暖及半荫环境，喜充足的散射光，喜湿润，较耐旱。喜疏松、肥沃的壤土。生长适温 15 ~ 26℃。

【观赏评价与应用】植物低矮，小花幽雅、姿态万千，花期较长，极具观赏性，可用于大型观赏温室的园路边、山石边点缀，或用于专类园栽培。

'一叶'堇兰
Streptocarpus 'Unifoliate'

【科属】苦苣苔科海角苣苔属

【形态特征】草本，叶片 1，无柄，长约 30cm，叶长卵圆形，聚伞花序直立，腋生，高达 80cm，萼片 5，深裂，披针形，小花堇紫色，花冠筒细长，稍弯垂，花瓣二唇形，上唇 2 裂，下唇 3 裂。花期春至夏。

【产地与习性】园艺种，性喜冷凉及光照

'一叶'堇兰

'一叶'堇兰

充足的环境，耐瘠，耐寒，忌湿热，喜疏松、排水良好的砂质壤土。生长适温 12 ~ 22℃。

【观赏评价与应用】本种叶大，只有一片叶，十分独特，花茎缀满朵朵小花，十分优雅，在国外栽培较为普遍，适合稍蔽荫的林缘、山石边、小径栽培观赏，也适合庭院一隅栽培或用于专类园。

【同属种类】本属约 137 种，产非洲南部，我国有少量引种。

栽培的同属植物有：

白花堇兰 *Streptocarpus vandeleurii*

草本，叶片 1，长 20cm，卵圆形，先端尖，下部渐宽，收狭为楔形，叶无柄，全缘，叶面具短绒毛。聚伞花序，高 30 ~ 60cm，花冠筒弯曲，细长，花瓣二唇形，上唇 2 裂，下唇 3 裂。白色。产南非，生于岩石裂缝及岩壁上。

白花堇兰

爵床科 Acanthaceae

穿心莲
Andrographis paniculata

【科属】爵床科穿心莲属

【别名】一见喜

【形态特征】一年生草本。茎高 50 ~ 80cm，4 棱，节膨大。叶卵状矩圆形至矩圆状披针形，长 4 ~ 8cm，宽 1 ~ 2.5cm，顶端略钝。花序轴上叶较小，总状花序顶生和腋生，集成大型圆锥花序；花萼裂片三角状披针形；花冠白色而小，下唇带紫色斑纹，2 唇形，上唇微 2 裂，下唇 3 深裂，花冠筒与唇瓣等长；蒴果扁，种子 12 粒，四方形。

【产地与习性】我国福建、广东、海南、广西、云南常见栽培；原产地可能在南亚。性

穿心莲

穿心莲

穿心莲

喜高温及阳光充足环境，耐热，不耐寒。喜疏松、排水良好的土壤。生长适温 16 ~ 28℃。

【观赏评价与应用】本种观赏性一般，多作药用植物栽培，可用于药用植物园或植物园的药用专类园的路边、墙边片植观赏或用于科普教育。茎、叶极苦，有清热解毒之效。

【同属种类】本属约 20 种，分布在亚洲热带地区。我国有 2 种，其中引进 1 种。

小花十万错
Asystasia gangetica subsp. *micrantha*

【科属】爵床科十万错属

【形态特征】多年生草本，株高 30 ~ 50cm。叶椭圆形，先端尖，基部钝、圆或近心形，几乎全缘。总状花序顶生，花偏向侧，花冠五裂，上部略带蓝紫色条纹，下唇具蓝紫色斑点。蒴果。花期春至秋。

小花十万错

小花十万错

小花十万错

【产地与习性】产撒哈拉以南非洲。性喜高温及光照充足环境，对水肥要求不严，适生性极强，不择土壤。生长适温 16 ~ 28℃。

【观赏评价与应用】本种现已成为泛热带杂草，但小花精致美丽，有极高的观赏性，可用于坡地、山石边、园路边或疏林下绿化。

【同属种类】本属大约 40 种，分布于东半球热带地区。我国有 4 种，其中引进 1 种。栽培的同属种有：

宽叶十万错 *Asystasia gangetica*

多年生草本，外倾，叶具叶柄，椭圆形，基部急尖，钝，圆或近心形，几全缘，长 3 ~ 12cm，宽 1 ~ 4（~ 6）cm，总状花序顶生。花萼 5 深裂，仅基部结合，裂片披针形，线形；花冠管基部圆柱状，裂片三角状卵形，下唇 3 裂。蒴果。产云南、广东。分布于印度、泰国、中南半岛至马来半岛。

宽叶十万错

白接骨
Asystasia neesiana
【*Asystasiella neesiana*】

【科属】爵床科十万错属

【别名】尼氏拟马偕花

【形态特征】草本，茎高达 1m；茎略呈 4 棱形。叶卵形至椭圆状矩圆形，长 5 ~ 20cm，顶端尖至渐尖，边缘微波状至具浅齿，基部下延成柄，叶片纸质。总状花序或基部有分枝，顶生；花单生或对生；花萼裂片 5，花冠淡紫红色，漏斗状。蒴果。

【产地与习性】广布于江苏、浙江、安徽、江西、福建、台湾、广东、广西、湖南、湖北、云南、贵州、重庆、四川等地。生林下或溪边。印度的东喜马拉雅山区、越南至缅甸也

白接骨

白接骨

竹节黄

竹节黄

竹节黄

有分布。性喜温暖及湿润环境，耐热，耐瘠，不择土壤。生长适温 16～28℃。

【观赏评价与应用】性强健，易栽培，小花悬于枝间，极为优雅，在园林中较少应用，适合群植于山石边、拐角处或一隅，或用于药用植物专类园。叶和根状茎入药，止血。

【同属种类】本属约 40 种，产旧大陆的热带及亚热带地区，我国 4 种，其中 1 种引进。

竹节黄
Clinacanthus nutans

【科属】爵床科鳄嘴花属

【别名】扭序花

【形态特征】高大草本、直立或有时攀援状。茎圆柱状、近无毛。叶纸质、披针形或卵状披针形，长 5～11cm，宽 1～4cm，顶端弯尾状渐尖，基部稍偏斜，近全缘，两面无毛；萼裂片渐尖；花冠深红色，长约 4cm，被柔毛。蒴果。花期春夏。

【产地与习性】广布于华南热带至中南半岛、马来半岛、爪哇、加里曼丹。产我国云南、广西、广东、海南等地。生于低海拔疏林中或灌丛内。喜温暖，喜光照，不耐寒，耐瘠薄，对土壤的适应性强，生长适温 15～28℃。

【观赏评价与应用】小花精致可爱，有一定观赏性，适合公园、绿地等路边、墙边、水岸边群植或丛植点缀。全株入药，有调经、消肿、去瘀、止痛、接骨之效。

【同属种类】本属 3 种。特产于亚洲，我国 1 种。

红网纹草
Fittonia verschaffeltii

【科属】爵床科网纹草属

【形态特征】多年生常绿草本植物，株高 10～20cm。植株低矮，呈匍匐状。叶对生，卵圆形，红色叶脉纵横交替，形成网状。叶柄与茎上有茸毛，顶生穗状花序。花黄色。花期秋季。

【产地与习性】产南美秘鲁。喜湿润及半荫环境，忌强光，不耐湿涝，喜富含腐殖质的砂质壤土。生长适温 20～28℃。

【观赏评价与应用】红色叶脉极为鲜艳，与绿底相配极有特点，有极高的观赏性，园林中可用于半荫的石边、小径、墙边片植，也可作镶边材料。盆栽可用于居室美化。

【同属种类】本属 2 种，产南美洲热带雨林，我国引进 1 种。

红网纹草

红网纹草

红网纹草

栽培的变种有：

　　白网纹草 Fittonia verschaffeltii var. argyroneura

　　本变种与原种的主要区别为叶绿色，叶脉白色。

白网纹草

白网纹草

白网纹草

广西裸柱草
Gymnostachyum kwangsiense

【科属】爵床科水蓑衣属

【别名】异叶水蓑衣

【形态特征】莲座状草本，茎极短，不分枝。叶纸质，阔卵形，长 8 ~ 16cm，宽 6 ~ 11cm，顶端短尖，钝头，边全缘或不明显的浅波状。花序总状，顶生和近顶部腋生，花萼 5 深裂，裂片钻形。花冠上唇直立，阔三角形，2 齿裂，下唇伸展，深 3 裂。

【产地与习性】产广西。喜温暖及湿润环境，喜半荫，忌强光直射，耐瘠，喜疏松、排水良好的肥沃壤土。生长适温 16 ~ 26℃。

【观赏评价与应用】本种叶脉白色，暗绿色，对比度强，清新雅致，花小，有一定观赏价值，极适合与山石相配，可丛植于园路边、墙隅或曲径拐角处观赏。

【同属种类】约有 30 种，分布在亚洲热带地区。我国有 3 种，其中 2 种特有。

广西裸柱草

广西裸柱草

广西裸柱草

水罗兰
Hygrophila difformis

【科属】爵床科水蓑衣属

【别名】异叶水蓑衣

【形态特征】多年生湿生草本，茎匍匐，株高 20 ~ 40cm，茎被短绒毛，淡紫色。叶对

水罗兰

水罗兰

生，卵圆形，先端尖，基部楔形，具深锯齿，叶面被短绒毛。花小，腋生，花冠蓝色，蒴果。花期冬季。

【产地与习性】产印度、孟加拉、不丹及尼泊尔。性喜高温及湿润环境，喜光，耐热，耐瘠薄，不耐寒。喜疏松、肥沃的稍粘性壤土。生长适温 16 ~ 28℃。

【观赏评价与应用】叶终年常绿，茎淡紫色，小花蓝色，有一定观赏性，本种生长快，覆盖性极好，为优良的湿生植物，适合水体的浅水处成片种植或用于湿地绿化。

【同属种类】全属约 100 种，广布于热带和亚热带的水湿或沼泽地区。我国 6 种，其中 1 种特有。

大花水蓑衣
Hygrophila megalantha

【科属】爵床科水蓑衣属

【形态特征】草本。高 30 ~ 60cm，直立，分枝，无毛；茎 4 棱形。叶狭矩圆状倒卵形至倒披针形，长 4 ~ 8cm，宽 8 ~ 15mm，先端圆或钝，基部渐狭，边全缘。花少数，1 ~ 3

大花水蓑衣

金蔓草

大花水蓑衣

金蔓草

金蔓草

朵生于叶腋内；苞片矩圆状披针形，顶端钝；萼裂片狭线状披针形，尾状渐尖，约与萼管等长；花冠紫蓝色，冠管下部圆柱形，上部肿胀，上唇钝，下唇短3裂。蒴果长柱形。花期冬季。

【产地与习性】产广东、香港、福建。生于江边的湿地上。性喜阳光及水湿环境，耐热性好，不耐寒，对土壤要求不严，生长适温16～28℃。

【观赏评价与应用】株形适中，蓝色小花点缀枝间，极为秀气，适合群植于公园、绿地、景区的水体浅水处或湿地绿化，也常与其他水生植物配植，或用于水生植物专类园。

金蔓草
Peristrophe hyssopifolia 'Aureo-Variegata'

【科属】爵床科观音草属

【形态特征】多年生草本，呈半蔓性，匍匐生长，茎长60～90cm。叶对生，卵状披针

形，先端尖，基部楔形，叶面具金黄斑块。花序腋生，花萼小，5深裂，冠檐二唇形，花紫红色。花期春至夏。

【产地与习性】园艺种。性喜温暖及光照，耐热性好，不耐寒，喜富含有机质的中性至微酸性壤土。生长适温20～30℃。

【观赏评价与应用】本种枝蔓匍匐，叶色清新，为优良的观叶植物，适合丛植于岩隙处、园路边点缀，也可吊盆栽植用于立体绿化，也可盆栽观赏。

美丽爵床
Peristrophe speciosa

【科属】爵床科观音草属

【形态特征】多年生草本，株高30～90cm。叶对生，卵圆形或长卵形，先端尖，基部楔形，全缘。花簇生，花冠合瓣，冠管在中部骤然扩大，分裂成二唇形，紫红色。几乎全

美丽爵床

美丽爵床

美丽爵床

年可以见花。

【产地与习性】喜光照及湿润环境，耐热性好，不耐霜寒，不耐瘠薄，喜富含有机质的中性至微酸性壤土或砂质壤土。生长适温20～30℃。

【观赏评价与应用】小花精致美观，开花繁茂，具有观赏性。可丛植于园路边、山石边或滨水岸边绿化。也可盆栽观赏。

栽培的同属植物有：

观音草 *Peristrophe bivalvis*【*Peristrophe baphica*】

多年生直立草本，高可达1m；叶卵形或有时披针状卵形，顶端短渐尖至急尖，基部阔楔尖或近圆，全缘。聚伞花序，由2或3个头状花序组成，腋生或顶生；花冠粉红色，上唇阔卵状椭圆形，顶端微缺，下唇长圆形，浅3裂。蒴果。花期冬春。产海南、广东、广西、湖南、湖北、福建、江西、江苏、上海、贵州、云南。除黔滇外，生于海拔500～1000m林下。印度、斯里兰卡、中南半岛、马来西亚到新几内亚岛也有分布。

观音草

红花芦莉草
Ruellia elegans

【科属】爵床科芦莉草属

【别名】艳芦莉

【形态特征】多年生草本，成株呈灌木状。株高60～90cm。叶椭圆状披针形或长卵圆形，叶绿色，微卷，对生，先端渐尖，基部楔形。花腋生，花冠筒状，5裂，鲜红色。花期夏、秋季。

【产地与习性】产巴西。喜光照及湿润环境，耐热性好，不耐霜寒，不耐瘠薄，喜富含有机质的中性至微酸性壤土或砂质壤土。生

红花芦莉草

红花芦莉草

红花芦莉草

长适温20～30℃。

【观赏评价与应用】红色的小花点缀于株间，清新自然，极为美丽，为优良的观花植物，适合公园、绿地或庭院的路边、林缘下丛植或片植，也可用于花坛或花境栽培观赏。

马可芦莉
Ruellia makoyana

【科属】爵床科芦莉草属

【别名】银道草

【形态特征】多年生矮小草本，株高约60cm。叶长椭圆形，先端尖，基部楔形，边

马可芦莉

马可芦莉

马可芦莉

全缘，叶脉银白色，花白色至紫红色，花瓣具紫色条纹。花期夏季。

【产地与习性】产巴西。喜光照，也耐荫，喜湿润环境，不甚耐旱，对土壤要求不严，以疏松、排水良好的壤土为宜，忌粘重。生长适温20～28℃。

【观赏评价与应用】小花精致，白色叶脉与绿叶相配，极为清新，可用于山石边、小径边丛植点缀，或盆栽用于居室美化。

红背马蓝
Strobilanthes auriculata var. *dyeriana*
【*Perilepta dyeriana*】

【科属】爵床科马蓝属

【别名】红背耳叶马蓝

【形态特征】多年生草本或直立灌木，多分枝，茎4棱。叶无柄，卵形，倒卵状披针形，顶端渐尖或尾尖，基部收缩提琴形，下延，圆钝，心形，边缘具锯齿，两面疏被硬毛，上面绿色光亮，具瑰红色侧脉12～15对，嫩叶背面红紫色，穗状花序腋生，花萼不等5裂至中部，裂片线条形；花冠略弯曲，堇色，冠檐裂片5，具一白色的龙骨瓣。

【产地与习性】原产缅甸。性喜高温及光照充足的环境，也耐荫蔽，喜湿润，不耐旱，喜肥沃、疏松的微酸性壤土。生长适温20～28℃。

红背马蓝

红背马蓝

【观赏评价与应用】株形紧凑，叶极美丽，为优良观叶植物，目前园林中较少应用，可大量栽培用作色叶植物，丛植于路边、滨水岸边或山石处均宜，与其他观叶植物配植也可取得良好的观赏效果。

【同属种类】本属大约 400 种，世界广布。我国有 128 种，其中 57 种为特有。

黄球花
Strobilanthes chinensis
【*Sericocalyx chinensis*】

【科属】爵床科马蓝属

【别名】半柱花

【形态特征】草本或小灌木，高 30 ～ 50cm，可达 1.5m。茎下部常木质化，基部常匍匐生根，稀直立，仅嫩枝 4 棱，侧枝上的叶常较小，顶端渐尖或急尖，基部渐狭或稍下延，边缘具细锯齿或牙齿，两面被疏刺毛。穗状花序短而紧密，苞片通常覆瓦状排列，卵形；花冠长约 2cm，黄色。蒴果，种子每室 4 粒。花期冬春。

【产地与习性】产广东、海南、广西。生于沟边或潮湿的山谷。越南、老挝和柬埔寨也有分布。性喜高温及湿润环境，喜半荫，在强光下生长不佳，耐热，不耐寒。喜肥沃的微酸性壤土。生长适温 20 ～ 28℃。

【观赏评价与应用】小花繁密，花色金黄，极为靓丽，园林中较少应用，适合丛植于篱

黄球花

黄球花

黄球花

垣前、山石处、林缘或路边，也可用于花境或用于岩石园点缀。

板蓝
Strobilanthes cusia

【科属】爵床科马蓝属

【别名】南板蓝、马蓝

【形态特征】草本，多年生一次性结实，茎稍木质化，高约 1m，通常成对分枝。叶纸质，椭圆形或卵形，长 10 ～ 25cm，宽 4 ～ 9cm，顶端短渐尖，基部楔形，边缘有粗锯齿，两面无毛。穗状花序直立；花冠蓝色，苞片对生。蒴果。花期 11 月。

【产地与习性】产广东、海南、香港、台湾、广西、云南、贵州、四川、福建、浙江，常生于潮湿地方。孟加拉国、印度东北部、缅甸、喜马拉雅等地至中南半岛均有分布。性喜温暖及光照充足的环境，在半荫下也可良好生长，耐热，不耐寒，不择土壤。生长适温 16 ～ 28℃。

【观赏评价与应用】株形整齐，小花着生于枝顶，艳丽多姿，有较高的观赏性，常用于林下、林缘、园路边片植，也可点缀于篱架前、墙隅或山石边等处。叶和根均可入药，有清热解毒、凉血消肿的功效。叶可提取蓝色染料，用以染布。

板蓝

板蓝

黑眼花
Thunbergia alata

【科属】爵床科山牵牛属

【别名】翼叶山牵牛

【形态特征】缠绕草本。叶柄具翼，被疏柔毛；叶片卵状箭头形或卵状戟形，长 2 ～ 7.5cm，宽 2 ～ 6cm，先端锐尖，基部箭形或稍戟形，边缘具 2 ～ 3 短齿或全缘，两面被稀疏柔毛间糙硬毛。花单生叶腋，冠檐

黑眼花

黑眼花

裂片倒卵形，冠檐黄色，喉蓝紫色；蒴果。

【产地与习性】原产热带非洲，在热带亚热带地区栽培，喜高温及阳光充足的环境，耐热性好，不耐寒，耐瘠薄，不择土壤，生长适温 16 ～ 30℃。

【观赏评价与应用】品种繁多，色彩艳丽，野性强，具有野性美，可用于小型篱架、花架或墙垣处立体绿化，也可盆栽用于室内美化。

【同属种类】本属超过 100 种，分布于中、南非洲及热带亚洲，澳大利亚也有。我国有 6 种，其中引进 1 种。

栽培和同属植物有：

海南老鸦嘴 *Thunbergia fragrans* subsp. *hainanensis*

多年生攀援草本，叶长圆状卵形至长圆状披针形，先端钝，有时圆，基部有时稍戟形，边缘常皱波状。花常单生叶腋，花冠白色。种子腹面平滑，种脐大。产海南、广东及广西。

胡麻科 Pedaliaceae

芝麻
Sesamum indicum

【科属】胡麻科胡麻属

【别名】胡麻

【形态特征】一年生直立草本。高 60 ~ 150cm，分枝或不分枝。叶矩圆形或卵形，长 3 ~ 10cm，宽 2.5 ~ 4cm，下部叶常掌状 3 裂，中部叶有齿缺，上部叶近全缘；花单生或 2 ~ 3 朵同生于叶腋内。花萼裂片披针形，花冠筒状，白色而常有紫红色或黄色的彩晕。蒴果矩圆形，种子有黑白之分。花期夏末秋初。

【产地与习性】芝麻原产印度，我国汉时引入。性喜温暖及光照充足的环境，较耐热，不耐寒，忌水湿，喜疏松、肥沃的中性至微酸性土壤。生长适温 16 ~ 28℃。

【观赏评价与应用】芝麻花姿清秀，可供观赏，适于植物园、公园的经济作物区栽培观赏并用于科普教育。种子含油，供食用，亦供药用。种子有黑白二种之分，黑者称黑脂麻，白者称为白脂麻。

【同属种类】本属 21 种，分布于热带非洲和亚洲。我国栽培 1 种。

茶菱
Trapella sinensis

【科属】胡麻科茶菱属

【别名】铁菱角

【形态特征】多年生水生草本。根状茎横走。茎绿色，长达 60cm。叶对生，表面无毛，背面淡紫红色；沉水叶三角状圆形至心形，长 1.5 ~ 3cm，宽 2.2 ~ 3.5cm，顶端钝尖，基部呈浅心形；花单生于叶腋内，在茎上部叶腋多为闭锁花；萼齿 5，宿存。花冠漏斗状，淡红色。蒴果狭长，不开裂，有种子一颗。花期 6 月。

【产地与习性】分布于东北、河北、安徽、江苏、浙江、福建、湖南、湖北、江西、广西。群生于海拔 300m 左右池塘或湖泊中。朝鲜、日本、俄罗斯远东地区也有分布。喜温暖及阳光充足的环境，耐热，耐寒，对土壤要求不严，生长适温 16 ~ 28℃。

【观赏评价与应用】叶三角状，极具观赏性，小花点缀于水面之上，优雅美丽，本种覆盖能力强，可用于用于小型水体浅水处绿化，多片植造景。

【同属种类】本属 1 ~ 2 种，分布于中国、日本、朝鲜、俄罗斯远东，我国 1 种。

茶菱

茶菱

芝麻

芝麻

茶菱

紫葳科 **Bignoniaceae**

两头毛
Incarvillea arguta

【科属】紫葳科角蒿属

【别名】城墙花、唢呐花

【形态特征】多年生具茎草本，分枝，高达 1.5m。叶互生，为 1 回羽状复叶，长约 15cm；小叶 5～11 枚，卵状披针形长 3～5cm，宽 15～20mm，顶端长渐尖，基部阔楔形，两侧不等大，边缘具锯齿。顶生总状花序，有花 6～20 朵；苞片钻形，花萼钟状，萼齿 5，钻形。花冠淡红色、紫红色或粉红色，钟状长漏斗形，花冠筒基部紧缩成细筒。果线状圆柱形，革质，种子细小。花期 3～7 月，果期 9～12 月。

【产地与习性】产甘肃、四川、贵州、云南、西藏。生于海拔 1400～2700（～3400）m 的干热河谷、山坡灌丛中。在印度、尼泊尔、不丹也有分布。性喜温暖及干热环境，不喜湿热，耐寒，耐瘠，对土壤要求不严，以排水良好的砂质土为佳。生长适温 12～25℃。

【观赏评价与应用】本种性强健，花繁茂，淡红色小花清雅美丽，适合岩石园或沙生植物园丛植点缀，或用于墙隅、山石边种植观赏。全草入药，治跌打损伤、风湿骨痛、月经不调、痈肿、胸肋疼痛等症。

【同属种类】约 16 种，分布自中亚，经喜马拉雅山区至东亚。我国有 12 种。

中甸角蒿
Incarvillea zhongdianensis

【科属】紫葳科角蒿属

【别名】多小叶鸡肉参

【形态特征】多年生草本，株高 15～25cm。叶基生，羽状分裂，小叶互生，不分裂，纸质，卵状长椭圆形，先端近圆形，边缘具稀疏的钝齿，绿色。总状花序顶生，花萼钟状，花冠筒紫红色，中下部白色，基部黄色。蒴果。

【产地与习性】产云南。性喜冷凉及阳光充足的环境，不耐热，耐寒，耐瘠，喜排水良好的砂质土壤，生长适温 15～25℃。

【观赏评价与应用】是中国特有植物，花大美丽，极为艳丽，红色的花朵呈漏斗状，造型别致，花期较长，观赏价值较高，目前园林中较少应用，可用于岩石园点缀于小径、山石边。

中甸角蒿

中甸角蒿

两头毛

两头毛

两头毛

中甸角蒿

栽培的同属植物有：

1. 单叶波罗花 *Incarvillea forrestii*

多年生草本，具茎，高 15～30（～60）cm。单叶互生，不分裂，纸质，卵状长椭圆形，长 6～8(～20)cm，宽 3.5～5.5(～15)cm，两端近圆形，边缘具圆钝齿。总状花序顶生，有 6～12 朵花，密集在植株顶端；花萼钟状，萼齿顶端细尖或突尖。花冠红色，花冠筒内面有紫红色条纹及斑点。蒴果披针形。花期 5～7 月，果期 8～11 月。产四川、云南。生于海拔 3040～3500m 多石高山草地及灌丛中。

2. 角蒿 *Incarvillea sinensis*

一年生至多年生草本，具分枝的茎，高达 80cm。叶互生，不聚生于茎的基部，2～3 回羽状细裂，形态多变异，长 4～6cm，小叶不规则细裂，末回裂片线状披针形，具细齿或全缘。顶生总状花序，疏散，长达 20cm；小苞片绿色，线形。花萼钟状，绿色带紫红色。花冠淡玫瑰色或粉红色，有时带紫色，钟状漏斗形。蒴果淡绿色，种子扁圆形，细小。花期 5～9 月，果期 10～11 月。产东北、河北、河南、山东、山西、陕西、宁夏、青海、内蒙古、甘肃、四川、云南、西藏。生于海拔 500～2500（～3850）m 山坡、田野。

狸藻科 Lentibulariaceae

苹果捕虫堇

苹果捕虫堇

苹果捕虫堇

苹果捕虫堇
Pinguicula agnata x potosiensis

【科属】狸藻科捕虫堇属

【形态特征】多年生草本。根状茎粗短，无捕虫囊。叶基生呈莲座状，无托叶；叶片长圆形，边缘全缘，绿色，脆嫩多汁，上面密被分泌粘液的腺毛，能粘捕小昆虫。花单生，长而直立，花粉色，花萼多少二唇形，上唇2裂，下唇3裂。有距。蒴果，种子多数，细小。花期冬季。

【产地与习性】杂交种。性喜温暖及湿润环境，喜半荫环境，不喜强光，喜疏松、湿润的壤土。生长适温15～25℃。

【观赏评价与应用】植株低矮，叶莲座状着生，极为清秀，为优良观叶植物，适于公园、植物园的温室食虫植物专类区种植观赏。

【同属种类】约55种，以欧洲南部为中心，分布于北半球温带及中南美洲高山地区。我国产2种。

栽培的品种有：

1. 纯真捕虫堇 *Pinguicula agnata*

多年生草本，株高15cm。叶莲座状着生，叶片长圆形，全缘，淡绿色，全缘。花单生，花紫色色，二唇形，上唇2裂，下唇3裂。蒴果。

纯真捕虫堇

纯真捕虫堇

2. '阿芙萝狄蒂'捕虫堇 *Pinguicula 'Aphrodite'*

叶长椭圆形，先端钝尖，全缘，叶肉质，叶面具分泌粘液的腺毛。花单生，直立，花冠堇紫色，二唇形。上唇3裂，下唇2裂。蒴果。

'阿芙萝狄蒂'捕虫堇

'阿芙萝狄蒂'捕虫堇

3. 爱兰捕虫堇 *Pinguicula ehlersiae*

多年生小型草本，株高15cm，冠幅约10cm。叶莲座状着生，小叶卵圆形，边全缘，边缘稍向内翻卷，叶面具能分泌粘液的腺毛。花单生，二唇形，上唇2裂，下唇3裂，堇紫色。产墨西哥。

爱兰捕虫堇

爱兰捕虫堇

巨大捕虫堇

巨大捕虫堇

巨大捕虫堇

4. 巨大捕虫堇 Pinguicula gigantea

多年生草本，株高约 20cm。叶莲座状着生，卵圆形或长卵圆形，先端钝，全缘，淡黄绿色。花单生，二唇形，上唇 2 裂，下唇 3 裂。花淡紫色，蒴果。产墨西哥。

黄花狸藻
Utricularia aurea

【科属】狸藻科狸藻属

【别名】狸藻、水上一枝黄花

【形态特征】水生草本。假根通常不存在，存在时轮生于花序梗的基部或近基部，扁平并多少膨大。匍匐枝圆柱形，长 15 ~ 50cm，粗 0.5 ~ 2mm，具分枝。叶器多数，互生，长 2 ~ 6cm，3 ~ 4 深裂达基部，裂片先羽状深裂，后一至四回二歧状深裂，末回裂片毛发状，具细刚毛。捕虫囊通常多数，侧生于叶器裂片上，斜卵球形。花序直立，长 5 ~ 25cm，中部以上具 3 ~ 8 朵多少疏离的花；苞片基部着生，宽卵圆形；花梗于花期直立，花后下弯。花萼 2 裂达基部。花冠黄色，喉部有时具橙红色条纹。蒴果球形，种子多数，压扁。花期 6 ~ 11 月，果期 7 ~ 12 月。

【产地与习性】产江苏、安徽、浙江、江西、福建、台湾、湖北、湖南、广东、广西和云南。生于海拔 50 ~ 2680m 湖泊、池塘和稻田中。也分布于印度、尼泊尔、孟加拉、斯里兰卡、中南半岛、马来西亚、印度尼西亚、菲律宾、日本和澳大利亚。对环境无特殊要求，生长适温 15 ~ 30℃。

【观赏评价与应用】开花时节，金黄色的小花伸出水面，如金色地毯一般覆盖于水面之上，多用于静水区的水面绿化。

【同属种类】约 220 种，主产于中、南美洲，非洲，亚洲和澳大利亚热带地区，少数种分布于北温带地区。我国有 25 种，其中特有 4 种。

黄花狸藻

黄花狸藻

黄花狸藻

桔梗科 **Campanulaceae**

杏叶沙参
Adenophora petiolata subsp. *hunanensis*
【*Adenophora hunanensis*】

【科属】桔梗科沙参属

【别名】宽裂沙参

【形态特征】茎高 60 ～ 120cm，不分枝。茎生叶至少下部的具柄，很少近无柄，叶片

杏叶沙参

杏叶沙参

杏叶沙参

卵圆形，卵形至卵状披针形，基部常楔状渐尖，或近于平截形而突然变窄，沿叶柄下延，顶端急尖至渐尖，边缘具疏齿，长 3 ～ 10（15）cm，宽 2 ～ 4cm。花序分枝长，常组成大而疏散的圆锥花序，极少分枝很短或长而几乎直立因而组成窄的圆锥花序。花萼裂片卵形至长卵形；花冠钟状，蓝色、紫色或蓝紫色，裂片三角状卵形。蒴果球状椭圆形，种子椭圆状。花期 7 ～ 9 月。

【产地与习性】产贵州、广东、江西、湖南、陕西、河南、山西、河北，生于海拔 2000m 以下的山坡草地和林缘草地。喜温暖及光照，喜湿润，耐寒，耐瘠，较耐热。喜疏松、排水良好的微酸性壤土。生长适温 15 ～ 26℃。

【观赏评价与应用】小花清秀，如铃铛一般悬于花茎之上，随风摇曳，优雅动人，为不可多得的观花草本，适于花坛、花台或用于园路边成片种植或丛植点缀，也常与同属植物配植观赏。

【同属种类】约 62 种，主产亚洲东部，尤其是中国东部，其次为朝鲜、日本、蒙古和俄罗斯远东地区，欧洲只产一种。我国产 38 种，其中 23 种为特有。

栽培的同属植物有：

荠苨 Adenophora trachelioides

又名心叶沙参，茎单生，高 40 ～ 120cm，有时具分枝。基生叶心脏肾形，宽超过长；茎生叶具 2 ～ 6cm 长的叶柄，叶片心形或在茎

荠苨

荠苨

上部的叶基部近于平截形，顶端钝至短渐尖，边缘为单锯齿或重锯齿，长 3 ～ 13cm，宽 2 ～ 8cm。花序分枝大多长而几乎平展，组成大圆锥花序。花萼筒部倒三角状圆锥形，裂片长椭圆形或披针形，花冠钟状，蓝色、蓝紫色或白色。蒴果卵状圆锥形，种子黄棕色。花期 7 ～ 9 月。产辽宁、河北、山东、江苏、浙江、安徽等地，生于山坡草地或林缘。

'伊莎贝拉'风铃草
Campanula 'Elizabeth'

【科属】桔梗科风铃草属

【形态特征】多年生草本，株高 60 ～ 90cm。叶心形，先端尖，基部弯缺，边缘具锯齿，绿色，具长柄，绿色。花萼 5，线状披针形，花冠粉红色，筒状钟形，先端 5 裂。蒴果。花晚春至初夏。

【产地与习性】园艺种。性喜温暖及光照充足的环境，耐半荫，耐寒，喜湿润，忌湿热及渍涝。喜肥沃、疏松的肥沃壤土。生长适温 15 ～ 25℃。

【观赏评价与应用】花大清丽，姿态优雅，粉红色的花朵与叶片形成鲜明对照，可用于屋前、墙隅、小径点缀，或用于岩石花园及庭院种植，也可植于林缘或用于花境。

【同属种类】本属约 420 种，几乎全在北温带。我国有 22 种，其中 11 种为特有。

'伊莎贝拉'风铃草

'伊莎贝拉'风铃草

风铃草
Campanula medium

【科属】桔梗科风铃草属

【形态特征】二年生草本。株高约 1m，多毛。莲座叶卵形至倒卵形，叶缘圆齿状波形，粗糙。叶柄具翅。茎生叶小而无柄。总状花序，小花 1 朵或 2 朵茎生。花冠钟状，有 5 浅裂，基部略膨大，花色有白、蓝、紫及淡桃红等。花期 4 ~ 6 月。

【产地与习性】原产南欧。喜夏季凉爽、冬季温和的气候。喜轻松、肥沃而排水良好的壤土。生长适温 15 ~ 25℃。

【观赏评价与应用】本种生长繁茂，花大色艳，娴静柔美。为著名的庭园植物，世界各地广为种植，最适于配植花园、庭院等处，也可片植园路边、水岸边、林缘等处造景，或用于花境与其他观花植物配植，也可用于岩石花园点缀。

风铃草

风铃草

风铃草

栽培及野生的同属植物有：

1. 聚花风铃草 *Campanula glomerata* subsp. *speciosa*【*Campanula glomerata*】

多年生草本。茎直立，高大。茎生叶下部的具长柄，上部的无柄，椭圆形、长卵形至卵状披针形，全部叶边缘有尖锯齿。花数朵集成头状花序，生于茎中上部叶腋间，无总梗，亦无花梗，在茎顶端，由于节间缩短、多个头状花序集成复头状花序，越向茎顶，叶越来越短而宽，最后成为卵圆状三角形的总苞状。花萼裂片钻形；花冠紫色、蓝紫色或蓝色，管状钟形。蒴果倒卵状圆锥形。种子长矩圆状，扁。花期 7 ~ 9 月。产东北及内蒙古，蒙古及俄罗斯也有，生草地及灌丛中。

聚花风铃草

聚花风铃草

2. 紫斑风铃草 *Campanula punctata*

多年生草本，全体被刚毛，具细长而横走的根状茎，茎直立，粗壮，高 20 ~ 100cm，通常在上部分枝。茎生叶下部的有带翅的长柄，上部的无柄，三角状卵形至披针形，边缘有不整齐钝齿。花顶生于主茎及分枝顶端，下垂；花萼裂片长三角形；花冠白色，带紫斑，筒状钟形。花期 6 ~ 9 月。产东北、内蒙古、河北、山西、河南、陕西、甘肃、四川、河北。朝鲜、日本、俄罗斯远东也有分布。生于山地林中、灌丛及草地。

紫斑风铃草

紫斑风铃草

紫斑风铃草

3. 钟草叶风铃草 *Campanula trachelium*

又名荨麻叶风铃草，草本，茎直立，紫红色，株高 50 ~ 70cm。单叶互生，长椭圆形，先端尖，基部楔形，边具大锯齿。聚伞花序，花瓣 5，花冠蓝紫色，多毛。蒴果。花期夏季，产欧亚大陆。

钟草叶风铃草

钟草叶风铃草

金钱豹
Campanumoea javanica

【科属】桔梗科金钱豹属

【别名】土党参

【形态特征】草质缠绕藤本，具乳汁，具胡萝卜状根。茎无毛，多分枝。叶对生，极少互生的，具长柄，叶片心形或心状卵形，边缘有浅锯齿，极少全缘的，长 3 ~ 11cm，宽 2 ~ 9cm。花单朵生叶腋，花萼与子房分离，5 裂至近基部，裂片卵状披针形或披针形。花冠上位，白色或黄绿色，内面紫色，钟状，裂至中部。浆果黑紫色，紫红色，球状。种

金钱豹

金钱豹

金钱豹

子不规则。

【产地与习性】产四川、贵州、湖北、湖南、广西、广东、江西、福建、浙江、安徽及台湾等地。日本也有，生于海拔 2400m 以下的灌丛中及疏林中。性喜温暖及半荫环境，喜湿润，不耐寒，对土壤要求不严。生长适温 15 ~ 25℃。

【观赏评价与应用】花大优雅，果实紫红色，均有较高观赏价值，具有野性美，适合小型篱架、花架栽培观赏。果实味甜，可食。根入药，有清热、镇静之效，治神经衰弱等症。

【同属种类】本属 2 种，产亚洲东部热带亚热带地区。我国产 2 种。

羊乳
Codonopsis lanceolata

【科属】桔梗科党参属

【别名】轮叶党参

【形态特征】多年生草本。根常肥大呈纺锤状而有少数细小侧根。茎缠绕，长约 1m 或更长。叶在主茎上的互生，披针形或菱状狭卵形，细小，长 0.8 ~ 1.4cm，宽 3 ~ 7mm；在小枝顶端通常 2 ~ 4 叶簇生，而近于对生或轮生状，叶片菱状卵形、狭卵形或椭圆形，长 3 ~ 10cm，宽 1.3 ~ 4.5cm，顶端尖或钝，基部渐狭，通常全缘或有疏波状锯齿。花单生或对生于小枝顶端；花萼筒部半球状；花冠阔钟状，浅裂，裂片三角状，反卷，黄绿色或乳白色内有紫色斑；蒴果下部半球状，上

羊乳

羊乳

部有喙，种子多数，卵形。花果期 7 ~ 8 月。

【产地与习性】产东北、华北、华东和中南各省区。俄罗斯、朝鲜、日本也有分布。生于山地灌木林下、沟边阴湿区或阔叶林内。喜温暖及半荫环境，喜湿润，耐寒，不耐炎热，耐瘠，喜疏松、肥沃壤土。生长适温 15 ~ 25℃。

【观赏评价与应用】花倒悬于枝间，极为美丽，有极高的观赏价值，目前在园林中较少应用，适合公园、植物园、绿地或庭院的小型篱架、花架立体绿化，或用于藤本植物及药用植物园栽培观赏或用于科普教育。

【同属种类】全属 42 种，分布于亚洲东部和中部。我国有 40 种，其中 24 种为特有。

同瓣草
Hippobroma longiflora

【科属】桔梗科马醉草属

【形态特征】多年生草本，茎直立，株高 9 ~ 35cm，在基部简单分枝，无毛。叶无柄或具短柄，叶倒披针形或椭圆形，叶长 7 ~ 16cm，宽 1 ~ 3.7cm，无毛或疏生柔毛，基部渐狭，先端急尖或渐尖。花冠白色，全

同瓣草

同瓣草

裂，裂片椭圆形、狭椭圆形或线形。萼筒钟状，萼裂片线形。蒴果，种子浅棕色至红棕色。花期夏季。

【产地与习性】原产牙买加，我国引种栽培。性喜温暖及湿润环境，喜光，耐热，耐瘠，对土壤没有特殊要求。生长适温15～28℃。

【观赏评价与应用】小花洁白，花梗细长，花姿高雅，韵味十足，可丛植于小径、园路边或墙隅处，也可用于岩石园或庭院点缀。

【同属种类】本属1种，原产牙买加，在热带及亚热带地区引入栽培。

流星花
Isotoma axillaris

【科属】桔梗科同瓣莲属

【别名】腋花同瓣草

【形态特征】一年生草本植物，茎直立，多分枝，株高20～50cm。叶互生，叶不规则羽裂，裂片披针形。花顶生或腋生，花萼5，裂片线形，绿色。花瓣5，蓝色、粉色、白色等。花期夏季。

【产地与习性】产澳洲。性喜温暖及阳光充足的环境，不耐寒，较耐热，耐瘠。喜疏松、富含腐殖质的壤土。生长适温15～26℃。

【观赏评价与应用】株形低矮，花繁茂，形态极佳，多用于丛植或片植于林缘、园路边或一隅观赏，也常用于花境、花坛等栽培。

【同属种类】本属13种，产澳大利亚、新西兰、西印度群岛等地，我国引进1种。

铜锤玉带草
Lobelia angulata
【*Pratia nummularia*】

【科属】桔梗科半边莲属

【形态特征】多年生草本，有白色乳汁。茎平卧，长12～55cm，不分枝或在基部有长或短的分枝，节上生根。叶互生，叶片圆卵形、心形或卵形，长0.8～1.6cm，宽0.6～1.8cm，先端钝圆或急尖，基部斜心形，边缘有牙齿。花单生叶腋；花萼筒坛状，花冠紫红色、淡紫色、绿色或黄白色，檐部二唇形，裂片5，上唇2裂片条状披针形，下唇裂片披针形；浆果，紫红色，椭圆状球形。在热带地区整年可开花结果。

【产地与习性】产西南、华南、华东及湖南、湖北、台湾和西藏。印度、尼泊尔、缅甸至巴布亚新几内亚也有。生于田边、路旁以及丘陵、低山草坡或疏林中的潮湿地。性喜温暖及阳光充足的环境，较耐荫，较耐寒，耐热，耐瘠，不择土壤。生长适温15～28℃。

铜锤玉带草

铜锤玉带草

【观赏评价与应用】花果期几乎全年，果实紫红色，点缀于绿色的叶片上，极具观赏性，目前园林中尚没有应用，适合滨水岸边、坡地、林缘或林下作地被植物栽培，但不耐践踏。全草供药用，治风湿、跌打损伤等。

【同属种类】本属约414种，主产热带及亚热带，非洲及美国分布较多，我国23种，其中6种特有。

南非山梗菜
Lobelia erinus

【科属】桔梗科半边莲属

【别名】六倍利

【形态特征】多年生草本，多做一年生栽培，株高约15～30cm，匍匐，具分枝；茎生叶下部较大，上部较小，对生，下部叶匙形，具疏齿或全缘，先端钝，上部叶披针形，近顶部叶宽线形而尖；总状花序，花冠蓝色、粉红、紫、白等色，冠檐二唇形，上唇2裂，

流星花

流星花

流星花

南非山梗菜

栽培的同属植物有：

1. 半边莲 *Lobelia chinensis*

多年生草本。茎细弱，匍匐，节上生根。叶互生，无柄或近无柄，椭圆状披针形至条形，长 8 ~ 25cm，宽 2 ~ 6cm，先端急尖，基部圆形至阔楔形，全缘或顶部有明显的锯齿，无毛。花通常 1 朵，生分枝的上部叶腋；花萼筒倒长锥状，花冠粉红色或白色，裂片

半边莲

半边莲

披针形，下部 3 裂，卵圆形。花期夏秋。

【**产地与习性**】产南部非洲，我国引种栽培。性喜温暖及湿润环境，喜光，不耐荫蔽，喜疏松及肥沃的壤土。生长适温 15 ~ 26℃。

【**观赏评价与应用**】品种繁多，花量极大，应用广泛，可群植于园路边、草地中、林缘营造群体景观，也是花境常用的花材之一，常用于吊盆栽植打造立体景观。单一品种或多品种混植均可取得良好效果。

【**观赏评价与应用**】适生性强，株形紧凑，花奇特，花量大，极为艳丽，为著名观花草本，适于路边、林缘、水岸边成片种植观赏，也可用于花境或作背景材料，或用于庭院的墙边、阶前、小路边种植欣赏。

红花山梗菜
Lobelia fulgens

【**科属**】桔梗科半边莲属

【**别名**】红花半边莲

【**形态特征**】多年生草本，茎直立，株高 30 ~ 50cm。叶长椭圆形至条形，先端尖，基部下延成短柄，边缘具锯齿。穗状花序直立，花冠深红色，冠筒较长，上唇 2 裂，下唇 3 裂，裂片宽披针形。花期夏季。

【**产地与习性**】原产北美。性喜温暖及光照充足的环境，耐寒，不耐炎热，忌湿涝，喜疏松、排水良好的中性至微酸性壤土。生长适温 15 ~ 26℃。

红花山梗菜

红花山梗菜

红花山梗菜

全部平展于下方，呈一个平面，2侧裂片披针形，较长，中间3枚裂片椭圆状披针形，较短。蒴果倒锥状，种子椭圆状。花果期5~10月。产长江中、下游及以南各省区。印度以东的亚洲其他各国也有。生于水田边、沟边及潮湿草地上。

2. 蓝花山梗菜 *Lobelia × gerardii*

又名蓝花半边莲，多年生草本，株高30~50cm。基生叶宽卵形，茎生叶长椭圆形，先端尖，基部下延成短柄。穗状花序直立，花冠蓝色，上唇2裂，下唇3裂。花期夏季。产北美。

蓝花山梗菜

蓝花山梗菜

桔梗
Platycodon grandiflorus

【科属】桔梗科桔梗属

【形态特征】多年生草本，有白色乳汁；茎直立，无毛，高20~120cm。叶3片轮生，部分对生或互生；叶片卵形至卵状披针形，长1.5~6.3cm，宽0.4~4.8cm，先端尖锐，基部宽楔形，叶缘有细锯齿。花单生，或数花生于枝端排成假总状花序；花萼裂片5，三角形或狭三角形；花冠大，阔钟形，蓝色、紫色或白色；蒴果倒卵形或近球形，熟时顶端5瓣裂；种子多数，卵形，黑色。花期7~9月；果期8~10月。

【产地与习性】国内分布于东北、华北、华东、华中地区及广东、广西、贵州、云南、四川、陕西等省区。生于向阳山坡、林下、路旁。对气候环境要求不严，但以温和湿润、阳光充足、雨量充沛的环境为宜，耐寒。以土层深厚、肥沃、排水良好的土壤为佳。生长适温15~25℃。

【观赏评价与应用】本种花清雅秀丽，清新宜人，为著名观赏植物，可成片种植于疏林下、林缘或墙垣边观赏，也可用于花境与其他色系的观花植物配植，矮性种可盆栽用于室内装饰。根药用，含桔梗皂甙，有止咳、祛痰、消炎等功效。

【同属种类】单属种，产亚洲东部。

桔梗

桔梗

桔梗

草海桐科 Goodeniaceae

蓝扇花
Scaevola aemula

【科属】草海桐科草海桐属

【别名】紫扇花

【形态特征】多年生草本，植株高约25～50cm。茎秆红褐色。叶互生，倒卵形，先端钝或带小尖头，基部楔形，叶上部边缘具齿，下部全缘。总状花序，花筒部与子房贴生，小花蓝色，白色及粉红等，花冠两侧对称，裂片几乎相等。核果。春至夏末。

【产地与习性】产澳大利亚的近海岸地区。性喜高温及光照充足的环境，耐热，不耐寒，耐瘠，喜湿润。以疏松、排水良好的砂质壤土栽培为宜，忌粘重土壤。生长适温15～28℃。

【观赏评价与应用】本种耐盐碱，抗性强，开花繁茂，目前园林中较少应用，适于含沙量较高的园路边、林缘等栽培观赏，也可用于海岸边绿化，也是盆栽观赏的优良品种。

【同属种类】全属大约80种，主产澳大利亚。我国产2种。

蓝扇花

蓝扇花

蓝扇花

茜草科 **Rubiaceae**

香猪殃殃
Galium odoratum

【科属】茜草科拉拉藤属

【别名】香车叶草、车轴草

【形态特征】多年生草本，高10～60cm；茎直立，少分枝。叶纸质，6～10片轮生，倒披针形、长圆状披针形或狭椭圆形，长1.5～6.5cm，宽4.5～17mm，在下部的较小，长6～15mm，宽3～5mm，顶端短尖或渐尖，或钝而有短尖头，基部渐狭。伞房花序式的聚伞花序顶生，花冠白色或蓝白色，短漏斗状，花冠裂片4。果爿双生或单生，球形。花果期6～9月。

【产地与习性】产黑龙江、吉林、辽宁、陕西、宁夏、甘肃、新疆、山东、四川。生于山地林中或灌丛，海拔1580～2800m。分布于日本、朝鲜、俄罗斯、亚洲西部、欧洲、非洲北部、美洲北部。生长适温15～28℃。

【观赏评价与应用】株形美观，花小，洁白雅致，着生于茎顶，适于园路边、林缘成片种植观赏，或用于花境镶边材料，也适合点缀于山岩边或墙隅拐角处。茎叶含有芳香油，可用作调合香精原料。

【同属种类】本属约600种，广布于全世界，主产温带地区，热带地区极少。我国有63种，其中23种特有，4种没有确定。

忍冬科 Caprifoliaceae

血满草
Sambucus adnata

【科属】忍冬科接骨木属

【形态特征】多年生高大草本或半灌木，高 1 ~ 2m；根和根茎红色，折断后流出红色汁液。茎草质，具明显的棱条。羽状复叶具叶片状或条形的托叶；小叶 3 ~ 5 对，长椭圆形、长卵形或披针形，长 4 ~ 15cm，宽 1.5 ~ 2.5cm，先端渐尖，基部钝圆，两边不等，边缘有锯齿，顶端一对小叶基部常沿柄相连，有时亦与顶生小叶片相连，其他小叶在叶轴上互生，亦有近于对生；聚伞花序顶生，伞形式，花冠白色；果实红色，圆形。花期 5 ~ 7 月，果熟期 9 ~ 10 月。

【产地与习性】产陕西、宁夏、甘肃、青海、四川、贵州、云南和西藏等地。生于海拔 1600 ~ 3600m 林下、沟边、灌丛中、山谷斜坡湿地以及高山草地等处。性喜冷凉及阳光充足的环境，不耐热，耐瘠，耐寒，不择土壤。生长适温 12 ~ 25℃。

【观赏评价与应用】叶青绿，花冠幅大，有一定观赏性，现园林栽培较少，可引种到公园、绿地丛植于石边、墙隅、小径、园林拐角处。民间为跌打损伤药，能活血散瘀，亦可去风湿，利尿。

【同属种类】本属约 10 余种，分布极广，几遍布于北半球温带和亚热带地区。我国有 4 种，其中 1 种特有。

接骨草
Sambucus javanica
【*Sambucus chinensis*】

【科属】忍冬科接骨木属

【别名】蒴藋、陆英

【形态特征】高大草本或半灌木，高 1 ~ 2m；茎有棱条，髓部白色。羽状复叶的托叶叶状或有时退化成蓝色的腺体；小叶 2 ~ 3 对，互生或对生，狭卵形，长 6 ~ 13cm，宽 2 ~ 3cm，嫩时上面被疏长柔毛，先端长渐尖，基部钝圆，两侧不等，边缘具细锯齿；顶生小叶卵形或倒卵形，基部楔形，有时与第一对小叶相连。复伞形花序顶生，大而疏散，花冠白色。果实红色，近圆形。花期 4 ~ 5 月，果熟期 8 ~ 9 月。

血满草

血满草

血满草

接骨草

接骨草

接骨草

【产地与习性】产陕西、甘肃、江苏、安徽、浙江、江西、福建、台湾、河南、湖北、湖南、广东、广西、四川、贵州、云南、西藏等省区。生于海拔300～2600m的山坡、林下、沟边和草丛中。日本也有分布。喜温暖及光照充足环境，耐寒，耐瘠，耐热，不择土壤。生长适温15～28℃。

【观赏评价与应用】花洁白，果红艳，繁密，有一定的观赏价值，多作药用植物栽培，可用于林缘、疏林下、墙边成片种植或丛植点缀，也适合药用专类区种植。可治跌打损伤，有去风湿、通经活血、解毒消炎之功效。栽培的品种种有：

'裂叶'接骨草 *Sambucus javanica* 'Pinnatilobatus'

与原种接骨草主要区别为小叶边缘羽裂，裂片宽披针形，偏斜。

'裂叶'接骨草

'裂叶'接骨草

穿心莛子藨
Triosteum himalayanum

【科属】忍冬科莛子藨属

【形态特征】多年生草本；茎高40～60cm，稀开花时顶端有一对分枝，密生刺刚毛和腺毛。叶通常全株9～10对，基部连合，倒卵状椭圆形至倒卵状矩圆形，长8～16cm，宽5～10cm，顶端急尖或锐尖，上面被长刚毛，下面脉上毛较密。聚伞花序2～5轮在茎顶或有时在分枝上作穗状花序状；萼裂片三角状圆形，花冠黄绿色，筒内紫褐色。果实红色，近圆形。花期夏季。

【产地与习性】产陕西、湖北、四川、云南和西藏。生于海拔1800～4100m的山坡、暗针叶林林边、林下、沟边或草地。尼泊尔和印度也有分布。性喜冷凉及光照充足的环境，耐寒，不耐炎热，耐瘠，忌水湿。不择土壤。生长适温15～25℃。

【观赏评价与应用】本种性强健，花小，黄绿色，果实艳丽，极具观赏性，可引种至公园、植物园等岩石园、假山石边点缀。或用于药用植物园观赏或作科普教育素材。全株入药，具有利尿消肿，调经活血等功效。

【同属种类】本属大约6种，分布于亚洲中部至东部和北美洲。我国产3种。

穿心莛子藨

穿心莛子藨

穿心莛子藨

败酱科 Valerianaceae

红缬草
Centranthus ruber

【科属】败酱科距药草属

【别名】红鹿子草

【形态特征】多年生草本，茎直立，株高 60 ～ 100cm。叶对生，下部叶较大，上部叶渐尖，叶长卵形，上部渐狭，基部钝圆形，叶无柄。圆锥花序顶生，花小密集，红色、白色或粉红。花期夏至秋。

【产地与习性】产地中海地区。性喜阳光及冷凉的环境，耐寒性好，不耐炎热，抗性强，不择土壤，在轻度盐碱地也可生长。生长适温 15 ～ 25℃。

【观赏评价与应用】株丛自然，易成型，花繁密，色泽靓丽。可用于布置公园、风景区的园路边、林缘、墙边等丛植或片植，也常用于花境、岩石园及庭院栽培。

【同属种类】本属约 18 种，产欧洲南部，世界各地引进栽培。

蜘蛛香
Valeriana jatamansi

【科属】败酱科缬草属

【别名】马蹄香、老君须

【形态特征】多年生草本，植株高 20 ～ 70cm；根茎粗厚，块柱状，有浓烈香味；茎 1 至数株丛生。基生叶发达，叶片心状圆形至卵状心形，长 2 ～ 9cm，宽 3 ～ 8cm，边缘具疏浅波齿，叶柄长为叶片的 2 ～ 3 倍；茎生叶不发达，每茎 2 对，有时 3 对，下部的心状圆形，近无柄，上部的常羽裂，无柄。花序为顶生的聚伞花序，苞片和小苞片长钻形。花白色或微红色，杂性；雌花小；两性花较大。瘦果长卵形。花期 5 ～ 7 月，果期 6 ～ 9 月。

【产地与习性】产河南、陕西、湖南、湖北、四川、贵州、云南、西藏。生海拔 2500m 以下山顶草地、林中或溪边。印度也有分布。喜温暖、湿润及光线充足的环境，也耐半荫，耐寒、耐瘠，不择土壤。生长适温 15 ～ 25℃。

【观赏评价与应用】本种株形矮小，叶心形，花小洁白，有一定观赏性，可用于滨水或潮湿之地，最适与山石搭配。或用于药用植物专类区。本种可药用或香料用。

【同属种类】本属约 300 种，大多数分布于北温带，有些种类分布于亚热带或寒带。我国有 21 种，其中 13 种为特有。

红缬草

红缬草

蜘蛛香

蜘蛛香

蜘蛛香

蜘蛛香

川续断科 Dipsacaceae

'蓝蝶鸽子'灰蓝盆花
Scabiosa columbaria 'Butterfly Blue'

【科属】川续断科蓝盆花属

【形态特征】多年生草本，株高 30 ~ 60cm，具分枝。叶对生，茎生叶基部连合，叶片羽状半裂，茎生叶羽状深裂。头状花序扁球形，顶生，具长梗；花萼盘状，5 裂成星状刚毛；花冠筒状，粉红色，中心花较小，边缘花常较大，二唇形，上唇 2 裂，下唇 3 裂。瘦果。花期夏季，果期秋季。

【产地与习性】园艺种。喜阳光，喜温暖，耐寒，不耐热，忌高湿和水渍，喜肥沃、排水良好的壤土。生长适温 15 ~ 25℃。

【观赏评价与应用】本种花繁茂，花大色雅，且花期长，观赏性极佳。多用于布置花坛和花境，也可用于园路边、小径或假山石边点缀。亦可盆栽。

【同属种类】本属约 100 种，产欧洲、亚洲、非洲南部和西部，主产地中海地区。我国有 6 种，其中 1 种特有。

华北蓝盆花
Scabiosa tschiliensis

【科属】川续断科蓝盆花属

【形态特征】多年生草本，高 30 ~ 60cm，茎自基部分枝。基生叶簇生，叶片卵状披针形或窄卵形至椭圆形，先端急尖或钝，有疏钝锯齿或浅裂片，偶成深裂，长 2.5 ~ 7cm，宽 1.5 ~ 2cm，基部楔形；茎生叶对生，羽状深裂至全裂，侧裂片披针形，长 1.5 ~ 2.5cm，宽 3 ~ 4mm，有时具小裂片，顶裂片卵状披针形或宽披针形，长 5 ~ 6cm，宽 0.5 ~ 1cm，先端急尖；近上部叶羽状全裂，裂片条状披针形。头状花序在茎上部成三出聚伞状，花时扁球形；边花花冠二唇形，蓝紫色，裂片 5，不等大，上唇 2 裂片较短，下唇 3 裂；中央花筒状，裂片 5，近等长。瘦果椭圆形。花期 7 ~ 8 月，果熟 8 ~ 9 月。

【产地与习性】产东北、内蒙古、河北、山西、陕西、甘肃、宁夏。生于海拔 300 ~ 1500m 山坡草地或荒坡上。性喜冷凉及阳光充足的环境，耐瘠、耐寒、不耐暑热，不择土壤。园艺种。性喜阳光及温暖环境，耐寒，不耐热，忌高湿和水渍，喜肥沃、排水良好的壤土。生长适温 15 ~ 25℃。

【观赏评价与应用】花大色艳，为著名的观赏野花，我国在园林中尚没有引种，同属植物在欧洲品系众多，应用广泛，可引种于野生花园、疏林下、林缘大面积种植，具有野性美。

栽培的同属植物有：

'黑骑士'紫盆花 Scabiosa atropurpurea 'Black Knight'

多年生草本，茎高 30 ~ 60cm，具分枝。基生叶长圆状匙形至长圆形，茎生叶羽状深裂至全裂，顶端裂片大，侧裂片披针形。头状花序单生，扁球形，花冠筒状，紫黑色，边缘花较大。瘦果。花期夏季，果期秋季。园艺种。

'蓝蝶鸽子'灰蓝盆花

'蓝蝶鸽子'灰蓝盆花

'蓝蝶鸽子'灰蓝盆花

华北蓝盆花

华北蓝盆花

华北蓝盆花

'黑骑士'紫盆花

'黑骑士'紫盆花

菊科 Compositae

西洋蓍草
Achillea millefolium

【科属】菊科蓍属

【别名】千叶蓍、蓍

【形态特征】多年生草本，具细的匍匐根茎。茎直立，高 40 ～ 100cm。叶无柄，披针形、矩圆状披针形或近条形，长 5 ～ 7cm，宽 1 ～ 1.5cm，二至三回羽状全裂，一回裂片多数，有时基部裂片之间的上部有 1 中间齿，末回裂片披针形至条形。头状花序多数，密集成复伞房状；边花 5 朵；舌片近圆形，白色、粉红色或淡紫红色，盘花两性，管状，黄色。瘦果矩圆形。花果期 7 ～ 9 月。

【产地与习性】新疆、内蒙古及东北少见野生。广泛分布欧洲、非洲、伊朗、蒙古、俄罗斯。生于湿草地、荒地等。性喜温暖、阳光充足的环境，喜湿润、耐寒、耐瘠，不择土壤。生长适温 15 ～ 25℃。

【观赏评价与应用】品种繁多，花色丰富，色泽雅致，为重要观花草本，多成片种植于山石边、林缘、路边绿化，也可用于城市公路的隔离带种植，或用于花境、花坛等处。叶、花含芳香油，全草又可入药，有发汗、驱风之效。

【同属种类】本属约 200 种，广泛分布于北温带。我国产 11 种，其中 1 种特有，1 种引进。

桂圆菊
Acmella oleracea
【*Spilanthes oleracea*】

【科属】菊科斑花菊属

【别名】铁拳头

【形态特征】一年生草本，株高 15 ～ 30cm，分枝。叶对生，椭圆形，先端钝圆，基部近心形至圆形，具柄，叶缘有浅齿。头状花序单生于茎、枝的顶端或叶腋，花梗细而长。花黄色，顶部紫红色。花期夏季，果期秋季。

【产地与习性】产秘鲁及巴西。喜温暖，喜光照，喜湿润，不耐寒，耐瘠薄，以疏松、排水良好的壤土为佳。生长适温 16 ～ 28℃。

【观赏评价与应用】株形紧凑，花型奇特，黄色的花序上点缀着紫红色，极为可爱，适合花坛、花境及园路边栽培，也常与其他色彩的观花植物配植使用。盆栽点缀阳台、窗台等处。

【同属种类】本属约 30 种，广布种。我国有 6 种，其中 4 种为引进。

桂圆菊

桂圆菊

西洋蓍草

西洋蓍草

西洋蓍草

金钮扣
Acmella paniculata
【*Spilanthes paniculata*】

【科属】菊科斑花菊属

【别名】红细水草、散血草、小铜锤、遍地

【形态特征】一年生草本。茎直立或斜升，高15～70（80）cm，多分枝；叶卵形、宽卵圆形或椭圆形，长3～5cm，宽0.6～2（2.5）cm，顶端短尖或稍钝，基部宽楔形至圆形，全缘、波状或具波状钝锯齿。头状花序单生，或圆锥状排列，卵圆形，有或无舌状花；花黄色，雌花舌状，舌片宽卵形或近圆形，两性花花冠管状；瘦果长圆形。花果期4～11月。

【产地与习性】产云南、广东、海南、广西及台湾。常生于海拔800～1900m田边、沟边、溪旁潮湿地、荒地、路旁及林缘。印度、尼泊尔、缅甸、泰国、越南、老挝、柬埔寨、印度尼西亚、马来西亚、日本也有。对环境没有要求，极粗生，不用特殊管护。生长适温15～30℃。

【观赏评价与应用】本种花小，金黄色，星星点点散落与枝叶间，与绿叶极为相衬，目前园林较少应用，适合湿地、边坡、林缘

大面积种植观赏，也可用于岩石园、墙隅丛植点缀。全草供药用，有解毒、消炎、消肿、祛风除湿、止痛、止咳定喘等功效。

熊耳草
Ageratum houstonianum

【科属】菊科藿香蓟属

【别名】紫花藿香蓟

【形态特征】一年生草本，高30～70cm或有时达1m。茎直立，不分枝。叶对生，有时上部的叶近互生，宽或长卵形，或三角状卵形，中部茎叶长2～6cm，宽1.5～3.5cm，或长宽相等。自中部向上及向下和腋生的叶渐小或小，边缘有规则的圆锯齿，齿大或小，或密或稀，顶端圆形或急尖，基部心形或平截。头状花序5～15或更多在茎枝顶端排成伞房或复伞房花序；总苞钟状，花冠檐部淡紫色，5裂。瘦果黑色。花果期全年。

【产地与习性】原产墨西哥及毗邻地区，有许多栽培园艺品种。性喜温暖及阳光充足的环境，喜湿润，耐瘠薄，不喜湿热，忌水涝。喜肥沃、排水良好的中性至微酸性土壤。生长适温15～26℃。

【观赏评价与应用】株丛繁茂，花色淡雅、常用来配置花坛和作地被，也可用于小庭院、

熊耳草

熊耳草

金钮扣

金钮扣

路边、岩石旁点缀。矮生种可盆栽观赏，高杆种用于切花插瓶或制作花篮。全草药用，性味微苦、凉，有清热解毒之效。

【同属种类】本属约40种，主要产于中南美洲。我国有两种，其中1种引进栽培，1种为逸生杂草。

人们常把熊耳草与假臭草误作藿香蓟，现将园林中没有应用的入侵植物藿香蓟与假臭草简要特征列出，以示区别：

藿香蓟 *Ageratum conyzoides*

又名胜红蓟，为菊科藿香蓟属一年生草本，头状花序较小，花浅蓝色或白色，叶对生，卵形或椭圆形或长圆形，叶基部钝或宽楔形，顶端急尖，边缘圆锯齿。

假臭草 *Praxelis clematidea*【 Eupatorium catarium 】

为菊科假臭草属一年生草本，头状花序，花紫色，叶对生，卵圆形或近菱形，先端急尖，边缘具尖齿。

金球菊
Ajania pacifica

【科属】菊科亚菊属

【别名】金球亚菊、太平洋亚菊

【形态特征】多年生草本，成株基部木质化，株高 30 ～ 50cm。叶互生，掌式羽状分裂，先端圆钝，叶基部楔形，叶片具白色绒毛。头状花序，在茎顶排列成伞房花序，黄色，边缘雌花少数，管状，顶端 5 齿裂。中央两性花多数，管状。瘦果。花期秋季。

【产地与习性】产日本，喜温暖，喜阳光，较耐寒，稍耐阴，耐瘠，不喜湿热天气。喜肥沃、疏松和排水良好的砂质壤土。生长的适宜温度 16 ～ 26℃。

【观赏评价与应用】花序顶生，呈球形，花色金黄，密集成团，花姿优雅，花、叶均有极高的观赏性，常大片用于林缘、园路边、山石边栽培，或用于花境、岩石园点缀。

【同属种类】本属 34 种，主产亚洲。我国有 35 种，其中 23 种为特有。

牛蒡
Arctium lappa

【科属】菊科牛蒡属

【别名】大力子

【形态特征】二年生草本，具粗大的肉质直根。茎直立，高达 2m。基生叶宽卵形，长达 30cm，宽达 21cm，边缘稀疏的浅波状凹齿或齿尖，基部心形，两面异色，上面绿色，下面灰白色或淡绿色。茎生叶与基生叶同形或近同形，接花序下部的叶小，基部平截或浅心形。头状花序多数或少数在茎枝顶端排成疏松的伞房花序或圆锥状伞房花序，总苞片多层，小花紫红色。瘦果倒长卵形或偏斜倒长卵形。花果期 6 ～ 9 月。

【产地与习性】全国各地普遍分布。广布欧亚大陆。生于海拔 750 ～ 3500m 山坡、山谷、林缘、林中、灌木丛中、河边潮湿地、村庄路旁或荒地。喜温暖、湿润环境，耐寒，耐瘠，对土壤没有特殊要求。生长的适宜温度 15 ～ 26℃。

【观赏评价与应用】叶大青翠，花可供观赏，本种多作药用植物栽培，园林中有少量应用，适合石边、路边片植，或用于药用植物专类园。果实入药，性味辛、苦寒，疏散风热，散结解毒；根入药，有清热解毒、疏风利咽之效。

【同属种类】本属7种，分布欧亚温带地区。我国2种。

凉菊
Arctotis fastuosa
【*Venidium fastuosum*】

【科属】菊科蓝目菊属

【形态特征】一年生草本，株高30～90cm。叶基生，轮廓为长椭圆形，深裂几达中脉，上具白色绵毛。花单生，蕾期具白色绵毛，舌状花2轮，黄色，基部有褐色斑块，管状花黄色。瘦果。花期春季。

【产地与习性】产南非及纳米比亚。性喜温暖及阳光充足的环境，耐热，不耐寒，忌湿涝。喜疏松、排水良好的砂质壤土。生长适温16～26℃。

【观赏评价与应用】花大美丽，清新雅致，没有开放的花序上布满绵毛，具有较高的观赏性，我国有少量引种，为优良观花草本，可用于路边、林缘处、草地中片植，或用于花境、花坛及庭院中栽培观赏，也可盆栽。

【同属种类】本属约71种，主产南部非洲，我国有引种。

凉菊

凉菊

玛格丽特
Argyranthemum 'Butterfly Yellow'

【科属】菊科木茼蒿属

【别名】木春菊、茼蒿菊

【形态特征】草本，成株灌木状，株高30～50cm。叶羽状分裂，裂片披针形。头状花序，多数，边缘舌状花雌性，黄色，长椭圆形，中央盘状花两性管状，黄色。瘦果，花期春至夏季。

【产地与习性】栽培种。喜温暖，喜阳光，不喜炎热，不耐旱。喜疏松、肥沃及排水良好的土壤。生长适温16～26℃。

【观赏评价与应用】花大，金黄色，娇艳动人，丛植、片植或用于点缀景观效果均佳。可成片种植于景观带、林缘绿化，也可用于墙隅、小径拐角处丛植点缀，也常与其他观花草本配植，营造不同色块。

【同属种类】本属约10种，几全部集中于北非西海岸加那利群岛。

玛格丽特

玛格丽特

'粉花'茼蒿菊
Argyranthemum 'Double Pink'

【科属】菊科木茼蒿属

【形态特征】宿根草本。株高25～40cm。叶互生，羽状细裂，裂片线形，具缺刻或短突尖。头状花序，粉红色，管状花黄色，有单瓣及重瓣。花期春夏季。

【产地与习性】栽培种。喜温暖及阳光充足的环境，喜湿润，不耐热，不耐旱。喜疏松、肥沃及排水良好的土壤。生长适温16～26℃。

【观赏评价与应用】枝繁叶茂，花常成片

'粉花'茼蒿菊

'粉花'茼蒿菊

'粉花'茼蒿菊

开放，娇艳美丽，观赏性佳，适合景区、公园、校园或社区片植于林缘、草地中或滨水岸边，也可丛植与其他观花植物配植观赏，也可盆栽用于居室绿化。

木茼蒿
Argyranthemum frutescens

【科属】菊科木茼蒿属

【科属】玛格丽特

【形态特征】多年生，幼株草本状，成株灌木状，株高35～45cm。叶轮廓为宽卵形，二回羽状分裂。一回为深裂或几全裂，二回为浅裂或半裂。头状花序多数，舌状花粉色、白花、黄色等，管状花黄色。瘦果。花果期2～10月。

【产地与习性】产加纳利群岛。性喜温暖，喜阳光充足，不耐寒、不耐暑热，喜疏松、肥沃及排水良好的土壤。生长适温16～26℃。

【观赏评价与应用】本种开花繁茂，色彩

木茼蒿

木茼蒿

木茼蒿

五月艾

五月艾

五月艾

丰富，为极有观赏价值的观花植物，在华东等地应用较多，多片植于园路边、坡地、滨水岸边营造群体景观，也可用于花境或花坛栽培观赏。也可盆栽用于居室绿化。

五月艾
Artemisia indica

【科属】菊科蒿属

【别名】艾

【形态特征】半灌木状草本，植株具浓烈的香气。茎单生或少数，高 80 ～ 150cm。基生叶与茎下部叶卵形或长卵形，（一至）二回羽状分裂或近于大头羽状深裂，通常第一回全裂或深裂，裂片椭圆形，上半部裂片大，基部裂片渐小，第二回为深或浅裂齿或为粗锯齿，或基生叶不分裂，花期叶均萎谢；中部叶卵形、长卵形或椭圆形，一（至二）回羽状全裂或为大头羽状深裂，裂片椭圆状披针形、线状披针形或线形。头状花序在分枝上排成穗状花序式的总状花序或复总状花序，花冠狭管状，檐部紫红色，具 2 ～ 3 裂齿。瘦果。花果期 8 ～ 10 月。

【产地与习性】产我国大部分地区；多生于低海拔或中海拔湿润地区的路旁、林缘、坡地及灌丛处，东北也见于森林草原地区。为亚洲南温带至热带地区的广布种。喜温暖，喜光照，喜湿润，耐瘠，耐寒，耐热。不择土壤。生长适温 15 ～ 28℃。

【观赏评价与应用】株形端正，植株紧凑，多用于药用植物园或公园、植物园的药用专类区片植观赏或用于科普教育。本种含挥发油，对多种杆菌及球菌有抑制作用。入药，有清热、解毒、止血、消炎等作用。嫩苗作菜蔬或腌制酱菜。

【同属种类】约 380 多种。主产亚洲、欧洲及北美洲的温带、寒温带及亚热带地区，少数种分布到亚洲南部热带地区及非洲北部、东部、南部及中美洲和大洋洲地区。我国有 186 种，4 其中 82 种为特有。

朝雾草
Artemisia schmidtiana

【科属】菊科蒿属

【别名】银叶草、线叶艾

【形态特征】多年生草本或亚灌木，多分枝，株高约 50 ～ 90cm，全株密被白色绒毛。叶互生，羽状深裂，叶面银白色，裂片线形。头状花序组成总状花序，花淡黄白色。花期秋季。

朝雾草

朝雾草

朝雾草

花冠狭管状，紫色，两性花8～20朵，檐部紫红色。瘦果。花果期8～10月。

【产地与习性】园艺种。性喜温暖及光照充足的环境，耐寒，耐瘠，不甚耐热。喜疏松、肥沃的壤土。生长适温16～25℃。

【观赏评价与应用】本种叶色斑斓，为著名色叶植物，适合园路边、林缘、滨水河岸片植观赏，也可用于花境、岩石园点缀，也是优良的饰缘植物。

【产地与习性】产日本。喜阳光及温暖环境，耐寒，不耐暑热，耐旱，忌湿涝。喜肥沃、疏松的砂质壤土。生长适温16～24℃。

【观赏评价与应用】叶纤细、柔美，秀雅可爱给人一种娴静之感，可用于墙隅、山石边、廊前或阶前丛植观赏，也可用于花坛美化。

'黄金'艾蒿
Artemisia vulgaris 'Variegate'

【科属】菊科蒿属

【形态特征】多年生草本。株高45～160cm，有细纵棱，多少分枝；叶纸质，绿色，上有黄色斑纹或全部为黄色，茎下部叶椭圆形或长圆形，二回羽状深裂或全裂，中部叶椭圆形、椭圆状卵形或长卵形，一至二回羽状深裂或全裂；上部叶小，羽状深裂。头状花序在分枝的小枝上排成密穗状花序，雌花

'黄金'艾蒿

'黄金'艾蒿

短冠东风菜
Aster marchandii

【科属】菊科紫菀属

【形态特征】根状茎粗壮。茎直立，高60～130cm。下部叶在花期枯萎，叶片心形，长7～10cm，宽7～10cm，边缘有具小尖头的锯齿，顶端尖或近圆形，基部急狭成叶柄；中部叶稍小，宽卵形，基部近截形，急狭成较短的柄；上部叶小，卵形，基部常楔形，有下延成翅状的短柄；头状花序排成疏散的圆锥状伞房花序；舌状花10余个，舌片白色，管状花有条状披针形深裂片。瘦果倒卵形或长椭圆形。花期8～9月，果期9～10月。

【产地与习性】产于四川、贵州、湖北、江西、浙江、广东、广西。生于海拔500～1100m山谷，水边，田间，路旁。喜温暖，喜光照，不耐荫蔽，耐瘠，对土壤没有特殊要求。生长适温16～25℃。

【观赏评价与应用】叶大翠绿，花白色，有一定观赏性，可用于园路边、林缘处、墙隅等处丛植观赏。根、叶、花供药用。

【同属种类】本属约152种，产亚洲、欧

短冠东风菜

短冠东风菜

洲、北美洲。我国产 123 种，其中 82 种为特有。

荷兰菊
Aster novi-belgii

【科属】菊科紫菀属

【别名】荷兰紫菀

【形态特征】多年生草本，高 30～80cm，有地下走茎。茎直立，多分枝，被稀疏短柔毛。叶长圆形至条状披针形，长 1.5～1.2cm，宽 0.6～3cm，先端渐尖，基部渐狭，全缘或有浅锯齿；上部叶无柄，基部微抱茎：花序下部叶较小。头状花序顶生，总苞钟形，舌状花蓝紫色、紫红色等，管状花黄色。瘦果长圆形。花、果期 8～10 月。

【产地与习性】原产北美。喜温暖、湿润和阳光充足环境，耐寒性强，不耐炎热，喜肥沃、排水良好的沙壤上或腐叶土。生长适温 16～26℃。

荷兰菊

荷兰菊

【观赏评价与应用】荷兰菊花繁色艳，适应性强，特别是近年引进的荷兰菊新品种，植株较矮，自然成形，盛花时节又正值国庆节前后，故多用作花坛、花境材料，也可片植、丛植，或作盆花或切花。

雏菊
Bellis perennis

【科属】菊科雏菊属

【形态特征】多年生低矮草本，作二年生花卉栽培。株高 7～15cm。叶基生，匙形，

雏菊 雏菊

先端圆钝，基部渐狭成柄，上半部边缘有疏钝齿或波状齿。花茎于叶丛间抽出，头状花序单生，直径 2.5～3.5cm；总苞半球形或宽钟形；舌状花 1 层或多层，雌性，粉红色、白色等，开展，管状花黄色，两性，全部结实。瘦果倒卵形，扁平，种子细小，长形。花期 3～6 月。

【产地与习性】原产于欧洲。性强健，喜深厚肥沃、富含腐殖质、湿润、排水良好的砂质壤土；喜冷凉气候，耐寒性强。生长适温 15～26℃。

雏菊

【观赏评价与应用】雏菊为广受欢迎的一种小花，开花时节，繁花簇簇，生机盎然，一直是圣洁的代表，同时代表着无邪、天真，被意大利选为国花。雏菊在罗马神话里，是森林中的仙子－贝尔蒂丝的化身，贝尔蒂丝是活力充沛永远阳光的仙子，因此雏菊的花语之一就是快活。传说受到这种花祝福的人，可以幸福无忧，拥有梦幻、天真、快活的人生。小花繁茂，极美丽，适合花境、园路边栽培，也是优良的小盆栽，可用于阳台、窗台、卧室及客厅等美化。

【同属种类】本属有 7 种，分布于亚洲、欧洲。我国引进栽培 1 种。

细叶菊
Bidens ferulifolia

【科属】菊科鬼针草属

【别名】阿魏叶鬼针草

【形态特征】多年生草本，多作一年生栽

细叶菊

细叶菊

细叶菊

培，株高 30 ~ 50cm。叶对生，二回羽状复叶，小叶披针形。头状花序，舌状花金黄色，管状花黄色。瘦果。花期夏季至秋季。

【产地与习性】产北美洲，我国引种栽培。性强健，喜温暖，较耐热，较耐寒，耐瘠，忌水湿。喜排水良好的肥沃壤土。生长适温 16 ~ 26℃。

【观赏评价与应用】株形紧凑，开花繁茂，色泽金黄，观赏价值较高，适于公园、绿地等的墙边、灌木丛前、路边成片种植观赏，

也常用于花境及庭院美化。

【同属种类】本属约 150 ~ 250 种，广布于全球热带及温带地区，尤以美洲种类最为丰富。我国有 10 种，其中 1 种特有，1 种引进。

白花鬼针草
Bidens pilosa var. *radiata*

【科属】菊科鬼针草属

【形态特征】一年生草本，茎直立，高 30 ~ 100cm，钝四棱形。茎下部叶较小，3 裂或不分裂，通常在开花前枯萎，中部叶三出，小叶 3 枚，很少具 5（~ 7）小叶的羽状复叶，两侧小叶椭圆形或卵状椭圆形，先端锐尖，基部近圆形或阔楔形，有时偏斜，边缘有锯齿。顶生小叶较大，长椭圆形或卵状长圆形，先端渐尖，基部渐狭或近圆形，边缘有锯齿。上部叶小，3 裂或不分裂，条状披针形。头状花序，苞片 7 ~ 8 枚，条状匙形，舌状花 5 ~ 7 枚，白色，盘花筒状。花期几乎全年。

【产地与习性】产华东、华中、华南、西南各省区。生于村旁、路边及荒地中。广布于亚洲和美洲的热带和亚热带地区。性强健，对环境适应性极强，不用特殊管理。生长适

白花鬼针草

白花鬼针草

温 15 ~ 28℃。

【观赏评价与应用】花期极长，花洁白淡雅，有一定观赏性，园林中尚没有应用，可片植于疏林下、坡地或滨水河岸边。为我国民间常用草药，有清热解毒、散瘀活血的功效。

五色菊
Brachyscome iberidifolia

【科属】菊科鹅河菊属

【别名】雁河菊

【形态特征】一年生草本，株高 30 ~ 45cm，多分枝。叶互生，羽状细裂，裂片线形。头状花序单生于叶腋，直径约 2 ~ 2.5cm。舌状花粉紫色、白色、粉红色等，管状花两性、黄色。花期春至夏。

【产地与习性】原产澳大利亚，性喜温暖及阳光充足环境，耐寒，不耐热；喜疏松、肥沃、排水良好的砂质土壤。生长适温 15 ~ 25℃。

五色菊

五色菊

白花鬼针草

五色菊

金盏菊

【观赏评价与应用】色泽清雅，花开烂漫，且花量大，花期长，适合花境、花坛应用，也可植于公园、景区等园路边、墙垣边、篱架前观赏，也常用于吊挂栽培，打造立体景观。

【同属种类】本属约84种，主产澳大利亚、新西兰、新几内亚等地，我国有少量引种。

金盏菊
Calendula officinalis

【科属】菊科金盏花属

【形态特征】一年生或多年生草本植物。茎高30～60cm，全株具毛。叶互生、绿色，长圆至长圆状倒卵形，全缘或有不明显锯齿，基部稍抱茎。头状花序单生，花径3.5～5cm。花梗粗壮，总苞片1～2轮，线状披针形，稍短于舌状花，基部联合，花色有金黄色、橙色，种子弯曲。花期4～6月，果期5～7月。

【产地与习性】原产欧洲南部和地中海沿岸，我国各地普遍栽培。喜光，较耐寒，怕热，对土壤及环境要求不严，以疏松肥沃的土壤为佳。生长适温12～20℃。

【观赏评价与应用】金盏菊春季开花较早，色彩艳丽，常用来布置花坛，也可做切花或盆花。20世纪80年代后重瓣、大花和矮生金盏菊引入我国，金盏菊的面貌焕然一新，现已成为我国重要草本花卉之一。

【同属种类】本属约15～20种，主要产于地中海、西欧和西亚。我国引进1种。

金盏菊

金盏菊

翠菊
Callistephus chinensis

【科属】菊科翠菊属

【别名】五月菊、江西腊

【形态特征】一年生或二年生草本，高（15）30～100cm。茎直立，单生。下部茎叶花期脱落或生存；中部茎叶卵形、菱状卵形或匙形或近圆形，长2.5～6cm，宽2～4cm，顶端渐尖，基部截形、楔形或圆形，边缘有不规则的粗锯齿；上部的茎叶渐小，菱状披针形，长椭圆形或倒披针形，边缘有1～2个锯齿，或线形而全缘。头状花序单生于茎枝顶端，总苞半球形，总苞片3层。雌花1层，在园艺栽培中可为多层，红色、淡红色、蓝色、黄色或淡蓝紫色，两性花花冠黄色。花果期5～10月。

【产地与习性】国内分布于吉林、辽宁、河北、山西、云南及四川等省。对土壤要求不严，但喜富含腐殖质的肥沃而排水良好的砂质壤土。要求光照充足、不耐水涝，高温、高湿易感病虫害。耐寒性不强。生长适温15～26℃。

翠菊

翠菊

【观赏评价与应用】花大美丽，花色繁多，是美化庭园的良好花草。可用来布置花坛、花境等，或做坡地、河岸绿化材料。也可作盆栽观赏或切花。叶可入药。

【同属种类】本属1种，产我国。

飞廉
Carduus nutans

【科属】菊科飞廉属

【形态特征】二年生或多年生草本，高30～100cm。茎单生或少数茎成簇生，通常多分枝，全部茎枝有条棱，被稀疏的蛛丝毛，上部或接头状花序下部常呈灰白色，被密厚的蛛丝状绵毛。中下部茎叶长卵圆形或披针形，长（5）10～40cm，宽（1.5）3～10cm，羽状半裂或深裂，侧裂片5～7对，顶端有淡黄白或褐色的针刺。头状花序通常下垂或下倾，单生茎顶或长分枝的顶端，植株通常生4～6个头状花序。小花紫色。瘦果灰黄色，楔形，稍压扁。花果期6～10月。

【产地与习性】分布新疆。生于海拔540～2300米山谷、田边或草地。欧洲、北非、俄罗斯中亚及西伯利亚都广有分布。喜温暖，喜光照，耐寒，稍耐热，耐瘠，以疏松、肥沃的壤土为佳。生长适温15～25℃。

【观赏评价与应用】本种生长旺盛，抗性

飞廉

飞廉

强，花繁密，有一定观赏性，可用于林缘、山石边、墙边成片种植观赏，也是优良蜜源植物。

【同属种类】本属约95种，产非洲、亚洲及欧洲，我国产3种。

红花
Carthamus tinctorius

【科属】菊科红花属

【别名】红蓝花、刺红花

【形态特征】一年生草本。高（20）50～100（150）cm。茎直立，上部分枝。中下部茎叶披针形或长椭圆形，长7～15cm，宽2.5～6cm，边缘大锯齿、重锯齿、小锯齿以至无锯齿而全缘，极少有羽状深裂的，向上的叶渐小，披针形，边缘有锯齿。头状花序多数，在茎枝顶端排成伞房花序，为苞叶所围绕，苞片椭圆形或卵状披针形，总苞片4层。小花红色、橘红色，全部为两性。瘦果

红花

红花

红花

倒卵形。花果期5～8月。

【产地与习性】原产中亚地区。俄罗斯有野生。喜阳，抗寒，耐旱，耐盐碱，适应性较强，对土壤要求不高。生长适温15～26℃。

【观赏评价与应用】小花橘红色，有一定观赏价值，可片植于园路边、山石处点缀，或用于药用植物专类区观赏。本种多作药用植物栽培，红花的花入药，通经、活血，主治妇女病。花含红色素，也是我国古代用以提供红色染织物的色素原料。明代宋应星的《天工开物》一书中就已经记载了由花中提纯红色素的全过程，足见我国古代印染业之发达。

【同属种类】本属约47种，分布中亚、西南亚及地中海区。我国引进栽培1种。

矢车菊
Centaurea cyanus

【科属】菊科矢车菊属

【形态特征】一年生或二年生草本，植株

灰白色。茎高 30 ～ 70cm 或更高，直立。基生叶及下部茎生叶长椭圆状倒披针形或披针形，全缘，或琴状羽裂，顶裂片较大，边缘有小锯齿，中部茎生叶条形、宽条形或条状披针形，先端渐尖、基部楔形，全缘；上部茎生叶与中部茎生叶同形，但渐小。头状花序在茎枝顶端排成伞房花序或圆锥花序；总苞片约 7 层，边缘有流苏状锯齿。边花增大，超长于中央盘花，蓝色、白色、红色或紫色，中央花浅蓝色或红色。瘦果椭圆形。花、果期 6 ～ 8 月。

【产地与习性】原产于欧洲东南部。耐寒性强，忌炎热，喜阳光，不耐阴湿。要求肥沃、湿润、排水良好的土壤。生长适温 15 ～ 26℃。

【观赏评价与应用】花色丰富，花形别致，是地栽、盆栽以及切花的好材料。高性种植株挺拔，花梗长，适于做切花，也可作花坛、花境材料和大片自然丛植；矮型可用于花坛、草地镶边或盆花观赏。又是一种良好的蜜源植物和药用植物。

【同属种类】全属 350 ～ 450 种，主要分布地中海地区及西南亚地区。我国有 7 种，其中 1 种引进。

山矢车菊
Centaurea montana

【科属】菊科矢车菊属
【别名】蒙大拿矢车菊
【形态特征】多年生草本，株高 30 ～ 70cm。叶对生，宽披针形或长椭圆形，先端尖，基部楔形，边缘具齿。头状花序，边花基部细筒状，花瓣顶部深裂，远长于中央盘花，花蓝色。瘦果。花期晚春至初夏。

山矢车菊

山矢车菊

矢车菊

矢车菊

矢车菊

【产地与习性】产欧洲。性喜温暖及湿润环境，喜光，耐寒，耐旱，稍耐荫蔽，在酸性及碱性土壤中均可生长。生长适温 15 ～ 26℃。

【观赏评价与应用】小花清秀，清新怡人，极具观赏性，多丛植于园路边、假山石边、墙垣等处，或用于花境与其他植物搭配造景，也可用于庭院的阶前、花坛或盆栽用于居家美化。

洋甘菊
Chamaemelum nobile

【科属】菊科果香菊属
【别名】白花春黄菊、果香菊
【形态特征】多年生草本，有强烈的香味，高 15 ～ 30cm，通常自基部多分枝，全株被柔毛。茎直立，分枝。叶互生，无柄，轮廓矩圆形或披针状矩圆形，二至三回羽状全裂，末回裂片很狭，条形或宽披针形，顶端有软骨质尖头。头状花序单生于茎和长枝顶端，具异型花；花托圆锥形，具舌状花，雌性，白色，花后舌片向下反折；管状花两性，黄色。瘦果。

【产地与习性】产欧洲。喜温暖及光照充足的环境，喜湿润，耐寒，不耐荫蔽，喜肥沃土壤。生长适温 15 ～ 26℃。

【观赏评价与应用】本种全株具清香，小花素雅，可栽培用于观赏，丛植或片植于路边、花坛等处，也可用于庭院种植观赏。

洋甘菊

洋甘菊

洋甘菊

花环菊

花环菊

花环菊

花环菊

花环菊
Chrysanthemum carinatum

【科属】菊科菊属

【别名】三色菊

【形态特征】草本，多分枝，株高50～90cm。叶二回深裂，裂片线形或披针形。头状花序，花直径5～7cm，舌状花色繁多，有白、红、紫、黄等色，舌状花常有2～3种色泽，形成明显的环状，管状花紫褐色。花期晚春至初夏。

【产地与习性】原产摩洛哥。喜温暖及光照，喜湿润，不耐寒，不耐热，忌湿涝，喜疏松、排水良好的壤土。生长适温15～25℃。

【观赏评价与应用】品种繁多，花色丰富，舌状花常有多种色泽，形成不同色彩的花环，极为美丽，为广为栽培的观赏植物，可成片用于景区的带状景观、疏林下、林缘或庭院绿化，或用于花境、花台、花坛等处观赏。

【同属种类】本属约37种，主要产于温带地区，我国有22种，其中13种为特有。

野菊花
Chrysanthemum indicum
【*Dendranthema indicum*】

【科属】菊科菊属

【别名】野菊、山菊花

【形态特征】多年生草本，高0.25～1m，有地下长或短匍匐茎。茎直立或铺散。基生叶和下部叶花期脱落。中部茎叶卵形、长卵形或椭圆状卵形，长3～7（10）cm，宽2～4（7）cm，羽状半裂、浅裂或分裂不明显而边缘有浅锯齿。基部截形或稍心形或宽楔形。头状花序直径1.5～2.5cm，多数在茎枝顶端排成疏松的伞房圆锥花序或少数在茎顶排成伞房花序。总苞片约5层，舌状花黄色，顶端全缘或2～3齿。瘦果。花期6～11月。

【产地与习性】广布东北、华北、华中、华南及西南各地。生于山坡草地、灌丛、河边水湿地、滨海盐渍地、田边及路旁。印度、日本、朝鲜、俄罗斯也有。性强健，耐寒也耐热，耐瘠也喜肥，不择土壤。生长适温15～28℃。

【观赏评价与应用】花开繁盛，金黄的花朵铺满枝头，极具野性美，最适用于滨水的岸边种植，倒影映入水中，别有一番风味。野菊的叶、花及全草入药。味苦、辛、凉，具有清热解毒，疏风散热，散瘀，明目，降血压等作用。

野菊花

野菊花

野菊花

甘菊
Chrysanthemum lavandulifolium
【*Dendranthema lavandulifolium*】

【科属】菊科菊属

【形态特征】多年生草本，高 40 ~ 150cm，有地下匍匐茎。茎直立或斜上，多分枝。茎下部叶较大，花期脱落；中部叶卵形，长 3 ~ 7cm，宽 1.5 ~ 4cm，二回羽状分裂，一回深裂至全裂，二回深裂至浅裂。头状花序顶生，直径约 1 ~ 2cm，排成复伞房花序，总苞杯状或碗状，舌状花 1 层，雌性，黄色，长椭圆形或近条形，管状花多数，两性，黄色。瘦果，倒卵形。花、果期 10 ~ 11 月。

【产地与习性】分布于东北、华北、西北至长江流域及其以南各地，生于山坡、山沟、林缘、田边及滨海盐渍地。性耐寒，不耐热，耐瘠，喜光，不择土壤。生长适温 15 ~ 25℃。

【观赏评价与应用】本种花色金黄，开花时节缀满枝头，极具自然美，目前园林中极少应用，可引种用于坡地、林缘及海滨的盐渍地片植观赏，也可用于布置野生花园。

甘菊

甘菊

甘菊

菊花
Chrysanthemum morifolium
【*Dendranthema morifolium*】

【科属】菊科菊属

【形态特征】多年生草本，高 60 ~ 150cm。茎直立，基部常木质化，上部多分枝。单叶互生，卵形至宽卵形，长 4 ~ 8cm，宽 2.5 ~ 4cm，羽状浅裂或深裂，先端圆钝或尖圆，边缘有大小不等的圆齿或锯齿，基部楔形。头状花序，单生或数个聚生于枝顶，花径因品种不同而异，2 ~ 40cm；总苞半球形，总苞片 3 ~ 4 层；舌状花着生于花序边缘，雌性，多层，白色、雪青、黄色、浅红色或

菊花

菊花

菊花

菊花

菊花

紫红及复色等；管状花两性，多数、黄色。瘦果。花期 9 ~ 12 月，也有夏季、冬季及四季开花的类型；果熟期 12 月至翌年 2 月。

【产地与习性】原产我国，各地普遍栽培。短日照植物，在不同发育阶段对光的要求不同，喜疏松肥沃、富含腐殖质、通气透水良好的沙壤土，在土壤 pH 值 6.0 ~ 8.0 的微酸性、中性和微碱性土中都能生长。喜湿润凉爽环境，耐寒性强，耐旱。生长适温 15 ~ 26℃。

【观赏评价与应用】我国种植菊花是最早的国家，根据古籍的记载，我国栽培菊花历史至少有 3000 多年历史。菊花之名最早见于西周的《周官》，周代《埤雅》记载，"菊本作鞠，从鞠穷也"，战国时代的《山海经》载："女人之山，其草多菊"，记载了当地盛产菊花，当然是野菊了。《吕氏春秋·十二纪》和《礼记·月令篇》均记载有："季秋之月，鞠有黄华"，说明菊花是秋月开花，花为黄色。从周朝至春秋战国时代的《诗经》和屈原的《离骚》中也都有菊花的记载。《离骚》中载有"朝饮木兰之堕露兮，夕餐秋菊之落英"之句，表现了诗人洁身自好之意。也说明菊花与中华民族的花文化是源远流长的。在秦朝的首都咸阳，还出现过菊花市场，供百姓交易，可见当时栽培菊花之盛了。晋唐时代，菊花的栽培技艺术到了大发展时期，那时就采用嫁接法繁殖菊花了，而且出现了不同品种，如紫色及白色。《群芳谱》对菊花品种进行了归类研究，共载有黄色 92 个品种。我国菊花传入欧洲，约在明末清初开始，1688 年荷兰商人引入。解放后，随着园艺事业的发展，菊花栽培及研究达到了历史上最好时期，出现了大批品种。菊花品种繁多，花型、花色丰富多彩，可作花坛、花境、盆花、切花、花束、花环、花篮等多种用途，菊花造型更能提高观赏价值，可作楼堂馆所、会场布置观赏。此外，菊花还可茶用、入药。

南茼蒿
Chrysanthemum segetum

【科属】菊科菊属

【形态特征】光滑无毛或几光滑无毛，高 20 ~ 60cm。茎直立，富肉质。叶椭圆形、倒卵状披针形或倒卵状椭圆形，边缘有不规则的大锯齿，少有成羽状浅裂的，长 41 ~ 6cm，基部楔形，无柄。头状花序单生茎端或少数生茎枝顶端，但不形成伞房花序。舌片长达 1.5cm。舌状花瘦果有 2 条具狭翅的侧肋，每面 3 ~ 6 条，贴近。管状花瘦果的肋约 10 条，等形等距，椭圆状。花果期 3 ~ 6 月。

【产地与习性】我国南方各省作蔬菜栽培，

南茼蒿

南茼蒿

南茼蒿

毛华菊

毛华菊

食其肉茎及叶。喜温暖及湿润环境，喜光，不耐荫蔽，耐瘠，耐热，不耐寒。喜疏松、肥沃的壤土。生长适温 15 ~ 28℃。

【观赏评价与应用】本种花大美丽，多作蔬菜栽培，也可用于园路边、林缘处片植，或用于植物园的果蔬专类园，也常见于农庄、生态园种植疏食或观赏。

毛华菊
Chrysanthemum vestitum
【*Dendranthema vestitum*】

【科属】菊科菊属

【形态特征】多年生草本，高达 60cm。全部茎枝被稠密厚实的贴伏短柔毛，后变稀毛。下部茎叶花期枯萎。中部茎叶卵形、宽卵形、卵状披针形或近圆形或匙形，长 3.5 ~ 7cm，宽 2 ~ 4cm，边缘自中部以上有浅波状疏钝锯齿，极少有 2 ~ 3 个浅钝裂的，叶片自中部向下楔形。上部叶渐小，同形。全部叶下面灰白色，被稠密厚实贴伏的短柔毛，上面灰绿色，毛稀疏。头状花序，舌状花白色。瘦果。花果期 8 ~ 11 月。

【产地与习性】产河南、湖北及安徽。生于海拔 340 ~ 1500m 低山山坡及丘陵地。喜温暖及阳光充足的环境，耐寒，不耐热，耐瘠。喜疏松、肥沃的壤土。生长适温

15 ~ 26℃。

【观赏评价与应用】本种株形紧凑美观，叶色清爽，花洁白素雅，适合公园、景区等墙垣边、园路边、山石边丛植观赏，也可作背景材料。

黄晶菊
Coleostephus multicaulis
【*Chrysanthemum multicaule*】

【科属】菊科鞘冠菊属

【别名】春俏菊

【形态特征】一、二年生草本，株高 15 ~ 30cm。叶互生，条形或匙形，边缘浅裂。花序头状，直径 2 ~ 3cm。舌状花黄色，卵圆形，管状花黄色。瘦果。花期春至初夏。

【产地与习性】产阿尔及利亚。性喜温暖、湿润环境，喜光，不耐荫蔽，较耐寒，不耐炎热。喜疏松、排水良好的中性至微酸性壤土。生长适温 15 ~ 25℃。

【观赏评价与应用】黄晶菊花色金黄，开花繁盛，为广为应用的观赏草本，适于花坛、花境种植或作镶边材料，也可与其他观花植物构建色块景观。也常用于园路边、隔离带、草地边缘或墙边带植或片植观赏。

【同属种类】本属 3 种，产欧洲及美洲。我国引进 1 种。

黄晶菊

黄晶菊

黄晶菊

大花金鸡菊

大花金鸡菊

大花金鸡菊

大花金鸡菊
Coreopsis grandiflora

【科属】菊科金鸡菊属

【形态特征】多年生宿根草本，高 20 ~ 100cm。茎直立，下部常有稀疏的糙毛，上部有分枝。叶对生，披针形或匙形；下部叶羽状全裂，裂片长圆形；中部及上部叶 3 ~ 5 深裂，裂片条形或披针形，中裂片较大。头状花序单生于枝端，径 4 ~ 5cm，总苞片外层较短，披针形；舌状花 6 ~ 10。舌片宽大，黄色，管状花两性。瘦果椭圆形或近圆形。花期 5 ~ 9 月；果期 8 ~ 11 月。

【产地与习性】原产于美洲。全国各地常有栽培或逸为野生。耐寒、耐旱，喜光，耐半阴，对土壤要求不严。生长适温 15 ~ 25℃。

【观赏评价与应用】枝叶密集，春夏之间，繁花满枝，色泽明黄，常开不绝，还能自行繁衍，适合公园、绿地、社区等的路边、林缘或草地中种植观赏，也可用于疏林下作地被植物。也可用作花境或花坛栽培。

【同属种类】本属约 35 种，主要分布于美洲、新旧大陆的热带。我国引进 3 种。

栽培的同属植物及品种有：

1. '天堂之门' 玫红金鸡菊 *Coreopsis rosea* 'Heaven's Gate'

多年生草本，株高 30 ~ 45cm。叶羽状细裂，裂片线形。头状花序，舌状花粉红色，上部近白色，管状花黄色。花期夏季。园艺种。

2. 二色金鸡菊 *Coreopsis tinctoria*

一年生草本，无毛，高 30 ~ 100cm。茎直立，上部有分枝。叶对生，下部及中部叶有长柄，二次羽状全裂，裂片线形或线状披针形，全缘；上部叶无柄或下延成翅状柄，线形。头状花序多数，径 2 ~ 4cm，排列成伞房或疏圆锥花序状。总苞半球形，舌状花黄色，舌片倒卵形，基部褐色，管状花红褐色。瘦果。花期 5 ~ 9 月，果期 8 ~ 10 月。原产北美。

'天堂之门' 玫红金鸡菊

二色金鸡菊

3. '大花'轮叶金鸡菊 Coreopsis verticillata 'Grandiflora'

多年生草本，有分枝，株高60～90cm。叶无柄，掌状3深裂几达基部，似轮生状，小裂片线形。头状花序，花直径3～5cm。舌状花8朵，深黄色，长卵形，全缘，管状花黄色。瘦果，长圆状倒卵形。花期春末至夏季，果期秋季。园艺种，原种产美国。

'大花'轮叶金鸡菊

波斯菊
Cosmos bipinnatus

【科属】菊科秋英属

【别名】秋英

【形态特征】一年生草本，高1～2m。叶对生，二回羽状深裂，裂片条形性或丝状条形。头状花序单生，径3～6cm；花序梗长6～18cm；总苞片外层披针形或条状披针形，有深紫色条纹，内层椭圆状卵形；舌状花紫红色、粉红色或白色，舌片椭圆状倒卵形，长2～3cm，宽1.2～1.8cm，有3～5钝齿，管状花黄色。瘦果黑紫色。花期6～8月；果期9～10月。

【产地与习性】原产墨西哥，全国各地有引种。喜阳光，不耐寒，怕霜冻，忌酷热，不择土壤。生长适温15～28℃。

波斯菊

波斯菊

波斯菊

【观赏评价与应用】波斯菊株形高大，叶形雅致，花色丰富，有红、白、粉、紫等色，适于布置花镜，在草地边缘，树丛周围及路旁成片栽植作背景材料，盛开时成片的花海，颇有野趣。重瓣品种可做切花材料。花、叶均可入药，味微苦辛、性凉。

【同属种类】本属约有26种，分布于美洲热带。我国引进栽培2种。

硫华菊
Cosmos sulphureus

【科属】菊科秋英属

【别名】黄秋英、硫磺菊

【形态特征】一年生草本，株高约20～60cm，具分枝。2回羽状复叶，小叶全缘。头状花序，舌状花多层，硫黄色或金黄色，

硫华菊

硫华菊

管状花黄色。瘦果。花期春至秋季，果期秋冬。

【产地与习性】产墨西哥至巴西，在云南等部分地区已归化。性喜温暖及光照充足的环境，不耐寒，较耐热，耐干旱，耐瘠薄，喜疏松、排水良好的砂质土壤。生长适温15～26℃。

【观赏评价与应用】株形小巧，花朵秀丽，为常见栽培的观赏草花，园林中常大片种植于疏林下、空地、林缘以营造群体景观，也适于花坛、花境应用，也可盆栽。

菜蓟
Cynara scolymus

【科属】菊科菜蓟属

【别名】食托菜蓟

【形态特征】多年生草本，高达2m。茎粗壮，直立，有条棱。叶大形，基生叶莲座状；下部茎叶全形长椭圆形或宽披针形，长约1m，宽约50cm，二回羽状全裂，下部渐窄，有长叶柄；中部及上部茎叶渐小，无柄或沿茎稍下延，最上部及接头状花序下部的叶长椭圆形或线形。全部叶质地薄，草质，上面绿色，下面灰白色，二回裂片顶端或叶顶端无长硬针刺。头状花序极大，生分枝顶端，植株含多数头状花序。总苞多层，覆瓦状排列，硬革质。小花紫红色，花冠长4.5cm。瘦果长椭圆形，4棱。花果期7月。

【产地与习性】原产地中海地区，西欧地区有栽培。性喜冷凉及阳光充足的环境，耐寒，耐瘠，耐旱，喜疏松、肥沃的壤土。生长适温15～25℃。

【观赏评价与应用】叶大，灰绿色，花序极大，奇特美观，可片植于路边、林缘或用

花束的理想材料。全草可入药。

【同属种类】本属约45种，产南美、墨西哥及美洲中部，我国引进1种。

异果菊
Dimorphotheca sinuata

【科属】菊科异果菊属

【别名】绸缎花

【形态特征】多年生草本，株高约30cm，自基部分枝，多而披散，枝叶有腺毛。叶互生披针形，叶缘有深波状齿，茎上部叶小，无柄。头状花序顶开舌状花，黄色、橙黄色或白色。瘦果，果形有2种，故称异果菊。花期4～6月，果期秋季。

于草地边缘观赏，也常用于果蔬专类园及生态园等。本种作蔬菜用，食其肉质花托和总苞片基部的肉质部分。

【同属种类】本属约12种，分布地中海地区及加那利群岛。我国引进2种。

大丽花
Dahlia pinnata

【科属】菊科大丽花属

【别名】天竺牡丹、大理菊、洋芍药

【形态特征】多年生草本，有肥大块根。茎直立，多分枝，高1.5～2m，粗壮。叶一至三回羽状全裂，上部叶有时不分裂，裂片卵形或长圆状卵形，上面绿色，下面灰绿色。头状花序大，有长花序梗，常下垂，宽6～12cm，总苞片外层约5片，卵状椭圆形，舌状花1层，白色，红色或紫色，先端有不明显的3齿，或全缘，管状花黄色，有时在栽培种全部为舌状花。瘦果长圆形。花期6～12月，果期9～10月。

【产地与习性】原产墨西哥。喜凉爽气候，喜光和通风良好的环境，不耐低温。对土壤要求不严，以疏松、肥沃的壤土为宜。生长适温15～25℃。

【观赏评价与应用】大丽花花大、形美、色彩鲜艳，花期长。布置花坛、花境，栽植庭院或盆栽。也可做切花，是制作花篮、花环、

蒙古及俄罗斯的西伯利亚也有。生于海拔2300 ～ 2500m 山坡草地或云杉林下。性喜冷凉及光照充足的环境，极耐寒，不耐热，耐瘠，忌湿，不择土壤。生长适温 12 ～ 18℃。

【观赏评价与应用】叶色清新，花色金黄，具有较高的观赏性，我国尚没有引种栽培，可用于高海拔地区的疏林下、岩石园等片植或点缀。

【同属种类】全属约有 40 种，分布于欧洲和亚洲温带山区和北非洲。中国有 7 种，其中 4 种为特有。

东方多榔菊
Doronicum orientale

【科属】菊科多榔菊属

【别名】豹毒花

【形态特征】多年生草本，株高 30 ～ 45cm。基生叶大，卵圆形，先端钝圆，基部心形，边缘浅波状，茎叶疏生，较基生叶小，长椭圆形，先端尖，基部抱茎。头状花序大，数朵排成伞房状花序，舌状花黄色，先端齿裂或全缘，盘状花黄色。瘦果。花期晚春至初夏。

【产地与习性】产欧亚大陆，具体产地不详，在欧洲栽培有上百年历史，品种繁多。性喜冷凉及半荫环境，在全光照下也可生长，昼夜温差较大有利于生长，喜湿润，耐寒，耐旱，耐瘠，喜是性至微酸性土壤。生长适温 14 ～ 22℃。

【观赏评价与应用】在欧洲栽培历史悠久，品种繁多，叶大花雅，且株形低矮，适合花园、岩石园点缀，也可用于园路边、小径或花境栽培观赏。

松果菊
Echinacea purpurea

【科属】菊科松果菊属

【形态特征】多年生草本，茎光滑，株高 60 ～ 120cm。基生叶具长柄，宽卵形，先端渐狭，基部近心形，有稀疏浅齿，茎生长小，长椭圆形，先端急尖，基部楔形，边缘具稀疏的尖齿。头状花序单生枝顶，舌状花紫色，盘状花紫色。瘦果。花期春末至夏季。

【产地与习性】产北美洲。性喜温暖及阳光充足的环境，耐瘠，耐寒，不耐湿热，不择土壤。生长适温 15 ～ 26℃。

【观赏评价与应用】株形适中，花开繁盛，色彩美观，广为应用，适合公园、绿地等在林缘处、路边、水岸边成片种植，也可用于花境或作背景材料。

【同属种类】本属约 11 种，产北美洲，我国引进 1 种。

【产地与习性】产南非。喜光照，喜温暖，喜干燥，耐旱，耐寒，忌湿热。喜疏松、排水良好的砂质壤土。生长适温 15 ～ 26℃，可耐零下 ～ 7℃低温。

【观赏评价与应用】花大艳丽，适合花坛、花境或草地边缘种植观赏，也可用于岩石园或山石边栽培，也可盆栽。

【同属种类】本属 22 种，主产于南部非洲，我国引进 1 种。

阿尔泰多榔菊
Doronicum altaicum

【科属】菊科多榔菊属

【形态特征】多年生草本。茎单生，直立，高 20 ～ 80cm，不分枝；基生叶通常凋落，卵形或倒卵状长圆形，长 5 ～ 10cm，宽 4 ～ 5cm，顶端圆形或钝，基部狭成长柄；茎叶 5 ～ 6，几达茎最上部，卵状长圆形，长 5 ～ 6cm，宽 4 ～ 4.5cm，基部狭成长达 2cm 的宽翅，其余的茎叶宽卵形，无柄，抱茎。头状花序单生于茎端，大，连同舌状花径 4 ～ 6cm；总苞半球形，瘦果圆柱形。花期 6 ～ 8 月。

【产地与习性】产新疆、内蒙古、陕西，

佩兰
Eupatorium fortunei

【科属】菊科泽兰属

【别名】兰草

【形态特征】多年生草本，高 40 ～ 100cm。茎直立，绿色或红紫色，分枝少或仅在茎顶有伞房状花序分枝。全部茎枝被稀疏的短柔毛。中部茎叶较大，三全裂或三深裂，中裂片较大，长椭圆形或长椭圆状披针形或倒披针形，长 5 ～ 10cm，宽 1.5 ～ 2.5cm，顶端渐尖，侧生裂片与中裂片同形但较小，上部的茎叶常不分裂；或全部茎叶不裂，披针形或长椭圆状披针形或长椭圆形，长 6 ～ 12cm，宽 2.5 ～ 4.5cm，叶柄长 1 ～ 1.5cm。茎叶两面光滑，边缘有粗齿或不规则的细齿。中部以下茎叶渐小，基部叶花期枯萎。头状花序多数在茎顶及枝端排成复伞房花序，总苞钟状，苞片紫红色，花白色或带微红色。瘦果黑褐色。花果期 7 ～ 11 月。

【产地与习性】产山东、江苏、浙江、江西、湖北、湖南、云南、四川、贵州、广西、广东及陕西。日本、朝鲜也有。生路边灌丛及山沟路旁。性强健，对环境没有特殊要求，极粗生。生长适温 15 ～ 28℃。

【观赏评价与应用】株形紧凑，小花有一定的观赏性，本种多作药用植物栽培，可用于药用植物园或公园、植物园的药用植物专类区丛植观赏及用于科普教育。药用全草，性平，味辛，利湿，健胃，清暑热。全株及花揉之有香味。

【同属种类】本属约 45 种，产亚洲、欧洲、北美洲。我国产 14 种，6 种为特有。

'暗紫'斑点泽兰
Eupatorium maculatum 'Atropurpurrum'

【科属】菊科泽兰属

【形态特征】多年生草本，株高 60 ～ 120cm。叶轮生或近轮生，单叶，宽披针形，先端尖，基部楔形，边缘具细齿。花序伞房状，花紫红色。花期夏季。

【产地与习性】园艺种，原种产东欧及美国中部。性喜温暖及阳光充足的环境，喜湿润，耐瘠，耐寒。喜肥沃、排水良好的土壤。生长适温 15 ～ 25℃。

【观赏评价与应用】花序大型，花紫红，有较高的观赏价值，是近年来我国引进的新优品种，可丛植于园路边、墙隅等处观赏，或用于花境与其他观花植物配植。

栽培的同属植物有：

泽兰 *Eupatorium japonicum*

又名白头婆，多年生草本，高 50 ～ 200cm。茎直立，下部或至中部或全部淡紫红色。叶对生，有叶柄，中部茎叶椭圆形或长椭圆形

泽兰

佩兰

佩兰

'暗紫'斑点泽兰

泽兰

'暗紫'斑点泽兰

或卵状长椭圆形或披针形，长6～20cm，宽2～6.5cm，基部宽或狭楔形，顶端渐尖，羽状脉；自中部向上及向下部的叶渐小，与茎中部叶同形，基部茎叶花期枯萎，边缘有粗或重粗锯齿。头状花序在茎顶或枝端排成紧密的伞房花序，总苞钟状，含5个小花；总苞片覆瓦状排列，3层；苞片绿色或带紫红色。花白色或带红紫色或粉红色。瘦果淡黑褐色，椭圆状。花果期6～11月。东北、山东、山西、陕西、河南、江苏、浙江、湖北、湖南、安徽、江西、广东、四川、云南、贵州等地。生海拔120～3000m山坡草地、密疏林下、灌丛中、水湿地及河岸水旁。日本、朝鲜广为分布。

黄金菊
Euryops pectinatus 'Viridis'

【科属】菊科常绿千里光属

【形态特征】一年生或多年生草本，株高30～50cm，具分枝。叶片长椭圆形，羽状分裂，裂片披针形，全缘，绿色。头状花序，舌状花及管状花均为金黄色。瘦果。花期春至夏。

【产地与习性】园艺种，我国各地均有栽培。性喜温暖及阳光充足的环境，喜湿润，耐寒，耐瘠，喜肥沃的微酸性壤土。生长适温15～26℃。

【观赏评价与应用】本种花色金黄，花期长，为优良观花植物，适于花境、花坛绿化，也可用作地被植物，盆栽用于阳台、客厅等栽培观赏。

【同属种类】本属约98种，主要分布于南部非洲。我国引进栽培2种。

栽培的同属植物有：

梳黄菊 *Euryops pectinatus*

为黄金菊的原种，与黄金菊的主要区别为茎及叶片上布满白色绵毛，以新叶为多。

梳黄菊

梳黄菊

梳黄菊

黄金菊 黄金菊

黄金菊

大吴风草
Farfugium japonicum

【科属】菊科大吴风草属

【别名】活血莲、马蹄当归、大马蹄

【形态特征】多年生葶状草本。花葶高达70cm，幼时被密的淡黄色柔毛。叶全部基生，莲座状，有长柄，柄长15～25cm，幼时被与花葶上一样的毛，后多脱毛，基部扩大，呈短鞘，抱茎。叶片肾形，长9～13cm，宽11～22cm，先端圆形，全缘或有小齿至掌状浅裂，基部弯缺宽，叶质厚，近革质；茎生叶1～3，苞叶状，长圆形或线状披针形，长1～2cm。头状花序辐射状，2～7，排列成伞房状花序；总苞钟状或宽陀螺形。舌状花8～12，黄色，舌片长圆形或匙状长圆形，管状花多数。瘦果圆柱形。花果期8月至翌年3月。

【产地与习性】产湖北、湖南、广西、广东、福建、台湾。生于低海拔地区的林下，山谷及草丛。日本也产。喜半荫和湿润环境，在全光照下也可生长，耐寒，耐瘠，耐旱，喜肥沃、疏松、排水良好的壤土。生长适温15～26℃。

【观赏评价与应用】本种叶大，可观可赏，金黄色的花朵生于枝顶，极为灿烂，适宜大面积种植于林缘、疏林下、滨水岸边营造群体景观，也可用于花境或作背景材料。本种

大吴风草

大吴风草

大吴风草

根含千里光酸，主治咳嗽、咯血、便血、月经不调、跌打损伤、乳腺炎等症。

【同属种类】本属1种，产我国及日本。栽培的品种有：

'斑点'大吴风草 *Farfugiumjaponicum* 'Variegata'

与原种的主要区别为叶面上有稀疏的大小不一的黄色斑块。

斑点'大吴风草

斑点'大吴风草

蓝菊
Felicia amelloides

【科属】菊科蓝菊属

【科属】南非费利菊、蓝色玛格丽特

【形态特征】多年生草本或亚灌木，株高30～60cm，具分枝。叶对生，长卵形，先端尖，基部楔形，近无柄，叶缘具白色糙毛。头状花序，花直径2～3cm，舌状花蓝色，多少反卷，管状花金黄色。花期晚春至夏季。

【产地与习性】产南非，生于海拔1000m以下的沿海沙丘、石质山地。性喜温暖及光照充足的环境，较耐寒，耐瘠，不喜湿热。喜疏松、排水良好的砂质壤土。生长适温15～26℃。

【观赏评价与应用】株形整齐，花蓝艳，清新可爱，适合用于公园、风景区等园路边、林缘、墙边等处片植或带植，也适合用于花境、岩石园或庭院一隅丛植点缀。

【同属种类】本属约97种，产非洲及阿拉伯半岛，我国引进1种。栽培品种有：

花叶蓝菊 *Felicia amelloides* 'Variegata'

与原种的主要区别为叶缘黄色。

花叶蓝菊

花叶蓝菊

蓝菊

蓝菊

蓝菊

'梅莎黄'宿根天人菊
Gaillardia aristata 'Mesa'

【科属】菊科天人菊属

【形态特征】多年生草本，株高60～100cm，全株被粗节毛。茎不分枝或稍有分枝。基生叶和下部茎叶长椭圆形或匙形，长3～6cm，宽1～2cm，全缘或羽状缺裂，两面被尖状柔毛，叶有长叶柄；中部茎叶披针形、长椭圆形或匙形，基部无柄或心形抱茎。头状花序径5～7cm；总苞片披针形。舌状花黄色，先端1～2浅裂，管状花黄色，被长节毛。瘦果。花果期7～8月。

【产地与习性】园艺种。性喜温暖及光照充足环境，耐寒，耐瘠，耐旱，不喜湿热，忌积水。喜疏松、排水良好的中性至微酸性土壤。生长适温15～25℃。

【观赏评价与应用】开花时节，花团锦簇，极为热烈，可成片植于林缘、假山石边、水岸边、墙垣边或篱架前，或数株点缀于小径边、墙隅处或用于庭院绿化。

'梅莎黄'宿根天人菊

大花天人菊

大花天人菊

'梅莎黄'宿根天人菊

大花天人菊

'梅莎黄'宿根天人菊

部渐狭，全缘或具稀疏的牙齿。头状花序单生，花径约10cm，舌状花上部黄色，下部紫红色，全缘或浅齿裂，管状花紫红色。花期晚春至夏季。

【**产地与习性**】原产北美。喜温暖、阳光充足的环境，耐瘠，耐寒，喜湿润，忌湿热。对土壤要求不严。生长适温15～25℃。

【**观赏评价与应用**】花大色美，色彩鲜艳，为著名的庭院植物，可用于园路边、林缘、岩石园、庭院一角栽培观赏，可常用于花境，片植或丛植点缀效果均佳。

栽培的同属及变种有：

1. 天人菊 *Gaillardia pulchella*

一年生草本，高20～60cm。茎中部以上多分枝，分枝斜升，被短柔毛或锈色毛。下部叶匙形或倒披针形，长5～10cm，宽1～2cm，边缘波状钝齿、浅裂至琴状分裂，

先端急尖，近无柄，上部叶长椭圆形，倒披针形或匙形，长3～9cm，全缘或上部有疏锯齿或中部以上3浅裂，基部无柄或心形半抱茎。头状花序，总苞片披针形。舌状花黄色，基部带紫色，管状花裂片三角形。瘦果。花果期6～8月。原产美洲，现世界各地广为种植。

天人菊

天人菊

【**同属种类**】本属20种，原产南北美洲热带地区。我国3种，均为引进栽培。

大花天人菊
Gaillardia × grandiflora

【**科属**】菊科天人菊属

【**形态特征**】多年生草本，具分枝，株高65～100cm，全株具毛。基生叶长椭圆形，全缘或羽裂，茎生叶宽披针形，先端尖，基

2. 矢车天人菊 *Gaillardia pulchella* var. *picta*

与天人菊的主要区别为舌状花顶端 5 裂，红紫色、浅黄色等。

矢车天人菊

非洲菊　非洲菊

非洲菊

勋章菊
Gazania rigens

【科属】菊科勋章菊属

【别名】勋章花

【形态特征】多年生草本，株高 30 ~ 40cm。叶着生于短茎上，披针形，全缘或羽状浅裂，叶面绿色，叶背银白色。头状花序大，7 ~ 10cm，总苞片 2 层或更多，舌状花黄色、浅黄色、紫红色、白色、粉红等，基部常有紫黑、紫色等彩斑，或中间带有深色条纹。花期晚春至夏季。

【产地与习性】产南非，在澳大利亚等地已归化。喜温暖及阳光充足的环境，耐瘠，较耐寒，忌积水。喜疏松、肥沃的砂质壤土。生长适温 15 ~ 26℃。

【观赏评价与应用】株形低矮，花大色艳，花期长，状似勋章，故名，为优良的观赏植物。常用于庭院、花坛、花台种植，也适合用于花境、花带观赏，也可三五株丛植用于点缀山石边、园路边等。

【同属种类】本属约 24 种，产南非，我国引进 1 种。

非洲菊
Gerbera jamesonii

【科属】菊科大丁草属

【别名】扶郎花

【形态特征】多年生、被毛草本。叶基生，莲座状，叶片长椭圆形至长圆形，长 10 ~ 14cm，宽 5 ~ 6cm，顶端短尖或略钝，基部渐狭，边缘不规则羽状浅裂或深裂。花葶单生，或稀有数个丛生，头状花序单生于花葶之顶；总苞片 2 层，外围雌花 2 层，外层花冠舌状，舌片淡红色至紫红色，或白色及黄色，长圆形，顶端具 3 齿，内 2 裂丝状，卷曲；内层雌花比两性花纤细，管状二唇形。瘦果圆柱形。花期 11 月至翌年 4 月。

勋章菊

勋章菊

勋章菊

【产地与习性】原产非洲，我国各地常见栽培。性喜温暖、湿润环境，喜光，不耐荫蔽，不耐瘠。喜疏松、肥沃的壤土。生长适温 15 ~ 26℃。

【观赏评价与应用】品种繁多，色彩丰富，其花朵硕大，色彩艳丽，多用作切花栽培，园林中也可用于疏林下、园路边、草坪中或花坛、花境栽培观赏。

【同属种类】本属约 30 种，分布于非洲、亚洲。我国有 7 种，其中 4 种为特有。

紫鹅绒
Gynura aurantiaca 'Sarmentosa'

【科属】菊科菊三七属

【形态特征】多年生草本，呈蔓性，长可达 1m。叶对生，长卵形，先端尖，基部楔形，叶缘具尖齿，叶脉紫红色，新叶呈紫红色，老叶逐渐转绿，上密布绒毛。头状花序，花梗紫红色并具绒毛，小花黄色。花期春至夏。

【产地与习性】园艺种。喜温暖，喜湿润，喜光，耐热，不耐寒，喜疏松、排水良好的肥沃壤土。生长适温 18 ~ 28℃。

【观赏评价与应用】本种叶片具紫色绒毛，叶色美观，为著名观叶植物，可用于观光温室吊挂栽培或用于山石边、石隙处栽培观赏，也可盆栽用于居室美化。

【同属种类】本属约 40 种，分布于亚洲、非洲及澳大利亚。中国有 10 种，1 种为特有。

紫鹅绒

紫鹅绒

紫背菜

紫背菜
Gynura bicolor

【科属】菊科菊三七属

【别名】红凤菜

【形态特征】多年生草本，高 50 ~ 100cm，全株无毛。茎直立，柔软，基部稍木质。叶片倒卵形或倒披针形，稀长圆状披针形，长 5 ~ 10cm，宽 2.5 ~ 4cm，顶端尖或渐尖，基部楔状渐狭成具翅的叶柄，或近无柄而多少扩大，但不形成叶耳。边缘有不规则的波状

紫背菜

紫背菜

紫背菜

齿或小尖齿，稀近基部羽状浅裂。头状花序，在茎、枝端排列成疏伞房状；总苞狭钟状。小花橙黄色至红色，花冠明显伸出总苞。瘦果圆柱形，淡褐色。花果期 5 ~ 10 月。

【产地与习性】云南、贵州、四川、广西、广东、台湾。生于海拔 600 ~ 1500m 山坡林下、岩石上或河边湿处。印度、尼泊尔、不丹、缅甸、日本也有分布。性喜温暖、湿润及光照充足的环境，耐热，耐瘠，对土壤适应性强。生长适温 15 ~ 28℃。

【观赏评价与应用】叶背淡紫色，小花橙黄色，有一定观赏价值，可丛植于路边、湿地或滨水岸边种植。本种主要作蔬菜食用。

'达科他州金色' 堆心菊
Helenium 'Dakota Gold'

【科属】菊科堆心菊属

【形态特征】一、二年生草本，株高约 35 ~ 45cm。叶线形，分裂或不分裂，全缘。头状花序生于茎顶，舌状花柠檬黄色，花瓣阔，先端有缺刻，管状花黄绿色，中心呈黄色。瘦果。花期冬至夏。

【产地与习性】园艺种。性喜温暖及阳光充足的环境，喜湿润，忌涝，忌炎热，喜疏松、排水良好的微酸性壤土。生长适温 15 ~ 25℃。

【观赏评价与应用】本种花色明快，花繁密，极为茂盛，我国有少量引种，可用于园

'达科他州金色' 堆心菊

'达科他州金色' 堆心菊

'达科他州金色' 堆心菊

路边、花坛或墙垣边种植观赏，或成片种植营建群体景观，也可盆栽观赏。

【同属种类】本属约40种，产美洲。我国有少量引种栽培。

'莫尔海姆美丽'堆心菊
Helenium 'Moerheim Beauty'

【科属】菊科堆心菊属

【形态特征】草本，株高约40～90cm。叶互生，长椭圆形或近宽披针形，先端尖，基部楔形，无柄，全缘。头状花序，花径3～5cm。舌状花紫红色或带黄色，先端3裂。管状花紫红色。瘦果。花期晚春至夏季。

【产地与习性】园艺种。喜温暖，喜湿润，喜光照，耐瘠，耐旱，对土壤要求不严，以疏松、肥沃的壤土为宜。生长适温15～25℃。

【观赏评价与应用】株形紧凑，花朵繁茂，色泽清新怡人，适合公园、庭院等路边、小

'莫尔海姆美丽'堆心菊

'莫尔海姆美丽'堆心菊

'莫尔海姆美丽'堆心菊

径、草地边缘片植或丛植点缀，盆栽用于室内装饰。

栽培的同属植物有：

紫心菊 *Helenium flexuosum*

又名弯曲堆心菊，一、二年草本，株高约60cm。叶基生，叶阔披针形，分裂，全缘。头状花序生于茎顶，舌状花柠檬黄色，花瓣阔，先端有缺刻，管状花黄绿色，中心呈紫色。瘦果。自然花期7～10月，果熟期9月。产北美东部。

紫心菊

紫心菊

向日葵
Helianthus annuus

【科属】菊科向日葵属

【别名】丈菊

【形态特征】一年生高大草本。茎直立，高1～3m，粗壮，被白色粗硬毛，不分枝或有时上部分枝。叶互生，心状卵圆形或卵圆形，顶端急尖或渐尖，有三基出脉，边缘有粗锯齿，两面被短糙毛，有长柄。头状花序极大，径约10～30cm，单生于茎端或枝端，常下倾。总苞片多层，覆瓦状排列。舌状花多数，黄色、舌片开展，不结实。管状花极多数，棕色或紫色。瘦果倒卵形或卵状长圆形。花期7～9月，果期8～9月。

【产地与习性】原产北美，世界各地普遍栽培，通过人工培育，品种繁多，有矮性种，也有重瓣等。喜温暖，喜光、不耐阴，不耐旱、涝，耐寒性差。对土壤要求不严，喜肥。生长适温15～26℃。

【观赏评价与应用】向日葵有悠久的文化历史，约在明朝时引入中国，明代王象晋所著《群芳谱》载："丈菊一名本番菊一名迎阳花，茎长丈余，秆坚粗如竹，叶类麻，多直生，虽有分枝，只生一花大如盘盂，单瓣色黄心皆作窠如蜂房状，至秋渐紫黑而坚，取其子中之甚易生，花有毒能堕胎"。"向日"之名，见于文震亨《长物志》葵花："一曰向日，别名西番莲"。古印加帝国把他看成是太阳神的象征，具有悠久印加文化历史渊源的秘鲁把向日葵作为国花，也是玻利维亚、俄罗斯等国的国花，美国堪萨斯州的州花。本种品种繁多，高型种可用片植或列植于路边营造大型景观，矮型种可用于花坛、花境或庭院观赏，也可做切花。花可入药，种子可食用和榨油。

【同属种类】本属约有52种，主要分布于美洲北部。我国有3种，全部为引进。

向日葵

菊芋
Helianthus tuberosus

【科属】菊科向日葵属

【别名】洋姜

【形态特征】多年生草本，高1～3m，有块状的地下茎及纤维状根。茎直立，有分枝。叶通常对生，有叶柄，但上部叶互生；下部叶卵圆形或卵状椭圆形，有长柄，长10～16cm，宽3～6cm，基部宽楔形或圆形，有时微心形，顶端渐细尖，边缘有粗锯齿，上部叶长椭圆形至阔披针形，基部渐狭，下延成短翅状，顶端渐尖，短尾状。头状花序较大，少数或多数，单生于枝端，有1～2个线状披针形的苞叶，总苞片多层。舌状花通常12～20个，舌片黄色；管状花花冠黄色。瘦果小，楔形。花期8～9月。

【产地与习性】原产北美，在我国各地广泛栽培。喜温暖，喜阳光，耐瘠，耐旱，不择土壤。生长适温15～26℃。

【观赏评价与应用】赏食兼用种，花大美丽，适合庭园的房前屋后，公园、绿地的林缘或路边种植。新鲜的茎、叶作青贮饲料，块茎也是一种味美的蔬菜并可加工制成酱菜；另外还可制菊糖及酒精，菊糖在医药上又是治疗糖尿病的良药。

菊芋

麦杆菊
Helichrysum bracteatum

【科属】菊科蜡菊属

【别名】蜡菊

【形态特征】一年或二年生草本。茎直立，高20～120cm，分枝直立或斜升。叶长披针形至线形，长达12cm，光滑或粗糙，全缘，基部渐狭窄，上端尖，主脉明显。头状花序径2～5cm，单生于枝端。总苞片外层短，覆瓦状排列，内层长，宽披针形，基部厚，顶端渐尖，有光泽，黄色或白、红、紫色。小花多数；冠毛有近羽状糙毛。瘦果无毛。花期夏季，果期秋季。

麦杆菊

麦杆菊

【产地与习性】原产澳大利亚，各地常见栽培。喜温暖和阳光充足的环境，不耐寒，不耐阴和水湿，忌酷热，适应性强，耐粗放管理。生长适温15～25℃。

【观赏评价与应用】品种较多，花色艳丽，为主要制作干花的原材料，供冬季室内装饰用。园林中可用于山石边、墙隅、庭院中丛植或用于布置花坛、花境，亦常用作盆栽观赏。

【同属种类】本属约有600种，分布于非洲、亚洲、欧洲、马达加斯加等地，我国有3种，1种为特有。

'科尔马'意大利蜡菊
Helichrysum italicum 'Korma'

【科属】菊科蜡菊属

【形态特征】幼株草本状，成株为亚灌木，具分枝，株高60～100cm。叶互生，线形，全缘，银白色，具香气。花序顶生，小花黄色。花期夏季。

【产地与习性】园艺种，原种产地中海地区。性喜温暖、干燥的环境，喜光，不耐荫，耐寒，不喜湿热，耐旱性好。生长适温15～26℃。

【观赏评价与应用】叶银白色，小花黄色，观赏性极佳，多用于山石边、假山石旁或路边丛植观赏，也可与其他色叶植物配植用于花境观赏。

'科尔马'意大利蜡菊

'科尔马'意大利蜡菊

光照，耐旱，耐寒，喜中等水分，不耐热。不择土壤。生长适温 15～25℃。

【观赏评价与应用】开花繁茂，花量大，适应性极强，可用于园路边、林缘、疏林下、墙垣边片植，也适合岩石园、庭园用于丛植点缀。

【同属种类】本属 16 种，产美洲草原上，我国引进 1 种。

土木香

土木香
Inula helenium

【科属】菊科旋覆花属

【别名】青木香

【形态特征】多年生草本，根状茎块状，有分枝。茎直立，高 60～150 或达 250cm。基部叶和下部叶在花期常生存，宽 10～25cm；叶片椭圆状披针形，边缘有不规则的齿或重齿，顶端尖，上面被基部疣状的糙毛，下面被黄绿色密茸毛；中部叶卵圆状披针形或长圆形，长 15～35cm，宽 5～18cm，基部心形，半抱茎；上部叶较小，披针形。头状花序少数，径 6～8cm，排列成伞房状花序；总苞 5～6 层，舌状花黄色，舌片线形；管状花褐黄色。瘦果。花期 6～9 月。

【产地与习性】广泛分布于欧洲、亚洲、俄罗斯、蒙古和北美。我国分布于新疆。喜冷凉及光照充足的环境，耐瘠，耐旱，喜湿润，

土木香

土木香

赛菊芋
Heliopsis helianthoides

【科属】菊科赛菊芋属

【形态特征】多年生草本，多分枝，株高 40～150cm。叶对生，长卵圆形，先端尖，基部楔形，具长柄，边缘具锯齿。头状花序集成伞房状花序，花直径 4～6cm。舌状花黄色，管状花黄色。花期夏季。

【产地与习性】产北美东部。喜温暖，喜

不择土壤。生长适温 15～25℃。

【观赏评价与应用】欧美常见栽培，我国园林中少见，叶大秀美，花金黄，适合篱垣边、路边、山石边或岩石园点缀。土木香亦可作为健胃、利尿、祛痰和驱虫药；对结核性患者也用为强壮药。

【同属种类】约 100 种，分布于欧洲、非洲及亚洲，我国有 14 种，其中 2 种为特有。

栽培的同属植物有：

旋覆花 *Inula japonica*

多年生草本。茎单生，有时 2～3 个簇生，直立，高 30～70cm。基部叶常较小，在花期枯萎；中部叶长圆形，长圆状披针形或披针形，基部多少狭窄，常有圆形半抱茎的小耳，无柄，顶端稍尖或渐尖，边缘有小尖头状疏齿或全缘；上部叶渐狭小，线状披针形。头状花序径 3～4cm，多数或少数排列成疏散的伞房花序；总苞半球形，舌状花黄色，舌片线形，管状花黄色。瘦果。花期 6～10 月，果期 9～11 月。产于我国北部、东北部、中部、东部各省，极常见，在四川、贵州、福

赛菊芋

赛菊芋

赛菊芋

旋覆花

旋覆花

猩红肉叶菊

猩红肉叶菊

或箭头状半抱茎，边缘波状或有细锯齿，向上的渐小，与基生叶及下部茎叶同形或披针形。头状花序多数或极多数，在茎枝顶端排成圆锥花序。总苞片5层。舌状小花约15枚。瘦果倒披针形。花果期2～9月。

【产地与习性】产欧洲地中海沿岸。性喜温暖、湿润及阳光充足的环境，不耐寒，不耐瘠，较耐热，喜疏松、肥沃、排水良好的壤土。生长适温15～26℃。

【观赏评价与应用】本种品种繁多，叶色差异很大，很多都具有较好的观赏性，多用于营造果蔬立体景观。叶富含维生素；含有相当丰富的铁盐、钙盐和磷盐，生食有较高的营养价值。

【同属种类】本属约50～70种，主要分布北美洲、欧洲、中亚、西亚及地中海地区。我国有12种，其中1种特有，1种引进。

建、广东也可见到。生于海拔150～2400m山坡路旁、湿润草地、河岸和田埂上。蒙古、朝鲜、俄罗斯、日本也有。

猩红肉叶菊
Kleinia fulgens

【科属】菊科仙人笔属

【别名】珊瑚千里光

【形态特征】多年生肉质植物，株高30～45cm。叶密生，肉质，长椭圆形，先端尖，基部渐狭，无明显的叶柄，灰绿色，全缘。头状花序，总苞绿色，小花管状，花瓣5，红色。花期春至夏。

【产地与习性】产非洲干燥地区。性喜温暖、干燥的环境，耐热，不耐寒，忌湿，喜排水良好的砂质土壤。生长适温15～30℃。

【观赏评价与应用】叶肉质，灰绿色，花大艳丽，多用于多肉植物专类园种植，或用于岩石园点缀。

【同属种类】本属约61种，产非洲，我

国有少量引种。

生菜
Lactuca sativa

【科属】菊科莴苣属

【别名】莴苣

【形态特征】一年生或二年草本，高25～100cm。茎直立，单生。基生叶及下部茎叶大，不分裂，倒披针形、椭圆形或椭圆状倒披针形，长6～15cm，宽1.5～6.5cm，顶端急尖、短渐尖或圆形，无柄，基部心形

生菜

生菜

生菜

河西菊
Launaea polydichotoma
【 *Hexinia polydichotoma* 】

【科属】菊科栓果菊属

【形态特征】多年生草本，高15～40(50)cm。自根茎发出多数茎，茎自下部起多级等二叉状分枝，形成球状。基生叶与下部茎叶少数，线形，革质，无柄，长0.5～4cm，宽2～5mm，基部半抱茎，顶端钝；中部茎与上部茎叶或有时基生叶退化成小三角形鳞片状。头状花序极多数，单生于末级等二叉状分枝末端，含4～7枚舌状小花。总苞圆柱状。舌状小花黄色，花冠管外面无毛。瘦果圆柱状。花果期5～9月。

【产地与习性】分布甘肃、新疆。生于海拔42～1800m沙地、沙地边缘、沙丘间低地、戈壁冲沟及沙地田边。性喜冷凉及光照充足的

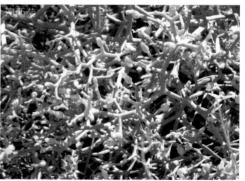
河西菊

河西菊

环境，耐寒，耐旱，耐瘠，忌湿热。喜疏松、排水良好的砂质土。生长适温 12 ~ 26℃。

【观赏评价与应用】茎肉质，二叉状分枝，极为奇特，目前较少栽培，可引种至沙生植物园、多浆园等用于岩隙、路边等绿化或点缀。

【同属种类】全属 54 种，分布非洲、南欧、西南亚洲及中亚。我国有 4 种，其中 1 种引进。

大滨菊
Leucanthemum maximum

【科属】菊科滨菊属

【形态特征】多年生宿根草本，有长根状茎。基生叶簇生，匙形，具长柄，茎生叶较小，皮针形，先端尖，基部楔形，边缘具锯齿。头状花序单生，直径约 10cm，边缘雌花 1 层，舌状，白色，中央盘状花多数，两性，管状，黄色。总苞碟状，总苞片 3 ~ 4 层。花期春末至夏季。

【产地与习性】产欧洲，现世界各地广为栽培。喜光，喜温暖，耐寒，耐瘠，不择土壤。生长适温 15 ~ 25℃。

【观赏评价与应用】本种适应性强，花大洁白，花期长，为著名的庭园植物，可用于公园、绿地、庭院等路边、墙边、山石边种植，也常用于花境，公路的隔离带等种植观赏。

【同属种类】本属约 33 种，主要分布于中欧和南欧山区。我国引进 2 种。

蛇鞭菊
Liatris spicata

【科属】菊科蛇鞭菊属

【别名】马尾花、麒麟菊

【形态特征】多年生草本，具球茎，茎直立，不分枝。基生叶狭带形，先端尖，全缘，长约 20 ~ 30cm。茎生叶密集，交替互生于茎上，线形，长 5 ~ 10cm，先端圆钝，叶无柄，绿色，全缘。头状花序排成穗状，小花紫色或白色。蒴果。花期夏末秋初。

【产地与习性】产东欧及北美。喜温暖，喜阳光，不耐荫蔽，耐旱，忌湿涝。喜疏松、排水良好的壤土。生长适温 15 ~ 25℃。

【观赏评价与应用】株形紧凑，花序大，清新自然，为著名的切花，园林中可用于布置花境、花带或林缘种植，也常用于庭院栽培观赏或用于背景材料。

【同属种类】本属约 54 种，产墨西哥、巴哈马等地。我国引进 1 种。

大滨菊

大滨菊

大滨菊

蛇鞭菊

蛇鞭菊

蛇鞭菊

齿叶橐吾
Ligularia dentata

【科属】菊科橐吾属

【形态特征】多年生草本。根肉质，多数，粗壮。茎直立，高 30 ～ 120cm，上部有分枝。丛生叶与茎下部叶具柄，柄粗状，长 22 ～ 60cm；叶片肾形，长 7 ～ 30cm，宽 12 ～ 38cm，先端圆形，边缘具整齐的齿，齿间具睫毛，基部弯缺状，长为叶片的 1/3；茎中部叶与下部者同形，较小；上部叶肾形，近无柄。伞房状或复伞房状花序开展，分枝叉开；苞片及小苞片卵形至线状披针形；头状花序多数，辐射状；总苞半球形。舌状花黄色，舌片狭长圆形，管状花多数。瘦果圆柱形。花果期 7 ～ 10 月。

【产地与习性】产云南、四川、贵州、甘肃、陕西、山西、湖北、广西、湖南、江西、安徽、河南。生于海拔 650 ～ 3200m 的山坡、水边、林缘和林中。在日本也有分布。性喜温暖、湿润及阳光充足的环境，耐半荫，耐寒，耐瘠，耐旱，对土壤要求不严，以疏松、排水良好的壤土为宜。生长适温 15 ～ 25℃。

【观赏评价与应用】叶大翠绿，花金黄，栽培品种较多，欧洲普遍栽培，可丛植于疏

齿叶橐吾

齿叶橐吾

林下、林缘、山石边或园路边，也可用于花境或与其他植物配植。

【同属种类】全属约 140 种，产亚洲，欧洲。我国有 123 种，其中 89 种为特有种。
同属植物有：

1. 蹄叶橐吾 *Ligularia fischeri*

多年生草本。茎高大，直立，高 80 ～ 200cm。丛生叶与茎下部叶具柄，柄长 18 ～ 59cm。叶片肾形，长 10 ～ 30cm，宽 13 ～ 40cm，先端圆形，有时具尖头，边缘有整齐的锯齿，基部弯缺宽，长为叶片的 1/3；茎、中上部叶具短柄，鞘膨大，叶片肾形，长 4.5 ～ 5.5cm，宽 5 ～ 6cm。总状花序；苞片草质，头状花序多数，辐射状；小苞片狭披针形至线形；总苞钟形。舌状花 5 ～ 6（9），黄色，管状花多数。瘦果圆柱形。花果期 7 ～ 10 月。产四川、湖北，贵州、湖南、河南、安徽、浙江、甘肃、陕西、华北地区及东北地区。生于海拔 100 ～ 2700m 的水边、草甸子、山坡、灌丛中、林缘及林下。尼泊尔、印度、不丹、俄罗斯、蒙古、朝鲜、日本也有。

2. 长白山橐吾 *Ligularia jamesii*

又名单头橐吾、单花橐吾。多年生草本。根肉质，细长，多数。茎直立，高 30 ～ 60cm。丛生叶与茎下部叶具柄，柄长达 29cm。叶片三角状戟形，长 3.5 ～ 9cm，基部宽 7 ～ 10cm，先端急尖或渐尖，边缘有尖锯齿，基部弯缺宽，长为叶片的 1/2；茎中部叶具短柄，抱茎，叶片卵状箭形，较小；茎上部叶无柄，披针形。头状花序辐射状，单生；总苞宽钟形，舌状花 13 ～ 16，黄色，舌片线状披针形。瘦果圆柱形。花果期 7 ～ 8 月。产辽宁、吉林、内蒙古。生于海拔 300 ～ 2500m 的林下、灌丛及高山草地。朝鲜也有。

蹄叶橐吾

蹄叶橐吾

白晶菊
Mauranthemum paludosum

【科属】菊科白舌菊属

【形态特征】一、二年生草本，株高 20 ～ 40cm。叶互生，一至二回羽状分，裂片全缘，先端尖。头状花序顶生，直径约 3cm，舌状花 1 轮，白色，管状花多数，黄色。花期春至夏。

【产地与习性】产非洲。喜温暖及阳光充足的环境，有一定的耐寒性，忌湿涝，不耐瘠。喜肥沃、排水良好的壤土。生长适温 15 ～ 25℃。

长白山橐吾

长白山橐吾

【观赏评价与应用】株丛低矮，叶翠绿，花洁白雅致，为优良观花草本，多用于花境、花坛以及墙垣边、山石边栽培观赏，也可片植于林缘或用于公路隔离带绿化。

【同属种类】本属 6 种，产非洲及欧洲。我国引进栽培 1 种。

美兰菊
Melampodium divaricatum

【科属】菊科黑足菊属

【别名】皇帝菊

【形态特征】多年生草本，具分枝，株高

白晶菊

白晶菊

白晶菊

30 ~ 50cm。叶对生，长椭圆形，先端尖，基部楔形，边缘具稀疏的锯齿。头状花序顶生，直径约2cm，舌状花黄色，顶端齿裂，管状花黄色。花期春末至夏季。

【产地与习性】产美洲。性喜温暖及湿润环境，不甚耐寒，不喜湿热，忌积水，较耐旱。喜疏松、肥沃的壤土。生长适温15 ~ 25℃。

【观赏评价与应用】株形美观，花繁茂，金黄色，极为美丽，为优良的观赏草本。适合公园、绿地、景区等园路边、林缘、滨水岸边片植绿化，也常用于花境、花坛或用于庭院一角点缀观赏。

【同属种类】本属约44种，产美洲，主要产于哥伦比亚及巴西。我国引进1种。

非洲万寿菊
Osteospermum ecklonis

【科属】菊科蓝眼菊属

【形态特征】多年生草本，具分枝，株高20 ~ 50cm。叶互生，长椭圆形，先端尖，基部渐狭成楔形，边缘具稀疏齿牙。头状花序，单生，花大，花径5 ~ 10cm，花色繁多，舌状花有黄色、红色、紫色等，管状花为蓝褐

色。花期春至夏。

【产地与习性】原产南非。喜温暖、喜湿润，不耐寒，不喜高温高湿。喜疏松、排水良好的肥沃壤土。生长适温15 ~ 25℃。

【观赏评价与应用】花色多样，色彩艳丽，我国园林常见应用，可用于花境、花带成片种植，也适合丛植于山石边、墙边或一隅点缀，也是花坛、花台的首选材料。

【同属种类】本属约51种，产非洲。我国有少量引种。

非洲万寿菊

非洲万寿菊

黄花新月
Othonna capensis

【科属】菊科厚敦菊属

【别名】紫葡萄

【形态特征】多年生肉质草本，蔓性，蔓

长可达 30 ～ 60cm，茎紫色。叶对生或互生茎上，肉质，叶片细圆柱形，中间粗，两端细，稍弯曲。花序着生于叶腋，头状花序，舌状花黄色，管状花黄色。花期几乎全年。

【产地与习性】产南非。性喜温暖和阳光充足的环境，耐半荫，极耐旱，忌水湿。喜疏松、肥沃的砂质壤土。生长适温 15 ～ 28℃。

【观赏评价与应用】叶肉质，稍弯曲，犹如一弯新月，花金黄，点缀于枝蔓间，极为美丽，可用于多浆园栽培观赏，或吊盆栽植用于空间绿化。

【同属种类】本属约 111 种，产南非及纳米比亚，我国有少量引种。

黄花新月

黄花新月

黄花新月

星叶蟹甲草
Parasenecio komarovianus

【科属】菊科蟹甲草属

【别名】星叶兔儿伞

【形态特征】多年生草本，茎粗壮，直立，高（70）100 ～ 200cm。下部叶在花期枯萎，中部叶叶片三角状戟形，稀扁三角状戟形，长 20 ～ 30cm，宽 20 ～ 50cm，顶端尾状急尖，基部截形或微心形，沿叶柄下延成宽翅，薄质，上部叶渐小，具短叶柄，下部叶 1 ～ 2，与中部茎叶同形，但较狭，三角状戟形，具 2 ～ 3 浅裂。头状花序极多数，多达 250 ～ 350 个，在茎端密集成长达 20 ～ 50cm 的大型塔状圆锥花序。总苞狭圆柱形，总苞片 5，线状披针形。小花 5 ～ 7，花冠黄色。瘦果狭圆柱形。花期 7 ～ 8 月，果期 9 月。

【产地与习性】产吉林、辽宁。生于海拔 850 ～ 2100m 林下或林缘。朝鲜、俄罗斯也有。性喜冷凉及半荫环境，也可在全光照下生长，喜湿润，耐瘠，不耐热，极耐寒。喜疏松、排水良好的壤土。生长适温 14 ～ 22℃。

【观赏评价与应用】株形整齐，叶色青翠，具有一定的观赏性。目前尚没有引种栽培，可用于疏林下、林缘、坡地或山石边大片种植，

星叶蟹甲草

星叶蟹甲草

星叶蟹甲草

可营造群体景观。

【同属种类】本属约 60 余种，主要分布于东亚及中国喜马拉雅地区。俄罗斯欧洲部分及远东地区也有。我国有 52 种，其中 43 种为特有。

瓜叶菊
Pericallis hybrida

【科属】菊科瓜叶菊属

【形态特征】多年生草本。茎直立，高 30 ～ 70cm，被密白色长柔毛。叶具柄；叶片大，肾形至宽心形，有时上部叶三角状心形，长 10 ～ 15cm，宽 10 ～ 20cm，顶端急尖或渐尖，基部深心形，边缘不规则三角状浅裂或具钝锯齿。头状花序，多数，在茎端排列成宽伞房状；总苞钟状，总苞片 1 层。小花紫红色，淡蓝色，粉红色或近白色；舌片开展，长椭圆形，管状花黄色。瘦果长圆形。花果期 3 ～ 7 月。

【产地与习性】原产大西洋加那利群岛。我国各地公园或庭院广泛栽培。性喜温暖及半荫环境，忌强光，喜湿润，但忌湿涝，极不耐旱。喜疏松、肥沃、排水良好的壤土。生长适温 15 ～ 22℃。

瓜叶菊

瓜叶菊

瓜叶菊

【观赏评价与应用】品种极多，花色丰富，色彩艳丽，是一种常见的盆栽花卉，也适合用于装点庭院或用于花坛、花境栽培。

【同属种类】约 15 种，主产加那利群岛马德拉岛及亚速尔群岛。我国引进栽培 1 种。

红花除虫菊
Pyrethrum coccineum

【科属】菊科匹菊属

【形态特征】多年生草本，高 25 ~ 50cm。基生叶花期生存，卵形或长椭圆形，长 4 ~ 8cm，宽 2.5 ~ 4cm，二回羽状分裂。一回为全裂，侧裂片 4 ~ 8 对，长椭圆形；二回为深裂，裂片边缘有锯齿。茎中部叶小，与基生叶同形，并等样分裂，无柄或几无柄。头状花序下部的叶更小，常羽状全裂。头状花序单生茎顶或茎生 2 个头状花序。舌状花红色，顶端 2 ~ 3 齿裂。瘦果。花果期 5 ~ 10 月。

【产地与习性】原产高加索。性喜冷凉及阳光充足的环境，喜湿润，极耐寒，不耐热。喜疏松、排水良好的壤土。生长适温 15 ~ 25℃。

【观赏评价与应用】本种花色艳丽，我国有少量引种栽培，可丛植或片植于公园、绿地等墙边、路边或庭院一隅栽培。全株含除虫菊酯，可作杀虫剂。

【同属种类】本属约 47 种，分布欧洲、北非及中亚一带，我国不产。

草原松果菊
Ratibida columnifera

【科属】菊科草光菊属

【形态特征】多年生草本，多作一二年生栽培。株高 30 ~ 100cm；叶互生，羽状分裂，裂片线状至狭披针形，先端尖，全缘；头状花序，舌状花黄色，紫红色，常下垂，盘花柱状，状如松果，管状花黄色。花期晚春至夏季。

【产地与习性】产北美，生于草原、平原等地。喜光，喜温暖，耐瘠，稍耐寒，不喜湿热。喜肥沃、深厚、排水良好的富含有机质的土壤。生长适温 15 ~ 25℃。

【观赏评价与应用】花序奇特，花瓣悬垂，清新怡人，为著名观赏植物，常丛植于林缘、路边、墙垣边种植，也可配植于山石边、水岸边、亭前观赏。

【同属种类】本属约 8 种，产美洲，我国引种栽培。

黑心菊
Rudbeckia hirta

【科属】菊科金光菊属

【形态特征】多年生草本植物，多作一、二年生栽培，高 30 ~ 100cm，茎不分枝或上部分枝。下部叶长卵圆形、长圆形或匙形，先端尖或渐尖，基部楔状下延，有 3 出脉，边缘有细锯齿，有具翅的柄，长 8 ~ 12cm；上部叶长圆披针形，先端渐尖，边缘有细至粗锯齿或全缘，长 3 ~ 5cm，宽 1 ~ 1.5cm。头状花序，总苞片外层长圆形；舌状花鲜黄色，舌片长圆形，先端有 2 ~ 3 个不整齐短齿，管状花暗褐色或暗紫色。瘦果四棱形，黑褐色。花、果期 5 ~ 9 月。

【产地与习性】原产于北美东部。喜光，耐旱，耐寒力一般，喜通风良好的环境。不择土壤。生长适温 15 ~ 26℃。

【观赏评价与应用】多用作庭园布置，可引种栽培。

草原松果菊

红花除虫菊

草原松果菊

草原松果菊

红花除虫菊
除虫菊
Pyrethrum coccineum

黑心菊

黑心菊

黑心菊

作花坛、花境材料，或林缘、隙地或房前栽植或成片种植。亦可做切花。

【同属种类】本属约 17 种，产北美及墨西哥，我国引进栽培 3 种。

金光菊
Rudbeckia laciniata

【科属】菊科金光菊属

【形态特征】多年生草本，一般作一、二年生栽培。植株粗壮，高达 1～2m，多分枝。

叶片宽厚，基生叶羽状 5～7 裂，茎生叶 3～5 裂，边缘具有较密的锯齿。一至数个着生于长梗上，总苞片稀疏，叶状，径约 10cm，舌状花 6～10 个，倒披针形而下垂，金黄色，管状花黄绿色。花期 5～10 月。

【产地与习性】原产加拿大及美国。喜通风良好，阳光充足的环境；适应性强，耐寒又耐旱；对土壤要求不严，但忌水湿。生长适温 15～26℃。

【观赏评价与应用】金光菊株型较大，盛花期花朵繁多，繁花似锦，光彩夺目，且开花观赏期长、能形成长达半年之久的艳丽花海景观，适合公园、机关、学校、庭院等场所布置，亦可做花坛，花境材料，也可布置于草坪边缘或自然式栽植。

金光菊

金光菊

金光菊

栽培的同属品种有：

1. ‘金色风暴’全缘金光菊 *Rudbeckia fulgida* ‘Goldsturm’

多年生草本，株高 30～60cm。基生叶及茎下部叶长圆形或匙形，长 5～10cm，先端钝，基部渐狭成柄，上部叶无柄，或基部微抱茎，两面被长硬毛或柔毛。头状花序，直径 2～4cm；总苞苞片长圆形或披针形；舌状花 10～15，线形，金黄色，管状花褐紫色；花、果期 8～10 月。园艺种，原种产北美。

‘金色风暴’全缘金光菊

‘金色风暴’全缘金光菊

2. ‘重瓣’金光菊 *Rudbeckia laciniata* ‘Hortensis’

与原种金光菊的主要区别为花重瓣。

‘重瓣’金光菊

‘重瓣’金光菊

银叶菊

银叶菊

银叶菊

鱼尾冠

银叶菊
Senecio cineraria

【科属】菊科千里光属

【形态特征】多年生草本。高 50～80cm，茎灰白色，植株多分枝。叶 1～2 回羽状裂，正反面均被银白色柔毛。头状花序集成伞房花序，舌状花小，金黄色，管状花褐黄色。花期 6～9 月。

【产地与习性】产南欧。喜温暖及阳光充足的环境，较耐寒，较耐热，耐瘠。喜疏松肥沃、排水良好的砂质壤土或富含有机质的粘质壤土。生长适温 15～25℃。

【观赏评价与应用】银叶菊叶色银白，观赏价值高。盆栽适合卧室、书房、餐厅、阳台等处栽培观赏，也常用于庭院的路边、墙边栽培；园林中可用于布置花境、花坛或造型等。

【同属种类】本属约 1200 种，除南极洲外遍布于全世界。我国产 65 种，其中 39 种为特有。

鱼尾冠
Senecio crassissimus

【科属】菊科千里光属

【别名】白金菊、紫蛮刀

【形态特征】多年生肉质植物，株高 50～80cm，茎、枝均为绿色，有时略带紫晕。叶片倒卵形，青绿色，稍有白粉，叶缘及叶片基部均呈紫色。头状花序，舌状花 5，金黄色，管状花多数，黄色。花期春季。

【产地与习性】产马达加斯加。性喜高温及阳光充足的环境，不耐寒，耐瘠，忌水湿。喜排水良好的砂质土壤。生长适温 15～28℃。

【观赏评价与应用】叶色美丽，为多肉

鱼尾冠

鱼尾冠

植物的代表种之一，多盆栽，可用于窗台、阳台栽培或案几上摆放观赏。也常用于观光温室。

泥鳅掌
Senecio pendulus

【科属】菊科千里光属

【形态特征】多年生肉质草本，茎圆柱形，具节，每节长约 20cm，匍匐，平卧于地面，灰绿色。叶极小，退化成刺状。总花梗具头状花 1～2 个，花径 2～3cm。花红色。

泥鳅掌

泥鳅掌

泥鳅掌

【产地与习性】原产东非及阿拉伯地区。性喜温暖及阳光充足的环境，耐热，不耐寒，耐瘠，忌积水。喜排水良好的砂质壤土。生长适温 15 ~ 28℃。

【观赏评价与应用】茎奇特，状似泥鳅缠绕于一起，极为奇特，小花红色，观赏性较高，可用于沙生植物园的小路边、山石边点缀，也可盆栽。

翡翠珠
Senecio rowleyanus

【科属】菊科千里光属

【别名】一串珠、绿铃

【形态特征】多年生常绿肉质草本，植株悬垂，长可达 1m 以上。叶互生，较疏，圆心

翡翠珠

翡翠珠

翡翠珠

形，绿色，肥厚多汁。头状花序顶生，花白色至浅褐色。花期 12 月至翌年 1 月。

【产地与习性】产西南非洲。喜温暖及阳光充足的环境，较耐热，不耐寒，耐瘠，耐旱，忌湿涝，喜肥沃、疏松的砂质壤土。生长适温 18 ~ 28℃。

【观赏评价与应用】叶肉质，形态极为奇特，可用于吊盆栽植打造空中景观，也可用于植物园的多肉区栽培观赏，也是优良的小盆栽植物，多用于案几摆放观赏。

串叶松香草
Silphium perfoliatum

【科属】菊科松香草属

【别名】菊花草

【形态特征】多年生草本，株高 2 ~ 3m。茎直立，四棱形，上部分枝。叶对生，茎从两片叶中间贯串叶出，卵形，长 15 ~ 30cm，宽 10 ~ 20cm，先端急尖，下部叶基部渐狭成柄，边缘具粗牙齿。头状花序，在茎顶成伞房状。总苞苞片数层，舌片先端 3 齿；管状花黄色，两性，不育。花期 6 ~ 9 月，果期 9 ~ 10 月。

【产地与习性】原产于北美的加拿大和美国南部、西部。性喜温暖及阳光充足的环境，耐寒，耐瘠，较耐热，喜疏松、肥沃的壤土。生长适温 15 ~ 25℃。

串叶松香草

串叶松香草

串叶松香草

【观赏评价与应用】植株高大，性强健，小花金黄色，清新怡人。可丛植于墙边、林缘等处作背景材料，也可丛植于园路边、草地中点缀。本种可作牧草。

【同属种类】本属约 26 种，产北美洲。我国引进栽培 1 种。

水飞蓟
Silybum marianum

【科属】菊科水飞蓟属

【别名】水飞雉

【形态特征】一年生或二年生草本，高1.2m。茎直立，分枝，全部茎枝有白色粉质物，被稀疏的蛛丝毛或脱毛。莲座状基生叶与下部茎叶有叶柄，全形椭圆形或倒披针形，

水飞蓟

水飞蓟

水飞蓟

长达 50cm，宽达 30cm，羽状浅裂至全裂；中部与上部茎叶渐小，长卵形或披针形，羽状浅裂或边缘浅波状圆齿裂，基部尾状渐尖，基部心形，半抱茎，最上部茎叶更小，不分裂，披针形，基部心形抱茎。全部叶具大型白色花斑，边缘或裂片边缘及顶端有坚硬的黄色的针刺。头状花序较大，生枝端，总苞球形或卵球形。小花红紫色，少有白色。瘦果压扁，长椭圆形或长倒卵形。花果期 5～10 月。

【产地与习性】分布欧洲、地中海地区、北非及亚洲中部。喜温暖及阳光充足的环境，较耐寒，也耐热，耐瘠，不耐渍涝。喜疏松、排水良好的壤土。生长适温 15～25℃。

【观赏评价与应用】我国各地公园、植物园或园庭都有栽培，适合园路边、小路、墙边成片种植，也可用于药用植物专类园。瘦果入药，性味苦凉，有清热、解毒、保肝利胆作用。

【同属种类】本属 2 种，分布中欧、南欧、地中海地区与俄罗斯。我国引种栽培 1 种。

菊薯
Smallanthus sonchifolius

【科属】菊科离苞果属

【别名】雪莲果

【形态特征】多年生草本，株高 1～3m。茎圆柱形，中空。地下具纺锤形块茎。下部叶宽卵形或戟形，具长柄，上部叶卵状披针形，头状花序，总苞片 5，花冠黄色，舌状花雌性，具 2～3 齿。盘状花多数。瘦果。花期 9 月。

菊薯

菊薯

菊薯

【产地与习性】产南美，我国引种栽培。喜温暖、湿润及阳光充足的环境，耐寒，耐瘠。喜疏松、排水良好的肥沃壤土。生长适温 15～26℃。

【观赏评价与应用】我国近年来引种，多作特菜栽培，也可用于公园、绿地、植物园等丛植于园路边或蔬果专类园中观赏，或用于科普教育素材。本种为古老作物，块茎可食，印第安人生食或熟食。

【同属种类】本属约 20 种，产南北美洲，我国引进栽培 1 种。

加拿大一枝黄花
Solidago canadensis

【科属】菊科一枝黄花属

【别名】金棒草

【形态特征】多年生草本，有长根状茎。茎直立，高达 2.5m。叶披针形或线状披针形，长 5～12cm。头状花序很小，长 4～6mm，在花序分枝上单面着生，多数弯曲的花序分枝与单面着生的头状花序，形成开展的圆锥状花序。总苞片线状披针形，长 3～4mm。边缘舌状花很短。花期夏至秋。

【产地与习性】原产北美。我国公园及植物园引种栽培，供观赏。性强健，喜温暖，喜光照，耐寒，耐瘠，不喜湿热。不择土壤。生长适温 15～26℃。

加拿大一枝黄花

加拿大一枝黄花

【观赏评价与应用】本种花序大，花金黄色，花期极为壮观，可用于观赏，适合篱架边、路边、墙边或角隅等地丛植或片植观赏。但加拿大一枝黄花是一种危害极大的外来入侵植物，繁殖快，入侵性强，在环境条件适宜时迅速扩展蔓延，破坏生态系统，对本地物种进行排挤，危害较大。引种时需注意。

【同属种类】全属约 120 余种。主要集中于美洲。我国有 6 种，其中 3 种引进。

蟛蜞菊
Sphagneticola calendulacea 【*Wedelia chinensis*】

【科属】菊科泽菊属

【形态特征】多年生草本。茎匍匐，上部近直立，基部各节生出不定根，长 15 ~ 50cm。叶无柄，椭圆形、长圆形或线形，长 3 ~ 7cm，宽 7 ~ 13mm，基部狭，顶端短尖或钝，全缘或有 1 ~ 3 对疏粗齿。头状花序少数，径 15 ~ 20mm，单生于枝顶或叶腋内；总苞钟形，2 层。舌状花 1 层，黄色，舌片卵状长圆形，管状花较多，黄色。瘦果倒卵形。花期 3 ~ 9 月。

【产地与习性】产我国辽宁、东部和南部各省区及其沿海岛屿。生于路旁、田边、沟边或湿润草地上。也分布于印度、中南半岛、印度尼西亚、菲律宾至日本。本种抗性极强，粗生，不用特殊管理。生长适温 15 ~ 28℃。

【观赏评价与应用】植株匍匐于地表，终年常绿，生长快，可快速覆盖地面，也用于坡地、球场边缘、小路边等绿化，也可用于林下、林缘等作地被植物。

【同属种类】本属 5 种，产热带及亚热带地区，我国有 2 种，其中 1 种引进栽培。

南美蟛蜞菊
Sphagneticola trilobata 【*Wedelia trilobata*】

【科属】菊科泽菊属

【别名】三裂蟛蜞菊

【形态特征】茎横卧地面，茎长可达 2m 以上。叶对生，具齿，不分裂，叶片绿色，光亮。头状花序，多单生，外围雌花 1 层，舌状，顶端 2 ~ 3 齿裂，黄色，中央两性花，黄色，结实。瘦果。花期几乎全年。

【产地与习性】原产热带美洲，在我国部分地区已逸生。性喜高温及阳光充足的环境，耐瘠，耐热，喜湿，不耐寒，不择土壤。生长适温 18 ~ 30℃。

【观赏评价与应用】习性强健，叶色翠绿，花色金黄，可用于路边、花台或水岸边种植

观赏，也可用于水土保持工程，作为护坡、护堤的覆盖植物。本种有一定的入侵性，引种需慎重。

兔儿伞
Syneilesis aconitifolia

【科属】菊科兔儿伞属

【形态特征】多年生草本。茎直立，高 70 ~ 120cm，紫褐色。叶通常 2，疏生；下部叶具长柄；叶片盾状圆形，直径 20 ~ 30cm，掌状深裂；裂片 7 ~ 9，每裂片再次 2 ~ 3 浅裂；小裂片宽 4 ~ 8mm，线状披针形，边缘具不等长的锐齿，顶端渐尖，初时反折呈闭伞状，被密蛛丝状绒毛，后开展成伞状，变无毛；中部叶较小，直径 12 ~ 24cm；裂片通常 4 ~ 5。头状花序多数，在茎端密集成复伞房状；总苞筒状，总苞片 1 层，花冠淡粉白色。花期 6 ~ 7 月，果期 8 ~ 10 月。

【产地与习性】产东北、华北、华中和陕西、甘肃、贵州。生于山坡荒地林缘或路旁，海拔 500- 1800m。俄罗斯远东地区、朝鲜和日本也有分布。性喜温暖及半荫，在全光照下也可良好生长，耐瘠，耐寒，不耐暑热。不择土壤。生长适温 15 ~ 25℃。

【观赏评价与应用】叶形奇特，形成的群落错落有致，适于疏林下、林缘、墙垣边片植或亭廊处、岩石园等处点缀。

兔儿伞

兔儿伞

兔儿伞

【同属种类】本属 7 种，产于东亚，主要分布于中国、朝鲜和日本。我国产 4 种，其中 3 种为特有种。

万寿菊
Tagetes erecta

【科属】菊科万寿菊属

【形态特征】一年生草本，高 20 ~ 100cm。茎直立、光滑、粗壮，有纵细条棱，分枝向上平展。叶对生或互生，羽状分裂，长 5 ~ 10cm，宽 4 ~ 8cm，裂片长椭圆形或披针形，边缘有锐锯齿，上部叶裂片的齿端有长芒。头状花序单生，总苞杯状；舌状花黄色或暗黄色，舌片倒卵形；管状花花冠黄色。瘦果条形。花期 7 ~ 9 月，果期 8 ~ 9 月。

【产地与习性】原产墨西哥，全国各地均有栽培。喜阳光充足和温暖的气候环境，但稍能耐早霜，较耐旱。对土壤要求不严，但以肥沃、深厚、富含腐殖质、排水良好的砂质壤土为宜。生长适温 15 ~ 25℃

【观赏评价与应用】万寿菊花大色艳，花期长，是夏秋季花坛、花境或切花材料。其中矮型品种分枝性强，植株低矮，生长整齐，最适宜做花坛布置。叶、花可入药，花可提取色素。

【同属种类】约 40 种，产美洲中部及南部。我国引进栽培 4 种。

万寿菊

万寿菊

孔雀草
Tagetes patula

【科属】菊科万寿菊属

【别名】小万寿菊

【形态特征】一年生草本，高 30 ~ 100cm，茎直立，通常近基部分枝，分枝斜开展。叶羽状分裂，长 2 ~ 9cm，宽 1.5 ~ 3cm，裂片线状披针形，边缘有锯齿，齿端常有长细芒。头状花序单生，径 3.5 ~ 4cm，总苞长椭圆形，上端具锐齿；舌状花金黄色或橙色，带有红色斑；舌片近圆形，顶端微凹；管状花花冠黄色。瘦果线形。花期 7 ~ 9 月。

【产地与习性】原产墨西哥。我国各地庭园常有栽培。性喜温暖及阳光充足的环境，耐瘠，耐旱，不耐寒，不耐暑热。不择土壤。生长适温 15 ~ 25℃。

【观赏评价与应用】花繁叶茂，品种繁多，为著名庭园植物，多用于庭院的路边、阶前美化，也是公园、风景区、植物园常见栽培的观赏草花，可用于路边、林缘、草地边缘或公路隔离带等片植或带植，也可用于花境。

孔雀草

孔雀草

孔雀草

栽培的同属植物有：

芳香万寿菊 *Tagetes lemmonii*

多年生草本植物，茎直立，株高可达1m。单对生，羽状全裂，裂片披针形，具锯齿，头状花序着生枝顶，直径6～8cm，舌状花黄色，先端齿裂，管状花多数，黄色。瘦果。花期秋季。产北美。

芳香万寿菊

芳香万寿菊

芳香万寿菊

除虫菊
Tanacetum cinerariifolium
【*Pyrethrum cinerariifolium*】

【科属】菊科菊蒿属

【别名】白花除虫菊

【形态特征】多年生草本，高17～60cm。基生叶花期生存，卵形或椭圆形，长1.5～4cm，宽1～2cm，二回羽状分裂。一回为全裂，侧裂片3～5对，卵形或椭圆形；二回为深裂或几全裂，裂片全缘或有齿。中部茎叶渐大，与基生叶同形并等样分裂。向上叶渐小，二回羽状或羽状分裂或不裂。头状花序单生茎顶或茎生3～10个头状花序，排成疏

除虫菊

除虫菊

除虫菊

松伞房花序。舌状花白色，顶端平截或微凹。瘦果。花果期5～8月。

【产地与习性】原产欧洲。性喜温暖及阳光充足的环境，耐寒、不耐暑热，喜生于疏松、肥沃的壤土。生长适温15～26℃。

【观赏评价与应用】本种花色洁白，色泽清雅，多作药用植物栽培，也适合用于园林景观绿化，适合疏林下、林缘、庭前等处种植观赏。本种可药用，也可作农业杀虫剂。

【同属种类】本属约100种，产非洲北部、中亚、欧洲。我国有19种，其中2种为特有，引进2种。

蒲公英
Taraxacum mongolicum

【科属】菊科蒲公英属

【别名】蒙古蒲公英、黄花地丁、婆婆丁

【形态特征】多年生草本。叶倒卵状披针形、倒披针形或长圆状披针形，长4～20cm，宽1～5cm，先端钝或急尖，边缘有时具波状齿或羽状深裂，有时倒向羽状深裂或大头羽状深裂，顶端裂片较大，三角形或三角状戟形，全缘或具齿，每侧裂片3～5片。花葶1至数个，高10～25cm；头状花序；总苞片

蒲公英

蒲公英

蒲公英

2 ～ 3 层，舌状花黄色，边缘花舌片背面具紫红色条纹。瘦果倒卵状披针形，暗褐色，冠毛白色。花期 4 ～ 9 月，果期 5 ～ 10 月。

【产地与习性】产我国大部分地区。广泛生于中、低海拔地区的山坡草地、路边、田野、河滩。朝鲜、蒙古、俄罗斯也有分布。性喜温暖及阳光充足的环境，耐瘠，耐旱，耐寒性好。不择土壤。生长适温 15 ～ 26℃。

【观赏评价与应用】本种花色金黄，冠白飘逸，似一把把白色小伞，随风舞动，极为可爱，可片植于疏林下、林缘或草坪中，或用于布置花境、花坛，也可作为镶边植物。全草供药用，有清热解毒、消肿散结的功效，幼苗也可食用，为常见野菜。

【同属种类】本种超过 2500 种，主要分布于欧亚大陆，南半球温带地区有少量分布。我国有 116 种，其中 81 种为特有，引进 3 种。

肿柄菊
Tithonia diversifolia

【科属】菊科肿柄菊属

【形态特征】一年生草本，高 2 ～ 5m。茎直立，有粗壮的分枝，被稠密的短柔毛或通常下部脱毛。叶卵形或卵状三角形或近圆形，长 7 ～ 20cm，3 ～ 5 深裂，有长叶柄，上部的叶有时不分裂，裂片卵形或披针形，边缘有细锯齿。头状花序大，总苞片 4 层。舌状花 1 层，黄色，舌片长卵形，顶端有不明显的 3 齿；管状花黄色。瘦果长椭圆形。花果期 9 ～ 11 月。

【产地与习性】原产墨西哥。性喜高温及阳光充足的环境，耐热，耐瘠，不耐寒，对

肿柄菊

肿柄菊

土壤没有特殊要求，以疏松、排水良好的壤土为宜。生长适温 16 ～ 28℃。

【观赏评价与应用】本种性强健，易栽培，花美丽，可用于林下、坡地、水边或林缘等处绿化，但本种有一定的入侵性，引种需注意。

【同属种类】约 11 种，原产美洲中部及墨西哥。我国引种 2 种。

栽培的同属植物有：

圆叶肿柄菊 *Tithonia rotundifolia*

又名墨西哥向日葵，一年生草本，株高 1.5 ～ 2m。叶互生，广卵形，叶背沿脉有毛，下部叶 3 浅裂。头状花序顶生，花梗顶部膨大，舌状花鲜橙红色，管状花多数，黄色。花期 6 ～ 9 月，果熟期 8-10 月。产美洲。

圆叶肿柄菊

圆叶肿柄菊

圆叶肿柄菊

百日菊
Zinnia elegans

【科属】菊科百日菊属

【别名】百日草、步登高

【形态特征】一年生草本。茎直立，高

百日菊

百日菊

30 ～ 100cm，被糙毛或长硬毛。叶宽卵圆形或长圆状椭圆形，长 5 ～ 10cm，宽 2.5 ～ 5cm，基部稍心形抱茎，两面粗糙，下面被密的短糙毛。头状花序径 5 ～ 6.5cm，单生枝端，总苞宽钟状，总苞片多层。舌状花深红色、玫瑰色、紫堇色或白色，舌片倒卵圆形，先端 2 ～ 3 齿裂或全缘。管状花黄色或橙色。雌花瘦果倒卵圆形，管状花瘦果倒卵状楔形。花期 6 ～ 9 月，果期 7 ～ 10 月。

【产地与习性】原产美洲，以墨西哥为中心。我国各地均有栽培。喜光，喜温暖；耐半阴，耐干旱，怕湿热。以肥沃深厚的土壤为佳。生长适温 15 ～ 25℃。

【观赏评价与应用】百日草花期长，适应性强，为著名的庭园植物，是夏秋季花坛、花境的习见草花，高型品种可用做切花。

栽培的同属植物有：

小百日草 *Zinnia haageana*

叶披针形或狭披针形；头状花序径 1.5 ～ 2cm；小花全部橙黄色；托片有黑褐色全缘的尖附片。原产墨西哥。花期夏季，果期秋季。

小百日草

黄花蔺科 **Limnocharitaceae**

水金英
Hydrocleys nymphoides

【科属】黄花蔺科水罂粟属

【别名】水罂粟

【形态特征】多年生浮水草本植物，株高5cm。叶簇生于茎上，叶片呈卵形至近圆形，具长柄，顶端圆钝，基部心形，全缘。伞形花序，小花具长柄，罂粟状，花黄色。蒴果披针形。花期6～9月。

【产地与习性】产中南美洲。喜高温及阳光充足的环境，耐热，不喜荫蔽。生长适温18～28℃。

【观赏评价与应用】叶青翠，花色金黄、清新宜人，观赏性极佳，多用于公园、绿地等水体绿化，常成丛种植于近水处或成片种植于浅水边，也可盆栽观赏。

【同属种类】本属约5种，产南美。我国引进栽培1种。

黄花蔺
Limnocharis flava

【科属】黄花蔺科黄花蔺属

【形态特征】水生草本。叶丛生，挺出水面；叶片卵形至近圆形，长6～28cm，宽4.5～20cm，亮绿色，先端圆形或微凹，基部钝圆或浅心形，背面近顶部具1个排水器；花葶基部稍扁，上部三棱形，伞形花序有花2～15朵，有时具2叶；苞片绿色，圆形至宽椭圆形；内轮花瓣状花被片淡黄色，基部黑色，宽卵形至圆形，先端圆形，长2～3cm，宽1～2cm；雄蕊多数，短于花瓣。果圆锥形，种子多数。花期3～4月。

【产地与习性】原产美洲，在云南等地归化，生于海拔600～700m的沼泽及浅水中。喜高温，喜光照，不耐寒，喜稍粘重的壤土。生长适温18～28℃。

【观赏评价与应用】叶呈黄绿色，叶大秀美，小花清雅，是广为应用的水生观花草本。可丛植用于水体的浅水处点缀，或成片种植形成群体景观。也可用盆栽用于庭院摆放观赏。

【同属种类】本属仅1种。产热带及亚热带美洲、在东南亚一带归化。

水金英

水金英

水金英

黄花蔺

黄花蔺

黄花蔺

泽泻科 **Alismataceae**

泽泻
Alisma plantago-aquatica

【科属】泽泻科泽泻属

【形态特征】多年生水生或沼生草本。块茎直径 1 ~ 3.5cm，或更大。叶通常多数；沉水叶条形或披针形；挺水叶宽披针形、椭圆形至卵形，长 2 ~ 11cm，宽 1.3 ~ 7cm，先端渐尖，稀急尖，基部宽楔形、浅心形。花葶高 78 ~ 100cm，或更高；花序具 3 ~ 8 轮分枝，每轮分枝 3 ~ 9 枚。花两性，外轮花被片广卵形，内轮花被片近圆形，远大于外轮，白色，粉红色或浅紫色；瘦果椭圆形。花果期 5 ~ 10 月。

【产地与习性】产东北、内蒙古、河北、山西、陕西、新疆、云南等省区。生于湖泊、河湾、溪流、水塘的浅水带，沼泽、沟渠及低洼湿地亦有生长。俄罗斯、日本、欧洲、北美洲、大洋洲等均有分布。性喜温暖及阳光充足环境，耐热，耐瘠，耐寒，不耐旱。

喜肥沃稍粘质土壤。生长适温 15 ~ 28℃。

【观赏评价与应用】本种花较大，花期较长，叶青绿，均可用于观赏，可用于庭院、公园、绿地等水景绿化。常与东方泽泻混杂入药，主治肾炎水肿、肾盂肾炎、肠炎泄泻、小便不利等症。

【同属种类】本属约 11 种，主要分布于北半球温带和亚热带地区，大洋洲有 2 种。我国产 6 种，其中 1 种特有。

栽培的同属植物有：

东方泽泻 *Alisma orientale*

多年生水生或沼生草本。块茎直径 1 ~ 2cm，或较大。叶多数；挺水叶宽披针形、椭圆形，长 3.5 ~ 11.5cm，宽 1.3 ~ 6.8cm，先端渐尖，基部近圆形或浅心形。花葶高 35 ~ 90cm，或更高。花序具 3 ~ 9 轮分枝，每轮分枝 3 ~ 9 枚；花两性，直径约 6mm；外轮花被片卵形，内轮花被片近圆形，比外轮大，白色、淡红色，稀黄绿色，边缘波状。瘦果椭圆形。花果期 5 ~ 9 月。产我国大部分

东方泽泻

东方泽泻

泽泻

泽泻

东方泽泻

省区，生于海拔几十米至 2500m 左右的湖泊、水塘、沟渠、沼泽中。俄罗斯、蒙古、日本亦有分布。

大叶皇冠草
Echinodorus macrophyllus

【科属】泽泻科肋果慈姑属

【形态特征】多年生水生草本，株高 30 ～ 50cm。叶基生，叶卵圆形，先端钝尖，基部近心形。全缘，基出脉，叶长 20 ～ 30cm。花葶高约 60 ～ 100cm，常弯垂。花白色。

【产地与习性】产巴西，性喜高温及阳光充足的环境，耐热，喜湿，生活在浅水中。喜微酸性的稍粘质土壤。生长适温 15 ～ 30℃。

【观赏评价与应用】叶形美观，花洁白素雅，可用于庭院、公园及风景区等水体的浅水处栽培，或与其他水生植物配植，均可取得良好效果。也可用于鱼缸造景。

【同属种类】本属约 30 种，分布于西半球，我国引进栽培 2 种。

大叶皇冠草

大叶皇冠草

大叶皇冠草

栽培和的同属植物有：

皇冠草 *Echinodorus grisebachii*

多年生草本，株高 20 ～ 50cm。叶基生，长椭圆形或带状，长可达 60cm，先端尖，基部楔形，叶柄长。花白色。产中南美洲。

皇冠草

皇冠草

皇冠草

蒙特登慈姑
Sagittaria montevidensis

【科属】泽泻科慈姑属

【别名】爆米花慈姑

【形态特征】多年生挺水草本植物。挺水叶片箭形，通常顶裂片与侧裂片近等长。花葶直立，挺出水面，总状或圆锥形花序，花葶粗，花单性，花朵大，花被白色，基部淡黄色，基部具有紫色斑块。花期 3 ～ 11 月。

【产地与习性】产南美。喜光照，喜高

蒙特登慈姑

蒙特登慈姑

温，生于浅水中，喜微酸性土壤。生长适温 18 ～ 30℃。

【观赏评价与应用】本种株形紧凑，叶大美观，花大素雅，为著名的水生草本。常用于公园、风景区、植物园等水体的浅水处种植，也适合与植株较高的菰、水葱、芦苇等配植，群植及点缀效果均佳。

【同属种类】全属约 30 种，广布于世界各地，多数种类集中于北温带，少数种类分布在热带或近于北极圈。我国有 7 种，其中 2 种为特有。

栽培的同属植物有：

野慈姑 *Sagittaria trifolia*

多年生水生或沼生草本。根状茎横走，较粗壮。挺水叶箭形，叶片长短、宽窄变异很大，通常顶裂片短于侧裂片，有时侧裂片更长，顶裂片与侧裂片之间缢缩，或否；花葶直立，挺水，高（15-）20 ～ 70cm，或更高，通常粗壮。花序总状或圆锥状，具花多轮，每轮 2 ～ 3 花；苞片 3 枚，花单性，花被片反折，外轮花被片椭圆形或广卵形，内轮花被片白色或淡黄色。瘦果两侧压扁。种子褐色。花果期 5 ～ 10 月。几乎全国各地均有分布。生于湖泊、池塘、沼泽、沟渠、水田等水域。

野慈姑

野慈姑

水鳖科 **Hydrocharitaceae**

水鳖
Hydrocharis dubia

【科属】水鳖科水鳖属

【别名】马尿花

【形态特征】浮水草本。须根长可达30cm。匍匐茎发达，节间长3～15cm。叶簇生，多漂浮，有时伸出水面；叶片心形或圆形，长4.5～5cm，宽5～5.5cm，先端圆，基部心形，全缘，远轴面有蜂窝状贮气组织，并具气孔；雄花序腋生；佛焰苞2枚，苞内雄花5～6朵，每次仅1朵开放；萼片3，离生，长椭圆形；花瓣3，雌佛焰苞小；萼片3，先端圆，常具红色斑点；花瓣3，白色，基部黄色。果实浆果状，球形至倒卵形。花果期8～10月。

【产地与习性】产东北、河北、陕西、山东、江苏、安徽、浙江、江西、福建、台湾、河南、湖北、湖南、广东、海南、广西、四川、云南等省区。生于静水池沼中。大洋洲和亚洲其他地区也有。性强健，喜光，耐热，喜静水，生长适温15～30℃。

【观赏评价与应用】叶圆润，花洁白，均有观赏性，可用于公园、风景区的静水水域栽培观赏。可作饲料及用于沤绿肥；幼叶柄作蔬菜。

【同属种类】本属约3种，产西欧、小亚细亚、北美、非洲；亚洲、大洋洲。我国产1种。

水车前
Ottelia alismoides

【科属】水鳖科水车前属

【别名】龙舌草、水白菜

【形态特征】沉水草本，具须根。茎短缩。叶基生，膜质；叶片因生境条件的不同而形态各异，多为广卵形、卵状椭圆形、近圆形或心形，长约20cm，宽约18cm，或更大，常见叶形尚有狭长形、披针形乃至线形，长达8～25cm，宽仅1.5～4cm，全缘或有细齿；两性花，偶见单性花，佛焰苞椭圆形至卵形，顶端2～3浅裂，花单生，花瓣白色，淡紫色或浅蓝色；种子多数，纺锤形，细小。花期4～10月。

【产地与习性】产东北地区以及河北、河南、江苏、安徽、浙江、江西、福建、台湾、湖北、湖南、广东、海南、广西、四川、贵州、云南等省区。常生于湖泊、沟渠、水塘、水田以及积水洼地。广布于非洲东北部、亚洲东部及东南部至澳大利亚热带地区。喜温暖，喜光照，喜肥沃的粘质壤土。生长适温15～30℃。

【观赏评价与应用】本种为沉水植物，花期时精致的小花伸出水面，常用于水体的浅水处绿化。嫩叶可代菜食用。也可用作饵料、饲料、绿肥以及药用等。

【同属种类】本属约21种，分布于热带、亚热带和温带。我国产5种，其中2种为特有。

水鳖　水鳖

水车前　水车前

眼子菜科 Potamogetonaceae

竹叶眼子菜
Potamogeton wrightii

【科属】眼子菜科眼子菜属

【形态特征】多年生沉水植物，根状茎柱形。茎单生，疏生分枝，节圆柱形。沉水叶狭长圆形至长圆状披针形，长8～20cm，基部圆形或楔形，边缘波状或具微锯齿。浮水叶通常无，有时存大，长圆形至椭圆形，先端短尖，基部楔形。穗状花序密集，具花多轮。果实倒卵形。花果期秋季。

【产地与习性】产我国大部分地区，韩国、俄罗斯、中亚、东南亚及澳洲也有。喜光照，耐热，对环境要求不高。生长适温15～30℃。

【观赏评价与应用】性强健，生长快，开花时花序伸出水面，可用于公园、风景区的池塘、流水缓慢的小溪边绿化。

【同属种类】本属约75种，分布全球，尤以北半球温带地区分布较多。我国有20种。栽培的同属植物有：

眼子菜 *Potamogeton distinctus*

多年生水生草本。根茎发达，白色。茎圆柱形，通常不分枝。浮水叶革质，披针形、宽披针形至卵状披针形，长2～10cm，宽1～4cm，先端尖或钝圆，基部钝圆或有时近楔形；沉水叶披针形至狭披针形，草质，长2～7cm，顶端尖锐，呈鞘状抱茎。穗状花序顶生，具花多轮，开花时伸出水面，花后沉没水中；花小，被片4，绿色；果实宽倒卵形。花果期5～10月。广布于我国南北大多数省区。生于池塘、水田和水沟等静水中，俄罗斯、朝鲜及日本也有分布。

天南星科 Araceae

金钱蒲
Acorus gramineus

【科属】天南星科菖蒲属

【别名】钱蒲、菖蒲、随手香

【形态特征】多年生草本，高20～30cm。根茎较短，长5～10cm，横走或斜伸，芳香，外皮淡黄色；根肉质，多数。根茎上部多分枝，呈丛生状。叶基对折，叶片质地较厚，线形，绿色，长20～30cm，极狭，宽不足6mm，先端长渐尖，无中肋。花序柄长2.5～9(～15)cm。叶状佛焰苞短，长3～9(～14)cm。肉穗花序黄绿色，圆柱形，果黄绿色。花期5～6月，果7～8月成熟。

【产地与习性】产浙江、江西、湖北、湖南、广东、广西、陕西、甘肃、四川、贵州、云南、西藏。生于海拔1800m以下的水旁湿地或石上。喜温暖及半荫环境，喜湿，不耐旱，较耐热，也耐寒，不择土壤。生长适温15～28℃。

【观赏评价与应用】金钱蒲终年常绿，叶具光泽，花序有一定观赏性，可植于公园、风景区等潮湿的山石边、小溪的水岸边观赏，也可用于林下作地被植物。

【同属种类】4种。分布于北温带至亚洲热带。我国均有。

金钱蒲

金钱蒲

栽培的品种有：

'斑叶'菖蒲 *Acorus gramineus* 'Variegatus' 与原种相比，叶片边缘有淡黄色条纹。

'斑叶'菖蒲

'斑叶'菖蒲

'斑叶'菖蒲

石菖蒲
Acorus tatarinowii

【科属】天南星科菖蒲属

【别名】九节菖蒲、水菖蒲

【形态特征】多年生草本。根茎芳香，根肉质，具多数须根，根茎上部分枝甚密，植株因而成丛生状。叶无柄，叶片薄，叶片暗绿色，线形，长20～30(50)cm，基部对折，中部以上平展，宽7～13mm，先端渐狭，无中肋，平行脉多数，稍隆起。花序柄腋生，长4～15cm，三棱形。叶状佛焰苞长13～25cm，肉穗花序圆柱状，长(2.5)4～6.5(8.5)cm，上部渐尖，直立或稍弯。花白色。幼果绿色，成熟时黄绿色或黄白色。花果期

石菖蒲

石菖蒲

石菖蒲

2～6月。

【产地与习性】产黄河以南各省区。常见于海拔20～2600m的密林下，生长于湿地或溪旁石上。印度东北部至泰国北部也有。喜温暖，喜湿，喜光照，也耐荫，不择土壤。生长适温15～28℃。

【观赏评价与应用】叶大清秀，株丛自然，花序可赏，多用于石隙或阴湿的小溪边绿化，也可盆栽用于庭院观赏。根茎入药。

广东万年青
Aglaonema modestum

【科属】天南星科粗肋草属

【别名】粤万年青、大叶万年青

【形态特征】多年生常绿草本，茎直立或上升，高 40～70cm；叶片深绿色，卵形或卵状披针形，长 15～25cm，宽（6-）10～13cm，不等侧，先端有长 2cm 的渐尖，基部钝或宽楔形。花序柄纤细，佛焰苞长（5.5-）6～7cm，宽 1.5cm，长圆披针形，肉穗花序长为佛焰苞的 2/3。浆果绿色至黄红色，长圆形，种子 1，长圆形。花期 5 月，果 10～11 月成熟。

【产地与习性】产广东、广西至云南，生海拔 500～1700m 的密林下；越南、菲律宾也有。性喜温暖及半荫环境，在全光照下也可生长，耐热、耐瘠，不耐寒。对土壤要求不严，以疏松、肥沃的壤土为佳。生长适温 15～28℃。

【观赏评价与应用】株形紧凑，自然，花

有一定观赏性，为著名观叶植物，多丛植于路边、石边或角隅观赏，也可片植于疏林下、林缘等处。全株入药，可治热血、咳血、小儿脱肛等症

【同属种类】本属 21 种，产热带及亚热带的亚洲。我国有 2 种。

栽培的同属植物及品种有：

1. '雅丽皇后' 粗肋草 *Aglaonema* 'Pattaya Beauty'

多年生常绿草本，株高 30～50cm。叶长椭圆形，先端渐尖，基部楔形，叶面绿色，沿中肋分布有灰白色斑块。肉穗花序，浆果。花期春季至夏。栽培种。

'雅丽皇后' 粗肋草

'雅丽皇后' 粗肋草

'雅丽皇后' 粗肋草

2. 斜纹粗肋草 *Aglaonema commutatum* 'San Remo'

多年生常绿草本，株高 30～50cm。叶长椭圆形，先端渐尖，基部楔形，叶面具沿侧脉方向分布的灰白色条斑。肉穗花序，浆果。花期春季至夏。栽培种。

斜纹粗肋草

斜纹粗肋草

斜纹粗肋草

3. '银后' 粗肋草 *Aglaonema commutatum* 'Silver Queen'

多年生常绿草本植物。株高 30～40cm，茎直立。叶近基生，基部扩大成鞘状，叶狭披针形，叶绿色，叶面具有大面积斜向块块。花期春季至夏。栽培种。

'银后' 粗肋草

'银后' 粗肋草

4. '白柄' 粗肋草 *Aglaonema commutatum* 'White Rajah'

多年生常绿草本，株高 40～60cm。叶基生，基部扩大成鞘，叶长卵形，先端急尖，基部楔形，个长柄，叶柄白色，叶脉处均有白色块斑。花期春季至夏。栽培种。

'白柄' 粗肋草

'白柄'粗肋草

5. 白肋万年青 Aglaonema costatum

多年生常绿草本，株高 30 ～ 50cm。叶长椭圆形，先端渐尖，基部楔形，叶面绿色，中肋白色。肉穗花序，浆果。花期春季至夏。原产马来西亚。

白肋万年青

白肋万年青

6. '白宽肋斑点'粗肋草 Aglaonema costatum 'Foxii'

多年生常绿草本，株高约 30cm。叶和椭圆形，先端尖，基部楔形，中肋白色，叶面布有大小不一的白色斑点。花期春季至夏。栽培种。

'白宽肋斑点'粗肋草

'白宽肋斑点'粗肋草

海芋
Alocasia odora

【科属】天南星科海芋属

【别名】滴水观音

【形态特征】大型草本，茎粗壮，株高 2 ～ 5m，直径可达 30cm。叶盾状着生，阔卵形，长 30 ～ 90cm，宽 20 ～ 60cm。顶端急尖，基部广心状箭形，总花梗圆柱状，通常成对由叶鞘中抽出，长 15 ～ 20cm。佛焰苞管下部粉绿色，上部黄绿色，肉穗花序比佛焰苞短。浆果卵形，红色。花期夏秋。

【产地与习性】分布我国南部及越南，生于山野阴湿处，全株有剧毒。

【观赏评价与应用】本种为著名的乡土植物，应用极为广泛，我国南北均有栽培，株叶硕大，青翠光亮，清新自然，可与其他植物配植用于小品或单独造景，均可取得良好效果，因其耐湿，也可用于滨水的池边绿化，与其他水生、沼生植物配植，相得益彰，或与山石配伍，别有一番情趣。

【同属种类】本属约 80 种。分布于热带亚洲。我国有 8 种。

栽培的同属植物有：

1. 黑叶观音莲 *Alocasia × mortfontanensis*

多年生常绿草本。叶箭形盾状，先端尖，叶缘具齿状缺刻，叶面墨绿色，叶脉银白色，叶背紫褐色。花序肉穗状，佛焰苞白色。花期初夏。产亚洲热带。

黑叶观音莲

海芋

海芋

海芋

2. 尖尾芋 Alocasia cucullata

直立草本。地上茎圆柱形，粗 3 ~ 6cm，黑褐色；叶片膜质至亚革质，深绿色，宽卵状心形，先端骤狭具凸尖，长 10 ~ 16（ ~ 40）cm，宽 7 ~ 18（ ~ 28）cm，基部圆形；花序柄圆柱形，稍粗壮，常单生，长 20 ~ 30cm。佛焰苞近肉质，管部长圆状卵形，淡绿至深绿色，檐部狭舟状，边缘内卷，外面上部淡黄色，下部淡绿色。肉穗花序比佛焰苞短，圆柱形；能育雄花序近纺锤形，苍黄色，黄色；浆果近球形。花期 5 月。在浙江、福建、广西、广东、四川、贵州、云南等地星散分布，生于海拔 2000m 以下溪谷湿地或田边。孟加拉、斯里兰卡、缅甸、泰国也有。

尖尾芋

尖尾芋

花蘑芋
Amorphophallus konjac

【科属】天南星科蘑芋属

【形态特征】块茎褐色，略有光泽，扁球形。叶单生，3 全裂，裂片羽状分裂，小裂片长圆形，锐尖。花序 1，具长柄，佛焰苞宽卵形或长圆形，基部钟形，内卷，檐部展开，凋萎脱落或缩存。肉穗花序直立，长于佛焰苞，下部为雌花序，上接能育雄花序，最后为附属器，附属器延长。花单性，无花被。浆果。花期 4 月，果 8 ~ 9 月成熟。

【产地与习性】产云南，生于海拔 200 ~ 3000m 的林缘及灌丛中。

【观赏评价与应用】本种花大奇特，观赏性极佳，适合丛植于园路边、山石边、小径或角隅，均可取得较好的观赏效果。

花蘑芋

【同属种类】本属约 200 种。分布于非洲、东南亚、澳大利亚、太平洋岛屿。我国有 16 种，其中 7 种有特有。

栽培的同属植物有：

疣柄魔芋 Amorphophallus paeoniifolius

多年生草本，块茎黑褐色，扁球形，长约 20cm。叶柄高大粗壮，高可达 2m 左右，表面绿色带不规则白色斑块。叶 3 全裂，裂片椭圆形、长圆形，先端尖，全缘。佛焰苞钟状，长 10 ~ 45cm，宽 15 ~ 60cm，浅绿或深褐色。花期 4 ~ 5 月，果期 10 ~ 11 期月。产广东、广西、海南、台湾、云南等地，东南亚及澳洲也有。

疣柄魔芋

花蘑芋

密林丛花烛
Anthurium 'Jungle Bush'

【科属】天南星科花烛属

【别名】观叶花烛

【形态特征】多年生常绿草本，株高 50 ~ 100cm。茎短，叶基生，革质，大型，绿色，长椭圆形，先端渐尖，基部楔形，全缘。下部具气生根。肉穗花序圆柱，长约 10 ~ 15cm。花期春至夏季。

【产地与习性】园艺种。性喜高温及半阴环境，喜湿润，不耐旱，不耐寒，对土壤要求不高，以疏松，富含腐殖质的肥沃壤土为佳。生长适温 20 ~ 30℃。

【观赏评价与应用】叶大秀丽，株形美观，具有热带风情。园林中可孤植、群植于荫蔽的草地中、路边或林下观赏，也可片植于疏林下营造热带景观。盆栽适合办公室、客厅、卧室装饰。

【同属种类】约 935 种，产热带美洲。现各热带地区引种栽培。

密林丛花烛

密林丛花烛

密林丛花烛

红掌
Anthurium andraeanum

【科属】天南星科花烛属

【别名】花烛、红苞花烛

【形态特征】多年生草本，茎矮。叶互生，叶片革质，有光泽，阔心形、圆心形，

红掌

红掌

红掌

长 12 ～ 30cm，宽 10 ～ 20cm，先端钝或渐尖，基部深心形。肉穗花序有细长花序梗，佛焰苞深红色或橘红色，园艺种还有其他色泽，心形，先端有细长尖尾，基部心形，肉穗花序淡黄色，直立，圆柱形，花多数，密生轴上。花期多在冬季。

【产地与习性】原产墨西哥。性喜温暖、湿润环境，喜半阴，忌强光，不耐寒，不耐瘠，较耐旱。喜疏松、肥沃的壤土。生长适温 20 ～ 28℃。

【观赏评价与应用】品种繁多，佛炮苞极为独特，色泽丰富，以红色为主，为世界广为种植的观赏草本花卉，多用于插花及盆栽。也偶用于稍蔽荫的园路边、水岸边种植观赏。

掌裂花烛
Anthurium pedatoradiatum

【科属】天南星科花烛属

【别名】趾叶花烛

【形态特征】多年生常绿草本，株高约 50 ～ 100cm。叶轮廓为心形或阔卵形，7 ～ 13 深裂，裂片披针形，先端尖，基部联合，叶基心形。花序柄长 50cm，佛焰苞淡绿色，后期反折，肉穗花序圆柱形，褐色。花期春季，果期夏季。

掌裂花烛

掌裂花烛

【产地与习性】产墨西哥。喜高温及湿润环境，喜半荫，在强光下生长不良，不耐寒，耐瘠。以疏松、排水良好的砂质壤土为佳。生长适温 20 ～ 30℃。

【观赏评价与应用】习性强健，叶形美观。盆栽可用于厅堂摆放观赏；园林中可植于荫蔽的林下、路边、水岸边等处群植或丛植点缀。栽培的同属植物有：

火鹤 *Anthurium scherzerianum*

多年生草本，茎矮。叶互生，叶片革质，长椭圆形，长约 20 ～ 30cm，宽 10 ～ 15cm，先端渐尖，基部圆。肉穗花序有细长花序梗，佛焰苞深红色，卵圆形，先端钝，基部心形，肉穗花序红色，弯曲，圆柱形，花多数，密生轴上。花期多在冬季。

火鹤

火鹤

天南星属
Arisaema Mart.

【科属】天南星科

【形态特征】多年生草本，具块茎，稀具圆柱形根茎;长出鳞叶之后生叶 1 ～ 2-(～3) 和单一的花序柄，稀于出叶之后仍有抱持花序柄的鳞叶。叶柄多少具长鞘，常与花序柄具同样的斑纹；叶片 3 浅裂、3 全裂或 3 深裂，有时鸟足状或放射状全裂，裂片 5 ～ 11 或更多，卵形、卵状披针形、披针形、全缘或有时啮齿状，无柄或具。佛焰苞管部席卷，圆筒形或喉部开阔，喉部边缘有时具宽耳；檐部拱形、盔状，常长渐尖。肉穗花序单性或两性，雌花序花密；雄花序大都花疏，在两性花序中接于雌花序之上；附属器仅达佛焰苞喉部，或多少伸出喉外。花单性。浆果倒卵圆形，倒圆锥形，种子球状卵圆形。

【观赏评价与应用】本属植物在我国园林中较少应用，大多处于野生状态，花奇特，有极高的观赏性，可引种驯化用于园林栽培，可根据其生境选择应用，可植于林缘、林下或观光温室，专类园中观赏。

【同属种类】本属约 180 余种，大都分布于亚洲热带、亚热带和温带，少数产热带非洲，中美和北美也有数种。我国有 78 种，其中 45 种为特有。

栽培或野生的本属植物有：

1. 灯台莲 *Arisaema bockii*

块茎扁球形，直径 2 ～ 3cm。叶 2，叶柄长 20 ～ 30cm；叶片鸟足状 5 裂，裂片卵形、卵状长圆形或长圆形，叶裂片边缘具不规则的粗锯齿至细的啮状锯齿或全缘。佛焰苞淡绿色至暗紫色，具淡紫色条纹，管部漏斗状，喉部边缘近截形，无耳；檐部卵状披针形至长圆披针形，稍下弯。肉穗花序单性，雄花序圆柱形，花疏，雌花序近圆锥形，花密。果序圆锥状。花期 5 月，果 8 ～ 9 月成熟。广布于江苏、安徽、浙江、江西、福建、河南、湖北、湖南、广东、广西、陕西、四川、贵州，生于海拔 650 ～ 1500m 山坡林下或沟谷岩石上。日本南部也有。

灯台莲

2. 象南星 *Arisaema elephas*

块茎近球形，直径 3 ～ 5cm。叶 1，叶片 3 全裂，稀 3 深裂，裂片具 0.5 ～ 1cm 的柄或无柄，稀基部联合，中裂片倒心形，顶部平截，中央下凹，具正三角形的尖头，向基部渐狭，宽远胜于长，侧裂片较大，宽斜卵形，骤狭短渐尖，外侧宽，基部圆形，内侧楔形或圆形。花序柄短于叶柄，绿色或淡紫色，佛焰苞青紫色，基部黄绿色，管部具白色条纹，向上隐失，上部全为深紫色，管部圆柱形。肉穗花序单性，雄花序花疏。浆果砖红色，椭圆状。花期 5 ～ 6 月，果 8 月成熟。我国特有，产西藏、云南、四川及贵州西部，生于海拔 1800 ～ 4000m 河岸、山坡林下、草地或荒地。

象南星

象南星

3. 一把伞南星 *Arisaema erubescens*

块茎扁球形，直径可达 6cm。叶 1，极稀 2，叶柄长 40 ～ 80cm；叶片放射状分裂，裂片无定数；幼株少则 3 ～ 4 枚，多年生植株有多至 20 枚的，常 1 枚上举，余放射状平展，披针形、长圆形至椭圆形，无柄。花序柄比叶柄短，直立，果时下弯或否。佛焰苞绿色，背面有清晰的白色条纹，或淡紫色至深紫色而无条纹，管部圆筒形；喉部边缘截形或稍外卷；檐部通常颜色较深。肉穗花序单性，雄花序花密。果序柄下弯或直立，浆果红色。

把伞南星
把伞南星

花期 5 ～ 7 月，果 9 月成熟。除内蒙古、东北、山东、江苏、新疆外，我国各省区都有分布，生海拔 3200m 以下的林下、灌丛、草坡、荒地均有生长。印度、尼泊尔、缅甸、泰国北部也有分布。

4. 黄苞南星 *Arisaema flavum*

块茎近球形，小，直径 1.5 ～ 2.5cm。叶片鸟足状分裂，裂片 5 ～ 11（～ 15），长圆披针形或倒卵状长圆形，先端渐尖，基部楔形。花序柄常先叶出现，佛焰苞为本属中最

黄苞南星

黄苞南星

小的，管部卵圆形或球形，黄绿色，喉部略缢缩，上部通常深紫色，具纵条纹；檐部长圆状卵形。肉穗花序两性；浆果干时黄绿色，倒卵圆形，种子3。花期5～6月，果期7～10月。产西藏、云南，生于海拔2200～4400m碎石坡或灌丛中。阿富汗、克什米尔地区、印度、尼泊尔、不丹有分布。

5. 天南星 *Arisaema heterophyllum*

块茎扁球形，直径2～4cm。叶常单1，叶柄圆柱形，粉绿色，叶片鸟足状分裂，裂片13～19，有时更少或更多，倒披针形、长圆形、线状长圆形，基部楔形，先端骤狭渐尖，全缘，暗绿色，背面淡绿色，中裂片无柄或具长15mm的短柄，比侧裂片几短1/2；侧裂片向外渐小，排列成蝎尾状。花序柄长30～55cm。佛焰苞管部圆柱形，粉绿色，内面绿白色，喉部截形，外缘稍外卷；檐部卵形或卵状披针形。肉穗花序两性和雄花序单性。浆果黄红色、红色，圆柱形，种子黄色。花期4～5月，果期7～9月。除西北、西藏外，大部分省区都有分布，生于海拔2700m以下林下、灌丛或草地。日本、朝鲜也有。

花南星

天南星

天南星

天南星

6. 花南星 *Arisaema lobatum*

块茎近球形，直径1～4cm。叶1或2，叶片3全裂，中裂片具1.5～5cm长的柄，长圆形或椭圆形，基部狭楔形或钝，侧裂片无柄，极不对称，长圆形，外侧宽为内侧的

花南星

2倍，下部1/3具宽耳；均渐尖或骤狭渐尖、锐尖；佛焰苞外面淡紫色，管部漏斗状，檐部披针形，深紫色或绿色，下弯或垂立。肉穗花序单性，花疏；雌花序圆柱形或近球形，雄花具短柄。浆果有种子3枚。花期4～7月，果期8～9月。我国特有，产云南、贵州、四川、甘肃、陕西、广西、湖南、湖北、河南、江西、浙江、安徽等省区，生于海拔600～3300m林下、草坡或荒地。

7. 普陀南星 *Arisaema ringens*

块茎扁球形，具小球茎。叶片3全裂，裂片无柄或具短柄，中裂片宽椭圆形，长16～23cm；侧裂片偏斜，长圆形或椭圆形，长15～18cm，宽均在10cm以上，先端渐尖，具长1～1.5cm的锥状突尖。佛焰苞管部绿色，宽倒圆锥形，喉部多少具宽耳，耳内面深紫，

外卷；檐部下弯成盔状，前檐具卵形唇片，下垂，先端外弯。肉穗花序单性，雄花序圆柱形，雄花规则地螺旋状排列，雌花序近球形。花期4月。产江苏、浙江、台湾。日本、朝鲜南部也有。

普陀南星

普陀南星

8. 云台南星 Arisaema silvestrii

块茎球形，小。叶2，叶柄长20～29cm，下部10～17cm具鞘；叶片鸟足状分裂，裂片9，倒披针形，骤狭渐尖，全缘，基部渐狭，长9～10cm，宽3～4cm，中裂片具长3～10mm的柄；侧裂片无柄，较小。花序柄短于叶柄。佛焰苞紫色，檐部内面具白色条纹，管部长5～7.5cm；檐部长5～7.5cm，宽3～4cm，长圆状椭圆形，短渐尖。肉穗花序长2.5cm。产湖北西部。

云台南星

云台南星

9. 川中南星 Arisaema wilsonii

块茎球形，大。叶片大，3全裂；裂片全缘，中裂片宽而短的倒卵形，顶部宽短，几截平，有时中央具稍外凸的小尖头，侧裂片菱形或斜卵形，骤狭渐尖，比中裂片长。花序柄长于叶柄，佛焰苞内外紫色，具苍白色宽条纹，管部圆柱形；檐部长，倒卵状长圆形，锐尖或长渐尖。肉穗花序单性，雄花花疏；雄花具柄。花期4～7月。我国特有，产四川、云南，海拔，生于1900～3600m林内或草地。

川中南星

川中南星

川中南星

状卵形，钝，弯缺深、尖或钝。花序柄短于叶柄，佛焰苞管部卵圆形，外面绿色，内面绿白色；檐部长约5cm，凸尖，白色。肉穗花序：雌花序几与雄花序相等，雄花序纺锤形。花期4月。

【产地与习性】原产南美亚马逊河流域。性喜温暖、湿润及半荫环境，忌强光直射，喜湿，耐旱，不耐瘠。栽培以疏松、肥沃及排水良好的壤土为宜。生长适温15～26℃。

【观赏评价与应用】本种叶片色泽美丽，品种极多，以欧美栽培为甚，我国多盆栽用于室内观赏，室外少见应用，可丛植于园路边、林缘组成色带，或用于花境、花坛等作镶边材料。

【同属种类】本属约14种。分布于热带美洲。我国引进栽培1种。

彩叶芋
Caladium bicolor

【科属】天南星科五彩芋属

【别名】五彩芋

【形态特征】块茎扁球形。叶柄光滑，长15～25cm，为叶片长的3～7倍，上部被白粉；叶片表面满布各色透明或不透明斑点，背面粉绿色，戟状卵形至卵状三角形，先端骤狭具凸尖，后裂片长约为前裂片的1/2，长圆

水芋
Calla palustris

【科属】天南星科水芋属

【形态特征】多年生水生草本。根茎葡匐，圆柱形，粗壮，长可达50cm。成熟茎上叶柄圆柱形，长12～24cm，稀更长，下部具鞘；叶片长6～14cm，宽几与长相等；花序柄长15～30cm；佛焰苞外面绿色，内面白色，长

彩叶芋

彩叶芋

彩叶芋

4 ~ 6cm，稀更长，宽 3 ~ 3.5cm，具长 1cm 的尖头，果期宿存而不增大。肉穗花序长 1.5 ~ 3cm，花期粗 1cm；果序近球形，宽椭圆状。花期 6 ~ 7 月，果期 8 月。

【产地与习性】产内蒙古、东北。常生于海拔 1100m 以下草甸、沼泽等浅水域成片生长。欧洲、亚洲、美洲的北温带和亚北极地区广泛分布。喜温暖及阳光充足的环境，不耐荫，不耐旱，耐热性好。喜生于中性至微酸性粘质土壤中。生长适温 15 ~ 28℃。

【观赏评价与应用】本种叶大美观，有一定观赏性，可用于水体的浅水处栽培观赏或与其他水生植物配植。

【同属种类】单种属。北温带和亚北极地区分布。

水芋

芋
Colocasia esculenta

【科属】天南星科芋属

【别名】芋头

【形态特征】湿生草本。块茎通常卵形，常生多数小球茎，均富含淀粉。叶 2 ~ 3 枚或更多。叶柄长于叶片，长 20 ~ 90cm，绿色，叶片卵状，长 20 ~ 50cm，先端短尖或短渐尖，后裂片浑圆，合生长度达 1/2 ~ 1/3，弯缺较钝，深 3 ~ 5cm。花序柄常单生，短于叶柄。佛焰苞长短不一，管部绿色，长卵形；檐部披针形或椭圆形，展开成舟状，边缘内卷，淡黄色至绿白色。肉穗花序短于佛焰苞；雌花序长圆锥状，雄花序圆柱形。花期 2 ~ 4 月或 8 ~ 9 月。

【产地与习性】原产我国和印度、马来半岛等地热带地方。性喜高温及高湿，喜光，不耐荫蔽，不耐寒，喜肥沃、排水良好的壤土。生长适温 15 ~ 28℃。

芋

芋

芋

【观赏评价与应用】本种多作蔬菜栽培，因其叶大美观，也可用于林缘、水边栽培观赏，或用于果蔬专类园。早在《史记》中即有记载："岷山之下，野有蹲鸱，至死不饥，注云芋也。盖芋魁之状若鸱之蹲坐故也"。经劳动人民长期因地制宜地选种培育，已有多种不同类型的品种。块茎可食：可作羹菜，也可代粮或制淀粉，自古视为重要的粮食补充或救荒作物。

【同属种类】本属约 20 种。分布于亚洲热带及亚热带地区。我国有 6 种。

大野芋
Colocasia gigantea

【科属】天南星科芋属

【别名】山野芋、象耳芋

【形态特征】多年生常绿草本，根茎倒圆锥形，直立。叶丛生，叶柄淡绿色，具白粉，长可达 1.5m，下部 1/2 鞘状，闭合；叶片长圆状心形、卵状心形，长可达 1.3m，宽可达 1m，有时更大，边缘波状，后裂片圆形，裂片开展。花序柄近圆柱形，常 5 ~ 8 枚并列于同一叶柄鞘内，先后抽出。佛焰苞长 12 ~ 24cm：管部绿色，椭圆状，长圆形或椭圆状长圆形，基部兜状，舟形展开，锐尖，直立。肉穗花序，雌花序圆锥状，

大野芋

大野芋

大野芋

奶黄色，基部斜截形；不育雄花序长圆锥状；能育雄花棱柱状。花期 4 ~ 6 月，果 9 月成熟。

【产地与习性】产云南、广西、广东、福建、江西，常见于海拔 100 ~ 700m 沟谷地带，特别是石灰岩地区，生于林下湿地或石缝中；多与海芋混生。马来半岛和中南半岛也有。喜温暖，喜光照，耐旱，耐瘠，耐热，不耐寒，不择土壤。生长适温 15 ~ 28℃。

【观赏评价与应用】株形挺拔，叶片硕大，为观叶佳品，目前园林应用较少，可丛植于小径、角隅或山石边种植，也可成片植于林下，溪岸边观赏。根茎入药，具有解毒消肿，祛痰镇痉的功效。

紫芋
Colocasia tonoimo

【科属】天南星科芋属

【别名】芋头花

【形态特征】块茎粗厚，可食；侧生小球茎若干枚，倒卵形，亦可食。叶 1 ~ 5，由块茎顶部抽出，高 1 ~ 1.2m；叶柄圆柱形，向上渐细，紫褐色；叶片盾状，卵状箭形，深绿色，基部具弯缺，侧脉粗壮，边缘波状，长 40 ~ 50cm，宽 25 ~ 30cm。花序柄单 1，佛焰苞管部长 4.5 ~ 7.5cm，粗 2 ~ 2.7cm，多少具纵棱，绿色或紫色，向上缢缩、变白色；檐部厚，金黄色，基部前面张开。肉穗花序

紫芋

紫芋

紫芋

'白玉'黛粉叶

'白玉'黛粉叶

绿萝

绿萝

绿萝

两性：雄花黄色，雌花序中不育中性花黄色。花期 7～9 月。

【产地与习性】我国各地有栽培。性喜温暖、湿润及阳光充足环境，耐热，耐瘠，不耐旱。生长适温 15～28℃。

【观赏评价与应用】株形美观，叶柄紫红色，观赏性极佳，常用于公园、绿地、风景区的水景绿化，也可与同属植物搭配种植。块茎、叶柄、花序均可作蔬菜。

'白玉'黛粉叶
Dieffenbachia 'Camilla'

【科属】天南星科花叶万年青属

【形态特征】多年生常绿草本，株高35～45cm。叶椭圆形，先端尖，基部近心形，叶乳黄白色，边缘绿色。花期晚春至夏季。

【产地与习性】园艺种。喜温暖及半荫环境，忌强光，耐热，耐瘠，喜湿，不耐寒。喜疏松、排水良好的肥沃壤土。生长适温15～26℃。

【观赏评价与应用】叶色美观，清新怡人，为著名观赏植物，多盆栽用于居室欣赏，园林也可用于蔽荫的林下、墙隅种植观赏，丛植、片植效果均佳。

栽培的同属植物及品种有：

"黄金宝玉"万年青 *Dieffenbachia* 'Star Bright'

多年生常绿草本，株高 40cm。叶长卵圆形，先端尖，基部楔形，叶面黄白色，具绿色斑块。园艺种。

"黄金宝玉"万年青

"黄金宝玉"万年青

绿萝
Epipremnum aureum

【科属】天南星科麒麟叶属

【别名】黄金葛

【形态特征】高大藤本，茎攀援，节间具纵槽；多分枝，枝悬垂。幼枝鞭状，细长，粗 3～4mm；下部叶片大，长 5～10cm，上部的长 6～8cm，纸质，宽卵形，短渐尖，基部心形，宽 6.5cm。成熟枝上叶柄粗壮，长 30～40cm，叶片薄革质，翠绿色，通常（特别是叶面）有多数不规则的纯黄色斑块，全缘，不等侧的卵形或卵状长圆形，先端短渐尖，基部深心形，长 32～45cm，宽24～36cm。本种极难开花。

【产地与习性】原产所罗门群岛，现广植亚洲各热带地区。喜高温高湿环境，喜半荫，在全光照下也可良好生长，耐瘠，不耐寒，喜疏松、排水良好的砂质壤土。生长适温 15～28℃。

【观赏评价与应用】本种不易开花，但易于无性繁殖，附生于墙壁、山石或大树干上，极为美丽，亦作棚架、廊架的悬挂植物。但栽植于过于阴暗场所，叶片上美艳的斑块则易于消失。

【同属种类】本属约 20 种，分布于印度至马来西亚。我国 1 种。

金叶葛

金叶葛

金叶葛

泽，有较高的观赏性，可附于山石、崖壁等栽培观赏，或附于树干、棚架廊柱等栽培观赏。茎叶供药用，能消肿止痛；可治跌打损伤、痈肿疮毒。

千年健
Homalomena occulta

【科属】天南星科千年健属

【别名】假苏芋

【形态特征】多年生草本。根茎匍匐，肉质根圆柱形。常具高 30 ~ 50cm 的直立的地上茎。鳞叶线状披针形，长 15 ~ 16cm。叶柄长 25 ~ 40cm，叶片膜质至纸质，箭状心形至心形，长 15 ~ 30cm，宽（8-）15 ~ 28cm，有时更大，先端骤狭渐尖。花序 1 ~ 3，生鳞叶之腋，佛焰苞绿白色，长圆形至椭圆形，花前席卷成纺锤形，盛花时上部略展开成短舟状。肉穗花序具短梗或否；雌花序长 1 ~ 1.5cm，雄花序长 2 ~ 3cm。种子褐色，长圆形。花期 7 ~ 9 月。

【产地与习性】产海南、广西、云南，生长于海拔 80 ~ 1100m 沟谷密林下，竹林和山坡灌丛中。中南半岛也有。喜温暖、湿润环境，喜半荫，也可在全光照下生长，耐热，耐瘠，

栽培的品种有：

　　金叶葛 *Epipremnum aureum* 'All Gold'
与绿萝的主要区别为新叶金黄色或黄绿色，老叶逐渐转为绿色。

麒麟尾
Epipremnum pinnatum

【科属】天南星科麒麟叶属

【别名】上树龙、百足藤、爬树龙

【形态特征】藤本植物，攀援极高。茎圆柱形，粗壮，多分枝；气生根具发达的皮孔，紧贴于树皮或石面上。叶柄长 25 ~ 40cm，叶片薄革质，幼叶狭披针形或披针状长圆形，基部浅心形，成熟叶宽的长圆形，基部宽心形，叶片长 40 ~ 60cm，宽 30 ~ 40cm，两侧不等地羽状深裂，裂片线形，基部和顶端等宽或略狭。花序柄圆柱形，粗壮，佛焰苞外面绿色，内面黄色。肉穗花序圆柱形。种子肾形，稍光滑。花期 4 ~ 5 月。

【产地与习性】产台湾、广东、广西、云南的热带地域，附生于热带雨林的大树上或岩壁上。自印度、马来半岛至菲律宾、太平洋诸岛和大洋洲都有分布。喜高温，喜高湿，耐热，不耐寒，耐瘠。喜排水良好的壤土。生长适温 15 ~ 30℃。

【观赏评价与应用】本种叶形奇特，具光

麒麟尾

麒麟尾

麒麟尾

千年健

千年健

千年健

不耐寒。不择土壤。生长适温 15 ~ 28℃。

【**观赏评价与应用**】株丛自然，叶大清秀，终年常绿，为著名观叶植物，可片植于路边、溪边或林缘等处，也可丛植于角隅及曲径处，也宜于其他观叶植物搭配种植。根茎入药，为瑶族群众所习用，可治跌打损伤、骨折、外伤出血、四肢麻木等症。

【**同属种类**】本属大约 110 种，分布于美洲及亚洲，我国 4 种，其中 2 种为特有。

栽培的同属植物有：

菲律宾扁叶芋 *Homalomena philippinensis*
多年生草本，株高 50 ~ 80cm。叶片膜质，心形或近长卵形，先端骤狭渐尖，基部心形，长约 20 ~ 30cm，全缘，叶柄长 40 ~ 50cm。种子卵圆形。产菲律宾，生于低海拔的森林中的小溪边。

刺芋

刺芋

刺芋

菲律宾扁叶芋

菲律宾扁叶芋

3 ~ 5cm，檐部长 25cm，上部螺状旋转。肉穗花序圆柱形，钝，黄绿色。果序长 6 ~ 8cm。浆果倒卵圆状，顶部四角形。花期 9 月，果翌年 2 月成熟。

【**产地与习性**】产云南、广西、广东、台湾。生于海拔 1530m 以下的田边、沟旁、阴湿草丛、竹丛中。也见于孟加拉、印度、缅甸、泰国、马来半岛、中南半岛至印度尼西亚、马来西亚。喜高温高湿环境，耐热，耐瘠，不耐寒。不择土壤。生长适温 15 ~ 30℃。

【**观赏评价与应用**】本种易栽培，叶及花序均可供观赏，适合水体的静水区或流速缓慢的溪边种植。幼叶可供蔬食。根茎药用，能消炎止痛、消食、健胃；可治消化不良、毒蛇咬伤、跌打损伤、风湿关节炎等。

【**同属种类**】本属 2 种。分布于热带亚洲。我国有 1 种。

刺芋
Lasia spinosa

【**科属**】天南星科刺芋属

【**别名**】水茨菇、野簕芋、山茨菇

【**形态特征**】多年生有刺常绿草本，高可达 1m。茎灰白色，圆柱形；叶片形状多变：幼株上的戟形，长 6 ~ 10cm，宽 9 ~ 10cm，至成年植株过渡为鸟足—羽状深裂，长宽 20 ~ 60cm，表面绿色，背面淡绿且脉上疏生皮刺；基部弯缺宽短，稀截平；侧裂片 2 ~ 3，线状长圆形，或长圆状披针形，多少渐尖，向基部渐狭，最下部的裂片再 3 裂。花序柄长 20 ~ 35cm，佛焰苞长 15 ~ 30cm，管部长

淡黄色。浆果淡黄色，柱头周围有青紫色斑点。花期 8 ~ 9 月，果于异年花期之后成熟。

【**产地与习性**】原产墨西哥，各热带地区多引种栽培供观赏。喜温暖，喜充足的散射光，在强光下往往生长不良，耐热，耐瘠，不耐寒。喜疏松、肥沃的壤土。生长适温 15 ~ 30℃。

龟背竹

龟背竹

龟背竹
Monstera deliciosa

【**科属**】天南星科龟背竹属

【**形态特征**】多年生攀援藤本，成株茎木质化。茎绿色，粗壮，长 3 ~ 6m。叶柄绿色，长常达 1m；叶片大，轮廓心状卵形，宽 40 ~ 60cm，厚革质，表面发亮，淡绿色，背面绿白色，边缘羽状分裂，侧脉间有 1 ~ 2 个较大的空洞，靠近中肋者多为横圆形，宽 1.5 ~ 4cm，向外的为横椭圆形，宽 5 ~ 6cm。花序柄长 15 ~ 30cm，佛焰苞厚革质，宽卵形，舟状，近直立，先端具喙，长 20 ~ 25cm，苍白带黄色。肉穗花序近圆柱形，

龟背竹

2. 仙洞万年青 *Monstera obliqua*

多年生蔓性草本。茎基部多节，多有分枝，叶片鲜绿，纸质，卵状椭圆形，叶片上有数量不等的穿孔。肉穗花序，浆果。花期春季，果期秋冬。产哥斯达黎加。

仙洞万年青

仙洞万年青

【观赏评价与应用】株形优美，叶形奇特，终年常绿，佛焰苞大而美丽，极具热带风情，可用于附石、附于大树或门厅的廊柱攀爬生长。也可盆栽用于室内美化。果序味美可食，但常具麻味。

【同属种类】约 48 种，分布于拉丁美洲热带地区。我国栽培 2 种。

栽培的同属植物或品种有：

1. '白斑叶'龟背竹 *Monstera deliciosa* 'Albo Variegata'

与龟背竹主要区别为叶片上具白色大小不一的白斑或纵纹，有的裂片全部为白色。

'白斑叶'龟背竹

'白斑叶'龟背竹

'白斑叶'龟背竹

水金杖
Orontium aquaticum

【科属】天南星科水金杖属

【形态特征】多年生落叶水生草本，株高 30 ～ 40cm。叶单生，长椭圆形，先端尖，基部渐狭成楔形，具叶柄，长约 10 ～ 15cm，全缘。花序基出，花梗长达 20cm，下部绿褐色，中部白花，上部白黄色，小花密集。花期春季。

【产地与习性】产北美。性喜温暖及阳光充足的环境，耐热，耐寒，不耐荫蔽。生长适温 15 ～ 26℃。

【观赏评价与应用】株形紧凑，叶色清新，花序奇特美丽，为优良的水生观赏植物，可

水金杖 水金杖

水金杖

春羽
春羽

【观赏评价与应用】春羽株形美观，叶姿秀丽，终年常绿，花序大，有较强的观赏性。园林中常用于水岸边、林下、路边或角隅栽培观赏，多丛植造景。

【同属种类】本属约 500 种。分布于热带美洲。我国引进栽培 20 余种。

丛植于浅水处的岩石边、角隅等处，或与其他水生植物如水金英、黄花蔺等配植。

【同属种类】本属 1 种，产北美。

春羽
Philodendron bipinnatifidum

【科属】天南星科喜林芋属

【别名】羽裂喜林芋、羽裂蔓绿绒

【形态特征】多年生常绿草本，株高 50 ~ 100cm。具短茎，成年株茎常匍匐生长，老叶不断脱落，新叶主要生于茎的顶端，轮廓为宽心脏形，羽状深裂，裂片宽披针形，边缘浅波状，有时皱卷，叶柄粗状，较长。佛焰苞外面绿色，内面黄白色，肉穗花序总梗甚短，白色，花单性，无花被。浆果。花期 3 ~ 5 月。

【产地与习性】巴西。喜温暖及阳光充足的环境，耐半荫，喜湿润，耐热，不耐寒。喜肥沃、疏松和排水良好的微酸性砂质壤土。生长适温 20 ~ 28℃。

春羽

'绿宝石'喜林芋
Philodendron erubescens 'Green Emerald'

【科属】天南星科喜林芋属

【别名】绿帝王

【形态特征】多年生常绿草质藤本，节具气生根，茎可长达二十余米。叶片长卵圆形，大型，质稍硬，叶鲜绿，具光泽，长25～35cm，宽15～20cm，全缘。叶柄、叶背和新稍为鲜绿色。佛焰苞内外均为红色，肉穗花序白色，浆果。花期10～11月。

【产地与习性】园艺种，原种产巴西。喜温暖及湿润环境，较耐旱，耐热，不耐寒，耐瘠性好。喜疏松、肥沃、富含腐殖质的土壤。生长适温20～28℃。

【观赏评价与应用】叶大秀丽，为著名观叶植物，可用于公园、绿地、风景区等树干、山石、廊柱等攀爬绿化，可形成独特景观效果。也可盆栽用于居室的客厅、卧室绿化。

'绿宝石'喜林芋

'绿宝石'喜林芋

'绿宝石'喜林芋

心叶蔓绿绒
Philodendron hederaceum

【科属】天南星科喜林芋属

【别名】圆叶蔓绿绒

【形态特征】多年生常绿蔓性植物，茎具气生根，需攀附他物生长，蔓长可达十余米。叶片绿色，心形，先端渐尖，基部心形。佛焰苞近白色，肉穗花序，白色，极少开花。浆果。花期夏季。

【产地与习性】产巴西、牙买加及西印度群岛。喜温暖，喜充足的散射光，喜湿，不耐旱，耐热，不耐寒。喜疏松、排水良好的壤土。生长适温20～28℃。

【观赏评价与应用】叶形美观，四季常绿，具有热带风情；园林中适合附于墙垣、树干垂直绿化。盆栽可用于客厅、卧室、餐厅等处装饰。

心叶蔓绿绒

心叶蔓绿绒

心叶蔓绿绒

三裂喜林芋
Philodendron tripartitum

【科属】天南星科喜林芋属

【形态特征】附生或地生藤本。茎节间长5～12cm，粗1～1.5cm。叶柄圆柱形，长20～30cm；叶片薄革质，淡绿色或黄绿色，3深裂，裂片近相等，长15～25cm，宽4～7cm，中裂片长披针形，先端具短凸尖，侧裂片极不等侧，先端略钝；花序柄单生，短，佛焰苞微白色或白绿色，向上变黄色，管部长圆形，檐部卵形或卵状长圆形，先端短渐尖。肉穗花序指状；浆果鲜红色。

三裂喜林芋

三裂喜林芋

【产地与习性】原产拉丁美洲。喜温暖、湿润环境，喜半荫，也可在全光照下生长，不耐寒，对土壤要求不严。生长适温18～28℃。

【观赏评价与应用】叶美观，终年常绿，为立体绿化的优良材料，适合树干、廊柱或墙垣绿化，也可盆栽观赏。

'小天使'蔓绿绒
Philodendron xanadu

【科属】天南星科喜林芋属

【别名】佛手蔓绿绒

【形态特征】多年生常绿草本，株高50～90cm。叶片轮廓呈长椭圆形，羽状深裂，裂片披针形，全缘，革质，浓绿色。佛焰包下部红色，上部黄绿色，肉穗花序白色，浆果。花期春季。

【产地与习性】产巴西南部。性喜温暖、湿润环境，耐热，不耐寒，喜疏松、排水良好的壤土。生长适温18～28℃。

【观赏评价与应用】叶片美观，四季常绿。园林中常片植于林下、荫蔽的路边或山石等处，或丛植用于假山石边、庭园一隅点缀。盆栽可用于装饰客厅、阳台、窗台等处。

栽培的同属植物及品种有：

1. '金钻'蔓绿绒 *Philodendron* 'Con-go'

多年生常绿草本，株高约50cm。叶大，长椭圆形，先端渐尖，基部楔形，具长柄，绿色。肉穗花序，花期春季。园艺种。

'金钻'蔓绿绒

'金钻'蔓绿绒

2. '红宝石'喜林芋 *Philodendron erubescens* 'Red Emerald'

多年生常绿草质藤本，叶片长卵圆形，大型，质稍硬，新叶紫红色，老变慢慢转绿，具光泽，全缘。叶柄为紫红色。佛焰苞内外均为红色，肉穗花序白色，浆果。花期10～11月。园艺种。

'红宝石'喜林芋

'红宝石'喜林芋

3. 泡泡蔓绿绒 *Philodendron martianum*

多年生常绿草本，株高70～100cm。茎直立，叶长椭圆形或宽披针形，长20～30cm，革质，叶柄膨大。佛焰苞长椭圆形，白色。肉穗花序。花期夏季。产美洲。

4. 琴叶喜林芋 *Philodendron panduriforme*

多年生常绿蔓性草本，具气生根。叶互生，革质，提琴形，先端尖，基部心形，全缘，长15～20cm，宽10～12cm，绿色。产巴西。

5. 飞燕喜林芋 *Philodendron squamiferum*

多年生常绿蔓性草本，叶大，轮廓为长卵圆形，顶部裂片近菱形，先端急尖，中侧裂片宽大，上浅裂或深裂，下裂片相对较小，近披针形或长椭圆形，上具1～2浅裂。叶面绿色，下面灰绿色。叶柄具红色刚毛。肉穗花序。产热带美洲。

掌叶半夏
Pinellia pedatisecta

【科属】天南星科半夏属

【别名】虎掌、掌叶半夏

【形态特征】块茎近圆球形，直径可达4cm，根密集，肉质，块茎四旁常生若干小球茎。叶1～3或更多，叶柄淡绿色，叶片鸟足状分裂，裂片6～11，披针形，渐尖，基部渐狭，楔形，中裂片长15～18cm，宽3cm，两侧裂片依次渐短小，最外的有时长仅4～5cm；花序柄长20～50cm，直立。佛焰苞淡绿色，管部长圆形，檐部长披针形，锐尖。肉穗花序：雌花序长1.5～3cm；雄花序长5～7mm；花期6～7月，果9～11月成熟。

【产地与习性】我国特有，分布于我国大部分地区，生于海拔1000m以下林下、山谷或河谷阴湿处。性强健，对环境适应性强，一般不用特殊管理。生长适温16～26℃。

【观赏评价与应用】本种花奇特，叶可赏，

可用于疏林下、灌丛边、假山石边种植观赏。块茎供药用。

【同属种类】本属有 9 种。产亚洲东部。我国有 9 种，其中 7 种为特有种。

芙蓉莲
Pistia stratiotes

【科属】天南星科大薸属

【别名】大薸、水荷莲

【形态特征】水生飘浮草本。有长而悬垂的根多数，须根羽状，密集。叶簇生成莲座状，叶片常因发育阶段不同而形异：倒三角形、倒卵形、扇形，以至倒卵状长楔形，长 1.3 ~ 10cm，宽 1.5 ~ 6cm，先端截头状或浑圆，基部厚，二面被毛，基部尤为浓密。佛焰苞白色，长约 0.5 ~ 1.2cm，外被茸毛。花期 5 ~ 11 月。

【产地与习性】全球热带及亚热带地区广布。本种喜欢高温多雨的环境，适宜在平静的淡水池塘、沟渠中生长，对环境适应性极强，不用特殊养护。生长适温 18 ~ 30℃。

【观赏评价与应用】叶莲座状，密集，终年常绿，观赏性较佳，可用于公园、绿地等水体绿化。但本种具有入侵性，最好用于封

闭水体，以防进入河流、湖泊造成生态入侵。全株作猪饲料。入药外敷治无名肿毒。

【同属种类】本属 1 种。广泛分布于热带和亚热带。

石柑子
Pothos angustifolius

【科属】天南星科石柑属

【别名】百步藤

【形态特征】附生藤本，长 0.4 ~ 6m。茎亚木质，淡褐色，近圆柱形，分枝。叶片纸质，鲜时表面深绿色，背面淡绿色，干后表面黄绿色，背面淡黄色，椭圆形，披针状卵形至披针状长圆形，长 6 ~ 13cm，宽 1.55 ~ 5.6cm，先端渐尖至长渐尖，常有芒状尖头，基部钝。花序腋生，基部具苞片 4 ~ 5（~ 6）枚；苞片卵形；佛焰苞卵状，绿色，长 8mm，肉穗花序短，椭圆形至近圆球形，淡绿色、淡黄色。浆果黄绿色至红色，卵形或长圆形。花果期四季。

【产地与习性】产我国台湾、湖北、广东、广西、四川、贵州、云南各省区海拔 2400m

以下的阴湿密林中，常匍匐于岩石上或附生于树干上。越南、老挝、泰国也有。喜阴湿，在强光照下生长不良，耐热，较耐寒，喜疏松、肥沃的土壤。生长适温 18 ~ 28℃。

【观赏评价与应用】生长繁茂，叶常绿，生长势强，果红色，具有观赏性。可用于山石、廊柱、树干的立体绿化。

【同属种类】约 75 种。自印度至太平洋诸岛，西南至马达加斯加皆有分布。我国有 5 种。

狮子尾
Rhaphidophora hongkongensis

【科属】天南星科崖角藤属

【别名】过山龙、厚叶藤

【形态特征】附生藤本，匍匐于地面、石上或攀援于树上。茎稍肉质，粗壮。分枝常披散。幼株茎纤细，肉质。叶片纸质或亚革质，通常镰状椭圆形，有时为长圆状披针形或倒披针形，由中部向叶基渐狭，先端锐尖至长渐尖，长 20 ~ 35cm，宽 5 ~ 6（~ 14）cm，表面绿色，背面淡绿色，幼株叶片斜椭圆形，

芙蓉莲

芙蓉莲

芙蓉莲

石柑子

石柑子

石柑子

狮子尾

狮子尾

狮子尾

长 4.5 ~ 9cm，宽 2 ~ 4cm，先端锐尖，基部一侧狭楔形，另一侧圆形。花序顶生和腋生。花序柄圆柱形，佛焰苞绿色至淡黄色、卵形，渐尖。肉穗花序圆柱形，向上略狭，顶钝，粉绿色或淡黄色。浆果黄绿色。花期 4 ~ 8 月，果翌年成熟。

【产地与习性】产福建、广东、广西、贵州、云南，常攀附于海拔 80 ~ 900 热带沟谷雨林内的树干上或石崖上。缅甸、越南、老挝、泰国以至加里曼丹岛均有分布。喜温暖，喜湿，喜充足的散射光，忌强光，耐热，不耐寒。不择土壤。生长适温 16 ~ 28℃。

【观赏评价与应用】本种叶形变化较大，富有观赏性，且终年常绿，适合廊柱、附树栽培观赏。全株供药用，可治脾肿大、高烧、风湿腰痛；外用治跌打损伤、骨折、烫火伤。本种有毒，内服仅能用微量。

【同属种类】本属约 120 种，分布于亚洲、澳大利亚、太平洋岛屿。我国有 12 种，其中 2 种为特有。

星点藤
Scindapsus pictus

【科属】天南星科藤芋属

【形态特征】多年生常绿藤本，茎具气生根，长可达 1m。叶肉质，歪长圆形，不对称，

星点藤

星点藤

星点藤

长 10 ~ 15cm，宽 5 ~ 8cm，叶端突尖，叶绿色，质厚，上布满银色斑点或斑块。叶缘白色，叶背深绿色。肉穗花序绿色，浆果。

【产地与习性】产印尼、孟加拉及菲律宾等地。喜湿润，喜充足的散射光，耐热，不耐寒。喜疏松、排水良好的微酸性壤土。生长适温 20 ~ 26℃。

【观赏评价与应用】株形美观，叶形奇特。可用吊盆或附于廊架、树干栽培欣赏，适合客厅、大型案几及阳台装饰。

【同属种类】本属约 36 种。分布于印度至马来西亚。我国产 1 种。

'绿巨人'白掌
Spathiphyllum 'Supreme'

【科属】天南星科白鹤芋属

【形态特征】常绿多年生草本，植株高大，株高可达 100cm。茎短。叶片长椭圆形，暗绿色，长 30 ~ 50cm，宽 15 ~ 20cm。佛焰苞白色稍带绿色，肉穗花序，白色，圆柱形，花密布于轴上。花期春季。

【产地与习性】园艺种。喜温暖及湿润环境，耐热，耐瘠，不耐寒，不耐干旱。喜疏松、肥沃的壤土。生长适温 20 ~ 28℃。

【观赏评价与应用】株丛自然，叶大美观，色泽暗绿，有较高的观赏性，为著名观叶植

'绿巨人'白掌

'绿巨人'白掌

'绿巨人'白掌

物，常丛植于稍蔽荫的山石边、园路边或墙隅处观赏，或与其他观叶植物配植。

【同属种类】本属约 9 种，产美洲及亚洲的东南部热带地区。我国有引种栽培。

白掌
Spathiphyllum kochii

【科属】天南星科白鹤芋属

【别名】白鹤芋

【形态特征】多年生常绿草本植物，株高 40 ~ 60cm。叶长圆形或近披针形，有长尖，基部圆形，叶色浓绿。佛焰苞直立向上，稍卷，白色。肉穗花序圆柱状，小花密集。浆果。花期 5 ~ 10 月。

【产地与习性】产美洲热带地区，我国各地有栽培。喜温暖及半荫环境，较耐热，不耐寒，不耐瘠薄，喜疏松、肥沃的微酸性壤土。生长适温 18 ~ 28℃。

【观赏评价与应用】株形优美，花期长，

白掌

白掌

白掌

金钱树
Zamioculcas zamiifolia

【科属】天南星科雪铁芋属

【别名】雪铁芋

【形态特征】多年生常绿草本植物，株高
30～50cm。羽状复叶自块茎顶端抽生，小叶
在叶轴上呈对生或近对生，小叶卵形，全缘，
厚革质，先端急尖，有光泽。佛焰苞绿色，反
卷，肉穗花序黄白色。花期冬、春。

【产地与习性】产非洲热带地区，我国南
北有栽培。喜温暖及湿润环境，喜半荫，不喜
强光，耐热，不耐寒，忌水湿。喜疏松、排
水良好的砂质土壤。生长适温 16～26℃。

【观赏评价与应用】金钱树株形自然挺拔，
叶片美观，为著名的盆栽观叶植物，可用于
卧室、客厅或宾馆的大堂、客房及办公室等
处装饰。在园林中偶用，适合用于专类园或
丛植于蔽荫的园路边、假山石处欣赏。

【同属种类】本属 1 种，产非洲东部，我
国引进栽培。

适合居家客厅、卧室、书房等装饰。岭南地
区等地也可用于园林中，适于蔽荫的疏林下、
园路边成片栽培观赏，丛植点缀效果也佳。

合果芋
Syngonium podophyllum

【科属】天南星科合果芋属

【形态特征】多年生常绿蔓生草本，节部
常生有气生根。幼叶具长柄，卵圆形或呈戟
状，先端尖，基部近心形或戟形，成株叶片
5～9 裂，裂片椭圆形，先端尖，基部联合，
全缘。佛焰苞白色，肉穗花序白色，花密集。
花期夏季。

【产地与习性】原产中美洲及南美洲。喜
温暖潮湿及半荫的环境，在强光下生长不良，
耐热，喜湿，不耐寒。喜疏松、肥沃、排水
良好的砂质土壤。生长适温 20～28℃。

【观赏评价与应用】株形美观，叶形奇特，
生长快，覆盖性好，园林中可用于树干、墙
壁立体绿化，或用于疏林下、园路边做地被
植物。盆栽幼株可用于书桌、餐桌等案几上
栽培观赏。

【同属种类】本属约 36 种，产于中南美洲
的热带雨林中，我国引种栽培 1 种。

合果芋

合果芋

金钱树

金钱树

金钱树

马蹄莲

马蹄莲

马蹄莲
Zantedeschia aethiopica

【科属】天南星科马蹄莲属

【形态特征】多年生粗壮草本，具块茎。叶基生，叶片较厚，绿色，心状箭形或箭形，先端锐尖、渐尖或具尾状尖头，基部心形或戟形，全缘，长 15～45cm，宽 10～25cm。佛焰苞长 10～25cm，管部短，白色；檐部略后仰。肉穗花序圆柱形，黄色。浆果短卵圆形，淡黄色；种子倒卵状球形。花期 2～3 月，果 8～9 月成熟。

【产地与习性】原产非洲东北部及南部。喜湿，喜光照，喜温暖，耐热，不耐寒，喜疏松、肥沃的壤土。生长适温 16～26℃。

【观赏评价与应用】株形低矮，叶大秀雅，佛焰苞洁白，为著名湿生植物，除盆栽用于室内装饰外，也可植于水体的浅水处或湿地中，片植或三五株丛植点缀均宜。

【同属种类】本属约 9 种，均产非洲南部至东北部。我国引种栽培。

栽培的园艺种有：

彩色马蹄莲 *Zantedeschia hybrida*

多年生球根花卉，肉质块茎肥大。叶基生，长圆形，先端尖，基部戟形，上具斑点。佛焰苞马蹄状，有白、黄、粉红、红、紫等色，肉穗花序，黄色。浆果。花期冬至春。园艺种。

彩色马蹄莲

彩色马蹄莲

鸭跖草科 **Commelinaceae**

香锦竹草
Callisia fragrans

【科属】鸭跖草科锦竹草属

【别名】大叶锦竹草

【形态特征】多年生常绿草本，株高约 15～30cm。叶大，莲座式基生，叶轮廓宽椭圆形，先端尖，全缘。蝎尾状聚伞花序，多轮，花白色。花期春季。

【产地与习性】原产墨西哥。喜温暖及阳光充足的环境，也耐荫，耐瘠，不耐寒，喜疏松、排水良好的壤土。生长适温 16～28℃。

【观赏评价与应用】植株矮小，叶大美观，新叶青翠可人，富有观赏性，可用作地被植物，为园路边、墙垣边绿化的优良材料，也适合于同属植物配植。

【同属种类】本属大约 20 种，产美国，我国引进栽培 1 种。

香锦竹草

香锦竹草

栽培的品种有：

'白纹'香锦竹草 *Callisia fragrans* 'Variegatus'

与原香锦竹草的主要区别为叶片有多数白色条纹。

香锦竹草

铺地锦竹草
Callisia repens

【科属】鸭跖草科锦竹草属

【形态特征】多年生常绿草本，高 5～10cm，蔓性，铺地而生，长达 1～2m。茎柔软，紫色。叶密集，互生于茎上，叶卵形，先端尖，基部抱茎，叶绿色或带紫红色。花小，萼片 3，花瓣 3，白色。花期冬季。

【产地与习性】产美洲及西印度群岛。喜温暖、湿润的环境，较耐阴，不耐寒。喜肥沃、排水良好的土壤。生长适温 16～28℃。

【观赏评价与应用】株形紧凑，小叶套迭互生，具较高的观赏性，可用于园路边、林缘作地被植物，也可附于山石生长，起到覆盖作用。或吊盆栽培用于廊架、花架等立体绿化。

铺地锦竹草

铺地锦竹草

蓝姜
Dichorisandra thyrsiflora
【*Stickmannia thyrsiflora*】

【科属】鸭跖草科蓝姜属

【形态特征】多年生直立草本，株高达 1.5～2.5m。叶互螺旋排列，叶片光滑，椭圆披针形。先端尖，基部渐狭成楔形，全缘，叶柄短。总状花序顶生，花序长 20～30cm，花瓣 3，深蓝，卵形，基部白色。雄蕊金黄色。花期夏季，温度适宜几乎可全年开花。

【产地与习性】原产于美洲热带地区。性喜高温及多湿环境，耐热性强，不耐寒，不耐旱。喜疏松、肥沃的壤土。生长适温 18～30℃。

【观赏评价与应用】小花蓝艳可爱，极美丽，为不可多得的观赏植物，在我国只能热带地区应用，适于林缘、路边群植或丛植观赏，其他地区可用于观赏温室种植造景。

【同属种类】本属约 38 种，产美洲，我国引进 1 种。

蓝姜

蓝姜

蓝姜

聚花草
Floscopa scandens

【科属】鸭跖草科聚花草属

【别名】竹叶草

【形态特征】植株具极长的根状茎，根状茎节上密生须根。茎高 20 ~ 70cm，不分枝。叶无柄或有带翅的短柄；叶片椭圆形至披针形，长 4 ~ 12cm，宽 1 ~ 3cm。圆锥花序多个，顶生并兼有腋生，组成长达 8cm，宽达 4cm 的扫帚状复圆锥花序，下部总苞片叶状，与叶同型，同大，上部的比叶小得多。苞片鳞片状；萼片浅舟状；花瓣蓝色或紫色，少白色。蒴果卵圆状，种子半椭圆状。花果期 7 ~ 11 月。

【产地与习性】产浙江、福建、江西、湖南、广东、海南、广西、云南、四川、西藏和台湾。生于海拔 1700m 以下的水边、山沟边草地及林中。亚洲热带及大洋洲热带广布。

聚花草

聚花草

聚花草

性强健，对环境要求不严，一般环境均可良好生长。生长适温 16 ~ 30℃。

【观赏评价与应用】花序密集，小花蓝色或紫色，有较高的观赏性，目前园林应用较少，适合植于水体的浅水处成片种植营造群体效果，也适合与梭鱼草、荇菜、水金英等配植。全草药用。苦凉。有清热解毒、利尿消肿之效。

【同属种类】本属约 20 种，广布于全球热带和亚热带。我国有 2 种，其中 1 种为特有。

水竹叶
Murdannia triquetra

【科属】鸭跖草科水竹叶属

【别名】细竹叶高草

【形态特征】多年生草本，具长而横走根状茎。茎肉质，下部匍匐，节上生根，上部上升，通常多分枝，长达 40cm，节间长 8cm，密生一列白色硬毛。叶无柄，叶片竹叶形，平展或稍折叠，长 2 ~ 6cm，宽 5 ~ 8mm，顶端渐尖而头钝。花序通常仅有单朵花，顶生并兼腋生，萼片绿色，狭长圆形，浅舟状，花瓣粉红色，紫红色或蓝紫色，倒卵圆形。蒴果卵圆状三棱形。花期 9 ~ 10

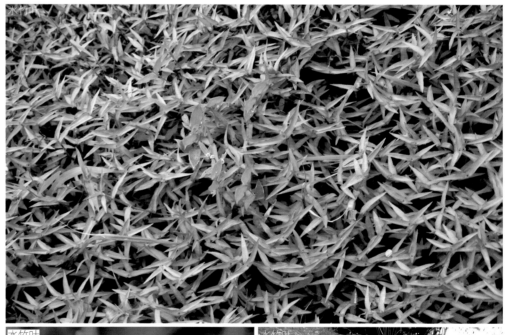

水竹叶

水竹叶

月，果期 10 ~ 11 月。

【产地与习性】产云南、四川、贵州、广西、海南、广东、湖南、湖北、陕西、河南、山东、江苏、安徽、江西、浙江、福建、台湾。生于海拔 1600m 以下的水稻田边或湿地上。印度至越南、老挝、柬埔寨也有。性强健，对水分，光照及土壤没有特殊要求，可粗放管理。生长适温 16 ~ 30℃。

【观赏评价与应用】本种叶繁密，小叶纤秀美观，可群植于滨水的池岸边、湿润的园路边作地被植物，也可吊盆栽培用于廊架立体绿化。

【同属种类】全属约 50 种，广布于全球热带及亚热带地区。我国有 20 种，其中 6 种为特有。

紫锦草
Tradescantia pallida
【 *Setcreasea purpurea* 】

【科属】鸭跖草科紫露草属

【别名】紫鸭跖草、紫竹梅

【形态特征】多年生草本，株高约 30 ~ 50cm，匍匐或下垂。叶长椭圆形，卷曲，先端渐尖，基部抱茎，叶紫色，具白色短绒

水竹叶

紫锦草

紫锦草

紫锦草

白雪姬

白雪姬

白雪姬

毛。聚伞花序顶生或腋生，花桃红色。蒴果。花期 5 ～ 11 月。

【**产地与习性**】产墨西哥。喜温暖、湿润及阳光充足的环境，耐半荫，不耐寒，较耐旱。不择土壤。生长适温 20 ～ 30℃。

【**观赏评价与应用**】叶色美观，为著名的观叶植物，性强健，生长快。可用于庭院的花坛、园路边、草坪边或用于镶边植物，或植于石墙的石隙中用于立体绿化，也适合与其他色叶植物配植营造不同色块景观。盆栽可用于居室绿化。

【**同属种类**】本属约 70 种，主要产美洲，我国引进栽培 10 余种。

白雪姬
Tradescantia sillamontana

【**科属**】鸭跖草科紫露草属

【**别名**】白绢草、银巨冠

【**形态特征**】多年生肉质草本植物，株高 15 ～ 20cm。叶互生，绿色或褐绿色，稍具肉质，长卵形，上被有浓密的白色绢毛。花瓣 3，

着生于茎的顶部，淡粉红色，花瓣中间有一条白色纵纹。花期秋季。

【**产地与习性**】产南非、墨西哥。喜高湿，喜光照，耐热，不耐寒，忌湿涝。喜疏松、肥沃的壤土。生长适温 20 ～ 28℃。

【**观赏评价与应用**】株形美观，花色雅致，叶色秀美，为优秀的观叶植物。常作小型盆栽，点缀几案、书桌、窗台等处。

蚌花
Tradescantia spathacea
【*Rhoeo discolor*】

【**科属**】鸭跖草科紫露草属

【**别名**】紫背万年青

【**形态特征**】多年生草本，株高 50cm。叶基生，密集覆瓦状，无柄；叶片披针形或舌状披针形，先端渐尖，基部扩大成鞘状抱茎，上面暗绿色，下面紫色。聚伞花序生于叶的基部，苞片 2，蚌壳状，淡紫色，花白色，被 2 片蚌壳状的紫色苞片。蒴果。花期 5 ～ 8 月。

【**产地与习性**】产墨西哥。性强健，喜光耐荫，耐热，不耐寒，耐瘠，不择土壤。生长适温 20 ～ 30℃。

【**观赏评价与应用**】株形自然，叶色美丽，苞片状似蚌壳，极为奇特，为优良的观叶植

蚌花

蚌花

蚌花

物。常与草地中、园路边、林缘或疏林下成片种植，或与其他观叶植物配植打造不同色块。也可植于庭院的路边、墙下等处；盆栽可用于阳台、天台等处绿化

栽培的品种种有：

1. 小蚌花 *Tradescantia spathacea* 'Compacta'

与蚌花的主要区别为株型矮小，叶较原种短。

小蚌花

小蚌花

2. '条纹'小蚌花 *Tradescantia spathacea* 'Dwarf Variegata'

与蚌花的主要区别为植株矮小，叶较原种短小，叶面有粉白色纵条纹。

小蚌花

小蚌花

无毛紫露草
Tradescantia virginiana

【科属】鸭跖草科紫露草属

【别名】美洲紫露草

【形态特征】多年生草本，茎直立，株高40～60cm。叶互生，叶披针形，先端尖，基部抱茎，全缘，绿色。伞形花序顶生，十余朵花聚生于枝顶，花瓣3，蓝色。花期春至夏。

【产地与习性】原产北美。性喜温暖及光照充足的环境，耐寒，较耐热，耐瘠，耐旱。对土壤要求不严。生长适温16～26℃。

【观赏评价与应用】花色清新，且适应性广，可用于公园、绿地等布置花坛、花台或片植于小径、园路边、林缘或用作镶边植物均可，也可盆栽用于庭院及居室美化。

无毛紫露草

无毛紫露草

无毛紫露草

吊竹梅
Tradescantia zebrina
【*Zebrina pendula*】

【科属】鸭跖草科紫露草属

【别名】吊竹草

【形态特征】多年生蔓性草本，蔓长30～50cm。叶长卵形，互生，先端尖，基部钝，叶面光滑，叶色多变，绿色带白色条纹或紫红色，叶背淡紫红色。花玫瑰色，蒴果。花期夏季。

【产地与习性】产墨西哥。喜温暖及阳光充足的环境，也耐荫蔽，耐热，不耐寒，忌水湿。喜排水良好的砂质土壤。生长适温18～30℃。

【观赏评价与应用】枝叶匍匐悬垂，叶色丰富，叶有绿、银白、紫色、墨绿等色，极具观赏性，适合蔽荫的园路边、山石或滨水的池边种植观赏，或用于疏林下作地被植物。盆栽也可用于棚架、廊架悬挂栽培打造立体景观。

吊竹梅

吊竹梅

吊竹梅

灯心草科 Juncaceae

灯心草
Juncus effusus

【科属】灯心草科灯心草属

【形态特征】多年生草本，高 27 ～ 91cm。茎丛生，直立，圆柱形。叶全部为低出叶，呈鞘状或鳞片状，包围在茎的基部，长 1 ～ 22cm，基部红褐色至黑褐色；叶片退化为刺芒状。聚伞花序假侧生，含多花，排列紧密或疏散；总苞片圆柱形，生于顶端；小苞片 2 枚，宽卵形；花淡绿色；花被片线状披针形，黄绿色。蒴果长圆形或卵形。种子卵状长圆形。花期 4 ～ 7 月，果期 6 ～ 9 月。

【产地与习性】产我国大部分地区。生于海拔 1650 ～ 3400m 的河边、池旁、水沟，稻田旁、草地及沼泽湿处。全世界温暖地区均有分布。性喜温暖及湿润环境，喜光照，耐寒，耐热，不择土壤。生长适温 16 ～ 28℃。

【观赏评价与应用】株形紧凑，叶姿挺拔，为优良的观赏植物，适合用于公园、绿地的静水或流速缓慢的小溪浅水处栽培观赏，多丛植，或盆栽用于庭园美化。

【同属种类】本属约 240 种，广泛分布于世界各地。主产温带和寒带。我国有 76 种，其中 27 种为特有。

栽培的同属植物有：

片髓灯心草 *Juncus inflexus*

多年生草本，高 40 ～ 81cm，有时更高；茎丛生，直立，圆柱形，茎内具间断的片状髓心。叶全部为低出叶，呈鞘状重叠包围在茎的基部，长 1 ～ 13cm，红褐色，无光亮。花序假侧生，多花排列成稍紧密的圆锥花序状；花序分枝基部通常有苞片数枚，外方者常卵形，长约 1.5mm，膜质，淡红褐色，顶端钝或尖，内方者较小；每花具 2 枚小苞片，卵状披针形至宽卵形，长 1 ～ 1.6mm，宽约 1.2mm，膜质，淡红褐色，顶端钝或稍尖；花淡绿色，稀为淡红褐色；花被片狭披针形。蒴果三棱状椭圆形。种子长圆形。花期 6 ～ 7 月，果期 7 ～ 9 月。产陕西、甘肃、青海、新疆。生于海拔 1100 ～ 1450m 的河滩荒草地、沼泽水沟旁。欧亚大陆和非洲也有分布。

片髓灯心草

灯心草

灯心草

灯心草

片髓灯心草

莎草科 **Cyperaceae**

棕红薹草
Carex buchananii

【科属】莎草科薹草属

【别名】棕红苔草、新西兰莎草

【形态特征】多年生草本植物，植株丛生。株高45～60cm，冠幅60～90cm。叶基生，叶片线形，质地较粗，宽约4mm，直立，稍弯垂，叶片棕红色。花序棕红色，花单性，由1朵雌花或1朵雄花组成1个支小穗，颖果。

【产地与习性】产新西兰。性喜光照，也耐半荫，耐旱，耐瘠，耐寒性一般。对土壤及酸碱度适应性强，pH值5～8.5均可良好生长。生长适温15～25℃。

【观赏评价与应用】叶棕红色，纤细秀雅，观赏性强，为我国近年引进的色叶植物，可丛植于园路边、山石边、水岸边或墙隅处，也可用于庭院、庭前、廊架前点缀，或与其他观赏草配植。

【同属种类】本属约2000种，世界各地广布，我国有527种，其中260种为特有。

棕红薹草

棕红薹草

棕红薹草

'金叶'欧洲薹草
Carex oshimensis 'Evergold'

【科属】莎草科薹草属

【别名】金叶苔草

【形态特征】多年生草本，株高35～65cm，冠幅65～90cm。叶基生，长带形，长20～40cm，宽约2cm，全缘。叶中心黄白色，边缘绿色，全缘。花序棕褐色，高约30cm，花单性，由1朵雌花或1朵雄花组成1个支小穗，颖果。

【产地与习性】园艺种，原种产日本。性喜温暖及半荫环境，在全光照下也可生长，喜湿润，耐旱，耐干燥，较耐寒。不择土壤。生长适温15～25℃。

【观赏评价与应用】叶中心黄白色，秀气美观，为著名色叶植物，可片植于草地中、园路边、小径边、滨水河岸或用作镶边植物，也可盆栽用于装饰庭院。

'金叶'欧洲薹草

'金叶'欧洲薹草

'金叶'欧洲薹草

栽培的同属植物有：

1. 异鳞薹草 *Carex heterolepis*

根状茎短，具长匍匐茎。秆高40～70cm，三棱形。叶与秆近等长，宽3～6mm，边缘粗糙。苞片叶状，最下部1枚长于花序，基部无鞘。小穗3～6个，顶生1个雄性，圆柱形；侧生小穗雌性，圆柱形，直立。雌花鳞片狭披针形或狭长圆形，淡褐色。果囊稍长于鳞片，倒卵形或椭圆形，扁双凸状。小坚果紧包于果囊中，宽倒卵形或倒卵形，暗褐色。花果期4～7月。产东北、内蒙古、河北、山西、陕西、山东、江西、湖北；生于海拔550～1900米沼泽地、水边。分布于朝鲜、日本。

异鳞薹草

异鳞薹草

异鳞薹草

2. 花葶薹草 Carex scaposa

根状茎匍匐，粗壮。秆侧生，高20～80cm，三棱形。叶基生和秆生；基生叶数枚丛生，长于或短于秆，狭椭圆形、椭圆形、椭圆状披针形、椭圆状倒披针形至椭圆状带形，长10～35cm，宽2～5cm，基部渐狭，顶端渐尖；秆生叶退化呈佛焰苞状。圆锥花序复出，具3至数枚支花序；支花序圆锥状，支花序柄坚挺，三棱形。小穗10余个至20余个，两性。小坚果椭圆形。花果期5～11月。产浙江、江西、福建、湖南、广东、广西、四川南部、贵州、云南东部和东南部；生于海拔400～1500m常绿阔叶林林下，水旁、山坡阴处或石灰岩山坡峭壁上。越南也有分布。

花葶薹草

花葶薹草

3. 宽叶薹草 Carex siderosticta

根状茎长。营养茎和花茎有间距，花茎近基部的叶鞘无叶片，淡棕褐色，营养茎的叶长圆状披针形，长10～20cm，宽1～2.5（3）cm，有时具白色条纹。花茎高达30cm，苞鞘上部膨大似佛焰苞状，小穗3～6（10）个，单生或孪生于各节。雄花鳞片披针状长圆形，先端尖，雌花鳞片椭圆状长圆形至披针状长圆形，先端钝。小坚果。花果期4～5月。

宽叶薹草

宽叶薹草
宽叶薹草

产于东北、河北、山西、陕西、山东、安徽、浙江、江西；生于海拔1000～2000m针阔叶混交林或阔叶林下或林缘。俄罗斯、朝鲜、日本也有。

旱伞草
Cyperus alternifolius

【科属】莎草科莎草属

【形态特征】根状茎短，粗大，须根坚硬。秆稍粗壮，高30～150cm。苞片20枚，长几相等，较花序长约2倍，向四周展开，平展；多次复出长侧枝聚伞花序具多数第一次辐射枝，辐射枝最长达7cm，每个第一次辐射枝具

旱伞草

旱伞草

旱伞草

4～10个第二次辐射枝，最长达15cm；小穗密集于第二次辐射枝上端，椭圆形或长圆状披针形，压扁，具6～26朵花；鳞片紧密的复瓦状排列，膜质。小坚果椭圆形，近于三棱形。

【产地与习性】原产于非洲，广泛分布于森林、草原地区的大湖、河流边缘的沼泽中。喜温暖和阳光充足的环境，喜湿，耐热，不耐寒。喜疏松肥沃土壤，也可生活在水中。生长适温18～28℃。

【观赏评价与应用】本种枝叶雅致，清新潇洒，四季常青，适合小溪边、水岸边、墙边、假山石边片植或点缀，也常与本属植物配植。也可盆栽用于居室、庭院等处美化。

【同属种类】本属约600种，世界各地广泛分布。我国有62种，其中8种为特有，4种为引进。

埃及纸莎草
Cyperus papyrus

【科属】莎草科莎草属

【形态特征】多年生常绿草本，株高可达1m。丛生，秆粗壮。叶针形，每秆具一大型伞形花序。小穗黄色，密集。瘦果灰褐色，椭圆形。花期夏季。

【产地与习性】产亚洲西部及欧洲。性喜温暖及阳光充足的环境，生活在水中，耐热，耐瘠。不择土壤。生长适温18～28℃。

【观赏评价与应用】株形自然，茎秆挺拔，叶纤细优美，在茎顶近放射状排列，为我国常用的水景植物，多丛植水体的浅水处

营造景观，也常与其他水生植物配植或作背景材料。

栽培的同属植物有：

畦畔莎草 *Cyperus haspan*

多年生草本，或有时为一年生草本，具许多须根。秆丛生或散生，稍细弱，高2～100cm，扁三棱形，平滑。叶短于秆，或有时仅剩叶鞘而无叶片。苞片2枚，叶状；长侧枝聚伞花序复出或简单，少数为多次复出，具多数细长松散的第一次辐射枝，辐射枝最长达17cm；小穗通常3～6个呈指状排列，少数可多至14个，线形或线状披针形，具6～24朵花；鳞片密复瓦状排列，膜质。小坚果宽倒卵形，三棱形。花果期很长，随地区而改变。产于福建、台湾、广西、广东、云南、四川各省区；多生长于水田或浅水塘等多水的地方，山坡上亦能见到。分布于朝鲜、日本、越南、印度、马来亚、印度尼西亚、菲律宾以及非洲。

羽毛荸荠
Eleocharis wichurai

【科属】莎草科荸荠属

【形态特征】多年生草本，通常无或有时具短匍匐根状茎。秆少数，丛生，高20～50cm。无叶片。小穗矩圆状披针形，稍斜生，初近褐色，后变苍白色，有多数花。鳞片螺旋状排列，基部的2枚近对生，无花。鳞片矩圆形或椭圆形，下位刚毛6，与小坚果近等长，密生白色平展长柔毛，呈羽毛状。小坚果倒卵状扁三棱形。花果期5～7月。

【产地与习性】产东北、内蒙古、甘肃、河北、山东、江苏、浙江等省区。朝鲜、日本、俄罗斯也有。性喜温暖及阳光充足的环境，耐寒，不耐炎热，耐瘠，喜疏松壤土。生长适温15～25℃。

【观赏评价与应用】株形低矮，致密性好，花序小巧，清新幽雅，为优良的浅水绿化植

物，可植于水体的浅水处或流速缓慢的小溪边，最适与岩石配伍，也可与其他浮水植物配植。

【同属种类】本属约有250多种，除两极外，广布于全球各地，热带，亚热带地区特别多。我国产35种，其中9种为特有。

栽培的同属植物有：

黑籽荸荠 *Eleocharis geniculata*

无根状茎，茎丛生而密集，株高20～40cm。基部有2个叶鞘，叶鞘管状，草黄色，基部微红色。无叶。小穗球形或卵形，顶端钝圆，浅锈色，具多数的花，基部具2枚鳞片状小苞片，鳞片阔椭圆形，淡褐色或苍白色，顶端圆钝。下位刚毛6～8条，具倒向的小刺。小坚果阔倒卵形或卵形。花期夏秋季。产广东、海南、福建及台湾，广布于世界热带地区。

光纤草
Isolepis cernua

【科属】莎草科细莞属

【别名】孔雀蔺

【形态特征】多年生常绿草本，株高 20～35cm，冠幅 25～50cm，杆丛生，线形，弯垂，细如发丝。花序顶生，苞片褐色，小花白色。瘦果。花期晚春至初夏。

【产地与习性】产澳洲、欧亚大陆、非洲及美洲。性喜温暖及光照充足的环境，耐半荫，喜湿润，喜疏松的肥沃壤土。生长适合温度 16～26℃。

【观赏评价与应用】株形飘逸，叶外弯，小花点缀于杆上部，状好光纤，极为优雅，除用于盆栽外，也可片植于浅水边、岸边等处，或用于花坛、花墙装饰。

【同属种类】本属约 82 种，主产非洲及澳洲。

星光草
Rhynchospora colorata

【科属】莎草科刺子莞属

【别名】鹭莞

【形态特征】多年生挺水或湿生草本植物，高 15～30cm。叶丛生，线形。花序顶生。苞片 5～8 枚，包裹花序。苞片基部及花序白色。瘦果。

【产地与习性】北美。喜温暖及阳光充足的环境，耐热，耐瘠，较耐寒，喜疏松、肥沃的壤土。生长适温 15～25℃。

【观赏评价与应用】苞片奇特，清新素雅，多用于庭园的水景、水体的浅水处或湿地丛植点缀或片植水岸边，或与其他浮水植物搭配种植效果也佳，盆栽也可用于庭院装饰。

【同属种类】本属约有 350 种，生长在温带及热带地区，主要分布于热带美洲；我国有 9 种。

星光草

星光草

水葱
Schoenoplectus tabernaemontani
【*Scirpus validus*】

【科属】莎草科水葱属

【形态特征】多年生挺水草本，株高 1～2m。茎秆高大通直，圆柱状，中空。根状茎粗壮而匍匐，须根多。基部有 3～4 个膜质管状叶鞘，鞘长可达 40cm，最上面的一个叶鞘具叶片，线形叶片长 2～11cm。圆锥状花序假侧生，苞片由杆顶延伸而成，多条辐射枝顶端，长达 5cm，椭圆形或卵形小穗单生或 2～3 个簇生于辐射枝顶端，上有多数的花。小坚果倒卵形，双凸状。花果期 6～9 月。

水葱

水葱

【**产地与习性**】分布于我国东北、西北、西南各省。朝鲜、日本、澳洲、美洲也有分布。喜温暖、潮湿的环境，喜光，较耐寒。生长适温 15 ～ 26℃。

【**观赏评价与应用**】水葱在水景园中主要做后景材料，茎秆挺拔翠绿，使水景园朴实自然，富有野趣。茎秆可作插花线条材料，也用作造纸或编织草席、草包材料。

【**同属种类**】本属约 77 种，世界广布，我国 22 种，其中 5 种为特有。

栽培的品种有：

'花叶'水葱 *Schoenoplectus tabernaemontani* 'Zebrinus'

与原种水葱的主要区别是茎秆上有白色环状带。

'花叶'水葱

猪毛草
Schoenoplectus wallichii

【**科属**】莎草科水葱属

【**形态特征**】秆丛生，高 10 ～ 40cm，细弱，平滑，基部具 2 ～ 3 个鞘，鞘管状，长3 ～ 9cm，近膜质，先端钝圆或具短尖。叶缺如。苞片 1 枚，为秆的延长，直立，先端急尖，基部稍扩大；小穗单生或 2 ～ 3 个成簇，假侧生，长圆状卵形，先端急尖，淡绿色或淡棕绿色，具 10 多朵至多数花；鳞片长圆状卵形，先端渐尖，近革质，背面较宽部分为绿色，具一条中脉延伸呈短尖，两侧淡棕色、淡棕绿色或近白色半透明，具深棕色短条纹；下位刚毛 4 条，长于小坚果，上部生倒刺。小坚果宽椭圆形，平凸状，黑褐色。花果期9 ～ 11 月。

【**产地与习性**】产云南、贵州、广西、广东、台湾、福建、江西等地。分生于800 ～ 1000m 的溪边和稻田中。印度、朝鲜和日本也有。喜温暖及阳光充足的环境，耐热，

猪毛草

猪毛草

猪毛草

不耐寒，不择土壤。生长适温 15 ～ 26℃。

【**观赏评价与应用**】本种性强健，易栽培，终年常绿，可用于水体的浅水处丛植点缀，或与其他水生植物配植观赏。

长穗赤箭莎
Schoenus calostachyus

【**科属**】莎草科赤箭莎属

【**形态特征**】根状茎短。秆丛生，直立，多数，包括花序在内长 70 ～ 90cm 或稍长，下部圆柱状，平滑。叶线形，宽 1.5 ～ 2mm，

长穗赤箭莎

长穗赤箭莎

长穗赤箭莎

坚硬，边缘平滑或稍粗糙，顶端突尖，叶面平滑，叶背具3条隆起的纵肋。苞片叶状，具圆筒状叶鞘，黑紫红色或黑血红色，膜质；总状花序松散，每节具1个或2、3个小穗，小穗披针形或卵状披针形，每个小穗具9～11片鳞片；下位刚毛5～7条，纤细。小坚果倒卵形，三棱形。

【**产地与习性**】产于广东，日本、新加坡、印度尼西亚、马来亚、越南和澳洲也有。喜高温及阳光充足的环境，喜湿，耐热，不耐寒，不择土壤。生长适温16～28℃。

【**观赏评价与应用**】株形紧凑，生长势强，适合公园、绿地等水体的浅水处丛植观赏。

【**同属种类**】本属约120种，主要产于澳洲，数种广布于世界，我国有4种，其中1种为特有。

藨草
Scirpus triqueter

【**科属**】莎草科藨草属

【**别名**】三棱水葱

【**形态特征**】匍匐根状茎长，直径1～5mm，干时呈红棕色。秆散生，粗壮，高20～90cm，三棱形，基部具2～3个鞘，鞘膜质，最上一个鞘顶端具叶片。叶片扁平，长1.3～5.5(～8)cm，宽1.5～2mm。苞片1枚，为秆的延长，三棱形，长1.5～7cm。简单长侧枝聚伞花序，假侧生，有1～8个辐射枝；

辐射枝三棱形，每辐射枝顶端有1～8个簇生的小穗；小穗卵形或长圆形，密生许多花；鳞片长圆形、椭圆形或宽卵形；下位刚毛3～5条，几等长或稍长于小坚果；小坚果倒卵形。花果期6～9月。

【**产地与习性**】本种为广布种，我国除广东、海南外，各省、各自治区都广泛分布；生长在海拔在2000m以下水沟、水塘、山溪边或沼泽地。俄罗斯、日本、朝鲜，中亚细亚、欧洲、美洲也都有分布。性喜温暖及阳光充足环境，耐热，耐寒，耐瘠，不择土壤。生长适温15～26℃。

【**观赏评价与应用**】本种终年常绿，叶色清新，适合与其他水生植物如香蒲、泽泻等配植，多用于浅水处片植或丛植点缀。

【**同属种类**】本属约35种，主产北半球温带地区，我国有12种，其中4种为特有。

藨草

藨草

藨草

禾本科 Gramineae

须芒草
Andropogon gayanus

【科属】禾本科须芒草属

【形态特征】多年生草本，秆密圆柱形，高1～1.5m。叶长披针形或近线形，长30～100cm，绿色，全缘。花序为具鞘状总苞假圆锥花序，由成对（稀单生）的总状花序组成。小穗成对着于轴的各节，一无柄，一具柄。颖果。

【产地与习性】原产非洲西部热带地区。性喜温暖及阳光充足的环境，耐热，有一定耐寒性，耐瘠，对环境要求不高。不择土壤。生长适温15～28℃。

【观赏评价与应用】本种终年常绿，适生性强，在园林中可丛植于草坪边缘、岩石边、林缘或与其他色叶种的观赏草配植，形成不同色块。

【同属种类】本属约100种，产热带及温带地区，以非洲及美洲为多，我国有2种。

须芒草

'花叶'燕麦草
Arrhenatherum elatius 'Variegatum'

【科属】禾本科燕麦草属

【形态特征】须根粗壮。秆直立或基部膝曲，高1～1.5m，具4～5节，基部膨大呈念珠状。叶鞘松弛，平滑无毛；叶片扁平，粗糙或下面较平滑，长20～30cm，宽3～9mm，具黄白色边缘。圆锥花序疏松，灰绿色或略带

花叶

'花叶'燕麦草

紫色，有光泽，长20～25cm，宽1～2.5cm，分枝簇生；小穗长7～9mm；颖点状粗糙，第一颖长4～6mm，第二颖几与小穗等长；外稃先端微2裂，第一小花雄性，仅具3枚雄蕊，第二小花两性。

【产地与习性】产欧洲，性喜温暖及阳光充足的环境，不耐荫蔽，耐寒，不甚耐热，抗旱性较强。喜肥沃、排水良好的土壤。生长适温15～26℃。

【观赏评价与应用】株形美观，色泽明快，给人一种清新之美，可片植小径、林缘、园路边等处，也可用于花境、花坛或用于绿地配景应用。

【同属种类】本属7种，产亚洲、欧洲及地中海。我国引进栽培1种。

芦竹
Arundo donax

【科属】禾本科芦竹属

【形态特征】多年生草本；有根状茎。秆直立，高2～6m，径1～1.5cm，常分枝。叶鞘长于节间；叶舌膜质，先端平截；叶片扁平，长30～60cm，宽2～5cm。圆锥花序极大型，长30～60（－90）cm，宽3～6cm，分枝稠密，斜升；小穗长10～12mm；含2～4小花；外稃中脉延伸成1～2mm之短芒，背面中部以下密生长柔毛，第一外稃长约1cm；内稃长约为外稃之半；雄蕊3，颖果细小黑色。花果期9～12月。

芦竹

芦竹

【产地与习性】产广东、海南、广西、贵州、云南、四川、湖南、江西、福建、台湾、浙江、江苏。生于河岸道旁、砂质壤土上。南方各地庭园引种栽培。亚洲、非洲、大洋洲热带地区广布。喜湿热，抗旱、耐涝、耐盐碱，抗逆性强，适合旱薄地低洼地种植。生长适温 15 ～ 28℃。

【观赏评价与应用】本种植株高大，易栽培，多用于水体一隅丛植或用于湿地大面积绿化，也可用作背景材料。

【同属种类】本属 3 种，产地中海地区至中国，我国有 2 种。

栽培的品种或野生的同属植物有：

1. '斑叶'芦竹 *Arundo donax* 'Versicolor'

本种与原种的主要区别为株高 1 ～ 3m，叶具白色或黄色纵条纹，或全株黄白色，仅叶脉处绿色。本种色泽明快，最适水体的浅水处与山石相配。

'斑叶'芦竹

'斑叶'芦竹

2. 台湾芦竹 *Arundo formosana*

多年生，具发达根状茎。秆高约 1m，较细弱，有分枝，常向下悬垂；叶鞘长于其节间，截平或撕裂状；背面具毛；叶片披针形，长 10 ～ 25cm，宽 8 ～ 15mm，顶端渐尖，基部具长毛，边缘粗糙。顶生圆锥花序长 20 ～ 30cm，较疏松；小穗含 3（5）花，颖披针形，厚纸质。颖果花果期 6 ～ 12月。产台湾台北、新竹。生长于海拔 350 ～ 450m 海滨岩壁边或山坡草地。

台湾芦竹

台湾芦竹

台湾芦竹

地毯草
Axonopus compressus

【科属】禾本科地毯草属

【形态特征】多年生草本。具长匍匐枝。秆压扁，高 8 ～ 60cm，节密生灰白色柔毛。叶鞘松弛，基部压扁，边缘质较薄；叶片扁平，质地柔薄，长 5 ～ 10cm，宽（2）6 ～ 12mm，两面无毛或上面被柔毛，近基部边缘疏生纤毛。总状花序 2 ～ 5 枚，长 4 ～ 8cm；小穗长圆状披针形，长 2.2 ～ 2.5mm，疏生柔毛，单生；第一颖缺；第二颖与第一外稃等长或第二颖稍短；第一内稃缺；第二外稃革质，短于小穗。

【产地与习性】原产热带美洲，世界各热带、亚热带地区有引种栽培。生于荒野、路旁较潮湿处。性喜温暖及半荫环境，在全光照下也生长良好，耐热，耐瘠，生长快，不

地毯草

地毯草

地毯草

择土壤。生长适温 15 ～ 28℃。

【观赏评价与应用】该种的匍匐枝蔓延迅速，每节上都生根和抽出新植株，植物体平铺地面成毯状，故称地毯草，为铺建草坪的草种，根有固土作用，是一种良好的保土植物；可大片植于园路边、疏林下、坡地等处作地被植物。

【同属种类】本属约 110 种，产美国及非洲。我国引进栽培 2 种。

小盼草
Chasmanthium latifolium

【科属】禾本科小盼草属

【形态特征】多年生草本，茎直立，株高 50 ～ 100cm。丛生，叶条形，扁平，叶长 10 ～ 15cm。圆锥花序，花茎弧曲，具多数穗状花序，小穗宽卵形，扁平，悬垂。花果期秋季。

【产地与习性】产美洲。性喜阳光，不耐荫蔽，耐寒性好，不耐酷热，耐旱，耐瘠。以肥沃、排水良好的土壤为宜。生长适温 16 ～ 26℃。

【观赏评价与应用】叶色翠绿，小穗奇特美观，经久不落，极具观赏性。可用于路边、滨水岸边、岸石园等栽培观赏，也可用于花

小盼草

小盼草

小盼草

香根草

香根草

香根草

境或作背景材料。

【同属种类】本属5种，产美洲，我国引种栽培1种。

香根草
Chrysopogon zizanioides
【*Vetiveria zizanioides*】

【科属】禾本科金须茅属

【别名】岩兰草

【形态特征】多年生粗壮草本。须根含挥发性浓郁的香气。秆丛生，高1～2.5m，

中空。叶片线形，直伸，扁平，下部对折，长30～70cm，宽5～10mm，边缘粗糙，顶生叶片较小。圆锥花序大型顶生，长20～30cm；主轴粗壮，各节具多数轮生的分枝，分枝细长上举，长10～20cm，下部长裸露；总状花序轴节间与小穗柄无毛；无柄小穗线状披针形，第一颖革质，背部圆形，边缘稍内折，近两侧压扁；第二颖脊上粗糙或具刺毛；雄蕊3，花期自小穗两侧伸出。花果期8～10月。

【产地与习性】原产于印度，我国引种栽培。性喜温暖及阳光充足的环境，喜湿润，也耐旱，耐瘠，耐热，不择土壤，以疏松粘壤土为佳。生长适温16～30℃。

【观赏评价与应用】本种生长快，根系强大，在园林中多用于护坡或植于林缘观赏，也可丛植点缀于山石或墙隅等处。但本种冬季

为枯草期，观赏性差，且易导致火灾，较少应用。须根含香精油，油浓褐色，稠性大，紫罗兰香型，用作定香剂。茎秆可作造纸原料。

【同属种类】本属44种，分布于世界的热带和亚热带地区。我国有4种，其中1种引进栽培。

薏苡
Coix lacryma-jobi

【科属】禾本科薏苡属

【别名】药玉米、川谷

【形态特征】一年生粗壮草本，须根黄白色。秆直立丛生，高1～2m，具10多节。叶鞘短于其节间；叶片扁平宽大，开展，长10～40cm，宽1.5～3cm，基部圆形或近心形，中脉粗厚，在下面隆起，边缘粗糙。总

状花序腋生成束，长 4 ～ 10cm，直立或下垂，具长梗。雌小穗位于花序之下部，第一颖卵圆形，顶端渐尖呈喙状，包围着第二颖；雄蕊常退化；雌蕊具细长柱头。雄小穗 2 ～ 3 对，着生于总状花序上部，第一颖草质，边缘内折成脊，第二颖舟形；颖果。花果期 6 ～ 12 月。

【产地与习性】分布于亚洲东南部与太平洋岛屿，我国广布，多生于海拔 200 ～ 2000m 处常见湿润的屋旁、池塘、河沟、山谷、溪涧中。本种性强健，抗性强，对环境条件及土壤等没有特殊要求。生长适温 15 ～ 30℃。

【观赏评价与应用】本种果实具有一定的观赏性，为念佛穿珠用的菩提珠子，工艺价值较大。可用于林缘、墙边或一隅丛植观赏。

【同属种类】本属 4 种，分布于热带亚洲；我国有 2 种。

蒲苇
Cortaderia selloana

【科属】禾本科蒲苇属

【形态特征】多年生，雌雄异株。秆高大粗壮，丛生，高 2 ～ 3m。叶片质硬，狭窄，簇生于秆基，长达 1 ～ 3m，边缘具锯齿状粗糙。圆锥花序大型稠密，长 50 ～ 100cm，银白色至粉红色；雌花序较宽大，雄花序较狭窄；小穗含 2 ～ 3 小花，雌小穗具丝状柔毛，雄小穗无毛；颖质薄，细长，白色，外稃顶端延伸成长而细弱之芒。

【产地与习性】分布于美洲。喜温暖及阳光充足的环境，耐热、耐寒、耐瘠，对土壤要求不严，微酸性至微碱性土壤均可。生长适温 16 ～ 28℃。

【观赏评价与应用】为著名观赏草，株形硕大，花穗大而美丽，适合丛植于草地中、庭院一隅、园路边或岩石园等处观赏，也可用于花境作背景材料。

【同属种类】本属约 27 种，大多分布于南美洲。我国引入 1 种。

栽培的品种有：

矮蒲苇 *Cortaderia selloana* ‘Pumila’

本品种与原种主要区别为植株较高，株高 120cm，叶聚生于基部，长而狭，边有细齿。

柠檬香茅
Cymbopogon citratus

【科属】禾本科香茅属

【别名】柠檬草

【形态特征】多年生草本，具香味。秆高达 2m，粗壮，节下被白色蜡粉。叶片长30 ~ 90cm，宽 5 ~ 15mm，顶端长渐尖，平滑或边缘粗糙。伪圆锥花序具多次复合分枝，长约 50cm，疏散，分枝细长，顶端下垂；佛焰苞长 1.5（-2）cm；总状花序不等长，具3 ~ 4 或 5 ~ 6 节；总状花序轴节间及小穗柄长 2.5 ~ 4mm，边缘疏生柔毛，顶端膨大或具齿裂。无柄小穗线状披针形，长 5 ~ 6mm，宽约 0.7mm。花果期夏季，少见有开花者。

【产地与习性】我国引种栽培，广泛种植于热带地区。喜温暖，喜湿润，喜充足的光照，耐半荫，耐热，不甚耐寒，喜疏松、肥沃的壤土。生长适温 16 ~ 28℃。

【观赏评价与应用】全株具柠檬香味，茎叶提取柠檬香精油，供制香水、肥皂，并可食用，嫩茎叶为制咖喱调香料的原料。园林中可丛植于园路边、林缘、疏林下、小桥边或假山石边观赏，也可用于庭园点缀。

【同属种类】本属约 70 种，分布于东半球热带与亚热带。我国有 24 种，其中 7 种为特有，引种 5 种以上。

柠檬香茅

柠檬香茅

柠檬香茅

野黍
Eriochloa villosa

【科属】禾本科野黍属

【别名】拉拉草、唤猪草

【形态特征】一年生草本。秆直立，基部分枝，稍倾斜，高 30 ~ 100cm。叶片扁平，长 5 ~ 25cm，宽 5 ~ 15mm，表面具微毛，背面光滑，边缘粗糙。圆锥花序狭长，长7 ~ 15cm，由 4 ~ 8 枚总状花序组成；小穗卵状椭圆形，小穗柄极短，密生长柔毛；第一颖微小，短于或长于基盘；第二颖膜质，等长于小穗。颖果卵圆形。花果期 7 ~ 10月。

【产地与习性】产东北、华北、华东、华中、西南、华南等地区；生于山坡和潮湿地区。日本、印度也有分布。性喜阳光及全日照环境，喜湿，耐热，耐瘠，不耐寒。不择土壤。生长适温 15 ~ 28℃。

【观赏评价与应用】本种株形适中，小穗美观，有一定观赏性，目前园林中尚没有应用，可丛植于路边、假山石边观赏。可作饲料，谷粒含淀粉，可食用。

【同属种类】本属约 30 种，分布全世界热带与温带地区；我国 2 种。

野黍

野黍

高羊茅
Festuca elata

【科属】禾本科羊茅属

【形态特征】多年生。秆成疏丛或单生，直立，高 90 ~ 120cm；叶片线状披针形，先端长渐尖，通常扁平，下面光滑无毛，上面及边缘粗糙，长 10 ~ 20cm，宽 3 ~ 7mm；圆锥花序疏松开展，长 20 ~ 28cm；分枝单生，自近基部处分出小枝或小穗；小穗含 2 ~ 3 花；颖果。花果期 4 ~ 8月。

【产地与习性】产广西、四川、贵州。生于路旁、山坡和林下。喜温耐热，较抗寒，耐践踏，再生力强。对土壤酸碱度适应能力强，在 pH 值为 4.7 ~ 9.0 的土壤中均可生长。生长适温 15 ~ 28℃。

【观赏评价与应用】高羊茅是多年生优良的草坪草，可广泛应用于园林绿化、水土保持。利用其生活力强，生长迅速等优点，可与草地早熟禾、紫羊茅等混播。

【同属种类】约有 450 种，分布于全世界的温寒地带、温带及热带的高山地区。我国有 55 种，其中 25 种特有。

高羊茅

高羊茅

蓝羊茅
Festuca glauca

【科属】禾本科羊茅属

【形态特征】多年生半常绿草本，植株丛生，株高 20 ~ 30cm。叶基生，纤细、细针状，蓝灰色。圆锥花序，小花淡绿色。花期夏季，果期秋季。

【产地与习性】产欧洲，我国江浙等地引种栽培。性喜阳光及湿润环境，较耐荫，耐旱，耐寒，耐瘠，忌水渍。以疏松、排水良好的壤土为佳。生长适温 15 ~ 25℃。

【观赏评价与应用】为著名的色叶类观赏草，与其他植物形成鲜明对照，多用于布置花境，也可用于花坛、花带的镶边植物，也可丛植于园路边或一隅观赏。

蓝羊茅

蓝羊茅

蓝羊茅

青稞
Hordeum vulgare var. *coeleste*
【*Hordeum vulgare* var. *nudum*】

【科属】禾本科大麦属

【别名】裸麦

青稞

青稞

青稞

【形态特征】一年生草本。秆粗壮，光滑无毛，直立，高 50 ~ 100cm。叶片长 9 ~ 20cm，宽 6 ~ 20mm，扁平。穗状花序长 3 ~ 8cm（芒除外），径约 1.5cm，小穗稠密，每节着生三枚发育的小穗；小穗均无柄，长 1 ~ 1.5cm（芒除外）；颖线状披针形，先端常延伸为 8 ~ 14mm 的芒；颖果。

【产地与习性】我国西北、西南各省常栽培。性喜冷凉及光照充足的环境，耐寒，不耐热，不耐瘠，喜疏松、排水良好的微酸性土壤。生长适温 12 ~ 22℃。

【观赏评价与应用】为著名的农作物，在西北、西南常见栽培，可植于农作物专类园用于科普教育或用于生态园、农庄等种植观赏。

【同属种类】本属约 30 ~ 40 种，分布于全球温带或亚热带的山地或高原地区，在新旧大陆各有 10 多种，我国有 10 种，其中 1 种特有，2 种引进栽培。

水禾
Hygroryza aristata

【科属】禾本科水禾属

【形态特征】水生漂浮草本；根状茎细长，节上生羽状须根。茎露出水面的部分长约 20cm。叶鞘膨胀，具横脉；叶片卵状披针形，长 3 ~ 8cm，宽 1 ~ 2cm，下面具小乳状突起，顶端钝，基部圆形，具短柄。圆锥花序长与宽近相等，为 4 ~ 8cm，具疏散分枝，小穗含 1 小花。秋季开花。

【产地与习性】产广东、海南、福建、台湾。生于池塘湖沼和小溪流中。分布于印度、缅甸和东南亚地区。喜高温及阳光充足的环境，喜静水，极耐热，不耐寒。生长适温 16 ~ 30℃。

【观赏评价与应用】水禾适生性强，叶可供观赏，园林中可用于池塘等水体的浅水处、流速缓慢的小溪边种植观赏，也可与其他浮水植物配植。植株可作猪、鱼及牛的饲料。

【同属种类】本属 1 种，分布于亚洲热带东南部地区。我国有 1 种。

水禾

水禾

水禾

血草
Imperata cylindrica 'Rubra'

【科属】禾本科白茅属

【别名】红叶白茅

【形态特征】多年生草本，具粗壮的长根状茎。秆直立，高 30 ~ 45cm，冠幅 45 ~ 60cm。叶鞘聚集于秆基，叶片长约 20cm，宽约 8mm，扁平，质地较薄，上部血红色，下部绿色；圆锥花序稠密，长 20cm，宽达 3cm，小穗长 4.5 ~ 5（-6）mm。颖果椭圆形。花期夏末，果期秋季。

【产地与习性】园艺种。喜光照，喜温暖，耐寒性好，耐瘠，不耐酷热。喜疏松、排水良好的土壤。生长适温 15 ~ 25℃。

【观赏评价与应用】叶色红艳，为著名观赏草，适合丛植于岩石园、庭院一隅、园路边、山石边欣赏，也可用作地被或作镶边植物，也常与其他色叶植物配植。

【同属种类】本属约 10 种，分布于全世界的热带和亚热带。我国有 3 种，其中 1 种特有。

血草

血草

血草

蓝滨麦
Leymus condensatus

【科属】禾本科赖草属

【形态特征】多年生草本，株高 60 ~ 100cm 甚至更高。叶长条形，长约 30cm，宽约 1cm，全缘，蓝绿色。穗状花序，花序高可达 100cm 以上。

【产地与习性】产北美。喜湿，不喜干燥，喜光，不耐荫蔽，喜温暖，不耐热。喜疏松、肥沃的壤土。生长适温 15 ~ 25℃。

【观赏评价与应用】叶色美观，植株紧凑，为著名的色叶草本，最适与山石搭配种植或片植于林缘、路边等外，丛植或用于花境点缀效果也佳。

【同属种类】本属约有 50 余种，分布于北半球温寒地带，多数种类产于亚洲中部、欧洲和北美也有些种类。我国 24 种，其中 11 种为特有。

蓝滨麦

蓝滨麦

蓝滨麦

黑麦草
Lolium perenne

【科属】禾本科黑麦草属

【别名】多年生黑麦草

【形态特征】多年生，具细弱根状茎。秆丛生，高 30 ~ 90cm，具 3 ~ 4 节，质软，基部节上生根。叶片线形，长 5 ~ 20cm，宽 3 ~ 6mm，柔软，具微毛，有时具叶耳。穗形穗状花序直立或稍弯，长 10 ~ 20cm，小穗轴间节间平滑无毛；颖披针形，为其小穗长的 1/3。颖果长约为宽的 3 倍。花果期 5 ~ 7 月。

【产地与习性】广泛分布于克什米尔地区、巴基斯坦、欧洲、亚洲暖温带、非洲北部。我国现已广泛栽培。性耐寒，耐瘠，喜光照，喜温暖，喜湿润，忌积水。喜疏松、排水良好的砂质土壤。生长适温 15 ~ 25℃。

【观赏评价与应用】叶色翠绿，耐修剪，为常见的草坪草，适合公园、绿地、校园等草坪种植，也可用于疏林下、路边成片种植观赏或用于水土保持工程。本种也是优良牧草。

【同属种类】本属约有 8 种，主产地中海区域，分布于欧亚大陆的温带地区。我国有 6 种，全部为引进栽培。

黑麦草

黑麦草

'斑叶'芒
Miscanthus sinensis 'Zebrinus'

【科属】禾本科芒属

【形态特征】多年生苇状草本，株高120～150cm，叶片长线形，长20～50cm，宽6～10mm，边缘粗糙，上有不规则的斑马斑纹。圆锥花序，小穗披针形，黄色有光泽，颖果。花期8～10月。

【产地与习性】为芒的栽培种。性喜光照，喜湿，不喜干燥环境，喜温暖，耐寒，不择土壤。生长适温16～26℃。

【观赏评价与应用】叶色清秀，姿态雅致，观赏性极佳，是优良的观叶植物。盆栽可用于阳台、窗台或客厅等处装饰，也是庭院水景绿化的良材；园林中常用于水岸边或路边绿化。

【同属种类】本属14种，主要分布于东南亚，在非洲也有少数种类。我国有7种，2种为特有。

'斑叶'芒

'斑叶'芒

'斑叶'芒

栽培的品种有：

1. '细叶'芒 *Miscanthus sinensis* 'Gracillimus'

为芒的栽培种，与原种主要区别为株高120～230cm，冠幅达100～200cm，叶窄线形。

'细叶'芒

'细叶'芒

'细叶'芒

2. '晨光'芒 *Miscanthus sinensis* 'Morning Light'

为芒的栽培种，本种与'细叶'芒相似，叶片边缘具黄白色条纹。

'晨光'芒

野生稻
Oryza rufipogon

【科属】禾本科稻属

【形态特征】多年生水生草本。秆高约1.5m，下部海绵质或于节上生根。叶片线形、扁平，长达40cm，宽约1cm，边缘与中脉粗糙，顶端渐尖。圆锥花序长约20cm，直立而

野生稻

野生稻

野生稻

后下垂；主轴及分枝粗糙；小穗长 8 ~ 9mm，基部具 2 枚微小半圆形的退化颖片；颖果长圆形，易落粒。花果期 4 ~ 5 月和 10 ~ 11 月。

【产地与习性】产广东、海南、广西、云南、台湾。生于海拔 600m 以下的江河流域、平原地区的池塘、溪沟、藕塘、稻田、沟渠、沼泽等低湿地。印度、缅甸、泰国、马来西亚、东南亚广泛分布。喜湿，喜温暖，耐热，耐瘠，不耐寒。喜微酸性粘质土壤。生长适温 16 ~ 28℃。

【观赏评价与应用】野生稻为水稻育种的优良材料，园林中可用于水体的浅水处栽培观赏，丛植、片植均可，即可绿化，也可用于科普教育。

【同属种类】24 种。分布于两半球热带、亚热带、亚洲、非洲、大洋洲及美洲。我国产 5 种，其中引进栽培 2 种。

水稻
Oryza sativa

【科属】禾本科稻属

【别名】糯、粳

【形态特征】一年生水生草本。秆直立，高 0.5 ~ 1.5m，随品种而异。叶片线状披针形，长 40cm 左右，宽约 1cm，无毛，粗糙。圆锥花序大型疏展，长约 30cm，分枝多，棱粗糙，成熟期向下弯垂；小穗含 1 成熟花，两侧甚压扁，长圆状卵形至椭圆形；颖极小，

水稻

水稻

水稻

仅在小穗柄先端留下半月形的痕迹，退化外稃 2 枚；两侧孕性花外稃质厚，内稃与外稃同质。颖果。

【产地与习性】稻是亚洲热带广泛种植的重要谷物，我国南方为主要产稻区，北方各省均有栽种。性喜温暖及阳光充足环境，耐热，不耐寒，生活于水中，喜中性至微酸性粘质壤土。生长适温 16 ~ 28℃。

【观赏评价与应用】为世界广为种植的农作物，植株低矮，可用于公园、植物园等农作物专类园种植用于科普教育。

两耳草
Paspalum conjugatum

【科属】禾本科雀稗属

【形态特征】多年生。植株具长达 1m 的匍匐茎，秆直立部分高 30 ~ 60cm。叶片披针状线形，长 5 ~ 20cm，宽 5 ~ 10mm，质薄，无毛或边缘具疣柔毛。总状花序 2 枚，纤细，长 6 ~ 12cm，开展；小穗卵形，长 1.5 ~ 1.8mm，宽约 1.2mm，顶端稍尖，覆瓦状排列成两行；颖果。花果期 5 ~ 9 月。

【产地与习性】产台湾、云南、海南、广西；生于田野、林缘、潮湿草地上。全世界热带及温暖地区有分布。喜温暖，喜光照，耐半荫，耐热，耐瘠，对土壤要求不高，以疏松、排水良好的微酸性壤土为宜。生长适温 15 ~ 30℃。

两耳草

两耳草

【观赏评价与应用】为一有价值的牧草。

【同属种类】约 330 种，分布于全世界的热带与亚热带，热带美洲最丰富。我国有 16 种，其中 2 种特有，8 种引进栽培。

狼尾草
Pennisetum alopecuroides

【科属】禾本科狼尾草属

【别名】狗尾巴草

【形态特征】多年生。须根较粗壮。秆直立，丛生，高 30 ~ 120cm，在花序下密生柔毛。叶片线形，长 10 ~ 80cm，宽 3 ~ 8mm，先端长渐尖，基部生疣毛。圆锥花序直立，长 5 ~ 25cm，宽 1.5 ~ 3.5cm；小穗通常单生，偶有双生，线状披针形；第一颖微小或缺，第二颖卵状披针形，先端短尖；第一小花中性，第一外稃与小穗等长，具 7 ~ 11 脉；第二外稃与小穗等长，披针形，具 5 ~ 7 脉。颖果长圆形。花果期夏秋季。

狼尾草

狼尾草

【产地与习性】我国自东北、华北经华东、中南及西南各省区均有分布；多生于海拔50～3200m的田岸、荒地、道旁及小山坡上。日本、印度、朝鲜、缅甸、巴基斯坦、越南、菲律宾、马来西亚、大洋洲及非洲也有分布。本种性强健，即耐寒也耐热，对环境没有特殊要求，可粗放管理，生长适温15～28℃。

【观赏评价与应用】本种性强健，野性强，花序美观，具有野性美，可用于园路边、山石边、林缘或疏林下片植，也可用于假山石边、草地中、墙隅处点缀。可作饲料；也是编织或造纸的原料；也可作固堤防沙植物。

【同属种类】本属约80种，主要分布于全世界热带、亚热带地区。我国有11种，其中4种为特有，4种引进栽培。

栽培的同属品种有：

1.'小兔子'狼尾草 Pennisetum alopecuroides 'Little Bunny'

与原种狼尾草主要区别为株形较矮，株高红30～45cm，花序白色。

'小兔子'狼尾草

'小兔子'狼尾草

2.'紫叶'绒毛狼尾草 Pennisetum setaceum 'Rubrum'

本种为绒毛狼尾草的园艺种，株高50～80cm，叶片线形，长30～40cm，紫红色。圆锥花序直立，花序变垂，紫红色。花果期夏秋季。

'紫叶'绒毛狼尾草

'紫叶'绒毛狼尾草

紫御谷
Pennisetum glaucum 'Purple Majesty'

【科属】禾本科狼尾草属

【形态特征】一年生草本。须根强壮。秆直立，常单生，株高1～1.5m；叶片扁平，长20～50cm，宽2～5cm，基部近心形，两面稍粗糙，紫色。圆锥花序紧密似香蒲花序，长40～50cm，紫黑色；颖果近球形或梨形。花果期9～10月。

紫御谷

紫御谷

紫御谷

【产地与习性】园艺种，原种产非洲。喜光照，喜温暖，喜湿润，不耐寒，不耐暑热，喜疏松、排水良好的土壤。生长适温15～25℃。

【观赏评价与应用】叶紫色，花穗大，与叶片形成鲜明对照，是近年来常见的观叶植物，适合庭院、公园、绿地的路边、水岸边、山石边或墙垣边片植观赏。

栽培的相近种有：

'杰德'御谷 Pennisetum glaucum 'Jade Princess'

一年生草本，株高可达3m。叶片宽条形，叶近金黄色。圆锥花序紧密呈柱状，主轴硬直，密被柔毛。颖果倒卵形。花期夏季，果期秋季。

'杰德'御谷

'杰德'御谷

皇竹草
Pennisetum hydridum

【科属】禾本科狼尾草属

【别名】皇草

【形态特征】本种为 Pennisetum purpureum 与 Pennisetum typhoideum 杂交而成，为多年生草本，株高可达4.5m，茎粗3.5cm，节间

长 9 ~ 15cm。叶互生，长 60 ~ 120cm，宽 3.5 ~ 4cm。圆锥花序，长 20 ~ 30cm。

【产地与习性】喜温暖，喜阳光，耐瘠，不耐寒，低于 0℃则会死亡，喜湿润，对水分需水量较大。喜疏松、排水良好的壤土。生长适温 15 ~ 26℃。

【观赏评价与应用】植株高大，性强健，极易栽培，园林中极少应用，可用于墙隅、林缘或高大的假山石边点缀。本种生物量大，可作燃料或饲草。

玉带草
Phalaris arundinacea var. *picta*

【科属】禾本科虉草属

【别名】花叶虉草

【形态特征】多年生，有根茎。秆通常单生或少数丛生，高 60 ~ 120cm，有 6 ~ 8 节。

叶片扁平，幼嫩时微粗糙，长 15 ~ 40cm，宽 1 ~ 2cm，叶间有银白色纵条纹。圆锥花序紧密狭窄，长 8 ~ 15cm，分枝直向上举，密生小穗；颖果。花果期 6 ~ 8 月。

【产地与习性】产原产于北美洲、欧洲、亚洲和北非地区，我国引种栽培。性喜温暖及阳光充足的环境，耐寒，较耐热，喜湿润，对土壤要求不高。生长适温 15 ~ 26℃。

【观赏评价与应用】叶片柔软飘逸，白色条纹极为美观，为优良观赏草，可片植于林缘、草地边缘、山岩或墙隅观赏，也适合用于花境配植或用于岩石园点缀。

【同属种类】本属 8 种，分布于北半球的温带，大部产于欧美，我国有 5 种，其中 4 种引进栽培。

芦苇
Phragmites australis

【科属】禾本科芦苇属

【别名】芦、苇、葭

【形态特征】多年生高大草本；有粗壮的匍匐根状茎。秆高 1 ~ 3m，径 2 ~ 10mm，节下常有白粉。叶鞘圆筒形；叶片扁平，长 15 ~ 45cm，宽 1 ~ 3.5cm。圆锥花序顶生，疏散，长 10 ~ 40cm，稍下垂，下部分枝腋部有白柔毛；小穗通常含 4 ~ 7 小花，颖 3 脉，第一颖长 3 ~ 7mm，第二颖长 5 ~ 11mm；第一小花常为雄性。颖果长圆形。花果期 7 ~ 11 月。

芦苇

芦苇

芦苇

斑茅

斑茅

滨水河岸、山石边或林缘点缀。嫩叶可供牛马的饲料；秆可编席和造纸。

【同属种类】本属 35 ～ 40 种之间，大多分布于亚洲的热带与亚热带，我国有 3 种。

甘蔗
Saccharum officinarum

【科属】禾本科甘蔗属

【别名】秀贵甘蔗

【形态特征】多年生高大实心草本。根状茎粗壮发达。秆高 3 ～ 5（–6）m。直径 2 ～ 4（–5）cm，具 20 ～ 40 节，下部节间较短而粗大，被白粉。叶片长达 1m，宽 4 ～ 6cm，无毛，中脉粗壮，白色，边缘具锯齿状粗糙。圆锥花序大型，长 50cm 左右，总状花序多数轮生，稠密；小穗线状长圆形。

【产地与习性】我国南方热带地区广泛种植。本种分蘖力弱，性喜高温及光照充足的环境，耐热性好，不耐寒，不耐旱，不喜贫瘠土壤，以疏松、肥沃、排水良好的砂质土或红壤土为佳。生长适温 18 ～ 30℃。

甘蔗

甘蔗

甘蔗

【产地与习性】世界各地均有生长，在我国广布。性强健，适生性好，耐寒，耐热，耐瘠，喜光，不耐荫蔽，喜稍粘质土壤，微酸性至微碱性均可。生长适温 15 ～ 30℃。

【观赏评价与应用】为保土固堤植物，适于公园各处水滨、浅水区种植，开花季节特别美观。苇秆可作造纸和人造丝、人造棉原料，也供编织席、帘等用；嫩时含大量蛋白质和糖分，为优良饲料；嫩芽也可食用；花序可作扫帚；花絮可填枕头；根状茎叫做芦根，入药。

【同属种类】本属 4 ～ 5 种，分布于全球热带、大洋洲、非洲、亚洲。我国有 3 种。

斑茅
Saccharum arundinaceum

【科属】禾本科甘蔗属

【别名】大密

【形态特征】多年生高大丛生草本。秆粗壮，高 2 ～ 4（–6）m，直径 1 ～ 2cm，具

多数节，无毛。叶片宽大，线状披针形，长 1 ～ 2m，宽 2 ～ 5cm，顶端长渐尖，基部渐变窄，中脉粗壮，无毛，边缘锯齿状粗糙。圆锥花序大型，稠密，长 30 ～ 80cm，宽 5 ～ 10cm，主轴无毛，每节着生 2 ～ 4 枚分枝，分枝 2 ～ 3 回分出；总状花序轴节间与小穗柄细线形，无柄与有柄小穗狭披针形，黄绿色或带紫色；两颖近等长，草质或稍厚，顶端渐尖。颖果长圆形。花果期 8 ～ 12 月。

【产地与习性】产于河南、陕西、浙江、江西、湖北、湖南、福建、台湾、广东、海南、广西、贵州、四川、云南等省区；生于山坡和河岸溪涧草地。印度、缅甸、泰国、越南、马来西亚也有。喜温暖，喜湿润，喜光照，也耐荫，耐瘠，耐寒，耐热。不择土壤。生长适温 15 ～ 30℃。

【观赏评价与应用】株形美观，叶飘逸潇洒，可用于园林绿化，适合丛植于草地中、

【观赏评价与应用】植株高大挺拔，为著名的糖料作物，园林中较少应用，可用于滨水的河岸、庭前屋后、路边丛植造景或用于点缀，也可用于农作物专类园、生态园等栽培。茎秆为重要的制糖原料。秆梢与叶片除作为牛羊等家畜的好饲料外，还可供药用，制酒精以及作建筑材料等。

小米
Setaria italica

【科属】禾本科狗尾草属

【别名】粱、黄粟、谷子

【形态特征】一年生草本。秆粗壮，直立，高 0.1 ～ 1m 或更高。叶片长披针形或线状披针形，长 10 ～ 45cm，宽 5 ～ 33mm，先端尖，基部钝圆。圆锥花序呈圆柱状或近纺锤状，通常下垂，基部多少有间断，长 10 ～ 40cm，宽 1 ～ 5cm，常因品种的不同而多变异；小穗椭圆形或近圆球形，黄色、橘红色或紫色；花果期夏秋季。

小米

小米

【产地与习性】广泛栽培于欧亚大陆的温带和热带，我国南北皆有栽培。性喜温暖及阳光充足的环境，耐热，不耐寒，忌水湿，较耐旱。喜疏松、肥沃、排水良好的壤土。生长适温 16 ～ 28℃。

【观赏评价与应用】本种是我国北方人民的主要粮食作物之一，谷粒的营养价值很高，供食用，也可入药，具有清热、清渴、滋阴、补脾肾等功效，又可酿酒。园林中可用于农作物专类园、生态园等栽培观赏或用于科普教育。

【同属种类】本属约有 130 种，广布于全世界热带和温带地区。我国有 14 种，其中 3 种为特有，1 种引进栽培。

棕叶狗尾草
Setaria palmifolia

【科属】禾本科狗尾草属

【别名】棕叶草

【形态特征】多年生草本。秆直立或基部稍膝曲，高 0.75 ～ 2m，直径约 3 ～ 7mm，基部可达 1cm，具支柱根。叶片纺锤状宽披针形，长 20 ～ 59cm，宽 2 ～ 7cm，先端渐尖，基部窄缩呈柄状。圆锥花序主轴延伸甚长，呈开展或稍狭窄的塔形，长 20 ～ 60cm，宽 2 ～ 10cm，小穗卵状披针形，紧密或稀疏排列于小枝的一侧，部分小穗下托以 1 枚刚毛；第一颖三角状卵形，先端稍尖，第二颖长为小穗的 1/2 ～ 3/4 或略短于小穗，先端尖；第一小花雄性或中性，第二小花两性。花果期 8 ～ 12 月。

棕叶狗尾草

棕叶狗尾草

棕叶狗尾草

【产地与习性】产浙江、江西、福建、台湾、湖北、湖南、贵州、四川、云南、广东、广西、西藏等省区；生于山坡或谷地林下阴湿处。原产非洲、广布于大洋洲、美洲和亚洲的热带和亚热带地区。喜温暖，喜湿润，耐荫，耐寒，耐瘠，耐热，不择土壤。生长适温 15 ～ 28℃。

【观赏评价与应用】株形美观，叶清秀，适合用于园路边、假山石处、墙边或一隅丛植点缀，也可片植于林缘、路边观赏，或与其他观赏草配植造景。颖果含丰富淀粉，可供食用；根可药用治脱肛、子宫脱垂。

高粱
Sorghum bicolor

【科属】禾本科高粱属

【别名】蜀黍

【形态特征】一年生草本。秆较粗壮，直立，高 3 ～ 5m，横径 2 ～ 5cm，基部节上具支撑根。叶片线形至线状披针形，长 40 ～ 70cm，宽 3 ～ 8cm，先端渐尖，基部圆或微呈耳形，表面暗绿色，背面淡绿色或有白粉。圆锥花序疏松，主轴裸露，长 15 ～ 45cm，宽 4 ～ 10cm，总梗直立或微弯曲；每一总状花序具 3 ～ 6 节，无柄小穗倒卵形或倒卵状椭圆形；两颖均革质，初时黄绿

高粱

高粱

色，成熟后为淡红色至暗棕色；颖果。花果期 6 ~ 9 月。

【产地与习性】我国南北各省区均有栽培。喜温暖及湿润环境，不耐寒，较耐热，不耐瘠，喜肥。喜肥沃、疏松、肥沃的壤土。生长适温 15 ~ 26℃。

【观赏评价与应用】为我国常见栽培的农作物，植株高大，果穗成熟时有一定观赏性，可用于农作物专类园或农庄、生态园等种植观赏或用于科普教育。

【同属种类】本属约有 30 余种，分布于全世界热带、亚热带和温带地区。我国有 5 种，其中 3 种引进栽培。。

滨刺草
Spinifex littoreus

【科属】禾本科鬣刺属

【别名】老鼠芳、腊刺

【形态特征】多年生小灌木状草本。须根长而坚韧。秆粗壮、坚实，表面被白蜡质，平卧地面部分长达数米，向上直立部分高 30 ~ 100cm，径粗 3 ~ 5mm。叶片线形，质

滨刺草

滨刺草

滨刺草

坚而厚，长 5 ~ 20cm，宽 2 ~ 3mm，下部对折，上部卷合如针状，常呈弓状弯曲，边缘粗糙，无毛。雄穗轴长 4 ~ 9cm，生数枚雄小穗，先端延伸于顶生小穗之上而成针状；雌穗轴针状，长 6 ~ 16cm、粗糙，基部单生 1 雌小穗；花果期夏秋季。

【产地与习性】产台湾、福建、广东、广西等省区；生于海边沙滩。印度、缅甸、斯里兰卡、马来西亚、越南和菲律宾也有分布。喜高温高湿环境，耐旱，耐瘠，耐热，不耐寒，耐盐性极好。喜疏松的砂质土壤。生长适温 18 ~ 30℃。

【观赏评价与应用】本种叶纤细，有一定观赏性，且抗性极强，为优良的海边固沙植物。可用于海滨的风景区、公园等沙地种植，可迅速覆盖地面并固定沙丘。也适合与其他海滨植物如厚藤、海滨月见草等配植，营造沙地景观。

【同属种类】本属 4 种，分布于亚洲和大洋洲热带地区。我国产 1 种。

钝叶草
Stenotaphrum helferi

【科属】禾本科钝叶草属

【形态特征】多年生草本。秆下部匍匐，于节处生根，向上抽出高 10 ~ 40cm 的直立花枝。叶片带状，长 5 ~ 17cm，宽 5 ~ 11mm，顶端微钝，具短尖头，基部截平或近圆形，两面无毛，边缘粗糙。花序主轴扁平呈叶状，具翼，长 10 ~ 15cm，宽 3 ~ 5mm，边缘微粗糙；穗状花序嵌生于主轴的凹穴内，长

钝叶草

钝叶草

钝叶草

7 ~ 18mm；小穗互生，卵状披针形，含 2 小花而仅第二小花结实；颖先端尖，脉间有小横脉。花果期秋季。

【产地与习性】产广东、云南等省；多生于海拔约 1100m 以下的湿润草地、林缘或疏林中。缅甸、马来西亚等亚洲热带地区也有分布。喜温暖及湿润环境，耐半荫，耐热，不耐寒，对土壤要求不严。生长适温 16 ~ 28℃。

【观赏评价与应用】本种抗性较强，植株低矮，耐踏，可用于公园、绿地、风景区的林下、路边或草坪中成片种植。秆叶肥厚柔嫩，为优良的牧草。

【同属种类】本属 7 种，分布于太平洋各岛屿以及美洲和非洲。我国有 3 种，其中引进栽培 1 种。

'条纹'侧钝叶草
Stenotaphrum secundatum
'Variegatum'

【科属】禾本科钝叶草属

【形态特征】多年生草本，具匍匐枝，株高 20 ~ 45cm。叶披针形，长 10 ~ 25cm，宽 5 ~ 8cm，先端钝，叶片绿色，上具宽窄不一的黄白色条纹。穗状圆锥花序，小穗卵状披针形，无柄，于穗轴一侧互生。颖不等长，第一颖短小。

【产地与习性】园艺种，原种产美洲。喜温暖及湿润环境，耐热，耐瘠，较耐寒。不择土壤，以疏松、肥沃壤土为佳。生长适温

'条纹'侧钝叶草

'条纹'侧钝叶草

'条纹'侧钝叶草

16 ~ 26℃。

【观赏评价与应用】叶中间具一条黄白色条纹，叶色清新柔美，可作为色叶草本植物，可植于小径、园路边、阶旁、滨水的坡地等处成片种植观赏，也可以丛植用于点缀廊前、墙隅或阶前。

细茎针茅
Stipa tenuissima

【科属】禾本科针茅属

【别名】墨西哥羽毛草

【形态特征】多年生草本植物，植株丛生，株高 30 ~ 70cm。叶基生，纤弱，丝状，长约 30 ~ 50cm。圆锥花序，银白色，羽毛状。花果期夏秋。

【产地与习性】产美洲，我国引种栽培。喜充足光照，耐寒，耐瘠，耐旱性强，喜肥沃、排水良好的中性至微酸性壤土。生长适温 15 ~ 25℃。

【观赏评价与应用】株形美观，叶纤细秀雅，随风摇曳，别有一番风情，常用于园路边、岩石园、山石边等种植观赏。丛植、带植均可，也可做镶边材料。

细茎针茅

细茎针茅

细茎针茅

【同属种类】本属约有 100 种，分布于全世界温带地区，在干旱草原区尤多。我国有 23 种，其中 3 种为特有。

棕叶芦
Thysanolaena latifolia

【科属】禾本科棕叶芦属

【别名】莽草、棕叶草

【形态特征】多年生，丛生草本。秆高 2 ~ 3m，直立粗壮，不分枝。叶片披针形，长 20 ~ 50cm，宽 3 ~ 8cm，具横脉，顶端渐尖，基部心形，具柄。圆锥花序大型，柔软，长达 50cm，分枝多，斜向上升，下部裸露，基部主枝长达 30cm；小穗长 1.5 ~ 1.8mm，颖片无脉；第一花仅具外稃，约等长于小穗；第二外稃卵形，厚纸质，背部圆，具 3 脉。颖果长圆形。一年有两次花果期，春夏或秋季。

【产地与习性】产台湾、广东、广西、贵州。生于山坡、山谷或树林下和灌丛中。印度、中南半岛、印度尼西亚、新几内亚岛有分布。喜温暖，喜湿润，耐旱，耐瘠，不耐寒。不择土壤。生长适温 15 ~ 28℃。

【观赏评价与应用】秆高大坚实，花序大而美观，可供观赏，可丛植用于草地、路边、

棕叶芦

棕叶芦

棕叶芦

假山石边点缀，也可作背景材料。本种作篱笆或造纸，叶可裹粽，花序用作扫帚。

【同属种类】单种属，分布于亚洲热带。我国也有。

小麦
Triticum aestivum

【科属】禾本科小麦属

【别名】普通小麦

【形态特征】秆直立，丛生，具 6 ~ 7 节，高 60 ~ 100cm，径 5 ~ 7mm。叶片长披针形。穗状花序直立，长 5 ~ 10cm（芒除外），宽 1 ~ 1.5cm；小穗含 3 ~ 9 小花，上部者不发育；颖卵圆形，长 6 ~ 8mm，主脉于背面上部具脊，侧脉的背脊不明显；外稃长圆状披针形，长 8 ~ 10mm，顶端具芒或无芒；内稃与外稃几等长。

【产地与习性】我国南北各地广为栽培，

小麦

小麦

小麦

玉米

玉米

菰

菰

品种很多，性状均有所不同。喜温暖，喜湿润，不耐寒，不耐旱，喜光照充足，以疏松、肥沃、排水良好的壤土为宜。生长适温15～25℃。

【观赏评价与应用】世界广为栽培的粮食作物，株形低矮，小穗繁密，有一定观赏性，园林中多用于农作物专类园、教学植物园等用于教学或科普。

【同属种类】本属约有25种，为重要粮食作物，欧、亚大陆和北美广为栽培；我国有4种，全部为引进。

玉米
Zea mays

【科属】禾本科玉蜀黍属

【别名】玉米、包谷

【形态特征】一年生高大草本。秆直立，通常不分枝，高1～4m，基部各节具气生支柱根。叶片扁平宽大，线状披针形，基部圆形呈耳状，无毛或具柔毛，中脉粗壮，边缘微粗糙。顶生雄性圆锥花序大型，雄性小穗孪生，长达1cm。雌花序被多数宽大的鞘状苞片所包藏；雌小穗孪生，成16～30纵行排列于粗壮之序轴上，两颖等长，宽大。颖果球形或扁球形，成熟后露出颖片和稃片之外，其大小随生长条件不同产生差异。花果期夏秋季。

玉米

【产地与习性】我国各地均有栽培。全世界热带和温带地区广泛种植。喜温暖及湿润环境，耐热，不耐寒，不耐瘠薄及水湿。生长适温15～26℃。

【观赏评价与应用】为世界广泛种植的粮食作物，植株高大，有一定观赏性。园林中可用于生态农庄、专类园种植观赏并用于科普。

【同属种类】本属5种，原产美洲，我国引种栽培1种。

菰
Zizania latifolia

【科属】禾本科菰属

【别名】茭儿菜、茭白、茭笋

【形态特征】多年生，具匍匐根状茎。须根粗壮。秆高大直立，高1～2m，径约1cm，具多数节，基部节上生不定根。叶片扁平宽大，长50～90cm，宽15～30mm。圆锥花序长30～50cm，分枝多数簇生，上升，果期开

菰

展；雄小穗长10～15mm，两侧压扁，带紫色；雌小穗圆筒形，长18～25mm，着生于花序上部和分枝下方与主轴贴生处。颖果圆柱形。

【产地与习性】产东北、内蒙古、河北、甘肃、陕西、四川、湖北、湖南、江西、福建、广东、台湾。水生或沼生，常见栽培。亚洲温带、日本、俄罗斯及欧洲有分布。喜水湿及阳光充足的环境，不耐旱，耐瘠，耐热，喜肥沃及稍粘重的壤土。生长适温15～26℃。

【观赏评价与应用】叶柔软多姿，清新自然，菰的经济价值大，秆基嫩茎为真菌寄生后，粗大肥嫩，称茭瓜，是美味的蔬菜。颖果称菰米，做饭食用。全草为优良的饲料。园林中可用于水体的浅水处种植，也适合植于山石边或其他水生植配植造景。

【同属种类】本属4种，主产东亚，其余产北美。我国有1种。

沟叶结缕草
Zoysia matrella

【科属】禾本科结缕草属

【别名】马尼拉结缕草

【形态特征】多年生草本。具横走根茎，须根细弱。秆直立，高12～20cm，基部节间短，每节具一至数个分枝。叶片质硬，内卷，上面具沟，无毛，长可达3cm，宽1～2mm，顶端尖锐。总状花序呈细柱形，长2～3cm，

沟叶结缕草

沟叶结缕草

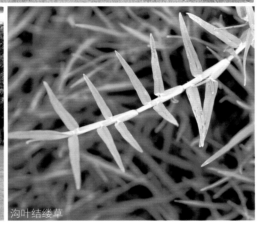

沟叶结缕草

细叶结缕草

2. 中华结缕草 Zoysia sinica

多年生。具横走根茎。秆直立，高13～30cm。叶片淡绿或灰绿色，背面色较淡，长可达10cm，宽1～3mm，扁平或边缘内卷。总状花序穗形，小穗排列稍疏，长2～4cm，宽4～5mm；小穗披针形或卵状披针形，黄褐色或略带紫。颖果棕褐色，长椭圆形。花果期5～10月。产辽宁、河北、山东、江苏、安徽、浙江、福建、广东、台湾；生于海边沙滩、河岸、路旁的草丛中。日本也有分布。

宽约2mm；小穗柄长约1.5mm，紧贴穗轴；小穗长2～3mm，宽约1mm，卵状披针形，黄褐色或略带紫褐色；第一颖退化，第二颖革质。颖果长卵形，棕褐色。花果期7～10月。

【产地与习性】产台湾、广东、海南；生于海岸沙地上。亚洲和大洋洲的热带地区亦有分布。喜高温及湿润环境，耐热性好，耐瘠薄，忌积水，对土壤要求不高，以砂质土壤为佳。生长适温15～28℃。

【观赏评价与应用】本种株形低矮，适应性强，为优良的草坪用草，可用于运动场草坪、休憩草坪、观赏草坪或用于路边、河岸、公路护坡等。

【同属种类】本属9种，分布于非洲、亚洲和大洋洲的热带和亚热带地区。我国有5种。栽培的同属植物有：

1. 细叶结缕草 Zoysia pacifica

多年生草本。秆纤细，具横走根茎，匍匐，高5～10cm。叶片线形，长4～6cm，宽0.5～1mm。总状花序，长1.5cm。小穗狭窄披针形。每小穗含一朵小花。颖果卵形，细小。花果期8～12月。产台湾，日本，菲律宾，泰国及太平洋岛屿也有。

细叶结缕草

细叶结缕草

中华结缕草

中华结缕草

黑三棱科 Sparganiaceae

黑三棱
Sparganium stoloniferum

【科属】黑三棱科黑三棱属

【形态特征】多年生水生或沼生草本。块茎膨大，比茎粗 2～3 倍，或更粗；茎直立，粗壮，高 0.7～1.2m，或更高，挺水。叶片长（20-）40～90cm，宽 0.7～16cm，具中脉，上部扁平，下部背面呈龙骨状凸起，或呈三棱形，基部鞘状。圆锥花序开展，长 20～60cm，具 3～7 个侧枝，每个侧枝上着生 7～11 个雄性头状花序和 1～2 个雌性头状花序，主轴顶端通常具 3～5 个雄性头状花序，或更多，无雌性头状花序；雄花花被片匙形，膜质。果实倒圆锥形。花果期 5～10 月。

【产地与习性】产东北、内蒙古、河北、山西、陕西、甘肃、新疆、江苏、江西、湖北、云南等省区。通常生于海拔 1500m 以下的湖泊、河沟、沼泽、水塘边浅水处，仅在

我国西藏见于 3600m 高山水域中。阿富汗、朝鲜、日本、中亚地区和俄罗斯也有分布。喜温暖、湿润环境，耐寒，耐热，不择土壤。生长适温 15～28℃。

【观赏评价与应用】植株直立，叶色翠绿，适于公园、绿地、植物园等池塘、水塘的浅水处丛植或成片种植观赏。本种块茎是我国常用的中药，即"三棱"，具破瘀、行气、消积、止痛、通经、下乳等功效。

【同属种类】本属 19 种，主要产温带及寒带，以北半球为代表，我国有 11 种，其中 3 种特有。

栽培的同属植物有：

曲轴黑三棱 *Sparganium fallax*

多年生水生或沼生草本。块茎短粗；根状茎细长，横走。茎直立，高约 40～55cm，较粗壮，挺水。叶片长 45～65cm，先端渐尖，中下部背面呈龙骨状凸起或稍钝圆，基部鞘状，海绵质。花序总状，长 15～17cm，中下部弯曲；雄性头状花序 4～7 个，排列稀疏，远离雌性头状花序；雌性头状花序 3～4 个，生于凹处，下部 1（-2）个雌性头状花序具总花梗，生于叶状苞片腋内；雄花花被片条形，雌花花被片宽匙形。果实宽纺锤形。花果期 6～10 月。产浙江、福建、台湾、贵州、云南等省。生于湖泊、沼泽、河沟、水塘边浅水处。日本、缅甸、印度亦有分布。

香蒲科 Typhaceae

水烛
Typha angustifolia

【科属】香蒲科香蒲属

【别名】水蜡烛、狭叶香蒲、蒲草

【形态特征】多年生，水生或沼生草本。根状茎乳黄色、灰黄色，先端白色。地上茎直立，粗壮，高约 1.5 ~ 2.5（-3）m。叶片长54 ~ 120cm，宽 0.4 ~ 0.9cm，上部扁平，中部以下腹面微凹，背面向下逐渐隆起呈凸形；叶鞘抱茎。雌雄花序相距 2.5 ~ 6.9cm；雄花序轴具褐色扁柔毛，单出，或分叉；叶状苞片1 ~ 3 枚，花后脱落；雌花序长 15 ~ 30cm，基部具 1 枚叶状苞片，通常比叶片宽，花后脱落。小坚果长椭圆形，种子深褐色。花果期 6 ~ 9 月。

【产地与习性】产东北、内蒙古、河北、山东、河南、陕西、甘肃、新疆、江苏、湖北、云南、台湾等省区。生于湖泊、河流、池塘浅水处。尼泊尔、印度、巴基斯坦、日本、

水烛

水烛

水烛

俄罗斯、欧洲、美洲及大洋洲等亦有分布。喜温暖，喜水湿，耐寒，耐热，喜生于浅水处，不择土壤。生长适温 15 ~ 28℃。

【观赏评价与应用】本种叶片挺拔，花序粗壮，常用于花卉观赏，常用于点缀园林水池、湖畔用以构筑水景之用，片植造景或丛植点缀效果均佳，也可用作背景材料。蒲棒常用于切花材料。全株是造纸的好原料。叶称蒲草可用于编织，花粉可入药称蒲黄。嫩芽称蒲菜，其味鲜美，可食用。

【同属种类】本属约 16 种，产热带及温带地区，我国有 12 种，其中 3 种特有。

栽培的同属植物有：

1. 小香蒲 *Typha minima*

多年生沼生或水生草本。根状茎姜黄色或黄褐色，先端乳白色。地上茎直立，细弱，矮小，高 16 ~ 65cm。叶通常基生，鞘状，无叶片，如叶片存在，长 15 ~ 40cm，宽约1 ~ 2mm，短于花葶，叶耳向上伸展。雌雄花序远离，雄花序长 3 ~ 8cm，基部具 1 枚叶状苞片，雌花序长 1.6 ~ 4.5cm，叶状苞片明显宽于叶片。雄花无被，雌花具小苞片；小坚果椭圆形。种子黄褐色，椭圆形。花果期 5 ~ 8月。产东北、内蒙古、河北、河南、山东、山西、陕西、甘肃、新疆、湖北、四川等省区。生于池塘、水泡子、水沟边浅水处。巴基斯坦、俄罗斯、亚洲北部、欧洲等均有分布。

小香蒲

小香蒲

2. 香蒲 *Typha orientalis*

又名东方香蒲，多年生水生或沼生草本。根状茎乳白色。地上茎粗壮，向上渐细，高 1.3 ~ 2m。叶片条形，长 40 ~ 70cm，宽0.4 ~ 0.9cm，光滑无毛，上部扁平，下部腹面微凹，背面逐渐隆起呈凸形。雌雄花序紧密连接；雄花序长 2.7 ~ 9.2cm，自基部向上具 1 ~ 3 枚叶状苞片，花后脱落；雌花序长4.5 ~ 15.2cm，基部具 1 枚叶状苞片，花后脱落；雄花通常由 3 枚雄蕊组成，雌花无小苞片；种子褐色，微弯。花果期 5 ~ 8 月。产东北、内蒙古、河北、山西、河南、陕西、安徽、江苏、浙江、江西、广东、云南、台湾等省区。生于湖泊、池塘、沟渠、沼泽及河流缓流带。菲律宾、日本、俄罗斯及大洋洲等地均有分布。

香蒲

香蒲

凤梨科 Bromeliaceae

粉菠萝
Aechmea fasciata

【科属】凤梨科光萼荷属

【别名】美叶光萼荷

【形态特征】多年生常绿草本，株高30～60cm。叶多数，莲座式，长椭圆形，先端平，具尖头，叶缘具刺，叶绿色，上具白粉。花序从叶丛中抽生而出，苞片粉色，小花蓝紫色。聚花果。花期秋季。

【产地与习性】原产巴西，我国引种栽培。喜半日照环境，在强光下叶片易灼伤。喜湿润，较耐旱，不耐寒。喜疏松、排水良好的附生基质，不能用土壤栽培。生长适温18～28℃。

【观赏评价与应用】叶面被白粉，色彩清爽，花大色雅，均具有较高的观赏性。可用于蔽荫的山石边、墙垣边或小路边片植或带植观赏，也常与其他同科植物配植。盆栽可用于居室或庭院美化。

【同属种类】本属约300种，产美洲，我国有少量引种。

栽培的同属品种有：

费氏粉菠萝 *Aechmea* 'Fascin'

多年生常绿草本，株高30～50cm。叶基生，莲座状，叶片长椭圆形，先端有小尖头，

费氏粉菠萝

费氏粉菠萝

叶上具白色纵纹，全缘。聚花果。

三色凤梨
Ananas bracteatus 'Striatus'

【科属】凤梨科凤梨属

【别名】五彩凤梨、美艳凤梨

【形态特征】多年生草本。叶多数，莲座式，剑形，顶端渐尖，叶缘有锯齿，叶边缘黄色带红晕。头状花序顶生，由叶丛中抽出，状如松球，花小。聚花果肉质。花期夏季到冬季。

【产地与习性】园艺种，原种产巴西。喜光，耐半荫，喜湿润，耐热，不耐寒。喜疏

粉菠萝

三色凤梨

三色凤梨

三色凤梨

菠萝

菠萝

'巧克力'光亮凤梨

'巧克力'光亮凤梨

松、肥沃的壤土。生长适温 20 ~ 28℃。

【观赏评价与应用】株形秀雅，叶色柔和，可作为色叶植物栽培，果大艳丽，也可用作观果植物，适合公园、绿地等园路边、墙边、山石边片植或丛植点缀，也常用于凤梨专类园，盆栽可用于居室美化。

【同属种类】本属有 8 种，产南美洲。我国引进 3 种。

菠萝
Ananas comosus

【科属】凤梨科凤梨属

【别名】凤梨

【形态特征】茎短。叶多数，莲座式排列，剑形，长 40 ~ 90cm，宽 4 ~ 7cm，顶端渐尖，全缘或有锐齿，腹面绿色，背面粉绿色，边缘和顶端常带褐红色。花序于叶丛中抽出，状如松球，长 6 ~ 8cm，结果时增大；苞片基部

绿色，上半部淡红色，三角状卵形；萼片宽卵形，肉质，顶端带红色；花瓣长椭圆形，上部紫红色，下部白色。聚花果肉质，长 15cm 以上。花期夏季至冬季。

【产地与习性】原产美洲热带地区，福建、广东、海南、广西、云南有栽培。喜温暖及阳光充足的环境，耐热性好，不耐寒，忌湿涝，喜疏松、排水良好的砂质土壤。生长适温 20 ~ 28℃。

【观赏评价与应用】为著名热带水果，果大奇特，可用于观赏，园林中多用于果蔬专类园或凤梨专类园，也可用于山石、林缘、墙隅处点缀，或盆栽用于庭院观赏。

栽培的同属品种有：

'巧克力'光亮凤梨 *Ananas lucidus* 'Chocolat'

多年生草本，茎短，株高 40 ~ 60cm。叶多数，莲座式排列，剑形，顶端渐尖，全缘，绿色，生于花序顶部的叶变小，常呈红褐色。花序于叶丛中抽出，状如松球，花瓣长椭圆形，上部蓝紫色，下部白色。聚花果，成熟时红色。花期春季。园艺种。

水塔花
Billbergia pyramidalis

【科属】凤梨科水塔花属

【形态特征】多年生常绿草本，陆生或附生，株高 50 ~ 60cm。叶基生，莲座状，叶丛基部形成贮水叶筒，叶片肥厚，宽大，先端圆，叶缘有细尖齿，绿色。穗状花序，苞片及花冠鲜红色。花期 6 -10 月。

【产地与习性】产西印度群岛、委内瑞拉及巴西。喜湿润及湿润的环境，较耐热，不耐寒，全日照或半日照均可良好生长。喜疏松、排水良好的微酸性土壤。生长适温 20 ~ 28℃。

水塔花
水塔花
水塔花

【观赏评价与应用】叶色淡雅，花即艳丽又有清新之美，适合稍蔽荫的小径、山石边、疏林下、林缘成片种植，或数株与其他凤梨科植物配植，用于点缀效果也佳。盆栽适合阳台、窗台、卧室等光线明亮的地方摆放观赏。

【同属种类】本属约 60 种，产热带美洲。我国引进栽培 2 种。

姬凤梨
Cryptanthus acaulis

【科属】凤梨科姬凤梨属

【形态特征】多年生常绿附生草本，株高15cm。叶基生，莲座状，叶片宽，带状，边缘波状，叶缘具尖刺，先端尖，叶面粉红色带绿色条纹，不同品种叶色有差异。花白色。

【产地与习性】产巴西。喜温暖及湿润环境，喜充足的散射光，在全光照下也可生长，耐热，不耐寒。需用附生基质栽培。生长适温 18 ~ 26℃。

姬凤梨

姬凤梨

姬凤梨

【观赏评价与应用】株形小巧，色彩美丽，为著名的观叶品种，我国栽培较为普遍，品种繁多，可用于稍蔽荫的石隙处、园林小径等处栽培，或附于枯树栽培造景。盆栽可用于居室案头、卧室等装饰。

【同属种类】本属约 67 种，均产巴西。我国有引种。

星花凤梨
Guzmania lingulata

【科属】凤梨科果子蔓属

【别名】擎天凤梨

【形态特征】多年生附生草本，株高40 ~ 60cm。茎短，叶互生，莲座式排列，叶宽带形，绿色，先端尖，全缘，中央抱茎形成一蓄水的水槽。品种繁多，苞片因品种不同而异，有黄色、红色、紫色等色，小花生于苞片之内，开放时伸出。蒴果。花期冬季。

【产地与习性】产中南美洲及西印度群岛的雨林中。喜温暖及湿润的环境，不耐高温，不耐寒，喜半荫环境，栽培需用排水良好的附生基质。生长适温 18 ~ 26℃。

【观赏评价与应用】本种应用广泛，花序大，苞片鲜艳，观赏性佳，且品种繁多，除盆栽用于室内欣赏外，也可用于园林景观造景。

【同属种类】本属约有 221 种，产美洲。我国有引种栽培。

星花凤梨

星花凤梨

星花凤梨

栽培的同属植物有:

圆锥凤梨 *Guzmania conifera*

又名圆锥擎天、圆锥果子蔓,为多年生常绿附生草本,株高 35 ~ 60cm。叶宽带形,外弯,暗绿色。穗状花序呈圆锥状,苞片密生,鲜红,尖端黄色。花小,红色,边缘黄色。蒴果。花期春季,产厄瓜多尔及秘鲁。

圆锥凤梨

圆锥凤梨

美丽水塔花 *Neoregelia spectabilis*

【科属】凤梨科彩叶凤梨属

【别名】端红凤梨

【形态特征】多年生常绿草本,株高 30 ~ 40cm。叶多数,基生,莲座式,剑形,顶端有小尖头,叶缘有小尖齿,叶绿色,叶尖端粉红色。花期夏季。

【产地与习性】产巴西,生于热带雨林中。喜温暖及湿润环境,较耐热,不耐寒,喜疏松、排水良好的壤土或用附生基质栽培。生长适温 16 ~ 28℃。

【观赏评价与应用】叶先端粉红色,奇特雅致,为优良的观叶植物,且适应性强,园

美丽水塔花

美丽水塔花

美丽水塔花

林中常用于稍蔽荫的林缘、园路边、花台片植或带植观赏,也可用作镶边植物。盆栽可用于阳台、窗台等光线充足的地方养护观赏。

【同属种类】本属约有 124 种,产南美洲。我国有引种。

栽培的品种有:

'里约红'彩叶凤梨 *Neoregelia* 'Rrd Of Rio'

多年生常绿草本,株高约 30cm。叶基生,多数,莲座式,宽带形,顶端圆,有小尖头,全缘,新叶紫红色,上具绿色条纹,老叶转绿。园艺种。

'里约红'彩叶凤梨

'里约红'彩叶凤梨

红花草凤梨 *Pitcairnia scandens*

【科属】凤梨科艳凤梨属

【别名】红萼凤梨

【形态特征】多年生草本,株高约 1m。叶基生,狭长近带状,先端尖,边缘具细锯齿,全缘。穗状花序,具分枝,高于叶,萼片紫红色,花红色。蒴果。花期冬季。

【产地与习性】产美洲。喜光照,喜湿润,耐热性好,不耐寒,喜疏松、排水良好的土壤。生长适温 20 ~ 28℃。喜湿润。

【观赏评价与应用】花小艳丽,叶姿婆娑,有一定的观赏性,我国南方有少量引种,适应性好,适合公园、绿地的墙垣边、林缘处、滨水的花台种植观赏。

【同属种类】本属约有 410 种,产哥伦比亚、秘鲁、巴西、阿根廷等地,我国引进栽培 2 种。

红花萼凤梨

红花草凤梨

红花草凤梨

栽培的同属植物有：

黄花草凤梨 *Pitcairnia xanthocalyx*

多年生草本，株高约1m。叶基生，狭长带状，先端尖，具细锯齿。总状花序，高于叶，萼片黄色，花瓣黄色。蒴果。产墨西哥。

黄花草凤梨

黄花草凤梨

黄花草凤梨

松萝凤梨
Tillandsia usneoides

【科属】凤梨科铁兰属

【别名】松萝铁兰

【形态特征】多年生附生草本植物，植株下垂生长，茎长，纤细；叶片互生，半圆形，密被银灰色鳞片；小花腋生，3瓣，黄绿色，花萼绿色，小苞片褐色，花芳香。花期初夏。

【产地与习性】产美洲。喜光照，喜湿润，耐热，耐旱，不耐寒，可附于树干或山石等栽培，不需基质。生长适温 20 ~ 26℃。

松萝凤梨

松萝凤梨

松萝凤梨

【观赏评价与应用】形态奇特，叶色银白，优雅清爽，观赏性强，为著名的观叶植物。本种为气生类型植物，不用基质栽培，这也是其最大的赏点之一，可悬挂于枯木、廊桥等处营造立体景观。

【同属种类】本属约有730种，产南北美及西印度群岛，我国引种栽培有数十种之多。

栽培的同属植物有：

1. 阿珠伊铁兰 *Tillandsia araujei*

又名阿芳花铁兰，多年生常绿草本，株高约15cm。叶莲座状着生，密集，叶背被白粉，先端尖，边缘有锯齿，叶绿色，先端常淡黄色，反卷。花期冬季。产巴西。

阿珠伊铁兰

2. 贝可利铁兰 *Tillandsia brachycaulos*

多年生常绿草本，株高约20 ~ 30cm。叶莲座状着生，带状，向上渐狭，先端尖。叶面具银灰色鳞片，全缘。花紫色。花期秋季。产墨西哥及危地马拉。

贝可利铁兰

3. 铁兰 *Tillandsia cyanea*

多年生草本植物，株高约 30cm。叶从茎基部发出，呈莲座状，带状，先端尖，弯垂，绿色，基部紫褐色。总苞呈扇状，粉红色，花紫红色。花期春季。产美洲热带地区。

铁兰

铁兰

4. 小精灵凤梨 *Tillandsia ionantha*

多年生常绿草本，株高约 10cm。叶莲座状着生，密集，叶背被白粉，先端尖，叶红色，基部绿色。花期冬季。产北美洲。

小精灵凤梨

5. 捻叶花凤梨 *Tillandsia streptophylla*

多年生常绿草本，株高约 15cm，叶基生，上部狭，急尖，基部渐宽，全缘，扭曲，叶两面具银色鳞片。总苞红色，苞片绿色，花极小。产哥斯达黎加、洪都拉斯及墨西哥。

捻叶花凤梨

莺歌凤梨
Vriesea carinata

【科属】凤梨科丽穗凤梨属

【形态特征】多年生草本，株高 20 ~ 30cm。叶基生，叶宽带形，长 20 ~ 30cm，宽 5 ~ 8cm，鲜绿色，全缘，具光泽。穗状花序，苞片套迭，红色，花小，黄绿色。

【产地与习性】产巴西。喜高温，喜湿润，耐热，不耐寒，耐旱性较强，需用附生基质栽培。生长适温 22 ~ 28℃。

【观赏评价与应用】本种叶色翠绿，花期极长，苞片经久不落，除盆栽用于室内装饰外，可植于园路边、假山石边或角隅观赏。

【同属种类】本属约 376 种，产美洲。我国有引种。

莺歌凤梨

莺歌凤梨

帝王凤梨
Vriesea imperialis

【科属】凤梨科丽穗凤梨属

【别名】帝王积水凤梨

【形态特征】多年生常绿草本，株高可达 1.5m。叶互生，狭长，基生，莲座式排列，单叶，全缘，叶背红色。基部鞘状，雨水沿叶面流入由叶鞘形成的贮水器中。花序顶生，圆锥花序，高可达 3 ~ 4m。花期春、夏。

【产地与习性】产巴西。性喜高温及高湿环境，喜热，不耐寒，喜湿润，较耐旱，喜疏松、肥沃的砂质壤土。生长适温 20 ~ 28℃。

【观赏评价与应用】株形美观，叶片刚劲，色泽美丽，为凤梨科难得的大型观叶植物，常用于大型观赏温室栽培，丛植、孤植造景效果均宜。盆栽适合庭院摆放观赏。

帝王凤梨

帝王凤梨

帝王凤梨

旅人蕉科 Strelitziaceae

旅人蕉
Ravenala madagascariensis

【科属】旅人蕉科旅人蕉属

【别名】扇芭蕉、水木

【形态特征】常绿性高大草本，树干象棕榈，高5～6m（原产地高可达30m）。叶2行排列于茎顶，象一把大折扇，叶片长圆形，似蕉叶，长达2m，宽达65cm。花序腋生，花序轴每边有佛焰苞5～6枚，佛焰苞长25～35cm，宽5～8cm，内有花5～12朵，排成蝎尾状聚伞花序；萼片披针形，革质；花瓣与萼片相似，惟中央1枚稍较狭小。蒴果开裂为3瓣；种子肾形。

【产地与习性】原产非洲马达加斯加，为庭园绿化树种。喜光，典型的热带植物，喜高温多湿气候，对低温极为敏感。喜疏松、肥沃而排水良好的土壤，忌低湿地。生长适温20～28℃。

【观赏评价与应用】旅人蕉树形奇特，亭亭玉立，叶片翠绿婀娜，在树干上部向两侧斜伸，宛如孔雀开屏，是优美的庭园树，极富热带风光，不但绿荫如伞，而且其叶柄底部有一个大汤匙似的贮水器，只要在树干上划开口子，便如清泉涌流，可供人饮用。可于庭园中丛植或列植为行道树。本种为马达加斯加国树，当地称为"旅行家树"或"水树"。

【同属种类】本属1种，原产非洲马达加斯加，我国广东、台湾有引种。

大鹤望兰
Strelitzia nicolai

【科属】旅人蕉科鹤望兰属

【别名】尼克拉鹤望兰

【形态特征】茎干高达8m，木质。叶片长圆形，长90～120cm，宽45～60cm，基部圆形，不等侧；叶柄长1.8m。花序腋生，总花梗较叶柄为短，花序上通常有2个大型佛焰苞，佛焰苞绿色而染红棕色，舟状，长25～32cm，顶端渐尖，内有花4～9朵，花梗长2～3cm；萼片披针形，白色，下方的1枚背具龙骨状脊突，箭头状花瓣天蓝色，长10～12cm，中部稍收狭，基部戟形，中央的花瓣极小，长圆形。

【产地与习性】原产非洲南部。性喜高温及高湿环境，耐热性好，不耐寒，较耐旱，耐瘠。喜疏松、肥沃的微酸性土壤。生长适温20～28℃。

【观赏评价与应用】大鹤望兰植株高大，树形奇特，花朵优美，具有独特的观赏价值，极具热带风光，可丛植或孤植于草地中、路边或庭院一隅造景。

【同属种类】本属有5种，原产非洲南部；现热带地区常引种供观赏。我国引种栽培的有3种。

鹤望兰
Strelitzia reginae

【科属】旅人蕉科鹤望兰属

【别名】天堂鸟

【形态特征】多年生草本，无茎。叶片长圆状披针形，长25～45cm，宽约10cm，顶端急尖，基部圆形或楔形，下部边缘波状；叶柄细长。花数朵生于一约与叶柄等长或略短的总花梗上，下托一佛焰苞；佛焰苞舟状，长达20cm，绿色，边紫红，萼片披针形，长7.5～10cm，橙黄色，箭头状花瓣基部具耳状裂片，和萼片近等长，暗蓝色；花期冬季。

【产地与习性】原产非洲南部。喜高温及高湿环境，较耐旱，耐热，不耐寒，北方需在室内越冬。喜疏松、肥沃、排水良好的微酸性土壤。生长适温18～28℃。

【观赏评价与应用】鹤望兰属名（Strelitzia）是为了纪念英皇乔治三世的妻子夏洛特王妃，乔治三世非常欣赏夏洛特的艺术品味和鉴赏能力，就用她家乡的名字来称呼鹤望兰，种加词（reginae）是女王的意思。1773年英国皇家植物园约瑟夫先生将鹤望兰的属名正式定为（Strelitzia）。鹤望兰花结构极为独特，无法自己传粉，在原产地依靠体重约2克的蜂鸟传粉结实，为典型的鸟媒花，我国栽培如想获得种子，需人工授粉，且种子需随采随播，否则很快失去活力。本种花奇特美丽，状似遥望远方的仙鹤，故名，可片植于园路边、山石边、墙隅等处，或丛植用于点缀。

旅人蕉

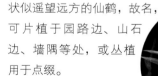

大鹤望兰

蝎尾蕉科 Heliconiaceae

'富红'蝎尾蕉
Heliconia caribaea × *H. bihai* 'Richmond Red'

【科属】蝎尾蕉科蝎尾蕉属

【形态特征】多年生常绿丛生植物，株高2～4m。叶大型，狭长圆形，先端圆，基部渐狭，具长柄。花序顶生，直立，花序轴红色，苞片红色，小花黄色。蒴果。花期4～12月，主要花期夏季。

【产地与习性】园艺杂交种。喜高温及高湿环境，不喜干燥，耐热，不耐寒，喜疏松、排水良好的砂质壤土。生长适温18～28℃。

【观赏评价与应用】植株高大，清新自然，花序极大，艳丽美观，为著名观花草本，适合公园、小区、办公场所及庭院的路边、墙垣或角隅丛植观赏；大型盆栽可布置厅堂或阶前，也是切花的良好材料。

【同属种类】本属约有208种，产热带美洲；我国南方有引种。

金嘴蝎尾蕉
Heliconia rostrata

【科属】蝎尾蕉科蝎尾蕉属

【别名】金鸟赫蕉

【形态特征】多年生常绿草本花卉，株高1.5～2.5m。叶互生，直立，狭披针形或带状阔披针形，先端尖，基部渐狭，革质，有光泽，深绿色，全缘。顶生穗状花序，弯垂，木质苞片互生，呈二列互生排列成串，船形，基部深红色，近顶端金黄色，舌状花两性，米黄色。蒴果。主要花期夏秋。

【产地与习性】产秘鲁，厄瓜多尔。喜温暖，喜湿润，忌干燥，耐热性好，不耐寒，对土壤适应性强，以肥沃、排水良好的壤土为宜。生长适温18～28℃。

【观赏评价与应用】花序大，排列有序，悬垂于枝间，色艳清新，花姿奇特，为不可多得的观花植物，可布置于庭院、公园路旁、篱垣边、墙垣边或丛植点缀，也是高级切花材料。

金嘴蝎尾蕉

'富红'蝎尾蕉　'富红'蝎尾蕉

'富红'蝎尾蕉

金嘴蝎尾蕉

金嘴蝎尾蕉

栽培的同属植物及品种有：

1.红火炬蝎尾蕉 *Heliconia psittacorum × marginata*

多年生草本，株高 60 ～ 100cm。叶片长椭圆形，先端尖，基部渐狭成楔形，叶柄长，近与叶等长。花序高约 70 ～ 80cm，直立，苞片红色，花黄色。花期夏季。园艺种。

垂花粉鸟蕉

红火炬蝎尾蕉

红火炬蝎尾蕉

垂花粉鸟蕉

垂花粉鸟蕉

2. 阿娜蝎尾蕉 *Heliconia × rauliniana*

多年生草本，株高 2 ～ 3m。叶片大，长椭圆形，先端尖，基部楔形，叶长与叶柄近等长。花序高约 50cm。苞片上部边缘黄绿色，其他为红色，小花黄色。花期夏季。杂交种。

阿娜蝎尾蕉

阿娜蝎尾蕉

3. 垂花粉鸟蕉 *Heliconia chartacea*

多年生草本，丛生，株高 2 ～ 3m，在原产地可达 7m。叶长可达 1m，长椭圆形，叶边常呈撕裂状。顶生穗状花序，大型，弯垂，苞片粉红色，小花黄绿色。花夏春末至夏季。产南美洲。

4. '火红' 蝎尾蕉 *Heliconia densiflora* 'Fire Flsah'

多年生草本，株高 0.6 ～ 1.5m。叶片宽披针形，先端急尖，基部楔形，全缘，花序矮于叶，苞片橙黄色，小花黄色。花期夏季。

'火红' 蝎尾蕉

'火红' 蝎尾蕉

5. 翠鸟蝎尾蕉 Heliconia hirsuta

多年生常绿丛生草本植物，株高 1 ~ 3m。叶片披针形，叶边缘绿褐色，薄革质，光滑，叶鞘红褐色，叶柄极短或无。花序顶生，直立，小型，花序绿色，苞片基部黄绿色，中上部紫红色。花朵筒状，萼片黄色，远端绿色，具白粉。蒴果花期 5 ~ 10 月。产美国、哥斯达黎加。

翠鸟蝎尾蕉

翠鸟蝎尾蕉

翠鸟蝎尾蕉

6. 黄苞蝎尾蕉 Heliconia latispatha

多年生常绿丛生花卉，株高株高 1.5 ~ 2.5m。单叶互生，长椭圆状披针形，革质，有光泽，深绿色，全缘。穗状花序，顶生，直立，花序轴黄色，微曲成之字形，苞片金黄色，长三角形，顶端边缘带绿色。舌状花小，绿白色。蒴果。花期 5 ~ 10 月。产南美洲和西印度洋群岛的热带雨林中。

黄苞蝎尾蕉

黄苞蝎尾蕉

7. 扇形蝎尾蕉 Heliconia lingulata

多年生常绿丛生草本，株高 2 ~ 3m。叶片宽椭圆形。黄色苞片呈螺旋排列成聚伞花序，顶生，直立，未完全展开呈扇形，花序轴黄色，萼片黄绿色，花瓣合生，基部淡黄色，尖端淡绿色。蒴果。花期 4 ~ 12 月。产墨西哥至尼加拉瓜。

扇形蝎尾蕉

扇形蝎尾蕉

扇形蝎尾蕉

9.'美女'蝎尾蕉 Heliconia psittacorum 'Lady Di'

多年生草本，株高90~120cm。叶片宽披针形，先端急尖，基部楔形，全缘，叶柄长。花序直立，苞片粉红色，小花黄绿色，顶端红色。花期夏季。园艺种。

'美女'蝎尾蕉

10.'圣红'蝎尾蕉 Heliconia psittacorum 'Vincent Red'

多年生草本，株高0.75~1.8m。叶片长椭圆形，先端尖，基部楔形，全缘，叶柄长。花序直立，苞片红色，小花黄色。花期夏季。园艺种。

'圣红'蝎尾蕉

8. 百合蝎尾蕉 Heliconia psittacorum

多年生常绿丛生草本，株高1~2m。叶二列，叶片长圆形，具长柄，叶鞘互相抱持假茎。花梗灰黄色或奶油色，花序轴粉红色或淡红色，花萼片橙黄色，具蓝绿色的带状斑点，船形苞片，红色或粉红色，有绿色的尖端，基部苞片有绿色的尖端或小叶。蒴果。花期5~8月。产加勒比海及南美洲。

百合蝎尾蕉

百合蝎尾蕉

百合蝎尾蕉

11.'波威尔'蝎尾蕉 Heliconia stricta 'Bob'

多年生草本，株高可达2.4m。叶大型，叶片椭圆形，先端尖，基部楔形，全缘，绿色。花序大，苞片上部红色，边缘黄绿色，小花黄绿色。产中南美洲。

'波威尔'蝎尾蕉

芭蕉科 **Musaceae**

阿比西尼亚红脉蕉
Ensete ventricosum

【科属】芭蕉科象腿蕉属

【别名】埃塞俄比亚象腿蕉

【形态特征】多年生常绿大型草本，假茎高大，由叶鞘层层重叠而成，株高6～12m，假茎粗可达1m。叶大形，长圆形，长可达5m，宽可达1m，下部渐狭成一叶柄，具叶鞘。叶脉红色。花序初为莲座状，后呈柱状，下垂。浆果。花期初夏。

【产地与习性】产非洲，生于雨量较大的山地森林、沟溪等地。性喜湿润及半荫环境，耐热，不耐寒，喜疏松、排水良好的土壤。生长适温18～28℃。

【观赏评价与应用】叶形美观，清新自然，株形挺拔，为大型观叶草本，适合热带地区的公园、绿地等路边、墙垣边栽培观赏。盆栽适合厅堂、门廊摆放欣赏。

【同属种类】本属约10种，产非洲及亚洲。我国产2种，其中1种为特有。

香蕉
Musa acuminata (AAA)
【*Musa nana*】

【科属】芭蕉科芭蕉属

【形态特征】植株丛生，具匍匐茎，矮型的高3.5m以下，一般高不及2m，高型的高4～5m，假茎均浓绿而带黑斑，被白粉，尤以上部为多。叶片长圆形，长1.5～2.5，宽60-cm，先端钝圆，基部近圆形，两侧对称，叶面深绿色，无白粉，叶背浅绿色，被白粉；穗状花序下垂，苞片外面紫红色，被白粉，内面深红色，雄花苞片不脱落，每苞片内有花2列。花乳白色或略带浅紫色。果身弯曲，略为浅弓形。

【产地与习性】原产我国南部。台湾、福建、广东、广西以及云南均有栽培。性喜高温及湿润环境，耐热性好，不耐寒，喜充足的光照，喜土层深厚、肥沃、排水良好的砂质土壤。生长适温20～30℃。

【观赏评价与应用】为著名热带水果，本种植株高大，果序着果量多，具有较高的观赏性，可丛植于公园、绿地、风景区等林缘、草地中或角隅点缀，极富热带风情，也常用于果蔬专类园。

【同属种类】本属约30种，主产亚洲东南部。我国有11种，其中2种为特有，3种引进栽培。

芭蕉
Musa basjoo

【科属】芭蕉科芭蕉属

【别名】甘蕉、大叶芭蕉

【形态特征】植株高2.5～4m。叶片长圆形，长2～3m，宽25～30cm，先端钝，基部圆形或不对称，叶面鲜绿色，有光泽；花序顶生，下垂；苞片红褐色或紫色；雄花生于花序上部，雌花生于花序下部；雌花在每一苞片内约10～16朵，排成2列；浆果三棱状，长圆形，内具多数种子。种子黑色。

【产地与习性】原产日本琉球群岛。性喜温暖及阳光充足的环境，喜湿润，耐热，较耐寒，耐瘠，耐旱。不择土壤。生长适温15～30℃。

【观赏评价与应用】植株高大，叶碧宽阔，清心阅目，特别是细雨纷纷，雨打芭蕉，别有一番意境。诗人往往借诗寓意，清张怡庭因有《山窗》一绝云："空阶入夜雨萧萧，剔尽银灯漏转遥。为怕客中听不得，小窗先日剪芭蕉"。宋末词人蒋捷在《一剪梅·舟过吴江》写到："一片春愁待酒浇。江上舟摇，楼

每一苞片内有花一列，约6朵；雄花花被片乳黄色。浆果果身直，果内种子极多。

【产地与习性】产云南；散生于海拔600m以下的沟谷及水分条件良好的山坡上；越南亦有分布。喜湿润及阳光充足的环境，不喜干燥，耐热，不耐寒，耐瘠。喜疏松、排水良好的微酸性土壤。生长适温16～28℃。

【观赏评价与应用】植株高大，叶姿优美，花苞殷红如炬，十分美丽，可作庭园布置用绿化材料，可丛植于墙隅、山石边、园路边观赏。

红花蕉

上帘招。秋娘渡与泰娘桥，风又飘飘，雨又萧萧。何日归家洗客袍？银字笙调，心字香烧。流光容易把人抛，红了樱桃，绿了芭蕉"。叶纤维为造纸原料，假茎、叶、花、根入药。多丛植于庭院一隅、院墙边或路边观赏。

红花蕉
Musa coccinea

【科属】芭蕉科芭蕉属

【别名】芭蕉红

【形态特征】假茎高1～3m。叶片长圆形，长1.8～2.2m，宽68～80cm，叶面黄绿色，叶背淡黄绿色，无白粉，基部显著不相等，浑圆而无耳；花序直立，序轴无毛，苞片外面鲜红而美丽，内面粉红色，皱折明显，

栽培的同属植物有：

1. 小果野芭蕉 *Musa acuminata*

又名小果野蕉，假茎高约4.8m，油绿色，带黑斑，被有蜡粉。叶片长圆形，长1.9～2.3m，宽50～70cm，基部耳形，不对称，叶面绿色，被蜡粉，叶背黄绿色，无蜡粉或被蜡粉。雄花合生，花被片先端3裂。果序长1.2m，内弯，绿色或黄绿色，果内具多数种子。产云南及广西；适应性强，分布广，多生于海拔1200m以下阴湿的沟谷、沼泽、半沼泽及坡地上。印度，缅甸，泰国，越南，经马来西亚至菲律宾也有分布。本种是香蕉的亲本种之一。

小果野芭蕉

2. 美叶芭蕉 Musa acuminata var. sumatrana

与原种小果野芭蕉的主要区别为，假茎高约 1.5 ~ 2m。叶背面紫红色，叶面具大小不一的紫色斑块或条纹。

美叶芭蕉

美叶芭蕉

3. 野蕉 Musa balbisiana

假茎丛生，高约 6m，黄绿色，有大块黑斑，具匍匐茎。叶片卵状长圆形，长约 2.9m，宽约 90cm，基部耳形，两侧不对称，叶面绿色，微被蜡粉；花序长 2.5m，雌花的苞片脱落，中性花及雄花的苞片宿存，外面暗紫红色，内面紫红色；合生花被片具条纹，外面淡紫白色，内面淡紫色；离生花被片乳白色，透明。浆果倒卵形，灰绿色，种子扁球形。产云南、广西、广东，生于沟谷坡地的湿润常绿林中。亚洲南部、东南部均有分布。本种是香蕉的亲本种之一。

野蕉

野蕉

4. 台湾芭蕉 Musa formosana

多年生草本，假茎矮小，高约 2m，假茎由叶鞘紧包成圆柱形，顶端叶片多枚，叶片

台湾芭蕉

长圆形，全缘而微波状，侧脉平形，长 1m 左右。花序由顶端伸出而弯下垂，穗状花序。果实长条形，微弯曲，长约 10 ~ 12cm，熟时黄色，种子多数，可食。产台湾。

5. 紫苞芭蕉 Musa ornata

多年生草本，株高 1.5 ~ 3m。叶长圆形，长可达 1.8m，宽 35cm，全缘。花序顶生，苞片紫红色，花黄色。果小，紫红色。产孟加拉、缅甸及印度。

紫苞芭蕉

台湾芭蕉

部有宿存的叶鞘。叶片长椭圆形，长达 0.5m，宽约 20cm，先端锐尖，基部近圆形，两侧对称，有白粉。花序直立，直接生于假茎上，密集如球穗状，长 20 ～ 25cm，苞片干膜质，黄色或淡黄色，有花 2 列，每列 4 ～ 5 花；合生花被片卵状长圆形。浆果三棱状卵形，果内具多数种子，种子大，扁球形。

【产地与习性】产云南中部至西部；多生于海拔 1500 ～ 2500m 山间坡地或栽于庭园内。喜温暖、湿润环境，耐热，不耐寒，耐瘠，耐旱，喜疏松、排水良好的砂质土壤。生长适温 16 ～ 28℃。

【观赏评价与应用】地涌金莲与菩提树、高榕、贝叶棕、槟榔、糖棕、荷花、文殊兰、黄姜花、鸡蛋花、缅桂花并称为佛教"五树六花"，本种在西双版纳中的寺庙周边栽培甚多，傣族全民信仰佛教，几乎每个村寨都有种植。民间利用其茎汁解酒醉及草乌中毒，假茎作猪饲料。花入药。花序大，奇特，花及苞片均为金黄色，极为美丽，可丛植于山石边、墙隅、草地中、屋前或廊架前点缀，或与其他佛教用植物配植在一起观赏。

【同属种类】本属 1 种，产中国。

地涌金莲

紫苞芭蕉

紫苞芭蕉

地涌金莲
Musella lasiocarpa

【科属】芭蕉科地涌金莲属

【别名】地金莲、地涌莲

【形态特征】植株丛生，具水平向根状茎。假茎矮小，高不及 60cm，基径约 15cm，基

地涌金莲

地涌金莲

兰花蕉科 Lowiaceae

兰花蕉
Orchidantha chinensis

【科属】兰花蕉科兰花蕉属

【形态特征】多年生草本，高约45cm；根茎横生。叶2列，叶片椭圆状披针形，长22～30cm，宽7～9cm，顶端渐尖，基部楔形，稍下延。花自根茎生出，单生，苞片长圆形，位于花葶上部的较大，下部的较小。花大，紫色，萼片长圆状披针形；唇瓣线形，侧生的2枚花瓣长圆形；果未见。花期3月。

【产地与习性】产我国广东、广西，生于山谷中。喜温暖及湿润环境，喜半荫环境，忌强光直射，不耐寒，对土壤要求不严，以疏松、排水良好的砂质土壤为佳。生长适温15～28℃。

【观赏评价与应用】株丛低矮，花奇特，但较少开花，叶可供观赏。多丛植于蔽荫的乔木下、林缘或路边观赏。

【同属种类】本属10种，产亚洲东南部热带、亚热带地区。我国有2种，全部为特有种。

栽培的同属植物有：

马来兰花蕉 *Orchidantha maxillarioides*
多年生草本，株高40～50cm。叶片长椭圆形，先端尖，基部楔形，长20～35cm，宽6～8cm。花单生，自根茎发出，花大，唇瓣卵圆形，白色，上具紫色纵纹，侧生的2枚花瓣披针形，紫色。

姜科 **Zingiberaceae**

海南山姜
Alpinia hainanensis

【科属】姜科山姜属

【形态特征】叶片带形，长 22 ~ 50cm，宽 2 ~ 4cm，顶端渐尖并有一旋卷的尾状尖头，基部渐狭；无柄或因叶片基部渐狭而成一假柄；总状花序中等粗壮，长 13 ~ 15cm，花序轴"之"字形，顶部具长圆状卵形的苞片，膜质，顶渐尖；小苞片长 2cm，顶有小尖头，红棕色；花萼筒钟状，顶端具 2 齿；唇瓣倒卵形，顶浅 2 裂；花期春末夏初。

【产地与习性】产我国海南。喜高温及高湿环境，喜半荫，在全光照下也可正常生长，忌空气过于干燥，耐瘠。喜疏松、肥沃的砂质壤土。生长适温 15 ~ 28℃。

【观赏评价与应用】株形紧凑，叶清新自然，花序大，苞片及小花色泽艳丽，为优良的观花观叶草本，可用于路边、墙垣边片植或丛植于草地边缘、角隅点缀。

【同属种类】本属约 230 种，广布于亚洲热带地区。我国约有 51 种，其中 35 种为特有。

海南山姜

海南山姜

益智
Alpinia oxyphylla

【科属】姜科山姜属

【形态特征】株高 1 ~ 3m；茎丛生；叶片披针形，长 25 ~ 35cm，宽 3 ~ 6cm，顶端渐狭，具尾尖，基部近圆形，边缘具脱落性小刚毛；总状花序在花蕾时全部包藏于一帽状总苞片中，花时整个脱落，花萼筒状，长 1.2cm，一侧开裂至中部，先端具 3 齿裂，花冠裂片长圆形，后方的 1 枚稍大，白色；唇瓣倒卵形，粉白色而具红色脉纹，先端边缘皱波状。蒴果鲜时球形，干时纺锤形，种子不规则扁圆形。花期 3 ~ 5 月；果期 4 ~ 9 月。

【产地与习性】产广东、海南、广西，生于林下阴湿处或栽培。喜温暖、湿润及半荫环境，也耐强光，耐热，耐瘠，不耐寒。喜疏松、排水良好的土壤。生长适温 15 ~ 28℃。

【观赏评价与应用】益智是我国四大南药之一，素有"岭南第一果"之称。三国时期曹操的三子曹植幼时屡弱，一次有客商送上"摧芋子"，曹植食后，食欲大增，日渐聪明，五岁便能作诗，于是乎曹操便将"摧芋子"叫作"聪明果"，后来又叫"益智子"。晋嵇含《南方草物状》记载："益智子，如笔毫，长七、八分。二月花，色若莲；著实，五、六月熟。味辛，杂五味中，芬芳，亦可盐曝"。明李时珍所著的《本草纲目》记载："益智仁，辛温，无毒。主治遗精虚漏、小便余沥、益气安神、补不足、安三焦、行气驱风、健脾胃、止呕吐"。本种株形美观，花序大而美丽，极适合丛植观赏。可点缀于庭院、山石边或园路等处。

益智

益智

艳山姜
Alpinia zerumbet

【科属】姜科山姜属

【形态特征】株高 2 ~ 3m。叶片披针形，长 30 ~ 60cm，宽 5 ~ 10cm，顶端渐尖而有一旋卷的小尖头，基部渐狭，边缘具短柔毛，两面均无毛；圆锥花序呈总状花序式，下垂，长达 30cm，花序轴紫红色，在每一分枝上有花 1 ~ 2(3) 朵；小苞片椭圆形，长 3 ~ 3.5cm，白色，顶端粉红色，蕾时包裹住花；花萼近钟形，白色，顶粉红色，一侧开裂，顶端又齿裂；花冠管较花萼为短，裂片长圆形，后方的 1 枚较大，乳白色，顶端粉红色，唇瓣匙状宽卵形，顶端皱波状，黄色而有紫红色纹彩。蒴果卵圆形，熟时朱红色，种子有棱角。花期 4 ~ 6 月，果期 7 ~ 10 月。

艳山姜

艳山姜

艳山姜

3. '雨花'山姜 *Alpinia zerumbet* 'Springle'
是从艳山姜芽变个体选育而成。多年
生草本，株高 1.5m，叶长 30 ~ 60cm，宽
5 ~ 10cm，小苞片白色。唇瓣黄色。花期
6 ~ 8 月。

'雨花'山姜

'升振'山姜

'雨花'山姜

【产地与习性】产我国东南部至西南部各
省区。热带亚洲广布。喜光照，耐半荫，喜
湿润，耐热性强，不耐寒。喜疏松壤土。生
长适温 15 ~ 28℃。

【观赏评价与应用】本种花极美丽，常栽
培于园庭供观赏，丛植于阶前、路边、角隅、
林缘效果均佳，也适合于其他同属植物配植。
根茎和果实健脾暖胃，燥湿散寒；治消化不
良，呕吐腹泻。

艳山姜的栽培品种主要有：

1. '升振'山姜 *Alpinia* 'Shengxzhen'
多年生草本，株高 1.2 ~ 2m。叶片披针形，
长 30 ~ 70cm，宽 4 ~ 11cm，顶端渐尖，基
部楔形。圆锥花序，长达 30cm，小苞片粉红
色，唇瓣黄色，有紫红色条纹。花期 2 ~ 5 月。

2. '花叶'艳山姜 *Alpinia zerumbet*
'Variegata'

与原种主要区别为叶片具宽窄不一的黄
色条纹。

栽培的同属植物有：

1. 红豆蔻 *Alpinia galanga*

株高达 2m；叶片长圆形或披针形，长
25 ~ 35cm，宽 6-10cm，顶端短尖或渐尖，基
部渐狭。圆锥花序密生多花，长 20 ~ 30cm，
分枝多而短，每一分枝上有花 3 ~ 6 朵；苞片
与小苞片均迟落，小苞片披针形，花绿白色，
有异味，萼筒状，果时宿存；花冠管裂片长
圆形，紫色，唇瓣倒卵状匙形，白色而有红
线条，深 2 裂；果长圆形，熟时棕色或枣红色。
花期 5 ~ 8 月；果期 9 ~ 11 月。产台湾、广东、
广西和云南等省区；生于海拔 100 ~ 1300m
山野沟谷阴湿林下或灌木丛中和草丛中。

'升振'山姜

'花叶'艳山姜

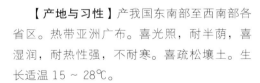

红豆蔻

2. 草豆蔻 *Alpinia katsumadai*

株高达 3m。叶片线状披针形，长50～65cm，宽6～9cm，顶端渐尖，并有一短尖头，基部渐狭，两边不对称。总状花序顶生，直立，长达 20cm；小苞片乳白色，阔椭圆形；花萼钟状，顶端不规则齿裂；花冠裂片边缘稍内卷，唇瓣三角状卵形，顶端微2裂，具自中央向边缘放射的彩色条纹。果球形，熟时金黄色。花期4～6月；果期5～8月。产广东、广西；生于山地疏或密林中。

草豆蔻

3. 高良姜 *Alpinia officinarum*

株高 40～110cm。叶片线形，长20～30cm，宽 1.2～2.5cm，顶端尾尖，基部渐狭。总状花序顶生，直立，长6～10cm；小苞片极小，花萼顶端3齿裂，花冠管较萼管稍短，裂片长圆形，后方的一枚兜状；唇瓣卵形，白色而有红色条纹。果球形，熟时红色。花期4～9月；果期5～11月。产广东、海南、广西，野生于荒坡灌丛或疏林中。

高良姜

4. 多花山姜 *Alpinia polyantha*

茎高达 4.6m，直径达 2.5cm；叶约达 9 片，叶片披针形至椭圆形，长达 1m，宽24cm，顶端渐尖，基部楔形。圆锥花序长 37～61cm，分枝上的花5～8朵；总苞片长圆状披针形，小苞片倒披针形至长圆形，扁平；花萼红色，具3钝齿；花冠管与花萼近等长，裂片长圆形，唇瓣近圆形至长圆形，顶端具2枚尖齿，近基部两侧有少数紫色条纹。蒴果球形。花期5～6月，果期10～11月。产广西，生于山坡林中。

多花山姜

多花山姜

多花山姜

姜荷花
Curcuma alismatifolia

【科属】姜科姜黄属

【形态特征】多年生球根草本花卉，株高 30～80cm。叶基生，长椭圆形，革质，亮绿色，顶端渐尖，中脉为紫红色。穗状花序从卷筒状的心叶中抽出，上部苞叶桃红色，阔卵形，下部为蜂窝状绿色苞片，内含白色小花。花期6～10月。

【产地与习性】产泰国，华南及西南等地引种栽培。喜充足的散射光，冬季可见全光照，喜湿润，天旱及时补水，喜疏松、排水良好的富含营养的土壤。生长适温 20～28℃，8℃以上可安全越冬。

【观赏评价与应用】花序亭亭玉立，花清新典雅，状似荷花，因其为姜科植物，故称姜荷花。本种常盆栽或用作切花，也适合用于公园、植物园、绿地等片植于林缘、疏林下或小径边观赏，也可用于姜科植物专类园。

【同属种类】约 50 余种，主产地为东南亚；澳大利亚北部亦有分布。我国有 12 种，其中6 种为特有，1 种引进。

姜荷花

姜荷花

莪术
Curcuma phaeocaulis
【*Curcuma zedoaria*】

【科属】姜科姜黄属

【别名】蓬莪术

【形态特征】株高约 1m；根茎圆柱形，

莪术

莪术

广西莪术

2. 姜黄 *Curcuma longa*

株高 1 ~ 1.5m，根茎很发达，椭圆形或圆柱状，橙黄色，极香；叶每株 5 ~ 7 片，叶片长圆形或椭圆形，长 30 ~ 45（90）cm，宽 15 ~ 18cm，顶端短渐尖，基部渐狭，绿色；穗状花序圆柱状，苞片卵形或长圆形，淡绿色，顶端钝，上部无花的较狭，顶端尖，开展，白色，边缘染淡红晕；花萼白色，花冠淡黄色，上部膨大，裂片三角形，唇瓣淡黄色，中部深黄。花期 8 月。产我国台湾、福建、广东、广西、云南、西藏等省区；东亚及东南亚广泛栽培。

或野生于林荫下。印度至马来西亚亦有分布。喜温暖及半荫环境，不喜强光，喜湿润，稍耐寒。喜疏松、肥沃的砂质壤土。生长适温 20 ~ 28℃。

【观赏评价与应用】植株低矮，叶片清新，苞片粉红，小花黄色，均具有较高观赏价值，每年春季，新叶与花同时生长，给人清秀之美，可丛植于溪边、山石边或园路两侧，或与同属植物配植。根茎、块根供药用。

栽培的同属植物有：

1. 广西莪术 *Curcuma kwangsiensis*

根茎卵球形，长 4 ~ 5cm。须根细长，末端常膨大成近纺锤形块根；春季抽叶，叶基生，2 ~ 5 片，直立；叶片椭圆状披针形，长 14 ~ 39cm，宽 4.5 ~ 7（9.5）cm，先端短渐尖至渐尖，尖头边缘向腹面微卷，基部渐狭，下延。穗状花序从根茎抽出，花序下部的苞片阔卵形，淡绿色，上部的苞片长圆形，斜举，淡红色；花生于下部和中部的苞片腋内；花萼白色，花冠裂片 3 片，卵形，唇瓣近圆形，淡黄色。花期 5 ~ 7 月。产我国广西、云南。栽培或野生于山坡草地及灌木丛中。

广西莪术

姜黄

肉质，具樟脑般香味；叶直立，椭圆状长圆形至长圆状披针形，长 25 ~ 35（60）cm，宽 10 ~ 15cm，中部常有紫斑；花葶由根茎单独发出，常先叶而生，长 10 ~ 20cm，被疏松、细长的鳞片状鞘数枚；穗状花序阔椭圆形，苞片卵形至倒卵形，稍开展，顶端钝，下部的绿色，顶端红色，上部的较长而紫色；花萼白色，顶端 3 裂；花冠裂片长圆形，黄色。花期 4 ~ 6 月。

【产地与习性】产我国台湾、福建、江西、广东、广西、四川、云南等省区；栽培

瓷玫瑰
Etlingera elatior

【科属】姜科茴香砂仁属

【别名】火炬姜

【形态特征】假茎高达 5m。叶片披针形，长达 80cm，宽 18cm。花梗远高出地面，高约 0.8 ~ 1.5m。总苞片红色，小苞片管状，长约

2cm。花萼先端 3 齿裂，花冠粉红色或红色，有时白色，唇瓣深红色带黄色边缘。果球状，种子多数。

【产地与习性】原产于印度尼西亚、马来西亚及泰国，广泛栽培或在东南亚归化。喜高温，喜湿润，不耐寒，耐瘠，对土壤要求不严。生长适温 20～30℃。

【观赏评价与应用】花型奇特，花色瑰丽，极具华丽之美，观赏价值极高，可用于热带地区的园路边、林缘处或庭院中种植观赏。瓷玫瑰也常用于切花。

【同属种类】本属约 70 种，产中国、印度、印尼、马来西亚、泰国及澳大利亚，我国有 3 种，其中 1 种特有，一种引进。

瓷玫瑰

瓷玫瑰

双翅舞花姜
Globba schomburgkii

【科属】姜科舞花姜属

【形态特征】株高 30～50cm。叶片 5～6 枚，椭圆状披针形，长 15～20cm，宽 3～4.5cm，无毛，顶端尾状渐尖，基部钝；圆锥花序长 5～11cm，下垂，上部有分枝，分枝长 1～2.5cm，疏离，有 2 至多花，下部无分枝，而在苞片内仅有珠芽；苞片披针形，珠芽卵形，表面疣状。花黄色，小花梗极短；萼钟状，具 3 齿；花冠管裂片卵形；侧生退化雄蕊披针形，镰状弯曲；唇瓣狭楔形，黄色，顶端 2 裂，基部具橙红色的斑点。花期 8～9 月。

【产地与习性】产我国云南南部，生于林中阴湿处。中南半岛亦有分布。喜温暖，喜湿润，喜半荫，光照过强生长不良，耐寒性差，喜疏松、肥沃的壤土。生长适温 18～28℃。

【观赏评价与应用】本种的雄蕊呈镰状弯曲，极为独特，在苞片内长有大量珠芽，均可观赏。可植于花墙、矮墙下或园林小径边观赏，也常盆栽用于居室美化。

【同属种类】本属约 100 种，分布于印度、马来西亚、菲律宾至新几内亚；我国有 5 种，其中 2 种为特有。

双翅舞花姜

双翅舞花姜

双翅舞花姜

栽培的同属植物有：

1. 舞花姜 *Globba winitii*

多年生草本，根茎纤细，匍匐；茎直立，不超过 1m。叶长圆形，先端尖，基部楔形，全缘，柄短。圆锥花序顶生，苞片粉红色，花黄色。雄蕊镰状弯曲。花期 7～10 月。产泰国，生于疏林或林缘。华南等地引种栽培。

舞花姜

舞花姜

2. 白苞舞花姜 *Globba winitii* 'White Dragon'

与舞姜花的区别为苞片白色。

白苞舞花姜

姜花
Hedychium coronarium

【科属】姜科姜花属

【别名】蝴蝶花

【形态特征】茎高 1 ~ 2m。叶片长圆状披针形或披针形，长 20 ~ 40cm，宽 4.5 ~ 8cm，顶端长渐尖，基部急尖，叶面光滑，叶背被短柔毛；无柄；穗状花序顶生，椭圆形，长 10 ~ 20cm，宽 4 ~ 8cm；苞片呈覆瓦状排列，卵圆形，每一苞片内有花 2 ~ 3 朵；花芬芳，白色，花萼管顶端一侧开裂；花冠管纤细，裂片披针形；唇瓣倒心形，白色，基部稍黄，顶端 2 裂；花期 8-12 月。

【产地与习性】产我国四川、云南、广西、广东、湖南和台湾；生于林中或栽培。印度、越南、马来西亚至澳大利亚亦有分布。喜温暖及半荫环境，在全光照下也可正常生长，耐热，不耐寒，喜生肥沃、排水良好的壤土上。生长适温 15 ~ 28℃。

【观赏评价与应用】花洁白如雪，美丽芳香，多丛植于花坛、花台、林缘或草地中观赏，也适合与金姜花、黄姜花等配植。也可用于切花。花可浸提姜花浸膏，用于调合香精中。根茎入药。

【同属种类】本属约 50 种，分布于亚洲、马达加斯加；我国有 28 种，其中 18 种为特有。

栽培的同属植物有：

黄姜花 *Hedychium flavum*

茎高 1.5 ~ 2m；叶片长圆状披针形或披针形，长 25 ~ 45cm，宽 5 ~ 8.5cm，顶端渐尖，并具尾尖，基部渐狭。穗状花序长圆形，苞片覆瓦状排列，长圆状卵形，每一苞片内有花 3 朵；小苞片内卷呈筒状；花黄色，花萼管顶端一侧开裂；唇瓣倒心形，黄色，当中有一个橙色的斑。花期 8 ~ 9 月。产西藏、四川、云南、贵州、广西；生于海拔 900 ~ 1200m 山谷密林中。印度亦有分布。

黄姜花

姜花

姜花

姜花

紫花山柰
Kaempferia elegans

【科属】姜科山柰属

【形态特征】根茎葡匐，不呈块状，须根细长。叶 2 ~ 4 片一丛，叶片长圆形，长 13 ~ 15cm，宽 5 ~ 8cm，顶端急尖，基部圆形，质薄，叶面绿色，叶背稍淡；头状花序具短总花梗；苞片绿色，长圆状披针形；花淡紫色；花萼长约 2.5cm；花冠管纤细，长约 5cm，裂片披针形；侧生退化雄蕊倒卵状楔形；唇瓣 2 裂至基部成 2 倒卵形的裂片。

【产地与习性】产四川。印度至马来半岛、菲律宾亦有分布。喜温暖及湿润环境，耐热，耐瘠，不耐寒。喜半荫，不宜长时间在强光下生长。喜疏松、排水良好的土壤。生长适温 16 ~ 28℃。

【观赏评价与应用】叶清秀，小花艳丽，花叶均可观赏，可用于林下、园路边片植或点缀，也可用于疏林下作地被植物。

【同属种类】约 50 种，分布于亚洲热带地区。我国有 6 种，其中 1 种为特有。

紫花山柰

紫花山柰

海南姜三七
Kaempferia rotunda

【科属】姜科山柰属

【别名】海南三七

【形态特征】根茎块状，根粗。先开花，后出叶；叶片长椭圆形，长 17 ~ 27cm，宽 7.5 ~ 9.5cm，叶面淡绿色，中脉两侧深绿色，叶背紫色；头状花序有花 4 ~ 6 朵，春季直接自根茎发出；苞片紫褐色，花萼管一侧开裂；花冠管约与萼管等长，花冠裂片线形，白色，长约5cm，花时平展，侧生退化雄蕊披针形，白色，顶端急尖；唇瓣蓝紫色，近圆形，深2裂至中部以下成2裂片。花期4月。

【产地与习性】产我国云南、广西、广东和台湾；生于草地阳处或栽培。亚洲南部至东南部亦有分布。喜温暖及阳光充足的环境，稍耐荫蔽，喜湿润，忌涝，不耐寒。栽培以疏松、肥沃的壤土为宜。生长适温16～28℃。

【观赏评价与应用】本种先花后叶，叶清新，花美丽，具芳香，适合公园、庭院、风景区等园路边、山石旁或篱前栽培，也可盆栽；供药用，能治跌打损伤。

单花姜
Monocostus uniflorus

【科属】姜科单花姜属

【形态特征】多年生草本，株高30～45cm，茎常呈螺旋状扭曲。叶螺旋状排列，卵圆形，先端尖，基部楔形，无叶柄，全缘。穗状花序，常1～2花，萼片绿色，花冠黄色，基部白色。蒴果，种子多数。花期春季。

【产地与习性】产秘鲁，性喜湿润及半荫环境，耐热，不耐寒，忌干燥，喜生于疏松、肥沃的壤土。生长适温16～28℃。

【观赏评价与应用】本种花色金黄，叶片翠绿，茎常呈螺旋状扭曲，观赏性较佳，目前我国有少量引种，可用于疏林下、大树下、园路边片植观赏。

【同属种类】本属1种，产秘鲁，我国引种栽培。

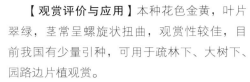

单花姜

海南姜三七

海南姜三七

菠萝姜
Tapeinochilos ananassae

【科属】姜科小唇姜属

【形态特征】多年生草本，株高 2 ～ 3m，茎状似竹节。叶椭圆形，长 20 ～ 35cm，宽 5 ～ 10cm，螺旋状排列，先端尖，基部楔形，两侧不等大。花序球果状，苞片红色，经久不落，小花黄色。花期夏季。

【产地与习性】产马来西亚、印度尼西亚、新几内亚及澳大利亚。性喜高温及高湿环境，耐热，不耐寒，忌空气干燥，喜疏松、排水良好的土壤。生长适温 20 ～ 30℃。

菠萝姜

菠萝姜

菠萝姜

【观赏评价与应用】本种苞片色泽艳丽，经久不落，可用于观赏，适合热带地区丛植于假山石边、角隅等处或与同科植物配植。

【同属种类】本属 16 种，产印度尼西亚及马来西亚等地，我国有少量引种。

红球姜
Zingiber zerumbet

【科属】姜科姜属

【形态特征】根茎块状，内部淡黄色；株高 0.6 ～ 2m。叶片披针形至长圆状披针形，长 15 ～ 40cm，宽 3 ～ 8cm，无毛或背面被疏长柔毛；无柄或具短柄；总花梗长 10 ～ 30cm，被 5 ～ 7 枚鳞片状鞘；花序球果状，顶端钝，苞片覆瓦状排列，紧密，近圆形，初时淡绿色，后变红色，边缘膜质；花萼膜质，一侧开裂；花冠管纤细，裂片披针形，淡黄色；唇瓣淡黄色，中央裂片近圆形或近倒卵形，顶端 2 裂。蒴果椭圆形，种子黑色。花期 7 ～ 9 月，果期 10 月。

【产地与习性】产广东、广西、云南等省区；生于林下阴湿处。亚洲热带地区广布。喜高温及高湿环境，耐热性好，不耐寒，喜半荫，也可在全光照下生长，不择土壤。生长适温 16 ～ 28℃。

【观赏评价与应用】红球姜花序形状奇特，苞片鲜红，经久不凋，适合丛植观赏，也常用于插花。其根茎初尝似姜，后转苦，可代姜调味用。根茎能祛风解毒，治肚痛、腹泻，并可提取芳香油作调合香精原料；嫩茎叶可当蔬菜。

【同属种类】本属在 100 ～ 150 种之间，分布于亚洲的热带、亚热带地区。我国有 42 种，其中 34 种为特有，1 种引进栽培。

红球姜

红球姜

闭鞘姜科 Costaceae

宝塔姜
Costus barbatus

【科属】闭鞘姜科闭鞘姜属

【形态特征】多年生草本，株高1.2～2m，不分枝。叶宽披针形或长椭圆形，先端尖，基部楔形，全缘，在茎上近螺旋状排列。花序顶生，长可达数十厘米，苞片红色，宿存，呈螺旋状排列，花黄色，未开时隐藏于苞片内，开花时伸出。花期夏季。

【产地与习性】产热带美洲。性喜高温及高湿环境，耐热，耐瘠，不耐寒。喜疏松、排水良好的壤土。生长适温16～28℃。

【观赏评价与应用】株丛自然，叶常呈螺旋排列，苞片深红，覆瓦状排列，小花金黄，非常奇特。绿叶、红色苞片和黄花相映成辉，极具观赏性。可丛植于草地、山石边、亭前或角隅观赏，也可盆栽用于室内观赏。

【同属种类】本属约90种，分布于热带及亚热带地区。我国有5种，其中2种为特有。

宝塔姜

宝塔姜

美叶闭鞘姜
Costus erythrophyllus

【科属】闭鞘姜科闭鞘姜属

【形态特征】多年生草本，株高1.2～1.8m。幼株叶椭圆形，成株叶狭椭圆形，长20～30cm，宽8～10cm，先端尖，基部楔形，叶面绿色，背面紫红色。花序长4～8cm。苞片暗红色，花粉红色，花期夏季。

【产地与习性】产美洲。喜高温及高湿环境，忌干燥，耐热，耐瘠，不耐寒，喜充足的散射光，也可在全光照下生长。生长适温18～30℃。

【观赏评价与应用】叶片上面绿色，背面紫红色，清新自然，为优良观叶植物。在热带地区可植于园林小路、篱垣边、假山石边观赏。幼株也可用于花坛或花境做镶边材料。

美叶闭鞘姜

美叶闭鞘姜

闭鞘姜

闭鞘姜
Costus speciosus

【科属】闭鞘姜科闭鞘姜属

【形态特征】株高1～3m，基部近木质，顶部常分枝，旋卷。叶片长圆形或披针形，长15～20cm，宽6～10cm，顶端渐尖或尾状渐尖，基部近圆形。穗状花序顶生，椭圆形或卵形，苞片卵形，革质，红色；小苞片淡红色；花萼革质，红色，3裂；花冠管短裂片长圆状椭圆形，白色或顶部红色；唇瓣宽喇叭形，纯白色，顶端具裂齿及皱波状。蒴果稍木质，红色；种子黑色，光亮。花期7～9月，果期9～11月。

【产地与习性】产我国台湾、广东、广西、云南等省区；生于海拔45～1700m疏林下、山谷阴湿地、路边草丛、荒坡、水沟边等处。热带亚洲广布。喜温暖，喜湿润，在全光照下及半荫条件下均可良好生长，空气过于干燥植株生长不良，耐热，耐瘠，不择土壤。生长适温16～28℃。

【观赏评价与应用】株形适中，花朵洁白，极为雅致，花序红色的苞片经久不凋，观赏性较高，多丛植用于林缘、草地中或路边，也可用作切花材料。根茎供药用，有消炎利尿，散瘀消肿的功效。

闭鞘姜

闭鞘姜

栽培的同属植物有：

1. 大苞闭鞘姜 *Costus dubius*

多年生草本植物，株高可达 1～3m。叶片圆形或披针形，先端尖，基部楔形，呈螺旋状提挈列。穗状花序，高约20cm，苞片绿色，花白色，上有黄色斑块。花期夏季。产刚果。

2. 非洲螺旋旗 *Costus lucanusianus*

多年生草本，株高可达3m。叶螺旋状排列，叶片椭圆形，长约12～25cm，宽4～6cm，全缘，绿色，栽培品种有的叶片边缘白色，有的叶片带有黄白色纵纹。花序顶生，苞片卵形，绿色，花瓣粉红色，上具黄色斑块。花期夏季。产热带非洲。

3. 绒叶闭鞘姜 *Costus malortieanus*

多年生草本，株高可达90cm。叶片椭圆形，螺旋状排列，先端尖，基部渐狭，叶无柄，绿色。苞片红色，紧密，花黄色，上带紫红色条纹。产美洲。

绒叶闭鞘姜

大苞闭鞘姜

绒叶闭鞘姜

大苞闭鞘姜

非洲螺旋旗

非洲螺旋旗

绒叶闭鞘姜

美人蕉科 **Cannaceae**

大花美人蕉
Canna × generalis

【科属】美人蕉科美人蕉属

【形态特征】株高约 1.5m，茎、叶和花序均被白粉。叶片椭圆形，长达 40cm，宽达 20cm，叶缘、叶鞘紫色。总状花序顶生，长 15 ~ 30cm；花大，比较密集，每一苞片内有花 2 ~ 1 朵；萼片披针形，长 1.5 ~ 3cm；花冠裂片披针形，长 4.5 ~ 6.5cm；外轮退化雄蕊 3，倒卵状匙形，颜色种种：红、橘红、淡黄、白色均有；唇瓣倒卵状匙形。蒴果。花期夏秋季。

【产地与习性】原产美洲、印度。全国均有栽培。喜光，耐旱，对水肥要求不严，性强健，适应性强，不择土壤，具一定耐寒力，可耐短期水涝。生长适温 18 ~ 28℃。

【观赏评价与应用】因其叶片硕大，花苞鲜艳美丽，花期长久，宜作花坛背景或在花坛中心栽植，也可丛植。

大花美人蕉

大花美人蕉

【同属种类】本属约 10 ~ 20 种之间，产美洲的热带和亚热带地区。我国引进栽培。栽培的品种有：

1. '鸳鸯'美人蕉 *Canna* 'Cleopatra'

多年生宿根草本植物，株高 1.5m，茎叶和花序均被白粉。叶片椭圆形，叶片有大块紫色斑块或斑纹。总状花序顶生，花大，每苞片内有花 1 ~ 2 朵。一葶双色或黄红嵌套。花期几乎全年。园艺种。

'鸳鸯'美人蕉

'鸳鸯'美人蕉

2. '紫叶'美人蕉 *Canna × generalis* 'America'【*Canna warscewiezii*】

多年生草本植物，株高 1.5m。叶片卵形或卵状长圆形。叶紫红色。总状花序，花冠裂片披针形，深红色，外稍染蓝色。唇瓣舌状或线状长圆形，顶端微凹或 2 裂，红色。花期秋季。园艺种。

3. '金脉'美人蕉 *Canna × generalis* 'Striatus'

多年生宿根草本植物，株高 1.5m，茎叶和花序均被白粉。叶片椭圆形，叶片具黄色脉纹。总状花序顶生，花大，密集。花色橘黄色。花期春夏。园艺种。

'紫叶'美人蕉

'紫叶'美人蕉

'金脉'美人蕉

'金脉'美人蕉

粉美人蕉
Canna glauca

【科属】美人蕉科美人蕉属

【形态特征】根茎延长，株高1.5～2m；茎绿色。叶片披针形，长达50cm，宽10～15cm，顶端急尖，基部渐狭，绿色，被白粉，边绿白色，透明；总状花序疏花，单生或分叉，稍高出叶上；苞片圆形，褐色，花黄色，无斑点；萼片卵形，绿色；花冠裂片线状披针形，直立，外轮退化雄蕊3，倒卵状长圆形，全缘；唇瓣狭，倒卵状长圆形，顶端2裂，中部卷曲，淡黄色。蒴果长圆形。花期夏、秋。

【产地与习性】原产南美洲及西印度群岛。喜温暖及水湿环境，喜充足光照，在荫蔽环境下生长不良，耐热，不耐寒。不择土壤。生长适温18～30℃。

【观赏评价与应用】叶清秀，花色金黄，为常见栽培的观花植物，可片植于水体浅水处或湿地中，丛植与其水生植物配植效果也佳。

粉美人蕉

粉美人蕉

粉美人蕉

蕉芋
Canna indica 'Edulis'
【*Canna edulis*】

【科属】美人蕉科美人蕉属

【别名】姜芋

【形态特征】根茎发达，多分枝，块状；茎粗壮，高可达3m。叶片长圆形或卵状长圆形，长30～60cm，宽10～20cm，叶面绿色，边绿或背面紫色；叶鞘边缘紫色。总状花序单生或分叉，少花，被蜡质粉霜，基部有阔鞘；花单生或2朵聚生，小苞片卵形，淡紫色；萼片披针形，淡绿而染紫；花冠管杏黄色，花冠裂片杏黄而顶端染紫，披针形；外轮退化雄蕊2（～3）枚，倒披针形，红色，基部杏黄；唇瓣披针形，卷曲，顶端2裂，上部红色，基部杏黄；发育雄蕊披针形，杏黄而染红。花期9～10月。

蕉芋

蕉芋

蕉芋

【产地与习性】原产西印度群岛和南美洲。喜温暖及湿润环境，耐湿，耐瘠，耐热，不耐寒。喜疏松、肥沃的土壤。生长适温18～30℃。

【观赏评价与应用】叶大清秀，花小艳丽，适合丛植于路边、墙隅或庭院观赏。块茎可煮食或提取淀粉，适于老弱和小儿食用或制粉条、酿酒以及供工业用；茎叶纤维可造纸、制绳。

栽培的同属植物有：

美人蕉 *Canna indica*

植株全部绿色，高可达1.5m。叶片卵状长圆形，长10～30cm，宽达10cm。总状花序疏花；略超出于叶片之上；花红色，单生；苞片卵形，绿色萼片3，披针形，绿色而有时染红；花冠裂片披针形，绿色或红色；外轮退化雄蕊3～2枚，鲜红色，唇瓣披针形。蒴果绿色，长卵形。花果期3～12月。原产印度。

蕉芋

美人蕉

美人蕉

竹芋科 **Marantaceae**

披针叶竹芋
Calathea lancifolia

【科属】竹芋科肖竹芋属

【形态特征】多年生常绿草本，株高40～75cm。叶柄紫红色。叶片薄革质，宽披针形，叶面绿色，上有大小不一的眼斑，背面紫红色，叶长45cm，全缘。花白色。花期夏秋季。

【产地与习性】产巴西。性喜温暖及半荫环境，忌强光直射，喜湿，不耐干旱，喜疏松的微酸性壤土。生长适温18～28℃。

【观赏评价与应用】株形紧凑，叶双色，并具有大小不一的斑块，观赏性佳，多丛植于稍蔽荫的园路边、山石边或水岸边，也可盆栽用于室内的厅堂装饰。

【同属种类】本属约287种，主产美洲热带，少数产非洲热带。我国南方引入栽培十数种。

绿羽竹芋
Calathea majestica

【科属】竹芋科肖竹芋属

【别名】绿道竹芋

【形态特征】多年生常绿草本，株高可达1m。叶长椭圆形，先端尖，基部楔形，叶脉及叶缘浓绿色，侧脉间呈浅黄绿色，叶背淡紫红色。花序大，苞片黄绿色，花白色。花期夏秋季。

【产地与习性】产南美洲。喜充足的散射光，以半荫为佳，在强光下叶片生长较差，耐热，耐瘠，喜湿，不耐寒，不耐干旱。喜疏松、肥沃的壤土。生长适温20～28℃。

【观赏评价与应用】株形美观，叶大清秀，可用于庭院及公园、景区的路边、林缘、转角处或山石边丛植观赏。

孔雀竹芋
Calathea makoyana

【科属】竹芋科肖竹芋属

【别名】孔雀肖竹芋

【形态特征】多年生常绿草本，株高30～60cm。叶柄紫红色。叶片薄革质，卵状椭圆形，黄绿色，在主脉侧交互排列有羽状暗绿色的长椭圆形斑纹，对应的叶背为紫色，叶片先端尖，基部圆，叶长可达30cm。花白色，花期夏季。

【产地与习性】产巴西。喜温暖、湿润环境，喜稍蔽荫环境，在全日照下也可生长，耐热，不耐寒。喜疏松、肥沃的微酸性壤土。生长适温20～28℃。

【观赏评价与应用】株形紧凑，叶面富有精致的斑纹，状似孔雀开屏，独特美丽，为优良的观叶植物，园林中有少量应用，可植于山石边或角隅点缀。

披针叶竹芋

披针叶竹芋

披针叶竹芋

绿羽竹芋

绿羽竹芋

绿羽竹芋

孔雀竹芋

孔雀竹芋

孔雀竹芋

有淡黄绿色的条状斑块，全缘，叶面绿色，叶背紫色。花白色，蒴果。产秘鲁、哥伦比亚、厄瓜多尔和玻利维亚。

3. 清秀竹芋 Calathea louisae

多年生常绿草本，株高 40 ~ 50cm。叶片长卵形，先端尖，基部圆钝，全缘，墨绿色，沿中心叶脉有浅绿色块斑。花白色，蒴果。产南美洲。

4. '帝王'清秀竹芋 Calathea louisae 'Emperor'

与清秀竹芋的主要区别为，中脉有大小不一的黄绿色的条状斑块。

苹果竹芋
Calathea orbifolia

【科属】竹芋科肖竹芋属

【别名】圆叶竹芋

【形态特征】多年常绿草本，株高 40 ~ 60cm。叶片大，薄革质，卵圆形，叶缘呈波状，先端钝圆。新叶翠绿色，老叶青绿色，有隐约的金属光泽，沿侧脉有排列整齐的银灰色宽条纹。花序穗状。

【产地与习性】产热带美洲。性喜高温及高湿环境，空气干燥生长不良，耐热，不耐寒。喜疏松、排水良好的砂质壤土。生长适温 20 ~ 28℃。

【观赏评价与应用】叶片圆润，清雅美观，为著名的观叶植物。可用于蔽荫的园林小径、石边或墙垣边片植，或三五株用于点缀。盆栽用于布置厅堂、卧室、书房等处。

栽培的同属植物有：

1. 黄花竹芋 Calathea crotalifera

又名响尾蛇竹芋，多年生草本，株高 2 ~ 4m。叶大，长椭圆形，长 40 ~ 80cm，宽 20 ~ 35cm，先端钝尖，基部渐狭。花序大，苞片重叠排列，小花黄白色。花期 6 ~ 8月。产尼加拉瓜及厄瓜多尔，在夏威夷等地归化。

2. 罗氏竹芋 Calathea loeseneri

多年生常绿草本，株高约 60 ~ 120cm。叶长卵形，先端尖，基部楔形，中心沿中脉

5. 玫瑰竹芋 Calathea roseopicta

又名彩虹竹芋，多年生常绿草本，株高30～60cm。叶椭圆形或卵圆形，叶薄革质，叶面青绿色，叶两侧具羽状暗绿色斑块，近叶缘处有一圈玫瑰色或银白色环形斑纹。苞片黄绿色，小花白色或淡紫色。产巴西。

玫瑰竹芋

玫瑰竹芋

6.'浪心'竹芋 Calathea rufibarba 'Wavestar'

又名波浪竹芋，多年生常绿草本，株高约20～50cm。叶丛生，叶基稍歪斜，叶缘波状，具光泽。叶背、叶柄为紫色。花黄色。花期春季。栽培种。

'浪心'竹芋

'浪心'竹芋

7. 方角肖竹芋 Calathea stromata

多年生草本，株高红40cm。叶近方形，叶先端近平截，有小尖头，叶面灰绿色，沿叶脉分布有墨绿色斜条纹，叶背紫色。花白色。产美洲。

方角肖竹芋

方角肖竹芋

8. 紫背天鹅绒竹芋 Calathea warscewiczii

多年生草本，株高1.2～1.8m。叶长椭圆形，先端尖，基部圆钝，全缘，沿叶脉有黄绿色斑块，叶面绿色，背面紫红色。花顶生，苞片白色，小花从苞片中伸出，白色。产中美洲。

紫背天鹅绒竹芋

紫背天鹅绒竹芋

9. 绒叶肖竹芋 Calathea zebrina

多年生常绿草本，株高可达1m。叶椭圆形，叶长30cm，宽10～15cm，叶柄长达45cm，叶先端圆钝，有小尖头，全缘，绿色，上有近对生的暗绿色条斑。小花紫色，蒴果。产巴西。

绒叶肖竹芋

绒叶肖竹芋

'阿玛斯'凤眉竹芋
Ctenanthe burle-marxii 'Amagris'

【科属】竹芋科栉花竹芋属

【形态特征】多年生草本，株高约30～40cm。叶长卵形，叶面灰绿色，叶脉明显，先端圆，有小尖头，边全缘，叶背紫红色。

【产地与习性】园艺种，原种产美洲。性

'阿玛斯'凤眉竹芋

'阿玛斯'凤眉竹芋

豹斑竹芋

喜高温及高湿环境，不喜干燥，不耐霜寒，耐热。喜肥沃、疏松的微酸性壤土。生长适温20～30℃。

【观赏评价与应用】叶双色，圆润可爱，淡雅清爽，为近年来新引进的观叶植物，适合公园、绿地等稍蔽荫的路边、山石边丛植或片植观赏或用作镶边植物。也可盆栽用于客厅、卧室、书房等装饰。

【同属种类】本属约15种，产巴西，我国有少量引种。

'艳锦'竹芋
Ctenanthe oppenheimiana 'Quadrictor'

【科属】竹芋科栉花竹芋属

【别名】紫背栉花竹芋

【形态特征】多年生宿根草本，株高40～60cm。基生叶丛生，叶片具长柄，叶片披针形至长椭圆形，纸质，全缘。叶面散生有银灰色、浅灰、乳白、淡黄及黄色斑块或斑纹，叶背紫红色。花期初夏。

【产地与习性】园艺种，原种产巴西。喜温暖及半荫环境，耐热，耐瘠，不耐寒，不喜干燥，喜疏松、排水良好的土壤。生长适温16～28℃。

【观赏评价与应用】叶色五彩斑斓，清新雅致，适合性强，适于公园、绿地、景区或庭院丛植或做地被观赏，盆栽可用于居室装饰。

豹斑竹芋
Maranta leuconeura

【科属】竹芋科竹芋属

【别名】小孔雀竹芋

【形态特征】多年生常绿草本，植株矮小，约30cm。叶阔卵形，先端尖，基部楔形，具柄，主叶脉两边具排列整齐的暗褐色斑，叶长约12cm。花小，白色，基部带紫色斑块。花期初夏。

【产地与习性】产巴西。喜高温高湿环境，喜半荫，耐热性好，不耐寒，喜湿润、疏松、排水良好的砂质土壤。生长适温20～28℃。

豹斑竹芋

【观赏评价与应用】叶面具褐色斑块，状似豹纹，十分奇特，小花清秀，为优良的观叶植物。可植于花坛、花台或园路边、石边或墙边观赏，可丛植进行点缀。盆栽可用于居家摆放观赏。

【同属种类】本属约32种，产美洲，我国有引种。

柊叶
Phrynium rheedei
【*Phrynium capitatum*】

【科属】竹芋科柊叶属

【形态特征】株高1m，根茎块状。叶基生，长圆形或长圆状披针形，长25～50cm，宽10～22cm，顶端短渐尖，基部急尖；叶柄长达60cm；头状花序直径5cm，无柄，自叶鞘内生出；苞片长圆状披针形，紫红色，顶端初急尖，后呈纤维状；每一苞片内有花3对，萼片线形，花冠管较萼为短，紫堇色；裂片长圆状倒卵形，深红色；外轮退化雄蕊倒卵形，稍皱褶，淡红色，内轮较短，淡黄色；果梨形，具3棱。花期5～7月。

'艳锦'竹芋

柊叶

柊叶

柊叶

【产地与习性】产我国广东、广西、云南等省区；生于密林中阴湿之处。亚洲南部广布。喜半荫，喜湿润，不耐寒，耐瘠。喜疏松壤土。生长适温 15 ~ 28℃。

【观赏评价与应用】本种叶大翠绿，有一定观赏性，可丛植或片植于路边、墙垣边观赏。根茎治肝肿大，痢疾，赤尿。叶清热利尿，治音哑，喉痛，口腔溃疡，解酒毒等。民间取叶裹米棕或包物用。

【同属种类】本属约 20 种，产亚洲及非洲的热带地区。我国 5 种，其中 1 种为特有。

红背竹芋
Stromanthe sanguinea

【科属】竹芋科紫背竹芋属

【别名】紫背竹芋

【形态特征】多年生常绿草本，株高 30 ~ 100cm，有时可达 150cm。叶基生，叶柄短，叶长椭圆形至宽披针形，叶正面绿色，背面紫红色，全缘。圆锥花序，苞片及萼片红色，花白色。花期春季。

【产地与习性】产巴西。喜半荫，也可在全光照下生长，喜湿润，耐热，耐瘠，不耐寒。喜富含腐殖质、排水良好的砂质壤土。生长适温 18 ~ 28℃。

【观赏评价与应用】叶色美观，花艳丽，为华南等地常见栽培的观叶植物，适合庭院、公园墙垣边、假山石边点缀或片植于疏林下、路边观赏。盆栽适合厅堂或门厅等处点缀。

【同属种类】本属约 20 种，产中美洲。我国有引种。

红背竹芋

红背竹芋

红背竹芋

水竹芋
Thalia dealbata

【科属】竹芋科水竹芋属

【别名】再力花、水莲蕉

【形态特征】多年生常绿草本，株高 1 ~ 2m。叶灰绿色，长卵形或披针形，先端尖，基部圆形，全缘，叶柄极长，近叶基部暗红色。穗状圆锥花序，苞片紫灰色，小花多数，花紫红色。花期夏季。

【产地与习性】产墨西哥及美国东南部地区，喜温暖及阳光充足的环境，耐热，喜湿，耐瘠，不耐寒，对土壤要求不严，以微酸性至中性土壤为宜。生长适温 18 ~ 30℃。

【观赏评价与应用】植株紧凑，高大美观，硕大的绿色叶片状似蕉叶，青翠宜人，花序大，小花奇特，为水景绿化的优良草本植物，多成片种植于大型水体的浅水处或湿地，或与同属植物配植形成独特的水体景观。

水竹芋

水竹芋

水竹芋

【同属种类】本属 6 种，产美洲及非洲，我国引进 2 种。

栽培的同属植物有：

红鞘水竹芋 *Thalia geniculata*

多年生挺水植物，株高 1 ~ 2m，地下具根茎。叶鞘为红褐色，叶片长卵圆形，先端尖，基部圆形，全缘，叶脉明显；花茎可达 3m，直立；花序细长，弯垂，花不断开放，花梗呈之字形。苞片具细茸毛，花冠粉紫色，先端白色。蒴果。花期夏秋季。产热带非洲。

红鞘水竹芋

红鞘水竹芋

雨久花科 Pontederiaceae

凤眼莲
Eichhornia crassipes

【科属】雨久花科凤眼蓝属

【别名】凤眼蓝、水葫芦

【形态特征】浮水草本，高 30 ~ 60cm。茎极短，具长匍匐枝。叶在基部丛生，莲座状排列，一般 5 ~ 10 片；叶片圆形，宽卵形或宽菱形，长 4.5 ~ 14.5cm，宽 5 ~ 14cm，顶端钝圆或微尖，基部宽楔形或在幼时为浅心形，全缘，表面深绿色，光亮，两边微向上卷，顶部略向下翻卷；叶柄中部膨大成囊状或纺锤形，内有许多多边形柱状细胞组成的气室；花葶从叶柄基部的鞘状苞片腋内伸出，穗状花序通常具 9 ~ 12 朵花；花被裂片 6 枚，花瓣状、卵形、长圆形或倒卵形，紫蓝色，上方 1 枚裂片较大，三色即四周淡紫红色，中间蓝色，在蓝色的中央有 1 黄色圆斑。蒴果卵形。花期 7 ~ 10 月，果期 8 ~ 11 月。

【产地与习性】原产巴西。现广布于我国长江、黄河流域及华南各省。生于海拔 200 ~ 1500m 的水塘、沟渠及稻田中。性喜阳光，生活在水中，极耐热，较耐寒，适应性极强。生长适温 15 ~ 30℃。

【观赏评价与应用】叶色青翠，叶柄中部膨大成囊状，上方花瓣状似凤眼，极为奇特，可用于水体绿化或盆钵栽培用于庭园装饰。但本种入侵性强，引种时需注意控制，以防逸入河道造成生态灾难。

【同属种类】本属约 7 种，分布于美洲和非洲的热带和暖温带地区。我国 2 种，均为引进栽培。

栽培的同属植物有：

天蓝凤眼莲 *Eichhornia azurea*

多年生浮水草本，节上生根。叶基生，叶片宽卵形，全缘，叶柄长。花序顶生，花被漏斗状，淡蓝紫色，裂片具 1 黄色斑点。花期夏至秋。蒴果。产美洲。

天蓝凤眼莲

雨久花
Monochoria korsakowii

【科属】雨久花科雨久花属

【形态特征】直立水生草本；根状茎粗壮，具柔软须根。茎直立，高 30 ~ 70cm，全株光滑无毛，基部有时带紫红色。叶基生和茎生；基生叶宽卵状心形，长 4 ~ 10cm，宽 3 ~ 8cm，顶端急尖或渐尖，基部心形，全缘；叶柄有时膨大成囊状；茎生叶叶柄渐短，基部增大成鞘，抱茎。总状花序顶生，有时再聚成圆锥花序；花 10 余朵，花被片椭圆形，顶端圆钝，蓝色；蒴果长卵圆形，种子长圆形。花期 7 ~ 8 月，果期 9 ~ 10 月。

凤眼莲

凤眼莲

天蓝凤眼莲

天蓝凤眼莲

雨久花

雨久花

【产地与习性】产东北、华北、华中、华东和华南。生于池塘、湖沼靠岸的浅水处和稻田中。朝鲜、日本、俄罗斯也有。性强健，适应性强，对环境没有特殊要求，生长适温15～30℃。

【观赏评价与应用】花淡蓝色，清雅美丽，叶色翠绿，具光泽，均有较高的观赏价值，可用于公园、绿地、景区的水体绿化或与其他水生植物搭配使用。全草可作家畜、家禽饲料。

【同属种类】本属8种，分布于非洲东北部、亚洲东南部至澳大利亚南部。我国产4种。

栽培的同属植物有：

箭叶雨久花 Monochoria hastata

多年生水生草本；茎直立或斜上，高50～90（～125）cm。基生叶三角状卵形或三角形，长5～15（～25）cm，宽3～9cm，顶端渐尖，基部箭形或戟形，稀为心形，纸质，全缘；茎生叶叶柄长7～10cm。总状花序腋生，有10～40朵花；花被片卵形，淡蓝色，膜质，有1绿色中脉及红色斑点。蒴果长圆形，种子多数。花期8月至翌年3月。产广东、海南、贵州和云南。生于海拔150～700m的水塘、沟边、稻田等湿地。亚洲热带和亚热带地区广泛分布。

箭叶雨久花

箭叶雨久花

梭鱼草
Pontederia cordata

【科属】雨久花科梭鱼草属

【别名】海寿花

【形态特征】多年生挺水草本植物，株高20～80cm。基生叶广卵圆状心形，顶端急尖或渐尖，基部心形，全缘。由10余多花组成总状花序，顶生，花蓝色。蒴果。花果期7～10月。

【产地与习性】产北美。喜温暖、喜阳光，喜湿，耐热，耐寒，耐瘠。不择土壤。生长适温18～28℃。

梭鱼草

梭鱼草

梭鱼草

【观赏评价与应用】梭鱼草花色清幽，在我国应用极广，适合公园、绿地的湖泊、池塘、小溪的浅水处绿化，也可用于人工湿地、河流两岸栽培观赏，常与其他水生植物如花叶芦竹、水葱、香蒲等配植。

【同属种类】本属6种，产加拿大至阿根廷，我国引种栽培。

栽培的品种有：

'白花'梭鱼草 Pontederia cordata 'Alba'与原种的主要区别为花白色。

'白花'梭鱼草

'白花'梭鱼草

栽培的同属种有：

剑叶梭鱼草 Pontederia lanceolata

与梭鱼草的主要区别为，叶剑形，较狭，产北美。本种在一些资料中已归并至梭鱼草 Pontederia cordata 中，因叶形差异较大，故单列。

剑叶梭鱼草

剑叶梭鱼草

百合科 Liliaceae

百子莲
Agapanthus africanus

【科属】百合科百子莲属

【形态特征】多年生常绿草本，株高30～60cm。叶线状披针形至舌状。花葶粗壮，直立，高60～90cm，花10～50排成顶生伞形花序，花被合生，漏斗状，鲜蓝色，花被裂片长圆形，与筒部等长或稍长。蒴果。花期6～8月。

【产地与习性】原产非洲南部。喜温暖及湿润环境，喜光照，不耐荫蔽，稍耐寒，不耐暑热，忌湿涝。喜疏松、排水良好的肥沃壤土。生长适温16～25℃。

【观赏评价与应用】叶色清绿，花色清雅，极富观赏性，园林中多片植于疏林下、林缘或园路边，也可丛植于岩石园、墙隅等处点缀。

【同属种类】本属约15种，产南部非洲，我国有引种。

百子莲

大葱
Allium fistulosum

【科属】百合科葱属

【别名】葱

【形态特征】鳞茎单生，圆柱状，稀为基部膨大的卵状圆柱形，粗1～2cm，有时可达4.5cm；鳞茎外皮白色，稀淡红褐色。叶圆筒状，中空，向顶端渐狭，约与花葶等长，粗在0.5cm以上。花葶圆柱状，中空，高30～50（～100）cm，中部以下膨大，向顶端渐狭；总苞膜质，2裂；伞形花序球状，多花，较疏散；小花梗纤细，与花被片等长，或为其2～3倍长；花白色；花果期4～7月。

【产地与习性】全国各地广泛栽培，国外也有栽培。喜温暖及阳光充足的环境，较耐热，不耐寒，不耐瘠薄，喜疏松、排水良好、富含有机质的壤土。生长适温16～25℃。

大葱

大葱

百子莲

百子莲

大葱

【观赏评价与应用】本种为著名蔬菜，全国各地广泛栽培，园林中极少应用，适合公园、生态园等果蔬专类区种植。鳞茎和种子亦入药。

【同属种类】本属约有660种，分布于北半球。我国有138种，其中50种为特有。

大花葱
Allium giganteum

【科属】百合科葱属

【形态特征】多年生球根植物，具鳞茎，圆形，直径7～10cm。叶片宽带形，长40～60cm，宽5～8cm。花葶高大，高约1m或更高，伞形花序球状，直径达20cm。有小花数百朵，紫红色。花期春季。

【产地与习性】产中亚。喜冷凉及阳光充足的环境，不耐热，耐寒，忌高温及高湿，喜疏松、肥沃的砂质壤土，微酸性至微碱性均可良好生长。生长适温15～25℃。

【观赏评价与应用】花序球状，十分奇特，小花呈星状开展，观赏性极高，我国常见栽培。可丛植于林缘、草地中或园路边观赏，也常用于花境配植或用于岩石园点缀。

卡拉韭

卡拉韭
Allium karataviense

【科属】百合科葱属

【别名】宽叶葱

【形态特征】多年生草本，具鳞茎，圆形。株高30cm，冠幅60cm。叶大，长卵圆形，先端尖，基部渐狭，全缘，叶长约20cm，宽10cm，全缘。伞形花序，球形，小花淡紫色。花期晚春至初夏。

【产地与习性】原产于中亚地区。喜冷凉，不耐热，耐寒，不耐暑热，忌湿涝。对土壤酸碱度适应性强，微酸至微碱性土壤均可良好生长。喜疏松、肥沃的壤土。生长适温15～25℃。

【观赏评价与应用】本种叶阔，花序球状，十分独特，适合公园、绿地等的小径、山石边、墙垣边或庭院种植观赏，也常用于岩石园点缀或用于花境与其他观花植物配植。

大花葱

卡拉韭

卡拉韭

卡拉韭

栽培的品种有：

‘象牙白’皇后卡拉韭 *Allium karataviense* ‘Ivory Queen’

与原种卡拉韭主要区别为，叶片更宽，花为白色。

‘象牙白’皇后卡拉韭

‘象牙白’皇后卡拉韭

‘象牙白’皇后卡拉韭

北葱
Allium schoenoprasum

【科属】百合科葱属

【形态特征】鳞茎常数枚聚生，卵状圆柱形，粗0.5～1cm；鳞茎外皮灰褐色或带黄色。叶1～2枚，光滑，管状，中空，略比花葶短，粗2～6mm。花葶圆柱状，中空，光滑，高10～40（～60）cm，粗2～4mm。总苞紫红色，2裂，宿存；伞形花序近球状，具多而密集的花，花紫红色至淡红色，具光泽；花被片等长，披针形、矩圆状披针形或矩圆形。花果期7～9月。

相册葱

2. '大使'葱 *Allium* 'Ambassador'

多年生球根草本，具鳞茎，株高30～40cm。叶带形，先端尖，全缘，绿色。花葶高达120cm，伞形花序，球形，上具上百朵小花，小花紫色。花期春末夏初。园艺种。

'大使'葱

【产地与习性】产新疆。生于潮湿的草地、河谷、山坡或草甸。从欧洲、亚洲西部、中亚、西伯利亚，直到日本和北美都有分布。喜冷凉及光照充足的环境，极耐寒，不耐热，喜湿润，过于干旱生长不良。喜疏松、排水良好的砂质土壤。生长适温15～25℃。

【观赏评价与应用】株形紧凑，株丛自然，花量大，且易栽培，可片植于灌丛前、林缘、山石边或园路边，也常与同属植物配植营造独特的葱属植物景观。

韭菜
Allium tuberosum

【科属】百合科葱属

【别名】韭

【形态特征】具倾斜的横生根状茎。鳞茎簇生，近圆柱状；鳞茎外皮暗黄色至黄褐色。叶条形，扁平，实心，比花葶短，宽1.5～8mm，边缘平滑。花葶圆柱状，常具2纵棱，高25～60cm，下部被叶鞘；总苞单侧开裂，或2～3裂；伞形花序半球状或近球状，具多但较稀疏的花；花白色；花被片常具绿色或黄绿色的中脉，内轮的矩圆状倒卵形，稀为矩圆状卵形，先端具短尖头或钝圆，外轮的常较窄，矩圆状卵形至矩圆状披针形。花果期7～9月。

【产地与习性】原产亚洲东南部。性喜温暖及湿润环境，喜光照，不耐荫蔽，耐寒，

较耐热。喜疏松、排水良好的壤土。生长适温15～26℃。

【观赏评价与应用】为世界各地广为栽培的蔬菜，本种叶纤细，有一定观赏性，可用于植物园、公园的果蔬专类园种植观赏。叶、花葶和花均作蔬菜食用；种子入药。

栽培的同属植物及品种有：

1. 相册葱 *Allium album*

多年生草本，具鳞茎，株高约40cm。叶基出，带形，先端尖，全缘，绿色。花葶高约50～60cm。伞形花序，球形，小花白色。花期春季。

相册葱

'大使'葱

3. 波斯葱 *Allium cristophii*

多年生草本，具鳞茎，株高30～60cm。叶基出，狭带形，先端尖，全缘，叶长20～30cm。花葶直立，长20～60cm，伞形花序具稀疏的花，花梗不等长，花被片披针形，上部淡紫色，背面紫色。花期春末夏初。产亚洲西南部。

波斯葱

4. 荷兰韭 Allium hollandicum

多年生草本，具鳞茎，花期株高可达90cm。叶带形，先端渐狭，全缘，长60cm，伞形花序，小花多数，紫色。花期5～6月。产土耳其及伊朗。

5. 宽叶韭 Allium hookeri

鳞茎圆柱状，具粗壮的根；叶条形至宽条形，稀为倒披针状条形，比花葶短或近等长，宽5～10（～28）mm，具明显的中脉。花葶侧生，圆柱状，或略呈三棱柱状，伞形花序近球状，多花，花较密集；花白色，花被片等长，披针形至条形。花果期8～9月。产四川、云南和西藏。生于海拔1500～4000m的湿润山坡或林下。斯里兰卡、不丹和印度的北部也有分布。

宽叶韭

宽叶韭

6. 马氏葱 Allium macleanii

多年生草本，具鳞茎，株高60～110cm。叶基生，长椭圆形，先端急尖，基部渐狭，全缘。花葶高大，远高于叶，伞形花序，球形，花紫色。花期春末至初夏。产阿尔及利亚、巴基斯坦及中亚地区。

马氏葱

马氏葱

7. '珠峰'葱 Allium 'Mount Everest'

多年生草本，具鳞茎，株高120cm。叶基生，长椭圆形，先端尖，全缘，绿色。花葶高大，伞形花序，球形，小花密集，白色。花期6～7月。园艺种。

'珠峰'葱

'珠峰'葱

8. 太白韭 *Allium prattii*

鳞茎单生或 2～3 枚聚生，近圆柱状；叶2 枚，紧靠或近对生状，很少为 3 枚，常为条形、条状披针形、椭圆状披针形或椭圆状倒披针形，罕为狭椭圆形，短于或近等于花葶，宽 0.5～4（～7）cm，先端渐尖，基部逐渐收狭成不明显的叶柄。花葶圆柱状，伞形花序半球状，具多而密集的花；花紫红色至淡红色，稀白色；花果期 6 月底到 9 月。产西藏、云南、四川、青海、甘肃、陕西、河南和安徽。生于海拔 2000～4900m 的阴湿山坡、沟边、灌丛或林下。印度、尼泊尔、不丹也有分布。

太白韭

太白韭

9. '紫色的雨'葱 *Allium* 'Purple Rain'

多年生草本，株高 30～40cm。叶基出，宽带形，先端尖，全缘，绿色。花葶高40～50cm，伞形花序，球形，小花密集，紫色。花期春季。园艺种。

'紫色的雨'葱

'紫色的雨'葱

10. 舒伯特葱 *Allium schubertii*

多年生球根植物，株高 20～50cm。叶带形，外弯，先端尖，全缘，绿色。花葶高约 50cm。伞形花序，花稀疏，花梗不等长，短的十余厘米，长的可达 20cm，花径可达45cm，小花淡紫色，花梗状似烟花。花期春末至初夏。

舒伯特葱

舒伯特葱

11. '蛛型葱' *Allium* 'Spider'

多年生草本，株高 30～40cm。叶基出，宽带形，先端尖，全缘，绿色。花葶高30～50cm，直径 30～40cm，小花紫色。花期春至夏。园艺种。

'蛛型葱'

蛛型葱

12. '夏季鼓手'葱 *Allium* 'Summer Drummer'

多年生草本，连花茎株高可达 180cm。叶带形，在花茎上互生，先端尖，全缘，绿色。伞形花序，小花深紫色。花期夏季。园艺种。

'夏季鼓手'葱

13. 熊葱 *Allium ursinum*

多年生草本，株高 30～40cm，具鳞茎。叶宽带形，长 20～30cm，宽 5～10cm，先端尖，全缘。伞形花序，高出叶面，着花 20～30 朵，小花白色。产欧洲及亚洲。

熊葱

熊葱

六出花
Alstroemeria hybrida

【科属】百合科六出花属

【别名】秘鲁百合

【形态特征】具肉质须根，株高 50～100cm。基生叶长卵形，先端尖，基部楔形，长度变化较大，茎生叶宽披针形，互生，先端尖，基部楔形，表面亮绿色。伞形花序，花橙黄色、粉红色等，具紫色斑点和条纹。花期夏季。

【产地与习性】园艺种。喜温暖及阳光充足的环境，不耐寒，较耐热，忌积水。喜肥沃、疏松排水良好的中性至微酸性沙壤土。生长适温 15～26℃。

六出花

【观赏评价与应用】花美丽，花期长，适于公园、庭院等的花坛、路边或用于布置花境。盆栽可用于装饰客厅或阳台等处。也是应用较广泛的切花。

【同属种类】本属约有 138 种，产南美洲，我国有少量引种。

知母
Anemarrhena asphodeloides

【科属】百合科知母属

【别名】兔子油草、穿地龙

【形态特征】根状茎粗 0.5～1.5cm。叶长 15～60cm，宽 1.5～11mm，向先端渐尖而成近丝状，基部渐宽而成鞘状，具多条平行脉，没有明显的中脉。花葶比叶长得多；总状花序通常较长，可达 20～50cm；花粉红色、淡紫色至白色；花被片条形，宿存。蒴果狭椭圆形，顶端有短喙。花果期 6～9 月。

知母

知母

知母

【产地与习性】产河北、山西、山东、陕西、甘肃、内蒙古、辽宁、吉林和黑龙江。生于海拔 1450 米以下的山坡、草地或路旁较干燥或向阳的地方。也分布于朝鲜。性耐寒，耐瘠，易栽培，不耐热。生长适温 15～26℃。

【观赏评价与应用】本种叶色青翠，花序挺拔，可用于园路边、林缘绿化或作地被植物。干燥根状茎为著名中药，性苦寒，有滋阴降火、润燥滑肠、利大小便之效。

【同属种类】本属 1 种，产中国、朝鲜及蒙古。

新西兰岩百合
Arthropodium cirrhatum

【科属】百合科龙舌百合属

【形态特征】多年生草本，株高约30～60cm。叶宽带形或长椭圆形，先端渐尖，全缘。花序高于叶面，高可达1m。花小，白色。花期春季。

【产地与习性】产新西兰。喜温暖及半荫环境，也可在全日照下正常生长，喜湿润，不耐寒。喜疏松、排水良好的壤土。生长适温18～28℃。

【观赏评价与应用】本种株形美观，覆盖性强，小花清雅，且花期长，易栽培，可用于林缘、林下或岩石边片植，也可作地被植物。

【同属种类】本属约9种，产南半球，我国引进1种。

天门冬
Asparagus cochinchinensis

【科属】百合科天门冬属

【别名】丝冬

【形态特征】攀援植物。根在中部或近末端成纺锤状膨大。茎平滑，常弯曲或扭曲，长可达1～2m。叶状枝通常每3枚成簇，扁平或由于中脉龙骨状而略呈锐三棱形，稍镰刀状，长0.5～8cm，宽约1～2mm；花通常每2朵腋生，淡绿色；浆果，熟时红色，有1颗种子。花期5～6月，果期8～10月。

【产地与习性】从河北、山西、陕西、甘肃等省的南部至华东、中南、西南各省区都有分布。生于海拔1750m以下的山坡、路旁、疏林下、山谷或荒地上。也见于朝鲜、日本、老挝和越南。性喜温暖及阳光充足的环境，较耐寒，耐热，耐瘠，忌水湿，不择土壤。生长适温15～28℃。

【观赏评价与应用】枝蔓清秀，飘逸潇洒，果实红色，十分艳丽，最宜植于花坛、花带矮墙上面栽培观赏，也可用于大型花架、篱架悬吊栽培，打造立体景观，也适于花境镶边或用于山石边点缀。

【同属种类】本属约有160～300种，除美洲外，全世界温带至热带地区都有分布。我国有31种，其中15种为特有，2种引进。

'狐尾'天冬
Asparagus densiflorus 'Meyeri'

【科属】百合科天门冬属

【别名】狐尾武竹

【形态特征】多年生草本植物，株高

30 ～ 70cm，具细小分枝。植株丛生，呈放射状，茎直立，圆筒状，稍弯曲。叶状枝细小，线形或披针形，鲜绿色。小花白色，具清香。浆果。花期夏季。

【产地与习性】园艺种。喜温暖、湿润环境，耐热性好，不耐寒，忌空气干燥，对土壤适应性较强，以疏松、排水良好的肥沃壤土为宜。生长适温 18 ～ 28℃。

【观赏评价与应用】株形秀美，枝条柔软可爱。盆栽用于布置厅堂、卧室、阳台等处装饰或用于庭园的路边、山石边或花坛绿化；切叶可作为插花配材。

'狐尾'天冬

'狐尾'天冬

石刁柏
Asparagus officinalis

【科属】百合科天门冬属

【别名】露笋、芦笋

【形态特征】直立草本，高可达 1m。茎平滑，上部在后期常俯垂，分枝较柔弱。叶状枝每 3 ～ 6 枚成簇，近扁的圆柱形，略有钝棱，纤细，常稍弧曲，长 5 ～ 30mm，粗 0.3 ～ 0.5mm；鳞片状叶基部有刺状短距或近无距。花每 1 ～ 4 朵腋生，绿黄色；浆果熟时红色，有 2 ～ 3 颗种子。花期 5 ～ 6 月，果期 9 ～ 10 月。

【产地与习性】我国新疆有野生的，其他地区多为栽培，少数也有变为野生的。喜冷凉及阳光充足的环境，耐寒，耐瘠，有一定的耐热性，喜疏松、肥沃的壤土。生长适温 15 ～ 26℃。

【观赏评价与应用】枝叶纤秀，果红色，有一定观赏性，可丛植于园路边、角隅处或庭院中，或用于生态园及植物园的果蔬专类园中。嫩茎可供蔬食，为著名蔬菜。

石刁柏

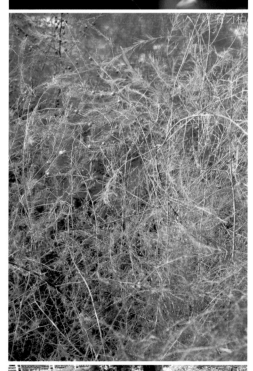

石刁柏

文竹
Asparagus setaceus

【科属】百合科天门冬属

【形态特征】攀援植物，高可达几米。根稍肉质，细长。茎的分枝极多，分枝近平滑。叶状枝通常每 10 ～ 13 枚成簇，刚毛状，略具三棱，长 4 ～ 5mm；鳞片状叶基部稍具刺状距或距不明显。花通常每 1 ～ 3（～ 4）朵腋生，白色，有短梗；浆果熟时紫黑色，有 1 ～ 3 颗种子。

【产地与习性】原产非洲南部，我国各地常见栽培。喜温暖，喜湿润，不耐寒，耐热，忌水湿。喜疏松、排水良好的砂质土壤。生长适温 16 ～ 28℃。

【观赏评价与应用】叶状枝四季常青，柔和清雅，姿态潇洒，独具风韵，深受人们的喜爱，多盆栽用于室内美化。也可用于小型棚架、篱架或附于稍蔽荫的山石绿化。

文竹

文竹

文竹

栽培的同属植物有：

1. 非洲天门冬 Asparagus densiflorus

幼时草本状，成株半灌木，多少攀援，高可达 1m。茎和分枝有纵棱。叶状枝每 3（1 ～ 5）枚成簇，扁平，条形，长 1 ～ 3cm，宽 1.5 ～ 2.5mm，先端具锐尖头；总状花序单生或成对，通常具十几朵花；苞片近条形，花白色；花被片矩圆状卵形。浆果熟时红色，具 1 ～ 2 颗种子。原产非洲南部，现已被广泛栽培。

羊齿天门冬

非洲天门冬

蜘蛛抱蛋
Aspidistra elatior

【科属】百合科蜘蛛抱蛋属

【别名】一叶兰

【形态特征】根状茎近圆柱形，直径5～10mm。叶单生，彼此相距1～3cm，矩圆状披针形、披针形至近椭圆形，长22～46cm，宽8～11cm，先端渐尖，基部楔形，边缘多少皱波状，两面绿色，有时稍具黄白色斑点或条纹；总花梗长0.5～2cm；苞片3～4枚，其中2枚位于花的基部，宽卵形，淡绿色，有时有紫色细点；花被钟状，外面带紫色或暗紫色，内面下部淡紫色或深紫色，上部（6-）8裂。

【产地与习性】原产地不详，我国各地公园多有栽培。性喜温暖及半荫环境，不喜强光，喜湿润，不耐干旱，耐热，稍耐寒。喜疏松、肥沃、排水良好的壤土。生长适温15～28℃。

【观赏评价与应用】株形紧凑，叶色浓绿，耐阴性强，适合林下、林缘、路边、山石边或小径栽培观赏，也可丛植用于点缀或与同属植物配植。盆栽可用于室内或庭院、阶前美化。

【同属种类】本属约有55种，产中国、印度、日本及老挝、泰国、越南。我国有49种，其中46种为特有，1种引进。

栽培的品种及变种有：

1.'狭叶洒金'蜘蛛抱蛋 *Aspidistra elatior* 'Singapore Sling'

多年生草本，株高约50cm。叶带形，长40～60cm，宽5～8cm，先端尖，基部渐狭成柄，全缘，叶面具大小不一的黄色斑点。

狭叶洒金·蜘蛛抱蛋

2. 羊齿天门冬 *Asparagus filicinus*

直立草本，通常高50～70cm。茎近平滑，分枝通常有棱。叶状枝每5～8枚成簇，扁平，镰刀状，长3～15mm，宽0.8～2mm，有中脉；花每1～2朵腋生，淡绿色，有时稍带紫色；花梗纤细。浆果，有2～3颗种子。花期5～7月，果期8～9月。产山西、河南、陕西、甘肃、湖北、湖南、浙江、四川、贵州和云南。生于海拔1200～3000m的丛林下或山谷阴湿处。也分布于缅甸、不丹和印度。

羊齿天门冬

蜘蛛抱蛋

'狭叶洒金'蜘蛛抱蛋

2. '星点'蜘蛛抱蛋 *Aspidistra elatior* 'Punctata'

与原种蜘蛛抱蛋的主要区别为叶面具大小不一的黄白色小斑点。

3. '白纹'蜘蛛抱蛋 *Aspidistra elatior* 'Variegata'

与原种蜘蛛抱蛋的主要区别为叶片具宽窄不一的黄白色纵纹。

'白纹'蜘蛛抱蛋

'白纹'蜘蛛抱蛋

'白纹'蜘蛛抱蛋

4. 台湾蜘蛛抱蛋 *Aspidistra elatior* var. *attenuata*

多年生草本，叶柄长 30 ~ 45cm，叶倒披针形或长卵形，长 40 ~ 50cm，宽 5 ~ 8cm，先端尖，基部渐狭下延成柄，绿色，有光泽，全缘。花接近地面，紫色。果卵圆形，绿色。产台湾，生于海拔 300 ~ 1800m 的森林中。

台湾蜘蛛抱蛋

台湾蜘蛛抱蛋

绵枣儿
Barnardia japonica
【*Scilla scilloides*】

【科属】百合科绵枣儿属

【形态特征】鳞茎卵形或近球形，高 2 ~ 5cm，宽 1 ~ 3cm。基生叶通常 2 ~ 5 枚，狭带状，长 15 ~ 40cm，宽 2 ~ 9mm，柔软。花葶通常比叶长；总状花序长 2 ~ 20cm，具多数花；花紫红色、粉红色至白色，小，花被片近椭圆形、倒卵形或狭椭圆形。果近倒卵形，种子 1 ~ 3 颗，黑色。花果期 7 ~ 11 月。

【产地与习性】产东北、华北、华中以及四川、云南、广东、江西、江苏、浙江和台湾。生于海拔 2600m 以下的山坡、草地、路旁或林缘也分布于朝鲜、日本和俄罗斯。喜冷凉及阳光充足的环境，不耐暑热，耐瘠性好，对土壤没有特殊要求。生长适温 14 ~ 25℃。

【观赏评价与应用】花色清新，花期长，目前较少引种，可用于花坛、花境栽培观赏，也可丛植于山石边、岩石园点缀。

【同属种类】本属有 2 种，1 种产中国、日本、朝鲜、俄罗斯，另一种产非洲及欧洲。

绵枣儿

绵枣儿

绵枣儿

鳞芹
Bulbine frutescens

【科属】百合科须尾属

【形态特征】多年生常绿草本，株高35～50cm。冠幅60cm。叶窄带形或披针形，先端渐尖，基部较宽，套叠。穗状花序，高可达1m，花萼紫红色，花瓣橙黄色。花期春季至秋季。

【产地与习性】产南非。喜高温，喜阳光，耐热，耐瘠，不耐寒，忌水湿。喜疏松、排水良好的砂质土壤。生长适温18～30℃。

【观赏评价与应用】叶肉质，小花橙黄色，雌蕊具长绵毛，有一定观赏性，可用于公园、植物园等沙生区丛植或片植绿化，也可用于岩石园的石边、石隙点缀。盆栽用于居室美化。

【同属种类】本属约78种，产南部非洲，有几种延伸至澳大利亚。我国引进1种。

鳞芹

鳞芹

鳞芹

克美莲
Camassia leichtlinii

【科属】百合科糠米百合属

【别名】北美百合

【形态特征】多年生草本，株高80～120cm，冠幅30～70cm。叶带形，先端尖，绿色，全缘。穗状花序，着生数十朵小花，花瓣6，白色、蓝色、紫色等。花期春至夏。

【产地与习性】产北美西部，生于草甸、草原及山坡中。喜冷凉及阳光充足的环境，喜湿润，不耐热，耐寒，耐瘠，微酸性至微碱性的壤土或稍粘重土壤均可良好生长。生长适温14～25℃。

【观赏评价与应用】花序高大，小花清新美丽，可布置于山石边或滨水的河岸边、池塘边片植或点缀，或用于庭园的园路边、墙边或花坛种植观赏。

【同属种类】本属14种，产北美的加拿大西部及美国西部。

克美莲

克美莲

开口箭
Campylandra chinensis
【*Tupistra chinensis*】

【科属】百合科开口箭属

【形态特征】根状茎长圆柱形，直径1～1.5cm。叶基生，4～8（～12）枚，近革质或纸质，倒披针形、条状披针形、条形或矩圆状披针形，长15～65cm，宽1.5～9.5cm，先端渐尖，基部渐狭；穗状花

序直立，少有弯曲，密生多花；苞片绿色，卵状披针形至披针形；花短钟状，花被裂片卵形，先端渐尖，肉质，黄色或黄绿色；浆果球形，熟时紫红色。花期4～6月，果期9～11月。

【产地与习性】产湖北、湖南、江西、福建、台湾、浙江、安徽、河南、陕西、四川、云南、广西、广东。生海拔1000～2000m林下阴湿处、溪边或路旁。喜温暖及半荫环境，耐寒，较耐热，喜湿润，不喜干燥。不择土壤。生长适温15～26℃。

【观赏评价与应用】叶片修长，花序奇特，均具有观赏性，在园林中有少量应用，可植于灌丛前、林缘、小径或墙垣处，片植、丛植效果均佳，也可盆栽观赏。

【同属种类】本属约60种，产不丹、中国、印度、尼泊尔。我国有16种，其中13种为特有种。

开口箭

开口箭

开口箭

大百合
Cardiocrinum giganteum

【科属】百合科大百合属

【形态特征】小鳞茎卵形，高 3.5 ～ 4cm，直径 1.2 ～ 2cm。茎直立，中空，高 1 ～ 2m，直径 2 ～ 3cm。叶纸质，网状脉；基生叶卵状心形或近宽矩圆状心形，茎生叶卵状心形，下面的长 15 ～ 20cm，宽 12 ～ 15cm，叶柄长 15 ～ 20cm，向上渐小，靠近花序的几枚为船形。总状花序有花 10 ～ 16 朵，无苞片；花狭喇叭形，白色，里面具淡紫红色条纹。蒴果近球形，红褐色。种子红棕色。花期 6 ～ 7 月，果期 9 ～ 10 月。

【产地与习性】产西藏、四川、陕西、湖南和广西。生林下草丛中，海拔 1450 ～ 2300m。也见于印度、尼泊尔、不丹等地。喜冷凉及半荫环境，耐寒，不耐热，喜湿润，不喜干热。喜疏松、排水良好的微酸性壤土。生长适温 12 ～ 22℃。

【观赏评价与应用】植株高大健壮，花大雅致，极具观赏性，可栽植于庭院、公园、绿地的疏林下、林缘或墙垣边，也适合作背景材料。盆栽可用于阶前、天台栽培观赏。鳞茎供药用。

【同属种类】共 3 种，分布于我国和日本。我国有 2 种，1 种为特有种。

野生的同属植物有：

荞麦叶大百合 *Cardiocrinum cathayanum*
小鳞茎高 2.5cm，直径 1.2 ～ 1.5cm。茎高 50 ～ 150cm，直径 1 ～ 2cm。除基生叶外，约离茎基部 25cm 处开始有茎生叶，最下面的几枚常聚集在一处，其余散生；叶纸质，具网状脉，卵状心形或卵形，先端急尖，基部近心形，长 10 ～ 22cm，宽 6 ～ 16cm。总状花序有花 3 ～ 5 朵；花狭喇叭形，乳白色或淡绿色，内具紫色条纹；蒴果近球形，红棕色。种子扁平，红棕色。花期 7 ～ 8 月，果期 8 ～ 9 月。产湖北、湖南、江西、浙江、安徽和江苏。生海拔 600 ～ 1050m 山坡林下阴湿处。

荞麦叶大百合

荞麦叶大百合

荞麦叶大百合

橙柄草
Chlorophytum orchidastrum

【科属】百合科吊兰属

【别名】马达加斯加吊兰、旭日东升

【形态特征】多年生常绿草本，株高 40 ～ 60cm。叶长卵圆形，先端渐尖，基部楔形，全缘，绿色，下部中脉橙黄色。叶柄橙黄色。花小，簇生，花被片 6，外轮花被片三角形，内轮花被片卵圆形，黄绿色。蒴果。花期春季。

【产地与习性】产非洲。性喜高温及湿润环境，不耐寒，不喜干燥环境，喜疏松、排水良好的土壤。生长适温 20 ～ 30℃。

【观赏评价与应用】本种叶柄橙黄色，极为美观，为不可多得的观叶植物。园林中可

橙柄草

橙柄草

橙柄草

用于林下，蔽荫的园路边或山石边。盆栽常用于案头、案几或窗台等处观赏。

【同属种类】本属在 100 ～ 150 种之间，主要非洲、亚洲及澳大利亚，南美洲也有。我国有 4 种，其中 1 种特有。

吊兰
Chlorophytum comosum

【科属】百合科吊兰属

【形态特征】根状茎短，根稍肥厚。叶剑形，绿色或有黄色条纹，长 10 ～ 30cm，宽 1 ～ 2cm，向两端稍变狭。花葶比叶长，有时长可达 50cm，常变为匍枝而在近顶部具叶簇或幼小植株；花白色，常 2 ～ 4 朵簇生，排成疏散的总状花序或圆锥花序；蒴果三棱状扁球形，每室具种子 3 ～ 5 颗。花期 5 月，果期 8 月。

【产地与习性】原产非洲南部，各地广泛栽培，供观赏。性喜湿润及半荫环境，忌强光直射，不耐寒，忌积水。喜疏松、排水良好、

吊兰

富含有机质的壤土。生长适温 16～28℃。

【观赏评价与应用】叶片细长柔软，匍匐茎上的小植株悬垂，舒展自然，小花洁白素雅，可片植于林荫下、路边等处，也可悬吊栽培用于廊架绿化。盆栽适合阳台、案几摆放观赏。吊兰可吸收甲醛、苯等有害物质，对空气有明显的净化作用。

栽培的品种有：

1. '金边'吊兰 *Chlorophytum comosum* 'Variegatum'

与原种吊兰的主要区别为叶片边缘黄色。

2. '银心'吊兰 *Chlorophytum comosum* 'Vittatum'

与原种吊兰的主要区别为叶片中心具白色条纹。

七筋姑
Clintonia udensis

【科属】百合科七筋姑属

【形态特征】根状茎较硬，粗约 5mm。叶 3～4 枚，纸质或厚纸质，椭圆形、倒卵状矩圆形或倒披针形，长 8～25cm，宽 3～16cm，无毛或幼时边缘有柔毛，先端骤尖，基部成鞘状抱茎或后期伸长成柄状。花葶密生白色短柔毛，长 10～20cm，果期伸长可达 60cm；总状花序有花 3～12 朵；苞片披针形，早落；花白色，少有淡蓝色；果实球形至矩圆形，种子卵形或梭形。花期 5～6 月，果期 7～10 月。

【产地与习性】产东北、河北、山西、河南、湖北、陕西、甘肃、四川、云南和西藏。生海拔 1600～4000m 高山疏林下或阴坡疏林下。俄罗斯、日本、朝鲜、不丹和印度也有分布。性喜冷凉及半荫环境，极耐寒，不耐热，耐瘠，喜排水良好的疏松壤土。生长适温 12～20℃。

【观赏评价与应用】叶色青翠，株形美观，小花洁白，目前园林中尚没有栽培，可丛植于荫蔽的疏林下、林缘或山石边观赏，

片植或丛植点缀均可。

【同属种类】本属有 6 种，分布于亚洲和北美洲温带地区。我国有 1 种。

铃兰
Convallaria majalis

【科属】百合科铃兰属

【形态特征】植株全部无毛，高 18～30cm。叶椭圆形或卵状披针形，长 7～20cm，宽 3～8.5cm，先端近急尖，基部楔形；花葶高 15～30cm，稍外弯；苞片披

铃兰

铃兰

铃兰

针形，短于花梗；花梗长 6 ~ 15mm，近顶端有关节，果熟时从关节处脱落；花白色，裂片卵状三角形。浆果，熟后红色，稍下垂。种子扁圆形或双凸状。花期 5 ~ 6 月，果期 7 ~ 9 月。

【产地与习性】产东北、内蒙古、河北、山西、山东、河南、陕西、甘肃、宁夏、浙江和湖南。生海拔 850 ~ 2500m 阴坡林下潮湿处或沟边。朝鲜、日本至欧洲、北美洲也很常见。喜冷凉，喜半荫，在强光下栽培极易焦叶，不耐热，喜疏松、排水良好的壤土。生长适温 14 ~ 25℃。

【观赏评价与应用】花朵悬垂若铃串，莹洁高贵，香韵浓郁，是一种优良的地被植物，最适于林下、林缘和林间空地及建筑物背面应用。带花全草供药用，有强心利尿之效。

【同属种类】本属 1 种，产北半球温带地区。

山菅兰
Dianella ensifolia

【科属】百合科山菅属

【别名】山菅、山交剪

【形态特征】植株高可达 1 ~ 2m；根状茎圆柱状，横走。叶狭条状披针形，长 30 ~ 80cm，宽 1 ~ 2.5cm，基部稍收狭成鞘状，套迭或抱茎，边缘和背面中脉具锯齿。顶端圆锥花序长 10 ~ 40cm，分枝疏散；花常多朵生于侧枝上端；

山菅兰

山菅

花梗常稍弯曲，苞片小；花被片条状披针形，绿白色、淡黄色至青紫色；浆果近球形，深蓝色，具 5 ~ 6 颗种子。花果期 3 ~ 8 月。

【产地与习性】产云南、四川、贵州、广西、广东、海南、江西、浙江、福建和台湾。生于海拔 1700m 以下的林下、山坡或草丛中。也分布于亚洲热带地区至非洲的马达加斯加岛。性强健，抗性极强，对环境没有特殊要求。生长适温 15 ~ 30℃。

【观赏评价与应用】本种生性强健，极易栽培，果实艳丽，有极高的观赏性，多用于林下、园路边或山石旁片植或丛植观赏。本种有毒。根状茎磨干粉，调醋外敷，可治痈疮脓肿、癣、淋巴结炎等。

【同属种类】本属约 20 种，分布于亚洲和大洋洲的热带地区以及马达加斯加岛。我国产 1 种。

栽培的品种有：

1. '花叶'山菅兰 *Dianella ensifolia* 'Marginata'

与原种山菅兰的主要区别为叶片具宽窄不一的黄色纵条纹。

'花叶'山菅兰

山菅兰

2.'银边'山菅兰 *Dianella ensifolia* 'White Variegated'

与原种山菅兰的主要区别为叶片边缘为白色，叶中间偶有 1 至数条白色纵条纹。

'银边'山菅兰

'银边'山菅兰

'银边'山菅兰

竹根七

竹根七

【**产地与习性**】产广东、广西、福建、江西、湖南、四川、贵州和云南。海拔 500 ~ 2400m，生于林下或山谷中。喜温暖、湿润及半荫环境，也可在全光照下生长，不耐暑热，较耐寒。喜生于疏松、肥沃的壤土。生长适温 15 ~ 26℃。

【**观赏评价与应用**】叶大翠绿，小花素雅，适合园林小径、角隅、墙垣边等丛植观赏，也可与其他观叶、观花植物配植。

【**同属种类**】本属 6 种，产中国、老挝、菲律宾、泰国及越南，我国有 6 种，4 种为特有。

万寿竹
Disporum cantoniense

【**科属**】百合科万寿竹属

【**形态特征**】根状茎横出，质地硬，呈结节状；茎高 50 ~ 150cm，直径约 1cm。叶纸质，披针形至狭椭圆状披针形，长 5 ~ 12cm，宽 1 ~ 5cm，先端渐尖至长渐尖，基部近圆形，有明显的 3 ~ 7 脉，叶柄短。伞形花序有花 3 ~ 10 朵，着生在与上部叶对生的短枝顶端；花紫色；花被片斜出，倒披针形，基部有长 2 ~ 3mm 的距；浆果。花期 5 ~ 7 月，果期 8 ~ 10 月。

【**产地与习性**】产台湾、福建、安徽、湖北、湖南、广东、广西、贵州、云南、四川、

竹根七
Disporopsis fuscopicta

【**科属**】百合科竹根七属

【**形态特征**】多年生草本。茎高 25 ~ 50cm。叶纸质，卵形、椭圆形或矩圆状披针形，长 4 ~ 9（~ 15）cm，宽 2.3 ~ 4.5cm，先端渐尖，基部钝、宽楔形或稍心形。花 1 ~ 2 朵生于叶腋，白色，内带紫色，稍俯垂；花被钟形，花被筒长约为花被的 2/5，口部不缢缩，裂片近矩圆形；副花冠裂片膜质，与花被裂片互生，卵状披针形，先端通常 2 ~ 3 齿或二浅裂。浆果近球形。花期 4 ~ 5 月，果期 11 月。

万寿竹

万寿竹

万寿竹

陕西和西藏。生海拔 700 ~ 3000m 灌丛中或林下。不丹、尼泊尔、印度和泰国也有分布。喜半荫及湿润环境，耐热，较耐寒，忌渍水。喜疏松、排水良好的砂质土壤。生长适温 15 ~ 28℃。

【观赏评价与应用】茎叶纤秀，茎似竹，小花状似小铃铛悬垂于枝间，极为优雅，可丛植于园路边、滨水岸边、山石边或角隅观赏。根状茎供药用，有益气补肾、润肺止咳之效。

【同属种类】本属 20 种，分布于北美洲至亚洲东南部。我国有 14 种，其中 8 种为特有。野生的同属植物有：

1. 宝铎草 *Disporum sessile*

根状茎肉质，横出。茎直立，高 30 ~ 80cm。叶薄纸质至纸质，矩圆形、卵形、椭圆形至披针形，长 4 ~ 15cm，宽 1.5 ~ 5（~ 9）cm，先端骤尖或渐尖，基部圆形或宽楔形。花黄色、绿黄色或白色，1 ~ 3（~ 5）朵着生于分枝顶端；花被片近直出，倒卵状披针形，下部渐窄。浆果椭圆形或球形，具 3 颗种子，种子深棕色。花期 3 ~ 6 月，果期 6 ~ 11 月。产浙江、江苏、安徽、江西、湖南、山东、河南、河北、陕西、四川、贵州、云南、广西、广东、福建和台湾。生海拔 600 ~ 2500m 林下或灌木丛中。朝鲜和日本也有分布。

宝铎草

宝铎草

2. 山东万寿竹 *Disporum smilacinum*

又名儿百合，植株较矮小，具细短的根。茎高 15 ~ 35cm，通常不分枝。叶薄纸质，卵形至椭圆形，长 3 ~ 6cm，宽 1.5 ~ 3cm，先端渐尖，基部近圆形，常对折。花白色，单朵生于茎顶端，有时为 2 花；浆果球形，黑色。花期 4 ~ 5 月。产山东。生于海拔 400m 的林下。朝鲜和日本也有分布。

山东万寿竹

山东万寿竹

山东万寿竹

麻点百合
Drimiopsis botryoides

【科属】百合科麻点花属

【别名】油点百合

【形态特征】多年生鳞茎植物，株高约 10 ~ 15cm，紫红色的茎肥大呈酒瓶状，茎顶着生 3 ~ 5 片肉质叶子，叶带状或长椭圆形，先端尖，基部渐狭，全缘，绿色，上布有不规则的斑点，叶背紫红色。圆锥花序，小花绿色。花期春、夏季，果期秋季。

麻点百合

麻点百合

麻点百合

【产地与习性】产南非。喜高温及湿润环境，耐热，耐旱，耐瘠，喜疏松、排水良好的砂质壤土。生长适温 18 ~ 28℃。

【观赏评价与应用】叶上具大量斑点，奇特美观，小花素雅，可用于球根专类园种植，也可用于花坛、小径或岩石园点缀。盆栽可用于居室的阳台、窗台或案头摆放观赏。

【同属种类】本属约 16 种，产非洲。我国引进栽培 3 种。

栽培的同属植物有：

1. 阔叶油点百合 *Drimiopsis maculata*

多年生草本，具鳞茎，株高 15 ~ 30cm。叶长卵圆形，先端尖或圆钝，基部圆或微凹，全缘，叶绿色，上布有圆形或椭圆形斑点。圆锥花序，小花绿色。花期春季。产南非。

阔叶油点百合

2. 油点花 *Ledebouria socialis*

多年生草本，具鳞茎，株高 15cm。叶长椭圆形，先端钝或稍尖，基部抱茎，全缘。叶淡绿色，上密布深绿色圆形斑点。圆锥花序，花稀疏，小花弯垂，绿色，雄蕊紫色。花期春季。产南非。

油点花

油点花

油点花

'露蒂'皇冠贝母
Fritillaria imperialis 'Lutea'

【科属】百合科贝母属

【形态特征】多年生球根植物，株高 50 ～ 100cm，鳞茎直径 15 ～ 20cm。叶片散生，带形，长 15cm，先端尖，绿色，全缘。花数朵轮生于花葶上端的叶状苞片下，花冠钟形，下垂，花被片 6，黄色。花期春季。

【产地与习性】园艺种，原种产喜马拉雅。性喜冷凉及阳光充足的环境，不耐热，耐寒。不耐炎热，忌水湿。喜疏松肥沃的壤土。生长适温 15 ～ 25℃。

【观赏评价与应用】本种花大色艳，形态奇特，为欧美等国常见的观赏植物，我国引种栽培，可用于布置花境或基础种植，也可用于墙垣边、庭院阶前点缀。

【同属种类】本属约 130 种，主要分布于北半球温带地区，特别是地中海区域、北美洲和亚洲中部。我国有 24 种，其中 15 种为特有。

近似品种有：

1. '极点露蒂'皇冠贝母 *Fritillaria imperialis* 'Lutea Maxima'

株高 40 ～ 80cm，花明黄色。

'极点露蒂'皇冠贝母

'露蒂'皇冠贝母

2. '威廉王子' 皇冠贝母 *Fritillaria imperialis* 'William Rex'

株高 45 ~ 120cm，花橙黄色。

雀斑贝母
Fritillaria meleagris

【科属】百合科贝母属

【别名】阿尔泰贝母

【形态特征】多年生球根草本，具鳞茎，株高 15 ~ 40cm。基生叶具长柄，茎生叶片稀疏，散生于茎上，叶线形，先端尖，全缘，绿色。花单朵顶生，叶状苞片绿色，花钟形，紫色，上具浅紫色斑点，花期 3 ~ 5 月。

【产地与习性】原产于欧洲，生于海拔 800m 以下草甸、草原等处。性喜冷凉及光照充足环境，耐寒，不耐热，喜疏松、排水良好的肥沃壤土。生长适温 15 ~ 25℃。

【观赏评价与应用】小花悬垂于花茎顶端，极为优雅，可用于花境、园路边或庭院绿化，也适于岩石园点缀。

波斯贝母
Fritillaria persica

【科属】百合科贝母属

【形态特征】多年生草本，具鳞茎，株高 30 ~ 120cm。基生叶具长柄，茎生叶长椭圆形，散生于茎上，先端尖，基部渐狭，叶多少扭曲。花多朵排成总状花序，小花钟形，紫黑色，弯垂。花期春季。

【产地与习性】产亚洲西部及土耳其。喜冷凉，不耐暑热，喜湿润，较耐旱。喜生于疏松、肥沃的砂质壤土中。生长适温 15 ~ 25℃。

【观赏评价与应用】叶清秀，花奇特，紫色的花序在绿色背景下极为醒目。可片植于林缘、路边或墙边，也可与其他同属植物搭配种植，以营造贝母属植物群体景观。

栽培的品种有：

白花波斯贝母 *Fritillaria persica* 'Alba' 与原种的主要区别为花白色。

白花波斯贝母

皮纳贝母

皮纳贝母

利亚及黎巴嫩，生于海拔 1800 以上的石质山坡上。喜冷凉，不耐暑热，喜稍干燥环境，不喜水湿。极耐寒。喜疏松、排水良好的砂质土壤。生长适温 10～20℃。

【观赏评价与应用】本种植株清秀，小花悬垂，玲珑可爱，极为雅致，为优秀的观花草本，适合公园、植物园、庭院等的小径、假山石边、墙边种植观赏，也可盆栽用于居室美化。

卧牛
Gasteria armstrongii

【科属】百合科沙鱼掌属

【形态特征】多年生肉质草本植物，植株矮小，无茎，株高 10～15cm。叶肉质，短而肥厚，墨绿色，二叶套叠互生，叶面粗糙，微弯，叶长 6～8cm，宽 4～6cm。花茎高 30～60cm，小花稀疏生于花茎上，花色橙黄，呈筒形，先端绿色，下垂。花期春至夏。

【产地与习性】产南非。性喜高温及干燥环境，忌水湿，不耐寒。喜疏松、排水良好的砂质土。生长适温 18～28℃。

皮纳贝母
Fritillaria pinardii

【科属】百合科贝母属

【形态特征】多年生草本，具鳞茎，株高 15～25cm。基生叶具柄，长椭圆形，茎生叶披针形，先端尖，基部渐狭。花单朵顶生，弯垂，小花钟形，紫红色，内面黄紫色。花期 5～6月。

【产地与习性】产亚美尼亚、土耳其、叙

卧牛

【观赏评价与应用】叶苍劲古朴，适合公园、植物园的多浆植物园丛植观赏，盆栽可用于案几、书桌摆放观赏。

【同属种类】本属约 32 种，产南部非洲。我有引种栽培。

栽培的同属植物有：

墨鉾 *Gasteria obliqua*

多年生肉质草本，株高 10cm。叶肉质，矮而肥厚，长 8～10cm，叶面布满白色斑点。小花筒状，上部橙红色，下面绿色。悬垂。花期春季。

墨鉾

皮纳贝母

嘉兰
Gloriosa superba

【科属】百合科嘉兰属

【形态特征】攀援植物；根状茎块状、肉质，常分叉。茎长 2 ~ 3m 或更长。叶通常互生，有时兼有对生的，披针形，长 7 ~ 13cm，先端尾状并延伸成很长的卷须（最下部的叶例外），基部有短柄。花美丽，单生于上部叶腋或叶腋附近，有时在枝的末端近伞房状排列；花被片条状披针形，反折，由于花俯垂而向上举，基部收狭而多少呈柄状，边缘皱波状，上半部亮红色，下半部黄色。花期 7 ~ 8 月。

【产地与习性】产云南。生于海拔 950 ~ 1250m 的林下或灌丛中。也分布于亚洲热带地区和非洲。喜温暖及湿润环境，耐热，不耐寒，喜光照，也耐荫。喜生于疏松、排水良好的壤土。生长适温 16 ~ 28℃。

【观赏评价与应用】本种花大色艳，形态奇特，为广受欢迎的观花草本，适合热带地区的小型棚架、花架栽培观赏。盆栽可用于阳台、天台绿化。

【同属种类】本属约 5 种，产非洲及亚洲。我国有 1 种。

宝草
Haworthia cymbiformis var. *transiens*

【科属】百合科十二卷属

【别名】水晶掌

【形态特征】多年生肉质草本，株高约 10cm。叶长圆形或匙状，先端尖，肥厚，生于极短的茎上，排列成莲座状，叶翠绿色，上部呈半透明状。顶生总状花序，花小，白色。

【产地与习性】产南非。喜冷凉及半荫环境，耐旱，不耐寒，忌高温、潮湿和烈日暴晒，忌积水。喜疏松、排水良好的砂质土壤。生长适温 18 ~ 25℃。

【观赏评价与应用】宝草小巧玲珑，叶呈半透明状，状似一朵朵小莲花，极为可爱，为著名多肉草本，可用于多浆专类园栽培观赏或盆栽用于案头陈设。

宝草

【同属种类】本属约有 276 种，产南部非洲。我国有引种栽培。

栽培的同属植物有：

条纹十二卷 *Haworthia fasciata*

多年生肉质草本，茎短，多群生，株高 5 ~ 8cm。叶着生于短茎上，三角状，先端急尖，深绿色，横生有白色瘤状突起。总状花序，小花绿白色。产非洲南部热带干旱地区。

条纹十二卷

条纹十二卷

条纹十二卷

黄花菜
Hemerocallis citrina

【科属】百合科萱草属

【别名】金针菜、柠檬萱草

【形态特征】植株一般较高大；根近肉质，中下部常有纺锤状膨大。叶 7 ~ 20 枚，长

宝草

黄花菜

萱草

萱草

萱草

50～130cm，宽6～25mm。花葶长短不一，一般稍长于叶，基部三棱形，上部多少圆柱形，有分枝；苞片披针形，花多朵，最多可达100朵以上；花被淡黄色，有时在花蕾时顶端带黑紫色；蒴果钝三棱状椭圆形，种子约20多个，黑色。花果期5～9月。

【产地与习性】产秦岭以南各省区（包括甘肃和陕西的南部，不包括云南）以及河北、山西和山东。生于海拔2000m以下的山坡、山谷、荒地或林缘。喜温暖、湿润环境，喜光照，耐寒，较耐热。喜疏松、肥沃的壤土。生长适温18～25℃。

【观赏评价与应用】黄花菜是重要的经济作物，也可用于观赏，适合片植于疏林下、墙边或用作背景材料。它的花经过蒸、晒，加工成干菜，即金针菜或黄花菜，有健胃、利尿、消肿等功效；鲜花不宜食用，因含有多种生物碱，会引起腹泻等中毒现象。

【同属种类】本属约15种，主要分布于亚洲温带至亚热带地区，少数也见于欧洲。我国有11种，其中4种为特有。

萱草
Hemerocallis fulva

【科属】百合科萱草属

【形态特征】多年生草本，根先端膨大呈纺锤状。叶基生，排成二列状，长带形，长

40～60cm，宽2～3.5cm。花葶自叶丛中抽出，高60～100cm，顶端分枝，有花6～12朵或更多，排列为总状或圆锥状；苞片卵状披针形；花橘红色或橘黄色，无香气；花被裂片开展而反卷，内轮花被片中部有褐红色的粉斑，边缘波状皱褶。花期6～8月；果期8～9月。

【产地与习性】分布于秦岭以南各省区，生于山沟、草丛或岩缝中，常见栽培。阳性植物，耐半阴，耐寒，耐干旱，忌水湿。对土壤要求不严，以土层深厚、肥沃、湿润而排水良好的土壤最为适宜。生长适温15～28℃。

【观赏评价与应用】本种长势强健，适应性强，宜丛植于路旁、坡地或疏林草地等处。萱草古称鹿葱，屈大均在《广东新语·草语》二兰菜中写到"予诗：'三花与二兰，朝夕上蔬盘'。三花者，菜也，一曰黄花菜，即鹿葱；一曰红花菜。红者味甘，黄者甘而微苦，白者苦而辛，皆吾之藜藿也。鹿葱先食其苗，次食其花，可以和胃，可以忘忧，鹿之葱胜于人之葱也。"从文中可看出，红者指萱草，黄者指黄花菜，在岭南地区早就用于食用了。西晋张华编写的《博物志》上记载：萱草，食之令人好欢乐，忘忧思，故曰"忘忧草"。萱草忘忧，也只是人们赋予的美好愿望。

大花萱草
Hemerocallis hybrida

【科属】百合科萱草属

【形态特征】多年生草本，根多少呈绳索状。叶柔软，带状，上部下弯。花葶与叶近等长或高于叶，在顶端聚生2～6朵花，苞片宽卵形，先端长渐尖至尾状，花近簇生，花被黄色、紫红、白色等。蒴果椭圆形。花果期6～10月，果期秋季。

【产地与习性】园艺种。喜温暖、湿润及阳光充足的环境，较耐寒，不耐湿热。喜疏松、肥沃的微酸性土壤。生长适温15～28℃。

【观赏评价与应用】品种繁多，花期长，花大色艳，为常见栽培的观赏草花。适合公园、绿地、校园等路边、林缘下、假山石边或水岸边栽培观赏。盆栽可用于阳台、窗台及天台绿化。

大花萱草

大花萱草

野生的同属植物有：

1. 北黄花菜 *Hemerocallis lilioasphodelus*

根大小变化较大，但一般稍肉质，多少绳索状。叶长 20 ~ 70cm，宽 3 ~ 12mm。花葶长于或稍短于叶；花序分枝，常为假二歧状的总状花序或圆锥花序，具 4 至多朵花；苞片披针形，花被淡黄色。蒴果椭圆形。花果期 6 ~ 9 月。产黑龙江、辽宁、河北、山东、江苏、山西、陕西和甘肃。生于海拔 500 ~ 2300m 的草甸、湿草地、荒山坡或灌丛下。也分布于俄罗斯和欧洲。

北黄花菜

北黄花菜

2. 大苞萱草 *Hemerocallis middendorfii*

根多少呈绳索状，粗 1.5 ~ 3mm。叶长 50 ~ 80cm，通常宽 1 ~ 2cm，柔软，上部下弯。花葶与叶近等长，在顶端聚生 2 ~ 6 朵花；苞片宽卵形，花被金黄色或橘黄色。蒴果椭圆形，稍有三钝棱。花果期 6 ~ 10 月。产东北。生于海拔较低的林下、湿地、草甸或草地上。也分布于朝鲜、日本和俄罗斯。

大苞萱草

大苞萱草

大苞萱草

3. 小黄花菜 *Hemerocallis minor*

根一般较细，绳索状。叶长 20 ~ 60cm，宽 3 ~ 14mm。花葶稍短于叶或近等长，顶端具 1 ~ 2 花，少有具 3 花；花梗很短，苞片近披针形；花被淡黄色。蒴果椭圆形或矩圆形。花果期 5 ~ 9 月。产东北、内蒙古、河北、山西、山东、陕西和甘肃。生于海拔 2300m 以下的草地、山坡或林下。也分布于朝鲜和俄罗斯。

小黄花菜

小黄花菜

小黄花菜

玉簪
Hosta plantaginea

【科属】百合科玉簪属

【形态特征】多年生草本；株高 50 ~ 70cm。根状茎粗壮，直径约达 3cm。叶大，基生，有长柄；叶片卵状心形或卵圆形，长 5 ~ 17cm，宽 3.5 ~ 12cm，先端渐尖，基部心形；叶柄长 5 ~ 26cm。花葶高约 40 ~ 60cm，有花数朵至 10 余朵；花的外苞片卵形或披针形，内苞片很小；花白色，芳香；花被漏斗状，先端 6 裂。蒴果圆柱形，有 3 棱。花期 8 ~ 9 月；果期 9 ~ 10 月。

【产地与习性】原产中国、日本，俄罗斯也有。性强健，耐寒、耐旱、耐半荫，在直射光下也可生长。土壤以肥沃湿润、排水良好为宜。生长适温 15 ~ 25℃。

【观赏评价与应用】叶丛色泽光亮，姿态丰满，是观赏价值极高的观叶、观花园林花卉。可作树下地被植物，或植于岩石园及建筑物旁，可与其他花灌木配植，也可盆栽点缀室内。全草及根茎可入药，花含芳香油。

【同属种类】本属约 45 种，主产日本，少数几种产中国、朝鲜及俄罗斯，我国产 4 种，其中 3 种为特有。

栽培的品种有：

1.'小黄金叶'玉簪 *Hosta* 'Gold Cadet'

本品种叶小，近心形，金黄色。

2.'大富豪'玉簪 *Hosta* 'Big Daddy'
叶大，卵状心形，叶蓝绿色。

3.'法兰西'玉簪 *Hosta* 'Francee'
叶小，长卵圆形，叶绿色，叶脉明显。

4.'金鹰'玉簪 *Hosta* 'Gold Edger'
叶小，卵圆形，金黄色。

紫萼
Hosta ventricosa

【科属】百合科玉簪属

【别名】紫玉簪

【形态特征】根状茎粗 0.3 ~ 1cm。叶卵状心形、卵形至卵圆形，长 8 ~ 19cm，宽4 ~ 17cm，先端通常近短尾状或骤尖，基部心形或近截形，极少叶片基部下延而略呈楔

形；花葶高 60 ~ 100cm，具 10 ~ 30 朵花；苞片矩圆状披针形，白色，膜质；花单生，盛开时从花被管向上骤然作近漏斗状扩大，紫红色；蒴果圆柱状，有三棱。花期 6 ~ 7 月，果期 7 ~ 9 月。

【产地与习性】产江苏、安徽、浙江、福建、江西、广东、广西、贵州、云南、四川、湖北、湖南和陕西。生于海拔 500 ~ 2400m林下、草坡或路旁。性喜阳光，也耐半荫，耐寒，不喜湿热，忌积水，较耐旱。生长适温15 ~ 25℃。

【观赏评价与应用】各地常见栽培，供观赏，园林用途同玉簪。全草入药，内用治胃痛、跌打损伤，外用治虫蛇咬伤和痈肿疔疮。

西班牙蓝钟花
Hyacinthoides hispanica
【*Scilla campanulata*】

【科属】百合科蓝铃花属

【别名】西班牙风信子

【形态特征】多年生草本，株高30～60cm。叶基生，宽带形，先端渐尖，叶长约20cm，宽4～6cm，全缘，绿色。花葶直立，总状花序高于叶面，小花蓝色，园艺种有白色、粉色等。花期春至夏。

【产地与习性】产欧洲伊比利亚半岛。喜冷凉及光照充足的环境，耐寒，不耐炎热，忌渍水。栽培以疏松、肥沃、排水良好的壤土为宜。生长适温15～25℃。

【观赏评价与应用】花清新雅致，小花似小铃铛悬于花枝之上，极美丽，我国有引种栽培，可丛植于园路边、山石边或用于花境，也适于岩石园的小径边点缀观赏。

【同属种类】本属12种，主产地中海地区，1种延伸到北欧洲及西欧。我国引进1种。

西班牙蓝钟花

西班牙蓝钟花

西班牙蓝钟花

风信子
Hyacinthus orientalis

【科属】百合科风信子属

【别名】洋水仙

【形态特征】多年生草本。鳞茎近球形，径约3cm。基生叶带状，顶端急尖，花葶肉质，略高于叶，中空。花排成总状花序，多花密生，花蓝色、紫色、红色、白色，漏斗状。花被裂片6，芳香。蒴果，三棱形。花期5～7月。

【产地与习性】产东欧及南非。喜冷凉及光照充足的环境，耐寒，不耐热，喜疏松、排水良好的砂质壤土。生长适温12～22℃。

【观赏评价与应用】植株低矮整齐，花序端正，花色幽雅，恬静自然，为世界各地广为种植的早春观花植物，多用于布置花坛、花境或庭院。盆栽可用于居室的案几、书房或卧室装饰。风信子品种繁多，现栽培的约有2000多个，在16世纪的欧洲就已广泛种植。风信子的属名来源于希腊神话中一个凄美而忧伤的传说，美少年海辛瑟斯（Hyacinthus）是太阳神阿波罗最好的朋友，西风之神仄费洛斯心生嫉妒，一次他与阿波罗掷铁环，将下落的铁环吹向了海辛瑟斯，并将其砸死。阿波罗悲痛欲绝，泪水洒在那一片鲜血染红的大地上，盛开出一朵世人从未见过的绝美花朵——风信子。

【同属种类】本属3种，产地中海，伊朗、土耳其及土库曼斯坦，我国引进1种。

风信子

风信子

花韭
Ipheion uniflorum

【科属】百合科春星韭属

【形态特征】多年生草本，株高15～30cm。叶片基生，线形，扁平。花单生，花葶高红30cm，花瓣6，粉红、紫红、淡蓝、紫色等。花期春夏。

【产地与习性】产阿根廷。喜阳光充足温暖的环境，耐寒，不耐热，忌水湿。喜疏松、肥沃的砂质壤土。生长适温15～25℃。

【观赏评价与应用】花色清新优雅，在绿叶的衬托下极为美丽，且开花量大，色彩丰富，为优良的观花植物，可用于花坛、庭院栽培观赏，也适合用于岩石园的小径边、石隙点缀。

【同属种类】本属2种，产美洲，我国引进栽培1种。

花韭

花韭

花韭

火把莲
Kniphofia uvaria

【科属】百合科火把莲属

【别名】火炬花

【形态特征】多年生草本。株高 80～120cm。叶基生，线形，长达 50～80cm。花葶高大，直立，总状花序着生数百朵筒状小花，呈火炬形，小花下垂，花冠橘红色，花开后变成淡黄色。花期 6～7 月。

【产地与习性】原产于南非。喜温暖及阳光充足的环境，耐寒，不耐炎热，喜生于疏松肥沃的沙壤土中。生长适温 15～25℃。

【观赏评价与应用】花茎挺拔，花序大，状如火炬，壮丽可观，适合布置多年生混合花境和在建筑物前配置，也可作切花。

【同属种类】本属约 75 种，产非洲，我国有引种。

火把莲

火把莲

火把莲

杂交百合
Lilium hybrida

【科属】百合科百合属

【形态特征】多年生草本，鳞茎近球形，株高 60～150cm。叶散生，矩圆状披针形或披针形，先端尖，基部近楔形。总状花序生茎顶，花被片有黄、橘黄、红、橙等色，被片开张。蒴果。花期依品种不同而异，一般花期春至夏。

【产地与习性】园艺杂交种。喜温暖，喜光照，较耐寒，不耐暑热。喜疏松、肥沃的微酸性壤土。生长适温 12～22℃。

【观赏评价与应用】百合花姿雅致，叶片青翠娟秀，茎干亭亭玉立，色泽鲜艳，为著名的观花植物，多用于公园、风景区等园路边、花坛、林缘处造景，也可盆栽用于阳台、天台等绿化。中国是百合最主要的起源地，常见栽培的百合大多为栽培种，百合具有百年好合之意，常用于家庭、情人之间赠送，大诗人陆游也利用庭院种植百合花，诗云："芳兰移取遍中林，余地何妨种玉簪，更乞两丛香百合，老翁七十尚童心"。时至近代，中华人民共和国国家名誉主席宋庆龄平生对百合花就深为喜爱。中国的原种百合传到世界各国后，也备受大众的推崇，欧美园艺专家通过杂交育种途径培育了大量新品种，现在种植的杂交百合来源于欧美选育的品种。

【同属种类】本属约有 115 种，产北半球的温带及高山地区，以东亚为最多，我国有 55 种，其中 35 种特有，1 种引进。

杂交百合

杂交百合

毛百合
Lilium dauricum

【科属】百合科百合属

【形态特征】鳞茎卵状球形，直径约 2cm；鳞片宽披针形。茎高 50～70cm，有棱。叶散生，在茎顶端有 4～5 枚叶片轮生，基部有一簇白绵毛，边缘有小乳头状突起，有的还有稀疏的白色绵毛。苞片叶状，长 4cm；花 1～2 朵顶生，橙红色或红色，有紫红色

杂交百合

毛百合

卷丹百合

卷丹百合

斑点；外轮花被片倒披针形，先端渐尖，基部渐狭；内轮花被片稍窄。蒴果矩圆形。花期 6 ～ 7 月，果期 8 ～ 9 月。

【产地与习性】产东北、内蒙古和河北。生海拔 450 ～ 1500m 山坡灌丛间、疏林下、路边及湿润的草甸。朝鲜、日本、蒙古和俄罗斯也有。喜温暖，喜阳光，也耐半荫，耐寒性好。喜疏松、排水良好的砂质壤土。生长适温 15 ～ 25℃。

【观赏评价与应用】花大艳丽，优雅端庄，在东北有少量驯化栽培用于园林中，适合林缘、路边、花墙或窗前种植，或用于山石边、岩石园点缀。也可盆栽。鳞茎含淀粉，可供食用、酿酒或作药用。

卷丹百合
Lilium tigrinum
【*Lilium lancifolium*】

【科属】百合科百合属

【别名】卷帘、卷丹

【形态特征】鳞茎近宽球形，高约 3.5cm，直径 4 ～ 8cm；鳞片宽卵形，白色。茎高 0.8 ～ 1.5m，带紫色条纹。叶散生，矩圆状披针形或披针形，长 6.5 ～ 9cm，宽 1 ～ 1.8cm，边缘有乳头状突起，上部叶腋有珠芽。花 3 ～ 6 朵或更多；苞片叶状，卵状披针形；

花下垂，花被片披针形，反卷，橙红色，有紫黑色斑点。蒴果狭长卵形。花期 7 ～ 8 月，果期 9 ～ 10 月。

【产地与习性】产江苏、浙江、安徽、江西、湖南、湖北、广西、四川、青海、西藏、甘肃、陕西、山西、河南、河北、山东和吉林等省区。生海拔 400 ～ 2500m 山坡灌木林下、草地、路边或水旁。日本、朝鲜也有分布。喜温暖及光照充足的环境，耐寒，耐瘠，不耐热，忌积水。喜排水良好的壤土。生长适温 15 ～ 25℃。

【观赏评价与应用】本种花大艳丽，在我国栽培有着悠久的历史，为著名庭园植物，在北方的农家常见，可植于房前屋后、花坛、花境或园路边、墙边片植或丛植。本种鳞茎富含淀粉，供食用，亦可作药用；花含芳香油，可作香料。

野生及栽培的同属植物有：

1. 野百合 *Lilium brownii*

鳞茎球形，直径 2 ～ 4.5cm；鳞片披针形。叶散生，通常自下向上渐小，披针形、窄披针形至条形，长 7 ～ 15cm，宽（0.6-）1 ～ 2cm，先端渐尖，基部渐狭，全缘。花单生或几朵排成近伞形；苞片披针形，花喇叭形，有香气，乳白色，外面稍带紫色，无斑点，向外张开或先端外弯而不卷。蒴果矩圆形，有棱，具多数种子。花期 5 ～ 6 月，果期 9 ～ 10 月。产广东、广西、湖南、湖北、江西、安徽、福建、浙江、四川、云南、贵州、陕西、甘肃和河南。生海拔（100-）600 ～ 2150m 山坡、灌木林下、路边、溪旁或石缝中。

野百合

2. 兰州百合 *Lilium davidii* var. *willmottiae*

鳞茎扁球形或宽卵形，高 2 ～ 4cm，直径 2 ～ 4.5cm；鳞片宽卵形至卵状披针形。茎高 50 ～ 100cm。叶多数，散生，在中部较密集，条形，长 7 ～ 12cm，宽 2 ～ 3（～6）mm，先

兰州百合

兰州百合

端急尖，边缘反卷并有明显的小乳头状突起。花单生或 2 ～ 8 朵排成总状花序；花下垂，橙黄色，向基部约 2/3 有紫黑色斑点。蒴果长矩圆形。花期 7 ～ 8 月，果期 9 月。产四川、云南、陕西、甘肃、河南、山西和湖北。生海拔 850 ～ 3200m 山坡草地、林下潮湿处或林缘。

3. 东北百合 *Lilium distichum*

鳞茎卵圆形，高 2.5 ～ 3cm，直径 3.5 ～ 4cm；鳞片披针形。茎高 60 ～ 120cm。叶 1 轮共 7 ～ 9（～ 20）枚生于茎中部，还有少数散生叶，倒卵状披针形至矩圆状披针形，长 8 ～ 15cm，宽 2 ～ 4cm，先端急尖或渐尖，下部渐狭。花 2 ～ 12 朵，排列成总状花序；苞片叶状，花淡橙红色，具紫红色斑点；花被片稍反卷。蒴果倒卵形。花期 7 ～ 8 月，果期 9 月。产吉林和辽宁。生海拔 200 ～ 1800m 山坡林下、林缘、路边或溪旁。

东北百合

东北百合

4. 湖北百合 *Lilium henryi*

鳞茎近球形，高 5cm，直径 2cm；鳞片矩圆形，先端尖。茎高 100 ～ 200cm。叶两型，中、下部的矩圆状披针形，长 7.5 ～ 15cm，宽 2 ～ 2.7cm，先端渐尖，基部近圆形；上部的卵圆形，长 2 ～ 4cm，宽 1.5 ～ 2.5cm，先端急尖，基部近圆形。总状花序具 2 ～ 12 朵花；苞片卵圆形，叶状；每一花梗常具两朵花；花被片披针形，反卷，橙色，具稀疏的黑色斑点。蒴果矩圆形。产湖北、江西和贵州。生海拔 700 ～ 1000m 山坡上。

湖北百合

湖北百合

5. 铁炮百合 *Lilium longiflorum*

又名麝香百合，鳞茎球形或近球形，高 2.5 ～ 5cm；鳞片白色。茎高 45 ～ 90cm。叶散生，披针形或矩圆状披针形，长 8 ～ 15cm，宽 1 ～ 1.8cm，先端渐尖，全缘。花单生或 2 ～ 3 朵；苞片披针形至卵状披针形，花喇叭形，白色，筒外略带绿色。蒴果矩圆形。花期 6 ～ 7 月，果期 8 ～ 9 月。产我国台湾。分布于日本的琉球群岛。

铁炮百合

铁炮百合

6. 山丹 *Lilium pumilum*

又名细叶百合，鳞茎卵形或圆锥形，高 2.5 ～ 4.5cm，直径 2 ～ 3cm；鳞片矩圆形或长卵形。茎高 15 ～ 60cm。叶散生于茎中部，条形，长 3.5 ～ 9cm，宽 1.5 ～ 3mm，中脉下面突出。花单生或数朵排成总状花序，鲜红色，通常无斑点，有时有少数，斑点，下垂；花被片反卷。蒴果矩圆形。花期 7 ～ 8 月，果期 9 ～ 10 月。产河北、

山丹

山丹

河南、山西、陕西、宁夏、山东、青海、甘肃、内蒙古和东北。生海拔 400 ~ 2600m 山坡草地或林缘。俄罗斯、朝鲜、蒙古也有分布。

7. 南川百合 Lilium rosthornii

鳞茎未见。茎高 40 ~ 100cm。叶散生，中、下部的为条状披针形，长 8 ~ 15cm，宽 8 ~ 10mm，先端渐尖，基部渐狭成短柄，两面无毛，全缘；上部的为卵形，长 3 ~ 4.5cm，宽 10 ~ 12mm，先端急尖，基部渐狭，全缘。总状花序可具多达 9 朵花，少有花单生；苞片宽卵形，花被片反卷，黄色或黄红色，有紫红色斑点。蒴果长矩圆形。产四川、湖北和贵州。生海拔 350 ~ 900m 山沟、溪边或林下。

南川百合

8. 美丽百合 Lilium speciosum

鳞片宽披针形，长 2cm，宽 1.2cm，白色。茎高 60 ~ 120cm。叶散生，宽披针形、矩圆状披针形或卵状披针形，长 2.5 ~ 10cm，宽 2.5 ~ 4cm，先端渐尖，基部渐狭或近圆形。花 1 ~ 5 朵，排列成总状花序或近伞形花序；苞片叶状，卵形；花下垂，花被片反卷，边缘波状，白色，下部 1/2 ~ 1/3 有紫红色斑块和斑点。蒴果近球形。花期 7 ~ 8 月，果期 10 月。产于日本。

美丽百合

阔叶山麦冬
Liriope muscari

【科属】百合科山麦冬属

【形态特征】根细长，分枝多，有时局部膨大成纺锤形的小块根。叶密集成丛，革质，长 25 ~ 65cm，宽 1 ~ 3.5cm，先端急尖或钝，基部渐狭。花葶通常长于叶，长 45 ~ 100cm；总状花序长（12-）25 ~ 40cm，具许多花；花（3-）4 ~ 8 朵簇生于苞片腋内；苞片小，有时不明显；花被片矩圆状披针形或近矩圆形，先端钝，紫色或红紫色；种子球形，初期绿色，成熟时变黑紫色。花期 7 ~ 8 月，果期 9 ~ 11 月。

阔叶山麦冬

阔叶山麦冬

阔叶山麦冬

【产地与习性】产广东、广西、福建、江西、浙江、江苏、山东、湖南、湖北、四川、贵州、安徽、河南；生于海拔 100 ~ 1400m 的山地、山谷的疏、密林下或潮湿处。也分布于日本。喜温暖、湿润环境，喜光，耐半荫，耐寒，耐热，耐瘠。喜疏松、肥沃的壤土。生长适温 15 ~ 28℃。

【观赏评价与应用】叶修长飘逸，株形紧凑，花序紫色，与绿叶相衬极美丽，可片植于灌丛前、林缘或园路边，也适合丛植于花坛、角隅、岩石边点缀，或作花境的镶边材料。

【同属种类】本属约有 8 种，分布于越南、菲律宾、日本和我国。我国有 6 种，其中 3 种为特有。

栽培的品种有：

'金边'阔叶山麦冬 Liriope muscari 'Variegata'

与原种阔叶山麦冬的主要区别为叶片边缘金黄色，有的叶片中间具数条金色纵纹。

'金边'阔叶山麦冬

'金边'阔叶山麦冬

'金边'阔叶山麦冬

山麦冬
Liriope spicata

【科属】百合科山麦冬属

【形态特征】常绿宿根草本；根状茎短，木质，常丛生。叶丛生；叶片条状披针形，长25～50cm，宽4～8mm，先端急尖或钝，边缘有极细的锯齿。花葶通常长于叶，或几等长，稀稍短于叶，长25～55cm；总状花序长8～16cm，有多数花，常3～5朵簇生于苞腋；苞片小，披针形；花被片6，长圆形或长圆状披针形，淡紫色或淡蓝色，先端钝圆。种子近球形，熟时黑色。花期6～8月；果期8～10月。

【产地与习性】分布于除东北地区及内蒙古、青海、新疆、西藏以外的其他各省区。生于山沟、路边、林下草丛中。性喜温暖湿润、半荫及通风良好的环境，耐寒，耐热。宜植于富含腐殖质，肥沃而排水良好的砂质壤土，粘重土壤生长不良。喜温暖，喜阳光，也耐半荫，耐寒性及耐热性好，喜湿润。生长适温15～28℃。

【观赏评价与应用】麦冬植株低矮，常年绿色，是优良的观叶植物。既可作为宿根花卉应用，栽于花坛边缘、路边、山石旁、台阶侧面、树下，又是良好的地被植物，适于成片栽植，可绿化美化、护坡保土。

山麦冬

山麦冬

山麦冬

栽培的品种有：

'金边'山麦冬 *Liriope spicata* 'Variegata' 与原种的主要区别为叶边缘黄色，叶中间有金色纵条纹。

'金边'山麦冬

'金边'山麦冬

舞鹤草
Maianthemum bifolium

【科属】百合科舞鹤草属

【形态特征】根状茎细长，一有时分叉，长可达20cm或更长。茎高8～20（～25）cm。基生叶有长达10cm的叶柄，到花期已凋萎；茎生叶通常2枚，极少3枚，互生于茎的上部，三角状卵形，长3～8（～10）cm，宽2～5（～9）cm，先端急尖至渐尖，基部心形，弯缺张开。总状花序直立，约有10～25朵花；花白色，单生或成对。花梗细，花被片矩圆形。浆果。种子卵圆形。花期5～7月，果期8～9月。

舞鹤草

舞鹤草

舞鹤草

【产地与习性】产东北、内蒙古、河北、山西、青海、甘肃、陕西和四川。生高山阴坡林下。朝鲜、日本、俄罗斯和北美也有。喜温暖及半荫环境，喜充足的散射光，不喜强光，耐荫，耐寒，耐瘠。喜生于疏松、排水良好的壤土。生长适温12～25℃。

【观赏评价与应用】小叶清新碧绿，小花洁白素雅，为不可多得的观花观叶草本，目前国内园林极少引种，可片植于蔽荫的疏林下、林缘、枯木边或墙垣边，也可丛植用于岩石园、假山石边点缀。

【同属种类】本属约有35种，产亚洲北部、美洲及欧洲。我国有19种，其中9种为特有。

锥花鹿药
Maianthemum racemosum

【科属】百合科舞鹤草属

【别名】假黄精

【形态特征】多年生草本，株高50～90cm。叶互生，长卵形，先端急尖，基

锥花鹿药

锥花鹿药

部圆形，具短叶柄，叶长 15cm，宽 3 ~ 6cm，绿色，全缘。穗状花序，长 10 ~ 15cm，小花白色。浆果红色。花期晚春。

【产地与习性】产北美洲。生于海拔 2000m 林下阴湿处。喜冷凉，喜半荫，也可在全光照下生长，不耐暑热，极耐寒。喜疏松、排水良好的壤土。生长适温 15 ~ 25℃。

【观赏评价与应用】株型紧凑，叶清新淡雅，花序洁白美丽，富有观赏性，宜片植于林缘、灌丛前观赏或丛植于角隅、庭院的阶前、廊柱旁或假山石边美化点缀。也适合花境应用。

原生的同属植物有：

鹿药 Maianthemum japonicum【Smilacina japonica】

植株高 30 ~ 60cm；根状茎横走，多少圆柱状。茎中部以上或仅上部具粗伏毛，具 4 ~ 9 叶。叶纸质，卵状椭圆形、椭圆形或矩圆形，先端近短渐尖，两面疏生粗毛或近无毛，具短柄。圆锥花序，具 10 ~ 20 余朵花；花单生，白色；花被片分离或仅基部稍合生。浆果近球形，熟时红色。花期 5 ~ 6 月，果期 8 ~ 9 月。产东北、河北、河南、山东、山西、陕西、甘肃、贵州、四川、湖北、湖南、安徽、江苏、浙江、江西和台湾。生于海拔 900 ~ 1950m 林下阴湿处或岩缝中。日本、朝鲜和俄罗斯也有。

鹿药

鹿药

葡萄风信子
Muscari botryoides

【科属】百合科蓝壶花属

【别名】蓝壶花

【形态特征】多年生草本。具鳞茎，卵形或近球形，株高 5 ~ 10cm。基生叶半圆柱状线形。花葶不分枝，总状花序，长椭圆状柱形。花深蓝色，近球形，坛状，顶端具 6 个反曲齿。蒴果。花期 4 ~ 5 月，果期 7 月。

【产地与习性】产欧洲及北非。喜冷凉，喜光照，耐寒，不耐炎热，忌积水。喜疏松、排水良好的微酸性土壤。生长适温 12 ~ 22℃。

【观赏评价与应用】株丛低矮，花色艳丽，花朵似铃铛一样密集于花序之上，在绿叶衬托之下极为美观，园林常用于疏林下、路边、山石边片植观赏，也可用于花境或草坪的镶边植物或用于岩石园点缀。盆栽可用于居室美化。

【同属种类】本属约 44 种，产地中海及亚洲南部，我国引种栽培。

葡萄风信子

葡萄风信子

栽培的同属植物及品种有：

1. 亚美尼亚葡萄风信子 *Muscari armeniacum*

多年生球根草本，株高 15 ~ 30cm。叶基生，带形，狭长，先端尖，全缘，绿色。穗状花序，花蓝色，下垂，花被片成坛状，顶端齿裂。蒴果。花期春季。产地中海，从希腊、土耳其至高加索地区均有。

亚美尼亚葡萄风信子

2. '蓝钉子'亚美尼亚葡萄风信子 *Muscari armeniacum* 'Blue Spike'

与原种亚美尼亚葡萄风信子的主要区别为小花非坛状，花瓣多数，分离，线形。

'蓝钉子'亚美尼亚葡萄风信子

'蓝钉子'亚美尼亚葡萄风信子

3. '白魔法'深蓝葡萄风信子 *Muscari aucheri* 'White Magic'

多年生球根草本，株高 10cm。叶披针形，全缘。花葶不分枝，高约 20cm，总状花序，较小，上密生数十朵小花，花白色。蒴果。花期春季。园艺种，原种产土耳其、伊朗高寒山区。

'白魔法'深蓝葡萄风信子

4. 大果串铃花 *Muscari macrocarpum*

多年生草本，具鳞茎，株高10cm。叶基生，半圆柱状带形，全缘。花葶高约10～15cm，穗状花序，小花稀疏，细筒状，中下部黄色，上部常粉紫色。蒴果。花期春季。产希腊及土耳其。

'银纹'沿阶草
Ophiopogon intermedius 'Argenteo-margivnatvus'

【科属】百合科沿阶草属

【别名】假银丝马尾

【形态特征】多年生常绿草本植物，丛生，具块状的根状茎。叶基生，成丛，禾叶状，长15～55（70）cm，边缘具细齿，叶片具银白色条纹。花葶长20～50cm，通常短于叶，有时等长于叶；总状花序具15～20余朵花；花白色。花期6～8月，果期8～10月。

【产地与习性】栽培种，华南常见栽培。喜温暖、湿润及阳光充足的环境，耐荫、不耐寒，不择土壤。生长适温15～28℃。

【观赏评价与应用】本种色泽清雅，为优良的观叶植物，可用于路边、小径、林缘、坡地等处片植观赏，也可用于花坛、花带作壤边植物，或于假山石景、角隅、庭前点缀。

【同属种类】本属约65种，温带、亚热带及热带均产，我国有47种，其中38种为特有。

麦冬
Ophiopogon japonicus

【科属】百合科沿阶草属

【别名】麦门冬、沿阶草

【形态特征】根较粗，中间或近末端常膨大成椭圆形或纺锤形的小块根；茎很短，叶基生成丛，禾叶状，长10～50cm，少数更长些，宽1.5～3.5mm，具3～7条脉，边缘具细锯齿。花葶长6～15（～27）cm，通常比叶短得多，总状花序长2～5cm，或有时更长些，具几朵至十几朵花；花单生或成对着生于苞片腋内；花被片常稍下垂而不展开，披针形，白色或淡紫色。花期5 8月，果期8～9月。

【产地与习性】产广东、广西、福建、台湾、浙江、江苏、江西、湖南、湖北、四川、云南、贵州、安徽、河南、陕西和河北。生于海拔2000m以下的山坡阴湿处、林下或溪旁；也分布于日本、越南、印度。喜温暖及半荫环境，耐寒，耐热，耐瘠，喜湿润，耐旱性强。喜疏松、肥沃壤土。生长适温15～28℃。

【观赏评价与应用】四季常绿，覆盖性好，小花及果实均有一定的观赏性，多用于风景区、小区、校园等的坡地、路边作地面覆盖植物。

大果串铃花

'银纹'沿阶草

'银纹'沿阶草

麦冬

大果串铃花

'银纹'沿阶草

麦冬

栽培的品种有：

矮麦冬 *Ophiopogon japonicus* 'nana'

又名玉龙草，与原种麦冬的主要区别为叶短小，长约10cm。

矮麦冬

矮麦冬

矮麦冬

虎眼万年青
Ornithogalum caudatum

【科属】百合科虎眼万年青属

【形态特征】鳞茎卵球形，绿色，直径可达10cm。叶5～6枚，带状或长条状披针形，长30～60cm，宽2.5～5cm，先端尾状并常扭转，常绿，近革质。花葶高45～100cm，常稍弯曲；总状花序长15～30cm，具多数、密集的花；花被片矩圆形，白色，中央有绿脊；花期7～8月，室内栽培冬季也可开花。

【产地与习性】原产非洲南部。性喜温暖及光照充足的环境，耐热，耐瘠，喜湿润，也耐旱。喜疏松、肥沃的壤土。生长适温15～28℃。

虎眼万年青

虎眼万年青

【观赏评价与应用】终年常绿，花色优雅，我国南北皆有种植，多盆栽，也适合片植于林缘、山石边观赏。或用于庭院阶前及岩石园点缀。

【同属种类】本属约200种，主要产欧洲和非洲，我国有栽培。

栽培的同属植物有：

1. 橙花虎眼万年青 *Ornithogalum dubium*

多年生球根草本，株高约50cm。叶宽带形，先端渐狭，全缘，绿色，叶长10～25cm。总状花序，花梗细长，直立，花橙黄色。产南非。

橙花虎眼万年青

橙花虎眼万年青

2. 大虎眼万年青 *Ornithogalum magnum*

多年生球根草本，株高60～90cm。叶剑状披针形，先端渐狭，基部宽，全缘。花葶直立，总状花序，小花具细长花梗，花瓣6，白色。蒴果。花期晚春至初夏。产欧洲。

大虎眼万年青

大虎眼万年青

七叶一枝花
Paris polyphylla

【科属】百合科重楼属

【形态特征】植株高35～100cm，无毛；茎通常带紫红色。叶（5-）7～10枚，矩圆形、椭圆形或倒卵状披针形，长7～15cm，宽2.5～5cm，先端短尖或渐尖，基部圆形或宽楔形；叶柄明显，长2～6cm，带紫红色。花梗长5～16（30）cm；外轮花被片绿色，（3-）4～6枚，狭卵状披针形，长（3-）4.5～7cm；内轮花被片狭条形，通常比外轮长。蒴果紫

七叶一枝花

七叶一枝花

四叶重楼

色，种子多数，具鲜红色多浆汁的外种皮。花期 4 ~ 7 月，果期 8 ~ 11 月。

【产地与习性】产西藏、云南、四川和贵州。生于海拔 1800 ~ 3200m 的林下。不丹、印度、尼泊尔和越南也有分布。喜冷凉及半荫环境，喜湿润，耐寒，稍耐热，耐瘠。栽培以疏松、排水良好的壤土为宜。生长适温 12 ~ 26℃。

【观赏评价与应用】叶形态优美，花奇特可赏，在园林中有少量应用，可植于蔽荫的山石边、林缘或庭院一隅观赏。根状茎入药。

【同属种类】本属约 24 种，产亚洲及欧洲，我国有 22 种，其中 12 种为特有种。

四叶重楼

Paris quadrifolia

【科属】百合科重楼属

【形态特征】植株高 25 ~ 40cm；根状茎细长，匍匐状。叶通常四枚轮生，最多可达 8 枚，极少 3 枚，卵形或宽倒卵形，长 5 ~ 10cm，宽 3.5 ~ 5cm，先端短尖头，近无柄。内外轮花被片与叶同数，外轮花被片狭

四叶重楼

披针形，内轮花被片线形，黄绿色，与外轮近等长。浆果状蒴果不开裂，具多数种子。

【产地与习性】产新疆。本种广泛分布于欧洲和亚洲的温带地区。性喜冷凉，喜半荫，耐寒性好，不喜炎热气候。喜疏松、肥沃的中性至微酸性壤土。生长适温 15 ~ 25℃。

【观赏评价与应用】叶大，呈轮生状，花可供观赏，果艳丽，为优良的观叶、观花、观果植物，可丛植于路边、小径、角隅、假山石边点缀，或用于庭院的阶前、窗前种植，也适合用于花境与其他观花植物配植。

栽培及野生的同属植物有：

1. 华重楼 *Paris polyphylla* var. *chinensis*

叶 5 ~ 8 枚轮生，通常 7 枚，倒卵状披针形、矩圆状披针形或倒披针形，基部通常楔形。内轮花被片狭条形，通常中部以上变宽，长为外轮的 1/3 至近等长或稍超过；花期 5 ~ 7 月。果期 8 ~ 10 月。产江苏、浙江、江西、福建、台湾、湖北、湖南、广东、广西、四川、贵州和云南。生于海拔 600 ~ 1350（2000）m 林下荫处或沟谷边的草丛中。

华重楼

四叶重楼

华重楼

华重楼

2. 北重楼 *Paris verticillata*

植株高 25 ~ 60cm；根状茎细长。茎绿白色，有时带紫色。叶（5-）6 ~ 8 枚轮生，披针形、狭矩圆形、倒披针形或倒卵状披针形，长（4-）7 ~ 15cm，宽 1.5 ~ 3.5cm，先端渐尖，基部楔形。外轮花被片绿色，极少带紫色，叶状，通常 4（~ 5）枚，纸质，平展，倒卵状披针形、矩圆状披针形或倒披针形，先端渐尖，基部圆形或宽楔形；内轮花被片黄绿色，条形，长 1 ~ 2cm；蒴果浆果状，不开裂。花期 5 ~ 6 月，果期 7 ~ 9 月。产东北、内蒙古、河北、山西、陕西、甘肃、四川、安徽、浙江。生于海拔 1100 ~ 2300m 山坡林下、草丛、阴湿地或沟边。朝鲜、日本和俄罗斯也有分布。

北重楼

北重楼

玉竹
Polygonatum odoratum

【**科属**】百合科黄精属

【**别名**】铃铛菜

【**形态特征**】根状茎圆柱形，直径 5～14mm。茎高 20～50cm，具 7～12 叶。叶互生，椭圆形至卵状矩圆形，长 5～12cm，宽 3～16cm，先端尖，下面带灰白色。花序具 1～4 花（在栽培情况下，可多至 8 朵），无苞片或有条状披针形苞片；花被黄绿色至白色，花被筒较直。浆果蓝黑色，具 7～9 颗. 种子。花期 5～6 月，果期 7～9 月。

【**产地与习性**】产东北、河北、山西、内蒙古、甘肃、青海、山东、河南、湖北、湖南、安徽、江西、江苏、台湾。生海拔 500～3000m 林下或山野阴坡。欧亚大陆温带地区广布。喜温暖及半荫环境，也可在全光照下生长，耐寒，较耐热，喜生于疏松、排

水良好的壤土之上。生长适温 15～26℃。

【**观赏评价与应用**】叶形优美，清新雅致，本种生长茂密，花果均具观赏性，可用于林荫下、园路边、坡地成片种植观赏。根状茎药用，系中药"玉竹"。

【**同属种类**】本属约 60 种，产北半球温带地区，我国有 39 种，其中 20 种为特有种。

栽培的同属植物有：

1. 小玉竹 *Polygonatum humile*

根状茎细圆柱形，直径 3～5mm。茎高 25～50cm，具 7～9（～11）叶。叶互生，椭圆形、长椭圆形或卵状椭圆形，长 5.5～8.5cm，先端尖至略钝，下面具短糙毛。花序通常仅具 1 花，花被白色，顶端带绿色。浆果蓝黑色。产东北、河北、山西。生海拔 800～2200m 林下或山坡草地。朝鲜、俄罗斯、日本也有。

小玉竹

2. 滇黄精 *Polygonatum kingianum*

根状茎近圆柱形或近连珠状。茎高 1～3m，顶端作攀援状。叶轮生，每轮 3～10 枚，条形、条状披针形或披针形，长 6～20（～25）cm，宽 3～30mm，先端拳卷。花序具（1-）2～4（～6）花，总花梗下垂，苞片膜质，微小，通常位于花梗下部；花被粉红色。浆果红色，具 7～12 颗种子。花期 3～5 月，果期 9～10 月。产云南、四川、贵州。生林下、灌丛或阴湿草坡，有时生岩石上，海拔 700～3600m。越南、缅甸也有分布。

滇黄精

玉竹

滇黄精

吉祥草
Reineckea carnea
【*Reineckia triandra*】

【科属】百合科吉祥草属

【形态特征】茎粗 2 ～ 3mm，蔓延于地面，逐年向前延长或发出新枝，每节上有一残存的叶鞘，顶端的叶簇由于茎的连续生长，有时似长在茎的中部，两叶簇间可相距几厘米至 10 多厘米。叶每簇有 3 ～ 8 枚，条形至披针形，长 10 ～ 38cm，宽 0.5 ～ 3.5cm，先端渐尖，向下渐狭成柄，深绿色。花葶长 5 ～ 15cm；穗状花序，上部的花有时仅具雄蕊；花芳香，粉红色；裂片矩圆形。浆果，熟时鲜红色。花果期 7 ～ 11 月。

【产地与习性】产江苏、浙江、安徽、江西、湖南、湖北、河南、陕西（秦岭以南）、四川、云南、贵州、广西和广东。生于阴湿山坡、山谷或密林下，海拔 170 ～ 3200m。喜温暖及半荫环境，耐热，耐瘠，耐寒，不择土壤。生长适温 15 ～ 28℃。

吉祥草

吉祥草

【观赏评价与应用】终年常绿，覆盖性好，为优良的地被植物，适于庭园的疏林下、坡地、园路边大面积种植，也可用于边角处、假山石边点缀或用作镶边植物。全株有润肺止咳、清热利湿之效。

【同属种类】本属 1 种，产中国及日本。

万年青
Rohdea japonica

【科属】百合科万年青属

【别名】冬不凋、铁扁担

【形态特征】根状茎粗 1.5 ～ 2.5cm。叶 3 ～ 6 枚，厚纸质，矩圆形、披针形或倒披针形，长 15 ～ 50cm，宽 2.5 ～ 7cm，先端急尖，基部稍狭，绿色。花葶短于叶，长 2.5 ～ 4cm；穗状花序长 3 ～ 4cm，具几十朵密集的花；苞片卵形，膜质；花被淡黄色，裂片厚；浆果直径约 8mm，熟时红色。花期 5 ～ 6 月，果期 9 ～ 11 月。

【产地与习性】产山东、江苏、浙江、江西、湖北、湖南、广西、贵州、四川。生海拔 750 ～ 1700m 林下潮湿处或草地上。喜温暖及半荫环境，喜湿润，耐热，较耐寒，忌积水。喜生于疏松壤土之上。生长适温 15 ～ 26℃。

【观赏评价与应用】万年青叶翠绿，四季常青，果实红艳，可片植于园路边、灌丛前，或数株点缀于山石边、庭前阶边等处。本种有吉祥如意、健康长寿的美好寓意，为送礼佳品，陈淏子在《花镜》中描写到："以其盛衰占休咎，造屋移居，行聘治塘，小儿初生，一切喜事无不用之"。全株有清热解毒、散瘀止痛之效。

【同属种类】本属 1 种，产中国及日本。

万年青

万年青

宫灯百合
Sandersonia aurantiaca

【科属】百合科提灯花属

【别名】宫灯花

【形态特征】多年生球根草本，株高约 60 ～ 90cm，冠幅 90 ～ 120cm。叶片互生，线形或披针形，无柄，全缘。花冠球状钟形，似宫灯，橘黄色，下垂，花瓣合生，上部稍反卷。蒴果。自然花期晚春至初夏。

【产地与习性】产南非。喜光照充足及湿润的环境，不耐热，夏季高温季节休眠，较耐寒。喜疏松、肥沃、排水良好的壤土。生长适温 12 ～ 22℃。

万年青

宫灯百合

地中海蓝钟花

地中海蓝钟花

白穗花

白穗花

白穗花

宫灯百合

【观赏评价与应用】花型奇特，状似中国古时的宫灯，极美丽，多盆栽，适合阳台、窗台或卧室等栽培观赏，园林中可用于假山石边、小径拐角处、庭园等处丛植点缀。

【同属种类】本属1种，产南非。我国引种栽培。

地中海蓝钟花
Scilla peruviana

【科属】百合科蓝钟花属

【形态特征】多年生球根草本，株高20～35cm。鳞茎圆形。叶基生，带状披针形，

叶长可达50cm 先端尖，边全缘。花序球形，有小花数十朵，花瓣5，蓝紫色，蕊柱蓝色，雄蕊黄色。栽培种花有白、绿等色。花期春季。

【产地与习性】产地中海沿岸。性喜冷凉及光照充足，耐寒、不耐热、在半荫条件下也能生长。对土壤要求不高。生长适温15～22℃。

【观赏评价与应用】株丛低矮，花序球状，清新淡雅，为著名观花草本。适合公园、植物园等路边、小径、山石边丛植观赏，也可用于岩石园、角隅点缀，或用于庭院的花坛、阶前种植观赏，也宜盆栽。

【同属种类】本属约86种，产欧洲及亚洲，生于林地、亚高山草甸上。我国引种栽培。

栽培的同属植物有：

伊朗绵枣 *Scilla mischtschenkoana*

多年生球根草本，株高5～15cm。叶基生，宽带形，先端尖，全缘，绿色。花葶高约20cm，总状花序，花瓣5，淡紫色，弯垂。花期春季。产南高加索及伊朗。

伊朗绵枣

白穗花
Speirantha gardenii

【科属】百合科白穗花属

【形态特征】根状茎圆柱形，长2～12cm或更长。叶4～8枚，倒披针形、披针形或长椭圆形，长10～20cm，宽3～5cm，先端

渐尖，下部渐狭成柄，柄基部扩大成膜质鞘。花葶高13～20cm；总状花序，有花12-18朵；苞片白色或稍带红色，短于花梗；花被片披针形，先端钝，开展。浆果近球形。花期5～6月，果期7月。

【产地与习性】产江苏、浙江、安徽和江西。生长在山谷溪边和阔叶树林下，海拔630～900m。喜温暖及湿润环境，较耐热，耐寒，耐瘠，对土壤要求不严，以疏松、排水良好的壤土为宜。生长适温15～26℃。

【观赏评价与应用】本种叶色清新，小花素雅，形态优美，且适应性强，有较高的观赏价值，在华东一带已引种应用，可植于疏林草地中、园路边片植，或用于点缀效果也佳。

【同属种类】本属1种，产中国。

丝梗扭柄花
Streptopus koreanus

【科属】百合科扭柄花属

【形态特征】植株高15～40cm。根状茎细长，匍匐状。茎不分枝或中部以上分枝，散生有粗毛。叶薄纸质，卵状披针形或卵状椭圆形，长3 10cm，宽1～3cm，先端有短尖头，基部圆形，边缘具睫毛状细齿。花小，1～2朵，貌似自叶下面生出，黄绿色；花梗细如丝，果期伸长；花被片窄卵形，近

丝梗扭柄花

丝梗扭柄花

丝梗扭柄花

基部合生，内面具有小疣状突起。浆果球形，种子多数，矩圆形，稍弯。花期 5 月，果期 7 ~ 8 月。

【产地与习性】产东北。生于海拔 800 ~ 2000m 林下。朝鲜也有分布。喜冷凉及半荫环境，耐寒，耐瘠，不喜炎热，适生于疏松的壤土。生长适温 15 ~ 26℃。

【观赏评价与应用】叶清新优雅，小花精致，果艳丽，为优良观赏植物，目前尚没有引种栽培，可驯化引种用于蔽荫的疏林下、林缘种植观赏。

【同属种类】本属约 10 种，产北半球温带地区，我国有 5 种，其中 2 种为特有。

吉林延龄草
Trillium camschatcense

【科属】百合科延龄草属

【别名】白花延龄草

【形态特征】多年生草本，株高 30 ~ 50cm。叶 3 枚轮生于茎顶，广卵状菱形或卵圆形，长 10 ~ 17cm，宽 7 ~ 15cm，近无柄。花单一顶生，花被片 6，外轮 3 片绿色，

吉林延龄草

吉林延龄草

吉林延龄草

长圆形，内轮 3 片白色，椭圆形或广椭圆形。浆果近球形，具多数种子。花期 6 月，果期 7 ~ 8 月。

【产地与习性】产吉林，朝鲜、俄罗斯、日本及北美洲也有。喜冷凉及半荫环境，耐寒，不喜炎热，喜湿润，忌强光及湿涝。喜疏松壤土。生长适温 12 ~ 22℃。

【观赏评价与应用】叶轮生于茎顶，清新而奇特，花洁白顶生，与绿叶相衬，对比性强，有较高的观赏性，目前园林中极少应用，可用于蔽荫的林缘、假山石边或角隅栽培观赏。

【同属种类】本属约 46 种，产亚洲及美洲。我国有 4 种，其中 1 种为特有。

老鸦瓣
Tulipa edulis

【科属】百合科郁金香属

【别名】光慈菇

【形态特征】鳞茎皮纸质，内面密被长柔毛。茎长 10 ~ 25cm，通常不分枝。叶 2 枚，长条形，长 10 ~ 25cm，远比花长，通常宽 5 ~ 9mm，少数可窄到 2mm 或宽达 12mm，上面无毛。花单朵顶生，靠近花的基部具 2 枚对生（较少 3 枚轮生）的苞片，苞片狭条形，长 2 ~ 3cm；花被片狭椭圆状披针形，白色，背面有紫红色纵条纹；蒴果近球形，有长喙。

老鸦瓣

老鸦瓣

花期 3 ~ 4 月，果期 4 ~ 5 月。

【产地与习性】产辽宁、山东、江苏、浙江、安徽、江西、湖北、湖南和陕西。生山坡草地及路旁。朝鲜、日本也有分布。喜光，耐寒，耐瘠，不耐炎热，不择土壤。生长适温 15 ~ 25℃。

【观赏评价与应用】本种适应性强，叶清秀，小花精致，有一定观赏性，可用于疏林下、山石边或用于岩石园点缀。鳞茎供药用，有消热解毒、散结消肿之效，又可提取淀粉。

【同属种类】本属约有 150 种，产非洲、亚洲及欧洲的温带地区，我国有 13 种，其中 1 种为特有。

野生的相近种有：

宽叶老鸦瓣 *Tulipa erythronioides*

与老鸦瓣主要区别为：第一，2 枚叶片较宽而短，比花稍长，而且此 2 叶片近等长，通常长 7 ~ 15cm，不等宽，宽者常 15 ~ 22mm（较少 10mm），窄者 9 ~ 15mm（较少 5mm）；第二，苞片 3 ~ 4 枚轮生（较少 2 枚对生）。花期 4 月。产浙江和安徽。

宽叶老鸦瓣

宽叶老鸦瓣

郁金香

郁金香

矮生郁金香

矮生郁金香

郁金香
Tulipa gesneriana

【科属】百合科郁金香属

【形态特征】多年生草本；高 20 ～ 50cm；鳞茎卵圆形，直径约 2cm。茎直立，平滑。叶 3 ～ 5，叶片条状披针形至卵状披针形，长 10 ～ 20cm，宽 1 ～ 6cm，先端尖，有少数毛，全缘或稍波状，基部抱茎。花大，单生于顶端；红色或杂有白色和黄色，有时为黄色或白色；花被片 6，2 轮，倒卵形或椭圆形。花期 4 ～ 5 月。

【产地与习性】原产地中海沿岸及亚洲中部和西部，世界各地广为栽培。喜光、喜冬暖夏凉的气候。耐寒力强，冬季球根能耐 ～ 35℃ 的低温；生根需 5℃ 以上。要求疏松、富含腐殖质、排水良好的土壤。

【观赏评价与应用】花期较早，花色鲜艳，花形端庄，品种繁多，是世界名花，从丛林深处到开阔草地，无论是池边湖畔，还是岩石亭榭；不论是西欧式的几何图形花坛，还是中国式的小桥流水，曲栏幽径，都可以选择布置出与自然界十分协调的风景。也可盆栽或用于切花。

栽培的相近种有：

1. 矮生郁金香 *Tulipa humilis*

多年生草本，具鳞茎，株高 15 ～ 25cm，鳞茎卵圆形，茎直立。叶片条形，先端尖，基部抱茎。花单生于顶端，紫红色。花期 5 月。产叙利亚及伊朗。

2. 岩生郁金香 *Tulipa saxatilis*

多年生草本，具鳞茎，株高 25 ～ 50cm，鳞茎卵圆形，直径 2 ～ 3.5cm，茎直立。叶片带形，长可达 38cm，宽 9 ～ 18mm，先端尖，基部抱茎。花单生于顶端，花瓣粉红色，下部黄色。花期 3 ～ 5 月。产南部爱琴海、希腊的克里特岛。

岩生郁金香

岩生郁金香

郁金香

大花垂铃儿
Uvularia grandiflora

【科属】百合科垂铃花属

【别名】大花宝铎花

【形态特征】多年生草本，株高
40～90cm，冠幅38～45cm。叶互生，长椭
圆形，先端尖，基部抱茎，全缘，黄绿色。花
顶生，弯垂，花瓣黄色，扭转。花期4～6月。

【产地与习性】产北美洲。性喜温暖及光
照充足的环境，耐半荫，耐寒，不耐热。喜疏
松、排水良好的壤土。生长适温15～25℃。

【观赏评价与应用】叶色翠绿清新，花金
黄，花悬垂于枝叶间，别有一番风味，适合
丛植于公园、风景区的园路边、假山石旁或
疏林下，均可取得良好的景观效果，也适合
与其他观花植物配植观赏。

【同属种类】本属5种，产北美洲。

大花垂铃儿

大花垂铃儿

兴安黎芦
Veratrum dahuricum

【科属】百合科藜芦属

【形态特征】多年生草本，植株高
70～150cm。叶椭圆形或卵状椭圆形，长
13～23cm，宽5～11cm，先端渐尖，基
部无柄，抱茎。圆锥花序近纺锤形，长
20～60cm，具多数近等长的侧生总状花序，
顶端总状花序近等长于侧生花序；花密集，花

被片淡黄绿色带苍白色边缘，椭圆形或卵状
椭圆形。花期6～8月。

【产地与习性】产东北。生于草甸和山坡
湿草地。朝鲜和俄罗斯也有。性喜冷凉，喜光，
也耐荫，极耐寒，不耐热，喜生于疏松的砂
质壤土。生长适温12～22℃。

【观赏评价与应用】叶大秀美，花序大型，
有一定观赏性，目前园林中尚没有引种，可
引至林缘、疏林下或园林边丛植观赏，或用
于花境作背景材料。

【同属种类】本属约40种，主产北半球
的温带地区，我国有13种，其中8种为特有。

原生的同属植物有：

天目藜芦 *Veratrum schindleri*

又名牯岭藜芦，植株高约1m。叶在茎下
部的宽椭圆形，有时狭矩圆形，长约30cm，
宽（2-）5～10（～13）cm，两面无毛，先
端渐尖，基部收狭为柄。圆锥花序长而扩展，
具多数近等长的侧生总状花序；花被片伸展
或反折，淡黄绿色、绿白色或褐色，近椭圆
形或倒卵状椭圆形。蒴果。果期6～10月。
产江西、江苏、浙江、安徽、湖南、湖北、
广东、广西和福建。生于海拔700～1350m
的山坡林下阴湿处。

天目藜芦

天目藜芦

天目藜芦

石蒜科 Amaryllidaceae

君子兰
Clivia miniata

【科属】石蒜科君子兰属

【别名】大花君子兰

【形态特征】多年生草本。茎基部宿存的叶基呈鳞茎状。基生叶质厚，深绿色，具光泽，带状，长 30 ～ 50cm，宽 3 ～ 5cm，下部渐狭。花茎宽约 2cm；伞形花序有花 10 ～ 20 朵，有时更多；花直立向上，花被宽漏斗形，鲜红色，内面略带黄色；浆果紫红色，宽卵形。花期为春夏季，有时冬季也可开花。

【产地与习性】原产非洲南部。性喜温暖及湿润环境，喜光，但忌强光曝晒，耐旱，不耐寒，忌湿涝及粘重土壤，栽培以疏松、肥沃、排水良好的微酸性土壤为宜。生长适温 15 ～ 26℃。

【观赏评价与应用】1854 年，君子兰由欧洲引入日本，君子兰是在上世纪的 20 年代至 30 年代分两个渠道传入中国。一是由德国传教士带入青岛，另一则是由日本扶持的爱新觉罗·溥仪由日本带回。当时作为珍贵花卉的君子兰只供少数的日本人和傀儡政权的上层人物欣赏，民间根本无缘观赏。1945 年 8 月 15 日，日本无条件投降，"满洲国"傀儡政权垮台，君子兰由伪皇宫带出进入民间。本种花大色艳，端庄美丽，叶、花、果均有观赏价值，多盆栽用于室内欣赏，也可用于园林

君子兰

君子兰

造景，宜植于蔽荫的林下、林缘或山石边。

【同属种类】本属约 8 种，主产非洲南部。我国常见栽培的有 2 种。

垂笑君子兰
Clivia nobilis

【科属】石蒜科君子兰属

【形态特征】多年生草本。茎基部宿存的叶基呈鳞茎状。基生叶约有十几枚，质厚，深绿色，具光泽，带状，长 25 ～ 40cm，宽 3 ～ 3.5cm，边缘粗糙。花茎由叶丛中抽出，

君子兰　垂笑君子兰

垂笑君子兰

垂笑君子兰

稍短于叶；伞形花序顶生，多花，开花时花稍下垂；花被狭漏斗形，橘红色。花期夏季。

【产地与习性】原产非洲南部。喜温暖、喜湿润，耐热性佳，不耐寒，忌湿。喜疏松、肥沃的壤土。生长适温 16 ～ 28℃。

【观赏评价与应用】叶终年常绿，花艳丽，悬垂于花茎顶端，奇特美丽，可用于蔽荫的园路边、山石旁片植或丛植点缀，也可盆栽。

红花文殊兰
Crinum × amabile

【科属】石蒜科文殊兰属

【形态特征】为多年生常绿草本，植株高 60 ～ 100cm，具鳞茎。叶片大，宽带形或箭形，先端尖，基部抱茎，全缘，绿色。花葶自鳞茎中抽出，顶生伞形花序，每花序有小花 20 余朵；小花花瓣 6，背面紫色，上面浅粉色，中间有较深紫色条纹。蒴果。几乎全年可以见花。

红花文殊兰

红花文殊兰

香殊兰

香殊兰

香殊兰

文殊兰

文殊兰

文殊兰

【产地与习性】产亚洲热带。性喜温暖及湿润环境,喜光,不耐荫蔽,耐热,不耐寒。喜疏松、肥沃、富含腐殖质的砂质壤土。生长适温 15 ~ 28℃,

【观赏评价与应用】株形紧凑,花序大,花色雅致,具有热带风情,多丛植于林下、路边、角隅、滨水的池边或庭院等处点缀观赏。

【同属种类】本属约 65 ~ 100 种,或超过 100 种,产热带及亚热带地区,主产于非洲。我国有 2 种。

香殊兰
Crinum moorei

【科属】石蒜科文殊兰属

【别名】穆氏文殊兰

【形态特征】多年生球根花卉,株高约 1 ~ 1.5m 左右。叶剑状披针形,长可达 1m,宽约20cm,全缘,绿色。花茎自叶丛中抽出,粗大,中空。伞形花序,花朵着生于花枝顶端,5 ~ 8 朵,花白色,具芳香。花期 5 ~ 10 月。

【产地与习性】热带非洲。喜充足的光照,也耐半荫,耐热,不耐寒,喜肥沃、排水良好的砂质壤土。生长适温 20 ~ 30℃。

【观赏评价与应用】习性强健,花洁白,芳香素雅,是优良的观花植物,适合庭园或公园等的路边、水岸边及山石边栽培观赏,盆栽适合阳台美化。

文殊兰
Crinum asiaticum var. *sinicum*

【科属】石蒜科文殊兰属

【别名】文珠兰

【形态特征】多年生粗壮草本。鳞茎长柱形。叶 20 ~ 30 枚,多列,带状披针形,长可达 1m,宽 7 ~ 12cm 或更宽,顶端渐尖,具 1 急尖的尖头,边缘波状,暗绿色。花茎直立,几与叶等长,伞形花序有花 10 ~ 24 朵,花高脚碟状,芳香;花被管纤细,伸直,绿白色,花被裂片线形,向顶端渐狭,白色;蒴果近球形。花期夏季。

【产地与习性】分布于福建、台湾、广东、广西等省区。常生于海滨地区或河旁沙地;喜温暖及阳光充足的环境,耐痟,耐热,喜湿润,不耐寒,喜疏松、排水良好的砂质土壤。生长适温 18 ~ 30℃。

【观赏评价与应用】文殊兰与佛教渊源较深,为佛教著名的“五树六花”之一,它的名字来自于佛陀释迦牟尼的左胁侍文殊菩萨,他是人间智慧的化身。我国四大佛教名山的五台山就是文殊菩萨的道场,因此,文殊兰在佛教寺院里常见栽培。其叶大清秀,花姿优美,洁白素雅,为著名园林植物,可用于林缘、山石边或墙边成片种植观赏,也可丛植于海滨沙地或庭院一隅点缀。叶与鳞茎药用,有活血散瘀、消肿止痛之效。

栽培的品种及变种有:

1. 白缘文殊兰 *Crinum asiaticum* 'Variegatum'

与原种文殊兰的主要区别为叶片具宽窄不一的白色条纹。

白缘文殊兰

2. 红叶大文殊兰 *Crinum asiaticum* var. *procerum*

与原种文殊兰的主要区别为叶片具淡紫红色，花紫红色。

红叶大文殊兰

红叶大文殊兰

大叶仙茅
Curculigo capitulata

【科属】石蒜科仙茅属

【别名】野棕

【形态特征】粗壮草本，高达 1m 多。根状茎粗厚，块状。叶通常 4 ~ 7 枚，长圆状披针形或近长圆形，长 40 ~ 90cm，宽 5 ~ 14cm，纸质，全缘，顶端长渐尖。花茎通常短于叶，长（10-）15 ~ 30cm，被褐色长柔毛；总状花序缩短成头状，球形或近卵

大叶仙茅

大叶仙茅

大叶仙茅

形，俯垂，具多数排列密集的花；苞片卵状披针形至披针形，花黄色，花被裂片卵状长圆形。浆果近球形，白色，种子黑色。花期 5 ~ 6 月，果期 8 ~ 9 月。

【产地与习性】产福建、台湾、广东、海南、广西、四川、贵州、云南、西藏。生于海拔 850 ~ 2200m 林下或阴湿处。也分布于印度、尼泊尔、孟加拉、斯里兰卡、缅甸、越南、老挝和马来西亚。喜温暖，喜湿润，喜半荫，也可在全光照下生长，耐热，不耐寒。喜疏松、排水良好的壤土。生长适温 18 ~ 28℃。

【观赏评价与应用】叶清雅飘逸，花色金黄，为著名观叶植物，可丛植或片植于林缘、小路边或假山石旁，也常用于石隙、水岸边或廊架前点缀。

【同属种类】本属约 20 种，全世界热带及亚热带都有产，我国有 7 种，其中 2 种特有。

垂筒花
Cyrtanthus mackenii

【科属】石蒜科垂筒花属

【形态特征】多年生球根草本，具鳞茎，株高约 20cm。叶基生，长线形，花茎细长，自地下抽生而出，花筒长筒形，略低垂，花色有乳黄、白、粉及橙红等。花期冬季及早春，果期春季。

【产地与习性】产南非。喜温暖及湿润环境，耐热，耐旱，不耐寒，喜充足的光照。

垂筒花

垂筒花

喜排水良好、富含有机质的壤土或砂质壤土。生长适温 18 ~ 28℃。

【观赏评价与应用】小花悬垂，花姿清雅，清秀宜人，观赏性佳，为优良的盆栽观花植物，适合窗台、阳台等栽培观赏，也适合用于墙垣边、花坛种植观赏。

【同属种类】本属约有 59 种，产非洲，我国有引种。

南美水仙
Eucharis × grandiflora

【科属】石蒜科南美水仙属

【形态特征】多年生草本，株高约 80cm。叶基生，椭圆形，先端尖，基部渐狭成柄，全缘，浓绿色。花葶肉质，顶生伞形花序，着花 3 ~ 6 朵，花冠筒圆柱形，中央生一个副花冠，花瓣开展呈星状。花为纯白色，具芳香。花期冬春季。

【产地与习性】产哥伦比亚、秘鲁。性喜温暖及光照充足的环境，耐半荫，不耐寒，耐热。喜疏松、肥沃、排水良好的砂质壤土。生长适温 20 ~ 28℃。

【观赏评价与应用】花洁白素雅，芳香馥郁，且花期长，可用于花境、花坛及庭院栽培，盆栽可用于装饰厅堂、阳台及窗台等。

【同属种类】本属约 18 种，产中南美洲，我国引种栽培。

南美水仙

南美水仙

龙须石蒜
Eucrosia bicolor

【科属】石蒜科龙须石蒜属

【形态特征】多年生落叶球根花卉，球茎圆形，株高约50cm。叶片长卵形，叶基部渐狭成柄，先端渐尖，全缘，绿色。伞形花序，花红色，雄蕊白色。花期春末。

【产地与习性】产秘鲁。喜温暖、栽培的环境，喜光照，不耐荫蔽，耐热，耐瘠，不耐寒，忌湿涝。喜肥沃、排水良好微酸性壤土。生长适温20～28℃。

龙须石蒜

龙须石蒜

【观赏评价与应用】易栽培，叶花均可观赏，适合园路边、墙垣边或山石边大面积片植营造景观效果，也可盆栽置于光线明亮的阳台、窗台等处装饰。

【同属种类】本属9种，产美洲，从厄瓜多尔至秘鲁。我国引进栽培1种。

雪花莲
Galanthus nivalis

【科属】石蒜科雪滴花属

【形态特征】多年生球根草本，株高10～30cm。鳞茎球形。叶丛生，带形，长15～20cm，宽1.2cm，全缘，绿色。花葶直

雪花莲

立，中空，顶端着1花，弯垂；花被片6，外轮椭圆形，白色或顶端带有绿点，内轮裂片先端具一绿点。花期早春。

【产地与习性】欧洲广泛栽培。喜欢冷凉及湿润的环境，喜阳，也稍耐荫，耐寒，不耐热。喜腐殖质丰富的砂质壤土。生长适温15～25℃。

【观赏评价与应用】花清雅美丽，在欧洲栽培广泛，我国有少量引种，适合山石边、路边、墙垣边绿化，也可用于花卉与其他植物配植。

【同属种类】本属约23种，产欧洲及西亚等。

网球花
Haemanthus multiflorus

【科属】石蒜科虎耳兰属

【别名】网球石蒜

【形态特征】多年生草本。鳞茎球形，直径4～7cm。叶3～4枚，长圆形，长15～30cm，主脉两侧各有纵脉6～8条，横行细脉排列较密而偏斜；叶柄短，鞘状。花茎直立，实心，稍扁平，高30～90cm，先叶抽出，淡绿色或有红斑；伞形花序具多花，排列稠密，直径7～15cm；花红色；花被管圆筒状，花被裂片线形，长约为花被管的2倍；花丝红色，伸出花被之外，花药黄色。浆果鲜红色。花期夏季。

【产地与习性】原产非洲热带。性喜高温，喜湿润，耐旱，耐热，不耐霜寒，喜疏松、排水良好的肥沃壤土。生长适温18～28℃。

【观赏评价与应用】新叶青翠，花序呈网球状，别具一格，极为艳丽，为著名观赏草本植物，可片植于林缘、假山石边，或用于

网球花

网球花

岩石园、庭院阶前点缀，也可盆栽。

【同属种类】本属约 23 种，分布于非洲。我国引种栽培的有 2 种。

栽培的同属植物有：

虎耳兰 *Haemanthus albiflos*

多年生草本，具鳞茎。叶大，宽带形，先端钝圆，全缘，具白色柔毛。花茎直立，绿色，伞形花序具多花，花白色，花被管圆筒状，花被裂片线形，花红白色，伸出花被片之外，雄花黄色。浆果。产南非。

虎耳兰

虎耳兰

凤蝶朱顶红
Hippeastrum papilio

【科属】石蒜科朱顶红属

【形态特征】多年生球根植物，鳞茎近球形。叶从鳞茎抽生，叶片带状，两列着生，绿色。花茎从鳞茎抽出，绿色粗壮、中空。伞形花序着生花茎顶端，喇叭形，花瓣淡绿色，带暗紫色色斑或条纹。花期春季，果期夏季。

【产地与习性】产巴西南部。喜温暖及光照充足的环境，耐热，不耐寒。喜疏松、肥沃、排水良好的土壤。生长适温 15～28℃。

【观赏评价与应用】本种花大美丽，多盆栽用于阳台、客厅、卧室等装饰，园林中可植于假山石边、灌丛前、墙隅处或盆栽观赏。

【同属种类】本属约 94 种，分布于美洲和亚洲的热带；我国引种栽培。

凤蝶朱顶红

凤蝶朱顶红

白肋朱顶红
Hippeastrum reticulatum

【科属】石蒜科朱顶红属

【形态特征】多年生球根植物，鳞茎近球形。叶从鳞茎抽生，叶片带状，两列着生，叶片中央有一条纵向白色条纹。花茎从鳞茎抽出，花喇叭形，花瓣淡粉色，上有淡紫色条纹。花期春秋。

【产地与习性】产巴西。性温暖及湿润环境，喜光，不喜荫蔽，耐热，不耐寒。喜疏松、肥沃、排水良好的土壤。生长适温 18～28℃。

【观赏评价与应用】本种中肋白色，花洋红色，有较高的观赏价值，除盆栽外，可用于疏林下、林缘、山石边、墙边片植观赏，也是庭院的阶前、花坛、小径边绿化的良材。

白肋朱顶红

4.'女神'朱顶红 *Hippeastrum* 'Nymph'

重瓣种，花瓣边缘红色，花瓣上面淡粉红色，有的花瓣具红色条纹。

朱顶红
Hippeastrum rutilum

【科属】石蒜科朱顶红属

【别名】红花莲

【形态特征】多年生草本。鳞茎近球形，直径5～7.5cm。叶6～8枚，花后抽出，鲜绿色，带形，长约30cm，基部宽约2.5cm。花茎中空，稍扁，高约40cm，具有白粉；花2～4朵；佛焰苞状总苞片披针形，花被管绿色，圆筒状，花被裂片长圆形，顶端尖，洋红色，略带绿色，喉部有小鳞片；花期夏季。

【产地与习性】原产巴西。喜温暖，喜湿润，耐热，不耐寒，忌湿涝，喜富含腐殖的微酸性壤土。生长适温18～28℃。

【观赏评价与应用】品种繁多，花大色美，在世界各地广泛种植，宜植于疏林草地、林缘、花坛、墙边观赏，或用于花境与其他观花植物配植，也可用于山石边、角隅处点缀观赏。盆栽可用于庭院及居室美化。

栽培的品种有：

1.'氛围'朱顶红 *Hippeastrum* 'Ambiance'

单瓣种，花瓣红色，边缘黄白色，花瓣中间有较淡的黄白色条纹。

氛围 朱顶红

2.'小精灵'朱顶红 *Hippeastrum* 'Elvas'

单瓣种，花瓣白色，上面具红色纵条纹。

'小精灵'朱顶红

3.'火焰孔雀'朱顶红 *Hippeastrum* 'Flaming Peacock'

重瓣种，花瓣近白色，上有或疏或密的红色纵条纹。

'女神'朱顶红

5.'花边香石竹'朱顶红 *Hippeastrum* 'Picotee'

单瓣种，花瓣白色，边缘红色。

'花边香石竹'朱顶红

朱顶红

朱顶红

6. '桑河' 朱顶红 Hippeastrum 'San Remo'

单瓣种，花瓣绿白色，上布有红色斑点或沿脉纹部分呈红色。

桑河'朱顶红

水鬼蕉
Hymenocallis littoralis

【科属】石蒜科水鬼蕉属

【形态特征】叶 10 ~ 12 枚，剑形，长45 ~ 75cm，宽 2.5 ~ 6cm，顶端急尖，基部渐狭，深绿色，多脉。花茎扁平，高30 ~ 80cm；佛焰苞状总苞片长 5 ~ 8cm，基部极阔；花茎顶端生花 3 ~ 8 朵，白色；花被管纤细，长短不等，长者可达 10cm 以上，

水鬼蕉

水鬼蕉

花被裂片线形，通常短于花被管；杯状体（雄蕊杯）钟形或阔漏斗形，有齿。花期夏末秋初。

【产地与习性】原产美洲热带。性喜高温高湿环境，忌水湿，耐热性好，但不耐寒。耐瘠，不择土壤。生长适温 18 ~ 28℃。

【观赏评价与应用】花形奇特，花姿潇洒，洁白雅致，多用来布置花坛、花台、花带等，也适合疏林下、滨水的河岸边成片种植营造群体景观，或三五株丛植于石边、角隅或庭园点缀。

【同属种类】本属约 67 种，分布于美洲温暖地区。我国引种栽培 1 种。

栽培的品种有：

银边水鬼蕉 Hymenocallis americana 'Variegata'

与原种水鬼蕉的主要区别为叶较原种短而窄，叶边缘银白色或初时淡黄色。

银边水鬼蕉

银边水鬼蕉

夏雪片莲
Leucojum aestivum

【科属】石蒜科雪片莲属

【别名】雪片莲

【形态特征】鳞茎卵圆形，直径2.5 ~ 3.5cm。基生叶数枚，绿色，宽线形，长 30 ~ 50cm，宽 1 ~ 1.5cm，钝头。花茎与基生叶同时抽出，中空，略高于叶或与叶近等长；伞形花序有花 3 至数朵，有时仅 1 朵；花下垂；花被片长约 1.5cm，白色，顶端有绿点；雄蕊长约为花被片的一半。蒴果近球形，种子黑色。花期春季。

【产地与习性】原产欧洲中部及南部。喜冷凉及阳光充足的环境，耐寒性好，不耐炎热，忌积水。喜疏松、肥沃的砂质壤土。生长适温 15 ~ 25℃。

【观赏评价与应用】小花清新丽质，十分

夏雪片莲

夏雪片莲

夏雪片莲

美丽，是欧美栽培最广泛的植物之一，可丛植于林缘、假山石边、溪流边、池边或角隅等处，也可盆栽。

【同属种类】本属约 4 种，分布于南欧及地中海一带；我国引种栽培 1 种。

忽地笑
Lycoris aurea

【科属】石蒜科石蒜属

【别名】铁色箭

【形态特征】鳞茎卵形，直径约 5cm。秋季出叶，叶剑形，长约 60cm，最宽处达 2.5cm，向基部渐狭，宽约 1.7cm，顶端渐尖，中间淡色带明显。花茎高约 60cm；总苞片 2 枚，披针形，伞形花序有花 4 ~ 8 朵；花黄色；花被裂片背面具淡绿色中肋，倒披针形，强度反卷和皱缩。蒴果具三棱，室背开裂；种子少数，近球形，黑色。花期 8 ~ 9 月，果期 10 月。

忽地笑

忽地笑

地笑

【产地与习性】分布福建、台湾、湖北、湖南、广东、广西、四川、云南。生于阴湿山坡；日本和缅甸也有。喜温暖及阳光充足的环境，较耐寒，耐热，耐瘠，对环境适应性较强，不择土壤。生长适温 15 ~ 28℃。

【观赏评价与应用】叶青翠，花奇特绚丽，适合公园、植物园等草地中、草地边缘、林缘、修竹旁、假山石边或墙边种植观赏，也可用于庭院的幽径、窗前栽培观赏。鳞茎可制酒精，可提取石蒜碱，也可做农药。

【同属种类】本属约 20 种，产中国、印度、日本、朝鲜、老挝、巴基斯坦、缅甸、泰国、越南等地，我国有 15 种，其中 10 种为特有。

中国石蒜
Lycoris chinensis

【科属】石蒜科石蒜属

【形态特征】鳞茎卵球形，直径约 4cm。春季出叶，叶带状，长约 35cm，宽约 2cm，顶端圆，绿色，中间淡色带明显。花茎高约 60cm；总苞片 2 枚，倒披针形；伞形花序有花 5 ~ 6 朵；花黄色；花被裂片背面具淡黄色中肋，倒披针形，强度反卷和皱缩。花期 7 ~ 8 月，果期 9 月。

【产地与习性】产河南、江苏、浙江。野生于山坡阴湿处。性喜冷凉，喜光照，耐荫，喜湿，忌粘重土壤。生长适温 15 ~ 25℃。

【观赏评价与应用】花色金黄，景观效果较佳，适合林缘、草地或坡地大片种植观赏，也可丛植于山石边、水岸边或阶前点缀。

中国石蒜

中国石蒜

红蓝石蒜
Lycoris haywardii

【科属】石蒜科石蒜属

【形态特征】多年生球根草本，具鳞茎，株高 45 ~ 60cm。早春出叶，带形，长约 30cm，绿色。花茎高约 50 ~ 60cm，伞形花序着花 4 ~ 5 朵，花紫红色，叶正面稍染淡蓝色，花被片披针形，反卷，边缘不皱缩，花瓣左右对称。蒴果。花期 7 ~ 9 月。

【产地与习性】产中国及日本。喜性温暖及光照充足的环境，不耐热，耐寒，耐盐性好，耐瘠，喜肥沃及疏松的砂质壤土。

【观赏评价与应用】色泽艳丽，群体景观效果极佳，最宜与其他石蒜配植，丛植、片植均宜，适合林下、林缘、园林水景观、庭院等栽培观赏。

红蓝石蒜

红蓝石蒜

长筒石蒜
Lycoris longituba

【科属】石蒜科石蒜属

【形态特征】鳞茎卵球形，直径约 4cm。早春出叶，叶披针形，长约 38cm，一般宽 1.5cm，部最宽处达 2.5cm，顶端渐狭、圆头，绿色，中间淡色带明显。花茎高 60 ~ 80cm；总苞片 2 枚，披针形，顶端渐狭，基部最宽达 1.5cm；伞形花序有花 5 ~ 7 朵；花白色，花被裂片腹面稍有淡红色条纹，顶端稍反卷，边缘不皱缩。花期 7 ~ 8 月。

【产地与习性】产江苏。野生于山坡。喜温暖，喜光照，耐寒性好，不喜炎热，耐瘠，对土壤没有特殊要求。生长适温 15 ~ 25℃。

【观赏评价与应用】花洁白素雅，可片植于园路边、林缘、疏林下观赏，也可用于点缀。本种鳞茎为提取加兰他敏的原料。

长筒石蒜

长筒石蒜

石蒜
Lycoris radiata

【科属】石蒜科石蒜属

【别名】嶂螂花、龙爪花、曼殊沙华、彼岸花

【形态特征】鳞茎近球形，直径 1 ~ 3cm。秋季出叶，叶狭带状，长约 15cm，宽约 0.5cm，顶端钝，深绿色，中间有粉绿色带。花茎高约 30cm；总苞片 2 枚，披针形；伞形花序有花 4 ~ 7 朵；花鲜红色；花被裂片狭倒披针形，强度皱缩和反卷，花被筒绿色；雄蕊显著伸出于花被外。花期 8 ~ 9 月，果期 10 月。

石蒜

石蒜

石蒜

石蒜

乳白石蒜

腹面散生少数粉红色条纹，背面具红色中肋，中度反卷和皱缩。花期 8 ～ 9 月。产江苏，野生山坡。日本也有分布。

2. 安徽石蒜 *Lycoris anhuiensis*

鳞茎卵形或卵状椭圆形，直径 3 ～ 4.5cm。早春出叶，叶带状，长约 35cm，宽 1.5 ～ 2.0cm，最宽处约 2.5cm，向顶端渐狭，钝头，中间淡色带明显。花茎高约 60cm；总苞片 2 枚，伞形花序有花 4 ～ 6 朵；花黄色；花被裂片倒卵状披针形，长约 6cm，较反卷而开展，基部微皱缩。花期 8 月。产安徽、江苏。生于山坡石缝中。

安徽石蒜

3. 短蕊石蒜 *Lycoris caldwellii*

鳞茎近球形，直径约 4cm。早春出叶，叶带状，长约 30cm，宽约 1.5cm，绿色，顶端钝圆，中间淡色带不明显。伞形花序有花 6 ～ 7 朵；花蕾桃红色，开放时乳黄色，渐变成乳白色；花被裂片倒卵状披针形，向基部渐狭，微皱缩。花期 9 月。产江苏、浙江、江西。野生阴湿山坡。

短蕊石蒜

【产地与习性】 分布于山东、河南、安徽、江苏、浙江、江西、福建、湖北、湖南、广东、广西、陕西、四川、贵州、云南。野生于阴湿山坡和溪沟边的石缝处；日本也有。喜温暖、喜湿润，极耐旱，耐寒，耐热，耐瘠，对环境没有特殊要求。生长适温 15 ～ 28℃。

【观赏评价与应用】 石蒜别名叫曼殊沙华，传说很久以前，曼殊沙华是由两个妖精看守，一个是花妖叫曼殊，一个是叶妖叫沙华。他们守候了数千年的曼殊沙华，可是从来无法见到对方，因为花开时不见叶子，而有叶子时却看不见花。花叶之间，永不相见，生生相错。有一天，他们违背天神的规定决定见面。那一年，曼殊沙华红艳艳的花被绿色叶片衬托着，开得格外美丽。天神大怒，将曼殊和沙华打入轮回，生生世世不能相见并在人间受到磨难。从那以后，曼殊沙华又叫彼岸花，意思是永不相见。石蒜在山野中开放时，又是少花的秋季，花开放之处，是一种极为艳丽的赤红，如火、如残阳、如血，往往与不祥联系在一起，在漫长的岁月中，承受了太多的不公平指责。本种可片植于疏林下、河岸边、草地中造景，也可用于点缀。鳞茎含有石蒜碱、加兰他敏等十多种生物碱；有解毒、祛痰、利尿、催吐、杀虫等的功效。

栽培的同属及变种有：

1. 乳白石蒜 *Lycoris × albiflora*【*Lycoris albiflora*】

鳞茎卵球形，直径约 4cm。春季出叶，叶带状，长约 35cm，宽约 1.5cm，绿色，顶端钝圆，中间淡色带不明显。花茎高约 60cm；伞形花序有花 6 ～ 8 朵；花蕾桃红色，开放时奶黄色，渐变为乳白色；花被裂片倒披针形，

4. 江 苏 石 蒜 *Lycoris × houdyshelii*【*Lycoris houdyshelii*】

鳞茎近球形，直径约 3cm。秋季出叶，叶带状，长约 30cm，宽约 1.2cm，顶端钝圆，深绿色，中间淡色带明显。花茎高约

江苏石蒜

江苏石蒜

30cm；伞形花序有花 4 ～ 7 朵；花白色；花被裂片背面具绿色中肋，倒披针形，强度反卷和皱缩。花期 9 月。产江苏、浙江。生于阴湿山坡。

5. 香石蒜 Lycoris incarnata

鳞茎卵球形，直径约 3cm。早春出叶，叶带状，绿色，顶端渐狭、钝圆，长约 50cm，宽约 1.2cm，中间淡色带不明显。花蕾白色，具红色中肋，初开时白色，渐变肉红色；花被裂片腹面散生红色条纹，背面具紫红色中肋，倒披针形，边缘微皱缩。花期 9 月。产湖北、云南等省。野生山坡。

香石蒜

6. 黄长筒石蒜 Lycoris longituba var. flava

与长筒石蒜区别在于花被为黄色。产江苏。野生于山坡阴湿处。

黄长筒石蒜

7. 短小石蒜 Lycoris radiata 'Pumila' 【 Lycoris radiata var. pumila 】

来源不详，有些资料当做变种处理，目前已归并于石蒜中，本书作品种处理。花茎矮小，高约 15 ～ 25cm 花冠较小，直径约 10cm。

短小石蒜

8. 玫瑰石蒜 Lycoris rosea

鳞茎近球形，直径约 2.5cm。秋季出叶，叶带状，长约 20cm，宽约 0.8cm，顶端圆，淡绿色，中间淡色带明显。花茎高约 30cm，淡玫瑰红色；伞形花序有花 5 朵；花玫瑰红色；花被裂片倒披针形，中度反卷和皱缩。花期 9 月。产江苏、浙江。生于阴湿山坡或石缝中。

玫瑰石蒜

玫瑰石蒜

9. 换锦花 Lycoris sprengeri

鳞茎卵形，直径约 3.5cm。早春出叶，叶带状，长约 30cm，宽约 1cm，绿色，顶端钝。花茎高约 60cm；伞形花序有花 4 ～ 6 朵；花淡紫红色，花被裂片顶端常带蓝色，倒披针形，边缘不皱缩。蒴果具三棱，种子近球，黑色。花期 8 ～ 9 月。产安徽、江苏、浙江、湖北。野生阴湿山坡或竹林中。

换锦花

换锦花

10. 夏水仙 Lycoris squamigera

又名鹿葱，鳞茎卵形，直径约 5cm。秋季出叶，长约 8cm，立即枯萎，到第二年早春再抽叶，叶带状，顶端钝圆，绿色，宽约 2cm。花茎高约 60cm；伞形花序有花 4 ～ 8 朵；花淡紫红色；花被裂片倒披针形，边缘基部微皱缩。花期 8 月。产山东、江苏、浙江；野生于山沟、溪边的阴湿处。日本和朝鲜也有分布。

夏水仙

11 稻草石蒜 Lycoris straminea

鳞茎近球形，直径约 3cm。秋季出叶，叶带状，长约 30cm，宽约 1.5cm，顶端钝，绿色，中间淡色带明显。花茎高约 35cm；伞形花序有花 5 ～ 7 朵；花稻草色；花被裂片腹面散生少数粉红色条纹或斑点，盛开时消失，倒披针形，强度反卷和皱缩。花期 8 月。分布于江苏、浙江。生于阴湿山坡。日本也有分布。

稻草石蒜

稻草石蒜

洋水仙
Narcissus pseudonarcissus

【科属】石蒜科水仙属

【别名】洋水仙

【形态特征】鳞茎球形，直径2.5～3.5cm。叶4～6枚，直立向上，宽线形，长25～40cm，宽8～15mm，钝头。花茎高约30cm，顶端生花1朵；佛焰苞状总苞长3.5～5cm；花被管倒圆锥形，长1.2～1.5cm，花被裂片长圆形，淡黄色；副花冠稍短于花被或近等长。花期春季。

【产地与习性】原产欧洲。喜冷凉及阳光充足的环境，耐寒，不耐炎热，喜湿润，较耐旱。喜疏松、排水良好的砂质土壤。生长适温15～25℃。

【观赏评价与应用】株丛低矮，品种繁多，花色丰富，为国际上重要的观花球根草本，可用于疏林草地、林缘、路边、滨水河岸等处大面积种植造景，或用于布置花坛、花境及庭院等处，也可盆栽观赏。

【同属种类】本属约60种，主要产于中欧及地中海地区，中国有1种。

水仙

水仙
Narcissus tazetta var. *chinensis*

【科属】石蒜科水仙属

【形态特征】鳞茎卵球形。叶宽线形，扁平，长20～40cm，宽8～15mm，钝头，全缘，粉绿色。花茎几与叶等长；伞形花序有

水仙

洋水仙

洋水仙

水仙

花4～8朵；佛焰苞状总苞膜质；花被管细，灰绿色，近三棱形，花被裂片6，卵圆形至阔椭圆形，顶端具短尖头，扩展，白色，芳香；副花冠浅杯状，淡黄色，不皱缩，长不及花被的一半；蒴果室背开裂。花期春季。

【产地与习性】原产亚洲东部的海滨温暖地区；我国浙江、福建沿海岛屿自生。喜冷凉及阳光充足的环境，不喜炎热，较耐寒，喜疏松、排水良好的砂质土壤。生长适温12～25℃。

【观赏评价与应用】水仙花芳香秀雅，品性高洁，为历代文人墨客所称颂。因常植水中养护，故有"水中仙子"及"凌波仙子"之称。宋黄庭坚写道"凌波仙子生尘袜，水上轻盈步微月。是谁招此断肠魂，种作寒花寄愁绝。含香体素欲倾城，山矾是弟梅是兄。坐对真成被花恼，出门一笑大江横"。鉴湖女侠秋瑾也写诗选颂水仙花"洛浦凌波女，临风倦眼开。瓣疑是玉盏，根是谪瑶台。嫩白应欺雪，清香不让梅。余生有花癖，对此日徘徊"。可见，大家对水仙恩爱有佳，刻画了水仙花的精神与性格，突出了水仙花的幽香与柔美。本种色清气雅，洁白芳香，我国多盆栽，也可用于公园、景区等布置小型水景或植于山石边等处。鳞茎多液汁，有毒，含有石蒜碱、多花水仙碱等多种生物碱。

栽培的同属品种有：

'金铃'围裙水仙 *Narcissus bulbocodium* 'Golden Bells'

多年生球根草本，株高 10～25cm。叶线形，全缘，绿色。花单生，花被合生，状似铃铛，金黄色。花期春季。园艺种，原种产法国、葡萄牙、西班牙及北非。

'金铃'围裙水仙

'金铃'围裙水仙

晚香玉
Polianthes tuberosa

【科属】石蒜科晚香玉属

【形态特征】多年生草本，高可达 1m。具块状的根状茎。茎直立，不分枝。基生叶 6～9 枚簇生，线形，长 40～60cm，宽约 1cm，顶端尖，深绿色，在花茎上的叶散生，向上渐小呈苞片状。穗状花序顶生，每苞片内常有 2 花，苞片绿色；花乳白色，浓香。蒴果卵球形，顶端有宿存花被；种子多数，稍扁。花期 7～9 月。

晚香玉

晚香玉

【产地与习性】原产墨西哥。喜温暖、湿润及阳光充足的环境，较耐热，不耐寒，喜生于疏松、肥沃的壤土。生长适温 15～25℃。

【观赏评价与应用】花色素雅，芳香宜人，多作切花，也可用于公园、景区或庭院的墙边、石边或林缘种植观赏；花可提取芳香油，供制香料。

【同属种类】本属约 20 种，产南美；我国引种栽培 1 种。

燕子水仙
Sprekelia formosissima

【科属】石蒜科龙头花属

【别名】火燕兰、龙头花

【形态特征】多年生草本。具球形的有皮鳞茎，直径约 5cm。叶 3～6 枚，狭线形，长 30～50cm，宽 1～2cm。花茎中空，带红色，长 35～45cm；花大，二唇形，单朵顶生；佛焰苞状总苞片红褐色，长约 5cm，顶端 2 裂；花梗长约 5.5cm；花被绯红色。花期春季。

【产地与习性】原产墨西哥。喜温暖、湿润及阳光充足环境，耐热，不耐寒，喜疏松、排水良好的砂质壤土。生长适温 15～28℃。

【观赏评价与应用】龙头花属仅两种，产

燕子水仙

燕子水仙

墨西哥，花美丽，深得各国人民喜爱，1980年 4 月 10 日，罗马尼亚发行了一套花卉纪念邮票，其中就包括燕子水仙，其他花卉有乔治百合、冬绿金丝桃、凤眼莲、山茶、荷花等。目前我国多盆栽，也可用于花坛、花台栽培或用于山石边、墙垣边种植。

【同属种类】本属 2 种，分布于墨西哥；我国引进栽培 1 种。

紫娇花
Tulbaghia violacea

【科属】石蒜科紫娇花属

【形态特征】多年生球根花卉，株高 30～50cm，成株丛生状。叶狭长线形，茎叶均含韭味。顶生聚伞花序，花茎细长，自叶丛抽生而出，着花十余朵，花粉紫色，芳香。花期春至秋。

紫娇花

紫娇花

紫娇花

球根观花植物，花色，色彩美观，多盆栽，可用于园林小景配植或用于庭院的阶前、墙边种植观赏。

【同属种类】杂交属，目前有 2 种未被承认的自然属间杂交种，现栽培的均为杂交品种。

葱兰
Zephyranthes candida

【科属】石蒜科葱莲属

【别名】葱莲、玉帘

【形态特征】多年生草本。鳞茎卵形，直径约 2.5cm，具有明显的颈部。叶狭线形，肥厚，亮绿色，长 20 ～ 30cm，宽 2 ～ 4mm。花茎中空；花单生于花茎顶端，下有带褐红色的佛焰苞状总苞，总苞片顶端 2 裂；花白色，外面常带淡红色；几无花被管，花被片 6。蒴果近球形，种子黑色，扁平。花期秋季。

【产地与习性】原产南美。性喜阳光，稍耐荫。喜温暖，耐热性强，稍耐寒。忌积水。喜土层深厚、排水良好的壤土或沙壤土。生长适温 16 ～ 28℃。

【观赏评价与应用】葱兰亮绿色的叶丛点缀着白色的花朵，美丽幽雅，宜在花坛、花境、公园、绿地、庭院地栽或盆栽观赏。

【同属种类】本属约 40 种，产南北半球温暖的地区，我国有 4 种，均为引进。

【产地与习性】产南非。喜温暖，喜光照，不喜湿热环境，耐寒性好。不择土壤，以肥沃的砂质壤土为佳。生长适温 18 ～ 26℃。

【观赏评价与应用】花娇小可爱，清新宜人，园林中可用于园路边、林缘带状片植观赏，也可用于冷色系花境配植，也适合假山石边、岩石园点缀，或用于庭院营造小型景观，盆栽可用于阳台、天台等处装饰。

【同属种类】本属约有 27 种，产非洲。我国引进栽培 1 种。

文殊伞百合
Amarcrinum howardii

【科属】石蒜科孤君兰属

【形态特征】多年生球根草本，鳞茎长卵圆形，株高 30 ～ 50cm。叶宽带形，长 30 ～ 40cm，宽 5 ～ 8cm，叶全缘，绿色。伞形花序，着花数朵，花冠管微弯，花瓣 6，粉红色。蒴果。花期 7 月至 12 月。

【产地与习性】产地不详，可能是自然杂交种。喜温暖、湿润及阳光充足的环境，耐旱，耐瘠，耐热，不耐寒。喜疏松的砂质壤土。生长适温 18 ～ 28℃。

【观赏评价与应用】本种为近年来引进的

文殊伞百合

文殊伞百合

葱兰

葱兰

葱兰

韭兰

韭兰

韭兰

温 16 ～ 28℃。

【观赏评价与应用】花色明艳，生长繁茂，花开时节，状如花毯，极为壮观，适合公园、绿地、庭院的路边、墙垣边或花坛栽培，也可作地被植物。

栽培的同属植物及品种有：

黄花葱兰 *Zephyranthes citrina*

多年生常绿草本，具鳞茎，株高约 15 ～ 20cm。叶狭线形，绿色。花茎自叶丛中抽出，花瓣 6，黄色。蒴果。花期夏、秋，果期秋冬。产墨西哥。

黄花葱兰

黄花葱兰

韭兰
Zephyranthes carinata
【*Zephyranthes grandiflora*】

【科属】石蒜科葱莲属

【别名】风雨花

【形态特征】多年生草本。鳞茎卵球形，直径 2 ～ 3cm。基生叶常数枚簇生，线形，扁平，长 15 ～ 30cm，宽 6 ～ 8mm。花单生于花茎顶端，下有佛焰苞状总苞，总苞片常带淡紫红色，长 4 ～ 5cm，下部合生成管；花玫瑰红色或粉红色；花被裂片 6，裂片倒卵形，顶端略尖。蒴果近球形，种子黑色。花期夏秋。

【产地与习性】原产南美。喜高温，喜湿润，耐热，不耐寒，对土壤要求不高，但以疏松、排水良好的微酸性壤土为宜。生长适温 16 ～ 28℃。

【观赏评价与应用】花大色艳，花枝柔软，随风摇曳，飘逸自然，为优良地被植物，可用于林缘、疏林下、园路边片植，或用于花坛、花台及墙边绿化，也适于盆栽用于庭院及居室点缀。

小韭兰
Zephyranthes rosea

【科属】石蒜科葱莲属

【形态特征】多年生常绿草本，株高约

15 ～ 30cm，地下鳞茎卵形。叶基生，扁线形，绿色。花茎从叶丛中抽出，单生于花茎顶端，花喇叭状，桃红色。蒴果近球形。花期夏至秋季。

【产地与习性】产古巴。喜湿润及阳光充足的环境，耐热性好，不耐寒，耐瘠，也喜肥。喜疏松、排水良好的沙质壤土。生长适

小韭兰

小韭兰

小韭兰

鸢尾科 Iridaceae

射干
Belamcanda chinensis

【科属】鸢尾科射干属

【形态特征】多年生直立草本；根状茎为不规则的块状，黄色或黄褐色。茎高 1 ~ 1.5m。叶剑形，扁平，革质，长 20 ~ 60cm，宽 2 ~ 4cm，先端渐尖。花序顶生，二歧分枝，成伞房状聚伞花序，苞片膜质；花橙红色散生紫褐色的斑点；花被裂片 6，2 轮排列，内轮 3 片较外轮 3 片略小。蒴果倒卵形至椭圆形，种子圆形，黑色，有光泽。花期 7 ~ 9 月；果期 10 月。

【产地与习性】国内分布于辽宁、吉林、山西、陕西、河北、河南、安徽、江苏、浙江、福建、台湾、湖南、江西、广东、广西、甘肃、四川、贵州、云南、西藏。生于山坡草地或林缘；喜温暖向阳，耐旱，耐寒，耐热，怕积水。对土壤要求不严，但以肥沃、疏松、地势较高、排水良好的砂质壤土为好。生长适温 15 ~ 28℃。

【观赏评价与应用】小花繁茂，清新雅致，极具观赏性，为北方重要的庭园植物，可用于林缘、路边、墙边大片种植，也可用于公路隔离带、边坡绿化，或用于庭院阶前、一隅栽培，花境中可用作背景材料或用于岩石园点缀。

【同属种类】本属 1 种，分布于亚洲，俄罗斯。我国有 1 种。

射干

射干

火星花
Crocosmia × crocosmiiflora

【科属】鸢尾科雄黄兰属

【别名】雄黄兰、倒挂金钩

【形态特征】多年生草本；高 50 ~ 100cm。球茎扁圆球形。叶多基生，剑形，长 40 ~ 60cm，基部鞘状，顶端渐尖；茎生叶较短而狭，披针形。花茎常 2 ~ 4 分枝，

由多花组成疏散的穗状花序；每朵花基部有 2 枚膜质的苞片；花两侧对称，橙黄色，花被管略弯曲，花被裂片 6，2 轮排列，披针形或倒卵形。蒴果三棱状球形。花期 7 ~ 8 月，果期 8 ~ 10 月。

【产地与习性】本种为园艺杂交种。性喜温暖及光照充足的环境，不喜炎热气候，耐寒，耐瘠，适应性较强，栽培以疏松、富含有机质的壤土为佳。生长适温 15 ~ 25℃。

【观赏评价与应用】本种花清新美丽，开花量较大，有较高的观赏性，园林中多片植于篱垣前、路边、山石边或疏林下，也常丛植用于庭院、小径、角隅点缀。球茎有小毒，可入药，治全身筋骨疼痛、各种疮肿、跌打损伤等症。

【同属种类】全世界约 6 种，主要产于热带及非洲南部。我国常见栽培的有 1 种。

火星花

火星花

火星花

番红花
Crocus sativus

【科属】鸢尾科番红花属

【别名】藏红花

【形态特征】多年生草本。球茎扁圆球形，直径约3cm，外有黄褐色的膜质包被。叶基生，9～15枚，条形，灰绿色，长15～20cm，宽2～3mm，边缘反卷；叶丛基部包有4～5片膜质的鞘状叶。花茎甚短，花1～2朵，淡蓝色、红紫色或白色等，有香味，花被裂片6，2轮排列，内、外轮花被裂片皆为倒卵形，顶端钝。蒴果椭圆形，长约3cm。

【产地与习性】原产欧洲南部。性喜冷凉及光照充足的环境，耐寒，不喜湿热天气，喜肥沃、排水良好的中性至微酸性壤土。生长适温12～22℃。

【观赏评价与应用】植株低矮，品种繁多，色泽丰富，花姿优雅，为重要的春季花卉，在世界各地广为种植。常片植于疏林或草地中，也适于丛植用于园林小景的山石边、小径处点缀。或用于岩石园、庭院墙边、阶前种植观赏，也可盆栽。花柱及柱头供药用，即藏红花。味辛、性温，有活血、化瘀、生新、镇痛、健胃、通经之效。

【同属种类】本属约80种，主要分布于欧洲、地中海、中亚等地。我国有2种，其中1种引进。

番红花

番红花

番红花

双色野鸢尾
Dietes bicolor

【科属】鸢尾科离被鸢尾属

【形态特征】多年生草本，株高约50～80cm。叶基生，剑形，淡绿色，先端尖，基部成鞘状，互相套迭，具平行脉。花茎具分枝，着花十余朵。花两性，花瓣黄色，底部具暗紫色斑点。蒴果。花期春季，果期秋季。

【产地与习性】产南非。喜温暖及光照充足的环境，喜湿润，耐热性好，不耐寒，不择土壤，以排水良好、肥沃的砂质壤土为宜。生长适温12～22℃。

【观赏评价与应用】本种花美丽，岭南地

双色野鸢尾

双色野鸢尾

双色野鸢尾

区有少量引种，适于滨水岸边、山石边、林缘种植观赏，也可盆栽。

【同属种类】本属有4种，主要产非洲南部，一种产澳大利亚。我国引种栽培。

栽培的同属植物有：

野鸢尾 *Dietes iridioides*

多年生草本，株高45～60cm。花期晚春至初夏。叶基生，剑形，先端尖，全缘，绿色。花大，花被片6枚，外轮花被片白色，上有黄色斑块，内轮花被片白色，底部有紫色斑块。雌蕊的花柱上部3分枝，分枝扁平，拱形弯曲，淡蓝色，花瓣状，顶端2裂。产南非。

野鸢尾

香雪兰
Freesia refracta

【科属】鸢尾科香雪兰属

【别名】小菖兰、菖蒲兰

【形态特征】多年生草本。球茎狭卵形或卵圆形。叶剑形或条形，略弯曲，长15～40cm，宽0.5～1.4cm，黄绿色。花茎直立，上部有2～3个弯曲的分枝，下部有数枚叶；每朵花基部有2枚膜质苞片，苞片宽卵形或卵圆形，顶端略凹或2尖头；花直立，淡黄色或黄绿色，园艺种色泽丰富，且有重瓣，有香味；花被管喇叭形，长约4cm，直径约1cm，基部变细，花被裂片6，2轮排列。蒴果近卵圆形，室背开裂。花期4～5月，果期6～9月。

【产地与习性】原产非洲南部。喜温暖及阳光充足的环境，较耐寒，不耐炎热，夏季休眠，喜生于肥沃、排水良好且富含腐殖质的壤土。生长适温15～25℃。

香雪兰

香雪兰

香雪兰

【观赏评价与应用】品种繁多，色泽丰富，即有单瓣种，也有重瓣种，花香宜人，且花期长。多盆栽观赏，也可用于庭园的小路边、墙边或山石边点缀。花可提取香精。

【同属种类】本属约有 20 种，主要分布在非洲南部。我国常见栽培的 1 种。

唐菖蒲
Gladiolus gandavensis

【科属】鸢尾科唐菖蒲属

【别名】十样锦、剑兰

【形态特征】多年生草本。球茎扁圆球形，直径 2.5 ～ 4.5cm，外包有棕色或黄棕色的膜质包被。叶基生或在花茎基部互生，

唐菖蒲

剑形，长 40 ～ 60cm，宽 2 ～ 4cm，顶端渐尖，嵌迭状排成 2 列，灰绿色，有数条纵脉及 1 条明显而突出的中脉。花茎直立，高 50 ～ 80cm，不分枝，花茎下部生有数枚互生的叶；顶生穗状花序长 25 ～ 35cm，每朵花下有苞片 2；花在苞内单生，两侧对称，有红、黄、白或粉红等色，花被裂片 6，2 轮排列。蒴果椭圆形或倒卵形，成熟时室背开裂；种子扁而有翅。花期 7 ～ 9 月，果期 8 ～ 10 月。

【产地与习性】本植物为一杂交种。性喜温暖及阳光充足的环境，不耐寒，北方需将球茎挖出越冬。耐瘠，忌水湿。喜疏松、排水良好的砂质壤土。生长适温 15 ～ 25℃。

【观赏评价与应用】本种品种繁多，花色丰富，花美艳动人，为我国北方常见的庭园花卉，花姿态挺拔，可片植于林缘、路边、花带或墙边观赏，也可用于花境或做背景材料。为我国著名的切花，也可盆栽用于居室装饰。其球茎可入药，味苦，性凉，有清热解毒的功效。

【同属种类】本属约 250 种，产地中海沿岸、非洲热带、亚洲西南部及中部。我国常见栽培的有 1 种。

布喀利鸢尾
Iris bucharica

【科属】鸢尾科鸢尾属

【形态特征】多年生草本，株高 25cm。叶长卵形，在花茎上互生，先端渐尖，基部抱茎，全缘。花腋生，花瓣黄色，雌蕊的花柱上部 3 分枝，分枝扁平，白色，花瓣状，顶端 2 裂。蒴果，花期春季。

【产地与习性】产阿富汗及中亚地区。喜温暖及阳光充足的环境，较耐寒，不耐暑热，忌积水。喜排水良好的砂质壤土。生长适温 15 ～ 25℃。

【观赏评价与应用】本种叶清秀，形态奇特，花量较大，且花期较长，可用于布置庭园的路边、林缘等处，丛植、片植效果均佳。

【同属种类】本属约 225 种，分布于北温带；我国有 58 种，其中 21 种为特有。

布喀利鸢尾

布喀利鸢尾

西南鸢尾
Iris bulleyana

【科属】鸢尾科鸢尾属

【别名】空茎鸢尾

【形态特征】多年生草本。根状茎较粗壮，斜伸。叶基生，条形，长 15 ～ 45cm，宽 0.5 ～ 1cm，顶端渐尖，基部鞘状，略带红色，无明显的中脉。花茎中空，光滑，高 20 ～ 35cm，生有 2 ～ 3 片茎生叶，基部围有少量红紫色的鞘状叶；苞片 2 ～ 3 枚，膜质，内包含有 1 ～ 2 朵花；花天蓝色，外花被裂片倒卵形，具蓝紫色的斑点及条纹，内花被裂片直立，淡蓝紫色，花盛开时略向外倾；花柱分枝片状，中肋隆起，深蓝紫色。蒴果三棱状柱形，种子棕褐色。花期 6 ～ 7 月，果期 8 ～ 10 月。

【产地与习性】产四川、云南、西藏。生

西南鸢尾

长葶鸢尾

西南鸢尾

长葶鸢尾

玉蝉花

西南鸢尾

于海拔 2300～3500m 的山坡草地或溪流旁的湿地上。喜冷凉及光照充足的环境，极耐寒，不耐热，耐瘠，不择土壤。生长适温 12～20℃。

【观赏评价与应用】色泽清雅，花大美丽，适合片植于公园、绿地及景区的林缘、草地中或墙边，也可丛植用于点缀。

长葶鸢尾
Iris delavayi

【科属】鸢尾科鸢尾属

【形态特征】多年生草本。根状茎粗壮，直径约 1cm，斜伸。叶灰绿色，剑形或条形，长 50～80cm，宽 0.8～1.5cm，顶端长渐尖，基部鞘状，无明显的中脉。花茎中空，光滑，高 60～120cm，直径 5～7mm，顶端有 1～2 个短侧枝，中下部有 3～4 枚披针形的茎生叶；苞片 2～3 枚，膜质，内包

含有 2 朵花；花深紫色或蓝紫色，具暗紫色及白色斑纹，外花被裂片倒卵形，花盛开时向下反折，花被裂片上有白色及深紫色的斑纹，爪部楔形，内花被裂片倒披针形，花盛开时向外倾斜；花柱分枝淡紫色。蒴果柱状长椭圆形，种子红褐色，扁平。花期 5～7 月，果期 8～10 月。

【产地与习性】产四川、云南、西藏。生于海拔 2700～3100m 的水沟旁湿地或林缘草地。喜冷凉，喜阳光，喜湿，也较耐旱，较耐热。喜疏松、肥沃的壤土。生长适温 15～25℃。

【观赏评价与应用】株丛紧凑，花清新雅致，适合植于滨水的池边、河岸处，可与其他水生植物配植造景。

玉蝉花
Iris ensata

【科属】鸢尾科鸢尾属

【别名】紫花鸢尾

【形态特征】多年生草本，植株基部围有叶鞘残留的纤维。根状茎粗壮，斜伸。叶条形，长 30～80cm，宽 0.5～1.2cm，顶端渐尖或长渐尖，基部鞘状。花茎圆柱形，高 40～100cm，实心，有 1～3 枚茎生叶；苞片 3 枚，近革质，内包含有 2 朵花；花深紫色，

花被管漏斗形，外花被裂片倒卵形，中脉上有黄色斑纹，内花被裂片小，直立，狭披针形或宽条形；花柱分枝扁平，紫色，略呈拱形弯曲。蒴果长椭圆形，种子棕褐色，扁平。花期 6～7 月，果期 8～9 月。

【产地与习性】产东北、山东、浙江。生于沼泽地或河岸的水湿地。也产于朝鲜、日本及俄罗斯。喜温暖，喜阳光充足的环境，喜湿，不耐旱，喜生于肥沃、疏松或稍带粘质的土壤中。生长适温 15～25℃。

【观赏评价与应用】株形挺拔，花姿绰约，色彩宜人，其园艺品种繁多，极具观赏性。多用于景区、公园、小区、园林绿地的池边、小溪边或湿地成片种植观赏，也可数株丛植点缀水景。

栽培的变种及品种有：

1. 花菖蒲 *Iris ensata* var. *hortensis*

为玉蝉花的变种，品种甚多，植物的营养体、花型及颜色因品种而异。叶宽条形，长 50～80cm，宽 1～1.8cm，中脉明显而突出。花茎高约 1m，苞片近革质，花的颜色由白色至暗紫色，斑点及花纹变化甚大，单瓣以至重瓣。花期 6～7 月，果期 8～9 月。

2. '绫部' 鸢尾 Iris ensata 'Ayabe'

玉蝉花品种，外轮花瓣极大，紫色，花瓣基部有黄色斑块，内轮花瓣小，紫红色。雌蕊的花柱上部3分枝，紫色，花瓣状。蒴果，花期春至夏季。

3. '初相'生鸢尾 Iris ensata 'Hatsu-aioi'

玉蝉花品种，外轮花瓣大，近白色，上有淡紫色脉纹，基部有黄色斑块，内轮花瓣小，紫色。雌蕊的花柱上部3分枝，分枝扁平，白色，边缘淡紫色，花瓣状，顶端2裂。蒴果，花期春至夏季。

4. '桃霞' 鸢尾 Iris ensata 'Momo-gasumi'

玉蝉花品种，外轮花瓣大，桃红色，基部带黄色斑块，内轮花瓣桃红色，雌蕊的花柱上部3分枝，分枝扁平，桃红色，花瓣状。蒴果，花期春至夏季。

5. '玉城' 鸢尾 Iris ensata 'Oujyou'

玉蝉花品种，外轮及内轮花瓣近等大，紫色，花瓣基部带有黄斑。雌蕊的花柱上部3分枝，分枝扁平，淡紫色，花瓣状，顶端2裂。蒴果，花期春至夏季。

6. '月夜' 野鸢尾 Iris ensata 'Tsukiyono'

玉蝉花品种，外轮花瓣大，白色，上有浅黄色脉纹，近基部变成紫色，基部有一黄色圆斑。内轮花瓣小极小，白色，雌蕊的花柱上部3分枝，较大，分枝扁平，黄白色，花瓣状，顶端2裂。蒴果，花期春至夏季。

'卡萨布兰卡' 球根鸢尾
Iris Gasablanca

【科属】鸢尾科鸢尾属

【形态特征】多年生草本，地下具球茎。叶直立略外弯，绿色，剑形，顶端渐尖，基部鞘状。花茎光滑，高40～60cm；苞片草质，内包含有1～2朵花；花大，白色；外花被片椭圆形，花柱分枝白色，花瓣状，基部有一黄色长斑块。蒴果。花期春季。

【产地与习性】园艺种。喜冷凉及光照充足环境，耐寒性好，不耐热。喜土层深厚、疏松、排水良好的砂质土壤。生长适温15～25℃。

2.'虎眼荷兰'荷兰鸢尾 Iris ×hollandica 'Eye of the Tiger'

球茎卵球形，叶纤细，外花被片直立，紫色，上有深紫色条纹，花柱分枝红褐色，花瓣状，上有深褐色条纹，基部黄色。花期春季。

3.'东方美人'荷兰鸢尾 Iris ×hollandica 'Onental Beauty'

球茎卵球形，叶纤细，外花被片近直立，淡蓝色，上有蓝色条纹，花柱分枝基部淡蓝色，上部黄色，花瓣状。花期春季。

【观赏评价与应用】本种地下具球茎，本类在我国栽培甚少，花大，洁白色雅，为一美丽的观赏草本，可片植于园路边、草坡、墙边或用于花境，也可与其他本属植物配植造景。

栽培球根鸢尾类型的植物有：

1.'布拉奥教授'球根鸢尾 Iris Prof. Blaauw

本种形态与'卡萨布兰卡'球根鸢尾相似，外花被片椭圆形，花色，花柱分枝蓝色，花瓣状，基部有一黄色长斑块。花期春季。

德国鸢尾
Iris germanica

【科属】鸢尾科鸢尾属

【形态特征】多年生草本。根状茎粗壮而肥厚，常分枝。叶直立或略弯曲，淡绿色、灰绿色或深绿色，常具白粉，剑形，长20～50cm，宽2～4cm，顶端渐尖，基部鞘状，常带红褐色，无明显的中脉。花茎光滑，黄绿色，高60～100cm，上部有1～3个侧枝，中、下部有1～3枚茎生叶；苞片3枚，草质，内包含有1～2朵花；花大，鲜艳，直径可达12cm；花色因栽培品种而异，多为淡紫色、蓝紫色、深紫色或白色，有香味；花被管喇叭形，外花被裂片椭圆形或倒卵形，顶端下垂，爪部狭楔形，内花被裂片倒卵形或圆形；花柱分枝淡蓝色、蓝紫色或白色。蒴果三棱状圆柱形，种子梨形。花期4～5月，果期6～8月。

【产地与习性】原产欧洲。性喜温暖及光照充足环境，耐寒，不耐炎热，耐旱，耐瘠。喜生于疏松、排水良好的砂质土壤。生长适温15～25℃。

【观赏评价与应用】本种花色丰富，品种繁多，株丛低矮，为广泛种植的观花草本，可片植于灌丛前、小桥边、滨水的岸边或篱垣边，也常用于花坛、花台或花带配植，或用于花境与其他观花植物配植。也可盆栽观赏。

蝴蝶花
Iris japonica

【科属】鸢尾科鸢尾属

【别名】日本鸢尾

【形态特征】多年生草本。根状茎可分为较粗的直立根状茎和纤细的横走根状茎。叶基生，暗绿色，有光泽，近地面处带红紫色，剑形，长 25 ～ 60cm，宽 1.5 ～ 3cm，顶端渐尖，无明显的中脉。花茎直立，高于叶片，顶生稀疏总状聚伞花序，分枝 5 ～ 12 个；苞片叶状，3 ～ 5 枚，宽披针形或卵圆形，其中包含有 2 ～ 4 朵花，花淡蓝色或蓝紫色；外花被裂片倒卵形或椭圆形，内花被裂片椭圆形或狭倒卵形，边缘有细齿裂，花盛开时向外展开；花柱分枝较内花被裂片略短，中肋处淡蓝色，顶端裂片繸状丝裂。蒴果椭圆状柱形，种子黑褐色。花期 3 ～ 4 月，果期 5 ～ 6 月。

【产地与习性】产江苏、安徽、浙江、福建、湖北、湖南、广东、广西、陕西、甘肃、四川、贵州、云南。生于山坡较阴蔽而湿润的草地、疏林下或林缘草地，云贵高原一带常生于海拔 3000 ～ 3300m 处。也产于日本。性喜半荫，也可在全光照下生长，喜湿润，耐寒，较耐热，不择土壤。生长适温 15 ～ 28℃。

【观赏评价与应用】本种色泽清雅，适应性强，多用于林下作地被植物，也可用于林缘、路边成片种植观赏。为民间草药，用于清热解毒、消瘀逐水，外伤瘀血等症。

马蔺
Iris lactea
【*Iris lactea* var. chinensis】

【科属】鸢尾科鸢尾属

【别名】兰花草

【形态特征】多年生密丛草本；根状茎短而粗，有多数坚韧的须根。叶基生，坚韧，淡绿色，条形，长 20 ～ 40cm，宽 2 ～ 6mm，基部带红褐色；花茎光滑，高 3 ～ 10cm；苞片 3 ～ 5，草质，绿色，边缘白色，内有 2 ～ 4 花；花浅蓝色、蓝色或蓝紫色；外轮花被片匙形，向外弯曲，中部有黄色条纹；内轮花被片倒披针形；花柱 3，先端 2 裂，花瓣状。蒴果长椭圆状柱形，种子为不规则的多面体，棕褐色。花期 4 ～ 5 月；果期 5 ～ 6 月。

【产地与习性】分布于东北、华北、西北等地，常生于林缘及路旁草地，山坡灌丛、河边及海滨砂质地。喜光、也能耐阴，耐寒、耐热、耐干旱、耐盐碱、耐瘠薄、耐污染又耐践踏。生长适温 15 ～ 28℃。

【观赏评价与应用】马蔺抗逆性强，尤其耐盐碱，是盐化草甸的建群种。近年来广泛用作园林观赏地被或用于园路边、滨水岸边种植造景。或用于公路隔离带、边坡等固土保水。

香根鸢尾
Iris pallida

【科属】鸢尾科鸢尾属

【形态特征】多年生草本。根状茎粗壮而肥厚，扁圆形。叶灰绿色，外被有白粉，剑形，长 40 ～ 80cm，宽 3 ～ 5cm，顶端短渐尖，基部鞘状。花茎光滑，绿色，有白粉，高 50 ～ 100cm，直径 1.3 ～ 1.5cm，上部有 1 ～ 3 个侧枝，中、下部有 1 ～ 3 枚茎生叶；苞片 3 枚，膜质，其中包含有 1 ～ 2 朵花；花大，蓝紫色、淡紫色或紫红色；花被管喇叭形，外

蝴蝶花

马蔺

香根鸢尾

花被裂片椭圆形或倒卵形，内花被裂片圆形或倒卵形；花柱分枝花瓣状。蒴果卵圆状圆柱形。花期 5 月，果期 6 ～ 9 月。

【产地与习性】原产欧洲，品种较多，我国各地庭园常见栽培。性喜温暖及阳光充足的环境，耐寒，耐瘠，耐旱，对土壤要求不高。生长适温 15 ～ 25℃。

【观赏评价与应用】株形挺拔，色泽美观，近年来开发出不少栽培品种，适合公园、绿地、景区等丛植或片植绿化。

黄菖蒲
Iris pseudacorus

【科属】鸢尾科鸢尾属

【别名】黄鸢尾

【形态特征】多年生草本，植株基部围有少量老叶残留的纤维。根状茎粗壮。基生叶灰绿色，宽剑形，长 40 ～ 60cm，宽 1.5 ～ 3cm，顶端渐尖，基部鞘状，色淡，中脉较明显。花茎粗壮，高 60 ～ 70cm，直径 4 ～ 6mm，茎生叶比基生叶短而窄；苞片 3 ～ 4 枚，膜质；花黄色，直径 10 ～ 11cm；外花被裂片卵圆形或倒卵形，内花被裂片较小；花柱分枝淡黄色，顶端裂片半圆形，边缘有疏牙齿。花期 5 月、果期 6 ～ 8 月。

【产地与习性】原产欧洲，我国各地常见栽培。喜生于河湖沿岸的湿地或沼泽地上，喜阳光，不耐旱，耐寒，耐瘠，不择土壤。生长适温 15 ～ 26℃。

【观赏评价与应用】株形美观，花金黄艳丽，多丛植或片植于水体的浅水处或用于湿地绿化，也可丛植用于点缀，或与其他水生植物配植打造水体景观，为优良的水生植物。

黄菖蒲

栽培的同属植物及野生植物有：

1. 紫苞鸢尾 *Iris ruthenica*

多年生草本，植株基部围有短的鞘状叶。叶条形，灰绿色，长 7 ～ 25cm，宽 1 ～ 3mm，顶端长渐尖，基部鞘状。花茎纤细，略短于叶，高 2 ～ 20cm，有 2 ～ 3 枚茎生叶；苞片 2 枚，膜质，内包含有 1 朵花；花蓝紫色，直径 5 ～ 5.5cm；外花被裂片倒披针形，有白色及深紫色的斑纹，内花被裂片直立，狭倒披针形；花柱分枝扁平，顶端裂片狭三角形。蒴果球形或卵圆形，种子球形或梨形。花期 5 ～ 6 月，果期 7 ～ 8 月。产东北、内蒙古、河北、山西、山东、河南、江苏、浙江、陕西、甘肃、宁夏、四川、云南、西藏及新疆。生于向阳砂质地或山坡草地。俄罗斯、朝鲜、哈萨克斯坦、蒙古、欧洲东部也有。

2. 溪荪 *Iris sanguinea*

多年生草本。根状茎粗壮，斜伸。叶条形，长 20 ～ 60cm，宽 0.5 ～ 1.3cm，顶端渐尖，基部鞘状，中脉不明显。花茎光滑，实心，高 40 ～ 60cm，具 1 ～ 2 枚茎生叶；苞片 3 枚，膜质，绿色，内包含有 2 朵花；花天蓝色，外花被裂片倒卵形，基部有黑褐色的网纹及黄色的斑纹，爪部楔形，内花被裂片直立，狭倒卵形；花柱分枝扁平，顶端裂片钝三角形，有细齿。果实长卵状圆柱形。花期 5 ～ 6 月，果期 7 ～ 9 月。产东北、内蒙古。生于沼泽地、湿草地或向阳坡地。也产于日本、朝鲜及俄罗斯。

溪荪

溪荪

溪荪

紫苞鸢尾

3. 鸢尾 *Iris tectorum*

多年生草本；根状茎短粗。叶片质薄，淡绿色，剑形，稍弯曲，中部略宽，长15～50cm，宽1.5～3.5cm。花茎与叶近于等长，单一或2分枝，通常有花1～4朵；苞片2～3，草质，边缘膜质；花蓝紫色，径约10cm；花被管细长；花被裂片6，外轮花被裂片较大，倒卵形，内面中央有鸡冠状附属物，反折；内轮花被裂片稍小，倒卵状椭圆形，斜开展；花柱分枝扁平，淡蓝色。蒴果长椭圆形。花期4～5月；果期6～8月。产山西、安徽、江苏、浙江、福建、湖北、湖南、江西、广西、陕西、甘肃、四川、贵州、云南、西藏。生于向阳坡地、林缘及水边湿地。

鸢尾

鸢尾

鸢尾

常见栽培的品种有：

1. '林光'鸢尾 *Iris* 'Forest Light'

多年生草本，株高30cm。花被片白色，反折。蒴果。

'林光'鸢尾

'林光'鸢尾

2. '夏威夷光环'鸢尾 *Iris* 'Hawaiian Halo'

多年生草本，株高20～30cm。花被片黄色。蒴果。

'夏威夷光环'鸢尾

'夏威夷光环'鸢尾

3. '信仰飞跃'鸢尾 *Iris* 'Leap Of Faith'

多年生草本，株高30cm。花被片淡黄色，中有紫色块斑。蒴果。

'信仰飞跃'鸢尾

'信仰飞跃'鸢尾

4. '伏特'鸢尾 *Iris* 'Volts'

多年生草本，株高25～35cm。花被片浅粉色，基部有紫色斑块。蒴果。

'伏特'鸢尾

'伏特'鸢尾

西伯利亚鸢尾
Iris sibirica

【科属】鸢尾科鸢尾属

【形态特征】多年生草本，植株基部围有鞘状叶及老叶残留的纤维。叶灰绿色，条形，长20～40cm，宽0.5～1cm，顶端渐尖，无明显的中脉。花茎高于叶片，平滑，高40～60cm，有1～2枚茎生叶；苞片3枚，膜质，内包含

有 2 朵花；花蓝紫色；外花被裂片倒卵形，上部反折下垂，爪部宽楔形，中央下陷呈沟状，有褐色网纹及黄色斑纹，无附属物，内花被裂片狭椭圆形或倒披针形；花柱分枝淡蓝色，拱形弯曲。蒴果卵状圆柱形、长圆柱形或椭圆状柱形。花期 4 ~ 5 月，果期 6 ~ 7 月。

【产地与习性】原产欧洲。常栽于庭园及花坛中供观赏。性喜阳光充足，喜湿，耐热，耐寒，耐瘠，喜疏松、肥沃的壤土。生长适温 15 ~ 26℃。

【观赏评价与应用】本种品种繁多，易栽培，花量大，可用于湿地、浅水处或水岸边栽培造景，也可片植于墙边、林缘或庭院一隅观赏。

巴西鸢尾
Neomarica gracilis

【科属】鸢尾科巴西鸢尾属

【别名】美丽鸢尾

【形态特征】多年生草本，株高 30 ~ 40cm。叶片两列，带状剑形，自短茎处抽生。

花茎高于叶片，花被片 6，外 3 片白色，基部淡黄色，带深褐色斑纹，内 3 片前端蓝紫色，带白色条纹，基部褐色。蒴果。花期春至夏。

【产地与习性】产巴西，我国南方引种栽培。喜高温及湿润气候，喜阳光，也耐半荫，不耐寒，忌积水。喜疏松、排水良好的壤土。生长适温 15 ~ 28℃。

【观赏评价与应用】花叶俱美，适应性极好，常片植于园路边、疏林下、滨水的岸边、墙垣边等处，或丛植用于山石、角隅、庭园等点缀，也可盆栽用于居室美化。

【同属种类】本属约 28 种，产热带非洲西部、中部及南美洲。我国引进 1 种。

加州庭菖蒲
Sisyrinchium californicum

【科属】鸢尾科庭菖蒲属

【形态特征】多年生草本，茎直立，株高 60cm。根状茎短，须根细弱。叶条形，长 30 ~ 40cm，宽 2 ~ 3cm，先端尖，全缘。疏散的伞形花序状的聚伞花序顶生，具多枚叶状苞片。花辐射对称，花瓣 6，近等大，黄色。蒴果。花期春至夏。

【产地与习性】产北美洲。喜温暖，喜湿，不耐热，耐寒，喜充足的光照。喜疏松、肥沃的壤土。生长适温 15 ~ 25℃。

【观赏评价与应用】小花精致，枝叶挺拔，为优良的观花草本，适合公园、绿地等山石边、园路边、墙边片植或点缀，也可用于花境或用于庭园绿化。

【同属种类】本属约 210 种，皆产于美洲。我国引种栽培的有 3 种。

栽培的同属植物有：

棕叶庭菖蒲 Sisyrinchium palmifolium

多年生草本，茎直立，株高 40 ~ 60cm。根状茎短。叶条形，长 20 ~ 50cm，宽 3 ~ 5cm，先端尖，全缘。聚伞花序顶生，着花十数朵；基部有多枚叶状的苞片；花梗细，花辐射对称，黄色，上有黄褐色脉纹；花被裂片 6，同型，近等大，2 轮排列。蒴果，种子多数。产南美洲。

黄扇鸢尾
Trimezia martinicensis

【科属】鸢尾科豹纹鸢尾属

【形态特征】多年生草本，株高 60 ~ 120cm。叶基生，带形，长可达 100cm，宽 5 ~ 8cm，先端渐尖，全缘。疏散的伞形花序，花被片 6，外 3 片较大，黄色，下部具褐色斑点，内 3 片较小，黄色，中间具紫褐色斑点，强烈反卷。蒴果。花期春至夏。

【产地与习性】产南美及西印度群岛，在热带部分地区归化。喜高温及阳光充足环境，喜湿润，耐热，不耐寒，耐瘠性好，不择土壤。生长适温 15 ~ 25℃。

【观赏评价与应用】小花金黄，叶终年常绿，适合热带地区的林缘、路边、林下片植或丛植点缀。

【同属种类】本属约有 30 种，产中南美洲及西印度群岛。我国引种栽培 1 种。

棕叶庭菖蒲

棕叶庭菖蒲

棕叶庭菖蒲

黄扇鸢尾

黄扇鸢尾

黄扇鸢尾

芦荟科 Aloaceae

翠绿芦荟
Aloe × delaetii

【科属】芦荟科芦荟属

【形态特征】多年生草本，株高15～30cm，冠幅30～45cm。叶莲座状簇生，先端急尖，基部阔，抱茎，边缘具齿。总状花序，不分枝，小花橙黄色。蒴果。花期春季。

【产地与习性】产南非。喜高温，喜干燥，忌水湿，耐旱性极强，不耐寒，喜疏松、排水良好的砂质土。生长适温18～30℃。

【观赏评价与应用】叶莲座状，青翠宜人，花雅致，适于公园、植物园等沙生区造景，也可盆栽培观赏。

【同属种类】本属约350～400种，产非洲热带及阿拉伯热带地区。我国引进20余种。

翠绿芦荟

木立芦荟
Aloe arborescens

【科属】芦荟科芦荟属

【形态特征】多年生草本，明显具主茎，植株被白粉。叶狭长，先端具锐尖，边缘具刺状硬刺。总状花序，小花红色，具离生花被。花果期7～9月。

木立芦荟

木立芦荟

木立芦荟

【产地与习性】产南部非洲，主要分布于南非、马拉维、莫桑比克及津巴布韦。性喜干燥及阳光充足的环境，忌过湿，耐热，不耐寒。喜疏松、排水良好的砂质土壤。生长适温18～30℃。

【观赏评价与应用】株丛自然，叶翠绿可爱，可用于观赏，适合公园、植物园等沙生区的山石边、路边种植观赏，也常盆栽用于室内装饰。

库拉索芦荟
Aloe vera

【科属】芦荟科芦荟属

【形态特征】多年生草本，茎短，株高约50cm。叶簇生，肉质，粉绿色，条状，先端渐尖，基部宽阔，边缘疏生刺状小齿，长

库拉索芦荟

异色芦荟

异色芦荟

不夜城芦荟

不夜城芦荟

不夜城芦荟

20 ～ 40cm。花葶高 60 ～ 90cm，总状花序，苞片近披针形，花淡黄色。蒴果。花果期 7 ～ 9 月。

【产地与习性】产非洲北部。性喜高温及光照充足的环境，较耐湿，耐热，不耐寒，喜干燥。喜生于疏松、排水良好的砂质土壤。生长适温 18 ～ 30℃。

【观赏评价与应用】本种叶大美观，花整齐有序，可植于具沙质土壤的路边、山石边或墙边观赏，也多用于多浆区与其他多肉植物配植。

异色芦荟
Aloe versicolor

【科属】芦荟科芦荟属

【形态特征】多年生肉质常绿草本植物，茎短，株高约 30cm。叶莲座状簇生，狭披针形，先端渐尖，基部宽阔，叶缘有刺，粉绿色；花茎高 40 ～ 50cm，具分枝，总状花序疏散，小花红色。蒴果。花期 2 ～ 3 月。

【产地与习性】原产非洲。性喜高温及干燥环境，较耐湿，不耐寒，极耐旱，耐瘠，喜疏松、排水良好的砂质土。生长适温 18 ～ 30℃。

【观赏评价与应用】开花整齐，美丽的花朵密生于细长的花茎上，红艳动人，非常醒目，极具观赏性，可成片种植于具有沙质土壤的路边、小径或假山石边，也可数株丛植用于岩石园或庭院点缀。

栽培的同属植物有：

1. 不夜城芦荟 *Aloe perfoliata*

多年生肉质草本植物，丛生，株高 30 ～ 50cm。叶肉质，莲座状着生于短茎上，先端急尖，边缘有白色小刺，绿色。总状花序，小花筒状，花开放时花瓣前端稍反卷，橙红色。蒴果。花期春季。产非洲。

2. 草地芦荟 *Aloe pratensis*

多年生草本，株高 15cm。叶翠绿色，莲座状着生于短茎上，叶缘及叶面均具白色小刺，先端急尖，基部阔，稍反卷。花茎单生，总状，小花筒状，开放时下垂，橙黄色。蒴果。花期春季。产非洲。

草地芦荟

3. 银芳锦芦荟 *Aloe striata*

多年生肉质草本，茎短，株高可达100cm。叶片肉质，先端尖，基部，叶面被白粉，全缘。总状花序，具分枝，小花松散排列在花枝上，花橘红色。蒴果。花期春季。

银芳锦芦荟

4. 翠花掌 *Aloe variegata*

多年生肉质植物。株高20～30cm，茎短。叶肉质，三角形，三列覆瓦状排列，叶长10～15cm，宽3～5cm，反卷，叶面绿色，边缘具极小的刺，叶面上分布有大量白色斑点。总状花序，高约30cm，有小花20～30朵，花冠筒状，橙红色。蒴果。花期春季。

翠花掌

龙舌兰科 Agavaceae

龙舌兰
Agave americana

【科属】龙舌兰科龙舌兰属

【形态特征】多年生高大草本；叶大而肥厚，莲座状簇生，通常 30～40 枚，有时 50～60 枚，长披针形，长达 1～2m，中部宽 15～20cm，灰绿色，有白粉，先端有褐色硬尖刺，边缘有波状锯齿，齿端有钩刺。圆锥花序，在原产地可高达 6～12m，多分枝；花黄绿色，稍呈漏斗状。蒴果长圆形，3瓣裂。

【产地与习性】原产于热带美洲；在云南、广东、台湾等地逸生。喜阳光充足环境，耐干旱，耐瘠薄，不耐水涝。喜疏松、排水良好的砂质土壤。生长适温 18～30℃。

【观赏评价与应用】龙舌兰株形奇特，叶片肥大，繁花密聚，玉花高悬，为花叶兼美的观赏植物，富热带特色。适于花坛中心、入口两旁、草坪、路旁栽植，也是优良的盆栽植物。

【同属种类】本属约 233 种，产西半球的干旱及半干旱地区，我国引进栽培 10 余种。

龙舌兰

栽培的变种有：

金边龙舌兰 *Agave americana* var. variegata

本变种与原种的主要区别为叶边缘金黄色。

金边龙舌兰

金边龙舌兰

狐尾龙舌兰
Agave attenuata

【科属】龙舌兰科龙舌兰属

【别名】翡翠盘

【形态特征】多年生常绿草本，株高

龙舌兰

狐尾龙舌兰

狐尾龙舌兰

50～150cm。叶片卵形，莲座状密生于短茎上，长 50～70cm，宽 12～16cm，先端急尖，有尖刺，基部渐，抱茎，叶缘具小刺，翠绿具白粉。穗状花序，长 4～7m，花黄绿色。花期春季。

【产地与习性】产墨西哥。喜高温，喜干燥，耐旱，耐瘠，不耐荫蔽，忌水湿。喜排水良好的砂质土壤。生长适温 18～30℃。

【观赏评价与应用】狐尾龙舌兰叶片宽大，密集，稍反卷，叶色青翠，花序大，观赏性极佳，可丛植于路边、沙地中或草丛中，也可孤植用于假山石边、角隅点缀。盆栽适合庭院绿化，幼株可用于室内的阳台、窗台装饰。

'金边'礼美龙舌兰
Agave desmettiana 'Variegata'

【科属】龙舌兰科龙舌兰属

【形态特征】多年生常绿草本，株高60～90cm，冠幅90～120cm。叶莲座状簇生，叶片狭长，先端急尖，有小尖齿，边缘有小齿，叶绿色，边缘金黄色。穗状花序，直立，高4～5m，花黄绿色。花期春季。

【产地与习性】产墨西哥。性喜干燥及阳光充足的环境，极耐热、耐旱，不耐寒。喜疏松、排水良好的砂质土。生长适温18～30℃。

【观赏评价与应用】叶形优雅，具金色边缘，花序高大，小花黄绿色，具有较高的观赏性，可数株丛植于沙地中或孤植用于点缀山石、角隅等处。也可盆栽用于庭院美化。

'金边'礼美龙舌兰

'金边'礼美龙舌兰

'金边'礼美龙舌兰

栽培的同属植物有：

1. 劲叶龙舌兰 *Agave neglecta*

多年生草本，株高60～100cm。叶莲座状着生，先端急尖，基部阔，叶端有尖刺，边缘有小尖刺，叶粉绿色，叶前端反卷。伞形花序高大，可达5～6m，花黄色。花期夏季，产北美。

劲叶龙舌兰

劲叶龙舌兰

劲叶龙舌兰

2. 雷神 *Agave potatorum*

多年生常绿肉质草本，株高15～35cm。叶肉质，排成莲座形，呈放射状丛生，叶片轮廓为倒广卵形，上部稍宽，叶缘具齿，具红褐色硬刺，叶绿色，被白粉。花序高可达6m，小花黄绿色。产墨西哥。

雷神

雷神

3. 剑麻 *Agave sisalana*

多年生草本植物。叶呈莲座式排列，叶刚直、肉质，剑形，初被白霜，后脱落呈深蓝色，高可达2m。叶缘无刺或偶而具刺。圆锥花序，高可达6m，花黄绿色，不结实。蒴果。产墨西哥。

剑麻

剑麻

4. 蓝长序龙舌兰 *Agave striata*

又名吹上，多年生草本植物，无茎。叶质硬，放射状从基部发出，线形，基部呈三角形，表面粗糙，顶部具尖刺，叶灰绿色，长60cm，宽1cm。穗状花序高达3m，小花黄白色。产墨西哥。

蓝长序龙舌兰

蓝长序龙舌兰

5. 笹之雪 Agave victoriae-reginae

多年生肉质草本植物，无茎，株高可达
50cm。叶肉质，莲座状排列，叶片三角锥形，
先端细，三棱形，腹面扁平，绿色，边缘有
白色斑纹，脱落成丝状，顶端具黑刺。穗状
花序，小花淡绿色。产墨西哥。

笹之雪

笹之雪

悉尼火百合
Doryanthes excelsa

【科属】龙舌兰科茅花属

【别名】高大矛花

【形态特征】多年生草本，株高 90 ～
120cm。叶带形，基生叶先端尖，基部渐
狭，全缘，花茎上的叶披针形。花茎单一，
高可达 6m，花集生于花茎顶端，小花花
瓣 6，紫红色，苞片暗紫色。蒴果。花期
10 ～ 11 月。

【产地与习性】产澳大利亚的新南威尔士
州。性喜高温及阳光充足的环境，极耐热，耐

悉尼火百合

悉尼火百合

悉尼火百合

瘠，耐寒性差，喜疏松、排水良好的砂质土。
生长适温 18 ～ 30℃。

【观赏评价与应用】花葶高大，花生于茎
顶，色彩艳丽，极为奇特，为优良的观花植
物，我国华南有引进栽培，适合数株丛植或
孤植于草地中、路边或角隅等处观赏。

【同属种类】本属约 2 种，产澳大利亚东
海岸，我国引进 1 种。

万年麻
Furcraea foetida

【科属】龙舌兰科万年麻属

【形态特征】多年生草本植物，株高可达
1m，茎不明显，叶剑形，长 1 ～ 1.8m，宽
10 ～ 15cm，叶呈放射状生长，先端尖，新叶
近金黄色，具绿色纵纹，老叶绿色，具金黄
色纵纹。伞形花序，可高达 5 ～ 7m，小花黄
绿色，花梗上会出现大量幼株。花期初夏。

【产地与习性】产美洲。性喜高温及干燥
环境，极耐热，不耐寒，忌积水，喜疏松、
排水良好的砂质土壤。生长适温 20 ～ 30℃。

【观赏评价与应用】叶色美丽，黄绿相间，
观赏性极佳。盆栽可用于客厅、卧室及餐厅
等装饰，也适合植于庭院、公园、景区的路
边、墙垣边观赏或群植造景；叶可用作切花
花材。

【同属种类】本属约 22 种，产热带美洲，
我国引种栽培。

万年麻

万年麻

新西兰剑麻
Phormium colensoi

【科属】龙舌兰科麻兰属

【别名】山麻兰

【形态特征】多年生常绿草本，株高1.2～1.8m。叶剑形直立，革质，叶基生，先端尖，全缘，绿色。大型圆锥花序，可达3m，小花斜立向上，花冠黄色，花蕊紫色，伸出花冠筒外。蒴果。花期春、夏季。

【产地与习性】产新西兰。喜温暖、湿润及光照充足的环境，较耐热，不耐寒，耐瘠。喜疏松、排水良好的砂质壤土。生长适温15～28℃。

【观赏评价与应用】株形美观，叶片坚挺，小花清秀，观赏性较佳，盆栽可用于厅堂或门厅等处栽培观赏，园林中可用于园路边、角隅、山石边丛植观赏。

新西兰剑麻

新西兰剑麻

新西兰剑麻

【同属种类】本属有2种，产新西兰及诺福克岛，我国引种栽培。

栽培的同属植物有：

麻兰 *Phormium tenax*

多年生常绿草本，株高100～180cm。叶剑形，直立，革质，基生，先端尖，全缘，叶绿色，栽培品种有的叶片间有黄白色纵纹、金边、紫色等。圆锥花序，小花萼片及花瓣紫红色。蒴果。花期夏季。

麻兰

麻兰

棒叶虎尾兰
Sansevieria cylindrica

【科属】龙舌兰科虎尾兰属

【别名】羊角兰、圆叶虎尾兰

【形态特征】多年生肉质草本，茎短，具粗大根茎，株高可达2m。叶从根部丛生，长约1m，直径3cm，圆筒形或稍扁，顶端急尖而硬，暗绿色具绿条纹。总状花序，较小，紫褐色。花期冬季。

【产地与习性】产非洲热带。喜高温及干燥环境，耐旱，耐瘠，不耐寒，忌积水。喜生于砂质壤土。生长适温20～28℃。

【观赏评价与应用】株形美观，叶形奇特，适于家庭盆栽，可用于布置厅堂、阳台或案几，也适合植于庭院一隅或墙边观赏，也常用于沙生植物专类园。

棒叶虎尾兰

棒叶虎尾兰

棒叶虎尾兰

【同属种类】本属约70种，主要产非洲，少数种类也见于亚洲南部。我国有引种常见栽培的有3种。

棒叶虎尾兰栽培的品种有：

'佛手'虎尾兰 *Sansevieria cylindrica* 'Boncelensis'

与原种棒叶虎尾兰的区别为叶短小，长约20cm，叶套迭生长，呈佛手状。

'佛手'虎尾兰

'佛手'虎尾兰

石笔虎尾兰
Sansevieria stuckyi

【科属】龙舌兰科虎尾兰属

【形态特征】多年生肉质草本，株高可达2m。茎短，具粗大根茎。叶从根部丛生，长约1m，圆筒形或稍扁，顶端急尖而硬，叶面绿色。总状花序，小花白色。花期冬季。

石笔虎尾兰

石笔虎尾兰

石笔虎尾兰

【产地与习性】产津巴布韦。喜高温，喜阳光，喜干燥环境，耐热，不耐寒，耐瘠性好，不择土壤，以疏松、排水良好的砂质土为宜。生长适温20～28℃。

【观赏评价与应用】叶形奇特，习性强健，易管理，适于家庭盆栽，可用于布置厅堂、客厅、书房或案几；也适合公园、绿地丛植或片植观赏。

虎尾兰
Sansevieria trifasciata

【科属】龙舌兰科虎尾兰属

【别名】虎皮兰

【形态特征】有横走根状茎。叶基生，常1～2枚，也有3～6枚成簇的，直立，硬革质，扁平，长条状披针形，长30～70（～120）cm，宽3～5（～8）cm，有白绿色相间的横带斑纹，边缘绿色，向下部渐狭成长短不等的、有槽的柄。花葶高30～80cm，基部有淡褐色的膜质鞘；花淡绿色或白色，每3～8朵簇生，排成总状花序；浆果直径约7～8mm。花期11～12月。

【产地与习性】原产洲西部，我国各地有栽培，供观赏。喜温暖、干燥环境，耐热，耐瘠，不耐寒，不喜水湿环境，喜生于疏松、排水良好的砂质壤土。生长适温20～28℃。

【观赏评价与应用】叶片坚挺，叶面布有虎尾状斑纹，奇特有趣，为我国常见栽培的观叶植物。园林中多用于灌丛前、路边、山石边或墙边丛植或片植观赏，盆栽适合布置书房、客厅、卧室及阳台等处。叶纤维强韧，可供编织用。

虎尾兰

虎尾

虎尾

虎尾兰栽培的品种有：

1.'白肋'虎尾兰 Sansevieria trifasciata 'Argentea-striata'

与原种虎尾兰的主要区别为叶面有宽窄不一的白色纵条纹。

2.'金边短叶'虎尾兰 Sansevieria trifasciata 'Golden Hahnii'

与原种虎尾兰的主要区别叶片短小，卵圆形，长不及 15cm，叶片边缘具金色边缘。

'金边短叶'虎尾兰

3.'短叶'虎尾兰 Sansevieria trifasciata 'Hahnii'

与原种虎尾兰的主要区别叶片短小，卵圆形，长不及 15cm。

'短叶'虎尾兰

4.'金边'虎尾兰 Sansevieria trifasciata 'Laurentii'

与原种虎尾兰的主要区别叶片边缘有金边。

'金边'虎尾兰

5.'仗叶'虎尾兰 Sansevieria trifasciata cv.

与原种虎尾兰的主要区别叶片较宽，叶面散生有云片状白斑。

栽培的同属植物有：

1. 棍棒虎尾兰 Sansevieria bacularis

多年生草本，株高 30～40cm。叶二型，初生叶长卵圆形或带形，全缘，后长出叶片棒形，先端尖，上有绿白色斑纹。花葶高约 40cm，小花密集组成穗状花序，小花白色。浆果。花期冬季。产非洲。

棍棒虎尾兰

棍棒虎尾兰

2. 方氏虎尾兰 Sansevieria francisii

多年生草本，株高 15～45cm。叶套迭对生，先端具小尖头，基部阔，上有暗绿色条纹。花葶高约 20cm，小花集生于花茎顶端，花白色。浆果。产非洲。

方氏虎尾兰

方氏虎尾兰

蒟蒻薯科 **Taccaceae**

裂果薯
Schizocapsa plantaginea

【科属】蒟蒻薯科裂果薯属

【别名】水田七

【形态特征】多年生草本，高 20 ~ 30cm。叶片狭椭圆形或狭椭圆状披针形，长 10 ~ 15（ ~ 25）cm，宽 4 ~ 6（ ~ 8）cm，顶端渐尖，基部下延，沿叶柄两侧成狭翅；花葶长 6 ~ 13cm；总苞片 4，卵形或三角状卵形，长 1 ~ 2（ ~ 3）cm，宽 0.5 ~ 1.8cm，内轮 2 枚常较小；伞形花序有花 8 ~ 15（ ~ 20）朵；花被裂片 6，淡绿色、青绿色、淡紫色、暗色，外轮 3 片披针形，长约 6mm，内轮 3 片卵圆形，较外轮短而宽，顶端具小尖头；蒴果近倒卵形，3 瓣裂；种子多数。花果期 4 ~ 11 月。

【产地与习性】产湖南、江西、广东、广西、贵州、云南。生于海拔 200 ~ 600m 的水边、沟边、山谷、林下、路边、田边潮湿地方。泰国、越南、老挝也有分布。喜温暖，喜湿润，喜光照，耐半荫，喜疏松壤土。生长适温 15 ~ 25℃。

【观赏评价与应用】叶色青翠，小花奇特，可供观赏，适合植于阴湿的林下、林缘或滨水的岸边观赏。根状茎药用，治牙痛等；外敷治跌打、疮疡肿毒。

【同属种类】本属 2 种，产中国、老挝、泰国、越南，我国产 2 种，其中 1 种为特有。

老虎须
Tacca chantrieri

【科属】蒟蒻薯科蒟蒻薯属

【别名】蒟蒻薯

【形态特征】多年生草本。根状茎粗壮，近圆柱形。叶片长圆形或长圆状椭圆形，长 20 ~ 50（ ~ 60）cm，宽 7 ~ 1（ ~ 24）cm，顶端短尾尖，基部楔形或圆楔形，两侧稍不相等，无毛或背面有细柔毛；花葶较长；总苞片 4 枚，暗紫色，外轮 2 枚卵状披针形，长 3 ~ 4（ ~ 5）cm，宽 1 ~ 2cm，顶端渐尖，内轮 2 枚阔卵形，长 2.5 ~ 4（ ~ 7）cm，宽 2.5 ~ 3（ ~ 6.5）cm；小苞片线形，长约 10cm；伞形花序有花 5 ~ 7（ ~ 18）朵；花被裂片 6，紫褐色。浆果肉质，椭圆形，具 6 棱，紫褐色，种子肾形。花果期 4 ~ 11 月。

【产地与习性】产湖南、广东、广西、云南。生于海拔 170 ~ 1300m 的水边、林下、山谷阴湿处。越南、老挝、柬埔寨、泰国、新加坡、马来西亚等地都有分布。喜温暖及湿润的环境，喜半荫，不喜强光直射。耐热性好，有一定的耐寒性。喜生于疏松、排水良好的壤土，忌粘重土壤。生长适温 15 ~ 28℃。

【观赏评价与应用】总苞片大而奇特，小花精致，小苞片线形长达 10cm，故名"老虎须"，耐阴性强，是优美的观赏植物，适于荫蔽的林下、水岸边种植观赏。根状茎味苦、性凉，药用有清热解毒、消炎止痛的功效。全株有毒，慎用。

【同属种类】本属约 11 种，产热带亚洲及大洋洲。我国有 4 种，其中特有 1 种，1 种引进栽培。

裂果薯

裂果薯

老虎须

百部科 Stemonaceae

百部
Stemona japonica

【科属】百部科百部属

【别名】蔓生百部

【形态特征】块根肉质，成簇，常长圆状纺锤形。茎长达1m许，常有少数分枝，下部直立，上部攀援状。叶2~4(~5)枚轮生，纸质或薄革质，卵形，卵状披针形或卵状长圆形，长4~9(11)cm，宽1.5~4.5cm，顶端渐尖或锐尖，边缘微波状，基部圆或截形，很少浅心形和楔形；花单生或数朵排成聚伞状花序，花被片淡绿色，披针形，顶端渐尖，基部较宽，开放后反卷；雄蕊紫红色；蒴果，赤褐色，熟果2片开裂，常具2颗种子。种子椭圆形。花期5~7月，果期7~10月。

【产地与习性】产浙江、江苏、安徽、江西等省；生于海拔300~400m的山坡草丛、路旁和林下。喜冷凉及阳光充足的环境，耐半荫，耐旱，耐瘠，耐寒，不耐炎热，对土壤要求不高，以疏松、排水良好的壤土为佳。生长适温15~25℃。

【观赏评价与应用】叶片清新可人，小花极为精致，为优良的观叶观花植物，可丛植于山石边、林缘处或角隅等观赏。根入药，外用于杀虫、止痒、灭虱；内服有润肺、止咳、祛痰之效。

【同属种类】本属约27种，产亚洲、澳大利亚。我国有7种，其中5种为特有种。

百部

兰科 Orchidaceae

一、七大原种属

卡特兰属
Cattleya Lindl.

【科属】兰科

【形态特征】附生兰。茎通常膨大成假鳞茎状，纺锤形或棍棒形，直立。具气生根。顶端具 1 ~ 2 枚叶，叶革质或肉质，长椭圆形。单朵或数朵排成总状花序，生于假鳞茎顶端。大多种类花大美丽。

【产地与习性】全属约近 190 种，我国不产，产美洲，附生于树上或岩石上。

【观赏评价与应用】卡特兰花形奇特，花色优雅，色彩丰富，绚丽夺目，为世界各地广泛栽培的观赏兰花。植物学家约翰·德莱博士为了纪念第一位发现这种花并将之种植成功开花的英国园艺学家 William. Cattleya，将其命名为 Cattleya（卡特兰）。它象征着勤劳、友好和尊重，代表着雍容华贵和高雅大方。巴西和哥斯达黎加等国评它为国花。清·梁修的《花棣百花诗》（著于 1885 年）中有一首吟《洋兰》，言"近三四十年始入内地"、"香较烈，颇宜美人头，渐与茉莉、素馨争雄矣"，这里所说的洋兰就指卡特兰，可见卡特兰在晚清时已有引种。园林中多用于附于树干上、枯木上造景，常与其他附生兰配景，营造兰花立体景观，也常盆栽用于居室、庭院吊挂栽培观赏。

我国栽培的卡特兰多盆栽，大多所见的卡特兰为本属的杂交种或属间杂交种，下面简要介绍几种原生及栽培品种：

1. 橙黄卡特兰 *Cattleya aurantiaca*

具假鳞茎，棍棒形，双叶，长椭圆形，革质。花葶着生于茎顶，着花 5 ~ 15 朵，呈总状花序状。花萼及花瓣红色，唇瓣基部浅黄色并带红斑。不同个体花色有差异。花期春季。生长适温 20 ~ 30℃，栽培容易，喜中光至强光照。产墨西哥至洪都拉斯，生于 1600m 以下的的山地雨林中的。

橙黄卡特兰

2. 危地马拉卡特兰 *Cattleya guatemalensis*

假鳞茎棍棒形，双叶，叶绿色，革质，长椭圆形。花葶着生于茎顶，着花数朵，花萼花瓣粉红色，狭长，唇瓣中下部黄色带紫色脉纹。花期春季。生长适温 20 ~ 30℃，易栽培，喜较强的光照。产危地马拉。

3. '大丽贝'中花卡特兰 *Cattleya intermedia* fma. *Orlata* 'Big Lipe'

假鳞茎细棍棒形，双叶，长椭圆形，绿色，具光泽，革质。花葶着生于茎顶，每茎着花 3 ~ 9 朵，花瓣及花萼白色多少带淡粉色，唇瓣紫红色。花期春季。生长适温 18 ~ 28℃。易栽培，喜较强的光照。个体极多，个体花色差异较大。原种产巴西，乌拉圭及阿根廷。附生于近海的岩石或树干上。

'大丽贝'中花卡特兰

4. 高贵卡特兰 *Cattleya nobilior*

假鳞茎 3 ~ 4 节，双叶，长椭圆形。花 1 ~ 2 朵花瓣及萼片桃红色，唇瓣 3 裂，侧裂片包裹蕊柱，中裂片前端扩大成鱼尾状，中间微凹，喉部黄色。栽培个体极多，花瓣、萼片及唇瓣色泽差异较大。花期春至夏，生长适温 20 ~ 30℃，栽培较难，喜较强的光照。产巴西、玻利维亚等地，生于海拔 170 ~ 700m 的树干及岩壁上。

危地马拉卡特兰

高贵卡特兰

5. 革质卡特兰 *Cattleya skinneri*

假鳞茎纺棰棒状，双叶，长椭圆形。花瓣紫红色，唇瓣中部黄白色，基部红褐色。不同个体花色差异较大。花期春季。生长适温20～30℃，易栽培，中光照。产墨西哥、危地马拉、萨尔瓦多、洪都拉斯、尼加拉瓜及哥斯达黎加等地，常生于海拔1250m左右的近海的湿润林中树干或山石上，为哥斯达黎加国花。

革质卡特兰

6. '太浩玫瑰'卡特兰 *Cattleya Tahoe Rose*

具假鳞茎，棍棒形，叶长椭圆形，革质。花葶着生于茎顶，萼片及花瓣白色或淡粉色，唇瓣先端紫色，基部近白色，有紫色条纹。花期春季。生长适温20～30℃。园艺种。

'太浩玫瑰'卡特兰

兰属
Cymbidium Sw.

【科属】兰科

【形态特征】附生或地生草本，罕有腐生，通常具假鳞茎；假鳞茎卵球形、椭圆形或梭形，较少不存在或延长成茎状，通常包藏于叶基部的鞘之内。叶数枚至多枚，通常生于假鳞茎基部或下部节上，二列，带状或罕有倒披针形至狭椭圆形，基部一般有宽阔的鞘并围抱假鳞茎，有关节。花葶侧生或发自假鳞茎基部，直立、外弯或下垂；总状花序具数花或多花，较少减退为单花；花较大或中等大；萼片与花瓣离生，多少相似；唇瓣3裂，基部有时与蕊柱合生；侧裂片直立，常多少围抱蕊柱，中裂片一般外弯；唇盘上有2条纵褶片。蒴果。

兰属植物造景

【产地与习性】全属约55种，产亚洲热带及亚热带地区，向南部至新几内亚和澳大利亚。我国有49种，其中19种为特有。

【观赏评价与应用】我国兰属植物栽培历史久远，至于起源于何时尚无定论，在1973年发现的约为公元前5000～7000年浙江余姚河姆渡古遗址的考察中已发现了兰花纹饰的陶器，在我国众多的史籍中均有对兰花的记载，兰花也成为历代文人墨客争相吟诵和栽培的名花之一。我国流传至今最早的一部兰花专著是成书于宋代由赵时庚所著的《金漳兰谱》，宋代王贵学的《兰谱》也对兰花各种形态进行了研究，并以瓣型作为鉴赏的理论依据。明代的其它兰花相关书籍主要有簟溪子的《兰易》《兰史》等。清代的兰花专著也较多，如许霁楼的《兰蕙同心录》、杜筱舫的《艺兰四说》、朱克柔的《第一香笔记》、佚名的《朱氏兰蕙图谱》等。兰心蕙性，在中国的传统文化中兰花是百花中的谦谦君子。被人们赋予了灵动秀逸的特性。兰花以它花朵的神韵、风姿和幽香而让世人喜爱。孔子曰："芝兰生于森林不以无人而不芳，君子修道立德不谓穷困而改节"体现的是君子之风。明朝人余同麓在咏兰诗中有"寸心原不大，容得许多香"，诗中即包括兰花味道之香，也许也包含了史香、文化之香。各代大家对兰花多有吟诵，因此承载着历史文化也最为厚重，空谷幽兰，其花幽香清远，发乎自然，被人们称为"第一香"、"国香"并不为过。兰属植物种及品种繁多，花色各异，可地栽造景，也可盆栽用于室内欣赏。

兰属植物造景

兰属植物造景

国兰类:

1. 送春 *Cymbidium cyperifolium* var. *szechuanicum*

地生或半附生植物;假鳞茎较小。叶 8 ~ 13 枚,带形,质软,下弯,常整齐 2 列而多少呈扇形。花葶从假鳞茎基部发出,总状花序具 3 ~ 7 朵花;萼片与花瓣黄绿色或苹果绿色,偶见淡黄色或草黄色,萼片常多少扭曲。花期 2 ~ 3 月。产四川邓崃山。栽培的品种有:'边草边花'送春 C. *cyperifolium* var. *szechuanicum* 'Bian Cao

送春－乌蒙颂

送春金镶玉

新品水仙送春

Bian Hua'、'金镶玉'送春 C. *cyperifolium* var. *szechuanicum* 'Jin Xiang Yu'、'乌蒙颂'送春 C. *cyperifolium* var. *szechuanicum* 'Wu Men Song'、'新品水仙'送春 C. *cyperifolium* var. *szechuanicum* 'Xing Pin Shui Xian'。

2. 建兰 *Cymbidium ensifolium*

又名四季兰,地生草本,假鳞茎卵球形。叶 2 ~ 4(~ 6)枚,带形,有光泽。花葶从假鳞茎基部发出,总状花序具 3 ~ 9(~ 13)朵花,花常有香气,色泽变化较大,通常为浅黄绿色而具紫斑。花期通常为 6 ~ 10 月。

产我国中南部,广泛分布于东南亚和南亚各国,北至日本。生于海拔 600 ~ 1800m 疏林下、灌丛中、山谷旁或草丛中。栽培的品种有:'彩凤'建兰 C. *ensifolium* 'Cai Feng'、'红猫'建兰 C. *ensifolium* 'Hong Mao'、'梨山狮王'建兰 C. *ensifolium* 'Li Shan Shi Wang'、'铁骨素梅'建兰 C. *ensifolium* 'Tie Gu Su Me'。

建兰－梨山狮王

送春边草边花

彩凤－建兰

红猫－建兰

铁骨素梅-建兰

崔梅蕙兰

4. 春兰 *Cymbidium goeringii*

地生植物；假鳞茎较小，卵球形；花序具单朵花，极罕 2 朵；花色泽变化较大，通常为绿色或淡褐黄色而有紫褐色脉纹，有香气。蒴果狭椭圆形。花期 1 ~ 3 月。产我国中南部。日本与朝鲜半岛也有。生于 300 ~ 3000m 的多石山坡、林缘、林中透光处。栽培的品种有：'贺神梅'春兰 C. *goeringii* 'He Shen Mei'、'环球荷鼎'春兰 C. *goeringii* 'Hua Qiu He Ding'、'汪字'春兰 C. *goeringii* 'Wang Zi'、'宋梅'春兰 C. *goeringii* 'Song Mei'。

3. 蕙兰 *Cymbidium faberi*

地生草本；假鳞茎不明显。叶 5 ~ 8 枚，带形。花葶从叶丛基部最外面的叶腋抽出，近直立或稍外弯。总状花序具 5 ~ 11 朵或更多的花，花常为浅黄绿色，唇瓣有紫红色斑，有香气。蒴果近狭椭圆形。花期 3 ~ 5 月。主要产于我国中南部，尼泊尔、印度北部也有分布。生于海拔 700 ~ 3000m 湿润但排水良好的透光处。栽培的品种有：'程梅'蕙兰 C. *faberi* 'Cheng Mei'、'崔梅'蕙兰 C. *faberi* 'Cui Mei'、'老极品'蕙兰 C. *faberi* 'Lao Ji Ping'、'梦荷'蕙兰 C. *faberi* 'Meng He'。

老极品蕙兰

贺神梅春兰

程梅蕙兰

梦荷蕙兰

环球荷鼎春兰

叶蝶三星寒兰

5. 寒兰 *Cymbidium kanran*

地生植物；假鳞茎狭卵球形。叶 3 ~ 5 (~7) 枚，带形，薄革质，暗绿色。花葶发自假鳞茎基部，总状花序疏生 5 ~ 12 朵花；花常为淡黄绿色而具淡黄色唇瓣，也有其他色泽，常有浓烈香气；蒴果狭椭圆形。花期 8 ~ 12 月。产我国中南部，生于 400 ~ 2400m 林下、溪谷旁或稍荫蔽、湿润、多石之土壤上。日本和朝鲜半岛也有分布。栽培的品种有：'三星蝶' 寒兰 C. *kanran* 'San Xing Die'、'五彩圆舌' 寒兰 C. *kanran* 'Wu Cai Yuan She'、'叶蝶三星' 寒兰 C. *kanran* 'Ye Die San Xing'、'一品荷仙' 寒兰 C. *kanran* 'Yi Pin He Xian'。

一品荷仙寒兰

宋梅春兰

三星蝶寒兰

五彩圆舌寒兰

兰属植物造景

6. 豆瓣兰 *Cymbidium serratum*

地生植物。假鳞茎较小。叶 4 ~ 7 枚，带形，通常较短，叶片边缘具细齿，质地较硬。花序为单朵花，极罕 2 朵，通常无香气，花色因品种不同而异。花期春季。产地与生境与春兰相同。栽培的品种有：'红塔盛典'豆瓣兰 C. *serratum* 'Hong Ta Sheng Dian'、'九洲红梅'豆瓣兰 C. *serratum* 'Jiu Zhou Hong Mei'、'绿荷'豆瓣兰 C. *serratum* 'Lv He'、'太极圣梅'豆瓣兰 C. *serratum* 'Tai Ji Sheng Mei'。

红塔盛典豆瓣兰

九洲红梅豆瓣兰

绿荷豆瓣兰

太极圣梅豆瓣兰

兰属植物造景

兰属植物造景

7. 墨兰 Cymbidium sinense

又名报春兰、报岁兰、半岁兰、拜岁兰。地生植物。假鳞茎卵球形。叶 3 ~ 5 枚，带形，近薄革质，暗绿色。花葶自假鳞茎基部发出，总状花序具 10 ~ 20 朵或更多的花，花的色泽变化较大，较常为暗紫色或紫褐色而具浅色唇瓣，也有黄绿色、桃红色或白色的，一般有较浓的香气。蒴果狭椭圆形。花期 9 月至次年 3 月。产我国中南部，生于海拔 300 ~ 2000m 林下、灌木林中或溪谷旁湿润但排水良好的荫蔽处。东南亚及日本琉球群岛也有分布。栽培的品种有：'达摩中斑' 墨兰 C. sinense 'Da Me Zhong Ban'、'大石马' 墨兰 C. sinense 'Da Shi Ma'、'石门冠' 墨兰 C. sinense 'Shi Men Guan'、'胭脂蝶' 墨兰 C. sinense 'Man Zhi Die'。

达摩中斑墨兰

大石马墨兰

石门冠墨兰

胭脂蝶墨兰

8. 莲瓣兰 Cymbidium tortisepalum

叶质地柔软，弯曲。花 2 ~ 4（~ 5）朵；花苞片长于或等长于花梗和子房，披针形；萼片与花瓣扭曲或不扭曲。花期 12 月至次年 3 月。产台湾与云南西部。生于海拔 800 ~ 2000m 草坡或透光的林中或林缘。栽培

金沙树菊莲瓣兰

素冠荷鼎莲瓣兰

的品种有：'金沙树菊' 莲瓣兰 C. tortisepalum 'Jin Sha Shu Ju'、'素冠荷鼎' 莲瓣兰 C. tortisepalum 'Su Guan He Ding'、'素荷' 莲瓣兰 C. tortisepalum 'Su He'、'天使荷' 莲瓣兰 C. tortisepalum 'Tian Shi He'。

素荷莲瓣兰

天使荷莲瓣兰

9. 春剑 Cymbidium tortisepalum var. longibracteatum

与原种区别为叶质地坚挺，直立性强。花 3 ~ 5（~ 7）朵。花期 1 ~ 3 月。产四川、贵州和云南。生于海拔 1000 ~ 2500m 杂木丛生山坡上多石之地。栽培的品种有：'朵云' 春剑 C. tortisepalum var. longibracteatum 'Duo Yong'、'频洲月影' 春剑 C. tortisepalum var. longibracteatum 'Pin Zhou Yue Ying'、'线艺' 春剑 C. tortisepalum var. longibracteatum 'Xian Yi'、'玉海棠' 春剑 C. tortisepalum var. longibracteatum 'Yu Hai Tang'。

朵云春剑

线艺春剑

频洲月影春剑

玉海棠春剑

兰属植物造景

其他兰属植物：

纹瓣兰
Cymbidium aloifolium

【科属】兰科兰属

【形态特征】附生植物；假鳞茎卵球形。叶 4 ～ 5 枚，带形，厚革质，坚挺，略外弯，长 40 ～ 90cm，宽 1.5 ～ 4cm，先端不等的 2 圆裂或 2 钝裂。花葶从假鳞茎基部穿鞘而出，下垂，长 20 ～ 60cm；总状花序具（15–）20 ～ 35 朵花；花略小，稍有香气；萼片与花瓣淡黄色至奶油黄色，中央有 1 条栗褐色宽带和若干条纹，唇瓣白色或奶油黄色而密生栗褐色纵纹；萼片狭长圆形至狭椭圆形，花瓣略短于萼片，狭椭圆形；唇瓣近卵形。蒴果。花期 4 ～ 5 月，偶见 10 月。

【产地与习性】产广东、广西、贵州和云南。生海拔 100 ～ 1100m 疏林中或灌木丛中树上或溪谷旁岩壁上。从斯里兰卡北至尼泊尔，东至印度尼西亚爪哇，均有分布。喜温暖、湿润及散射光充足的环境，不耐寒，耐热。生长适温 16 ～ 28℃。

【观赏评价与应用】常见栽培的兰属植物，在华南及西南栽培较多，适合公园、庭院、风景区等附于树干、廊柱上栽培观赏，也可盆栽。

纹瓣兰

纹瓣兰

独占春
Cymbidium eburneum

【科属】兰科兰属

【形态特征】附生植物；假鳞茎近梭形或卵形。叶 6 ～ 11 枚，每年继续发出新叶，多者可达 15 ～ 17 枚，长 57 ～ 65cm，宽 1.4 ～ 2.1cm，带形，先端为细微的不等的 2 裂。花葶从假鳞茎下部叶腋发出，直立或近直立；总状花序具 1 ～ 2（～ 3）朵花；花较大，不完全开放，稍有香气；萼片与花瓣白色，有时略有粉红色晕，唇瓣亦白色，中裂片中央至基部有一黄色斑块，连接于黄色褶片末端，偶见紫粉红色斑点；萼片狭长圆状倒卵形，花瓣狭倒卵形，唇瓣近宽椭圆形。蒴果。花期 2 ～ 5 月。

【产地与习性】产海南、广西和云南。生于溪谷旁岩石上。尼泊尔、印度、缅甸也有分布。喜温暖，喜湿润，耐旱，耐热，不耐寒。生长适温 16 ～ 28℃。

【观赏评价与应用】花大，洁白素雅，为美丽的观赏植物，可附于树干、山石栽培，也可用附生基质栽培于疏林下、园路边或角隅处观赏。

独占春

独占春

大花蕙兰
Cymbidium hybrida

【科属】兰科兰属

【形态特征】多年常绿草本花卉，株高 30 ～ 150cm。叶丛生，带状，革质。花梗由假球茎抽出，每梗着花数十朵，花色有红、黄、翠绿、白、复色等色。蒴果。自然花期春季，目前采用催花方法提前于冬季开花。

【产地与习性】园艺种，由独占春、虎头兰、象牙白、碧玉兰、美花兰、黄蝉兰等大花型兰属原生种经过多代杂交选育而来。喜温

大花蕙兰

暖、喜湿润，喜光，忌强光直射，不耐暑热，不耐寒。生长适温 15 ～ 26℃。

【观赏评价与应用】其株型高大优美，花大色艳开花期长，高贵雍容，多盆栽用于室内花架、阳台、窗台、办公室、会议室、宾馆的厅堂装饰，也常用于公园、植物园等园林景观造景。

碧玉兰
Cymbidium lowianum

【科属】兰科兰属

【形态特征】附生植物；假鳞茎狭椭圆形，略压扁。叶 5 ～ 7 枚，带形，长 65 ～ 80cm，宽 2 ～ 3.6cm，先端短渐尖或近急尖。花葶从假鳞茎基部穿鞘而出，近直立、平展或外弯，长 60 ～ 80cm；总状花序具 10 ～ 20 朵或更多的花；萼片和花瓣苹果绿色或黄绿色，有红褐色纵脉，唇瓣淡黄色，中裂片上有深红

碧玉兰

碧玉兰

碧玉兰

色的锚形斑（或 V 形斑及 1 条中线）；萼片狭倒卵状长圆形，花瓣狭倒卵状长圆形，唇瓣近宽卵形。花期 4 ~ 5 月。

【产地与习性】产云南。生于海拔 1300 ~ 1900m 林中树上或溪谷旁岩壁上。缅甸和泰国也有分布。喜温暖及湿润的环境，耐热，不耐寒，喜充足的散射光，不耐荫蔽。生长适温 15 ~ 26℃。

【观赏评价与应用】本种开花量大，花大美丽，为著名观赏兰花，是很多大花蕙兰的亲本之一，多附生于庭园的树干、山石上栽培观赏，也可盆栽用于室内装饰。

杂交虎头兰
Cymbidium tracyanum × eburneum

【科属】兰科兰属

【形态特征】附生草本；假鳞茎狭椭圆形至狭卵形。叶带形，先端急尖，外弯。花葶从假鳞茎下部穿鞘而出，直立；总状花序；萼片与花瓣苹果绿或黄绿色，上有暗紫色纵使纹，唇瓣白色，上有紫色斑点。花期春季。

【产地与习性】本种为西藏虎头兰与独占春的杂交种，

【观赏评价与应用】花量大，花大秀雅，极易栽培，为优良的大型观花草本，可用附生基质栽培于山石边、角隅等造景，或盆栽用于庭前、阶前装饰。

杂交虎头兰

杂交虎头兰

杂交虎头兰

栽培的同属植物有：

1. 莎草兰 *Cymbidium elegans*

附生草本；假鳞茎近卵形。叶 6 ~ 13 枚，二列，带形，先渐尖或钝，通常略 2 裂。花葶从假鳞茎下部叶腋内长出，下弯；总状花序下垂，具 20 余朵花；花下垂，狭钟形，几不开放，稍有香气，奶油黄色至淡黄绿色，有时略有淡粉红色晕或唇瓣上偶见少数红斑点，褶片亮橙黄色；萼片狭倒卵状披针形，花瓣宽线状倒披针形。蒴果椭圆形。花期 10 ~ 12 月。产四川、云南和西藏。生于海拔 1700 ~ 2800m 林中树上或岩壁。尼泊尔、不丹、印度、缅甸也有分布。

莎草兰

莎草兰

莎草兰

2. 多花兰 *Cymbidium floribundum*

附生植物；假鳞茎近卵球形。叶通常 5 ~ 6 枚，带形，坚纸质，先端钝或急尖。花葶自假鳞茎基部穿鞘而出，近直立或外弯；花序通常具 10 ~ 40 朵花；花苞片小；花较密集，一般无香气；萼片与花瓣红褐色或偶见绿黄色，极罕灰褐色，唇瓣白色而在侧裂片与中裂片上有紫红色斑，褶片黄色；萼片狭长圆形，花瓣狭椭圆形。蒴果近。花期 4 ～ 8 月。产浙江、江西、福建、台湾、湖北、湖南、广东、广西、四川东部、贵州、云南。生于海拔 100 ～ 3300m 林中或林缘树上，或溪谷旁透光的岩石上或岩壁上。

多花兰

多花兰

3. 硬叶兰 *Cymbidium mannii*

附生植物；假鳞茎狭卵球形。叶（4-）5 ～ 7 枚，带形，厚革质。花葶从假鳞茎基部穿鞘而出，下垂或下弯；总状花序通常具 10 ～ 20 朵花；花略小，萼片与花瓣淡黄色至奶油黄色，中央有 1 条宽阔的栗褐色纵带，唇瓣白色至奶油黄色，有栗褐色斑；萼片狭长圆形，花瓣近狭椭圆形。蒴果。花期 3 ～ 4 月。产广东、海南、广西、贵州和云南。生于林中或灌木林中的树上，海拔可上升到 1600m。尼泊尔、不丹、印度、缅甸、越南、老挝、柬埔寨、泰国也有分布。

硬叶兰

硬叶兰

大雪兰

4. 大雪兰 *Cymbidium mastersii*

附生植物；假鳞茎延长成茎状。叶随茎的延长而不断长出，可达 15 ～ 17 枚或更多，带形，近革质。花葶 1 ～ 2 个，从下部叶腋发出，近直立；总状花序具 2 ～ 5 朵或更多的花；花苞片三角形；花有香气，白色，外面稍带淡紫红色，唇瓣中裂片中央有一黄色斑块连接于亮黄色的褶片，偶见紫红色斑点；萼片狭椭圆形或宽披针状长圆形，花瓣宽线形。蒴果。花期 10 ～ 12 月。产云南。生于海拔 1600 ～ 1800m 林中树上或岩石上。印度、缅甸、泰国也有分布。

大雪兰

石斛属
Dendrobium Sw.

【科属】兰科

【形态特征】附生草本。茎丛生，少有疏生在匍匐茎上的，直立或下垂，圆柱形或扁三棱形，不分枝或少数分枝，具少数或多数节，有时 1 至数个节间膨大成种种形状，肉质（亦称假鳞茎）或质地较硬，具少数至多数叶。叶互生，扁平，圆柱状或两侧压扁，先端不裂或 2 浅裂。总状花序或有时伞形花序，直立，斜出或下垂，生于茎的中部以上节上，具少数至多数花，少有退化为单朵花的；花小至大，通常开展；萼片近相似，离生；花瓣比萼片狭或宽。

【产地与习性】约 1100 种，广泛分布于亚洲热带和亚热带地区至大洋洲。我国有 78 种，其中 14 种特有。

【观赏评价与应用】石斛属一些种类入药，秦汉时期的《神农本草经》记载石斛"主伤中、

石斛景观

石斛景观

除痹、下气、补五脏虚劳羸瘦、强阴、久服厚肠胃"；唐代道家医学经典《道藏》将石斛列为"中华九大仙草"之首；李时珍在《本草纲目》中评价石斛"强阴益精，厚肠胃，补内绝不足，平胃气，长肌肉，益智除惊，轻身延年"；民间称其为"救命仙草"，有养胃生津、滋阴清热、明目的功能，用于阴伤津亏，口干烦渴，食少干呕，病后虚热，目暗不明。石斛具秉性刚强、祥和可亲的气质，被誉为父亲节之花。本类全为附生种，花色繁多，形态各异，大多种均具有较高的观赏价值，世界各地广为栽培，最适合公园、景区、庭院等附于树干、山石上栽培观赏，也常与其他附生兰配植营造洋兰景观。因应用方法大致相同，现将本属常见栽培的种简介如下：

1. 紫晶舌石斛 *Dendrobium amethystoglossum*
茎直立，具多个节。叶椭圆形。总状花序，着花数十朵，花较小，花瓣与萼片白色，唇瓣舌状，紫色，不同栽培个体花瓣及萼片色泽有差异。花期冬至春。产菲律宾，分布于海拔 1000m 左右的山区的树干上。

紫晶舌石斛

2. 兜唇石斛 *Dendrobium aphyllum*
茎下垂，肉质，圆柱形，具多节。叶纸质，二列，披针形或卵状披针形。总状花序，1～3朵花为1束。花苞片浅白色，萼片和花瓣白色带淡紫红色或浅紫红色的上部或有时全体淡紫红色，唇瓣中部以上为淡黄色，中部以下为浅粉红色。花期3～4月，果期6～7月。产广西、

兜唇石斛

兜唇石斛

兜唇石斛

贵州、云南等地，生于海拔 400～1500m 的疏林中树干上或山谷的岩石上，东南亚也有。

3. 长苏石斛 *Dendrobium brymerianum*
茎直立或斜举，中部常有2节膨大，具数节。叶薄革质，常3～5枚互生于茎上部，狭长圆形。总状花序侧生成熟茎上，具1～2

长苏石斛

长苏石斛

石斛景观

石斛景观

朵花，花金黄色，开展。唇瓣中部以下边缘具短流苏，中部以上边缘具长而分枝的流苏。花期 6 ～ 7 月，果期 9 ～ 10 月。产云南，生于海拔 1100 ～ 1900m 的山地林缘树干上。泰国、缅甸、老挝也有。

4. 短棒石斛 Dendrobium capillipes

茎肉质状，近扁的纺锤形，不分枝。叶 2 ～ 4 枚近茎端着生，革质，狭长圆形，先端稍钝并且具斜凹缺，基部扩大为抱茎的鞘。总状花序通常从落了叶的老茎中部发出，近直立，疏生 2 至数朵花；花金黄色，开展；花期 3 ～ 5 月。产云南。生于海拔 900 ～ 1450m 的常绿阔叶林内树干上。分布于印度东北部、缅甸、泰国、老挝、越南。

短棒石斛

短棒石斛

5. 翅萼石斛 Dendrobium cariniferum

茎肉质，圆柱形或有时膨大成纺锤状，具节。叶革质，二列，长圆形或舌状长圆形。总状花序出自近茎端，常具 1 ～ 2 朵花，萼片淡黄白色，花瓣白色，唇瓣喇叭状，3 裂，中裂片黄色，侧裂片橘红色。蒴果。花期 3 ～ 4 月。产云南，生于海拔 1100 ～ 1700m 的山地林中树干上，东南亚也有。

翅萼石斛

翅萼石斛

6. 束花石斛 Dendrobium chrysanthum

茎肉质，下垂或弯垂，圆柱形，具多节。叶二列，纸质长圆状披针形。伞状花序，2 ～ 6 花为一束，花黄色，质厚，唇盘两侧各具 1 个栗色斑块。蒴果。花期 9 ～ 10 月。产广西、贵州、云南、西藏等地，生于海拔 700 ～ 2500m 的山地密林中树干上或山谷阴湿的岩石上。东南亚也有。

束花石斛

束花石斛

7. 鼓槌石斛 Dendrobium chrysotoxum

茎直立，纺锤形。叶革质，着生于茎顶端，长圆形。总状花序近茎顶端发出，斜出或稍下垂。花金黄色，稍带香气，唇瓣的颜色比萼片及花瓣深。花期 3 ～ 5 月。产云南，生于海拔 520 ～ 1620m 阳光充足的常绿阔叶林中树干上或疏林下的岩石上，东南亚也有。

鼓槌石斛

鼓槌石斛

8. 玫瑰石斛 Dendrobium crepidatum

茎悬垂，肉质，圆柱形，具多节。叶近革质，狭披针形。总状花序，具 1 ~ 4 朵花，萼片及花瓣白色，中上部淡紫色，唇瓣中部以上淡紫红色，中部以下金黄色。花期 3 ~ 4 月。产云南、贵州等地，生于海拔 1000 ~ 1800m 的山地疏林中树干上或山谷岩石上。东南亚也有。

玫瑰石斛

玫瑰石斛

石斛景观

9. 密花石斛 Dendrobium densiflorum

茎粗壮，棒状或纺锤形，具数个节。叶近顶生，革质，长圆状披针形。总状花序，密生多花，花开展，萼片及花瓣淡黄色，唇瓣金黄色。花期 4 ~ 5 月。产广东、海南、广西、西藏等地，生于海拔 420 ~ 1000m 的常绿阔叶林中树干上或山谷岩石上。东南亚也有。

密花石斛

密花石斛

10. 串珠石斛 Dendrobium falconeri

茎悬垂，肉质，近中部或中部以上的节间常膨大，多分枝，在分枝的节上通常肿大而成念珠状。叶薄革质，狭披针形。总状花序侧生，常减退成单朵；花大，开展，萼片淡紫色或水红色带深紫色先端；花瓣白色带紫色先端，唇瓣白色带紫色先端，基部两侧黄色，唇盘具 1 个深紫色斑块。花期 5 ~ 6 月。产湖南、台湾、广西、云南，生于海拔 800 ~ 1900m 的山谷岩石上和山地密林中树干上。东南亚也有。

串珠石斛

串珠石斛

11. 流苏石斛 Dendrobium fimbriatum

茎斜立或下垂，圆柱形或有时上方稍呈纺锤形，具多数节。叶二列，革质，长圆形或长圆状披针形。总状花序，疏生 6 ~ 12 朵花，花金黄色，唇瓣边缘具流苏，唇盘具深紫色斑块。花期 4 ~ 6 月。产广西、贵州、云南的海拔 600 ~ 1700m 密林树干上或山谷阴湿岩石上。东南亚也有分布。

流苏石斛

流苏石斛

12. 细叶石斛 *Dendrobium hancockii*

茎直立，圆柱形或有时基部上方有数节膨大成纺锤形，具多节。叶绿色，狭长圆形。生于海拔 700～1500m 的山地林中树干上或山谷岩石上。总状花序，花质地厚，稍具香气，开展，金黄色，仅唇瓣侧裂片内侧具少数红色条纹。花期 5～6 月。产陕西、甘肃、河南、湖北、湖南、广西、四川、贵州及云南等地。

细叶石斛

细叶石斛

13. 春石斛 *Dendrobium hybird*（Nobile type）

附生草本。茎丛生，茎直立，圆柱形，不分枝，具多数节，节间膨大，肉质。具多数叶，互生，扁平，先端不裂或 2 浅裂，基部有关节和通常具抱茎的鞘。节生花类型，总状花序，斜出，生于茎的中部以上节上，具多数花；花较大，通常开展；萼片近相似，离生；花瓣比萼片狭或宽；唇瓣着生于蕊柱足末端，

3 裂或不裂。蒴果。花期大多为春季，有部分为冬季开花。

春石斛

春石斛

春石斛

14. 秋石斛 *Dendrobium hybird* (Phalaenopsis & Antelope type)

多年生附生草本，假鳞茎棒状，长达 1m。叶较窄，多生茎顶，长约 10cm，长圆

状披针形。花序顶生，有花 4～12 朵或更多，直立或稍弯曲，花有白、玫瑰红、粉红、紫等多色。蒴果。花期一般秋季，温度适宜全年开花。

秋石斛

秋石斛

秋石斛

15 小黄花石斛 *Dendrobium jenkinsii*

茎密集丛生，纺锤状或卵状长圆形。叶顶生，革质，长圆形。总状花序由茎上端发出，具 1 ~ 3 朵花，花橘黄色，唇瓣较大，横长圆形或近肾形，上面密被短柔毛。花期 4 ~ 5月。产云南。常生于海拔 700 ~ 1300m 的疏林中树干上，东南亚也有。

聚石斛

小黄花石斛

聚石斛

17. 美花石斛 *Dendrobium loddigesii*

茎柔弱，常下垂，细圆柱形，具多节。叶纸质，舌形、长圆状披针形或稍斜长圆形。老挝、越南也有。花白色或紫红色，每束 1 ~ 2朵侧生于具叶的老茎上部，唇瓣近圆形，上面中央金黄色，周边淡紫红色，边缘具短流苏。花期 4 ~ 5 月。产广西、广东、贵州、云南等地。生于海拔 400 ~ 1500m 的山地林中树干上或林下岩石上。

美花石斛

小黄花石斛

16. 聚石斛 *Dendrobium lindleyi*

茎密集丛生，纺锤形或卵状长圆形。叶顶生，革质，长圆形。总状花序从茎上端发出，疏生多花，花橘黄色，开展，唇瓣横长圆形或近肾形。 花期 4 ~ 5 月。产广东、香港、海南、广西、贵州等地。喜生于海拔达1000m 的阳光充足的疏林中树干上，东南亚也有。

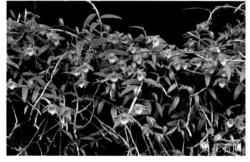

美花石斛

18. 杓唇石斛 *Dendrobium moschatum*

茎粗壮，直立，圆柱形，具多节。叶革质，长圆形至卵状披针形。总状花序出自去年生具叶或落了叶的茎近端，下垂，疏生数至 10 余朵花，花深黄色，白天开放，晚间闭合；唇瓣圆形，边缘内卷而形成杓状，唇盘基部两侧各具 1 个浅紫褐色的斑块。花期 4 ~ 6 月。产云南。生于海拔达 1 300m 的疏林中树干上。东南亚也有。

杓唇石斛

杓唇石斛

19. 金钗石斛 *Dendrobium nobile*

又名石斛，茎直立，具多节，节有时稍肿大。叶革质，长圆形。东南亚也有。总状花序从具叶或落了叶的老茎中部以上部分发出，花大，白色带淡紫色先端，有时全体淡紫红色或除唇盘上具 1 个紫红色斑块外，其余均为白色；唇瓣基部两侧具紫红色条纹并且收狭为短爪，唇盘中央具 1 个紫红色大斑块。花期 4 ~ 5 月。产台湾、湖北、香港、海南、广西、四川、贵州、云南、西藏等地。生于海拔 480 ~ 1700m 的山地林中树干上或山谷岩石上。

金钗石斛

金钗石斛

金钗石斛

肿节石斛

肿节石斛

报春石斛

22. 绿宝石斛 Dendrobium smillieae

茎直立，圆柱形，具多节。叶二列，互生，近卵圆形。总状花序，花着生于成熟的老茎上，着花数十朵乃至更多，萼片及花瓣粉红色，前端绿斑块，唇瓣前部绿色，基部黄绿色。不同的栽培个体花色有差异。主要花期夏季。产澳大利亚、巴布亚新几内亚，生于海拔 600m 以下的林中树干及岩石上。

20. 肿节石斛 Dendrobium pendulum

茎斜立或下垂，圆柱形，具多节，节肿大。叶纸质，长圆形。总状花序通常出自落了叶的老茎上部，具 1 ~ 3 朵花；花大，白色，上部紫红色，开展，具香气，唇瓣白色，中部以下金黄色，上部紫红色。花期 3 ~ 4 月。产云南。生于海拔 1050 ~ 1600m 的山地疏林中树干上。东南亚也有。

肿节石斛

21. 报春石斛 Dendrobium primulinum

茎下垂，肉质，圆柱形。叶纸质，披针形或卵状披针形。总状花序具 1 ~ 3 朵花，通常从落了叶的老茎上部节上发出；萼片和花瓣淡玫瑰色；唇瓣淡黄色带淡玫瑰色先端，唇盘具紫红色的脉纹。花期 3 ~ 4 月。产云南。生于海拔 700 ~ 1800m 的山地疏林中树干上。东南亚也有。

报春石斛

绿宝石斛

绿宝石斛

23. 大鬼石斛 Dendrobium spectabile

茎直立，圆柱形。叶着生于茎的近项端，绿色。长椭圆形。总状花序，着生于老茎上部，着花数朵。萼片及花瓣黄绿色并扭转，上具褐色斑纹。唇瓣灰白色，上具深褐色斑纹，不同个体色泽有差异。花期冬到春。产巴布亚新几内亚及所罗门群岛，生于海拔 300 ~ 2000m 的热带雨林及红树林沼泽的树干上。

大鬼石斛

大鬼石斛

24. '火鸟'石斛 Dendrobium Stardust 'Fire Bird'

栽培种，茎直立，圆柱形，具多节。叶互生于茎上，长椭圆形。花着生于老茎上，多花。萼片及花瓣橘黄色，唇瓣浅黄色带橘黄色条纹。花期春季。

'火鸟'石斛

'火鸟'石斛

25. 球花石斛 Dendrobium thyrsiflorum

茎直立或斜立，圆柱形。叶生于茎的顶端，革质，长圆形或长圆状披针形。总状花序侧生于带有叶的老茎上端，下垂，密生许多花，花开展，质地薄，萼片和花瓣白色，唇瓣金黄色，基部具爪，上面密布短绒毛。花期4～5月。产云南。生于海拔1100～1800的山地林中树干上。东南亚也有。

球花石斛

球花石斛

26. 翅梗石斛 Dendrobium trigonopus

茎丛生，肉质，呈纺锤或有时棒状。叶厚革质，近顶生，长圆形。总状花序出自具叶的茎中部或近顶端，常具2朵花；花下垂，不甚开展，质地厚，除唇盘稍带浅绿色外，均为蜡黄色；唇瓣直立，基部具短爪，3裂；唇盘密被乳突。花期3～4月。产云南。生于海拔1150～1600m的山地林中树干上。缅甸、泰国、老挝也有。

翅梗石斛

翅梗石斛

27. 大苞鞘石斛 *Dendrobium wardianum*

茎斜立或下垂，肉质，圆柱形，节间多少肿胀呈棒状。叶薄革质，二列，狭长圆形。总状花序从落了叶的老茎中部以上部分发出，具 1～3 朵花；花大，开展，白色带紫色先端；唇瓣白色带紫色先端，基部金黄色并且具短爪，唇盘两侧各具 1 个暗紫色斑块。花期 3～5 月。产云南。生于海拔 1350～1900m 的山地疏林中树干上。东南亚也有。

大苞鞘石斛

大苞鞘石斛

文心兰属
Oncidium Sw.

【科属】兰科

【形态特征】附生兰或地生兰。假鳞茎大或小，基部为二列排列的鞘所包蔽，顶端生 1～4 枚叶。叶扁平或圆筒状，革质、肉质至膜质。花序自假鳞茎基部发出，通常大型，多具分枝，花多数，常为黄色。

【产地与习性】全属约有 343 种，分布于中南美洲的热带和亚热带地区。

【观赏评价与应用】文心兰花色清新，大多为靓丽的金黄色，小花极似翩翩起舞的美丽的少女，为极有观赏价值的兰花，世界各地广为种植，是重要的切花花材。在园林中，可附树或附石栽培，也与其他附生兰配植打造大型兰花景观。也可吊盆栽用于廊架、廊柱装饰，或盆栽用于居室美化。

文心兰景观

文心兰景观

文心兰景观

常见栽培的本属植物有：

1. '黄金 2 号' 文心兰 Oncidium Gower Ramsey 'Gold 2'

附生。假鳞茎较肥大，叶数枚，长披针形。总状花序，具分枝，从假鳞茎基部发出。萼片及花瓣较小，近等大，黄色，上具褐色斑纹。唇瓣大，黄色，基部红褐色。主花期春及秋季。园艺种，多作切花。

'黄金2号'文心兰

'黄金2号'文心兰

2. 满天星文心兰 Oncidium obryzatum

假鳞茎卵形或椭圆形，上具褐色斑纹。叶阔披针形，绿色。总状花序，具分枝，花小，着花数百朵。花瓣及萼片较小，黄色带褐色横纹，唇瓣黄色，具褐色斑块。不同个体花色有差异。花期春至夏。产哥斯达黎加、巴拿马、哥伦比亚、委内瑞拉、厄瓜多尔及秘鲁，生于海拔 400 ～ 1600m 的林中树冠上部。

满天星文心兰

3. 文心兰 Oncidium sphacelatum

附生兰，假鳞茎卵形或椭圆形，叶阔披针形，绿色。总状花序，具分枝，花中等大，着花数十朵。花瓣及萼片黄色，基部褐色，唇瓣前端黄色，基部褐色。花期春季。产墨西哥至南美洲，生于海拔 1000m 以下的森林中。

文心兰

文心兰

兜兰属
Paphiopedilum Pfitz.

【科属】兰科

【形态特征】地生、半附生或附生草本；叶基生，数枚至多枚，二列，对折；叶片带形、狭长圆形或狭椭圆形，两面绿色或上面有深浅绿色方格斑块或不规则斑纹，背面有时有淡红紫色斑点或浓密至完全淡紫红色，基部叶鞘互相套叠。花葶从叶丛中长出，长或短，具单花或较少有数花或多花；花苞片非叶状；花大而艳丽，有种种色泽；中萼片一般较大，常直立，边缘有时向后卷；2 枚侧萼片通常完全合生成合萼片；花瓣形状变化较大，匙形、长圆形至带形，向两侧伸展或下垂；唇瓣深囊状，球形、椭圆形至倒盔状，囊口常较宽大。蒴果。

【产地与习性】本属约 80 ～ 85 种，分布于亚洲亚热带、热带地区至太平洋岛屿。我国有 27 种，其中 2 种为特有。

兜兰景观

兜兰景观

兜兰属

【观赏评价与应用】兜兰形态奇特，色彩斑斓，为极具观赏性的兰花之一，如著名的杏黄兜兰及硬叶兜兰，俗称"金童玉女"，深得人们喜爱，除盆栽用于居家观赏外，在园林可植片植于稍蔽荫的山石边、林下或山岩上造景。

常见栽培的原种及品种有：

1. 杏黄兜兰 *Paphiopedilum armeniacum*

地生或半附生植物。地下具细长而横走的根状茎；叶基生，二列，5 ～ 7 枚；叶片长圆形，坚革质，先端急尖或有时具弯缺与细尖，上面有深浅绿色相间的网格斑，背面有密集的紫色斑点并具龙骨状突起，边缘有细齿。花葶直立，顶端生 1 花；花大，纯黄色，仅退化雄蕊上有浅栗色纵纹；侧萼片联合成为合萼片；唇瓣深囊状，囊底有白色长柔毛和紫色斑点。花期 2 ～ 4 月。产云南。生于海拔 1400 ～ 2100m 的石灰岩壁积土处或多石而排水良好的草坡上。

杏黄兜兰

杏黄兜兰

2. 带叶兜兰 *Paphiopedilum hirsutissimum*

地生或半附生植物。东南亚也有。叶基生，二列，5 ～ 6 枚；叶片带形，革质，先端急尖并常有 2 小齿，上面深绿色，背面淡绿色并稍有紫色斑点。花葶直立，顶端生 1 花；花较大，中萼片和合萼片除边缘淡绿黄色外，中央至基部有浓密的紫褐色斑点或甚至连成一片，花瓣下半部黄绿色而有浓密的紫褐色斑点，上半部玫瑰紫色并有白色晕，唇瓣淡绿黄色而有紫褐色小斑点。花期 4 ～ 5 月。产广西、贵州和云南。生于海拔 700 ～ 1500m 的林下或林缘岩石缝中或多石湿润土壤上。

带叶兜兰

带叶兜兰

3. 麻栗坡兜兰 *Paphiopedilum malipoense*

地生或半附生植物，具短的根状茎，有少数稍肉质而被毛的纤维根。叶基生，二列，7 ～ 8 枚；叶片长圆形或狭椭圆形，革质，先端急尖且稍具不对称的弯缺，上面有深浅绿色相间的网格斑，背面紫色或不同程度的具紫色斑点。花葶直立，顶端生 1 花；花黄绿色或淡绿色，花瓣上有紫褐色条纹或多少由斑点组成的条纹，唇瓣上有时有不甚明显的紫褐色斑点。花期 12 月至次年 3 月。产广西、贵州和云南。生于海拔 1100 ～ 1600m 的石灰岩山坡林下多石处或积土岩壁上。越南也有。

麻栗坡兜兰

麻栗坡兜兰

4. 摩帝兜兰 *Paphiopedilum* Maudiae

地生草本，茎短，包藏于二列的叶基内。叶基生，二列，多枚，对折。叶片狭椭圆形，上具不规则斑纹，基部叶鞘互相套叠。花葶从叶丛中长出，较长，单花；花大，中萼片较大，直立，2 枚侧萼片合生，先端具突尖；花瓣近带形，向两侧伸展，稍下垂，上具斑点或条纹；唇瓣深囊状，盔状，囊口宽大。蒴果。花期冬季。园艺种。

摩帝兜兰

摩帝兜兰

5. 硬叶兜兰 *Paphiopedilum micranthum*

地生或半附生植物，地下具细长而横走的根状茎；叶基生，二列，4 ~ 5 枚；叶片长圆形或舌状，坚革质，先端钝，上面有深浅绿色相间的网格斑，背面有密集的紫斑点并具龙骨状突起。花葶直立，顶端具 1 花；花大，艳丽，中萼片与花瓣通常白色而有黄色晕和淡紫红色粗脉纹，唇瓣白色至淡粉红色。花期 3 ~ 5 月。产广西、贵州和云南。生于海拔 1000 ~ 1700m 的石灰岩山坡草丛中或石壁缝隙或积土处。越南也有。

硬叶兜兰

硬叶兜兰

6. 肉饼兜兰 *Paphiopedilum* Pacific Shamrock

地生草本；根状茎不明显。茎短，包藏于二列的叶基内，通常新苗发自老茎基部。叶基生，数枚，二列，对折；叶片带形，两面绿色，背面有时有淡红紫色斑，基部叶鞘互相套叠。花葶从叶丛中长出，长或短，单花；中萼片较大，直立，2 枚侧萼片合生，花瓣形长圆形，向两侧伸展，稍下垂；唇瓣深囊状、椭圆形，囊口宽大。蒴果。花期冬季。

肉饼兜兰

肉饼兜兰

7. 飘带兜兰 *Paphiopedilum parishii*

附生植物，较高大。叶基生，二列，5 ~ 8 枚；叶片宽带形，厚革质，先端圆形或钝并有裂口或弯缺，基部收狭成叶柄状对折而彼此互相套叠，无毛。花葶近直立，总状花序具 3 ~ 5（~ 8）花；花较大；中萼片与合萼片奶油黄色并有绿色脉，花瓣基部至中部淡绿黄色并有栗色斑点和边缘，中部至末端近栗色，唇瓣绿色而有栗色晕，但囊内紫褐色；中萼片椭圆形或宽椭圆形，合萼片与中萼片相似，略小；花瓣长带形，下垂，先端钝，强烈扭转；囊近卵状圆锥形。花期 6 ~ 7 月。

飘带兜兰

产云南。生于海拔 1000 ~ 1100m 的林中树干上。缅甸和泰国也有分布。

8. 紫毛兜兰 *Paphiopedilum villosum*

地生或附生植物。叶基生，二列，通常 4 ~ 5 枚；叶片宽线形或狭长圆形，先端常为不等的 2 尖裂，深黄绿色。花葶直立，顶端生 1 花；花大；中萼片中央紫栗色而有白色或黄绿色边缘，合萼片淡黄绿色，花瓣具紫褐色中脉，中脉的一侧（上侧）为淡紫褐色，另一侧（下侧）色较淡或呈淡黄褐色，唇瓣亮褐黄色而略有暗色脉纹；中萼片倒卵形至宽倒卵状椭圆形，合萼片卵形，具类似的缘毛；花瓣倒卵状匙形，唇瓣倒盔状。花期 11 月至次年 3 月。产云南。生于海拔 1100 ~ 1700m 的林缘或林中树上透光处或多石、有腐殖质和苔藓的草坡上。缅甸、越南、老挝和泰国也有分布。

带兰

紫毛兜兰

紫毛兜兰

蝴蝶兰属
***Phalaenopsis* Bl.**

【科属】兰科

【形态特征】附生草本。茎短，具少数近基生的叶。叶质地厚，扁平，椭圆形、长圆状

蝴蝶兰景观

蝴蝶兰景观

披针形至倒卵状披针形，通常较宽，基部多少收狭，具关节和抱茎的鞘，花时宿存或花期在旱季时凋落。花序侧生于茎的基部，直立或斜出，分枝或不分枝，具少数至多数花；花苞片小，比花梗和子房短；花小至大，十分美丽，花期长，开放；萼片近等大，离生；花瓣通常近似萼片而较宽阔，基部收狭或具爪；唇瓣基部具爪，贴生于蕊柱足末端，3裂；唇盘在两侧裂片之间或在中裂片基部常有肉突或附属物；蕊柱较长。

【**产地与习性**】约40～45种，分布于印度、中国、泰国、马来西亚、印度尼西亚、菲律宾及新几内亚。我国有12种，其中4种为特有。

【**观赏评价与应用**】蝴蝶兰的属名Phalaenopsis意为蛾蝶之意。我国台湾省被誉为"蝴蝶兰王国"，在上世纪90年代初，将蝴蝶兰列为多元化发展的一个重要项目，收集

了80%的原生种以及一千多个优良品种，在育种方面取得了较大成绩，在世界蝴蝶兰生产占有一席之地。近年来，台湾的蝴蝶兰产业重心也逐渐外移，大陆市场得到了长足发展。蝴蝶兰花期长，花色繁多，是近年来年宵花市销量最大的花卉，已成为年宵花的主打产品，多用于盆栽，也可用于公园、植物园或山展群植打造兰花立体景观。

我国常见栽培的品种及原种有：

1. 蝴蝶兰杂交种 *Phalaenopsis × hybrida*

多年生常绿附生草本，根肉质，发达，株高50～80cm。叶厚，扁平，互生，呈二列排布，椭圆形、长圆状披针形至卵状披针形。总状花序，腋生，直立或斜出，具分枝，着花数朵，花大小及色彩依品种不同而不同。蒴果。自然花期春季，目前采用催花方法提前于冬季开花，用于春节应用。

蝴蝶兰杂交种

蝴蝶兰杂交种

2. 版纳蝴蝶兰 *Phalaenopsis mannii*

附生植物，茎粗厚，具数个节，从节上发出许多长而弯曲并且稍扁的根，上部通常具4～5枚叶。叶两面绿色，长圆状倒披针形或近长圆形，先端锐尖，基部楔形收狭并且具1个关节和鞘，花期具叶；花序1～2个，疏生少数至多数花；花开展，萼片和花瓣橘红色带紫褐色横纹斑块。花期3～4月。产云南，生于海拔1350m的常绿阔叶林中树干上。东南亚也有。

版纳蝴蝶兰

版纳蝴蝶兰

3. 华西蝴蝶兰 *Phalaenopsis wilsonii*

又名小蝶兰、楚雄蝶兰，气生根发达，簇生，长而弯曲，茎很短，被叶鞘所包，通常具4～5枚叶。叶稍肉质，两面绿色或幼时背面紫红色，长圆形或近椭圆形，先端钝并且一侧稍钩转，旱季常落叶，花时无叶或具1～2枚存留的小叶。花序不分枝，疏生2～5朵花；花开放，萼片和花瓣白色带淡粉红色的中肋或全体淡粉红色；蒴果狭长。花期4～7月，果期8～9月。产广西、贵州、四川、云南、西藏等地。生于海拔800～2150m的山地疏生林中树干上或林下阴湿的岩石上。

华西蝴蝶兰

万代兰属
Vanda W. Jones ex R. Br.

【**科属**】兰科

【**形态特征**】附生草本。茎直立或斜立，少有弧曲上举的，质地坚硬，具短的节间或多数叶，下部节上有发达的气根。叶扁平，常狭带状，二列，彼此紧靠，先端具不整齐的缺刻或啮蚀状，中部以下常多少对折呈"V"字形。总状花序从叶腋发出，斜立或近直立，疏生少数至多数花，花大或中等大，艳丽；萼片和花瓣近似；唇瓣贴生在不明显的蕊柱足末端，3裂；距内或囊内无附属物和隔膜。

【产地与习性】 全属约 40 种，分布于我国和亚洲其他热带地区。我国有 9 种，产南方热带地区。

【观赏评价与应用】 万代兰品种丰富，大部分品种花大，色泽艳丽，尽显富贵之气，为深受欢迎的热带兰花，在东南亚一带栽培极多，多附于树干、山石栽培或悬挂用于廊架、树干、居室的阳台美化，也常用其打造兰花的大型景观。

栽培的品种及原种有：

1. 杂交万代兰 *Vanda × hybrida*

杂交种，附生。具多数二列的叶，叶稍肉质，带状，向外弯垂。花序不分枝，疏生数朵花；花质地厚，伸展，萼片和花瓣黄褐色；唇瓣的中裂片先端黄绿色，基部白色，侧裂片内面黄褐色。花期春季。

2. 白柱万代兰 *Vanda brunnea*

又名白花万代兰，附生兰，具多数短的节间和多数二列而披散的叶，带状。花序出自叶腋，1～3 个，疏生 3～5 朵花；花质地厚，萼片和花瓣多少反折，背面白色，正面黄绿色或黄褐色带紫褐色网格纹，边缘多少波状；唇瓣 3 裂；侧裂片白色，圆耳状或半圆形，中裂片除基部白色和基部两侧具 2 条褐红色条纹外，其余黄绿色或浅褐色，提琴形，先端 2 圆裂；距白色。花期 3 月。产云南。生于海拔 800～1800m 的疏林中或林缘树干上。缅甸、泰国也有。

3. 小蓝万代兰 *Vanda coerulescens*

附生兰，产云南。叶多少肉质，二列，斜立，带状，常 V 字形对折。花序近直立，不分枝，疏生许多花；萼片和花瓣淡蓝色或白色带淡蓝色晕；唇瓣深蓝色，3 裂；侧裂片直立，中裂片先端扩大 呈圆形；蕊柱蓝色。花期 3～4 月。生于海拔 700～1600m 的疏林中树干上。印度、缅甸、泰国也有。

4. 琴唇万代兰 *Vanda concolor*

附生兰，具多数二列的叶，叶革质，带状。花序 1～3 个，通常疏生 4 朵以上的花；花梗白色，纤细。花中等大，具香气，萼片和花瓣在背面白色，正面黄褐色带黄色花纹；唇瓣 3 裂，侧裂片白色，内面具许多紫色斑点，中裂片中部以上黄褐色，中部以下黄色，提琴形，近先端处缢缩，先端扩大并且稍 2 圆裂；距白色。花期 4～5 月。产广东、广西、贵州、云南。生于海拔 800～1200m 的山地林缘树干上或岩壁上。

琴唇万代兰

5. 叉唇万代兰 Vanda cristata

附生兰，产云南、西藏。茎直立，叶厚革质，二列，斜立 而向外弯，带状。花序腋生，直立，2～3个，具1～2朵花；花无香气，开展，质地厚；萼片和花瓣黄绿色，向前伸展；唇瓣3裂；侧裂片背面黄绿色，内面具污紫色斑纹，先端钝；中裂片近琴形；距宽圆锥形。 花期5月。生于海拔700～1650m的常绿阔叶林中树干上。印度、尼泊尔至西喜马拉雅的热带地区也有。

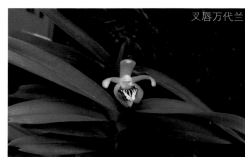

叉唇万代兰

叉唇万代兰

二、其他原种属

多花脆兰
Acampe rigida

【科属】兰科脆兰属

【形态特征】大型附生植物。茎粗壮，近直立，长达1m，具多数二列的叶。叶近肉质，带状，斜立，长17～40cm，宽3.5～5cm，先端钝并且不等侧2圆裂。花序腋生或与叶对生，近直立，具多数花；花苞片肉质，宽三角形；花黄色带紫褐色横纹，不甚开展，具香气，萼片和花瓣近直立；萼片相似，等大；花瓣狭倒卵形，唇瓣白色，侧裂片与中裂片内面具紫褐色纵条纹；中裂片内面和背面基部具少数紫褐色横纹；距圆锥形。花期8～9月，果期10～11月。

【产地与习性】产广东、香港、海南、广西、贵州、云南。海拔560～1600m，附生于林中树干上或林下岩石上。广泛分布于热带喜马拉雅、印度、缅甸、泰国、老挝、越南、柬埔寨、马来西亚、斯里兰卡至热带非洲。喜温暖、湿润的环境，喜充足的散射光，耐热，不耐寒。生长适温18～28℃。

【观赏评价与应用】植株生长茂盛，花序较长，可供观赏。适合大树树干附生栽培，或附于岩石造景，也可板植或盆栽。

【同属种类】本属约10种，产热带喜马拉雅、热带非洲、马达加斯加及印度洋岛屿。我国产3种。

多花脆兰

多花脆兰

坛花兰
Acanthephippium sylhetense

【科属】兰科坛花兰属

【别名】钟馗兰、台湾坛花兰

【形态特征】假鳞茎卵状圆柱形，长达15cm。叶2～4枚，互生于假鳞茎上端，厚纸质，长椭圆形，长达35cm，宽8～11cm，先端渐尖，基部收狭为长2cm的柄。花葶肉质而肥厚，总状花序具3～4朵花；花白色或稻草黄色，内面在中部以上具紫褐色斑点；中萼片近椭圆形，侧萼片斜三角形或镰刀状长圆形；萼囊短而宽钝；花瓣藏于萼筒内，近卵状椭圆形，爪黄色带黄褐色斑纹；侧裂片白色，中裂片柠檬黄色，唇盘白色带紫褐色斑点，具3～4条上缘带齿的褶片状脊。花期4～7月。

【产地与习性】产台湾和云南。生于海拔540～800m的密林下或沟谷林下阴湿处。分布于印度东、缅甸、老挝、泰国和马来西亚。喜温暖及半荫环境，耐热，不耐寒，不喜强光照，喜疏松、排水良好的微酸性疏松土壤。生长适温18～28℃。

【观赏评价与应用】本种叶大，花奇特，为观赏性较强的兰花之一。可用于公园、绿地等疏林下、稍蔽荫的山石边栽培观赏，或与其他地生兰配植打造地生兰景观。

【同属种类】本属11种，产印度、越南、老挝、柬埔寨、孟加拉国、东南亚、日本、新几内亚和西南太平洋群岛。我国有3种。

坛花兰

坛花兰

多花指甲兰
Aerides rosea

【科属】兰科指甲兰属

【形态特征】茎粗壮，长5～20cm。叶肉质，狭长圆形或带状，长达30cm，宽2～3.5cm，

多花指甲兰

先端钝并且不等侧2裂。花序叶腋生，常1~3个；花苞片绿色，花白色带紫色斑点，开展；中萼片近倒卵形，侧萼片稍斜卵圆形，花瓣与中萼片相似而等大；唇瓣3裂；侧裂片直立，耳状，下部边缘密生细乳突，前边深紫色；中裂片近菱形，上面密布紫红色斑点。花期7月，果期8月至次年5月。

【产地与习性】产广西、贵州、云南。生于海拔320~1530m的山地林缘或山坡疏生的常绿阔叶林中树干上。分布于不丹、印度、缅甸、老挝、越南。喜温暖，喜湿润，喜半荫，忌强光，耐热性好，不耐寒。生长适温16~28℃。

【观赏评价与应用】花朵大而美丽，悬垂于树干之下，极为优雅。多附于大树树干栽培观赏，也可盆栽用于室内欣赏。

【同属种类】本属约20种，产斯里兰卡、越南、老挝、柬埔寨、印度、尼泊尔、不丹、中国、缅甸、泰国、马来西亚、菲律宾和印度尼西亚；我国有5种，其中1种为特有。

栽培的同属植物有：

香花指甲兰 *Aerides odorata*

茎粗壮。叶厚革质，宽带状，长15~20cm，宽2.5~4.6cm，先端钝并且不等侧2裂。总状花序下垂，近等长或长于叶，密生许多花；花大，开展，芳香，白色带粉红色；中萼片椭圆形，侧萼片基部贴生在蕊柱足上，宽卵形；花瓣近椭圆形，唇瓣着生于蕊柱足末端，3裂；侧裂片倒卵状楔形。花期5月。产广东、云南。生于山地林中树干上。广布于热带喜马拉雅至东南亚。

香花指甲兰

花指甲兰

窄唇蜘蛛兰
Arachnis labrosa

【科属】兰科蜘蛛兰属

【形态特征】茎伸长，达50cm，具多数节和互生多数二列的叶。叶革质，带状，长15~30cm，宽1.6~2.2cm或更宽，先端钝并且具不等侧2裂。花序斜出，长达1m；圆锥花序疏生多数花；花苞片红棕色；花淡黄色

窄唇蜘蛛兰

窄唇蜘蛛兰

带红棕色斑点，开展，萼片和花瓣倒披针形；花瓣比萼片小；唇瓣肉质。花期8~9月。

【产地与习性】产台湾、海南、广西、云南。生于海拔800~1200m的山地林缘树干上或山谷悬岩上。分布于不丹、印度、缅甸、泰国、越南。性喜温暖及半荫环境，耐热，不耐寒。生长适温16~28℃。

【观赏评价与应用】花小而精致，可供观赏，可附于树干及山石栽培观赏。

【同属种类】本属约13种，产印度、亚洲大陆至印度尼西亚、新几内亚及太平洋岛屿。我国产1种。

竹叶兰
Arundina graminifolia

【科属】兰科竹叶兰属

【形态特征】植株高40~80cm，有时可达1m以上；地下根状茎常在连接茎基部处呈卵球形膨大，貌似假鳞茎。茎直立，常数个丛生或成片生长，圆柱形，细竹秆状。叶线状披针形，薄革质或坚纸质，通常长8~20cm，宽3~15(~20)mm，先端渐尖。花序总状或基部有1~2个分枝而成圆锥状，具2~10朵花，但每次仅开1朵花；花粉红色或略带紫色或白色；萼片狭椭圆形或狭椭圆状披针形，花瓣椭圆形或卵状椭圆形，与萼片近等长，唇瓣轮廓近长圆状卵形。花果期主要为9~11月，但1~4月也有。

【产地与习性】产浙江、江西、福建、台湾、湖南、广东、海南、广西、四川、贵州、云南和西藏。生于海拔400~2800m草坡、溪谷旁、灌丛下或林中。尼泊尔、不丹、印度、斯里兰卡、缅甸、越南、老挝、柬埔寨、泰国、马来西亚、印度尼西亚、琉球群岛和塔希提岛也有分布。喜温暖及湿润环境，较

耐旱，稍耐寒，耐热性好，在半荫及全光照下均可生长。喜疏松、排水良好的壤土。生长适温 15 ～ 28℃。

【观赏评价与应用】小花色泽艳丽，清新雅致，极具观赏性，且花期极长。在园林中可用于墙边、山石边、疏林下成片种植观赏。

【同属种类】本属 2 种，产尼泊尔、印度、不丹、中国、日本及东南亚等地。我国产 1 种。

竹叶兰

竹叶兰

鸟舌兰
Ascocentrum ampullaceum

【科属】兰科鸟舌兰属

【形态特征】植株高约 10cm。茎直立，粗壮。叶厚革质，扁平，下部常 V 字形对折，上部稍向外弯，狭长圆形，长 5 ～ 20cm，宽 1 ～ 1.5cm，先端截头状并且具不规则的 3 ～ 4 短齿。花序直立，比叶短，常 2 ～ 4 个，总状花序密生多数花；花苞片很小，卵状三角形；萼片和花瓣近相似，宽卵形，先端稍钝，全缘；唇瓣 3 裂；侧裂片黄色；距淡黄色带紫晕，棒状圆筒形。花期 4 ～ 5 月。

【产地与习性】产云南。生于海拔 1100 ～ 1500m 的常绿阔叶林中树干上。从喜马拉雅西北部经尼泊尔、不丹、印度到缅甸、泰国、老挝都有分布。喜温暖及湿润环境，喜充足的散射光，不耐荫蔽，耐热，不耐寒。生长适温 16 ～ 28℃。

【观赏评价与应用】小花色泽鲜艳，精致美丽，可附于树干或板植栽培观赏。

【同属种类】本属约 5 种，从喜马拉雅山至印度尼西亚及菲律宾均有，我国有 3 种，1 种为特有。

鸟舌兰

鸟舌兰

白及
Bletilla striata

【科属】兰科白及属

【形态特征】植株高 18 ～ 60cm。假鳞茎扁球状。叶 4 ～ 6 枚，狭长圆形或披针形，长 8 ～ 29cm，宽 1.5 ～ 4cm，先端渐尖，基部收狭成鞘并抱茎。花序具 3 ～ 10 朵花，常不分枝或极罕分枝；花苞片长圆状披针形；花大，紫红色或粉红色；萼片和花瓣近等长，狭长圆；花瓣较萼片稍宽；唇瓣较萼片和花瓣稍短，倒卵状椭圆形，白色带紫红色，具紫色脉。花期 4 ～ 5 月。

【产地与习性】产陕西、甘肃、江苏、安徽、浙江、江西、福建、湖北、湖南、广东、广西、四川和贵州。生于海拔 100 ～ 3200m 的常绿阔叶林下，栎树林或针叶林下、路边草丛或岩石缝中。朝鲜半岛和日本也有分布。喜温暖，喜光照，耐寒，较耐热，生长适温 15 ～ 26℃。

【观赏评价与应用】紫红色的花朵在苍翠叶片衬托下，端庄而优雅，极美丽。适合花境、山石旁丛植或做疏林下的地被植物，还可布置花坛、盆栽观赏。

【同属种类】本属约 6 种，从缅甸北部和印度支那通过中国到日本均有分布。我国有 4 种。

密花石豆兰
Bulbophyllum odoratissimum

【科属】兰科石豆兰属

【形态特征】根状茎粗 2 ~ 4mm，分枝，在每相距 4 ~ 8cm 处生 1 个假鳞茎。假鳞茎近圆柱形，直立，顶生 1 枚叶。叶革质，长圆形，长 4 ~ 13.5cm，宽 0.8 ~ 2.6cm，先端钝并且稍凹入，基部收窄，近无柄。花葶淡黄绿色，从假鳞茎基部发出，1 ~ 2 个；总状花序缩短呈伞状，密生 10 余朵花；花稍有香气，初时萼片和花瓣白色，以后萼片和花瓣的中部以上转变为橘黄色；花期 4 ~ 8 月。

【产地与习性】产福建、广东、香港、广西、四川、云南、西藏。生于海拔 200 ~ 2300m 的混交林中树干上或山谷岩石上。尼泊尔、不丹、印度、缅甸、泰国、老挝、越南也有。喜温暖，喜湿润，较

耐寒，耐旱，喜充足的散射光。生长适温 16 ~ 28℃。

【观赏评价与应用】本种花小致密，洁白且具香气，开放时点缀于绿叶之间，极为优雅。可用于散射光充足的树干、山石上栽培观赏，也可板植用于居室装饰。

【同属种类】本属约有 1900 种，主要分布于旧大陆及新大陆的热带地区。我国有 103 种，其中 33 种为特有。

栽培的同属植物有：

1. 梳帽卷瓣兰 *Bulbophyllum andersonii*
根状茎匍匐，假鳞茎在根状茎上彼此相距 3 ~ 11cm，卵状圆锥形或狭卵形，顶生 1 枚叶，叶革质，长圆形，长 7 ~ 21cm，中部宽 1.6 ~ 4.3cm，先端钝并且稍凹入。伞形花序具数朵花；花苞片淡黄色带紫色斑点；花浅白色密布紫红色斑点；中萼片卵状长圆形，具 5 条带紫红色小斑点的脉，边缘紫红色，先端具 1 条长约 3mm 的芒；侧萼片长圆形；花瓣长圆形或多少呈镰刀状长圆形，先端具芒，脉纹具紫红色斑点；唇瓣肉质，茄紫色，卵状三角形。花期 2 ~ 10 月。产广西、四川、贵州、云南。生于海拔 400 ~ 2000m 的山地林中树干上或林下岩石上。印度、缅甸、越南也有。

2. 钩梗石豆兰 *Bulbophyllum nigrescens*
假鳞茎聚生，卵状圆锥形，顶生 1 枚叶。叶革质，长圆形或长圆状披针形，长 10 ~ 15cm，中部宽 1 ~ 1.5cm，先端钝，基部收窄为短柄。花葶从假鳞茎基部抽出，长达 50cm；总状花序，具多数偏向一侧的花；花下倾，萼片和花瓣紫黑色或萼片淡黄色，基部紫黑色；中萼片狭卵状披针形，侧萼片彼此分离，卵状三角形；花瓣匙形，唇瓣紫黑色。花期 4 ~ 5 月。

产云南。生于海拔 800 ~ 1500m 的山地常绿阔叶林中树干上。分布于泰国、越南。

钩梗石豆兰

钩梗石豆兰

3. 领带兰 *Bulbophyllum phalaenopsis*
又名蝴蝶石豆兰，附生兰，假鳞茎卵状球形，叶顶生，绿色，大型，长带状，下垂，状似领带。花褐色，不甚开展，在花瓣背面具淡黄色毛。花期不定。喜中等光照。产新几内亚，生于海拔 500m 的林中。

领带兰

密花石豆兰

密花石豆兰

梳帽卷瓣兰

梳帽卷瓣兰

领带兰

泽泻虾脊兰
Calanthe alismaefolia

【科属】兰科虾脊兰属

【别名】细点根节兰

【形态特征】根状茎不明显。假鳞茎细圆柱形。叶在花期全部展开，椭圆形至卵状椭圆形，形似泽泻叶，通常长 10 ~ 14cm，最长可达 20cm，宽 4 ~ 10cm，先端急尖或锐尖，基部楔形或圆形并收狭为柄，边缘稍波状。花葶 1 ~ 2 个，从叶腋抽出；总状花序具 3 ~ 10 余朵花；花白色或有时带浅紫堇色；萼片近相似，近倒卵形；花瓣近菱形，唇瓣基部与整个蕊柱翅合生，比萼片大，向前伸展，3 深裂；侧裂片线形或狭长圆形。花期 6 ~ 7 月。

泽泻虾脊兰

【产地与习性】产台湾、湖北、四川、云南和西藏。生于海拔 800 ~ 1700m 的常绿阔叶林下。也分布于印度、越南和日本。喜温暖及充足的散射光，忌强光，耐热，稍耐寒。喜疏松、排水良好的微酸性土壤。生长适温 18 ~ 26℃。

【观赏评价与应用】本种易栽培，小花洁白，有一定观赏性，适用于林荫下、蔽荫的山石边、林缘等处群植或点缀，也可盆栽。

【同属种类】本属约 150 种，产热带及亚热带的亚洲，澳大利亚，新几内亚和西南太平洋群岛，热带非洲及美国南部也有。我国有 51 种，其中 21 种为特有。

栽培的同属植物有：

1. 银带虾脊兰 *Calanthe argenteo-striata*

植株无明显的根状茎。假鳞茎粗短，近圆锥形。叶上面深绿色，带 5 ~ 6 条银灰色的条带，椭圆形或卵状披针形，长 18 ~ 27cm，宽 5 ~ 11cm，先端急尖，基部收狭。花葶从叶丛中央抽出，长达 60cm，总状花序长 7 ~ 11cm，具 10 余朵花；花张开，黄绿色；中萼片椭圆形，侧萼片宽卵状椭圆形；花瓣近匙形或倒卵形。花期 4 ~ 5 月。产广东、广西、贵州和云南。生于海拔 500 ~ 1200m 的山坡林下的岩石空隙或覆土的石灰岩面上。

银带虾脊兰

银带虾脊兰

2. 虾脊兰 *Calanthe discolor*

根状茎不甚明显。假鳞茎粗短，近圆锥形。叶倒卵状长圆形至椭圆状长圆形，长达 25cm，宽 4 ~ 9cm，先端急尖或锐尖，基部收狭。花葶从假茎上端的叶间抽出，总状花序疏生约 10 朵花；萼片和花瓣褐紫色；中萼片稍斜的椭圆形，侧萼片相似于中萼片；花瓣近长圆形或倒披针形，唇瓣白色，轮廓为扇形。花期 4 ~ 5 月。产浙江、江苏、福建、湖北、广东和贵州。生于海拔 780 ~ 1500m 的常绿阔叶林下。也分布于日本。

虾脊兰

大序隔距兰
Cleisostoma paniculatum

【科属】兰科隔距兰属

【别名】虎皮隔距兰

【形态特征】茎直立，扁圆柱形。叶革质，多数，紧靠、二列互生，扁平，狭长圆形或带状，长 10 ~ 25cm，宽 8 ~ 20mm，先端钝并且不等侧 2 裂。圆锥花序具多数花；花开展，萼片和花瓣在背面黄绿色，内面紫褐色，边缘和中肋黄色；中萼片近长圆形，侧萼片斜长圆形，花瓣比萼片稍小；唇瓣黄色，3 裂。花期 5 ~ 9 月。

【产地与习性】产江西、福建、台湾、广东、香港、海南、广西、四川、贵州、云南。生于海拔 240 ~ 1240m 的常绿阔叶林中树干

大序隔距兰

红花隔距兰

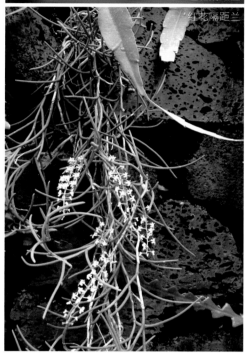

红花隔距兰

栗鳞贝母兰

栗鳞贝母兰

栗鳞贝母兰

上或沟谷林下岩石上。也见于泰国、越南、印度东北部。喜温暖，喜半荫，在全光照下也可生长，耐热，不耐寒。生长适温 16 ~ 28℃。

【观赏评价与应用】本种花小，有一定的观赏性，可附于树干栽培，也可与其他附生兰配植，打造兰花立体景观，也可板植悬于廊架、阳台等处观赏。

【同属种类】本属约 100 种，产亚洲、大洋洲等地，我国有 16 种，其中 4 种为特有。

栽培的同属植物有：

红花隔距兰 *Cleisostoma williamsonii*

植株通常悬垂。茎细圆柱形，长达 70cm，具多数互生的叶。叶肉质，圆柱形，伸直或稍弧曲，通常长 6 ~ 10cm，粗 2 ~ 3mm，先端稍钝，基部具关节和抱茎的叶鞘。花序侧生，斜出，通常分枝，总状花序或圆锥花序密生许多小花；花粉红色，开放；中萼片卵状椭圆形，舟状，侧萼片斜卵状椭圆形；花瓣长圆形，唇瓣深紫红色，3 裂。花期 4 ~ 6 月。产广东、海南、广西、贵州、云南。生于海拔 300 ~ 2000m 的山地林中树干上或山谷林下岩石上。分布于不丹、印度、越南、泰国、马来西亚、印度尼西亚。

栗鳞贝母兰
Coelogyne flaccida

【科属】兰科贝母兰属

【形态特征】根状茎粗壮，坚硬。假鳞茎在根状茎上通常相距 2 ~ 3cm，长圆形或近圆柱形，顶端生 2 枚叶。叶革质，长圆状披针形至椭圆状披针形，长 13 ~ 19cm，宽 3 ~ 4.5cm，先端近渐尖或略呈短尾状，基部收狭；总状花序疏生 8 ~ 10 朵花；花浅黄色至白色，唇瓣上有黄色和浅褐色斑；中萼片长圆形或长圆状披针形；花瓣线状披针形，唇瓣近卵形。花期 3 月。

【产地与习性】产贵州、广西和云南。生于海拔约 1600m 林中树上。印度、尼泊尔、缅甸和老挝也有分布。喜温暖及湿润环境，喜半荫，忌强光，耐热，不耐寒。生长适温 16 ~ 28℃。

【观赏评价与应用】花序较大，小花洁白，有较高的观赏性，可附于大树树干造景，也可盆栽用于阳台或案几欣赏。

【同属种类】本属约 200 种，产热带及亚热带的亚洲、大洋洲。我国有 31 种，其中 6 种为特有。

黄花杓兰
Cypripedium flavum

【科属】兰科杓兰属

【形态特征】植株通常高 30 ~ 50cm。茎直立，基部具数枚鞘，鞘上方具 3 ~ 6 枚叶。叶较疏离；叶片椭圆形至椭圆状披针形，长 10 ~ 16cm，宽 4 ~ 8cm，先端急尖或渐尖。花序顶生，通常具 1 花，罕有 2 花；花苞片叶状、椭圆状披针形；花黄色，有时有红色晕，唇瓣上偶见栗色斑点；中萼片椭圆形至宽椭圆形，合萼片宽椭圆形，花瓣长圆形至长圆状披针形，唇瓣深囊状，椭圆形。蒴果。花果期 6 ~ 9 月。

【产地与习性】产甘肃、湖北、四川、云南和西藏。生于海拔 1800 ~ 3450m 林下、林缘、灌丛中或草地上多石湿润之地。喜冷凉及光照充足的环境，耐寒，不耐热，喜疏松、排水良好的土壤。生长适温 12 ~ 25℃。

【观赏评价与应用】本种花大美丽，极具观赏性，目前本属国内园林中极少应用，跨区引种较难成活，可在本地引种驯化，用于疏林下、山石边或花坛中种植观赏。

【同属种类】本属约 50 种，产北温带地区，向南延伸到喜马拉雅地区。我国有 36 种，其中 25 种为特有。

黄花杓兰

黄花杓兰

常见的原种植物有：

1. 大花杓兰 Cypripedium macranthos

植株高 25 ~ 50cm，茎直立，基部具数枚鞘，鞘上方具 3 ~ 4 枚叶。叶片椭圆形或椭圆状卵形，长 10 ~ 15cm，宽 6 ~ 8cm，先端渐尖或近急尖。花序顶生，具 1 花，极罕 2 花；花苞片叶状，通常椭圆形，花大，紫色、红色或粉红色，通常有暗色脉纹，极罕白色；蒴果。花期 6 ~ 7 月，果期 8 ~ 9 月。产东北、内蒙古、河北、山东和台湾。生于海拔 400 ~ 2400m 的林下、林缘或草坡上腐殖质丰富和排水良好之地。日本、朝鲜半岛和俄罗斯也有分布。

大花杓兰

大花杓兰

2. 西藏杓兰 Cypripedium tibeticum

植株高 15 ~ 35cm，具粗壮、较短的根状茎。基部具数枚鞘，鞘上方通常具 3 枚叶，罕有 2 或 4 枚叶。叶片椭圆形、卵状椭圆形或宽椭圆形，长 8 ~ 16cm，宽 3 ~ 9cm，先端急尖、渐尖或钝。花序顶生，具 1 花；花苞片叶状，椭圆形至卵状披针形；花大，俯垂，紫色、紫红色或暗栗色，通常有淡绿黄色的斑纹，花瓣上的纹理尤其清晰，唇瓣的囊口周围有白色或浅色的圈；花期 5 ~ 8 月。产甘肃、四川、贵州、云南和西藏。生于海拔 2300 ~ 4200m 的透光林下、林缘、灌木坡地、草坡或乱石地上。不丹和印度也。

西藏杓兰

西藏杓兰

3. 云南杓兰 Cypripedium yunnanense

植株高 20 ~ 37cm，具粗短的根状茎。基部具数枚鞘，鞘上方具 3 ~ 4 枚叶。叶片椭圆形或椭圆状披针形，长 6 ~ 14cm，宽 1 ~ 3.5cm，先端渐尖。花序顶生，具 1 花；花苞片叶状，卵状椭圆形或卵状披针形；花略小，粉红色、淡紫红色或偶见灰白色，有深色的脉纹，退化雄蕊白色并在中央具 1 条紫条纹。花期 5 月。产四川、云南和西藏东南部。生于海拔 2700 ~ 3800m 的松林下、灌丛中或草坡上。

云南杓兰

云南杓兰

掌根兰
Dactylorhiza elata

【科属】兰科掌裂兰属

【形态特征】多年生陆生草本，株高 50cm。具块茎，掌状浅裂，肉质。茎圆柱形，叶互生于茎上，绿色，先端尖，基部抱茎，全缘。花序直立，总状花序，上具多花，花瓣及萼片披针形，紫色，唇瓣特大，紫色，上具深紫色条纹或斑点。花期春季。

【产地与习性】产欧洲。喜充足的光照，耐寒，不耐暑热，喜疏松、排水良好的中性壤土。生长适温 15 ~ 25℃。

【观赏评价与应用】本种花序大，花量多，色泽艳丽，为观赏性较强的地生兰花，可丛植于山石边、墙隅、阶旁或小径处点缀。也可盆栽用于室内装饰。

【同属种类】本属约 50 种，主产欧洲及俄罗斯，向东延伸到韩国、日本，美国北部也有，南到热带的亚洲、非洲等地。我国有 6 种。

掌根兰

蛇舌兰
Diploprora championii

【科属】兰科蛇舌兰属

【别名】倒吊兰

【形态特征】茎质地硬，圆柱形或稍扁的圆柱形，常下垂。叶纸质，镰刀状披针形或斜长圆形，长5～12cm，宽1.6～2.7cm，先端锐尖或稍钝并且具不等大的2～3个尖齿。总状花序与叶对生，下垂，具2～5朵花；花具香气，稍肉质，开展，萼片和花瓣淡黄色；萼片相似，长圆形或椭圆形；花瓣比萼片较小；唇瓣白色带玫瑰色。花期2～8月，果期3～9月。

【产地与习性】产台湾、福建、香港、海南、广西、云南。生于海拔250～1450m的山地林中树干上或沟谷岩石上。分布于斯里兰卡、印度、缅甸、泰国、越南。喜半荫，喜温暖，耐热性好，不耐寒。生长适温18～28℃。

【观赏评价与应用】花小，有一定观赏性，园林中可附于大树树干、人工崖壁栽培，也常板植悬于廊架、墙面观赏或用于兰科植物专类园。

【同属种类】本属2种，产中国、印度、马来西亚、斯里兰卡、泰国及越南，我国产1种。

树兰
Epidendrum hybrid

【科属】兰科树兰属

【形态特征】附生兰，茎细长，具气生根，株高约40cm。叶着生于茎节上，互生，矩圆状披针形，先端尖，无叶柄，基部抱茎。花序顶生，呈伞状，着花数朵至数十朵。花瓣及萼片红色、黄色、橘色等。蒴果。盛花期春季。

【产地与习性】园艺种。性喜光照及温暖的环境，喜湿润，耐旱、耐热，不耐寒。生长适温18～28℃。

【观赏评价与应用】品种繁多，开花量大，花期长，可附于树干、山石上栽培，也可植于疏林下、稍蔽荫的园路边、或小型水景边用附生材料栽培。

【同属种类】本属约有1430种，产热带及亚热带的美洲，附生或陆生。我国不产。

钳唇兰
Erythrodes blumei

【科属】兰科钳唇兰属

【别名】小唇兰

【形态特征】植株高18～60cm。茎直立，圆柱形，绿色，下部具3～6枚叶。叶片卵形、椭圆形或卵状披针形，有时稍歪斜，长4.5～10cm，宽2～6cm，先端急尖，基部宽楔形或钝圆；总状花序顶生，具多数密生的花，花苞片披针形，带红褐色；花较小，萼片带红褐色或褐绿色，花瓣倒披针形，与萼片同色，中央具1枚透明的脉。花期4～5月。

【产地与习性】产台湾、广东、广西、云南；生于海拔400～1500m的山坡或沟谷常绿阔叶林下阴处。斯里兰卡、印度、缅甸、越南、泰国也有分布。喜阴湿及散射光充足的环境，耐湿性好，耐热，不耐寒，耐瘠。对土壤要求不严，喜疏松并稍带粘质的土壤。生长适温18～28℃。

【观赏评价与应用】本种叶色清新，花杆挺直，小花可供观赏，目前园林中较少采用，可引种至疏林下、林缘或墙隅栽培观赏。

【同属种类】本属约20种，产印度、斯里兰卡至新几内亚和太平洋群岛，我国产2种。

大花盆距兰
Gastrochilus bellinus

【科属】兰科盆距兰属

【形态特征】茎粗壮，长 2 ~ 5cm。叶大，带状或长圆形，长 11.5 ~ 23.5cm，宽 1.5 ~ 2.3cm，先端不等侧 2 裂。伞形花序侧生，通常 2 ~ 3 个，具 4 ~ 6 朵花；花大，萼片和花瓣淡黄色带棕紫色斑点，椭圆形，近相似；花瓣比萼片稍小；前唇白色带少数紫色斑点，近肾状三角形，通常多少下弯；后唇白色带少数紫色斑点，近圆锥形或半球形。花期 4 月。

【产地与习性】产云南。生于海拔 1600 ~ 1900m 的山地密林中树干上。泰国、缅甸也有分布。喜温暖及湿润环境，较耐旱，耐热性佳，不耐寒，喜充足的散射光。生长适温 18 ~ 28℃。

【观赏评价与应用】本种花大，色泽美观，可附树栽培或用于稍蔽荫的人工墙隙种植观赏。

【同属种类】本属约 47 种，产印度、斯里兰卡及印度，我国有 29 种，其中 17 种特有。

大花盆距兰

高斑叶兰
Goodyera procera

【科属】兰科斑叶兰属

【别名】穗花斑叶兰

【形态特征】植株高 22 ~ 80cm。茎直立，无毛，具 6 ~ 8 枚叶。叶片长圆形或狭椭圆形，长 7 ~ 15cm，宽 2 ~ 5.5cm，先端渐尖，基部渐狭；总状花序具多数密生的小花，似穗状，花苞片卵状披针形，花小，白色带淡绿，芳香，不偏向一侧；花瓣匙形，白色。花期 4 ~ 5 月。

【产地与习性】产安徽、浙江、福建、台湾、广东、香港、海南、广西、四川至南部、贵州、云南、西藏。生于海拔 250 ~ 1550m 的林下。尼泊尔、印度、斯里兰卡、缅甸、越南、老挝、泰国、柬埔寨、印度尼西亚、菲律宾、日本也有。性强健，对环境要求不高，以疏松、排水良好的壤土为宜。生长适温 18 ~ 28℃。

高斑叶兰

高斑叶兰

高斑叶兰

【观赏评价与应用】本种花小素雅，观赏性一般，可用于林缘、疏林下种植，也常用于兰科植物专类园。

【同属种类】本属约 100 种，非洲、亚洲、澳大利亚、欧洲、马达加斯加、北美及西南太平洋岛屿均有。我国产 29 种，其中 12 种为特有。

橙黄玉凤花
Habenaria rhodocheila

【科属】兰科玉凤花属

【别名】红唇玉凤花

【形态特征】植株高 8 ~ 35cm。块茎长圆形，肉质。茎粗壮，直立，圆柱形。叶片线状披针形至近长圆形，长 10 ~ 15cm，宽 1.5 ~ 2cm，先端渐尖，基部抱茎。总状花序具 2 ~ 10 余朵疏生的花；花中等大，萼片和花瓣绿色，唇瓣橙黄色、橙红色或红色；中萼片直立，近圆形，与花瓣靠合呈兜状；侧萼片长圆形；花瓣直立，匙状线形，唇瓣向前伸展。蒴果。花期 7 ~ 8 月。果期 10 ~ 11 月。

【产地与习性】产于江西、福建、湖南、广东、香港、海南、广西、贵州。生于海拔 300 ~ 1500m 的山坡或沟谷林下阴处地上或岩石上覆土中。越南、老挝、柬埔寨、泰国、马来西亚、菲律宾也有。喜温暖及稍蔽荫环境，耐热，不耐寒。生长适温 15 ~ 28℃。

【观赏评价与应用】本种色泽醒目，唇瓣大而奇特，为极具观赏价值的兰花，目前园林中较少应用，可引种到蔽阴的滨水山石上、湿润的林下、林缘种植观赏。也可盆栽用于居室美化。

【同属种类】本属约 600 种，分布于世界各地，主要产热带及亚热带，我国产 54 种，其中 19 种为特有。

橙黄玉凤花

橙黄玉凤花

玉凤花

湿唇兰
Hygrochilus parishii

【科属】兰科湿唇兰属

【形态特征】茎粗壮，长 10 ～ 20cm，上部具 3 ～ 5 枚叶。叶长圆形或倒卵状长圆形，长 17 ～ 29cm，宽 3.5 ～ 5.5cm，先端不等侧 2 圆裂。花序 1 ～ 6 个，疏生 5 ～ 8 朵花；花苞片大，宽卵形；花大，稍肉质，萼片和花瓣黄色带暗紫色斑点；萼片近相似，近宽倒卵形；花瓣宽卵形，唇瓣肉质。花期 6 ～ 7 月。

【产地与习性】产云南。生于海拔 800 ～ 1100m 的山地疏林中大树干上。喜湿润，喜充足的散射光，在全光照下也可生长，耐热，不耐寒。生长适温 16 ～ 28℃。

【观赏评价与应用】花大飘逸，上具暗紫色斑点，观赏性佳，多用于附树栽培，也常与其他附生兰混植营造兰花景观。也可盆栽。

【同属种类】本属 1 种，产中国、印度、老挝、缅甸、泰国及越南。我国产 1 种。

湿唇兰

湿唇兰

钗子股
Luisia morsei

【科属】兰科钗子股属

【形态特征】茎直立或斜立，坚硬，圆柱形，长达 30cm，粗 4 ～ 5mm，具多节和多数互生的叶。叶肉质，斜立或稍弧形上举，圆柱形，长 9 ～ 13cm，粗约 3mm，先端钝。总状花序与叶对生，通常具 4 ～ 6 朵花；花小，开展，萼片和花瓣黄绿色，萼片在背面着染紫褐色；花瓣近卵形，唇瓣前后唇的界线明显；后唇围抱蕊柱，比前唇宽，稍凹陷；前唇紫褐色或黄绿色带紫褐色斑点，近肾状三角形。花期 4 ～ 5 月。

【产地与习性】产海南、广西、云南、贵州。生于海拔 330 ～ 700m 的山地林中树干上。老挝、越南、泰国也有。喜充足的散射光，喜湿润，耐旱，耐热，不耐寒。生长适温 16 ～ 28℃。

【观赏评价与应用】本种叶奇特，纤细优雅，花小精致，可附树栽培观赏，或板植吊挂于廊架、墙壁上观赏。

【同属种类】本属约 40 种，产亚洲南部、日本、太平洋岛屿等，我国产 11 种，其中 5 种特有。

钗子股

栽培的同属植物有：

叉唇钗子股 *Luisia teres*

茎直立，圆柱形，长达 55cm。叶斜立，肉质，圆柱形，长 7 ～ 13cm，粗 2 ～ 2.5mm，先端钝。总状花序具 1 ～ 7 朵花；花苞片宽卵形，花开展，萼片和花瓣淡黄色或浅白色，在背面和先端带紫晕；花瓣向前倾，稍镰刀状椭圆形，唇瓣厚肉质，浅白色而上面密布污紫色的斑块，前后唇之间无明显的界线；后唇稍凹，前唇较大，近卵形，先端叉状 2 裂。花期通常 3 ～ 5 月。产台湾、广西、四川、贵州、云南。生于海拔 1200 ～ 1600m 的山地林中树干上。日本、朝鲜半岛也有分布。

叉唇钗子股

叉唇钗子股

钗子股

腋唇兰
Maxillaria tenuifolia

【科属】兰科颚唇兰属

【别名】条叶颚唇兰、细叶颚唇兰

【形态特征】多年生常绿草本，具假鳞茎。叶线形，从鳞茎顶上抽生而出，柔软，弯垂。花梗从球茎基部抽出，萼片大，上面暗红色，背面带绿色，花瓣略小，不甚开张，与萼片同色，唇瓣大，黄白色，带紫色斑点，具奶香。蒴果。花期春末至初夏。

【产地与习性】中南美洲。喜温暖及光照充足的环境，夏季适当遮荫，耐热，不耐寒。生长适温 18 ~ 28℃。

【观赏评价与应用】叶形飘逸，鳞茎具光泽，花美丽，具奶香，观赏价值极高，适合盆栽用于阳台、窗台、卧室及客厅栽培欣赏，也可附树栽培观赏。

【同属种类】本属约 320 种，产热带及亚热带的美洲。我国不产。

腋唇兰

腋唇兰

腋唇兰

米尔顿兰
Miltonia hybrida

【科属】兰科堇花兰属

【别名】堇花兰、密尔顿兰

【形态特征】具有匍匐的根状茎，假球茎扁卵形至长椭圆形。叶片纸质，宽带形，先端尖，全缘，绿色。总状花序腋生，着花数朵至十数朵，花大，萼片与花瓣近等大，色泽依品种不同而有差异，唇瓣大。花期春季。

【产地与习性】园艺种。喜高温及高湿环境，不耐寒，耐热。生长适温 18 ~ 28℃。

【观赏评价与应用】株形优美，花大，花色丰富，且色彩艳丽，近年来我国栽培较多，多盆栽供应市场，本种也适合用于公园、绿地、兰展等附树干栽培，或丛植于滨水山石边、小桥边或阶前造景。

【同属种类】本属 19 种，产美洲，我国不产。

米尔顿兰

米尔顿兰

米尔顿兰

凤蝶兰
Papilionanthe teres

【科属】兰科凤蝶兰属

【形态特征】茎坚硬，粗壮，圆柱形，伸长而向上攀援，通常长达 1m 以上，具分枝和多数节，节上常生有 1 ~ 2 条长根。叶斜立，疏生，肉质，深绿色，圆柱形，长 8 ~ 18cm，粗 4 ~ 8mm，先端钝。总状花序

比叶长，疏生 2 ~ 5 朵花；花大，质地薄，开展；中萼片淡紫红色，椭圆形，侧萼片白色稍带淡紫红色；花瓣较大，近圆形，唇瓣 3 裂。花期 5 ~ 6 月。

【产地与习性】产云南。生于海拔约 600m 的林缘或疏林中树干上。尼泊尔、不丹、印度、缅甸、泰国、老挝、越南也有。喜高温及高湿环境，耐热，耐旱，不耐寒。喜充足的光照。生长适温 20 ~ 28℃。

【观赏评价与应用】本种叶圆柱形，形态奇特，花大色雅，为优良的观花观叶植物，可附于大树、岩隙栽培观赏。

【同属种类】本属约 12 种，产中国、印度、东南亚及马来群岛，我国产 4 种，其中 1 种为特有。

凤蝶兰

凤蝶兰

栽培的同属植物有：

　　白花凤蝶兰 *Papilionanthe biswasiana*

　　茎质地坚硬，直立或下垂，粗壮，圆柱形。叶互生，疏离，肉质，斜立，圆柱形，长 13 ~ 16cm，粗 3 ~ 4mm。总状花序通常比叶短，具 1 ~ 3 朵花；花大，开展，质地薄，乳白色或有时染有淡粉红色；中萼片和侧萼片相似，倒卵形，花瓣倒卵形，唇瓣基部着生于蕊柱足末端，3 裂。花期 4 月。产云南。生

白花凤蝶兰

于海拔 1700 ~ 1900m 的山地林中树干上。分布于缅甸、泰国。

鹤顶兰
Phaius tankervilliae

【科属】兰科鹤顶兰属

【形态特征】植物体高大。假鳞茎圆锥形，叶 2 ~ 6 枚，互生于假鳞茎的上部，长圆状披针形，长达 70cm，宽达 10cm，先端渐尖。花葶从假鳞茎基部或叶腋发出，总状花序具多数花；花苞片大，通常早落，舟形花大，美丽，背面白色，内面暗赭色或棕色；萼片近相似，长圆状披针形；花瓣长圆形，与萼片等长而稍狭；唇瓣背面白色带茄紫色的前端，内面茄紫色带白色条纹。花期 3 ~ 6 月。

【产地与习性】产台湾、福建、广东、香港、海南、广西、云南和西藏。生于海拔 700 ~ 1800m 的林缘、沟谷或溪边阴湿处。广布于亚洲热带和亚热带地区以及大洋洲。喜温暖、湿润环境，耐热，稍耐寒，喜充足的散射光，不喜强光。喜疏松、排水良好的土壤。生长适温 15 ~ 28℃。

【观赏评价与应用】本种花茎挺直，花大色雅，且易栽培，为优良的观花草本。可用于稍蔽荫的林缘、疏林下、墙垣或角隅种植观赏。也适合盆栽用于阶前、廊架边、亭内摆放观赏。

【同属种类】本属约 40 种，产热带非洲、马达加斯加、热带亚洲至大洋洲。我国有 9 种，其中 4 种为特有。

鹤顶兰

石仙桃
Pholidota chinensis

【科属】兰科石仙桃属

【形态特征】根状茎通常较粗壮，匍匐，相距 5 ~ 15mm 或更短距离生假鳞茎；假鳞茎狭卵状长圆形。叶 2 枚，生于假鳞茎顶端，倒卵状椭圆形、倒披针状椭圆形至近长圆形，长 5 ~ 22cm，宽 2 ~ 6cm，先端渐尖、急尖或近短尾状。总状花序常多少外弯，具数朵至 20 余朵花；花白色或带浅黄色。中萼片椭圆形或卵状椭圆形，侧萼片卵状披针形。花瓣披针形，唇瓣轮廓近宽卵形，略 3 裂。蒴果。花期 4 ~ 5 月，果期 9 月至次年 1 月。

【产地与习性】产浙江、福建、广东、海南、广西、贵州、云南和西藏。生于海拔通常在 1500m 以下，少数可达 2500m 林中或林缘树上、岩壁上或岩石上。越南、缅甸也有分布。喜温暖、湿润环境，喜半荫，耐热，不耐寒。生长适温 18 ~ 28℃。

石仙桃

【观赏评价与应用】本种小花密集，洁白雅致，有较高的观赏性，可植于人造崖壁、假山石或树干上观赏，也可盆栽或板植用于室内装饰。

【同属种类】本属有 30 种，产中国、东南亚、澳大利亚、新几内亚及太平洋群岛。我国有 12 种，其中 2 种为特有。

栽培的同属植物有：

云南石仙桃 *Pholidota yunnanensis*

根状茎匍匐、分枝，通常相距 1 ~ 3cm 生假鳞茎；假鳞茎近圆柱状，顶端生 2 叶。叶披针形，坚纸质，长 6 ~ 15cm，宽 7 ~ 18（~ 25）mm，具折扇状脉，先端略钝，基部渐狭成短柄。总状花序具 15 ~ 20 朵花；花白色或浅肉色。蒴果。花期 5 月，果期 9 ~ 10 月。产广西、湖北、湖南、四川、贵州和云南。生于海拔 1200 ~ 1700m 林中或山谷旁的树上或岩石上。越南也有分布。

鹤顶兰

鹤顶兰

石仙桃

云南石仙桃

云南石仙桃

火焰兰
Renanthera coccinea

【科属】兰科火焰兰属

【形态特征】茎攀援，粗壮，质地坚硬，圆柱形，长1m以上。叶二列，斜立或近水平伸展，舌形或长圆形，长7～8cm，宽1.5～3.3cm，先端稍不等侧2圆裂。花序与叶对生，常3～4个，粗壮而坚硬，基部具3～4枚短鞘，长达1m，常具数个分枝，圆锥花序或总状花序疏生多数花；花火红色，开展；中萼片狭匙形，侧萼片长圆形；花瓣相似于中萼片而较小，先端近圆形，边缘内侧具橘黄色斑点；唇瓣3裂。花期4～6月。

【产地与习性】产海南、广西。海拔达1400m，攀援于沟边林缘、疏林中树干上和岩石上。缅甸、泰国、老挝、越南也有。喜高温、高湿环境，喜光照，耐旱，耐热，不耐霜寒。生长适温20～28℃。

火焰兰

火焰兰

火焰兰

【观赏评价与应用】本种花繁密，花红似火，如火焰斑灿烂，极为美丽，可附于大树树干、廊柱，墙壁等栽培造景。

【同属种类】本属约19种，产中国、印度、菲律宾、南到马来西亚、印尼、新几内亚和所罗门群岛，我国有3种。

栽培的同属植物有：

云南火焰兰 Renanthera imschootiana
茎长达1m，具多数彼此紧靠而二列的叶。叶革质，长圆形，长6～8cm，宽1.3～2.5cm，先端稍斜2圆裂，总状花序或圆锥花序具多数花；花开展；中萼片黄色，近匙状倒披针形，侧裂片内面红色，背面草黄色，斜椭圆状卵形；花瓣黄色带红色斑点，狭匙形，先端钝而增厚并且密被红色斑点；唇瓣3裂。花期5月。产云南。生于海拔500m以下的河谷林中树干上。越南也有。

云南火焰兰

云南火焰兰

海南钻喙兰
Rhynchostylis gigantea

【科属】兰科钻喙兰属

【形态特征】根肥厚，茎直立，粗壮，具多数二列的叶。叶肉质，彼此紧靠，宽带状，外弯，长20～40cm，先端钝并且不等侧2圆裂。花序腋生，下垂，2～4个；花序轴密生许多花；花苞片通常反折，宽卵形；花白色带紫红色斑点，质地较厚，开展；萼片近相似，椭圆状长圆形；花瓣长圆形，比萼片小，先端钝；唇瓣肉质，深紫红色。花期1～4月，果期2～6月。

【产地与习性】产海南。生于海拔约1000m的山地疏林中树干上。越南、老挝、柬埔寨、缅甸、泰国、马来西亚、新加坡、印度尼西亚也有。喜高温及高湿环境，耐热性好，不耐寒，耐旱。生长适温20～28℃。

海南钻喙兰

海南钻喙兰

钻喙兰

盖喉兰

【观赏评价与应用】园艺品种繁多，花色丰富，小花紧凑，状似狐狸尾巴，也被称为"狐尾兰"，除盆栽用于居室美化外，可附于公园、庭院的树干栽培观赏。

【同属种类】本属3～4种，产斯里兰卡、印度、东南亚、中国、菲律宾、马来西亚及印度尼西亚。我国产2种。

栽培的同属植物有：

钻喙兰 *Rhynchostylis retusa*

植株具发达而肥厚的气根。茎直立或斜立。叶肉质，二列，彼此紧靠，外弯，宽带状，长20～40cm，宽2～4cm，先端不等侧2圆裂。花序腋生，1～3个，花序轴密生许多花；花苞片反折，宽卵形；花白色而密布紫色斑点，开展，纸质；中萼片椭圆形，侧萼片斜长圆形；花瓣狭长

钻喙兰

圆形，唇瓣前唇朝上，中部以上紫色，中部以下白色。花期5～6月，果期5～7月。产贵州、云南。生于海拔310～1400m疏林中或林缘树干上。广布于亚洲热带地区，从斯里兰卡、印度到热带喜马拉雅经老挝、越南、柬埔寨、马来西亚至印度尼西亚和菲律宾。

盖喉兰
Smitinandia micrantha

【科属】兰科盖喉兰属

【形态特征】茎近直立，扁圆柱形。叶稍肉质，狭长圆形，长9.5～11cm，宽1.4～2cm，先端钝并且不等侧2裂。总状花序1～2个，与叶对生，向外伸展而然后下弯；花序轴密生许多小花；花苞片向外伸展或反折；花开展，萼片和花瓣白色带紫红色先端；中裂片近倒卵形，侧裂片稍斜卵状三角形；花瓣狭长圆形，唇瓣3裂；侧裂片前半部紫红色，后半部白色；中裂片紫红色带白色先端；距白色。花期4月。

【产地与习性】产云南。生于海拔约600m的山地林中树干上。从热带喜马拉雅经印度东北部、缅甸、泰国、越南、老挝、柬埔寨到马来西亚有分布。喜高温及高温环境，耐热，耐旱，不耐寒。生长适温20～28℃。

【观赏评价与应用】本种花序小，花白带紫红色，清新雅致，可供观赏，可附树栽培或板植悬挂于廊柱、阳台等处观赏。

【同属种类】本属约3种，产不丹、印度、缅甸、东南亚及马来西亚，我国产1种。

盖喉兰

苞舌兰
Spathoglottis pubescens

【科属】兰科苞舌兰属

【形态特征】假鳞茎扁球形，顶生1～3枚叶。叶带状或狭披针形，长达43cm，宽1～1.7（～4～5）cm，先端渐尖，基部收窄为细柄。总状花序疏生2～8朵花；花苞

苞舌兰

片披针形或卵状披针形；花黄色；萼片椭圆形，花瓣宽长圆形，与萼片等长，唇瓣约等长于花瓣，3裂；花期7～10月。

【产地与习性】产浙江、江西、福建、湖南、广东、香港、广西、四川、贵州和云南。生于海拔380～1700m的山坡草丛中或疏林下。印度、缅甸、柬埔寨、越南、老挝和泰国也产。性强健，对环境适应性强。生长适温15～28℃。

【观赏评价与应用】花大，金黄色，在绿叶衬托下极为醒目，可植于林缘、墙边、角隅或小径转角处观赏，也可盆栽。

【同属种类】本属约46种，产亚洲热带至澳大利亚和太平洋岛屿。中国有3种。

栽培的同属植物有：

紫花苞舌兰 *Spathoglottis plicata*

植株高达1m。假鳞茎卵状圆锥形，具3～5枚叶。叶质地薄，淡绿色，狭长，长30～80cm，宽5～7cm，先端渐尖或急尖，基部收狭为长柄，具折扇状的脉；总状花序短，具约10朵花；花苞片紫色，卵形，向下反卷；花紫色；中萼片卵形，花瓣近椭圆形，比萼片大，唇瓣贴生于蕊柱基部。花期常在夏季。产我国台湾。常见于山坡草丛中。广泛分布从日本经菲律宾、越南、泰国、马来西亚、斯里兰卡、印度南部、印度尼西亚、新几内亚岛到澳大利亚和太平洋一些群岛。

紫花苞舌兰

紫花苞舌兰

绶草
Spiranthes sinensis

【科属】兰科绶草属

【别名】盘龙参

【形态特征】株高13～30cm。茎较短，近基部生2～5枚叶。叶片宽线形或宽线状披针形，极罕为狭长圆形，长3～10cm，常宽5～10mm，先端急尖或渐尖，基部收狭具柄状抱茎的鞘。花茎直立；总状花序具多数密生的花，呈螺旋状扭转；花小，紫红色、粉红色或白色，在花序轴上呈螺旋状排生；花期7～8月。

【产地与习性】产于全国各省区。生于海拔200～3400m的山坡林下、灌丛下、草地或河滩沼泽草甸中。俄罗斯、蒙古、朝鲜半岛、日本、阿富汗、克什米尔地区至不丹、印度、缅甸、越南、泰国、菲律宾、马来西亚、澳大利亚也有分布。性强健，喜光照，耐热、耐寒，不择土壤。生长适温15～28℃。

【观赏评价与应用】小花在花茎上呈螺旋状生长，极为奇特，秀雅清新，极具观赏性，目前园林中较少使用，在城市中草地较为常见，可用于公园、植物园或庭院的山石边、墙隅等处种植观赏。

【同属种类】本属约50种，产美洲、非洲、亚洲、欧洲及澳大利亚。我国有3种，其中2种为特有。

绶草

绶草

绶草

坚唇兰
Stereochilus dalatensis

【科属】兰科坚唇兰属

【别名】固唇兰

【形态特征】多看生草本，茎高10cm，叶2裂，暗绿色，长圆状椭圆形，长5cm，宽0.5cm，横截面V字型，肉质，先端圆。花序腋生，生于茎上部，萼片及花瓣白色或淡粉色，唇瓣淡紫色。花期春季。

【产地与习性】产云南，泰国及越南也有。喜高温及高湿环境，喜充足的散射光，耐热，耐旱，不耐寒。生长适温18～28℃。

【观赏评价与应用】本种花小，精致，色清雅，为一美丽的观赏兰花，可附于树干、岩隙栽培或板植悬于花架、廊架及阳台等处外装饰。

坚唇兰

坚唇兰

【同属种类】本属有 6 种，产不丹、中国、印度、缅甸、泰国、越南。我国有 2 种。

大苞兰
Sunipia scariosa

【科属】兰科大苞兰属

【形态特征】根状茎粗壮，在每相距 4cm 处生 1 个假鳞茎。假鳞茎卵形或斜卵形，顶生 1 枚叶。叶革质，长圆形，长 12 ~ 16.5cm，宽约 2cm，先端钝并且稍凹入，基部收狭；总状花序弯垂，具多数花；花苞片整齐排成二列，膜质，宽卵形，舟状；花小，被包藏于花苞片内，淡黄色。花期 3 ~ 4 月。

【产地与习性】产云南。生于海拔 870 ~ 2500m 的山地疏林中树干上。尼泊尔、印度、缅甸、泰国、越南也有。喜温暖及湿润环境，喜充足的散射光，耐热性好，不耐寒。生长适温 18 ~ 28℃。

大苞兰

大苞兰

【观赏评价与应用】花序弯垂，具有飘逸之感，可用于附树栽培观赏，或板植用于庭院的廊架、花架装饰。

【同属种类】本属约 20 种，产尼泊尔、缅甸、泰国及越南。我国有 11 种，其中 1 种为特有。

拟万代兰
Vandopsis gigantea

【科属】兰科拟万代兰属

【形态特征】植株大型。茎质地坚硬，粗壮，具二列的叶。叶肉质，外弯，宽带形，长 40 ~ 50cm，宽 5.5 ~ 7.5cm，先端钝并且不等侧 2 圆裂。花序出自叶腋，常 1 ~ 2 个，总状花序下垂，密生多数花；花苞片多少肉质，宽卵形，花金黄色带红褐色斑点，肉质，开展；中萼片近倒卵状长圆形，侧萼片近椭圆形；花瓣倒卵形，唇瓣较花瓣小，3 裂；花期 3 ~ 4 月。

【产地与习性】产广西、云南。生于海拔 800 ~ 1700m 的山地林缘或疏林中，附生于大乔木树干上。老挝、越南、泰国、缅甸、马来西亚也有分布。喜高温及高湿环境，耐热，不耐寒。生长适温 20 ~ 28℃。

【观赏评价与应用】本种叶片交互套叠，花大美丽，极具热带风情，为庭园大树树干绿化的优良材料，也可附于岩隙栽培观赏。

【同属种类】本属约 5 种，产印度、中国、东南亚、菲律宾、马来群岛及新几内亚。我国约有 2 种。

拟万代兰

拟万代兰

拟万代兰

栽培的同属植物有：

白花拟万带兰 *Vandopsis undulata*

茎斜立或下垂，质地坚硬，圆柱形，长达 1m。叶革质，长圆形，长 9 ~ 12cm，宽 1.5 ~ 2.5cm，先端钝并且稍不等侧 2 裂。总状花序或圆锥花序疏生少数至多数花；花苞片绿色，宽卵形；花大，芳香，白色；中萼片斜立，近倒卵形；侧萼片稍反折而下弯，卵状披针形；花瓣稍反折，唇瓣比花瓣短，3 裂。花期 5 ~ 6 月。产云南、西藏。生于海拔 1860 ~ 2200m 林中大乔木树干上或山坡灌丛中岩石上。尼泊尔、不丹、印度也有。

白花拟万带兰

白花拟万带兰

香草兰
Vanilla planifolia

【科属】兰科香荚兰属

【别名】香荚兰

【形态特征】攀援草本，叶片椭圆形，绿色。萼片及花瓣黄绿色，披针形，唇瓣不明显 3 裂，黄绿色。花期春季。

【产地与习性】产美洲及西印度群岛，喜高温及高湿环境，喜光，耐热性极好，不耐寒。生长适温 18 ~ 28℃。

【观赏评价与应用】本种为高级食用香料植物，西班牙殖民者荷南·科尔蒂斯将其带回欧洲。在 1841 年之前，墨西哥曾是世界上唯一的香荚兰种植地，现马达加斯加已经是世界最大的香荚兰出产国。栽培上多通过人工授粉让其结实繁殖种苗。我国海南、云南等地有引种栽培。可用于附树、附石栽培观赏。

【同属种类】本属约 70 种，我国有 4 种，其中 2 种特有。

香草兰

香草兰

香草兰

三、杂交属

兰科最早期的杂交种是属内杂种，属名可继续采用父母本的属名，后来发现，一些近缘属两属之间甚至多属之间均可杂交产生新的品种，这就需要给新的品种重新规定新的属名，一般是取参与杂交的兰花属名的一部分组成新属，为区别原种属，杂交属名前加 "×"。如 ×Aranda 为蜘蛛兰属 Arachnis 与万代兰属 Vanda 杂交而成。

杂交属品种繁多，大多色彩艳丽，即可盆栽欣赏，也可用于附生庭园的大树栽培，也可用于园林造景，现对几种杂交属兰花作以简单介绍：

1. × Aranda Bertha Braga

为蜘蛛兰属 Arachnis 与万代兰属 Vanda 的杂交品种。花瓣及萼片黄色，上具紫褐色斑点，唇瓣紫红色。

2. × Aranthera Anne Black

为蜘蛛兰属 Arachnis 与火焰兰属 Renanthera 的杂交种，花瓣及萼片均为红色，上有黄色纵纹，唇瓣紫红色。

3. × Ascocenda Tubtim Velvesta × Bangkuntion Gold

本属为鸟舌兰属 Ascocentrum 与万代兰属 Vanda 的杂交种，花瓣及萼片浅黄色，唇瓣小，近黄色。

4. × Brassocattleya Duh's White 'Red Pig'

为柏拉兰属 Brassavola、卡特兰属 Cattleya 与蕾丽兰属 Laelia 三属杂交而成，萼片与花瓣均为粉色，花瓣较萼片大，唇瓣特大，边缘粉红色，中间近白色，基部黄色，边缘撕裂呈流苏状。

5. × *Brassolaeliocattleya* Village Chief North 'Green Genius'

为柏拉兰属 *Brassavola* 与卡特兰属 *Cattleya* 的杂交种，萼片红色，花瓣白色，沿中脉浅紫色，唇瓣大，紫色。

6. × *Cycnodes* Wine Delight

为鹅颈兰属 *Cycnoches* 与旋柱兰属 *Mormodes* 杂交品种，萼片、花瓣及唇瓣均为紫红色。

7. × *Epilaeliocattleya* Greenbird 'Brilliant'

为卡特兰属 *Cattleya*、树兰属 *Epidendrum* 及蕾丽兰属 *Laelia* 三属杂交品种，萼片与花瓣近等大，黄绿色，唇瓣浅绿色，边缘紫红色。

8. × *Laeliocattleya* Aloha Case 'Ching hua'

为卡特兰属 *Cattleya* 及蕾丽兰属 *Laelia* 杂交品种，花瓣与萼片近等大，紫色，唇新上半部紫红色，下半部紫色。

9. × *Mokara* Chao Praya Boy

为蜘蛛兰属 *Arachnis*、鸟舌兰属 *Ascocentrum* 及万代兰属 *Vanda* 三属杂交的品种，萼片及花瓣淡紫色，上有紫褐色斑点，萼片较花瓣大。唇瓣紫红色。

10. × *Mokara* Dianah Shore

花瓣及萼片近等大，通体为浅红色，上有深红色斑点。

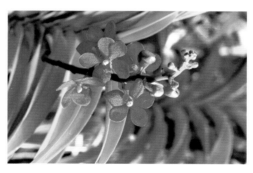

11. × *Mokara* Madame Panne

花瓣及萼片近等大，黄色，上有红褐色斑点，背面浅黄色。

12. × *Mokara* Sunshine Yellow

花瓣及萼片近等大，通体黄色，上有少量紫红色斑点。

13. × *Mokara* Top Red

萼片及花瓣相近，红色，上有深红色斑点，唇瓣红色。

14. × *Potinara* Shinfong Dawn

为柏拉兰属 *Brassavola*、卡特兰属 *Cattleya*、蕾丽兰属 *Laelia* 及贞兰属 *Sophronitis* 四属杂交的品种，花瓣及萼片均为橙黄色，唇瓣前端橙黄色，基部带紫色。

15. × *Rhynchocentrum* Lilac Blossom 'Rosa'

为鸟舌兰属 *Ascocentrum* 及钻喙兰属 *Rhynchostylis* 杂交的品种，花瓣及萼片近等大，粉紫色。

16. × *Vascostylis* Veerawan

本属为鸟舌兰属 *Ascocentrum*、钻喙兰属 *Rhynchostylis* 及万代兰属 *Vanda* 三属杂交的品种，花瓣及萼片均为粉色。

参考文献

［1］Brickell C D, Baum B R, Hetterscheid W L A, et al. 2004. International code of nomenclature for cultivated plants. 7th ed. Act Hort, 647: 1-84.

［2］Catalogue of Life: Higher Plants in China. http://www.etaxonomy.ac.cn/

［3］Crongquist A. 1981. An Integrated System of Classification of Flowering Plants. New York: Columbia University Press

［4］Flora of China. http://www.efloras.org/

［5］Hereman S., 1980, Paxton's Botanical Dictionary, Periodical Experts Book Agency.

［6］Huxley A. and Griffith. 1992. The New Royal Horticultural Society Dictionary of Gardening. The Stockton Press.

［7］The Plant List, a working list of all plant species. http://www.theplantlist.org/

［8］陈 植.园冶注释.北京:中国建筑工业出版社.1979.

［9］陈淏子(清).花镜.北京:中国农业出版社.1962.

［10］陈俊愉.中国花经.上海:上海文化出版社.1990.

［11］傅立国.中国珍稀濒危植物.上海:上海教育出版社.1989.

［12］刘海桑.观赏棕榈.北京:中国林业出版社.2002.

［13］路安民.种子植物科属地理.北京:科学出版社.1999.

［14］舒迎澜.古代花卉.北京:农业出版社.1993.

［15］苏雪痕.植物造景.北京:中国林业出版社.

［16］汪灏等(清).广群芳谱.上海:上海书店.1985.

［17］郑万钧.中国树木志(1-4卷).北京:中国林业出版社.1983-2004.

［18］中国科学院植物研究所.中国高等植物图鉴(第1-5册).北京:科学出版社.1976-1985.

［19］中国科学院中国植物志编委会.中国植物志(第2-80卷).北京:科学出版社.1961-2004.

［20］中国农业百科全书编辑部.中国农业百科全书(观赏园艺卷).北京:中国农业出版社.1996.

［21］周维权.中国古典园林史(第2版).北京:清华大学出版社.1999.

索　引

中文名索引